화재조사 감식기술

최진만, 최돈묵, 이창우 지음

The Technique For Fire Investigation Identification

BM 성안당
www.cyber.co.kr

■ 도서 A/S 안내

이 책의 머리말

The technique for fire investigation identification

기회는 남들이 가지 않는 길에서 만날 수 있다. 정말 중요한 것은 갖춰진 조건이 아니라 하고 싶은 일을 찾아 정신없이 매진할 때 찾을 수 있다. 길을 찾은 후 일을 추진하는 과정에서 맞이하는 실패와 좌절감은 덤으로 따라붙는 보너스 상품이다. 실패라는 쓴 잔은 성공하고자 했던 목표가 있었기에, 아무나 들어 올릴 수 있는 고배가 아니기 때문이다. 성공이란 햇살 뒤에 숨겨진 실패라는 그늘은 잠시 길을 돌아가는 여정이며 상처받은 생각을 치유하기 위해 보약을 먹는 시간일 뿐이다. 그런 의미에서 실패와 좌절의 늪 속을 거닐며 성공이란 키워드를 찾아 헤매는 화재조사관들은 형식에 얽매이거나 속박당하지 않는 자유로운 영혼이어야 한다. 틀린 것은 틀린 것이고 옳은 것은 옳다고 인정할 줄 아는 명확성이 있어야 한다. 하면 되는 것이고 안 하면 안 되는 것이다.(Try, then you'll accomplish. otherwise, you won't.) 어두운 밤에 칼날같은 눈빛으로 화점을 발견하고 적과 맞짱 뜰 때 평정심을 잃지 않았던 이순신장군의 마음처럼 고요하며 과학적 논리로 화재현장을 해석하려는 장자방의 지혜를 담아내고자 이 책을 정리하였다.

화재현장을 직접 보는 것만큼 뛰어난 스승은 없다. 따라서 실무를 접하는 것처럼 완성도를 높이기 위해 내용을 엄선했으며 꼭 필요한 내용들을 정독할 수 있도록 구성했다. 화재조사는 물질이나 물체의 직접 관찰을 통해 증거로 말을 한다. 그러나 연소작용으로 물질이나 물체가 소실되었다면 간접적인 추론선택을 통해 입증을 해야 한다. 그러나 한 번 선택된 추론이 완벽한 실체를 이끌어내는 것은 아니며, 반복된 여러 번의 관찰을 통해 누적된 데이터를 필요로 한다. 이 책은 화재조사 데이터를 구축하는 데 한 줄이라도 보탬이 되기를 희망할 뿐이다.

사람들은 저마다 정답이 정해지면 그 이상의 답을 찾으려 하지 않는다. 그러나 상황에 따라서 정답은 한 개 이상일 수 있고 변경될 수도 있다. 정해진 답이 없는 경우에는 합리적 이유를 들어 현실에 맞게 문제를 풀어 갈 수 있는 사유(思惟)작용이 일어나야 한다. 복잡한 화재현장을 슬기롭게 파헤치려는 생각의 힘과 발상의 전환을 이끌어 보자는 것은 이 책이 추구하는 숨어있는 의도라는 점도 밝혀둔다.

오랜 시간 인연을 맺어온 사람들끼리 의기투합하여 한 권의 책으로 인사드린다. 뜨거운 열정 하나로 늘 고군분투하는 소방관들의 노고에 경의를 표하며 졸작을 아낌없이 후원해 주신 성안당 관계자 분께도 감사를 드린다.

공저자 드림

이 책의 차례

이 책의 차례

Chapter 09

폭발조사

Chapter 12

**화재조사
논증오류
사례의
비판적 분석**

이 책의 차례

CHAPTER 01

화재이론

The technique for fire investigation identification

CHAPTER 01

화재이론

The technique for fire investigation identification

Step 01 불과 화재

인류가 언제부터 불을 사용했는지 명확하게 기록으로 알려진 바 없으나 일반적으로 인류가 최초로 불을 사용하기 시작한 시기를 구석기시대로 보고 있다. 불의 사용으로 인류의 생활은 커다란 변혁을 맞았다. 강가나 들판을 떠돌며 지내던 이동 채집생활에서 정착생활이 가능해졌으며 난방은 물론 음식을 익혀 먹거나 어둠을 밝히는 도구로 활용하게 된 것이다. 불의 사용은 무엇보다 인류중심의 사회화를 촉진시켰는데 불을 중심으로 농경문화가 이루어지고 음식을 담는 토기류가 발달하였으며 집단생활을 이루게 하는 등 문화 발달적 측면에 혁혁한 영향을 끼쳤다. 철저하게 자연의 법칙에 순응할 수밖에 없었던 원시인들이 불을 발견하게 된 것은 화산폭발이나 낙뢰 또는 나뭇가지의 마찰열로 인해 불이 발생하는 등 우연한 결과로 얻은 것으로 알려져 있다. 불이란 것은 한번 발화하게 되면 용이하게 착화되기도 하지만 약간만 주의를 기울이지 않으면 쉽게 소멸해 버리는 특성을 지니고 있다. 따라서 인류는 불을 온전하게 보존하기 위한 방법을 강구하게 되었고, 이를 위해 이동생활보다는 집단으로 군락생활을 하고 불로 몸을 보호하는 것이 자연의 위험으로부터 유리하다는 것을 터득하게 되었다.

그렇다면 불이란 무엇인가?

불은 실생활에서 화재라는 용어와 혼용되어 사용되고 있는데, 엄밀하게 말하면 양자는 그 의미가 구별된다. 불은 물질이 산소와 화합하여 높은 온도로 빛과 열을 내면서 타는 연소현상으로 화재를 이르는 말이라고도 한다. 그러나 우리는 라이터 불이나 촛불, 가스레인지 불꽃 등을 화재라고 하지 않는다. 더욱이 용광로의 화염이나 불꽃놀이 축제 때 폭죽에서 발생하는 불꽃을 화재라고 하지 않는다. 불은 연소현상의 일종으로 물질이 타면서 물리적·화학적으로 변종(mutant)을 일으키는 작용이며 화재는 불을 촉매로 인간에게 피해를 야기하는 재난이라고 설명할 수 있다. 결국 불은 자기 자신은 변하지 않으면서 다른 물질의 화학반응을 일으키는 것

Step 01 | 불과 화재

Chapter
01

Chapter
02

Chapter
03

Chapter
04

Chapter
05

Chapter
06

Chapter
07

Chapter
08

Chapter
09

Chapter
10

Chapter
11

Chapter
12

Chapter
13

이며 불을 이용한 재난발생의 결과가 화재인 것이다. 불은 과거 '훼(燬)'라는 말로 표현되기도 하였는데 이 역시 불을 의미하는 것이다. 화재가 발생하면 일반사람들은 '불이야'라고 외치는데 다급한 마음에 주변사람들에게 도움을 요청하기 위한 표현일 뿐 여기서 실제 의미는 화재를 이르는 말로 우리는 종종 일상생활에서 불과 화재를 혼용하여 사용하고 있다. 화재는 문자 그대로 불로 인한 재앙을 말한다.

한편 학문적으로 화재는 연소현상을 중심으로 보면 '열과 빛을 발생하는 산화 발열반응'으로 요약된다. 국내 규정(화재조사 및 보고규정)은 '사람의 의도에 반하거나 고의에 의해 발생하는 연소현상으로서 소화시설 등을 사용하여 소화할 필요가 있거나 또는 화학적인 폭발현상'을 화재로 정의하고 있다. 사람의 의도에 반한 경우는 과실 또는 고의에 의한 것으로, 여기서 과실은 책임 정도에 따라 경과실 및 중과실로 구분할 수 있고 방화는 고의에 의한 화재로 설명할 수 있다. 이외에 자연발화 및 낙뢰로 인해 주변 가연물이 연소한 것 등도 화재에 포함시키고 있다. 금속의 용융현상은 열과 빛을 발생하지만 산화현상이 아니므로 연소현상이 아니며, 금속에 녹이 발생하는 것과 신문지 등 종이류가 누렇게 변색되는 것 등은 공기 중의 산소와 장시간 접촉에 따른 산화반응이지만 열과 빛을 발생하지 않으므로 연소현상에 해당하지 않는다. 화학적 폭발(chemical explosion)은 불안정한 화학적 화합물의 치환 또는 급격한 산화반응에 의해 열이나 빛, 압력, 충격파 등을 일으켜 연소현상을 동반하는 경우가 많아 화재의 범주에 포함시키고 있다. 그러나 보일러의 순환불량으로 내압이 상승하여 거푸집이 폭발하는 것이나 압력밥솥에 음식물 조리 중 기밀성이 불량하여 내압을 견디지 못해 폭발하는 것 등은 연소현상에 해당하지 않는 물리적 폭발(physical explosion)이므로 화재로 간주하지 않는다.

아메리카와 유럽, 아시아 등 주요국가에서도 화재를 열과 빛을 동반한 연소현상으로 정의하고 있고 사람의 통제를 벗어난 억제되지 않는 연소(uncontrolled combustion) 현상이라고 해석하고 있다.

1 화재의 정의

(1) 국내(화재조사 및 보고규정)

화재란 사람의 의도에 반하거나 고의에 의해 발생하는 연소현상으로서 소화시설 등을 사용하여 소화할 필요가 있거나 또는 화학적인 폭발현상을 말한다.

※ 한국산업규격 소방용어(KS B ISO 8421-1)에서는 불(화재)이란 '시간과 공간의 제약 없이 무질서하게 확산되는 연소'라고 정의하고 있다.

(2) 미국(NFPA 921. 2014 edition)

화재란 급격한 산화과정으로 다양한 강도의 빛과 열을 발생시키는 화학적 반응이다.(Fire is a rapid oxidation process, which is a chemical reaction resulting in the evolution of light and heat in varying intensities.)

(3) 영국(British Standards Institution. BS4422)

열 · 연기 · 불꽃 또는 이러한 현상들의 조합으로, 특이한 형태로 진행되는 일련의 모든 연소과정(A process of combustion characterised by heat or smoke or flame or any combinaion or these.)

(4) 일본(화재보고취급요령)

화재란 사람의 의도에 반하여 발생하거나 혹은 확대되며 또는 방화에 의해 발생하여 소화의 필요성이 있는 연소현상으로서 이를 소화하기 위해 소화시설 또는 이것과 같은 정도의 효과가 있는 것을 이용할 필요가 있는 것, 또는 사람의 의도에 반하여 발생하고 또는 확대된 폭발현상(화학적 변화에 의한 연소의 한 형태로 급속히 진행되는 화학반응에 의해 다량의 가스 및 열을 발생하며 폭명, 화염 및 파괴 작용을 동반하는 현상을 말한다)을 말한다.(火災とは、人の意図に反して発生し、若しくは拡大し、又は放火によて発生して消火の必要がある燃焼現象であって、これを消火するために消火施設又はこれと同程度の効果のゐるものの利用を必要とするもの、又は人の意図に反して発生し、若しくは拡大した爆発現象（化学的変化による燃焼の一つの形態で、急速に進行する化学反応によって多量のガス及び熱を発生し、爆鳴、火炎及び破壊作用を伴う現象をいう)をいう)

(5) 중국(소방 기본용어 GB5907-86)

시간 또는 공간에서 제어능력을 잃은 연소로 인해 조성된 재해를 말한다.(在时间或空间上失去控制的燃烧所造成的灾害)

2 화재의 성립

화재는 본래 의도한 목적에서 벗어나 다른 물질로 연소 확대되어 인적 · 물적 손해를 야기하는 재난으로 일정한 성립요소를 필요로 하고 있다. 여기서 화재의 성립요건은 연소의 3요소를 지칭하는 것이 아니라 화재조사보고규정에 있는 정의를 정리한 것으로 다음과 같다.

❶ 사람의 의도에 반하거나 고의에 의해 발생하는 연소현상일 것
❷ 소화시설 등을 사용하여 소화할 필요가 있을 것
❸ 또는 화학적인 폭발현상일 것

위의 문맥에 의하면 화재는 사람이 의도하지 않았거나 방화 등 고의에 의해 발생한 것으로, 소화시설 등을 사용하여 불을 꺼야 할 필요가 있어야 한다. 예를 들어 사람이 쓰레기를 태우고 있었다면, 자신이 의도하였고 고의에 의해 발생하였지만 소화시설 등을 이용한 소화의 필요성이 없으므로 화재에 해당하지 않는다. 그러나 잠시 자리를 비운 사이에 갑자기 바람이 불어 화

Chapter
01
Chapter
02
Chapter
03
Chapter
04
Chapter
05
Chapter
06
Chapter
07
Chapter
08
Chapter
09
Chapter
10
Chapter
11
Chapter
12
Chapter
13

염과 불티가 다른 물체에 옮겨 붙었다면 의도하지 않은 일이 전개된 것이고 소화의 필요성도 있으므로 화재에 해당할 것이다.

　화재는 상황에 따라서 자연 소화됨으로써 소화의 필요성이 없는 경우도 있다. 주택에서 화재가 발생하여 출동한 적이 있었는데 문을 열고 안으로 진입했을 때 연기만 자욱한 상태로 불길은 보이지 않았다. 내부를 살펴보니 콘센트 벽면에서 발화가 되었는데, 플라스틱 일부만 용융된 상태로 발견되었고 가연물 부족으로 자연 소화되었다. 이러한 경우 초기에 발견되었다면 소화의 필요성이 제기되었을 것이며 본질적으로 사람의 의도에 반해 발생하였고 그을음 등에 의해 실내가 오염되었으므로 화재의 범주에 포함시켜도 무리가 없을 것이다. 소방대가 출동 중에 관계자가 자체적으로 소화시켜 소방대의 소화활동이 필요없는 경우와 소방대가 출동하지 않았음에도 관계자가 소방서로 사후조사를 의뢰한 경우 등도 화재의 범주에 포함시켜 조사를 하여야 한다.

　화재의 성립여부는 위의 3요소를 만족시켜야 하지만 화재의 발생상황이 매우 다양하므로 어느 한 단면만 가지고 결정할 것이 아니라 폭넓게 판단할 필요가 있다. 한편 가연성 기체나 증기, 분진 등이 공기와 혼합기를 형성하여 점화원에 의해 폭발하는 화학적 폭발은 물질의 발열과 분해반응이 일어나기 때문에 화재에 포함되지만 물리적 폭발은 제외된다.

Step 02 | 화재의 분류

1 국내 화재의 분류체계

　국내 화재의 분류체계는 한국산업규격(KS B 6259)에서 정한 기준에 따르고 있다. 이 기준은 국제표준규격(ISO) 3941에서 정하고 있는 범위를 토대로 화재의 등급을 A급~D급까지 4가지로 구분하고 있으며 물질의 종류와 성상에 착안하여 분류한 것이다.

〔표 1-1〕 화재의 분류체계(KS B 6259)

용어	정 의	대응영어
A급	보통 잔재의 작열에 의해 발생하는 연소에서 보통 유기성질의 고체물질을 포함한 화재	Class A
B급	액체 또는 액화할 수 있는 고체를 포함한 화재 및 가연성 가스 화재	Class B
C급	통전 중인 전기설비를 포함한 화재	Class C
D급	금속을 포함한 화재	Class D

(1) 일반화재(Class A-백색)

일반적으로 연소 후 재를 남기는 화재를 말한다. 목재를 비롯하여 플라스틱과 섬유류, 종이, 석탄, 고무 등 고체물질의 연소가 주로 해당된다. 일반 주택에서 발생하고 있는 화재는 거의 일반화재의 성격을 지니고 있으며 가장 큰 비중을 차지하고 있다.

(2) 유류 · 가스화재(Class B-황색)

유류화재는 상온에서 액체 상태로 존재하는 물질의 가연성 증기에 착화되어 연소반응을 일으키는 화재를 말한다. 연소 후 재를 남기지 않으며 전기 스파크나 정전기 등 작은 점화원에도 착화가 용이하고, 발열량이 우수하여 일단 발화하면 쉽게 꺼지지 않아 화재진압이 어렵고 다량의 흑연을 발생시킨다.

가스화재는 상온에서 기체 상태로 존재하는 프로판, 부탄, 메탄, 암모니아 등 가연성 가스에 착화된 화재를 말한다. 조연성 가스(산소, 공기, 염소 등)와 불연성 가스(질소, 이산화탄소, 헬륨, 아르곤 등)는 착화성이 없다. 가연성 가스가 누설되더라도 점화원에 의해 무조건 착화하는 것이 아니라 누설된 가스가 연소범위를 형성하고 점화원이 주어졌을 때 비로소 폭발적으로 연소한다. 국내에서는 유류화재와 가스화재를 동일하게 B급 화재로 취급하고 있다.

(3) 전기화재(Class C-청색)

전기 시설물인 배전반, 분전반, 옥내배선, 배선용 차단기, 콘센트 등 전기 시설물에서 발생한 화재뿐만 아니라 전기를 에너지원으로 사용하는 냉장고, TV, 형광등, 컴퓨터 등에서 전기적 요인으로 발생한 화재를 총칭한다. 전기화재는 반드시 전기가 살아있는 활선(活線, live wire) 상태가 전제되므로 전기 시설물이더라도 위에서 언급한 시설들이 통전상태가 아니라면 전기화재가 아니라 일반화재로 분류하여야 한다.

(4) 금속화재(Class D-무색)

칼륨, 나트륨, 마그네슘, 알루미늄 등 가연성 금속류가 연소하는 화재를 말한다. 이론적으로 모든 금속은 불꽃반응을 일으킨다. 칼륨과 나트륨은 반응성이 높아 용융점 이상으로 가열하면 각각 보라색과 황색불꽃을 띠며, 마그네슘은 흰색, 알루미늄은 은색불꽃을 발하며 연소한다. 이들 금속은 밀폐 공간에서 공기 중에 분말상태로 부유하고 있을 경우 작은 점화원에도 폭발적인 연소를 일으킬 수 있다.

2 국제기구의 화재분류 체계

NFPA와 ISO에서는 주방에서 음식물 조리 중 튀김기름(식용유 등)이 원인으로 발생한 화재를 각각 K급과 F급 화재로 분류하고 있다. 튀김기름이 일반 유류화재와 다른 점은 가연성 증기가 연소하는 것이 아니라 가열을 받은 기름 자체가 연소한다는 점에서 차이가 있다. 일반적으로 식용유는 발화점(370℃ 전후) 이상이 되면 기름 표면에서 스스로 발화하며 유면상의 화염을 제거하여도 기름을 냉각시키지 않으면 곧 재발화가 일어나기도 한다. ISO는 유류화재와 가스화재를 각각 B급과 C급으로 구분하고 있으며 전기화재를 별도로 구분하지 않고 있다. 가스화재를 E급 화재로 분류하는 국가도 있으나 국내기준은 가스화재와 유류화재 모두 B급으로 분류하고 있으며 음식물 조리 중 튀김기름에 의한 화재도 B급 화재로 다루고 있다.

〔표 1-2〕 NFPA 및 ISO의 화재분류 체계

분류	미국방화협회(NFPA 10)	국제표준화기구(ISO 7165)	색상
A급	목재, 종이, 섬유 등 일반 가연물	불꽃을 내는 고체물질의 화재	백색
B급	유류 및 가스화재	유류화재	황색
C급	전기화재	가스화재	청색
D급	금속화재	금속화재	무색
K급	튀김기름을 포함한 조리화재	—	—
F급	—	튀김기름을 포함한 조리화재	—

③ 유형별 분류

화재의 유형별 분류는 화재조사 및 보고규정에 있는 기준을 나타낸 것으로 모든 화재는 이 범주 안에서 설명할 수 있고 구분되어야 한다. 만약 건물 안에서 화재가 발생했으나 연소과정 중 복사열에 의해 건물 주변에 세워둔 차량까지 소손피해를 당해 건물과 차량에 복합적으로 화재가 발생하였다면 화재의 구분은 화재피해액이 많은 것으로 한다. 그러나 화재피해액이 같거나 화재피해액이 큰 것으로 구분하는 것이 사회 관념상 적당하지 않은 경우에는 발화장소로 화재를 구분하고 있다.

(1) 건축 · 구조물화재

건축 · 구조물 및 그 수용물이 소손된 화재를 말한다. 건축물은 토지에 정착한 공작물 중에 지붕 및 기둥, 벽을 가진 것으로 거주 또는 관람을 위한 공작물과 지하 혹은 고가의 공작물에 설치한 사무소, 점포, 상가 등을 포함한다. 구조물은 토지 위나 아래에 인공적으로 고정시켜 만든 시설물을 말하며 수용물이란 기둥, 벽 등의 구획을 중심선으로 둘러싸인 부분에 수용된 물건 또는 그것과 일체화하여 있는 물건을 말한다. 폐차 처리된 버스와 기차를 식당으로 꾸미며 재활용하기 위해 토지 위에 정착시킨 경우 건축 · 구조물에 해당한다.

(2) 자동차 · 철도차량화재

자동차 · 철도차량 및 피견인 차량 또는 그 적재물이 소손된 화재를 말한다. 육상에서 운송을 목적으로 운행하는 도로 및 궤도상의 모든 차량과 농업용 트랙터, 경운기, 이앙기를 포함하며 철도차량으로서 선로를 운행할 목적으로 제작된 동력차 · 객차 · 화물차 및 특수차 등도 이에 해당된다.

(3) 위험물 · 가스제조소 등 화재

위험물 제조소 등과 가스의 제조 · 저장 · 취급시설 등이 소손된 화재를 말한다. 보유공지 안에서 연료의 누설, 유류나 가스배관의 이탈 등에 기인할 수 있으며 주유취급소와 저장취급소, 판매취급소에서 발생하는 사고를 총칭한다.

(4) 선박 · 항공기화재

선박 · 항공기 및 그 적재물이 소손된 화재를 말한다. 선박이란 수상 또는 수중에서 항해용으로 사용되거나 사용될 수 있는 배를 말하고 항공기는 사람의 탑승, 화물운송 등 항공 용도로 사용되는 비행기, 회전익 항공기, 비행선 등을 말한다. 선박이나 항공기 자체가 연소되지 않았더라도 그 안에 적재되어 있던 가연물이 화재로 연소되었다면 선박이나 항공기 화재로 구분한다.

(5) 임야화재

산과 숲, 들과 접한 야산, 수목, 잡초, 경작물 등이 소손된 화재를 말한다. 산과 숲을 포함하고 있어 산불화재라고도 한다. 논과 밭에서 경작하는 벼, 고추, 배추 등의 농산물 등도 모두 해당된다.

(6) 기타 화재

위의 분류에 해당하지 않는 화재로 쓰레기, 산업폐기물 화재 등이 있다.

④ 원인별 분류

(1) 실화(accidental fire)

일반인이 통상 지켜야 할 주의의무를 다하지 못한 결과 소홀함에 기인한 것을 말한다. 어떤 조건하에서 화재로 인해 목적물이 연소할 가능성이 충분함에도 불구하고 부주의로 인식하지 못했거나 또는 화재의 위험성을 예견하고도 화재예방조치를 소홀히 함으로써 발생한 화재이다. 과실로 인해 자기 소유 또는 타인의 물건을 소훼하여 공공의 위험을 발생하게 한 경우 형법(제170조)에 의해 1천 500만원 이하의 벌금에 처하고 있다.

(2) 방화(arson)

현주건조물, 공용건조물, 일반건조물, 일반 물건 등에 불을 놓아 인적 · 물적 피해를 발생시키는 고의적 행위를 말한다. 다분히 의도된 행위이므로 반사회적 공공 위험죄로 처벌하고 있다. 사람이 주거로 사용하거나 사람이 현존하는 건조물 등에 방화를 한 경우 형법(제164조 제1항)에 의해 무기징역 또는 3년 이상의 징역에 처하고 있다.

(3) 자연발화(spontaneous combustion)

공기 중에서 물질 스스로 화학반응을 일으켜 물질 자신이 발열하여 연소하는 현상이다. 자연발화성 물질은 발화점이 낮고 공기 중에 산화되는 것으로 산화열, 분해열, 흡착열, 발효열, 중합열 등에 기인한다.

(4) 재발화(rekindling fire)

화재진압 후 다시 화재가 개시된 경우이다. 완전히 소화가 이루어진 경우라도 퇴적물 깊숙이 남아있던 열이 일정시간 축열이 진행되면 불꽃연소가 일어나 다시 발화하는 경우가 있다.

(5) 자연재해(natural disaster)[1]

낙뢰, 지진, 태풍, 홍수 등 자연적 재해로 화재가 발생한 경우이다. 자연재해로 인한 화재는 발생시기와 방향 등을 예측하기 어렵다.

(6) 원인 미상(fire of unknown cause)

원인을 알 수 없거나 원인을 발견하지 못한 경우를 말한다.

Step 03 | 기초 화학과 물리

1 물질의 구성

정상적인 조건에서 모든 물질은 원소(element) 또는 이들의 조합으로 구성되어 있다. 원소는 화학적 또는 물리적 처리를 하더라도 더 이상 분해될 수 없는 물질이다. 원소의 예로는 수소를 비롯하여 탄소, 산소, 질소, 염소 등 지금까지 112종이 있는 것으로 알려져 있다.(2012년 일본 규슈대 모리타 고스케 연구팀은 113번째 원소를 발견했다. 2016년 그 원소는 '니호늄'이란 이름으로 공식 명명되었는데 이 원소를 발견하기 위해 7년 동안 400조 회 실험을 했다고 한다.

---

[1] 자연재해란 태풍, 홍수, 호우(豪雨), 강풍, 풍랑, 해일(海溢), 대설, 낙뢰, 가뭄, 지진, 황사(黃砂), 조류(藻類) 대발생, 조수(潮水), 화산활동, 소행성 · 유성체 등 자연우주물체의 추락 · 충돌, 그 밖에 이에 준하는 자연현상으로 인하여 발생하는 재해를 말한다.(자연재해대책법 제2조 제2항)

물질의 근본을 밝히려는 노력이 놀라울 따름이다.) 이들 원소 중에는 인간의 몸을 구성하고 생명유지에 없어서는 안 될 물질들이 많다. 원자(atom)는 '분할할 수 없는(indivisible)' 의미를 갖는 그리스어에서 유래된 것으로 물질을 이루는 각각의 입자를 말한다. 예를 들어 소금(NaCl)의 입자를 아무리 작게 쪼개도 소금의 성질을 갖고 있다면 소금 분자를 유지하지만 더욱 작게 분해시켜 나트륨(Na)과 염소(Cl)로 쪼개졌다면 이때부터 소금이 아닌 각각의 원자로 존재한다. 원소가 기본성분이라고 하면 원자는 그 기본성분을 이루고 있는 가장 작은 기본입자라고 할 수 있다. 물질을 구성하고 있는 원자는 태양계가 생겨나기 전부터 존재하고 있었다는 것이 정설로 알려져 있다. 원자들은 끊임없이 운동을 하며 이동을 하고 있으며 생물과 무생물계에서 다양한 형태로 순환과 재순환을 반복한다. 인간이 숨을 쉴 때마다 들이쉰 공기는 일부만 내뱉게 되는데, 몸속에 남겨진 원자들은 몸에 흡수되어 몸의 일부가 되었다가 언젠가는 배출되어 어떤 물체의 또 다른 일부가 되는 과정이 일어난다. 이렇게 볼 때 지구상에 살았던 수많은 인간들과 지금 현재 살고 있는 인간들은 모두 호흡을 통해 원자들을 교환하고 있다고 생각해도 무방할 것이다. 인간은 먼지에 불과한 것이며 결국 먼지로 돌아가게 된다. 인체를 구성하고 있는 세포들은 이전에 존재했던 물질들을 재배열한 것에 불과하다. 산모의 자궁 안에 있는 태아의 원자들은 산모가 섭취한 음식으로부터 공급된 것으로 인체는 같은 종류의 원자들로 구성되었음을 알 수 있다. 원자는 가시광선의 파장보다 더 작기 때문에 눈으로 식별할 수 없다.

한편 분자(molecule)는 물질의 성질을 가지고 있는 최소 단위인 원자가 모여서 구성된다. 분자는 원자의 수에 따라 단원자 분자(He, Ne, Ar), 2원자 분자(H_2, O_2, HCl), 3원자 분자(H_2O, CO_2), 다원자 분자(H_2SO_4, H_2CO_3) 등으로 분류한다. 분자는 온도와 압력에 따라 고체, 액체, 기체 상태로 존재할 수 있고 분자를 쪼개면 다시 원자가 된다. 반대로 분자가 모이면 물질이 된다. 고체 상태의 각 분자는 제한된 범위 안에서 진동을 하거나 운동을 하는데 이처럼 분자나 원자의 배열이 규칙적인 물체를 결정질(結晶質, crystalline)이라고 하며 그 배열이 불규칙한 물질은 비정질(非晶質, non-crystalline)이라고 한다. 액체와 기체는 고체보다 자유롭게 분자운동을 할 수 있다. 그러나 물질의 상태가 바뀌더라도 질량에는 변화가 없다. 고체 상태의 양초가 녹아서 액체 또는 기체가 되더라도 분자 수는 변하지 않으므로 질량에는 변화가 없고 다만 고체에서 액체로 또는 액체에서 기체로 변했을 때 분자 사이의 거리가 멀어지므로 부피는 증가한다. 밀도(density)는 물체의 질량을 부피로 나누어 계산하는 것으로 거의 모든 물질은 고체 상태에서 밀도가 가장 크고 액체, 기체 순으로 작아진다. 예외적으로 물의 밀도는 액체상태일 때 가장 크고 고체, 기체 순으로 작아진다. 물이 얼음(고체)이 되면 얼음의 결정구조인 육각형이 만들어져 가운데 빈 공간이 차지하므로 고체의 부피가 액체의 부피보다 자연스럽게 커져 밀도는 감소하게 되는 것이다. 부피가 커진 얼음이 물 위에 뜨는 이유도 밀도가 감소했기 때문이다. 일반적으로 고체나 액체의 밀도는 온도나 압력이 변해도 거의 변화가 없지만 기체는 온도가 올라갈수록 분자운동이 활발해져 부피가 커지고 밀도는 감소한다. 화재현장에서 흔히 볼 수 있는 다량의 연기는 물질의 연소 결과 분자운동이 활발해져 기체의 부피는 증가하고 밀도는 감소하여 가벼워져 나타나는 현상이다.

② 탄소화합물

(1) 특징

　탄소-탄소, 탄소-수소의 결합체를 유기화합물(organic compound)이라고도 한다. 우리 주변에 있는 대부분의 물질은 거의 탄소화합물(carbon compound)로, 헤아릴 수 없을 정도로 그 종류가 많다. 화재현장에서 흔히 볼 수 있는 플라스틱을 비롯하여 나일론, 합성섬유, 식품, 의약품 등과 메탄, 프로판, 등유, 경유 등은 탄소화합물의 대표적인 물질들이다. 탄소는 최외 각 전자가 4개로서 수소원자 및 다른 원자와도 공유결합을 하며 단일결합, 이중결합, 삼중결합이 가능하여 매우 다양한 화합물을 만들어낼 수 있다. 탄소화합물의 주성분에는 탄소, 수소, 산소를 비롯하여 인(P), 황(S), 질소(N), 염소(Cl) 등이 포함된다. 탄소화합물의 특징은 안정된 공유결합을 유지하기 때문에 반응속도가 느리고 분자끼리 작용하는 인력이 작다. 녹는점과 끓는점이 낮고 물에 잘 녹지 않지만 무극성 용매인 알코올, 벤젠, 에테르 등에 녹는다. 대부분 비 전해질로 전기전도성이 거의 없어 안정적이다.

(2) 탄소화합물의 분류

① 포화탄화수소(saturated hydrocarbon)

　물질의 결합구조가 단일결합(C—C)일 경우 포화탄화수소를 이룬다. 포화란 더이상 물질을 수용할 수 없는 상태로 가득 채워졌다는 것으로 다른 원소가 추가로 결합할 수 없음을 의미한다. 포화탄화수소의 형태는 사슬모양과 고리모양으로 구분되며 지방족 탄화수소 중 알칸(alkane)은 포화탄화수소에 해당한다. 포화탄화수소인 알칸의 일반식은 C_nH_{2n+2}로 나타내며 메탄(CH_4), 에탄(C_2H_6), 프로판(C_3H_8) 등은 사슬모양의 탄소와 수소로만 구성된 유기화합물이다. 이해를 돕기 위해 메탄을 예로 들어보자. 탄소 수가 하나인 메탄은 수소 4개와 연결된 정사면체 구조로 탄소와 수소의 결합각은 입체적으로 109.5°를 유지하며, 불포화결합이 아니므로 부가반응이 거의 없어 화학적으로 안정된 구조로 되어 있다.

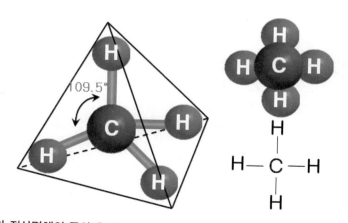

메탄은 탄소원자가 정사면체의 중심에 있고 각 꼭지점에 4개의 수소원자가 있는 3차원 구조로 되어 있다.

알칸계 탄소화합물의 종류를 보면 탄소의 수가 적을수록 녹는점과 끓는점이 낮아 기체로 존재하는 반면에 탄소 수가 많은 것일수록 녹는점과 끓는점이 높아 액체로 존재하는 것을 알 수 있다.

〔표 1-3〕 알칸계 탄소화합물의 종류

구 분	분자식	녹는점(℃)	끓는점(℃)	물질의 상태
Methane	CH_4	-183	-162	기체
Ethane	C_2H_6	-172	-89	
Propane	C_3H_8	-188	-42	
Butane	C_4H_{10}	-138	-0.5	
Pentane	C_5H_{12}	-130	36	액체
Hexane	C_6H_{14}	-95	68	
Heptane	C_7H_{16}	-91	98	
Octane	C_8H_{18}	-57	126	
Nonane	C_9H_{20}	-54	151	
Decane	$C_{10}H_{22}$	-30	174	

❷ 불포화탄화수소(unsaturated hydrocarbon)

불포화탄화수소는 탄소와 탄소사이 결합 중 일부 또는 전부가 이중결합(C=C)이나 삼중결합(C≡C)으로 구성된 탄화수소를 말한다. 이중결합을 갖는 분자를 알켄(alkene)이라고 하며 삼중결합을 포함하는 분자를 알킨(alkyne)이라고 한다.

알켄의 일반식은 C_nH_{2n}으로 나타내며 에틸렌계 탄화수소라고 한다. 적갈색을 띠고 있는 브롬수에 에틸렌을 통과시키면 브롬은 무색으로 탈색된다. 이것은 에텐의 이중결합 중 약한 결합이 끊어지면서 각 탄소원자에 브롬 원자가 첨가되는 반응이 일어나기 때문이다. 이 반응은 상온에서 용이하게 발생하고 눈으로 확인이 쉽기 때문에 불포화탄화수소임을 확인할 수 있는 매우 간단한 방법에 속한다. 알킨의 일반식은 C_nH_{2n-2}이며 대표적인 물질로는 아세틸렌(C_2H_2)이 있다. 아세틸렌은 공기 중에서 밝은 빛을 내면서 연소하는데 직선형 구조로 180°의 결합각을 갖는다. 탄화칼슘(CaC_2)에 물을 첨가하여 얻으며 완전 연소시키면 3,000℃ 이상의 열이 발생하므로 금속절단이나 용접 시 사용된다. 또한 금속(Ag, Cu 등)과 치환반응을 하면 폭발성 아세틸라이드(M_2C_2)가 만들어진다.

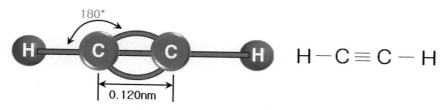

180°

0.120nm

$H-C\equiv C-H$

한 개의 삼중결합을 가지고 있는 에틴(아세틸렌)의 원자배치 형태와 구조식

❸ 방향족 탄화수소(aromatic hydrocarbon)

고리모양의 불포화탄화수소이며 기본적으로 분자 내에 벤젠(C_6H_6) 및 벤젠고리(핵)를 포함하고 있는 화합물이다. 벤젠은 특유의 냄새가 있는 방향족 화합물의 기초가 되는 물질로써 무색의 휘발성 액체이며 물보다 가볍고 물에 녹지 않지만 에탄올, 아세톤 등에 녹으며 고무류 등 여러 가지 유기물질을 녹이는 성질이 있다. 인화점(−11℃)이 매우 낮아 겨울철에 응고된 상태에서도 착화하기 쉽고 일단 연소를 일으키면 다량의 그을음이 발생한다. 벤젠의 구조는 평면 정육각형으로 탄소가 6개 포함되어 있으며 각각의 탄소는 단일결합과 이중결합의 중간적 성질인 공명구조를 갖고 있어 첨가반응보다는 치환반응을 잘한다.

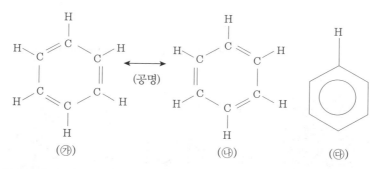

(공명)

(㉮) (㉯) (㉰)

벤젠은 단일결합(㉮)이나 이중결합(㉯)이 교대로 존재하는 것이 아니라 단일결합과 이중결합의 중간적 성질(㉰)을 갖는다.

❸ 무기화합물(inorganic compound)

무기화합물은 유기화합물 이외의 화합물로 탄소를 함유하지 않은 화합물이다. 그러나 무기화합물에도 탄소를 함유하고 있는 물질이 있어 탄소화합물의 범위를 명확하게 선을 그어 설명하기 어렵다. 탄소의 산화물과 금속의 탄산염 등은 무기화합물에 포함되지만 시안화수소, 금속 시안화물, 탄소의 황화물 등은 유기물과 무기물 양쪽 모두에도 해당한다고 할 수 있다. 또한 건설산업에 쓰이고 있는 시멘트, 석면, 유리 등과 염산, 질산, 황산 등의 산 화합물은 대표적인 무기화합물들이다. 화재와 관련하여 탄소성분이 없어 연소성이 없는 것이 대부분이지만 탄소성분이 있는 일산화탄소와 이산화탄소, 탄산칼륨, 시안화수소 등은 무기화합물로 분류하고 있다.

④ 물질의 상태변화

우리 주변에 있는 모든 물질은 고체 · 액체 · 기체의 3가지 중 한 가지 상태로 존재한다. 이러한 상태의 물질이 어떤 작용에 의해 열을 얻거나 잃게 되면 온도가 상승하거나 내려가게 됨으로서 부피가 팽창하거나 수축작용을 일으킨다. 그러나 온도변화가 발생하지 않는 경우도 있는데 고체가 액체로 변하거나 액체가 기체로 변하는 과정은 열을 얻지만 온도는 상승하지 않는다. 기체가 액체로 변하거나 액체가 고체로 변하는 과정은 반대로 열을 잃지만 마찬가지로 온도는 내려가지 않는다. 열을 얻어 고체에서 바로 기체로 되는 과정과 열을 잃어 기체에서 바로 고체로 되는 과정에도 온도변화는 없다. 이처럼 열을 얻거나 잃었을 때 온도변화 없이 고체, 액체, 기체로 각각 변하는 것을 물질의 상태변화(material change of state)라고 한다. 상태변화가 일어날 때 온도변화가 발생하지 않는 이유는 물질의 상태를 바꾸는데 쓰이는 잠열(潛熱, latent heat)[2]이 출입하기 때문이다. 잠열은 물질의 상태가 변할 때 흡수하거나 방출되는 에너지로 그 값이 정해져 있다. 얼음이 물로 융해되거나 물이 얼음으로 응고될 때 얼음이나 물은 1g당 80cal의 열을 흡수하거나 방출한다. 물이 수증기로 기화하거나 수증기가 물로 액화될 때 물이나 수증기는 1g당 539cal의 열을 흡수하거나 방출한다. 물질의 상태가 변화할 때 발생하는 융해열, 기화열, 액화열 등은 모두 잠열 또는 변환열이라고도 하며 반응열(heat of reaction)과 구별된다.

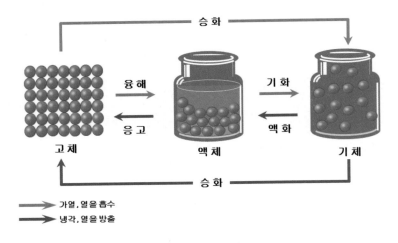

물질의 상태변화

한편 물질의 상태변화로 열을 흡수하거나 방출하게 되면 물질의 부피가 변하게 된다. 일반적으로 고체보다는 액체의 부피가 크며 액체보다는 기체의 부피가 더 크게 늘어난다. 그러나

---

2 잠열(latent heat) : 어떤 물질이 고체에서 액체로 변하거나 액체에서 기체로 변할 때 흡수하는 열을 말한다. 즉, 물질의 온도변화 없이 상태변화만 필요한 열량을 말한다. 여기서 고체에서 액체로 변할 때 출입하는 열을 융해잠열이라 하고 액체가 기체로 변할 때 출입하는 열을 증발잠열이라고 하는데 대기압에서 물의 융해 잠열은 80cal/g이지만 100℃에서의 증발잠열은 539cal/g이다. 0℃의 물 1g이 100℃의 수증기가 되기까지는 약 629cal의 열량이 필요하며 0℃의 얼음 1g이 100℃의 수증기가 되기까지는 약 719cal의 열량이 필요한 것처럼 물은 증발잠열이 우수하지만 대부분의 물질은 잠열이 물보다 작다.

Step 03 | 기초 화학과 물리

Chapter
01
Chapter
02
Chapter
03
Chapter
04
Chapter
05
Chapter
06
Chapter
07
Chapter
08
Chapter
09
Chapter
10
Chapter
11
Chapter
12
Chapter
13

상태변화로 인해 분자의 수는 변하지 않으며 분자끼리 배열이 달라지면서 분자 사이의 거리가 늘어나게 될 뿐이다. 고체 물질은 분자 사이의 간격이 좁고 규칙적으로 배열된 구조이다. 상태변화가 일어나면 분자들 사이에는 강한 인력이 작용하므로 개개의 분자들은 자유롭게 움직일 수 없고 단지 제자리에서 진동만 할 뿐이다. 따라서 고체 물질은 일정한 부피를 가지고 있지만 크기가 쉽게 변하지 않는다. 시간이 지나면서 고체 물질에 상태변화가 계속되면 각각의 분자운동이 활발해져 주변에 있는 입자들 사이의 인력이 끊어지고 액체 상태로 변하게 된다. 액체 상태의 분자들은 고체 상태일 때보다는 분자들 사이의 거리가 멀고 불규칙적으로 배열되어 있어 서로 자리이동을 할 수 있을 정도로 움직임이 자유롭다. 또한 물처럼 흐르는 성질이 있어 담겨진 그릇의 모양에 따라 모습이 쉽게 변하지만 부피는 일정하게 유지된다. 액체 상태의 물질에 계속 열을 가하면 분자들은 기체 상태로 변하는데 이때 분자들은 고체나 액체에 비해 서로 더욱 멀리 떨어지게 되고 활발하게 운동하기 때문에 부피가 크게 늘어날 수밖에 없다. 이처럼 물질의 상태변화가 일어나면 부피가 증가하거나 분자 간의 배열이 달라지지만 물질의 근본 성질은 바뀌지 않는다. 간단한 예로서 금(Au)을 녹여서 반지나 목걸이를 만드는 것과 철(Fe)을 녹여서 각종 그릇 등 금속류를 만들더라도 금과 철이라는 성질은 변하지 않는다. 일반적으로 물질의 상태변화는 에너지의 이동과 함께 일어나는 작용이다.

〔표 1-4〕 물질의 상태변화에 따른 특성

구 분	특 징	형태와 부피
고 체	단단한 성질	형태와 부피가 항상 일정
액 체	자유롭게 흐르는 성질	형태는 변하지만 부피는 일정
기 체	흐르면서 퍼지는 성질	형태와 부피가 모두 변함

(1) 고체(solid)

고체란 물질이 집합하여 일정한 모양을 갖추고 있는 것을 말한다. 고체를 구성하는 각 원자 또는 분자들의 배치관계는 거의 일정하고 화학적 변화를 일으키지 않는 한 대체로 저온, 고압이 됨에 따라 고체 상태를 유지하고자 한다. 따라서 구조적으로 원자 또는 분자의 배열이 규칙적인 주기성을 갖는 결정만을 고체라고 한다. 고체의 속성은 액체나 기체와 마찬가지로 물질이 촘촘히 자리를 차지하는 정도인 밀도(density)[3]가 특징이다. 목재를 이등분하더라도 밀도에는 변화가 없다. 목재의 질량과 부피가 처음의 1/2배가 되었을 뿐이지 밀도는 같다. 물질의 밀도는 원자들의 질량과 원자들 사이의 거리가 결정한다. 일정한 부피를 가진 빵 한 덩어리를 누르면 부피는 감소하고 밀도는 증가하는데 밀가루 분자들의 거리가 감소함에 따라 밀도가 증가한 것임을 알 수 있다.

---

[3] 밀도(density): 어떤 물질의 질량을 부피로 나눈 것으로 단위 부피에 들어있는 물질의 양을 말한다. 일반적으로 체적밀도를 가리킨다.

❶ 탄성(elasticity)

강철로 만들어진 용수철에 추를 매달면 용수철이 늘어나는데 추의 무게를 더할수록 늘어나게 되지만 추를 제거하면 용수철은 본래의 길이로 돌아간다. 이러한 성질을 지닌 것을 탄성체라고 한다. 탄성이란 외력을 받으면 모양이 변하지만 외력이 소멸되면 원래의 모습으로 돌아오는 물체의 성질이다. 용수철이 늘어나거나 압축된 길이는 작용한 힘의 크기에 비례한다.[4] 만약 용수철에 20kg의 저울추를 매달았을 때 10㎝정도 아래로 늘어진다고 가정한다면 40kg의 저울추를 매달게 되면 얼마나 늘어나겠는가. 작용하는 힘의 크기가 2배가 되면 늘어나는 길이도 2배가 된다. 따라서 용수철은 20㎝정도 늘어나게 된다. 마찬가지로 60kg의 저울추를 매달았다면 용수철은 3배가 되는 30㎝정도 늘어나게 된다. 탄성물체에 대해 좀 더 살펴보자. 투수가 던진 야구공을 방망이로 타격할 때 야구공의 모양은 일시적으로 찌그러진 상태를 유지한다. 워낙 짧은 순간에 일어나기에 눈으로 확인하기 어렵지만 이 현상은 야구공이 탄성체이기 때문에 가능한 현상이다. 활을 쏘는 사람이 활시위를 당겼을 때 활이 휘었다가 활에서 화살이 떠남과 동시에 활이 원래의 상태로 돌아오는 것도 동일한 원리이다. 탄성은 고체 특유의 현상이지만 외력이 작용했더라도 원래의 상태로 돌아오지 않는 물체도 있는데 이를 비탄성체라고 한다. 납, 밀가루, 찰흙 등은 대표적인 비탄성 물체에 속한다.

용수철이 늘어난 길이는 외력이 작용한 힘에 비례한다. 추의 무게를 2배, 3배로 증가시키면 용수철의 길이도 2배, 3배로 늘어난다.

❷ 압축과 팽창(compression and expansion)

강철(steel)은 어떤 무게나 힘에도 견딜 수 있는 강한 재료로 인정받아 각종 구조물의 기둥이나 보, 받침대 등으로 많이 쓰이고 있다. 그러나 이러한 강철도 무거운 하중을 오랫동안 받을 경우 압축과 팽창이 일어나게 된다. 건축물의 보(beam)는 수직 기둥에 연결되어 하중을 지탱하고 있는 수평 구조부재로 축에 직각 방향의 힘을 받아 주로 휨에 의한 하중을 지탱하는 것이 특징인데 보가 휘면 하중에 의해 아래로 처지게 된다. 강철로 된 보의 한쪽 끝을 콘크리트 벽에 고정시키고 다른 쪽 끝부분에 무거운 물체를 올려놓으면 시간이 경과하면서 보의 윗부분은 팽창이 일어나고 아랫부분으로는 압축이 일어나는 것을 알 수 있다. 이것은 보의 한쪽 끝을 고정시키지 않아 무게중심이 무거운 물체 쪽으로 휘게 되면서 일어나는 현상이다. 만약 보의 양쪽을 고정시킨 후 무거운 물체를 보의 중앙에 놓는다면 압축과 팽창은 중심부를 향해 일어나게 된다. 압축과 팽창은 나무와 플라스틱에서도 발생한다.

---

4 후크의 법칙(Hooke's law): 고체에 힘을 가해 변형시키는 경우 힘의 크기가 일정한 한도를 넘지 않는 한 변형된 양은 힘의 크기에 비례한다는 법칙이다. 고체역학의 기본법칙의 하나로서 1678년 R. 후크가 용수철의 신장(伸長)에 관한 실험적인 연구에서 발견했다.

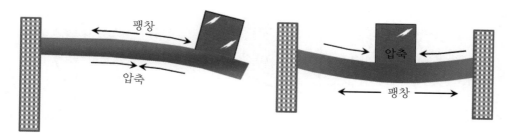

금속의 압축과 팽창

(2) 액체(liquid)

❶ 부력(buoyancy)

물에 잠긴 물체의 무게가 부력보다 크면 물체는 가라앉는다. 반대로 물에 잠긴 물체의 무게가 부력보다 작으면 뜨게 된다. 물체가 물에 뜨거나 가라앉는 것을 좌우하는 것은 물체의 무게에 비해서 부력이 얼마나 큰가에 따라 결정된다. 여기서 부력이란 물체에 작용한 압력에 의해 위로 뜨려는 힘이다. 만약 물에 잠긴 물체의 무게가 부력과 똑같다면 밀려난 물의 무게와 물체의 무게는 동일하다고 볼 수 있다. 다시 말해 밀려난 물의 부피와 물체의 부피는 서로 같으므로 물과 물체의 밀도는 같아진다. 물고기가 바다 속을 자유롭게 돌아다니는 것은 물고기 몸의 밀도가 물의 밀도와 거의 일치하기 때문에 가라앉지도 않고 떠오르지도 않기 때문이다. 물과 물체의 밀도를 동일하게 취급하여 탄생한 것이 중성부력을 이용한 잠수복과 대형 유람선 등이다. 무게가 1톤인 사각형태의 철을 물속에 넣는다고 생각해 보자. 철의 밀도는 물의 약 8배이므로 물속으로 가라앉을 때 약 1/8톤의 물을 밀어내면서 속수무책으로 가라앉게 된다. 그러나 철의 부피를 늘려 그릇모양으로 만들어 물을 떠받치는 구조가 된다면 무게는 여전히 1톤이지만 더 많은 물을 밀어낼 것이고 그릇이 받는 부력도 증가하게 된다. 결국 밀려난 물의 무게와 그릇의 무게가 같아지면 그릇은 가라앉지 않고 뜨게 된다.

❷ 물의 팽창

일반적으로 액체를 가열하면 팽창하지만 얼음은 녹는점인 0℃(32℉)에서 서서히 온도를 상승시키면 작아지기 시작하는데, 이 현상은 다른 물체에서는 볼 수 없는 현상이다. 순수한 물의 가장 큰 특징은 0℃에서 가열하면 4℃까지는 수축하지만 4℃부터 끓는점인 100℃까지는 팽창한다는 사실이다. 온도상승에 따른 물의 부피변화는 아래 그래프와 같다. 아래 그림을 통해 이해하기 쉽게 설명하면 온도가 4℃일 때 깊게 패인 골이 생기는 이유는 두 가지 유형의 부피변화가 함께 일어나기 때문이다. 첫 번째로 0℃와 4℃ 사이의 물은 눈으로 볼 수 없는 아주 미세한 얼음결정을 포함하고 있는 슬러시(slush) 상태인데 4℃ 정도에서 모든 얼음결정 구조는 녹아서 부피가 감소한다. 다시 말해 온도가 상승할 때 0℃와 4℃ 사이에서 일어나는 얼음결정의 붕괴는 물의 부피를 줄어들게 한다. 두 번째로 물의 부피가 감소하자마자 동시에 일어나는 분자 운동의 증가로 인해 물의 부피를 증가시킨다. 따라서 온도가 4℃까지는 수축하다가 상승하는 곡선 형태를 유지한다.

부피

① 얼음결정의 붕괴는 물의 부피를 줄게 한다.

온도

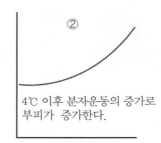

② 4℃ 이후 분자운동의 증가로 부피가 증가한다.

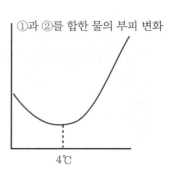

①과 ②를 합한 물의 부피 변화

4℃

겨울철에 호수 표면이 얼더라도 바닥까지는 얼지 않는다. 여기에도 물이 4℃까지는 수축하기 때문이라는 과학이 숨어 있다. 호수 표면의 온도를 10℃라고 생각해 보자. 그러다가 표면 온도가 냉각되어 4℃가 되면 아래 있는 물보다 밀도가 커져 4℃가 된 물의 양만큼만 아래로 가라앉는다. 그러면 밀도가 낮은 아래 있던 물이 표면으로 올라오게 되고 또 다시 냉각되어 4℃가 되면 가라앉는 과정이 반복된다. 결국 호수에 있는 물 전체는 4℃가 된다. 이런 조건이 되면 표면의 물은 더 이상 가라앉지 않고 있다가 0℃가 되면 수면 위의 물부터 얼기 시작한다. 기온이 내려갈수록 얼음의 두께는 두꺼워지고 냉각은 지속되지만 수면 아래는 여전히 4℃를 유지하므로 물고기 등 생물체가 생명을 유지할 수 있는 기반이 된다. 한편 4℃에서 물의 부피는 최소가 되지만 밀도는 최대가 되며 얼음(고체)이 되면 부피는 최대가 되지만 밀도는 최소가 된다. 물이 얼음으로 상태변화를 일으킬 때 부피가 최대로 되는 것은 물과 얼음의 독특한 결정구조 때문이다. 물과 얼음은 모두 수소결합을 하고 있지만 얼음의 결정구조는 입체적이고 고정적이며 규칙적인 구조를 가진 육각형 모양을 지녔고 분자들 사이의 간격이 넓다. 하지만 물은 유동성이 좋아 끊임없이 수소결합이 끊어졌다가 또 다시 다른 입자하고 결합하는 등 분자 간 사이의 거리가 좁아 변화를 거듭한다.

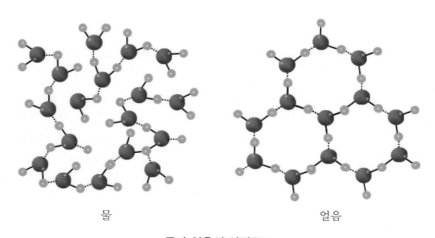

물   얼음

물과 얼음의 결정구조

❸ 파스칼의 원리(Pascal's principle)

정지한 유체 내의 한 곳에서 생긴 압력의 변화는 유체 안의 모든 방향으로 동일하게 전달된다는 것이 파스칼의 원리이다. 예를 들어 물의 움직임이 없는 상태에서 옥내소화전 펌프설비의 압력을 5배 증가시켰을 때 연결된 옥내소화전 노즐의 어느 곳에서도 압력은 5배가 증가한다. 파스칼의 원리는 수력학적인 가압기에 적용된다. 굵기가 서로 다른 U자형 관에 물을 채우고 양 끝에 피스톤을 설치한 사례를 보자. 아래 그림에서 왼쪽 피스톤의 면적은 $1cm^2$이고 오른쪽 피스톤의 면적은 $50cm^2$라고 가정했을 때 왼쪽 피스톤 위에 1N의 무게를 갖는 물체를 올려놓으면 $1N/cm^2$의 압력이 액체를 통해 전달되어 오른쪽 피스톤을 밀어 올리게 된다. $1N/cm^2$의 압력은 오른쪽 피스톤의 면적인 $50cm^2$에 작용하여 50N의 힘을 얻게 된다. 결과적으로 1N의 힘으로 50N의 힘을 얻게 된 것으로 왼쪽 피스톤의 면적을 더 작게 하거나 오른쪽 피스톤이 면적을 더 증가시키면 힘을 얼마든지 크게 증가시킬 수 있다.

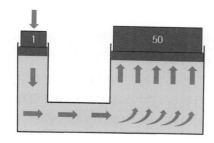

왼쪽 피스톤의 힘이 1이고 오른쪽 피스톤의 힘이 50이라고 할 때 같은 면적에는 같은 힘이 작용하므로 왼쪽 피스톤에 1의 힘으로 누르면 오른쪽 피스톤에도 50배의 힘이 작용하게 된다. 자동차 정비소에서 유압을 이용하여 차량을 들어올리는 원리도 이와 같다.

❹ 복빙(復氷, regelation)

얼음은 0℃에 녹지만 얼음에 압력을 가하면 녹는점은 낮아진다. 2기압에서 얼음의 녹는점은 −0.007℃ 낮아지는 것으로 알려져 있다. 얼음의 녹는점을 크게 낮추려면 큰 압력을 가하면 된다. 엄지손가락으로 얼음 표면을 세게 눌러보면 압력을 받은 손가락의 단면만큼 녹아서 소량의 물이 생성되는 것을 확인할 수 있다. 그러나 가해졌던 압력을 낮추면 액체상태의 물은 다시 얼게 된다. 압력을 증가시켰을 때 얼음이 녹고 압력을 감소시켰을 때 다시 어는 현상을 복빙이라고 한다. 복빙현상은 물이 고체가 되었을 때 다른 물질과 구별될 수 있는 특징 중 하나로 이해하여야 한다. 가느다란 철사의 양쪽에 저울추를 매달아 연결한 후 철사를 얼음 위에 놓을 때 복빙현상을 쉽게 관찰할 수 있다. 철사는 중력방향인 얼음 속으로 파고들면서 얼음을 절단하고 아래쪽으로 천천히 이동되어 갈 것이다. 그러나 철사가 통과한 면은 다시 얼어서 유착된다. 이 현상은 철사 전면에서 압력이 작용하여 얼음이 녹아 물이 만들어지고 물이 다시 철사의 뒤쪽으로 돌아갈 때 압력이 없어져 동결됨에 따라 일어나는 현상이다. 저울추를 매단 철사는 얼음을 관통한 후 바닥으로 떨어지지만 얼음은 두 조각이 아닌 한 덩어리인 원상태로 남게 된다. 빙판 위에서 스케이트를 탈 때 일어나는 현상도 같은 이치이다. 스케이트 날이 얼음과 접촉한 부분으로는 하중에 의해 압력과 마찰이 발생하고 미세하게 파여 나간다. 그러나 스케이트 날이 지나간 뒤에는 얼음에 가해지는 압력이 소멸되어 미세하게 파였던 공간의 물은 다시 얼음으로 채워지게 된다.

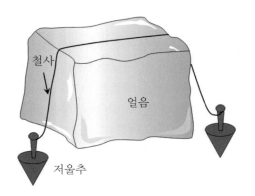

철사의 양쪽에 저울추를 매달고 철사를 얼음 위에 놓았을 때 철사가 얼음 속으로 파고들면서 얼음을 절단시키며 아래쪽으로 천천히 이동한다. 그러나 철사가 통과한 위쪽 면은 압력이 사라져 다시 동결된다.

(3) 기체(gas)

❶ 대기(atmosphere)

인간이 숨을 쉬는 것과 불이 가연물에 착화된 후 꺼지지 않고 생존하는 것은 지구를 공기 분자들이 가득 채우고 있기 때문이다. 불도 공기와 호흡하며 살아가는 존재인 것이다. 기체는 태양으로부터 에너지를 공급받아 끊임없이 운동을 하는데 대기에는 경계면이 없다. 만약 지구에 중력작용이 없다면 대기층이 형성될 수 없고 태양에너지를 공급받지 못한다면 공기 분자들이 지표면에 떨어져 물체를 이루게 될 것이다. 대기의 밀도는 고도가 높을수록 감소하며 해수면 높이에서 공기의 밀도는 크다. 우리가 해수면에서의 평균 압력을 대기압이라고 하는데 대기는 높이 올라갈수록 공기가 희박해져 우주 공간에 이르게 되면 대기권을 떠나 무중력상태에 이르게 된다. 대기는 50% 이상이 5.6km 아래 존재하고 있고 75%가 11km 이하의 공간에 있으며 90% 이상은 17.7km 이하 공간에 자리를 잡고 있다. 지구 전체를 놓고 생각해보면 인간이 숨 쉴 수 있는 대기층은 매우 얇게 형성되어 있다는 것을 알 수 있다. 대기는 높이 올라갈수록 온도가 내려가지만 아주 높은 고도에서는 다시 온도가 올라간다.

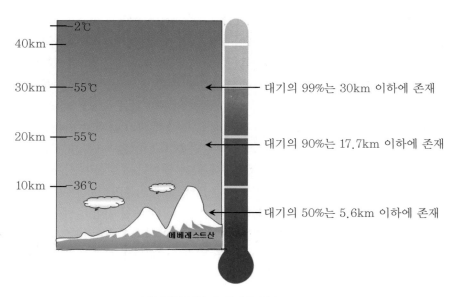

지표면으로부터 대기의 분포

공기는 인간의 호흡활동을 돕고 있지만 눈에 보이지 않아 공기도 무게가 있다는 것을 모르거나 잊고 있는 것이 사실이다. 해수면에서 공기 $1m^3$의 질량은 약 1.2kg이다. 따라서 주어진 방의 부피를 계산하고 $1.2kg/m^3$를 곱해주면 공기의 질량을 알 수 있다. 예를 들어 바닥 면적이 $100m^2$이고 천장의 높이가 3m인 주택 안에 들어 있는 공기의 질량을 계산해 보자. 방의 부피 $100m^2$에 3m를 곱해주면 $300m^3$가 된다. 공기는 $1m^3$당 공기의 질량이 1.2kg이므로 $300m^3 \times 1.2kg/m^3 =$ 360kg임을 알 수 있다. 그렇다면 공기가 무게가 있는데도 불구하고 유리창이 대기압 때문에 깨지는 일은 없다. 왜 그럴까. 그것은 유리창의 양쪽으로 동일한 압력이 작용하기 때문이다.

❷ 증발(evaporation)

일반적으로 증발이란 액체 표면에서 발생한 증기가 기체 상태로 변하는 것을 말한다. 액체 상태의 분자는 자유롭게 각 방향으로 돌아다니면서 다른 분자들과 충돌을 일으킴으로써 운동에너지를 얻기도 하고 잃기도 한다. 대표적인 예로 용기에 물을 넣었을 때 액체 표면의 분자들은 활발하게 밑에서 올라오는 분자들에 의해 운동에너지를 충분히 공급받게 되고 이 분자들은 액체 표면으로부터 이탈되어 자유로이 공간으로 퍼지는 수증기(기체)로 변하며 냉각된다. 분자가 액체 표면에서 이탈되었다는 것은 운동에너지를 얻었다는 것이며 반대로 액체 속의 분자는 같은 양의 운동에너지를 잃게 된 것이다. 따라서 증발은 일종의 냉각과정이라고 볼 수 있다. 만약 액체 표면의 분자들이 표면 아래 있는 분자들과 충돌한 후에도 운동에너지의 증가나 감소가 없다면 증발과정을 통해 냉각될 수 있겠는가. 결론부터 말하면 냉각은 일어날 수 없다. 액체의 냉각작용은 분자들의 평균 운동에너지가 감소하는 경우에만 일어나기 때문이다. 증발하는 분자들은 빠른 속도를 얻은 분자들이고 액체 속에 남아있는 분자들은 속력이 느린 분자들로서 액체 속의 평균 운동에너지는 작아져야 한다.

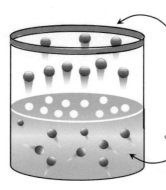

액체 표면에서 이탈된 분자(수증기)는 액체 속의 분자들로부터 운동에너지를 공급받는다.

액체 속 분자들의 평균 운동에너지는 작다.

❸ 응결(condensation)

응결은 증발의 반대 개념을 말한다. 알루미늄 소재로 된 음료수 캔 표면으로 물방울이 생기는 경우를 생각해 보자. 음료수 캔 표면의 물방울은 수증기 분자들이 느리게 운동하는 캔 표면의 분자들과 충돌할 경우 많은 양의 운동에너지를 잃게 되어 액체 상태로 남게 된 것이다. 대기 중에는 항상 일정량의 수증기가 포함되어 있는데 어느 온도에서도 공기가 포용할 수 있는 수증기의 양에는 한계가 있다. 이 한계에 도달했을 때 공기는 수증기로 포화(saturation)되었다고 말한다. 포화상태에 이르면 수증기 분자의 일부는 응결된다. 응결되는 수증기 분자들이 충돌하는 속도가 느릴수록 서로 달라붙을 가능성이 높다. 반대로 분자들의 속력이 빠를 때에는 충돌하더라도 다시 튀어나와 기체 상태로 존재할 수 있게 된다. 다시 말해 수증기 분자가 빠르게 운동할수록 물방울이 될 가능성은 적어진다. 공기 중의 응결은 낮은 온도에서 쉽게 일어나지만 충분한 양의 수증기가 존재하고 응결이 일어날 정도로 분자들의 움직임이 둔하다면 높은 온도에서도 얼마든지 응결이 발생할 수 있다. 일반적으로 증발과 응결은 동시에 발생한다. 일정한 양의 물이 담겨있는 그릇이 있다고 가정해 보자. 표면상으로는 증발과 응결이 일어나고 있음을 알 수 없지만 분자들의 움직임은 끊임없이 일어나고 있는데 물의 양에 아무런 변화를 볼 수 없는 것은 증발과 응결이 동일한 비율로 일어나기 때문이다. 증발에 의해 액체 표면으로부터 이탈되는 분자 수와 응결에 의해 되돌아오는 분자 수가 동일하면 서로 상쇄되어 액체는 균형을 이루고 평형상태를 유지하게 된다.

④ 비등(boiling)

액체에서 기체로의 상태변화는 액체 안에서도 일어난다. 액체 속에서 발생한 기체는 부글거리는 기포가 되어 표면으로 올라와 공기 중으로 빠져나가는데 이러한 상태변화를 비등이라고 한다. 액체가 끓을 때 기포 내부의 증기압은 매우 커서 물의 수압에도 터지지 않고 견뎌낼 수 있는데 만약 증기압이 충분히 크지 않다면 물의 압력이 액체 속에서 발생하는 모든 기포를 눌러 터뜨려 버릴 것이다. 비등점보다 낮은 온도에서는 증기압이 크지 않아 액체가 끓기 전까지는 기포를 형성하지 못한다. 대기압이 증가할 때 액체 안의 기포가 대기압을 이겨내려면 기포 내부의 분자들은 더욱 빠르게 운동하면서 기포 내부의 압력을 증가시켜야 한다. 따라서 액체 표면에 가해지는 압력이 커지면 액체의 비등점은 올라가게 되고 압력이 작아지면 비등점은 내려가게 된다. 이처럼 비등은 온도뿐만 아니라 압력과도 관계가 깊다. 압력이 작아진다는 것은 고도가 높아진다는 것으로 이해하면 쉽다. 고도가 높은 곳에서는 고도가 낮은 곳보다 낮은 온도에서 물이 끓기 시작한다. 실제로 산의 높이가 1,900m 정도 되는 정상에서 물을 끓이면 95℃ 정도에서 끓게 되어 압력이 작아지면 비등점이 내려가는 것을 확인할 수 있다.

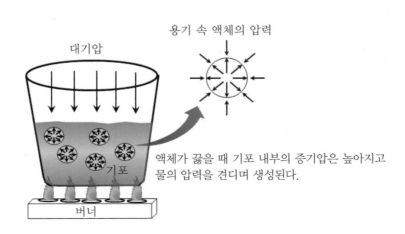

액체가 끓을 때 기포 내부의 증기압은 높아지고 물의 압력을 견디며 생성된다.

❺ 베르누이 원리(Bernoulli's principle)

베르누이 원리는 관 속에 흐르는 유체의 흐름에 대한 것으로 유체가 빠르게 흐르면 압력이 감소하고 느리게 흐르면 압력이 증가한다는 법칙이다. 유체가 좁은 곳을 통과할 때에는 속력이 빨라지기 때문에 압력이 감소하고 넓은 곳을 통과할 때에는 속력이 느려지기 때문에 압력이 증가하게 된다. 이 원리는 기체 및 액체에 대하여 똑같이 성립한다.

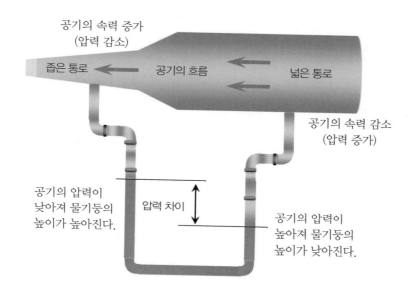

베르누이 원리가 적용되는 예는 비행기가 날아가는 현상을 이해하면 쉽다. 비행기가 날아갈 때 공기는 날개의 아래쪽보다 위쪽에 더 빠른 속도로 스쳐 지나간다. 이때 날개 위쪽의 압력이 아래쪽의 압력보다 작은데 이러한 압력 차이 때문에 위로 떠오르려는 부양력이 발생한다. 만약 날개 위쪽의 압력이 더 크다면 비행기는 높이 날 수 없다. 부양력이 비행기의 무게와 같게 되면 수평비행이 가능하게 된다. 속력이 빠를수록, 날개 면적이 클수록 부양력도 크게 나타난다. 전투기가 높이 날 수 있는 것은 속도가 매우 빠르기 때문이며 자체 엔진과 프로펠러 같은 추진 장치가 없는 글라이더는 오로지 바람에 의존하여 비행하기 때문에 큰 날개를 가지고 있다. 새가 날갯짓을 할 때 공기를 아래로 밀어내지만 공기는 날개를 위로 밀어 올린다. 차를 타고 주행할 때 차창 밖으로 손을 내밀어 날개 같은 모양을 취하고 있다가 손끝을 살짝 위로 올리면 공기는 아래로 힘을 받게 되고 손은 자연스럽게 위로 향하게 됨을 느낄 수 있을 것이다.

⑤ 보일 법칙(Boyle's law)

온도가 일정한 상태에서 기체의 압력과 그 부피는 서로 반비례한다는 법칙이다. 온도를 일정하게 유지시킨 상태에서 일정량의 기체에 압력(P)을 증가시키면 부피(V)는 줄어든다. 만약 실

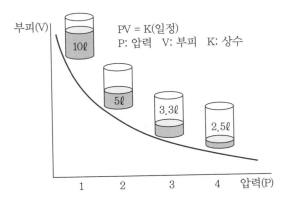

린더 내부에 기체 분자를 넣고 마개를 덮어 달은 후 압력을 가하면 기체 분자의 부피는 작아지지만 상대적으로 밀도가 증가하여 충돌횟수가 증가하므로 압력은 증가한다. 따라서 실린더의 압력을 2배, 3배, 4배로 증가시킬 경우 기체의 부피는 1/2배, 1/3배, 1/4배로 줄게 되어 기체의 압력과 부피 사이에는 반비례 관계가 성립한다. 좌측 그림에 나타낸 바와 같이 1기압에서 기체의 부피가 10리터일 경우 압력을 2배로 하면 5리터가 되고 3배로 하면 3.3 리터가 된다. 결국 압력을 증가시키면 부피가 줄어들고 반대로 부피를 증가시키면 압력이 감소한다. 또한 압력을 2배, 3배 증가시켜 압력과 부피에 변화가 있더라도 상승한 압력과 줄어든 부피를 서로 곱하면 10이 성립하여 압력과 부피의 관계는 항상 일정하다는 것을 알 수 있다.

6 샤를 법칙(Charle's law)

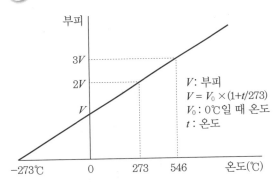

압력이 일정할 때 기체의 부피는 종류에 관계없이 온도가 1℃ 올라갈 때마다 0℃일 때 부피의 1/273씩 증가한다는 법칙이다. 기체의 온도가 올라가면 분자운동이 빨라지고 부피가 커진다. 반대로 기체의 온도가 내려가면 부피는 줄어든다. 이처럼 기체의 압력이 일정하다고 할 때 일정량의 기체의 부피는 절대온도에 비례하는 관계가 성립한다. 0℃에서 부피가 V_0인 기체의 온도를 t℃로 하면 부피(V)는 다음과 같은 식으로 표현할 수 있다. 좌측 그림에서 표현한 바와 같이 0℃일 때 기체의 부피를 V라고 할 때 온도가 273℃ 올라갔다면 $V + V \times 273/273$이므로 $2V$가 되어 0℃일 때 보다 부피가 2배 증가한다는 것을 알 수 있다.

7 질량보존의 법칙

어떤 물질이 다른 새로운 물질로 변하는 화학변화를 할 때 반응물과 생성물의 총 질량은 같다. 이 법칙이 성립하는 이유는 화학반응이 일어날 때 물질을 구성하고 있는 원자들이 없어지거나 새로 생기는 것이 아니라 원자들의 배열상태만 변하기 때문이다. 메탄이 산소와 연소반응을 일으키면 이산화탄소와 물이 생성되지만 탄소 1개와 수소 4개, 산소 4개의 총량에는 변함이 없다.

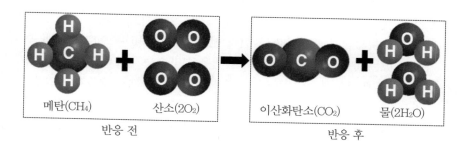

메탄(CH_4)　　　산소($2O_2$)　　　이산화탄소(CO_2)　　　물($2H_2O$)

반응 전　　　　　　　　　　　　　　반응 후

그렇다면 화재현장에서 금속 또는 목재와 종이 등이 연소할 때에도 질량보존의 법칙은 성립하는 것인가. 구리가 산소와 결합하여 연소를 하면 산화구리로 변하고 질량이 다소 증가하게 된다. 이때 구리의 질량이 증가한 것이 아니라 산소와 결합에 따른 산소의 질량이 추가되어 마치 구리의 질량이 늘어난 것처럼 측정되는 것이다. 마찬가지로 목재나 종이가 연소하면 재만 남은 상태로 존재하게 된다. 그렇다면 가벼운 재만 남게 되므로 목재나 종이의 질량이 감소한 것으로 생각할 수 있지만 공기 중에서 목재나 종이가 연소하면 이산화탄소나 수증기로 원자가 분해되어 기체 상태로 빠져나가고 재만 남아 마치 질량이 감소된 것처럼 보인다. 만약 목재를 밀폐된 공간에서 연소시킨다면 주어진 산소가 모두 소비되면서 생성된 이산화탄소와 수증기를 남겨진 재와 합산한다면 원래의 질량과 변함이 없음을 확인할 수 있을 것이다. 연소반응은 산소와 결합반응의 결과로 구리와 같은 금속류는 마치 질량이 증가한 것처럼 보이고 목재나 종이 등은 질량이 감소한 것으로 생각할 수 있으나 질량보존의 법칙은 모든 물질에 적용된다고 볼 수 있다.

8 일정성분비의 법칙

2 이상의 물질이 반응하여 새로운 화합물을 생성할 때 반응물 사이에는 일정한 양적관계가 성립한다는 법칙이다. 이 법칙이 성립하는 이유는 화합물을 구성하는 원자의 개수비가 일정하기 때문이다. 대표적으로 수소가 산소와 결합하여 물이 생성될 때 수소와 산소의 질량비는 항상 1:8이 성립한다. 따라서 수소나 산소성분 중 어느 하나의 질량비가 많더라도 모두 반응하는 것이 아니란 것을 알 수 있다. 마그네슘을 연소시키면 산소와 반응하여 산화마그네슘이 생성되는데 이때 마그네슘이 산소와 무한정 반응하는 것이 아니라 3:2의 일정성분비가 성립한다. 마그네슘 0.3g을 연소시키면 0.5g의 산화마그네슘이 생성되는데 이때 반응한 산소의 질량은 0.2g이 되며 마그네슘 0.6g을 연소시키면 1g의 산화마그네슘이 생성되는데 산소질량이 0.4g만 반응한 결과이다.

9 아보가드로 법칙(Avogadro's law)

같은 온도와 압력 하에서 모든 기체는 같은 부피 속에 같은 수의 분자가 들어있다는 법칙으로, 기체반응의 법칙을 설명하기 위해 아보가드로가 주장하였다. 이 법칙이 알려진 배경은 원자모형으로 기체반응법칙을 설명할 경우 원자가 쪼개져 이전까지 알려져 있던 돌턴(Dalton)의 원자설을 뒷받침할 수 없었기 때문이다. 돌턴의 원자설에 따르면 더 이상 쪼개질 수 없는 작은 입자를 원자라고 했는데 수소(H_2)가 산소(O)와 반응하면 수증기(H_2O)가 되는 과정은 2:1:2의 정수비가 성립되지만 원자모형으로 설명을 하면 산소원자가 쪼개져 수증기가 발생한다는 것을 알 수 있다. 아보가드로는 이를 보완하기 위해 새로운 생각을 제시했는데 물질은 몇 개의 원자가 모인 분자로 이루어져 있고 분자는 다시 몇 개의 원자로 쪼개질 수 있으며 같은 온도와 압력에서 모든 기체는 같은 부피 속에 같은 개수의 분자가 들어 있다는 분자설을 주장하였다. 이 법칙에 의해 분자모형으로 기체반응 법칙을 설명하면 수소($2H_2$)가 산소(O_2)와 반응하면 2:1:2의 정수비를 만족시키며 수증기($2H_2O$)가 발생하고 원자가 쪼개지지 않아 원자설에 어긋나지 않게 기체반응의 법칙 설명이 가능하게 되었다. 다시 말해 원자설로 기체반응의 법칙을 설명할 수 없어 분자설이 등장하게 된 것이다.

※ 기체반응 법칙

일정한 온도와 압력에서 기체들이 반응하여 새로운 기체가 생성될 때 각 기체의 부피 사이에는 항상 간단한 정수비가 성립한다는 법칙이다. 예를 들면 질소가 수소와 반응을 하면 암모니아를 생성($N_2+3H_2 \rightarrow 2NH_3$)할 때 1:3:2의 부피비가 성립하는 것을 알 수 있다. 마찬가지로 수소가 산소와 반응을 하면 수증기가 생성($2H_2+O_2 \rightarrow 2H_2O$)되면서 2:1:2의 부피비가 성립한다. 앞서 언급한대로 돌턴의 원자설은 원자가 쪼개지지 않는다고 했지만 기체반응의 법칙과 같이 2:1:2의 부피비가 나오려면 산소원자가 쪼개져야 하므로 원자설에 위배된다. 그렇다고 산소원자를 쪼개지 않으면 부피비가 2:1:1이 되어 기체반응 법칙과 어긋나게 된다. 따라서 이를 해결하기 위해 분자라는 개념이 도입되었고 돌턴의 원자설을 비롯한 기체반응 법칙, 아보가드로 법칙, 질량보존의 법칙 등을 모두 만족시키게 되었다.

◎ 예제 프로판(C_3H_8) 5리터가 연소하여 물과 이산화탄소를 생성하였다. 이때 생성되는 이산화탄소 기체의 부피는 몇 리터인가?

풀이 화학반응식 : $C_3H_8+5O_2 \rightarrow 4H_2O+3CO_2$
부피비는 1:5 → 4:3이다. 화학반응식에서 프로판 1리터가 연소하여 3리터의 이산화탄소가 생성된 것이므로 프로판 5리터와 3리터의 이산화탄소를 곱해주면 15리터의 이산화탄소가 생성됨을 알 수 있다.

⑩ 이상기체 상태방정식(ideal gas equation)

이상기체는 실제로 존재하지 않으며 열역학을 설명하기 위한 가상의 기체를 말한다. 가상의 기체이므로 분자끼리 반발력과 인력 등 상호작용을 할 수 없고 분자 자체의 부피가 없다. 이상기체 상태방정식은 보일-샤를의 법칙과 아보가드로의 법칙을 종합하여 유도된 방정식이다. 보일의 법칙과 샤를의 법칙을 종합하면 온도, 압력, 부피가 변화해도 일정한 값($PV/T=R$[일정])을 나타내는 것과 아보가드로의 법칙에 의해 0℃(절대온도 273K) 1기압 표준상태에서 기체 1몰의 부피는 그 종류에 관계없이 22.4L이므로 기체상수 R은 0.082가 된다

(R=1기압×22.4L/273K=0.082). 또한 기체의 부피는 몰수에 비례하기 때문에 $PV/T=nR$의 식이 유도된다. 이상기체 상태방정식의 기본개념은 압력과 부피의 곱은 그 기체의 온도와 관계를 갖는다는 것을 나타낸다.

$$PV = nRT = \frac{W}{M}RT$$

P : 압력[atm]　　　　　V : 부피[㎥]　　　　　n : 몰수[W/M]

R : 0.082(atm·㎥/kgmole·K)　　T : 절대온도(273+℃)[K]　M : 분자량　　W : 무게[g]

Step 04 │ 연소론

1 연소의 정의

연소(combustion)[5]란 가연물이 공기 중의 산소 또는 산화제와 반응하여 열과 빛을 발생하는 급격한 산화현상이다. 연소방식은 가연성 물질과 산소의 혼합계에 있어서 산화반응에 따른 발열량이 그 계로부터 방출되는 열량을 능가함으로써 그 계의 온도가 상승하고, 그 결과 발생되는 열방사선 파장의 강도가 빛으로서 육안으로 감지된 것이며 화염을 수반하는 현상이라고 할 수 있다. 발열반응[6]은 반응물질의 에너지가 생성물질의 에너지보다 커서 열을 주위로 방출하면서 진행되는 것으로, 반응물질이 가진 에너지보다 생성물질이 가진 에너지가 커 주위로부터 열에너지를 흡수하는 흡열반응[7]과 구분된다. 질소가 산소와 반응하여 일산화질소가 생성되는 것은 흡열반응으로 질소가 연소한다고 말할 수 없다.

2 산화와 환원

산화(oxidation)는 어떤 물질이 산소와 화학적으로 결합하는 반면 전자와 수소를 잃고 산화수가 증가하는 현상이다. 산화현상은 느린 산화와 빠른 산화로 구분한다. 느린 산화현상으로는 철(Fe)이 산소와 결합하여 전자를 잃고 산화철(Fe_2O_3)을 생성하는 것과 신문지와 같은 종이류가 산소와 결합하여 변색이 일어나는 현상, 사과껍질을 벗겨 방치했을 때 사과 알맹이가 산소

---

[5] 연소(combustion): 연소의 주된 반응은 기체상에서 발생하지만 고체 표면이 촉매작용을 하는 경우 고체 표면에서도 발생한다. 이를 표면연소라고 한다. 사람의 생체 내에서 이루어지는 완만한 산화반응도 연소의 일종이다. 인간은 호흡을 통해 공기 중의 산소를 취하고 이산화탄소를 배출한다. 가연물이 연소한다는 것은 산소(산화제)를 취해 열이 발생하고 이산화탄소가 생성된다는 원리와 같은 것이다. 인체가 일정한 체온을 유지하고 있는 것도 항상 열이 인체 내에서 만들어지기 때문인데 복잡한 산소의 호흡작용이 누적된 결과이다. 음식물을 칼로리(cal)로 계산하는 것도 열이 문제가 되기 때문이다.

[6] 발열반응(exothermic reaction): 열의 방출을 수반하는 화학반응을 말한다. 흡열반응의 반대로 상온에서 화학반응의 대부분은 발열반응이다.

[7] 흡열반응(endothermic reaction): 열의 흡수를 수반하는 화학반응으로 발열반응의 반대이다. 얼음이 녹아서 물이 되는 현상도 주위로 열을 빼앗겨 일어나는 흡열반응이다.

Chapter 01
Chapter 02
Chapter 03
Chapter 04
Chapter 05
Chapter 06
Chapter 07
Chapter 08
Chapter 09
Chapter 10
Chapter 11
Chapter 12
Chapter 13

와 접촉해 효소활동이 왕성해져 갈색으로 변하는 것 등을 생각할 수 있다. 빠른 산화는 열과 빛을 동반하여 급격하게 진행되는 연소현상이 대표적이다. 연소의 배경에는 반드시 산화현상이 일어나 열과 빛을 동반하는 발열 산화반응(exothermic oxidation reaction)이 일반적이다. 화재와 관계된 연소현상은 대부분 대기 중의 공기가 산화제 역할을 한다.

환원(reaction)은 산화의 반대반응으로 전자와 수소를 얻고 산화 수가 감소하는 현상이다. 기본적으로 산화는 환원과 동시에 일어난다. 공기 중에서 탄소를 연소시키면 이산화탄소가 되는 것과 황을 연소시키면 이산화황이 되는 것처럼 산화와 환원은 상대적인 개념이다. 어떤 물질이 산화제 및 환원제로서 고유의 특성만 지니고 있는 것이 아니라 화학적 특성에 따라 역할이 달라질 수 있다. 알루미늄 이온(Al^{3+})이 전자를 3개 받아들여서 알루미늄(Al)이 되는 경우와 염소(Cl) 원자가 전자를 받아서 염소이온(Cl^-)이 되는 경우는 본래 가지고 있던 산화 수가 감소한 것이므로 환원된 것이다.

3 화재 사면체

연소는 가연물(fuel), 점화원(ignition source), 산화제(oxidizing agent)의 3가지 조건이 만족되어야만 정상적인 연소로서 화학반응을 유지할 수 있다. 여기에 억제되지 않은 연쇄반응(uninhibited chain reaction)이 추가될 때 화재의 4면체(fire tetrahedron)가 성립한다. 연소의 3요소 가운데 어느 한 요소라도 제거하면 연소반응은 일어나지 않는다. 반대로 이미 발화가 되었더라도 어느 한 요소를 제거할 경우 화재는 더 이상 지속되지 않고 소화된다. 연쇄반응은 반응 생성물의 하나가 다시 반응물로 작용하여 생성과 소멸을 거듭하는 작용으로 이 반응이 없으면 화재는 확대되지 않는다.

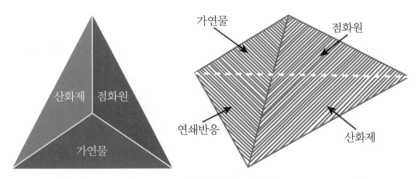

연소의 3요소(fire triangle) 및 화재 사면체(fire tetrahedron)

(1) 가연물

쉽게 불에 탈 수 있다는 의미로 이연성 물질(combustible material)이라고도 하며 고체, 액체, 기체 가연물로 구분되고 있다. 물질은 보통 목재, 섬유, 고무, 플라스틱 등 유기화합물이 대부분이지만 철이나 알루미늄 등도 산화하기 쉬운 분체상태가 되면 가연물이 될 수 있다. 탄화수소계열의 물질은 복잡한 분자구조로 이루어져 있을 뿐만 아니라 형상과 특성도 제 각각 고유의 물성치를 지니고 있다. 그러나 일단 열에 가열되면 용이하게 열분해를 일으키며 열량도 증가하여 주변으로 연소확산이 촉진되는데 목재와 같은 경우 단면적이 클수록 반응열도 커져서 지속적인 연소가 이루어진다. 가연물은 일단 산소와 화합할 수 있어야 하며 산화되기 쉬운 것이어야 하는데 가연물에 대한 일반적인 연소조건은 다음과 같다.

가연물의 조건
❶ 산소와 친화력이 좋고 표면적이 클 것
❷ 산화되기 쉽고 발열량이 클 것
❸ 열전도율이 작을 것
❹ 연쇄반응이 일어나는 물질일 것
❺ 활성화 에너지[8]가 작을 것

연소하기 쉬운 가연물의 표면적은 고체보다 액체가 크며 액체보다는 기체가 크다. 그러나 모든 물질이 가연물로 연소하는 것은 아니다. 산화반응이지만 흡열반응을 하는 것은 가연물이 될 수 없다. 주기율표 0족 원소는 불활성 기체로 분류되어 산화반응하지 않는다. 또한 산화반응이 이미 완결된 물질도 더 이상 산소와 결합하지 않으므로 연소가 일어나지 않는다. 이산화탄소는 거의 모든 화재 시에 연소생성물로 발생하는데 무색, 무취, 불연성 가스이며 비조연성 성질 때문에 소화약제로도 쓰이고 있다. 반면 일산화탄소는 물에 녹기 어렵고 공기 중에 점화시키면 청색불꽃을 내면서 연소하기 때문에 산소와 반응할 수 있는 가연성 기체로 분류된다. 폭발범위는 12.5~74%로 크고 발화온도가 609℃로 독성가스이며 화재현장에서 많은 사상자가 일산화탄소로 인해 발생한다. 혈액 중에 헤모글로빈(hemoglobin)은 산소보다 일산화탄소와의 친화력이 200배 이상 좋아 인체중독이 쉽게 일어나기도 하는데 화재진압에 나선 철인(소방관)들도 한두 모금만 호흡한다면 안전을 보장받기 어렵다.

〔표 1-5〕 가연물이 될 수 없는 조건

구 분	종 류
흡열반응 물질	NO, N_2O, NO_2, NO_3 등
불활성 기체(0족 원소)	He, Ne, Ar, Kr, Xe, Rn
완전 산화물질	H_2O, CO_2, Al_2O_3, SiO_2, P_2O_5, SO_3, CrO_3, $CaCO_3$ 등

---

[8] 활성화 에너지(activation energy) : 물질이 반응을 일으키는 데 필요한 최소한의 에너지를 말한다. 물질의 반응은 분자들끼리 반응을 일으키는 것으로 활성화 에너지 값이 크면 그 이상의 에너지를 갖는 분자의 수가 적어 반응이 느리게 되며 반대로 활성화 에너지 값이 작을 경우 그 보다 큰 에너지를 갖는 분자들이 많아 반응속도는 빨라진다.

(2) 점화원

점화원이란 가연물이 산소와의 연소범위 내에서 물질이 불에 타기 위한 최소한의 열에너지를 말한다. 실무에서는 점화원 또는 발화원, 착화원, 화원(火原) 등으로 불리고 있는데 모두 최초 발화에 이르게 된 점화에너지를 말한다. 화재의 개시는 대부분 상온에서 가연물에 열에너지가 주어짐으로써 비로소 화재로 성립하게 된다. 점화에너지는 물질에 따라 그 값이 다르지만 에너지의 온도가 클수록 연소범위가 넓어지고 위험성이 증대된다. 일반적으로 점화원의 종류는 기계적, 전기적, 화학적 점화원 3가지로 구분하고 있다.

〔표 1–6〕 점화원의 종류

구 분	종 류
기계적 점화원	나화(裸火), 고온표면, 단열압축, 충격 · 마찰 등
전기적 점화원	저항열, 유도열, 유전열, 아크열, 정전기 등
화학적 점화원	연소열, 분해열, 용해열, 자연발화 등

1) 기계적 점화원

❶ **나화(naked flame)** : 나화란 문자 의미대로 벗겨진 불꽃을 말한다. 기계적 조작에 의해 만들어지는 라이터 불과 가스레인지 불꽃, 토치램프의 점화 등은 모두 나화상태의 불꽃이다. 공기의 공급량에 따라 불꽃의 세기에 차이가 있지만 화재를 발생시키는 대표적인 점화원이다.

❷ **고온표면(high temperature surface)** : 온도가 높은 보일러 연통의 가열, 적열상태로 달궈진 난로 표면, 용융된 금속 입자, 소각로의 가열된 몸체 등은 모두 표면이 고온이므로 가연물이 접촉하면 점화원으로 작용할 수 있다.

❸ **단열압축(adiabatic compression)** : 밀폐된 공간에서 외부와 열 교환이 없는 상태로 기체를 압축하면 발생하는 열이다. 디젤엔진은 열 교환 없이 공기를 압축시켜 연료를 분사하였을 때 높아진 공기의 온도에 의해 스스로 착화되어 폭발적으로 연소를 한다. 그러나 일상생활에서 단열압축에 의해 발화하는 경우는 접하기 어렵다.

❹ **충격(impact) · 마찰(friction)** : 물리적 압력에 의한 배터리의 폭발, 차량이 가드레일과 접촉 후 발생한 불티에 의해 누설된 연료에 착화하는 경우 등은 충격에 의해 발화하는 경우로서 어떤 하중과 힘에 의해 충격에너지가 발생하면 얼마든지 점화원이 될 수 있다. 마찰열은 두 물체를 마찰시키면 운동에너지가 열에너지로 변환되어 발생하는 열을 말하며 기계 회전축의 마찰, 컨베이어 회전에 따른 벨트사이의 열, 자동차 브레이크 패드의 마찰열 등이 있다.

2) 전기적 점화원

❶ **저항열(resistance heat)** : 도체에 전류가 흐르면 도체 내부의 전류 흐름을 방해하는 현상이 발생하는데 이를 전기저항이라고 한다. 저항열은 도체 내부에서 전류의 흐름을 방해하는 에너지가 열로 변환되는 것이며, 백열전구에서 열이 발생하는 것은 전구 내의 필라멘트의 저항에 기인한 것이다. 다리미는 운모나 주석으로 된 바닥 안쪽 니크롬선의 저항열로 발열한다. 저항열을 이용한 전열기구에는 전기다리미, 모발건조기, 전기장판 등이 있다.

❷ **유도열(induction heat)** : 도체 주위에 변화하는 자장이 존재하면 전위차가 발생하고 이 전위차로 말미암아 전류의 흐름이 일어난다. 이러한 전자유도현상을 이용한 것이 유도열이다. 전자조리기는 조리기구 자체가 발열하는 것이 아니라 조리용기와 닿은 바닥면이 발열하는 것으로 탑 플레이트 아래 있는 코일에 전류를 흘려 보내면 자력선이 발생하고 이 자력선이 조리용기 바닥을 통과할 때 전자유도작용에 의해 와전류를 만들어 용기의 바닥면만 가열되는 것이 주된 원리이다. 전자조리기를 인덕션 레인지라고도 부르고 있다.

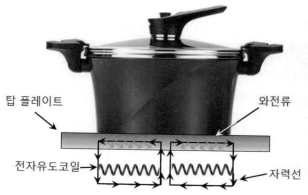
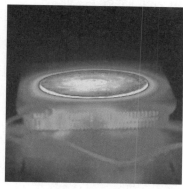

탑 플레이트

와전류

전자유도코일

자력선

인덕션 레인지는 냄비 바닥에 와전류가 발생하여 발열한다.

❸ **유전열(dielectric heat)** : 물질을 구성하고 있는 각각의 분자는 불규칙적인 (+)와 (−)극성을 지니고 있는데 전기장을 가하면 (+)와 (−)는 교번적으로 분자들끼리 서로 충돌하면서 마찰열을 발생시킨다. 여기서 발생한 열이 유전열이다. 대표적인 유전가열 방식으로는 가정용 전자레인지가 있다. 전자레인지에서 발생하는 마이크로파는 1초에 24억5천만번 정도로 매우 빠르게 진동을 하며 음식물에 쏘면 음식을 구성하는 물분자의 (+)극과 (−)극의 위치도 그 진동에 따라 빠르게 흔들리면서 열을 발생시켜 음식을 데우게 된다. 마이크로파는 유리나 플라스틱 용기에는 영향을 미치지 않아 그대로 통과시키지만 알루미늄 호일이나 스테인리스 같은 금속용기는 통과되지 않고 반사되므로 불꽃이 일어 발화될 수 있다.

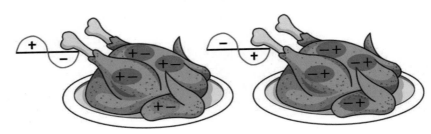

마이크로파를 음식물에 쏘이면 그 진동에 따라 물분자의 (+)극과 (−)극이 방향을 바꿔 빠르게 회전을 하며 분자끼리 충돌을 일으켜 음식물의 온도가 높아지게 된다.

❹ **아크 열(arc heat)** : 전극을 접촉시켜 강한 전류를 흐르게 하면 전극의 선단은 접촉저항에 의해 과열되고 전극의 증발로 금속이 증기를 발생하여 방전한다. 이 상태를 아크방전이라 한다. 아크는 보통 전류가 흐르는 회로의 나이프 스위치나 우발적인 접촉 또는 접점이 느슨하여 전류가 끊길 때 발생한다. 아크의 온도는 매우 높기 때문에 방출된 열이 주위의 가연성 혹은 인화성 물질을 점화시킬 수 있다.

❺ **정전기(static electricity)** : 정전기 혹은 마찰전기란 두 물질이 접촉하였다가 떨어질 때 그 물질 표면에 축적되는 전하를 말한다. 만약 접지되지 않았다면 그 물체에는 충분한 양의 전하량이 축적되어 스파크 방전이 일어나 가연물에 착화할 위험이 있다.

❻ **낙뢰(lightning)** : 낙뢰 또는 벼락은 구름에 축적된 전하가 다른 구름이나 지면과 같은 반대전하에 대해 급격히 일어나는 방전현상이다. 낙뢰는 보통 산악지대에서 나무나 돌같이 저항이 큰 물질에서도 대량의 열을 발생시킨다.

3) 화학적 점화원

❶ **연소열(heat of combustion)** : 어떤 물질 1몰 또는 1g이 완전 연소할 때 발생하는 열량을 말하며 발열량이 클수록 효과적이다. 연소열을 화학적 점화원으로 구분하고 있으나 어떤 방식이로든 일단 점화된 후 완전히 연소할 때 발생하는 열량을 의미하므로 연소를 지속하기 위한 열이라는 측면도 있다. 연소열의 값은 수소 683, 아세틸렌 310, 메탄 212, 프로판 53(kcal) 순으로, 열의 총량은 물질에 따라 다르다.

❷ **분해열(heat of decomposition)** : 둘 이상의 화합물이 분해할 때 발생하는 열을 분해열이라고 한다. 분해열을 발생시키는 물질에는 폭약, 아세틸렌, 산화에틸렌 등이 있다. 분해열은 분해될 때 많은 열을 외부로 방출하기 때문에 위험성이 높다.

❸ **용해열(heat of dissolution)** : 어떤 물질이 액체에 용해될 때 방출되는 열을 말한다. 기체 · 액체 또는 고체가 다른 기체 · 액체 또는 고체와 혼합되어 용해될 때 발생하며 맹렬하게 반응할 수 있다.

❹ **자연발화(spontaneous ignition)** : 자연발화는 어떤 가연성 물질 또는 혼합물이 외부로부터

열의 공급을 받지 않고 내부의 반응열 축적만으로 온도가 상승하여 발화점에 도달했을 때 연소하는 현상이다. 기름에 젖어있는 섬유류나 건초더미 등에서 열 축적으로 발화하는 경우 또는 질화면, 석탄 등이 저장조건에 따라 열이 축적되면 발화하는 경우 등이 있다.

(3) 산화제

가연물이 점화원과 결합하여 열과 빛을 발생시키는 연소현상에는 산화작용이 따르는데 이 산화작용에는 산소가 필수적이다. 산소는 공기 중 5분의 1 정도를 차지하고 있는데 체적비로 21%(중량비 23%)를 점유하고 있다. 일반적으로 산소의 농도가 높을수록 연소가 활발하며 15% 이하에서는 연소하기 어렵다. 대기 중의 공기는 모든 생명체가 살아가는 데 절대적인 존재로 공기가 희박하면 호흡곤란과 경련이 일어나듯이 가연성 물질이 연소하는 데 지배적인 역할을 담당한다. 그러나 제5류 위험물(자기반응성 물질)은 가연물 자체가 산소를 함유하고 있어 외부의 산소공급 없이도 점화원만으로 연소할 수 있으며, 제1류 위험물(산화성 고체)은 보통 자기 자신은 불연성이지만 분자 내부에 산소를 포함하고 있어 다른 물질을 연소시키는 산화제 역할을 한다. 산화제로는 공기, 지연성 가스, 산소, 자기반응성 물질 등이 있다.

산소(oxygen, O_2)는 상온, 상압에서 무색, 무미, 무취의 기체로서 산소 자체는 불연성이지만, 조연성 가스이다. 다시 말해 다른 물질의 연소를 돕는 작용을 한다. 산소는 수용성으로 물과 알코올에 녹는 성질이 있고 공기보다 약간 무거운 기체(1.1)이다. 공기는 0℃ 1atm에서 밀도가 1.2g 정도이며 임계온도는 −140℃이다. 학문적으로 공기와 산소는 구분되어야 한다. 사람들이 쉽게 오류를 범하고 있는 것이 "공기=산소"라는 인식인데 공기 속에는 오히려 산소보다 질소가 차지하는 비중이 매우 높고 이산화탄소, 아르곤 등 다른 여러 가지 물질이 함께 포함되어 있다. 모든 생명체의 존재는 산소가 필수적이지만 숨을 들이 마실 때 들숨에는 산소를 선택적으로 들이 마시는 게 아니라 공기전체를 들이마시고 있기 때문에 공기와 산소가 같다는 인식은 오류라고 볼 수 있다.

〔표 1-7〕 공기의 조성

구 분	질소(N)	산소(O)	아르곤(Ar)	이산화탄소(CO_2)
V%	78.03	20.99	0.95	0.03

❶ **지연성 가스** : 연소할 수 있도록 도와주는 가스를 말한다. 공기를 비롯하여 산소, 염소, 이산화질소 등이 있다.

❷ **산화제** : 산화제는 제1류 위험물(산화성 고체), 제6류 위험물(산화성 액체) 및 오존 등으로 분자 내 다량의 산소를 함유하고 있는 물질이다.

❸ **자기반응성 물질** : 연소에 필요한 산소를 자체 함유하고 있는 물질로 유기과산화물, 니트로화합물, 질산에스테르류 등 제5류 위험물이 자기반응성 물질에 해당한다.

(4) 연쇄반응[9]

　가연성 물질과 산소분자가 점화에너지(활성화 에너지)를 받으면 불안정한 과도기적 물질로 나누어지면서 활성화된다. 이때 물질이 활성화된 상태를 라디칼(radical)이라고 하는데 극도로 불안정한 과도기적 물질로서 주변의 분자를 공격하려는 반응성이 매우 강하다. 한 개의 라디칼이 주변에 있는 분자를 공격하면 두 개의 라디칼이 만들어지는 분기반응을 하면서 라디칼의 수는 기하급수적으로 증가하는데 이를 연쇄반응이라고 한다. 연쇄반응으로 만들어진 라디칼은 화염을 발생하는 불꽃연소에는 필요하지만 불꽃이 없는 무염연소는 연소의 3요소만으로 충분하며 연쇄반응은 필요 없다.

4 연소의 종류

　연소의 형태는 크게 불꽃연소(flaming combustion)와 작열연소(glowing combustion) 두 가지 형태로 분류된다. 불꽃연소는 연료의 표면에서 화염을 발생시키는 것으로 고체, 액체, 기체 등 모든 연료에서 발생할 수 있는 현상이며 연소속도가 매우 빠르고 단위 시간당 방출열량이 크다. 발생된 불꽃은 3분의 2 정도가 연소가스의 가열에 소모되고 3분의 1은 주변 복사열로 방출된다. 정상상태에서는 발생되는 열량과 주위로 잃어버리는 열량이 같지만, 발생되는 열량이 더 많아지면 화세가 강해지고 반대로 주위로 방출되는 열량이 많아지면 화세는 약해진다. 작열연소는 연료의 표면에서 화염이 발생하지 않고 작열하면서 연소하는 것으로 화재의 양상은 심부화재(deep seated fire)[10] 형태를 띤다. 불꽃연소가 고에너지 화재라면 작열연소는 저에너지 화재로 고비점의 액체 생성물과 타르가 응축되어 안개상의 연기가 발생하는데 톱밥류, 담배, 이불이나 솜 등이 불꽃 없이 연소하는 경우이다. 연소의 형태는 이외에도 연소속도 및 산화 정도에 따라 구분하기도 하며 가연물별로 분류하기도 한다.

〔표 1-8〕 연소의 종류

구 분	연소 형태
연소속도에 따라	정상연소, 비정상연소
산화 정도에 따라	완전 연소, 불완전 연소
가연물에 따라	고체 : 표면연소, 증발연소, 분해연소, 자기연소 액체 : 증발연소, 분해연소 기체 : 확산연소, 예혼합연소

---

9 연쇄반응(chain reaction): 몇 개의 반응이 연속적으로 일어나고 그 반응생성물 중 하나가 다시 반응체의 하나로 쓰이며, 생성과 소멸을 반복하면서 전체의 반응이 진행될 때 그 반응을 연쇄반응이라고 한다. 이 개념은 독일의 보덴슈타인(E.A.M Bodenstein)이 1913년 제기한 후 1918년 네른스트(W.H Nernst)가 수소와 염소의 광화학반응을 통해 확립시켰다.

10 심부화재(deep seated fire): 공기가 불충분한 상태에서 발생하며 곡물, 가구류, 의류 등 가연물 깊은 곳에 파고들어 탄화가 진행되어 소화가 곤란한 화재를 말한다.

(1) 연소속도에 의한 분류

❶ **정상연소** : 연소에 필요한 산소공급이 원활하게 공급되고 연소 시 기상조건이 비교적 양호할 때 정상적으로 진행되는 연소를 말한다. 연소장치나 가스레인지 등에서 연료−공기와의 혼합비가 적정하고 열의 발생속도와 방산속도가 서로 균형을 이뤄 불꽃이 안정적으로 연소하는 형태를 보인다. 따라서 화염의 위치와 모양 등이 연소가 계속되는 동안 변하지 않는다.

❷ **비정상연소** : 연소에 필요한 공기의 공급이 불충분하거나 산소공급의 과잉 등으로 정상적인 연소가 진행되지 않는 연소를 말한다. 불꽃의 길이가 길어져 그을음이 발생하는 것은 공기와의 혼합이 불충분한 것이며 황색 불꽃의 발생은 공기량이 부족해 나타나는 현상이다. 폭발은 매우 짧은 순간에 격렬하게 일어나는데 이는 열의 발생속도가 방산속도를 능가했기 때문이다.

(2) 산화 정도에 의한 분류

❶ **완전 연소** : 연료 및 산소의 공급이 충분하여 연소가 활발하게 이루어지고 물질이 완전 산화되어 이산화탄소 등의 연소생성물이 발생하는 연소를 말한다.

$$\text{메 탄} : CH_4 + 2O_2 \longrightarrow CO_2 + 2H_2O$$
$$\text{프로판} : C_3H_8 + 5O_2 \longrightarrow 3CO_2 + 4H_2O$$
$$\text{부 탄} : 2C_4H_{10} + 13O_2 \longrightarrow 8CO_2 + 10H_2O$$

❷ **불완전 연소** : 가연물에 산소의 공급이 충분하지 못해 연소온도가 낮고 완전히 산화하지 못해 일산화탄소 등의 연소생성물이 발생하는 연소를 말한다.

(3) 가연물별 분류

❶ **고체 가연물**

㉮ **표면연소(surface combustion)** : 가연물이 연소할 때 열분해와 가연성 증기의 발생과정을 거치지 않고 고체 표면에서 산소와 반응하여 연소하는 현상이다. 발염을 동반하지 않기 때문에 작열연소[11] 라고도 하며 숯, 코크스, 목탄, 마그네슘 등의 연소가 표면연소에 해당한다. 산소의 공급이나 가연물의 표면적에 의해 연소가 좌우되며 불꽃이 없으므로 연소속도는 느리게 진행된다. 숯이나 석탄에 불을 붙이면 불꽃 없이 장시간 연소하는 것은 목재의 건류과정에서 다양한 유기화합물들이 증발 또는 열분해되고 방출됨으로써 대부분 탄소성분만 남았기 때문이다. 표면연소는 산소의 농도와 직접적인 관련이 없어 때로는 산소가 부족한 상황에서도 발생하며 가연물을 추가하지 않는 한 스스로 불꽃연소로 전환되지 않는 특징이 있다.

---

[11] 작열연소(glowing combustion): 눈에 보이는 불꽃 없이 고체 물질이 발광하며 연소하는 것(Luminous burning of solid material without a visible flame.) NFPA921, 2014 edition.

④ **증발연소(evaporative combustion)** : 증발연소란 고체 물질 자체가 연소하는 것이 아니라 물질 표면에서 발생한 가연성 증기가 산소와 결합하여 연소하는 현상이다. 고체 가연물로는 유황(S), 나프탈렌($C_{10}H_8$) 등이 있으며 파라핀(양초)을 가열하면 고상의 파라핀이 액상으로 된 후 기화하는데 증기가 공기와 결합하여 연소하는 예에 속한다. 파라핀은 수소 원자와 탄소 원자로 만들어진 탄화수소로 이루어져 있어 양초에 불을 붙이면 용융되고 용융된 양초는 모세관 현상에 의해 양초 심지를 따라 올라가 기화하기 시작한다. 파라핀은 고체나 액체 상태에서는 산소와 충분히 접촉하지 못하기 때문에 연소가 일어나지 않는데, 파라핀은 기체 상태가 되어야만 산소와 충분히 결합할 수 있고 연소가 가능하기 때문이다. 파라핀에서 나온 탄소는 공기 중의 산소와 결합하여 이산화탄소가 되고 수소는 산소와 결합하여 수증기가 되어 공기 중으로 분산된다.

④ **분해연소(decomposition combustion)** : 가연물이 연소할 때 열분해하여 가연성 가스가 생성되면 공기와 혼합되어 연소하는 현상이다. 열분해에 의해 가연성 가스의 농도가 연소한계에 도달하면 활발하게 연소가 진행되고 그렇지 않을 경우에는 열분해에 그쳐 연소 충분조건을 이루지 못해 연소는 중단된다. 목재, 석탄, 종이, 합성수지류 등은 분해연소하는 물질로 일산화탄소, 탄화수소, 메탄 등 가연성 가스를 생성한다.

④ **자기연소(self combustion)** : 질산에스테르류, 셀룰로이드류, 니트로화합물 등 제5류 위험물은 가연성이면서 자체에 산소를 함유하고 있어 점화원에 의해 분해되면 가연성 기체와 산소를 스스로 발생하므로 공기 중의 산소를 필요로 하지 않고 연소한다. 이러한 연소를 자기연소 또는 내부연소라고 한다. 자기연소는 가연물 자체에 산소를 포함하고 있어 산화반응이 매우 빨라 폭발적으로 연소한다.

❷ **액체 가연물**

㉮ **증발연소(evaporative combustion)** : 액체 연료인 가솔린, 알코올, 에테르 등에 열을 가하면 액체 표면의 가연성 증기가 증발하며 연소하는 현상이다. 액체 연료는 액상으로 반응하는 경우가 거의 없으며 증발된 가연성 증기가 산소와 결합하여 연소한다. 액체 표면적이 클수록 증발량이 많아지고 연소속도도 그만큼 빨라지게 된다. 석유류에서 증발연소가 발생하면 액면과 화염사이에 이격 간격을 볼 수 있는데 이것이 바로 가연성 증기의 층이다.

㉯ **분해연소(decomposition combustion)** : 중유나 벙커C유, 타르 등과 같이 비휘발성 액체 또는 끓는점이 높은 가연성 액체의 연소 시 먼저 열 분해된 가스가 연소하는 현상이다.

❸ **기체 가연물**

㉮ **확산연소(diffusion combustion)** : 가연성 가스와 공기를 미리 혼합하지 않고 가스가 확산되면 주위에 있는 공기와 혼합되어 연소하는 것을 확산연소라고 한다. 확산연소는 연소가스와 공기류가 반응영역에서 확산과 혼합이 생겨 연소 가능한 혼합비가 생성된

곳으로부터 연소하기 때문에 불균질연소라고도 한다. 화염이 확산되는 원리를 보면 연소가 일어나는 반응영역에서 산소가 소모되면 공기 중의 또 다른 산소가 화염 쪽으로 이동을 하며 연료 또한 화염의 반대쪽에서 산소와 같이 화염 쪽으로 이동을 한다. 그후 연료와 산소가 혼합되면서 연소범위를 형성하면 그 범위 내에서 연소가 이루어지게 되고 연소생성물은 주변으로 확산되는 것이다. 일반적으로 확산이란 액체 또는 기체가 이동하며 다른 물질과 섞이는 것으로 농도가 높은 곳에서 낮은 곳으로 이동한다. 예를 들면 물속에 농도가 높은 잉크를 떨어뜨리면 점차적으로 농도가 낮은 물속으로 번지게 되고 어느 순간에 물 전체로 번지는 것을 알 수 있다. 확산은 액체보다 기체가 더 빠르게 일어나는데 확산속도는 분자의 질량이 작을수록, 온도가 높을수록 커진다. 메탄, 프로판 등과 같은 가연성 가스가 공기 중으로 유출되어 연소하는 경우 가연성 가스와 공기가 서로 확산에 의해 혼합되어 화염을 형성하며 연소하는 것으로 화재현장에서 발생하는 화염의 대부분은 확산연소에 기인한다.

㉔ **예혼합연소(premixed combustion)** : 확산연소가 연료와 공기를 별도로 공급하는 방식이라면 예혼합연소는 연료와 공기를 미리 혼합하여 버너나 연소실로 공급하는 연소방식이다. 미리 연료와 공기가 혼합되어 있고 연료와 공기의 혼합비가 일정하며 동일한 연소가 이루어지므로 균질연소라고도 한다. 산소용접 시 가연성 가스와 공기를 미리 적당하게 혼합하여 연소시키는 경우와 자동차 내연기관의 혼합기, 가스용접기 등이 해당된다. 확산연소와 예혼합연소는 동시에 일어나는 경우도 있다. 만약 버너의 공기를 감소시키면 내염은 예혼합화염이지만 불꽃의 길이가 길어지면서 외염은 확산화염으로 변하는 것을 볼 수 있다.

Step 05 | 열전달 방식

1 열(heat)

온도가 다른 두 개의 물체가 접촉할 때 높은 온도의 물체에서 낮은 온도의 물체로 이동하는 에너지를 '열'[12]이라고 한다. 화재공학에서는 가연성 증기를 발생시키고 발화를 일으키는데 필요한 최저 수준 이상의 에너지를 열이라고 한다. 열량을 측정하는 단위는 일반적으로 칼로리 (cal)를 사용하거나 열을 에너지의 한 형태로서 취급하여 에너지의 공통단위인 줄(joule)로 표시한다. 열의 이동이란 내부에너지의 변화뿐만 아니라 외부에 대한 작용도 포함한다. 뜨거운 주전자에 손을 대면 주전자의 온도가 손의 온도보다 높기 때문에 주전자에서 손으로 에너지가 이동한다. 반대로 찬 얼음에 손을 대면 손에 있는 열이 얼음으로 이동한다. 이처럼 에너지는 항

---

[12] 열 : 화학적 변화 및 상태변화를 일으키고 지원하는 에너지의 형태로 분자의 진동을 특징으로 한다.(A form of energy characterized by vibration of molecules and capable of initiating and supporting chemical changes and changes of state.) NFPA 921, 2014 edition

상 온도가 높은 물체에서 낮은 물체로 이동한다. 우리가 얼음을 만졌을 때 차가운 것을 느끼는 것은 손에 있는 열이 이동한 것일 뿐 얼음 자체가 열을 가지고 있는 것은 아니다. 이것은 마치 어떤 물체가 스스로 일을 할 수 있는 능력을 가지고 있는 것이 아니라 한 물체가 다른 물체와 충돌하여 움직임이 있을 때, 이동하는 에너지 형태를 일이라고 부르는 것과 같다. 물체는 단순하게 일을 하거나 받을 뿐이다. 일단 어떤 물체가 에너지를 얻으면 그 에너지를 열이라고 하지 않고 내부에너지가 생긴 것이라고 한다. 한 물체에서 다른 물체로 열이 이동할 경우 두 물체 간에는 서로 열적 접촉이 발생한다. 열적 접촉이 발생하면 고온체에서 저온체로 열이 이동하지만 분자 운동에너지의 전체량이 많은 물체에서 적은 물체로 이동하는 것은 아니다. 예를 들면 끓는 물 2리터의 전체 분자 운동에너지는 끓는 물 1리터인 물보다 분자 운동에너지가 2배 크다. 그러나 두 경우 모두 온도는 동일한데 그것은 분자의 평균 운동에너지가 같기 때문이다.

2 열적 평형(thermal equilibrium)

두 개의 물체가 접촉한 후 같은 온도에 도달하면 더 이상 열은 이동하지 않는데 이를 열적 평형이라고 한다. 온도계를 이용하여 하나의 물체에 대해 온도를 측정하려면 물체와 온도계가 서로 열적 평형상태에 도달할 때까지 기다려야 한다. 몸의 체온을 측정할 때 온도계를 겨드랑이 안에 품고 일정시간 기다리는 것은 몸과 체온계 사이에 열적 평형을 맞추기 위함이다. 끓는 물의 온도를 측정할 때도 온도계가 물과 접촉한 후 바로 측정하는 것은 불가능한데 이것은 두 물체 사이에 온도가 같아지도록 열이 이동하는 시간을 기다려야 하기 때문이다.

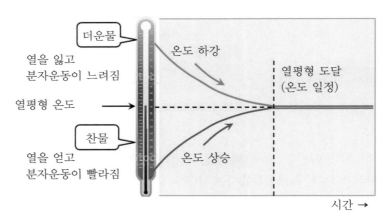

열적 평형이 이루어지면 열은 더 이상 이동하지 않는다.

3 열팽창(thermal expansion)

특별한 경우를 제외하고 모든 물질(기체, 액체, 고체)은 열을 받으면 팽창하고 식으면 수축한다. 이처럼 온도에 따라 물체의 길이와 부피가 변하는 현상을 열팽창이라고 한다. 열팽창은 우리 주변에서도 흔히 볼 수 있는 현상이다. 예를 들어 유리컵에 뜨거운 물을 갑자기 부었을 때 컵이 깨지는 것은 열팽창 때문에 일어나는 현상이다. 유리는 열의 부도체로 열을 잘 전달하지 못해 뜨거운 물이 닿은 유리컵의 안쪽은 팽창하지만 바깥쪽은 그대로 있기 때문에 컵이 깨지게 되는 것이다. 만약 처음부터 컵의 안팎에 온도가 같아지도록 데워 두고 뜨거운 물을 붓는다면 안과 밖의 온도차이가 크지 않기 때문에 깨지지 않는다. 또한 유리컵의 두께가 얇으면 뜨거운 물을 부어도 겉 표면에 금방 열이 전달되어 안쪽과 동시에 팽창하기 때문에 잘 깨지지 않는다. 이러한 이유는 온도가 올라가면 유리 분자나 원자 입자들의 운동이 활발해져서 입자들 간에 서로 멀어지려는 활동이 증가하기 때문이다. 물질을 구성하는 입자들 사이의 평균거리가 증가하면 길이나 부피가 커지게 된다. 열팽창 비율은 물질마다 서로 상이한데 냉장고나 전기다리미, 전기토스터기 등에 내장된 바이메탈(bimetal)은 열팽창계수가 다른 두 종류의 얇은 금속판을 맞붙여 한 개로 만든 막대 형태의 부품으로 열을 가했을 때 휘는 성질을 이용해 온도를 제어하는 역할을 한다. 서모스탯(thermostat, 자동온도조절기)은 바이메탈을 실용적으로 이용한 열 조절장치로 온도가 높아지면 열팽창계수가 큰 쪽의 금속이 더 많이 팽창하면서 열팽창 계수가 작은 쪽으로 휜다. 그리고 다시 온도가 내려가면 원래 상태로 돌아온다. 팽창이 잘 되지 않는 금속으로 니켈(Ni)과 철(Fe) 합금이 사용되며 팽창이 잘 되는 금속으로는 니켈-망가니즈-철의 합금, 니켈-몰리브데넘-철의 합금, 니켈-망가니즈-구리의 합금 등 여러 종류가 사용되고 있다.

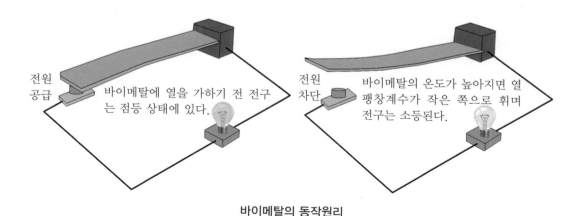

전원 공급

바이메탈에 열을 가하기 전 전구는 점등 상태에 있다.

전원 차단

바이메탈의 온도가 높아지면 열팽창계수가 작은 쪽으로 휘며 전구는 소등된다.

바이메탈의 동작원리

④ 전도(conduction)

물질을 접촉했을 때 열이 고온부에서 저온부로 이동하는 현상을 말한다. 물체를 가열하면 열에 의해 분자의 운동이 활발해지는데 이때 활성화된 분자들 간의 움직임은 또 다른 분자에게 영향을 주어 결국에는 모든 분자들이 움직이게 되며 물질에 따라 분자구조가 조밀할 경우 불규칙적인 분자운동은 더욱 빨라지게 된다. 예를 들면 금속막대의 한쪽 끝을 손으로 잡고 반대쪽을 불로 가열하면 곧 전체가 뜨겁게 되어 손으로 잡을 수 없게 된다. 이처럼 열이 금속 등의 물체를 통해 전달되는 것을 전도라고 한다. 열이 잘 전도되는 물질(대부분 금속류)을 양도체라고 하며 목재, 종이, 스티로폼과 같이 열을 잘 전달하지 못하는 물질을 부도체라고 한다. 금속은 열을 가장 잘 전도시킬 수 있는 물질에 해당한다. 금속 중 열을 잘 전달하는 것은 은이며 구리, 알루미늄, 철의 순서로 잘 전달된다. 금속과 나무를 손으로 만졌을 때 일반적으로 금속이 더 차갑다고 느끼지만 실제 두 물체의 온도는 실내 온도와 같다. 그럼에도 불구하고 금속을 만졌을 때 더 차갑게 느껴지는 것은 열이 따듯한 손에서 차가운 금속으로 쉽게 이동했기 때문이다. 반대로 나무는 손에 있는 열이 나무로 거의 이동하지 못해 차갑다고 느끼지 않는 것이다. 전도가 직접적으로 연소에 미치는 영향은 열전도율(κ), 밀도(ρ), 열용량(c)과 관계가 깊다. 열전도율이 높으면 물질을 통한 열전달이 높게 나타난다. 금속류는 열전도율이 높은 반면 플라스틱과 유리는 낮은 열전도율을 가지고 있다. 밀도가 높은 물질은 밀도가 낮은 물질보다 열을 빠르게 전달한다. 열전도율이 높은 물질은 열을 가하더라도 그 열에너지를 물체 내부로 효과적으로 분산시키기 때문에 열의 축적이 어려워 가연성 증기를 발생할 수 있는 인화점에 이르기 어렵게 된다. 따라서 열전도율이 낮을수록 인화가 용이한 물질이며 물질의 상태에 따라 고체, 액체, 기체 순으로 열전도율이 높다.

열관성(thermal inertia)이란 어떤 물체의 온도가 변하려고 할 때 현재의 온도상태를 유지하려고 하는 성질로 물질의 표면온도가 얼마나 쉽게 상승하는가를 측정하는데 쓰인다. 물질의 열관성이 낮을수록 표면온도는 상승하는데, 폴리우레탄폼과 같은 저밀도 물질은 열관성이 낮고 금속은 높은 열전도율로 인해 열관성이 높다. 연소성으로 볼 때 열관성이 낮은 물질일수록 착화가 용이하며 열관성은 열전도율(κ), 밀도(ρ), 열용량(c)을 모두 곱하면 구할 수 있다($\kappa\rho c$).

〔표 1-9〕 물질별 열 특성

물질	열전도율 (W/m · K)	밀도 (kg/m³)	열용량 (J/kg · K)	열관성 (WJ/m⁴K²)
구리	387	8940	380	1.31×10^9
콘크리트	0.8~1.4	1,900~2,300	880	1.33×10^6에서 2.02×10^6
석고	0.48	1,440	840	5.8×10^5
참나무(Oak)	0.17	800	2,380	3.2×10^5
소나무(pine)	0.14	640	2,850	2.5×10^5
폴리에틸렌	0.35	940	1,900	6.2×10^5
폴리스티렌	0.11	1,100	1,200	1.4×10^5
PVC	0.16	1,400	1,050	2.3×10^5
폴리우레탄	0.034	20	1,400	9.5×10^3

Niamh Nic Daeid. 2004. Fire investigation.

⑤ 대류(convection)

　대류는 액체나 기체와 같은 유체를 매개체로 하여 유체의 온도변화에 따른 밀도 차이로 인해 열 흐름이 전달되는 방식이다. 고체의 표면 또는 액체나 기체가 유동로 내부에 흐를 때 유체와 고체 표면 사이에서 열전달이 발생한다. 이때 온도가 높아지면서 그 부분의 유체는 팽창에 의해 밀도가 작아져 위로 상승하게 되고 낮은 온도의 유체가 대신 흘러 들어오는데 이러한 과정이 반복되면서 열기류가 확산되는 것이다. 또 다른 예로 물이 담긴 비커(beaker)에 톱밥을 넣고 가열하면 바닥면의 톱밥이 미세하게 움직이는 것을 확인할 수 있는데 물이 끓게 되면 물분자의 운동이 격렬해져 따뜻한 물이 위로 상승하고 차가운 물이 그 부분을 차지하면서 순환되는 과정이 바로 대류현상이다. 대류는 물질의 밀도 차이로 발생하는 것으로 고체에서는 일어나지 않고 액체와 기체에서 일어나는 현상이다. 밀도가 낮아진다는 것은 분자의 운동이 활발해져 가벼워진다는 의미로 뜨거운 부분은 위로 상승하고 차가운 부분은 아래로 내려오는 반응이다. 화재현장에서 대류의 흐름은 벽과 천장 등 구획된 공간을 통해 흐르기 때문에 불이 확산되는 현상은 대류가 차지하는 비중이 높다. 천장에 의해 대류열이 차단된다면 벽을 타고 옆으로 서서히 확대되고 뒤에서 올라오는 보다 더 뜨거운 공기에 의해 차츰 바닥 쪽으로 밀려 내려오게 된다.

　시험관에 물을 채운 후 가열을 했을 때 일어나는 대류현상을 살펴보자. 물을 충분히 채운 시험관에 얼음을 넣고 연마용 강철 솜으로 눌러 얼음이 시험관 바닥에 닿도록 한 후 알코올 램프로 시험관에 담긴 물의 상단을 가열하면 물이 끓더라도 대류작용이 없어 아래쪽에 있는 얼음은 녹지 않는다. 위쪽의 뜨거운 물은 밀도가 작아 그대로 위에만 머물러 있기 때문이다. 반대로 얼음을 물 표면에 뜨게 한 후 아래쪽을 가열하면 얼음이 빨리 녹는데 열이 대류작용에 의해 시험관의 위쪽으로 도달했기 때문이다. 대류는 측면으로는 열이 거의 전달되지 않는데 연소와 관련하여 촛불을 생각해 보자. 촛불을 세워놓고 손으로 감싸듯이 형태를 취해도 별로 뜨겁지 않지만 손을 촛불의 위로 하면 뜨거움을 느끼게 된다. 대류작용에 의해 열이 위로 전달되었기 때문이다. 공기는 부도체이므로 촛불의 양 옆으로는 열이 거의 전달되지 않는다.

시험관에 물을 넣고 윗부분에 열을 가했을 때 아랫부분은 대류가 일어나지 않아 얼음은 녹지 않는다.

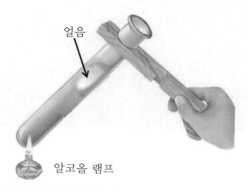

얼음을 물에 띄워 놓고 아랫부분에 열을 가하면 대류에 의해 열이 전달되어 얼음이 녹는다.

⑥ 복사(radiation)

복사란 가열된 물체가 지속적으로 열을 방사할 때 중간 매질 없이 서로 떨어져 있는 물체 사이에 빛과 같은 열에너지가 전자기파의 형태로 전달되는 것을 의미한다. 태양열을 예로 살펴보자. 태양열은 대기를 통과하여 지표면으로 전달된다. 태양열이 대기층을 통과한다는 것은 공기층을 통과한다는 의미이며 공기는 열전도율이 가장 낮기 때문에 전도에 의해 전달된다는 이론은 성립할 수 없다. 그렇다고 대류에 의해 전달되는 현상도 아니다. 대류는 지표면이 가열된 이후에 시작되기 때문이다. 따라서 전도와 대류는 성립할 수 없고 복사에 의해 전달되는 것임을 알 수 있다. 열을 포함하여 복사에 의해 전달되는 모든 에너지를 복사에너지라고 한다. 복사에너지는 전자기파의 형태로 존재하며 전파, 마이크로파, 적외선, 가시광선, 자외선 순으로 파장이 짧아진다. 여기서 적외선이란 비교적 짧은 파장을 지닌 것으로 피부에 흡수될 경우 열을 느낄 수 있어 적외선복사를 열복사라고도 한다. 물체가 충분히 가열되면 그 물체가 방출하고 있는 복사에너지 중 일부는 가시광선 영역을 형성하게 된다. 500℃ 정도에서는 적색 빛이 방출되고 1,200℃ 정도에 이르면 물체가 백열 상태로 보이게 된다. 우리가 일상생활에서 흔히 볼 수 있는 난로 불, 가스레인지 불, 라이터 불 등은 적외선과 가시광선을 동시에 방출하고 있다.

화염의 직접 접촉 없이 주택 내부에서 확산된 복사열에 의해 차량이 연소하고 있다.

복사에너지가 다른 물체와 접촉할 경우 일부는 흡수되고 일부는 반사된다. 복사에너지를 잘 흡수하는 물체는 어둡게 보이는데 어두울수록 복사에너지의 반사율은 감소된다. 사람의 눈 가운데 있는 동공이 검게 보이는 것은 반사 없이 복사에너지를 그대로 통과시키기 때문이다.

복사열이 흡수되는 경우는 우리 주변에서도 쉽게 경험할 수 있는데 멀리 떨어져 있는 가정집의 창문을 보면 내부가 어둡게 보이는 것이 일반적인 현상이다. 창문 안쪽이 어둡게 보이는 것은 창문 안으로 들어간 복사에너지가 안쪽의 벽면에 여러 번 반사되는 동안에 대부분 흡수되어 다시 밖으로 나올 수 있는 빛이 거의 없어졌기 때문이다.

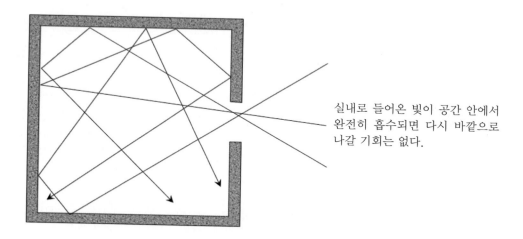

실내로 들어온 빛이 공간 안에서
완전히 흡수되면 다시 바깥으로
나갈 기회는 없다.

열복사선은 열을 흡수하는 물체의 표면 상태에 따라서도 차이가 있다. 물체의 표면이 어두운 경우 열 흡수가 용이하지만 반대로 밝은 색 계통의 표면은 열 흡수가 적게 나타나는데 이것은 밝은 색 계통의 물체가 더 많은 빛과 열을 반사한다는 이치로 작용한다. 여름철에 밝은 색 계열의 의류를 많이 착용하는 것도 더위를 피하기 위한 과학이 숨어 있는 것이다. 실험을 통해 입증된 사례를 더 살펴보자. 크기와 모양은 같지만 거울처럼 표면이 매끄러운 용기와 표면이 검은색인 용기를 각각 준비하여 두 개의 금속 용기에 뜨거운 물을 붓고 온도를 측정해 보면 검은색 용기가 더 빨리 식는 것을 알 수 있다. 이것은 검은색 용기의 표면이 외부로 열을 방출시키는 방사율이 높기 때문이다. 반대로 동일한 조건의 용기에 얼음을 넣고 복사에너지의 공급이 원활한 난로 앞이나 야외에 방치했을 때 검은 색 용기에 들어있는 물의 온도가 더 높게 나타나는 것을 볼 수 있다. 이것은 복사에너지를 잘 방출하는 물체는 흡수도 용이하다는 것을 보여주는 것이다. 결국 어떤 물체의 표면이 에너지를 방출하는가 또는 흡수하는가는 표면의 온도가 주위보다 높고 낮음 정도에 달려있는 것이 된다. 표면온도가 주위보다 높으면 순방사체가 되어 식게 되고 주위보다 낮으면 순흡수체가 되어 따듯해진다. 난로의 경우 주변을 따듯하게 하기 위해 검은색 계열로 표면을 도금 처리한 것과 난방용 전기 히터 뒷부분의 방열판을 밝은 알루미늄으로 처리한 것은 복사열 손실을 방지하기 위한 조치들이다.

〔표 1-10〕 대표적인 복사열 측정값

Heat Flux(KW/m²)	관찰 효과
170	구획실에서 플래시오버 이후 측정된 최대 열유속
80	열로부터 보호될 수 있는 방화복 시험에 대한 열유속
52	섬유 보드가 5초 후 자연발화
29	목재가 장기간 노출 후 자연발화
20	플래시오버가 발생하는 거실 바닥부분의 열유속
16	피부가 2도 화상을 당한 후 5초간 노출되었을 때 통증과 물집 발생
12.5	점화시켰을 때 목재에 휘발 성분의 발생
10.4	피부에 2도 화상을 당한 후 3초에서 9초 동안에 통증과 물집 발생
6.4	피부에 2도 화상을 당한 후 18초 만에 물집 발생
4.5	피부에 2도 화상을 당한 후 30초 만에 물집 유발
2.5	소화활동 중 복사열에 장시간 노출 시 화상 우려
1.4	직사일광에 의한 화상 가능성 농후

John J. Lentini. (2006). Scientific Protocols for fire investigation. Taylor & Francis Group, LLC.

상식적으로 산에 높이 오를수록 태양과 가까워지고 햇빛을 더 받기 때문에 따뜻하다고 생각할 수 있다. 그러나 높이 올라갈수록 지표면의 복사열이 줄어들기 때문에 기온은 낮아진다. 지구표면이 따뜻해지는 이유는 햇빛이 직접 공기를 달궈서 더워지는 것이 아니라 지표면이 햇빛을 받아 발산하는 복사열이 대기의 온도를 높여주기 때문이다. 즉, 지구표면이 햇빛을 흡수한 뒤 흡수한 만큼의 에너지를 복사에너지 형태로 대기 속으로 내보내는 것이다. 등산을 할 때 높은 곳으로 이동하는 과정을 에너지 흐름이란 관점에서 보면 열에너지의 근원인 태양과 가까워지는 대신 지표면 복사열의 영향으로부터 점차 멀어진다는 뜻이다. 결국 높은 산에서 온도가 낮은 이유는 태양과의 거리가 가까워져 얻는 에너지보다 지표면으로부터 멀어지기 때문에 복사열의 영향권으로부터 멀어지기 때문이다. 지구와 태양과의 거리는 약 1억 5천만km인데 등산을 해서 아무리 높이 올라가 태양의 거리를 좁혀도 1km 내외이다. 세계 최고봉인 에베레스트 산을 올라도 지구와 태양과의 거리는 불과 10억분의 6 정도 밖에 줄어들지 않는다. 높이 올라가 태양과 아주 조금 가까워지더라도 추가로 얻는 에너지는 사실상 없다. 따라서 지구표면에서 수십—수백 m만 떨어져도 복사열은 급격하게 줄어든다. 고도가 높아질수록 지표면이 내뿜는 복사열의 영향권에서 멀어지기 때문에 고산지대로 갈수록 온도는 내려가는 것이다. 맑은 날씨를 기준으로 높이 올라갈수록 100m마다 기온이 섭씨 0.6도 정도씩 떨어지는 것으로 알려져 있다.

7 전도 · 대류 · 복사의 역학관계

열전달의 실체는 열을 방출하는 조건과 상태에 달려있다. 대부분의 화재가 전도에 기인하고 있다면 대류와 복사는 2차적인 문제로 볼 수 있다. 실제로 화염이 형성되면 그 주변으로 대류와 복사는 동시에 일어나는데 그 크기와 양은 화염에 의해 좌우되기도 한다. 대류와 복사에 의한 복합적인 열전달은 화염보다 빠른 속도로 전파되는데, 고층건물 화재 시 1층에서 발화되었다고 가정할 때 뜨거운 고온은 부력상승작용에 의해 최고층까지 손쉽게 도달한다. 이때 기체의 속도가 빠를수록 대류의 전파속도 또한 빨라지고 화세는 더욱 커지는데 화재현장에서 발화층보다 위에 있는 층에서 다수의 사상자가 발생하는 주된 이유가 되기도 한다. 복사는 중간에 매질 없이 열전달이 이루어지는, 가장 빠른 열전달 형태이며 연소되지 않은 물체의 온도 변화 없이 복사체의 절대온도를 2배로 하면 두 물체 간의 복사열 증가는 16배가 되는 것으로 알려져 있다(Stefan-Boltzmann's law).

스테판-볼츠만 법칙(Stefan-Boltzmann's law)

$Q = \varepsilon\sigma T^4$

Q : 복사열[W/m^2]　　ε : 복사율　　σ : 스테판-볼츠만 상수, 5.67×10^{-12}[W/cm$^2 \cdot$ K^4]

T : 절대온도(K)

물체의 온도가 상승하면 물체로부터 방출되는 복사에너지도 증가하는데 상기 공식에서 알 수 있듯이 물체의 절대온도에 4승으로 증가한다. 만일 온도가 2배 증가하면 물체로부터 복사된 에너지는 16배가 된다. 간단한 논리로 16배로 증가하는 것을 살펴보자. 절대온도(T)가 3일 경우 복사된 에너지의 양은 3^4이 된다. 여기서 절대온도를 2배 증가시키면 에너지는 6^4이 된다. 즉, $3^4=81$이고, $6^4=1,296$이므로 에너지의 양은 16배가 증가된다는 것을 알 수 있다.

화재현장에서 발견되는 'V' 또는 'U' 형태의 형태기하학적 연소흔적은 대류에 의해 좌우되는 경향이 크지만 전도 · 대류 · 복사는 불이라는 하나의 시스템 안에서 생성되는 것으로 삼각 편대를 이루고 있다. 아래 그림은 전도 및 대류, 복사의 역학관계를 설명한 것이다. 열전도가 우수한 냄비를 가열하면 열이 접적되어 내부에 담긴 물 분자의 운동에너지가 활발하게 촉진되고 뜨거운 물과 차가운 물의 순환이 반복되면서 열 교란을 일으킴으로써 주변으로 열복사선을 방출하게 된다. 열 공급이 계속되는 동안 대류는 지속되며 복사열은 화재가 주변으로 확산될 수 있는 지배적인 요인으로 작용을 한다. 실무에서 화재현장의 소방관들이 화점보다는 인접한 연소물에 물을 주수하여 연소저지선을 먼저 구축하는 것은 대류와 복사열 확산 방지를 위한 소방전술에 근간을 두고 있다. 연소의 경계면이 이동하는 화염 확산과 건물 내 · 외부 부력에 의한 압력 차이, 연기 이동에 필요한 힘 등은 전도 · 대류 · 복사의 복합적 에너지가 밑바탕을 이루고 있는 것으로 열전달 속도는 복사열이 가장 빠르며 대류와 전도 순으로 이어진다. 열전달 방식 3가지 메커니즘의 이해는 화재현장 조사 시 매우 유용하게 쓰일 수 있다. 가연물의 연료

– 공기조성 비율이 적당히 혼합된 상태에서 점화원에 의해 연소가 개시되면 산화제(대기에 있는 공기가 대부분) 대부분이 소모되고 연소의 지속 여부를 좌우하게 된다. 대류는 주변 산화제의 비중에 따라 크거나 작게 또는 내부 압력변화에 영향을 받는 기류의 변화로 해석되며 벽면과 천장에 남겨진 연기응축물의 형태로 흔적을 찾아볼 수 있다. 완전 연소된 부분의 콘크리트와 벽돌 등은 장력이 저하되어 다른 인접 지역보다 밝은색을 띠며 그렇지 않은 부분은 미연소가스가 부착된 형태로 남아 열이 확산된 경로를 확인할 수 있고 유체의 흐름을 밝혀내는 중요한 단서로 작용을 한다. 화재원인을 밝혀내기에 앞서 열이 본격적으로 확산된 열기류 흐름을 읽어내는 안목은 화재성격을 구분 짓는 중요한 척도로 비중이 높다.

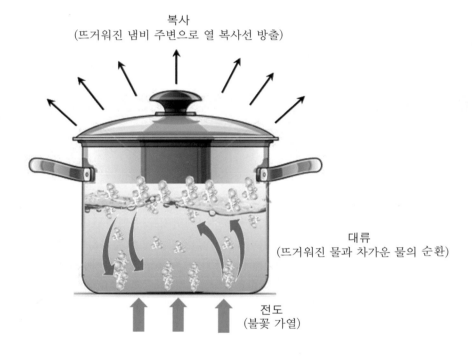

복사
(뜨거워진 냄비 주변으로 열 복사선 방출)

대류
(뜨거워진 물과 차가운 물의 순환)

전도
(불꽃 가열)

전도 · 대류 · 복사는 동시에 하나의 시스템 안에서 이루어진다.

CHAPTER 02

물질의 연소 특성

The technique for fire investigation identification

CHAPTER
02

물질의 연소특성

The technique for fire investigation identification

고체 가연물

1 열분해(pyrolysis)[1]

화재현장에서 흔히 볼 수 있는 고체 가연물로는 목재를 비롯하여 섬유, 플라스틱, 종이 등을 생각해 볼 수 있다. 고체 가연물의 연소 형태는 일정하지 않아 복잡한 연소과정을 거친다. 나프탈렌(naphthalene)은 벤젠핵이 두 개 결합된 구조를 가진 방향족 탄화수소로 융해과정 없이 바로 증발하는 대표적인 물질이다. 양초는 가연성 고체로 액화과정을 거쳐 증발한다. 열가소성 수지 또한 액화과정을 통해 작은 분자들로 분해된 후 증발한다. 반면에 열경화성 수지를 가열

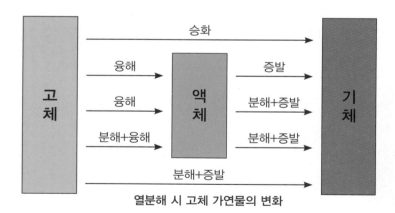

열분해 시 고체 가연물의 변화

---

1 열분해(pyrolysis): 하나의 화합물이 오직 열을 통해서 하나 이상의 다른 물질로 변하는 화학적 분해. 통상적으로 열분해는 연소보다 먼저 발생한다.(A process in which material is decomposed, or broken down, into simpler molecular compounds by the effects of heat alone, pyrolysis often precedes combustion.) NFPA 921, 2014 edition

하면 액화되지 않고 분해과정을 거쳐 탄화된 형태로 고착된다. 목재가 열분해하면 가연성 기체가 발생하여 탄소성분이 연소하는 것이며 연소가 중단되면 더 이상 증기를 생성할 수 없어 열분해가 적게 이루어진 부분은 검게 탄화된 형태로 남는다. 이처럼 열분해란 외부에서 열을 가해 분자를 활성화시켰을 때 약한 결합이 끊어져 새로운 물질을 만들어내는 반응으로 모든 화재의 근간을 이루고 있다. 그러나 모든 고체 가연물이 열분해과정을 거치는 것은 아니다. 칼륨(potassium), 나트륨(sodium)과 같은 활성 금속들은 표면이 불과 접촉할 경우 상온에서 가연성 증기의 발생이 없으므로 열분해하지 않는다. 순수한 목탄(charcoal) 역시 탄소성분만 남아 있는 상태라면 열분해를 일으킬 수 없고 표면에서 불빛만 반짝거리며 작열연소할 뿐이다.

2 목재의 연소 특성

목재의 주성분은 셀룰로오스로 약 50%를 차지하며 나머지는 리그닌, 수분 등으로 결합되어 있다. 나무가 완전 연소하면 딱딱한 탄소성분만 남게 되어 산소를 공급하더라도 연기의 발생 없이 불빛만 반짝거리는 숯으로 변하지만 하얗게 재가 될 때까지 연소는 계속된다. 목재의 연소성은 자연 상태의 것과 인공적으로 가공한 것이 있고 수분 함유량과 휘발성 물질, 화학적 특성 등 쓰임에 따라 매우 다양한 형태로 활용되는 소재이다. 목재는 수분함량이 15% 이상이면 고온에 노출되더라도 착화하기 어렵다. 또한 목재는 생김새에 따라 착화시간을 달리한다. 각진 목재와 평평한 판재는 원형 모양보다 불에 타기 쉽고 빨리 착화한다. 물질은 입자를 잘게 나누면 표면적이 커지기 때문에 공기와의 접촉 면적이 넓어 열전도율의 방출이 적어진다. 따라서 작고 얇은 목재가 두껍고 큰 쪽보다 더 잘 탈 수 있다. 열전도성은 나뭇결 부분이 결의 반대 부분보다 높게 나타나며 휘발성 증기 또한 나무의 결 부분에서 활발하게 일어난다. 목재의 연소는 반드시 열이 목재 안으로 침투되었을 때 탄화경계층을 형성한다. 탄화층이 깊을수록 깊게 패인 탄화심도가 형성되며 탄화 바닥면으로는 열분해가 계속 진행된다. 목재의 열분해 깊이는 목재의 성질, 습기를 함유한 상태, 밀도, 공기의 투과성에 따라 탄화 상태가 다르게 나타나는데 오랜 시간 열에 노출된 목재의 형태를 보면 깊이가 깊어질수록 점차 넓어지면서 거북이 등 또는 악어 등처럼 갈라진 형태를 보인다. 왜 이런 형태가 만들어지는 것일까? 목재의 갈라짐은 나무 틈새에 산소와 수분 등이 자리 잡고 있던 공간으로 연소와 증발이 그곳에서 일어나기 때문이다. 따라서 화재현장에서 이러한 형태가 발견되면 상당 시간 열에 노출되었음을 알려주는 지표로 쓰일 수 있다. 목재가 연소할 때 열과 접촉한 표면으로 탄화층이 형성되고 점진적으로 깊숙이 열이 전파되면 탄화 바닥면과 접한 곳에 열분해 지역이 만들어진다.

[표 2-1] 목재의 연소특성

온도	연소 특성
100~160℃	목재 가열 개시, 수분 증발
220~260℃	갈색에서 흑갈색으로 변화, 인화 개시
300~350℃	목재의 급격한 분해 시작, H, CO, 탄화수소 등 생성
420~470℃	발화 및 탄화 종료

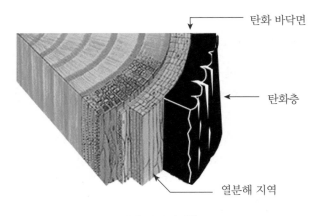

목재의 탄화경계층

3 목재의 저온착화(low temperature ignition)

목재의 저온착화는 고온표면인 보일러의 스팀파이프나 난로의 연통, 벽난로의 굴뚝 등을 매개체로 하여 목재가 이들과 접촉되어 있는 상황에서 발생한다. 연소과정은 목재에 수분이 모두 증발한 후 열분해를 일으키면서 개시된다. 시간이 경과할수록 점진적으로 탄화가 진행되면 열이 축적되고 적절한 산소공급으로 발화할 수 있는 온도까지 이르게 된다. 저온착화는 발생한 열이 반응물질인 목재와 밀착된 상태로 전도열이 충분히 축적되고 주변으로 열 손실이 거의 없다면 훈소 형태로 진행되는 특징이 있다. 발화에 이르지 않더라도 120℃ 이하의 낮은 온도가 계속되면 탄화가 진행되고 주변으로 냄새가 확산되기도 하지만 주변에 있는 공기를 가열할 정도로 높지는 않다. 축적된 온도가 낮을수록 열분해에 이르기까지 장시간이 필요하고 공기의 순환은 적어야 하며 목재의 단면이 어느 정도 부피를 가지고 있어야 한다. 일단 열분해가 시작되면 목재에 다공성이 현저히 증가하여 산소의 유입이 좋아지고 탄화 속도가 증가하는데 숯과 숯 사이로 산소를 배출시키는 에너지도 커짐에 따라서 숯은 스스로 연소할 수 있는 훈소 상황을 일으킨다. 이후 열 방출률이 충분하다면 화염을 동반한 연소로 발전하게 된다.

한증막에 설치한 스팀 전열기가 목재와 밀착된 상태로 있다가 저온착화에 의해 서서히 탄화가 진행된 후 유염발화한 연소형태(경기도 남양주소방서. 2011)

    난로의 연통 위에 수건을 건조시키기 위해 널어놓고 행한 연소실험은 가연물의 저온착화과정을 단적으로 보여주었다. 연통의 온도가 약 89℃에 이르렀을 때 수건이 탄화되기 시작했고 약 230℃ 부근에서 발화되었다. 수건이 탄화에 이른 시간은 불과 19분이면 충분하였으며 90분 경과 후에는 발화에 이르렀는데 만약 발화된 수건이 아래로 떨어졌을 때 착화 가능한 가연물이 존재한다면 충분히 화재로 발전할 수 있음을 알 수 있었다. 동일한 조건으로 합성섬유(폴리에스테르와 나일론)를 연통 위에 올려놓았을 때는 용융 후 연통에 눌어붙거나 융해되어 흘러 내렸을 뿐 발염 착화는 이루어지지 않았다.

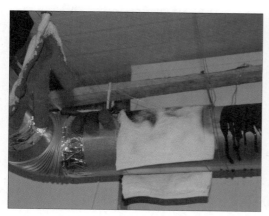

난로 연통 위에 수건을 올려놓았을 때 불과 19분 만에 탄화가 진행되었다.

90분이 경과하자 연통 위의 수건이 발화하였다. (경기도 가평소방서. 2014)

Chapter 01
Chapter 02
Chapter 03
Chapter 04
Chapter 05
Chapter 06
Chapter 07
Chapter 08
Chapter 09
Chapter 10
Chapter 11
Chapter 12
Chapter 13

목재는 100℃와 280℃ 사이에서 휘발성 증기와 수분이 모두 빠져나갈 경우 무게가 현저히 감소하며 최대 40%까지 숯처럼 탄화가 진행된다. 180℃ 이상의 온도에서 목재는 주요 성분(셀룰로오스, 헤미셀룰로오스, 리그닌)의 열분해가 최고치에 이르게 되고 검게 탄화가 가속화된다. 목재 전체가 낮은 온도에서 발화하지 않더라도 120℃ 이하의 낮은 온도에 계속 노출되다 보면 열분해가 일어나 탄화가 진행된다는 사실은 널리 알려진 사실이다. 따라서 목재의 인화점인 260℃ 전후보다 훨씬 낮은 온도인 120℃ 전후에서 발화하는 현상을 저온착화라고 보는 견해가 많다. 일본에서 행한 실험을 보면 두께 10cm의 판자를 118℃의 온도로 장시간 가열시켰을 때 발화에 이르게 되었다는 연구결과가 있다. 목재가 수지를 함유하고 있을 경우 혹은 산류나 염류를 흡수하고 있을 때 더욱 발화하기 쉽고 위험성이 커진다. 미국에서 저온착화한 화재 사례 중에는 80년 이상 된 목재 대들보에 뜨거운 물을 순환시켜주는 금속 파이프를 관통시켜 사용하다가 착화된 경우도 있었는데 건물 관계자들에 의해 발견되기까지 2주 동안 주변으로 타는 냄새가 퍼져 화재사실을 알게 되었다고 한다. 그러나 목재의 저온착화는 반드시 유염연소로 발전하지 않는 경우가 있다는 점도 염두에 두어야 한다. 왜냐하면 열분해가 진행되는 동안 가연성 증기가 동시에 배출되는데 발생량이 크지 않아 극히 적은 부분만 탄화가 이루어지고 증발해버리면 열의 축적이 쉽지 않아 유염연소하기 어렵기 때문이다.

연통에 밀착된 나무 받침대가 탄화된 형태

합성수지로 된 천장면에 연통이 접촉함으로써 탄화된 형태(경기도 포천소방서. 2012)

저온착화가 발생할 수 있는 지점
❶ 연통 등이 관통하고 있는 벽체나 지붕
❷ 난로가 근접해 있는 벽체, 바닥 부분의 받침대
❸ 사우나실, 보일러실 등의 스팀파이프 접촉 부분

④ 훈소(smoldering)[2]

훈소는 한마디로 가연물의 표면에서 불꽃 없이 연기만 보이는 매우 느린 연소 현상이다. 반응과정을 보면 가연물이 산소와 접촉함으로써 표면에서 적열 및 탄화가 서서히 진행된다. 이때 탄화된 면적이 작더라도 적열된 온도가 1,000℃ 이상인 경우 공기의 유입량이 적절하고 주변의 가연물에 용이하게 착화할 수 있다면 얼마든지 불꽃연소로 전환될 수도 있다.

주택에서 발생하는 대표적인 훈소화재는 담뱃불을 매트리스나 이불 또는 푹신푹신한 의자나 소파, 쿠션 등에 무심코 떨어뜨리거나 부주의 등으로 방치할 경우에 발생할 가능성이 있고 심부적으로 타들어가는 형태를 보인다. 연소 초기에는 불완전 연소 반응을 일으켜 일산화탄소의 발생량이 많고 타는 냄새가 주변으로 확산되기도 한다. 섬유재 쿠션에서 훈소가 발생하면 열분해를 일으켜 섬유의 질량이 서서히 감소하며 유독가스 등 분해생성물을 방출하기 시작한다. 분해생성물은 흰색과 황색 계통의 연기입자로, 열의 축적만 보장된다면 지속적으로 연기가 발생하며 화재를 일으키기에 충분한 에너지를 만들게 된다. 산소가 부족한 상태에서는 불꽃연소할 수 없지만 이미 발생한 가연성 가스는 고온의 흐름을 유지하면서 멀리 이동할 수 있고, 불꽃이 발생하기 전에 상당량의 연기와 메케한 독성가스를 생성한다. 훈소할 수 있는 물질에는 섬유류뿐만 아니라 나무가 연소한 후 남게 되는 숯도 불꽃은 없지만 작열연소하므로 훈소를 일으킬 수 있다.

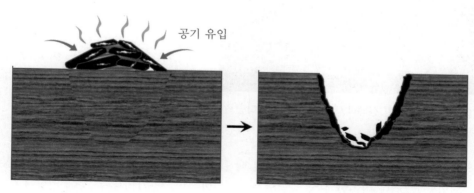

공기 유입

숯이 훈소할 때 표면에서 산소와 반응을 하며 불꽃연소를 하지 않는다면 심부적으로 타들어가는 형태를 보인다.

훈소는 다공성 고체 가연물, 불침윤성 고체, 구겨진 종이더미 등이 누적되어 있는 쓰레기장 등에서 종종 발생하는 사례를 볼 수 있다. 훈소과정은 공기가 어느 정도 필요하지만 많지 않아도 되는데 그 이유는 반응과정이 매우 느리기 때문이다. 반응과정이 느리다는 의미는 훈소가 불꽃으로 전환되는 시간을 예측할 수 없다는 뜻으로도 해석이 가능하다. 실제로 훈소 메커니즘을 설명하는데 기준이 되는 발화온도라는 것도 존재하지 않는다. 일반적으로 훈소는 불꽃연소

---

2 훈소(smoldering): 일반적으로 발광과 연기는 있으나 불꽃 없이 연소하는 것(Combustion without flame, usually with incandescence and smoke.) NFPA921, 2014 edition

와는 달리 연료와 산화제가 미리 혼합된 상태가 아니기 때문에 고체 표면에서 반응을 하는 현상이다. 목재와 같은 유기물질은 휘발성분이 분해된 후 숯이 되며 이 단계를 거쳐 훈소상태에 도달한다. 훈소의 확산속도는 약 0.0001m/s인데 비해 고체 연료의 연소 확산속도는 0.001m/s에서 0.01m/s 정도로 훈소가 약 10배 내지 100배 정도 연소 확산이 느리게 나타난다. 훈소는 라텍스 고무, 천연섬유(솜), 침대 매트리스 및 쌓아둔 건초더미와 곡물더미 및 석탄분, 톱밥, 미세하게 분쇄된 셀룰로오스 입자 등에서도 발생하기 쉽다. 훈소의 발화형태는 담뱃불 등 점화원이 작용하여 일어나는 경우와 점화원과 관계없이 일단 발화된 화재로부터 잠재된 불씨가 장시간 서서히 성장하여 재발화하는 경우로 구분할 수 있다.

⑤ 종이

종이더미가 켜켜이 쌓인 상태에서 표면만 연소했다면 원형과 크기를 짐작할 수 있다.

종이는 착화가 용이한 물질로 화재를 유발시키는 불쏘시개 역할을 담당하는 경우가 많다. 신문지는 주변에서 쉽게 접할 수 있는 가연물로 발화가 용이하고 또 다른 가연물로 연소 확대를 촉진시키는 촉매로 작용한다. 종이는 순수한 식물성 섬유를 원료로 한 것으로 기본 성분은 나무의 주성분인 셀룰로오스와 섬유의 조합들이다. 미국 오리건주 블리틴 대학(bulletin college)의 그라프(Graf)박사는 종이의 점화온도에 대한 연구를 시도하여 대부분 점화되는 온도가 218℃에서 246℃ 사이라는 것을 확인하였다. 실험이 진행되는 동안 약 204℃일 때 갈색으로 그을렸고 약 232℃에서는 검정색으로 변색되었다. 그러나 이러한 현상은 열의 속도, 점화 방법, 공기의 유동 등에 영향을 받은 것으로 정확한 점화온도는 정의를 내릴 수 없다고 했다. 종이가 다른 물질에 비해 쉽게 발화하는 이유는 목재처럼 낮은 열관성(thermal inertia)을 가지고 있고 종이가 얇기 때문에 표면 온도가 급격히 상승하는데 기인한다. 각종 종이제품을 발화시키는데 필요한 최소 열유속은 일반적으로 20~35kW/m² 정도인 것으로 학계에서는 내다보고 있다[3]. 일단 종이가 발화하면 퇴적된 상태로 압축된 것보다는 개별적인 종이상태로 노출된 경우 표면적이 커서 급격하게 연소를 촉진시킨다. 다만 연소시간이 길지 않으므로 열 방출률은 짧게 나타난다. 종이용지가 쌓이게 되면 표면만 노출되고 내부는 공기에 노출되지 않아 노출된 표면상으로만 연소가 진행될 뿐 서류더미 전체가 연소하는 것은 매우 어렵다. 종이가 숯처럼 연소하더라도 원형을 유지하고 있다

---

3 F. W. Mowrer, "Ignition characteristics of various fire indicators subjected to radiant heat fluxes" in proceedings fire and materials 2003.

면 크기와 내용을 인식하여 증명이 가능한 경우도 있다. 화재현장에서 흔히 볼 수 있는 천장과 벽에 밀착된 종이벽지는 내부 접착제가 열에 녹거나 생성된 증기에 의해 탄화가 진행되어 벽지가 부풀어 오른 상태를 나타낸다. 완전 연소되지 않았다면 일부는 천장과 벽에 매달려 있거나 바닥으로 떨어지게 된다. 부풀어 오른 벽지는 너풀거리는 형태로 크기는 일정하지 않지만 열을 집중적으로 받은 곳을 기점으로 열기가 점차 퍼져나간 형태를 남긴다. 바닥면이 연소되지 않고 벽과 천장의 벽지만 소실된 경우 플룸과 연기가 확산된 경로를 뚜렷이 남기기도 한다.

⑥ 유리

유리에 열을 가하면 엿이 녹기 직전에 물렁거리는 상태처럼 부드러워지다가 마침내 액체가 된다. 그 후 천천히 냉각시키면 끈적거리다가 다시 굳어지는 특징이 있다. 보편적으로 이미 용용된 액체를 냉각시키면 일정한 온도에서 응고하여 결정이 되지만 어떤 물질은 냉각시켜도 응고된 후 결정화하지 않고 점성이 증가하여 굳은 고형물로 남게 되는데 이처럼 비결정 고체 (noncrystalline solid) 또는 과냉각된 액체(supercooled liquid)를 유리라고 한다. 유리는 아무리 끓여도 끓지 않으며 높은 열을 가해도 수증기가 발생하지 않고 가연성이 없다. 유리를 가공하는 가열로에서 온도를 제어하지 못해 화재가 발생한 적이 있었는데 가연성이 없으므로 물을 대량으로 주수하여 냉각시키는 방법 외에는 달리 방법이 없었다. 액체 상태의 유리이므로 피해액도 발생하지 않았다. 일반적으로 유리는 규산(SiO_2)을 주성분으로 한 것이 많이 쓰이는데 1,400~1,600℃로 열을 가해 용용한 후 서서히 냉각시켜 만들어진다. 보통유리는 500~700℃에서 물렁거리는 연화온도에 이르며 고온에서 액체가 된다. 일단 고체가 되면 물리적 충격에 약하고 열전도가 매우 작아 유리 표면과 안쪽에 온도차이가 발생한다. 유리의 물리적 특성은 압축력과 인장력으로 요약할 수 있다. 눈으로 식별하기 어렵지만 유리에 어떤 특별한 힘이 작용하면 미세하게 휘거나 늘어나고 힘이 제거되면 다시 원래의 상태로 돌아오는 특성이 있어 탄성체로 분류하기도 한다. 그러나 유리에 가해진 힘이 유리가 버틸 수 있는 최대 강도를 초과하면 깨지고 만다. 물체 내의 응력(stress) 또는 외력에 의해 일어나는 유리의 변형을 유리공학에서는 스트레인(strain)이라고 하는데 유리가 깨질 때 항상 인장응력(tensile stress)과 압축응력 (compressive stress)이 한 쌍으로 이루어지며 두 응력 사이의 크기는 같고 방향은 서로 반대로 이루어진다. 유리를 수평으로 놓고 위에서 야구공을 떨어뜨렸을 때 공과 접촉한 면으로 압축응력이 발생하고 바깥쪽으로 물체가 늘어나려는 인장응력이 발생하여 파손되는 것은 압축응력과 인장응력이 동시에 작용한 결과물이다. 유리는 일반 세라믹 재료와 마찬가지로 소성변형을 일으키지 않고 순간적으로 파괴가 일어나는 대표적인 취성재료이다. 취성재료는 압축응력에는 강하지만 인장응력에는 약하기 때문에 유리가 깨졌다면 어느 부분에서 인장응력이 작용했는지 파악하는 것이 관건이 된다.

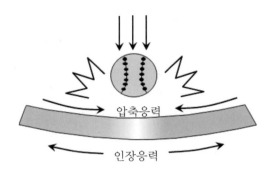

유리가 깨질 때 항상 인장응력과 압축
응력이 함께 이루어지며 두 응력 사이의
크기는 같고 방향은 서로 반대이다.

7 금속류

(1) 금속의 특성

　일반적으로 금속(철, 구리, 알루미늄 등)의 원자구조는 가장 바깥 궤도를 돌고 있는 최외
각전자가 3개 이하로 핵이 전자를 끌어당기는 힘이 약해 최외각원자들은 어느 한 원자에 구속
당하지 않고 금속 내부를 자유롭게 이동하면서 회전하는 자유전자의 성질을 띤다. 금속에 열
을 가했을 때 금속 원자에서 생긴 수많은 자유전자 무리는 마치 구름떼처럼 보이는 전자구름
(electron cloud)을 형성하고 움직임이 빨라져 금속의 양이온(+)과 강하게 결합하는데 이를 금
속결합(metallic bond)이라고 한다. 금속이 다른 물질보다 열전도율이 높고 변형과 가공이 가능
한 것은 모두 자유전자의 활동 때문이다. 그러나 금속 원소는 액체나 기체와 달리 매우 강하게
결합되어 있어 고체 속의 원자가 이동하려면 큰 에너지를 필요로 한다. 원자들이 강하게 결합된
결정일수록 원자들을 분리시켜 액체로 만들기 어렵다. 결합력이 강하다는 것은 그만큼 용융점
이 높다는 의미로 높은 온도에서 장시간 가열해야만 원자의 이동이 개시되어 용융될 수 있다는
것이다. 그렇다면 금속마다 결합력이 다른데 원자의 이동이 일어날 수 있는 확산온도 측정은 가
능한 것인가. 금속의 확산온도와 용융점은 비례관계에 있어 용융온도를 알면 확산온도를 간접
적으로 측정할 수 있다. 용융점이 높은 금속일수록 활성화 에너지가 커서 반응속도가 느리게 나
타나고 용융점이 낮을수록 활성화 에너지가 작아 반응속도가 빠르게 나타난다. 활성화 에너지
란 반응을 일으키는데 필요한 최소한의 에너지를 말한다. 금속 원자들이 이동하는 과정은 금속
의 용융온도에 2/3 이상 열을 가하면 확인할 수 있다. 철(Fe)의 경우를 환산해 보면 용융온도가
1,534℃이므로 절대온도로 환산하면 1,534℃+273℃=1,807K가 된다. 1,807K×2/3=1,205K이
므로 섭씨온도로 환산하면 932℃임을 알 수 있다. 결국 철은 932℃ 이상 가열할 때 철 속의 원
자가 이동할 수 있는 에너지를 갖게 되며 용융할 수 있는 조건에 이르렀음을 알 수 있다.

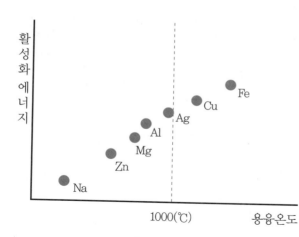

용융점이 높은 금속일수록 활성화 에너지가 크다. Na의 용융점이 가장 낮으므로 Na원자들의 결합력이 가장 약해 원자들의 이동도 가장 빠르게 일어나 확산온도도 가장 낮을 것임을 알 수 있다.

(2) 금속의 가연성

금속은 불연성이지만 얇게 조각난 상태 또는 분말로 존재하면 연소할 수 있다. 금속은 다른 가연물보다 열전도가 크고 외부에서 얻은 열을 축적하지 못해 금속 전체를 동시에 가열하지 않는 한 높은 온도로 올리기 어렵다. 따라서 덩어리 상태의 금속은 연소하지 않지만 분말 상태가 되면 입자가 연소할 수 있다. 예를 들어 철을 가늘게 만들어 공기 중에서 점화시키면 연소가 진행되는데 이는 공기와 접촉할 수 있는 표면적이 넓어져 쉽게 온도가 상승했기 때문이다. 비중이 가벼운 경금속(Li, Na, Mg, Ca, Al 등)은 융점이 낮고 열에 녹아 액상이 된 후 증기가 불꽃을 내며 연소하는 증발연소 형태를 띠며 비중이 큰 금속은 융점이 높아 연소하기 어렵지만 일단 연소하면 불꽃이 비산하며 확대된다.

〔표 2-2〕 각종 금속의 용융점과 비중

명 칭	용융점(℃)	비 중	명 칭	용융점(℃)	비 중
금	1,063	19.29	오스뮴	2,700	22.5
은	960	10.5	인	44	2
알루미늄	660	2.70	팔라듐	1,552	11.97
철	1,530	7.88	백금	1,769	21.45
구리(동)	1,083	8.93	라듐	700	5
마그네슘	650	1.74	로듐	1,960	12.4
망간	1,247	7.3	안티몬	630.5	6.69
나트륨	97.8	0.97	셀렌	170	4.8
니켈	1,455	8.9	실리콘	1,440	2.33
납	330	11.34	주석	231.9	7.28

명 칭	용융점(℃)	비 중	명 칭	용융점(℃)	비 중
비스무트	271	9.8	탄탈	3,000	16.6
칼슘	850	1.54	텔루르	452	6.24
카드뮴	321	8.64	토륨	1,845	11.2
코발트	1,492	8.8	티탄	1,727	4.35
크롬	1,920	7.1	우라늄	1,130	18.7
세슘	28.5	1.87	바나듐	1,726	6
게르마늄	958.5	5.32	텅스텐	3,400	19.3
수은	−38.87	13.65	아연	419	7.13
이리듐	2,442	22.4	지르코늄	1,860	6.35
칼륨	63.5	0.86	몰리브데넘	2,610	10.2
리튬	186	0.53	하프늄	2,230	13.3

Step 02 | 액체 가연물

1 가연성 액체의 연소 현상

인화성 액체가 바닥에 유출된 경우 액체 자체의 위험성보다는 증기에 착화될 위험성이 높다는 것은 익히 알려진 사실이다. 연소가 개시되면 불꽃의 상승으로 인해 주변으로 확산되는데 인화성 액체가 살포된 액면 아랫부분으로도 변화가 일어난다. 탄화 형태를 보면 액면 아래 바닥 부분이 카펫처럼 흡수성이 좋은 다공성 재질인 경우 깊게 흡수될 수 있고 연소 진행이 빠르게 전개되지만 쏟아진 액체의 양에 따라 액면의 크기는 제한적일 수밖에 없다. 액면의 깊이는 주어진 액체의 양과 물질의 표면 특성에 따라 다양하게 나타나는데 등유, 경유와 같이 점성이 높은 액체가 점성이 낮은 액체보다 깊게 나타날 수 있다. 발화 전 액면에서 발생한 증기는 확산 작용에 의해 위로 상승하고 대기 중 공기의 흐름에 따라 수평으로 퍼지게 된다. 화재가 발생하면 증기는 가연성 혼합물이 퍼져있는 주변의 공기 속으로 혼합되어 확산되는 과정을 거치게 되는 것이다. 액면 중심 부근에 있던 화염으로부터 발생한 복사열은 남아있는 액면에 부분적으로 흡수되고 화염으로부터 밖으로 퍼져나가는 복사열은 액체에 의해 보호받지 않는 주변 바닥 표면에 부분적으로 흡수된다. 이 열이 액면 바깥부분의 바닥면을 가열시키기에 충분하다면 연소에 이르게 될 것이다. 액체에 흡수된 열은 대류작용에 의해 액체 전체로 전달되면 액면 전체의 온도가 상승하는 현상이 진행된다. 이때 액체가 액면 아래 바닥을 식혀주는 것은 아니지만 온

액면으로 향하는 복사열 중심부

화염 밖으로 퍼져나간 복사열은 액체에 의해 보호받지 못한 주변 가연물을 연소시킨다.

위에 있는 액면으로부터 보호되는 지역
연소물질

도가 액체의 끓는점을 초과하는 것이 아니므로 보호해 준다고 할 수 있다. 예를 들면 메틸알코올의 경우 비점이 65℃인데 액면 아래의 온도가 65℃를 넘지 않는다는 것이다. 따라서 알코올 성분이 모두 증발할 때까지 액면 아래 바닥의 피해가 증기층 주변보다 가볍게 나타나는 것을 확인할 수 있다. 탄화수소 계열의 혼합물들은 일반적으로 가벼운 성분부터 점진적으로 무거운 성분이 연소하기 시작한다. 가벼운 성분이 먼저 연소하면 액체는 바닥에 있는 물질이나 바닥면 자체를 그을릴 정도로 온도가 상승한다. 경유(비점 200~350℃)와 같이 무거운 석유류가 연소할 때는 액체의 온도가 340℃까지 상승하는데 이것은 나무와 같은 고체 연료가 탈 수 있는 온도보다 높은 것이다. 석유류의 부분적인 증발은 가벼운 성분이 무거운 성분보다 먼저 증발하기 때문에 혼합물의 구성 비율이 연소할 때 변화될 수밖에 없다. 일반적으로 연소의 정도는 휘발성이 높을 경우 훨씬 빠르게 연소한다.

2 액면화재(pool fire)

액면화재란 위험물 탱크 또는 용기의 윗면이 개방된 상태로 위험물의 표면 주변에 있는 가연성 증기에 착화되어 일어나는 석유류화재를 말한다. 석유류는 방향족 탄화수소계열이 많아 연소 시 심한 그을음을 동반하는 경우가 일반적이다. 화염이 발생하면 액면으로 열전달이 일어나고 액온이 상승하지만 오랜 시간 가열하지 않는 한 화염의 중심부 아래는 온도변화가 거의 없고 액면 위의 증기처럼 활발한 증기운동도 이루어지지 않는다. 그러나 소화활동이 적절한 시기에 이루지지 않는다면 열유층에 의해 보일오버 또는 슬롭오버 현상을 초래할 수도 있다.

3 액면아래 온도분포

가솔린이나 경유 등 석유류화재 시 가장 온도가 높은 부분은 화염의 중심으로써 1,400~

1,500℃정도의 온도를 보인다. 그러나 화염의 발생으로 액온은 상승하지만 액면 아래는 밑으로 내려갈수록 온도는 감소한다. 화염이 액면 위쪽에 있는 증기를 연소시키지만 액면 내부에는 대류가 발생하지 않는 점을 생각하면 온도변화가 없는 점을 이해하기 쉬울 것이다. 한편 이러한 현상은 단일 성분 액체에서는 잘 적용되지만 원유처럼 비점이 넓은 혼합물에서는 적용되지 않는다. 혼합물의 경우 아래 그림에서 알 수 있듯이 액체마다 증류 범위가 다르기 때문에 각기 다른 특수한 온도분포를 보인다. 원유의 액면은 300℃ 전후로 높은 온도를 유지하고 있지만 액면 아래 14cm 이하에서는 온도변화가 없는 것을 확인할 수 있다. 원유와 혼합된 경유의 경우에는 300℃ 전후로 원유와 비슷한 액면온도를 유지하고 있으나 아래로 10cm 하강 시 온도변화가 없어 혼합물에서는 증류 범위에 따라 액면 아래 온도분포가 다르다는 것을 알 수 있다. 온도곡선의 평탄한 부분은 고온층(hot zone)이라고 한다.

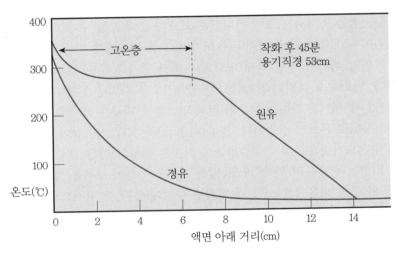

액면화재 시 액면 아래의 온도분포

④ 가연성 액체 화재의 특수 현상

(1) 오일오버(oil over)

　저장탱크 내에 위험물의 저장량이 내용적의 50% 이하로 충전되어 있을 때 화재가 발생하여 내부 증기압력이 상승하면 저장탱크의 유류를 외부로 분출시키며 탱크가 파열되는 현상이다. 보일오버 또는 슬롭오버는 물이 촉매로 작용하지만 오일오버는 팽창된 증기가 작용한 결과라는 점에서 차이가 있다. 이 때문에 오일오버는 보일오버, 슬롭오버, 프로스오버보다 더 강력하여 위험성이 가장 높은 것으로 알려져 있다.

(2) 보일오버(boil over)

원유나 중질유 등 끓는점이 서로 다른 유류를 탱크에 저장할 때 불균일한 성분으로 인해 유류에는 어느 정도 수분이 녹아 있을 수밖에 없다. 이런 상황에서 화재가 발생하여 일정시간 지속될 경우 유류탱크 바닥면에 있는 수분이 수증기로 변해 부피팽창을 일으켜 남아있는 유류가 탱크 밖으로 분출하는 현상을 보일오버라고 한다. 보일오버가 발생하는 과정을 보면 원유 또는 중질유 등 비점이 서로 다른 성분을 가진 유류저장탱크에서 화재가 발생한 후 장시간 연소할 경우 비점이 가벼운 성분의 증기는 빠르게 연소하지만 비점이 무거운 성분은 그대로 남아 유류 표면에 두터운 열유층(heat oil layer)을 형성한다. 열유층은 지속적으로 축적되면서 가열되지 않은 하부에 있는 유류를 가열시키며 바닥면으로 점차 확대되어 바닥에 인접해 있는 수분의 온도를 상승시킨다. 가열된 수분은 어느 순간에 수증기로 변해 갑작스런 부피팽창을 초래하는데 이때 상층부에 있는 유류가 불이 붙은 채 탱크 밖으로 밀려나게 되는 것이다. 이 현상이 일어나려면 위험물 저장탱크에서 일정시간 화재가 지속되어야 하고 비점이 높은 유류성분이 존재하여야 발생할 가능성이 높다. 만약 비점이 낮은 유류성분이라면 하부에 열이 전달되기 전에 증기에 먼저 착화되어 열이 축적될 가능성이 적어지기 때문이다. 보일오버는 실전을 뛰고 있는 소방관들도 여간해서는 경험해 보기 어려운 현상으로 탱크 하부에 있는 수분이 비등하여 유류가 끓어 넘치는 현상으로 이해하면 쉽다.

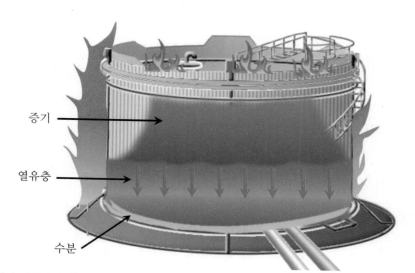

증기

열유층

수분

유류탱크 안의 열유층은 점차 바닥으로 내려와 수분의 온도를 상승시키고 부피팽창을 일으켜 보일오버를 발생시킨다.

(3) 슬롭오버(slop over)

슬롭오버란 점성이 큰 중질유 탱크에서 화재가 발생했을 때 유류의 액면 온도가 물의 비점(boiling point, 100℃) 이상으로 상승한 시기에 물을 주입하면 물이 급격하게 증발하여 1,700

프라이팬에 삼겹살을 굽다가 발화되었을 때 물을 뿌리면 급격한 부피팽창을 일으켜 물과 화염이 확대되는 슬롭오버가 발생한다.

배 이상의 부피팽창을 일으켜 물과 함께 화염이 탱크 밖으로 분출되는 현상이다. 보일오버 현상과 비교했을 때 물의 비등(boiling)에 따른 작용이라는 점에서는 동일하지만, 보일오버가 탱크 하부에 고여 있는 물이 작용한 반면 슬롭오버는 유류 표면에서 일어난다는 점에서 구별된다. 또한 보일오버는 장시간 조용히 연소하다가 일어나지만 슬롭오버는 액면온도가 상승한 상태에서 물과 접촉해 일어나므로 반응이 순식간에 이루어진다. 슬롭오버 현상은 위험물탱크와 같이 대규모 시설이 아니더라도 생활 주변에서 눈여겨보면 쉽게 발견할 수 있다. 생선이나 치킨 등을 튀길 때 기름의 온도는 150℃ 이상을 훌쩍 넘겨 조리를 하는데 만약 기름의 과열로 착화된 상태에서 물을 뿌린다면 물이 기름과 접촉하는 순간 급격한 증발로 증기를 발생시키며 화염과 함께 물이 동시에 비산을 하여 주변으로 확산된다. 프라이팬에 삼겹살을 굽다가 기름에 착화된 경우에도 물을 뿌린다면 물이 부피팽창을 일으켜 화염은 급속도로 커지게 된다. 슬롭오버를 일종의 증기폭발 현상으로 보는 이유도 여기에 있다. 슬롭(slop)이란 액체가 용기 안에서 넘칠 정도로 찰랑거린다는 의미로서 물을 주입했을 때 부피팽창에 따른 넘침 현상으로 탱크 밖으로 불이 붙은 채 분출되는 것으로 정리할 수 있다.

물 1g이 증발할 때 체적은 1,700배 증가한다. 그 이유를 살펴보자. 물 1g은 부피로 1ml를 의미한다. 0℃ 1기압에서 물의 질량은 1mol에 18g이며 이때의 부피는 22.4ℓ 이다. 따라서 1g/18g = 0.0555mol이며 이때의 부피는 $0.0555 \times 22.4 = 1.244$ℓ/g이 된다. 1.244ℓ/g × (373/273)≒1.7ℓ/g = 1,700ml/g이므로 물 1g이 100% 수증기로 증발했을 때 체적은 약 1,700배 증가한다.

(4) 프로스오버(froth over)

점성이 있는 기름 아래 있는 물이 끓어 기름이 밖으로 넘쳐흐르는 현상이다. 가장 흔한 경우는 아스팔트와 물이 접촉한 경우를 생각해 볼 수 있다. 고온의 아스팔트를 용기에 담을 때 그 아래층에 물이 있다면 뜨거운 아스팔트에 의해 물이 가열되어 끓게 되고 아스팔트가 물과 함께 밖으로 넘치는데 이것이 바로 프로스오버 현상이다. 프로스오버는 보일오버 및 슬롭오버와 달리 화염을 동반하지 않는다. 탱크 아래쪽에 물이 존재하는 경우 폐유 등을 물의 비점 이상 온도로 많은 양을 주입할 때도 발생하는 경우가 있다.

5 인화점(flash point)과 발화점(ignition point)

인화점과 발화점은 간단히 표현하면 점화원(ignition source)이 작용했는지 여부로 구분할 수 있다. 인화점은 점화원에 의해 가연성 증기에 불이 붙는 최저온도를 말한다. 가연성 액체는 유동성이 좋아 일단 용기로부터 유출되면 광범위하게 확산되고 낮은 곳으로 흘러가 작은 점화원에 의해서도 인화가 용이한 특징이 있다. 일반적으로 가연성 액체의 위험성은 인화점에 의해 구분되며 인화점이 상온 이하인 것은 항상 점화원에 의한 인화의 위험성을 갖고 있다. 인화 현상은 액체는 물론 고체에서도 볼 수 있는데 액체는 증발과정에서 발생한 증기가 연소하는 것이고 고체는 열분해 과정에서 발생한 가연성 증기에 착화하는 것으로 이해하면 구분이 쉽다. 착각하기 쉬운 것은 가연성 액체에 인화가 되면 지속적으로 연소할 수 있다는 생각들인데 실제로는 인화점보다 높은 연소점(fire point)이 있어야만 연소가 지속될 수 있다. 다시 말해 가연성 증기에 착화되는 인화점보다 약간 더 높은 온도로 액체가 가열되어야 꾸준히 연소할 수 있는 것이다. 인화는 발화보다 낮은 온도에서 일어나므로 가연성 액체의 위험성을 판단하는 척도로 작용한다.

〔표 2-3〕 가연성 액체의 인화점

구 분	인화점(℃)	구 분	인화점(℃)
디에틸에테르	-45	크레오소트유	74
이황화탄소	-30	등유	30~60
아세트알데히드	-37.7	중유	60~150
아세톤	-20	에테르	-45
가솔린	-20~-43	메틸알코올	11
톨루엔	4.5	에틸알코올	13

한편 발화점은 가연성 혼합기체에 열에너지를 주었을 때 스스로 타기 시작하는 현상으로 외부에서 열이 가해진다고 하지만 인화처럼 직접적으로 불꽃과 접촉하는 것이 아니라 주변의 열을 흡수한 상태에서 불이 붙기 때문에 불이 나기 전에 이미 온도가 상당히 올라가 있는 상태를 말한다. 물질을 계속 가열하면 연소에 따른 발열 속도가 주변의 냉각속도보다 커지기 때문에 외부의 점화원이 없더라도 발화하여 연소를 계속하게 되는데 이 최저온도를 발화점 또는 착화점이라고 한다. 화재현장에서 소방관들이 불꽃이 없음에도 물을 계속 뿌리는 것은 가열된 물체를 발화점 이하로 냉각하기 위한 조치들이다. 발화와 착화 두 가지 용어가 나타내는 의미상 엄밀한 구분은 없고 모두 영어의 Ignition에 해당하는 표현이다. 발화점은 가연성 가스와 공기의 조성비, 물체의 가열속도와 가열시간, 가열방식 등에 따라 발화점을 달리한다. 그러나 일반적으로 분자의 구조가 복잡하고 발열량과 화학적 활성도가 크며 열전도율과 습도가 낮을수록 물질의 발화점은 낮아져 위험해진다. 인화점이 발화점보다 온도가 낮은 것은 착화원에 의해 직접적인 불꽃 접촉으로 연소가 일어나지만 누적된 열이 없고 인화물질 자체가 불꽃의 영향으로 낮은 온도에서 연소가 일어나기 때문에 발화점보다 낮을 수밖에 없다. 정리를 하면 발

화점은 점화원이 필요 없으나 열의 축적이 반드시 필요하고 인화점은 점화원을 필요로 하지만 열의 축적은 필요 없다.

〔표 2-4〕 가연성 물질의 발화점

구 분	발화점(℃)	구 분	발화점(℃)
아세톤	465	목재	400~450
이황화탄소	100	무연탄	440~500
톨루엔	520~550	목탄	320~400
메탄	650~750	고무	400~450
프로판	460~520	가솔린	280
수소	580~590	경유	256
에틸알코올	362	나일론	795~990

6 비점(boiling point)

비등점 또는 끓는점이라고도 하며 '액체가 끓으면서 증발이 일어날 때의 온도'를 말한다. 다시 말해 액체의 증기압과 액체 표면의 압력이 같아질 때의 온도를 의미한다. 물은 100℃에서 끓는데 이때 물의 증기압력과 대기압력(760torr[4])은 같다. 액체의 증기압력이 누르는 압력과 같을 때 액체 속에는 증기의 기포가 형성되어 액체표면으로 올라간다. 이것이 액체의 끓는점으로 증기압력 760torr와 같아지는 온도가 된다. 비점이 낮은 액체는 쉽게 기화하므로 비점이 높은 경우보다 상대적으로 연소가 잘 일어나며 증기발생이 쉽기 때문에 비점이 낮을수록 위험성이 커진다. 에틸알코올이 물보다 휘발성이 강하다는 것은 증기압력이 1기압에 도달하는 온도가 물의 증기압력이 1기압에 도달하는 온도보다 낮다는 것을 의미하는 것이다. 에틸알코올은 약 78℃에서 끓기 시작한다.

〔표 2-5〕 인화성 액체의 비점

구 분	비점(℃)	구 분	비점(℃)
에틸알코올	78.5	경유	200~350
가솔린	32~190	톨루엔	110.6
메틸알코올	64.7	등유(C_{10}~C_{16})	175~300

---

4 토르(torr): 압력의 단위이며 기호는 torr로 사용된다. mmHg와 같은 단위이다. 1기압=760torr. 1torr=1mmHg=133.3224N/m^2.

7 점도(viscosity)

액체의 점도는 '점착과 응집력의 효과로 인해 흐름에 대한 저항의 측정 수단'을 말한다. 즉, 유체의 끈끈함을 점성이라고 하며 그 정도를 수치로 나타낸 것이 점도이다. 모든 액체는 점성을 가지고 있으며 인화성 위험물은 상온에서 액체 상태인 경우가 많으므로 온도가 상승할 경우 인화점, 발화점 등에 각별히 주의하여야 한다. 점성이 낮아지면 유동성이 좋아지는 반면에 위험성은 증가한다. 차량 엔진오일의 경우 점도가 낮아질수록 유동성이 좋아지지만 엔진의 회전수를 높여 고속으로 주행을 하면 엔진 보호력이 떨어져 과열이 일어날 우려가 높아진다. 반대로 점도가 높을수록 엔진 보호력은 좋아지지만 점도가 높기 때문에 저항이 높아져서 유동성은 떨어진다.

Step 03 기체 가연물

1 가스의 성질

화재조사와 관계된 가스의 위험성은 가연성 여부가 관건이 된다. 가정이나 일반음식점 등에서 널리 쓰이고 있는 LPG(프로판)는 가장 흔하게 접할 수 있는 가연성 가스로 점화원에 의해 손쉽게 폭발한다. 1회용 부탄가스 용기처럼 1,000ml 미만 용량으로 만든 화장품(헤어스프레이), 의약품(에어스프레이 파스), 방향제 등에 쓰이는 납붙임 용기들도 대부분 분사식 가스로 LPG를 주입시켜 판매를 하고 있다. 눈여겨 살펴보면 너나할 것 없이 가정이나 직장에서 가연성 가스통을 한두 개쯤 지니고 살고 있는 셈이다.

기체 상태의 가연성 가스는 공기와 적절히 혼합되었을 때 점화원에 의해 연소하거나 폭발한다. 가연성 가스가 누설되었을 때 폭발성 혼합가스를 형성하는 것은 가스-증기의 비중과 통풍 상태, 구획실의 구조 등에 따라 다양하게 나타난다. 증기비중이 낮은 물질은 누설되더라도 대기 중으로 쉽게 확산되기 때문에 증기비중이 높은 물질보다 위험성이 낮지만 일단 누설된 경우 신속한 환기조치가 요구된다. 일반적으로 가스-증기는 공기보다 무거운 종류가 많기 때문에 밀폐된 실내와 탱크, 맨홀 등 낮은 곳에 체류하기 쉽다. 수소, 일산화탄소, 프로판, 석탄가스 등은 가연성 가스로서 현행「고압가스안전관리법 시행규칙(제2조 제1항 제1호)」에 의하면 폭발한계의 하한이 10% 이상인 것과 폭발한계의 상한과 하한의 차이가 20% 이상인 것을 가연성 가스로 분류하고 있다.

〔표 2-6〕 기체 가연물의 비중

공기보다 무거운 가스		공기보다 가벼운 가스	
명 칭	비 중	명 칭	비 중
프로판(C_3H_8)	1.51	수소(H_2)	0.07
부탄(C_4H_{10})	2.0	메탄(CH_4)	0.55
이산화황(SO_2)	2.20	아세틸렌(C_2H_2)	0.89
포스핀(PH_3)	1.17	암모니아(NH_3)	0.58
이산화탄소(CO_2)	1.51	일산화탄소(CO)	0.97

② 연소범위(flammable range)

순수한 상태의 천연가스나 LP가스는 점화원이 있어도 연소나 폭발이 일어나지 않는다. 연소에 필요한 조연성 가스와 적당히 혼합된 농도범위가 조성되어야 하는 전제조건이 필요하기 때문이다. 이를 연소범위 또는 연소한계, 폭발범위, 폭발한계라고도 한다. 연소에 필요한 하한과 상한은 보통 1기압 상온에서 측정한 값을 말하며 가연성 가스나 인화성 액체 등이 공기와 혼합된 상태로 혼합기체의 조성 비율이 일정 농도범위 내에 있을 때 점화원에 의해 그 혼합기체 속으로 순식간에 화염이 전파되어 연소하게 된다. 바로 이 농도의 최고치와 최저치 사이를 연소(폭발)범위라고 한다. 대부분의 물질은 이처럼 연소나 폭발의 상한계(upper flammability limit)와 하한계(lower flammability limit) 값을 지니고 있는데 이 값의 간격이 넓은 물질일수록 연소나 폭발의 위험성이 높다. 가연성 가스의 농도가 너무 희박하거나 농도가 너무 커도 연소는 일어나지 않는데 이러한 현상은 가연성 가스와 산소 각각의 분자 수가 상대적으로 한쪽이 많아지면 유효 충돌 횟수가 감소하기 때문에 충돌하더라도 충돌에너지가 주위로 흡수되어 연소반응의 진행에 방해를 받기 때문이다. 연소범위는 일반적으로 온도와 압력이 상승하면 위험성이 증대되며 단위는 vol%로 표시한다.

가연성 증기의 인화점은 고체나 액체와 달리 그 의미가 없다. 고체나 액체는 가열에 의해 열분해가 일어날 때 그 증기에 불이 붙는 온도를 인화점이라고 하는데, 가스는 애초부터 기체 상태로 존재하기 때문에 인화점과 상관없이 산소 또는 공기와 혼합된 상태로 연소범위를 만족시키면 연소하거나 폭발하기 때문이다.

〔표 2-7〕 가연성 증기의 연소범위

구 분	연소범위(vol%)	구 분	연소범위((vol%)
수소	4~75	에틸렌	3~33.5
일산화탄소	12.5~74	시안화수소	12.8~27
프로판	2.1~9.5	암모니아	15~28
아세틸렌	2.5~100	메틸알코올	7.3~36
에테르	1.7~48	에틸알코올	3.3~19
메탄	5~15	아세톤	2.6~13
에탄	3~12.5	가솔린	1.4~7.6

③ 최소착화에너지(MIE, Minimum Ignition Energy)

최소착화에너지란 가연성 가스나 액체의 증기 또는 폭발성 분진이 공기 중에 있을 때 이것을 발화시키는데 필요한 최소한의 에너지를 말한다. 최소착화에너지는 매우 작기 때문에 줄(Joule)의 1/1,000인 mJ을 단위로 표시한다. 최소착화에너지를 측정하는 방법은 일반적으로 구형(globular)의 용기에 가연성 가스와 공기와의 혼합가스를 넣고 중간에 콘덴서와 같은 금속편 사이에 화염을 방전시켜 최소착화에너지를 구하는 방식을 취한다. 가연성 가스의 증기가 공기 중에 있을 때 최소착화에너지는 약 0.2mJ 정도지만 온도와 압력이 높을수록 최소착화에너지는 작아지며 가연성 가스와 공기 외에 제3의 성분인 불활성 가스를 첨가한 경우 연소한계는 변함이 없지만 최소발화에너지는 커지는 것으로 알려져 있다.

$$E = 1/2\,CV^2$$
$$E : 최소착화에너지(mJ), \quad C : 콘덴서 용량(F), \quad V : 전압(Volt)$$

④ 위험도(degree of hazard)

위험도는 가연성 가스가 화재 또는 폭발을 일으킬 수 있는 위험성을 나타내는 척도를 말한다. 연소하한이 낮을수록, 연소상한과 연소하한의 차이가 클수록, 연소상한이 높을수록 위험도가 크다. 가스의 압력이 높으면 연소하한계는 크게 변하지 않지만 연소상한계는 넓어진다. 일산화탄소는 압력이 높을수록 연소범위가 좁아지고, 수소는 10기압(atm)까지는 줄어들다가 그 이상의 압력에서는 연소범위가 점차 넓어진다.

$$H = \frac{U - L}{L}$$

H : 위험도 U : 연소상한계 L :연소하한계

5 증기비중

증기비중이란 '어떤 온도와 압력에서 같은 부피의 공기 무게와 비교한 값'으로 증기비중이 1
보다 큰 기체는 공기보다 무겁고 1보다 작으면 공기보다 가볍다. 일반적으로 공기보다 가벼운
것으로 수소, 메탄, 아세틸렌, 암모니아 등이 있고 공기보다 무거운 것으로는 에테르, 이황화
탄소, 프로판, 부탄 등 대부분의 석유류가 해당된다.

공기의 분자량(29)은 공기의 조성비와 각 기체의 분자량을 알면 쉽게 구할 수 있다.

- 공기 조성비 : 질소 78%, 산소 21% 구성
- 질소(N_2) 분자량 : $14 \times 2 = 28$, 산소(O_2) 분자량 : $16 \times 2 = 32$이므로
- 조성비에 분자량을 곱해 합산하면 $(0.78 \times 28) + (0.21 \times 32) = 28.56$ 즉, 29가 된다. 분자량
  은 분자를 이루고 있는 원자들의 원자량의 총합이므로 단위가 없다.

$$증기분자량 = \frac{증기분자량}{공기분자량} = \frac{증기분자량}{29}$$

CHAPTER 03

불꽃 및 연기의 생성

The technique for fire investigation identification

Step 01 불꽃의 생성 및 확대

    가연물이 연소할 때 불 위로 올라오는 뜨거운 가스를 플룸(plume) 또는 연기기둥이라고 한다. 플룸은 열과 연소가스가 주변으로 확산되는 출발점으로 일단 불꽃이 생성되면 타고 있는 가연물의 밑바닥 부근에서 차가운 공기를 유입시키고 차가운 공기는 다시 고온가스에 휩싸여 바닥 위의 불꽃 가운데로 모인다. 화염 위의 플룸이 지속적으로 상승하여 주변의 공기와 혼합되면 내부온도가 점차 떨어지게 되고 동시에 부력(buoyancy)이 약화되어 상승력을 잃고 최종적으로 대기압과 같아지게 되어 흩어지게 된다. 이러한 반응은 가연물이 완전히 연소할 때까지 반복적으로 진행되며 주변에 또 다른 가연물이 있다면 복사열에 의해 주변으로 용이하게 연소확산이 이루어진다. 화염이 성장하는 과정을 육안으로 보면 마치 물결이 넘실거리듯이 어지러운 형태로 상승함을 관찰할 수 있는데 이것은 고온가스가 상승할 때 주변에 있는 공기가 플룸 안으로 빨려드는 공기유입(air entrainment) 현상이 발생하기 때문이다. 일반적으로 플룸은 자유롭게 연소하는 확산화염에 의해 축대칭 부력 플룸(axisymmetric buoyant plume) 형태를 보인다. 화염의 중앙부는 온도가 높은 반면에 넘실거리는 형태의 가장자리는 주변 공기의 유입으로 온도가 낮다. 화염은 연소가 끝날 때까지 주변 공기의 유입이 이루어져 와류(eddy)를 동반하므로 화염이 커지거나 작아지는 과정을 반복한다. 따라서 화염의 높이는 비정상적이고 불규칙적인데 이를 화염의 간헐성(intermittency) 또는 퍼핑 화염(puffing flame)이라고도 한다. 연소하고 있는 물체 위로 상승하는 고온의 플룸은 화염영역에서 역원뿔 형태를 나타내고 화염의 높이가 상승하면서 바깥쪽으로 V패턴 형태로 퍼져나가는 경우가 있다. 원리를 살펴보면 화염영역은 찬 공기의 유입으로 화염의 중앙을 향해 공기가 흐르는 것이며 주변 공기와 온도가 비슷한 영역에서 고온가스는 바깥쪽으로 퍼져나가는 것이다. 바깥쪽으로 넓게 퍼져 나간 영역은 대기의 온도와 가까워졌다는 것으로 플룸의 높이가 상승할수록 그 영역은 점차 온도가 내려간다는 것을 알 수 있다. 주변에 장애물이 없다면 플룸의 중심부와 바깥쪽 경계선 사이는 약 15도 정도의 각을 이루며 전체적으로 30도 정도의 V자 형태를 유지한다.[1]

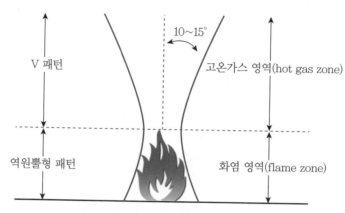

불꽃의 생성으로 화염 영역에서 역원뿔형 패턴이 형성되고 고온가스 영역에서는 V-패턴이 퍼져나갈 경우 플룸의 중심부는 전체적으로 30도 정도의 각을 이룬다.

Step 02 화염의 높이

가연물의 연소로 화염이 커질 때 높이는 부력에 의해 좌우된다. 발화지점과 가까운 곳인 아래쪽은 가시화염(visible flame) 영역으로서 지속적으로 화염이 관측되기에 연속 화염

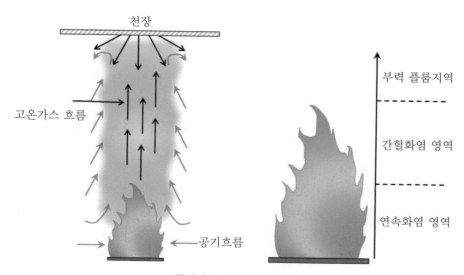

화염의 높이와 화염영역

---

[1] David J. Icove, ph. D. (2006). Hourglass burn patterns : A scientific explanation for their formation.

부(continuous flame zone)라고 하며 화염의 변화가 거의 없는 지역이다. 연속 화염부 위에는 간헐적으로 화염이 관찰되는 부분으로 화염 끝단의 높이가 커지거나 작아지는 등 지속적으로 변화하여 간헐적 화염부(intermittent flame zone)라고 부른다. 간헐적 화염부 위에는 연소반응에 의해 생성된 고온의 플룸이 화염의 동반 없이 주변 공기와 동반상승하는 부력 플룸 구역이 차지한다. 이와 같이 화염의 높이는 일정하지 않고 시시각각 변화가 심해 평균값으로 나타내는 것이 일반적이다. 높이에 따라 화염이 존재하는 빈도를 화염의 간헐 정도(flame intermittency)라고 할 때 연속 화염부에서 간헐 정도는 화염이 항상 존재하므로 1의 값을 갖는다. 반면 간헐적 화염부에서 간헐 정도는 연속 화염부보다 작아 0.1~0.9까지의 값을 가지며 화염의 높이가 증가함에 따라 이 값은 작아지게 된다. 따라서 화염의 간헐 정도는 0.5를 화염 높이의 평균값으로 사용하고 있다.

Step 03 화염과 벽의 상호작용

실내 중앙에서 화재가 발생한 경우 고온가스와 열의 상승은 부력의 흐름을 타고 공기가 주변으로부터 유입되면서 위로 이동을 한다. 발화지점의 온도는 가연물 위의 뜨거운 층이 형성된 연소영역에서 최대가 되며 가연물의 연소로 생성된 가스는 주위 공기와 혼합되어 대류작용으로 주변에 확산되고 일부는 복사열 손실이 발생하지만 가연물이 지니고 있는 에너지 방출량만큼 계속 상승을 한다. 화염이 실내 한가운데에서 성장을 하면 방향성 구분 없이 360도 어느 곳에서도 자유롭게 공기가 유입되어 제한 없이 연소를 한다. 화염을 위에서 내려다보면 상승하는 불꽃은 원형 모양을 띠고 활발하게 연소함을 알 수 있다. 그러나 가연물의 양과 부피가 동일하다는 전제조건 아래서 화염이 벽의 한쪽과 인접해 있다면 180도 정도만 공기와 접촉한 상태가 되어 공기의 유입량은 50% 정도 감소하고 화염의 길이는 약 2배가량 길어진다. 화염이 양쪽 구석진 벽(코너)과 접해 있는 경우에는 공기와 접촉할 수 있는 공간이 90도로 더욱 감소되어 화염의 길이는 실내의 중앙에서 연소하는 것보다 약 4배가량 더욱 길어진다. 스웨덴의 한 연구소에서는 구석진 벽에서 형성된 화염이 한쪽 벽과 접해 있는 화염보다 5배 내지 최대 10배정도까지 화염이 길어질 수 있다는 보고도 내놓고 있다.[2] 화염의 위치에 따라서 불꽃의 길이가 증가하는 이유는 벽과 접한 면이 많을수록 유입되는 공기의 양은 감소하지만 벽면에서 연료 표면으로 전달되는 복사열의 증가로 더 많은 연료증기가 생성되어 이러한 미연소가스가 완전 연소하기 위해 더 긴 경로로 이동하며 산소와의 반응을 필요로 하기 때문이다. 화염이 벽과 접한 경우에는 비대칭적인 산소의 유입으로 플룸은 대칭성을 잃고 벽 쪽으로 기울어지게 된다. 한편 화염의 위치에 따라 고온층의 절대온도가 다른 것으로 나타났다. 화염이 한쪽 벽과 인접한 경우에 실내 중앙에 있는 화염보다 고온층의 절대온도가 30% 높아지며, 화염이 구석진 벽(코너)과 인접해 있다면 실내 중앙에 있는 화염 및 한쪽 벽과 접해 있는 화염보다 고온층의 절대온도

---

2 international fire behaviour course MSB college revinge sweden. (2011) geographic factors affecting the fire

Step 03 | 화염과 벽의 상호작용

Chapter 01
Chapter 02
Chapter 03
Chapter 04
Chapter 05
Chapter 06
Chapter 07
Chapter 08
Chapter 09
Chapter 10
Chapter 11
Chapter 12
Chapter 13

는 70%까지 높아진다는 것이다.[3] 정리를 하면, 화염의 고온층 절대온도는 구석진 벽(코너)이 가장 높고 실내 중앙이 가장 낮다.

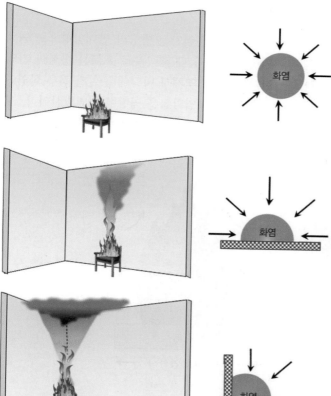

실내 중앙에서 연소했을 때 화염은 자유롭게 연소를 하며(좌), 위에서 관찰했을 때(우) 360도 공기가 유입되므로 원형처럼 보인다.

화염이 한쪽 벽과 인접한 경우 180도 정도만 공기와 접촉하므로 공기의 유입량은 50% 정도 감소하고, 화염의 길이는 실내 중앙보다 2배 정도 길어진다.

화염이 양쪽 구석 코너에 인접한 경우 공기와 접촉할 수 있는 공간이 90도로 감소되고, 화염의 길이는 실내의 중앙에서 연소하는 것보다 약 4배가량 더 길어진다.

Step 04 화염의 확산

1 정방향 화염확산(concurrent flame spread)

정방향 화염확산이란 화염의 방향이 가연물 표면 위로 연소가스가 흘러가는 방향 또는 바람이 불어가는 방향과 동일할 때 발생하는 현상이다. 화염이 벽을 타고 위로 상승하는 경우가 대표적이며 확산속도는 매우 빠른 것이 특징이다. 고체 가연물 중 얇은 물체인 커튼이나 종이가 연소하며 위로 화염이 확산되는 경우를 보면, 초당 수십 센티m까지 빨리 연소되기 때문에 화염의 길이는 짧아진다. 목재로 된 벽이나 기둥은 견고하고 두꺼워 정방향으로 연소할 때 타

---

[3] Mower, F. Williamson, B.(1987) "Estimating room temperatures from fires along walls and in corners" Fire Technology, 23(2).

지 않은 영역을 향해 지속적으로 가열되기 때문에 화염길이가 길어진다.

② 역방향 화염확산(counterflow flame spread)

역방향 화염확산은 가연물의 열분해로 발생한 가스가 흘러가는 방향과 반대방향으로 화염이 확산되는 형태를 말한다. 수평면 위에서 가연물이 연소할 때 좌·우로 흐르는 방향과 가연물의 아랫방향으로 확산되는 경우가 이에 해당한다. 가연성 액체가 바닥에 누설된 경우 화염이 연료를 따라 수평으로 확산되는 것 등 대부분 액체상태의 화염확산은 역방향 화염확산이다. 고체 가연물도 액체처럼 수평으로 화염이 확대되지만 정방향 확산화염보다 속도가 느리게 전개된다.

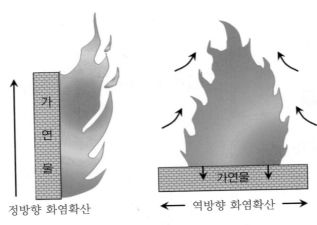

정방향 화염확산　　　　　← 역방향 화염확산 →

③ 경사면 화염확산(fire spread on sloped surfaces)

경사면의 경사가 심할수록 화염각의 기울기도 증가하며 연소를 한다.

경사면이 있는 계단이나 도로, 에스컬레이터 등은 가연물의 표면 위로 연소가스가 흘러가는 방향으로 연소하는 정방향 화염확산 효과와 동일한 형태를 취한다. 일반적으로 경사로나 계단은 30도 내지 50도 정도 기울기를 갖고 있는데 경사가 심할수록 화염각의 기울기 또한 증가하며 연소를 한다. 화염의 움직임은 경사각 전면으로는 예열이 이루어지고 아래쪽에서는 공기의 유입이 이루어져 매우 활발하게 연소할 수 있는 조건을 갖추고 있다. 특히 에스컬레이터와 같이 계단 양쪽으로 벽이 서로 마주보고 있는 경우라면 벽에서 뿜어져 나오는 상호 간 복사열에 의해 화염은 위쪽으로 크게 확대된다.

Chapter 01
Chapter 02
Chapter 03
Chapter 04
Chapter 05
Chapter 06
Chapter 07
Chapter 08
Chapter 09
Chapter 10
Chapter 11
Chapter 12
Chapter 13

④ 코안다 효과(coanda effect)

창문을 통해 분출된 화염이 수직 상승하여 상층까지 빠르게 확대되는 원리는 무엇일까? 개구부를 통해 유출된 화염은 초기에는 벽에 부착되지 않고 일정한 거리를 두고 벽에서 떨어져

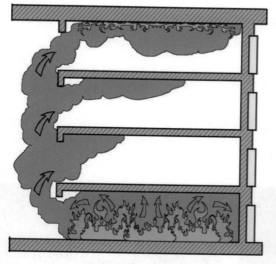

코안다 효과는 화재가 상층으로 확대되는 결과를 초래한다.

2013년 4월 3일 러시아 체첸에서 가장 높은 건물(40층)인 그로즈니 시티빌딩 4층과 5층 사이에서 화재가 발생했다. 건물내부 드래프트 작용과 건물외부 코안다효과 등으로 인해 건물은 사실상 전소되었다.(m. koreatimes.com)

상승을 한다. 그러나 벽과 외기의 압력 차이에 의해 플룸은 벽 쪽으로 기울게 되고 시간이 경과하면서 화염은 벽으로 재부착(reattachment)이 일어나는데, 이 현상을 코안다 효과라고 한다. 건물 외부가 쉽게 탈 수 있는 물질인 경우 화염의 재부착으로 인해 외벽에 박리가 일어나거나 유리창 파손 등이 발생하며 건물 전체가 연소 될 수 있다. 간단히 말해 코안다 효과는 유체(기체 또는 액체)가 수직 벽면과 접하거나 만곡(curve)부를 만났을 때 표면에 흡착하여 흐르는 현상이다. 이 현상은 화재가 외부로 확산되는 원인으로 작용을 한다.

⑤ 도랑 효과(trench effect)

도랑 효과[4]는 계단과 같이 경사진 표면에서 화재가 발생하는 것으로 코안다 효과와 플래시오버의 조합으로 이루어진다. 코안다 효과란 빠른 흐름의 공기가 주변의 표면으로 붙으려는 성

에스컬레이터 바닥으로 성냥불이 떨어져 착화

목재로 된 에스컬레이터 계단에 연소 확대

에스컬레이터 계단을 타고 1층으로 화염 상승

1층 티켓부스 쪽으로 급격히 연소 확대

런던 킹스크로스역에서 발생한 도랑 효과 발생 과정

---

4 도랑 효과(trench effect): 화재가 발생했을 때 화염이 경사로를 타고 위로 올라가는 현상을 말한다. 도랑 효과는 1987년 11월 18일 19시 30경 영국 런던 킹스크로스역에서 화재가 발생하면서 알려지게 되었다. 이 화재는 플랫폼(지하)과 티켓 부스(1층) 사이에 목재로 연결된 에스컬레이터에서 시작되었다. 목격자들에 의하면 화재는 초기에 쉽게 진압될 수 있을 정도로 위험하지 않았다고 한다. 소방관들도 큰 판자가 타는 정도로 판단하였고 새삼스럽게 놀랄만한 화재도 아니었다고 했다. 그러나 생각과 달리 지하층에서 발화된 화재는 갑자기 상층인 티켓 부스 쪽으로 화염이 분출하며 걷잡을 수 없이 삽시간에 확대되었다. 이날 화재로 31명이 사망을 하였고 100여 명의 부상자가 발생하였다. 화재조사 결과 에스컬레이터로 떨어진 성냥불이 윤활유 및 섬유재에 착화되어 불길이 확산된 것으로 밝혀졌으며, 지금까지 알려지지 않았던 도랑 효과 때문에 순식간에 불이 크게 번진 것으로 결론을 내렸다.

질을 말한다. 예를 들면 구획실 내부에서 화재가 발생하여 창문을 통해 화염이 분출할 때 뜨거운 기류가 벽면에 붙어서 상층으로 확대되는 상황은 코안다 효과로서 화염의 길이는 길어지게 된다. 플래시오버는 증폭된 복사열 등에 의해 가연물의 표면적 전체에 화염이 엄습하는 현상이다. 이러한 두 개의 효과가 함께 어우러져 나타나는 도랑 효과는 비탈진 경사면에서 화재가 발생했을 때 일어나는 것으로 계단으로 에워싸여 있거나 부분적으로 기류가 차단된 곳에서 발생할 수 있다. 화염은 가파른 표면을 따라 경사진 형태로 확산되는데 이는 코안다 효과가 일어나고 있는 것을 보여주는 것이고 화염이 더욱 활발하게 성장하면 가연성 기체가 스스로 연소할 수 있는 플래시오버 단계에 이르게 된다. 이러한 지역에서 발생한 화염은 코안다 효과로 인해 기울어진 표면 끝부분에 이르게 되면 화염을 내뿜게 된다. 이 현상은 가연물이 모두 타서 없어질 때까지 계속되는데 마감재가 목재와 같이 잘 연소할 수 있는 물질이라면 화염은 매우 크고 빠르게 성장하는 것으로 알려져 있다. 그러나 계단의 양쪽 방향에 벽이 없고 개방되어 있다면 도랑 효과는 발생하지 않는다. 도랑 효과의 발생은 에스컬레이터(escalator)처럼 계단 양옆으로 벽이 마주보고 있는 구조로 공기의 유입이 제한될 때 불길이 경사진 수직 통로를 타고 상층으로 확대되는 것으로 굴뚝 효과에 비유되기도 한다. 도랑이란 매우 좁고 작은 개울이란 뜻으로 화염이 경사진 구역을 타고 마치 유체가 뿜어져 나가듯이 위로 확산되는 현상으로도 풀이가 가능하다. 일본 사전에서는 도랑 효과를 '화재가 발생했을 때 화염이 경사로를 타고 위로 올라가는 현상'이라고 기술되어 있다.

⑥ 연소속도 비율

연소의 상승성은 상방향으로 연소속도가 가장 빠르고, 수평방향 및 가연물의 아래 방향으로는 연소속도가 상대적으로 늦다는 사실을 계량적으로 확인해보는 것은 매우 중요한 문제이다. 화재조사관들이 가장 상식적으로 알고 있는 V패턴은 대류의 영향 때문이며 가장 낮은 지점은 화재발생 지점을 알려주는 단서로서 발화원인을 역추적 할 수 있는 기반을 제공해 준다. 화재가 아래쪽으로 타는 것보다 위쪽으로 먼저 연소된다는 일반적인 현상을 성냥개비를 대상으로 한 실험을 통해 계량적으로 증명한 사례를 보자. 실험방법은 두약 부분을 제외한 길이가 50mm(횡단면 2.5mm×2.5mm)인 성냥을 상방향, 하방향, 수평방향에서 발화시켜 연소되는 시간을 측정하였다. 성냥개비의 두약 부분을 아래로 향하게 한 후 수직으로 세워 점화시켰을 때 상방향으로 타 올라가는 연소시간은 성냥개비가 모두 탈 때까지 약 6초가 소요되었으며 성냥개비의 두약 부분을 위로 향하게 한 후 수직으로 세워 점화시켰을 때 하방향으로 타 내려가는 시간은 성냥개비가 15mm가 연소할 때까지 약 35초가 걸렸다. 수평방향일 때는 약 30초 만에 모두 연소하는 결과를 보였다. 실험결과를 공식화한 결과를 정리하면 다음과 같다.

〔표 3-1〕 성냥개비 연소실험 결과

측정 방향	계산식(X= 길이/연소시간)	비 고
상방향	X=50mm/6sec = 8.3mm/sec	성냥개비 완전 연소함
하방향	X=15mm/35sec = 0.43mm/sec	성냥개비 15mm 연소함
수평방향	X=50mm/30sec = 1.67mm/sec	성냥개비 완전 연소함

실험 결과를 보면 상방향으로 타 올라가는 연소 형태가 가장 빠르며 하방향으로 타 내려가는 연소형태가 가장 느리다는 것을 알 수 있다. 수평방향은 하방향보다 빠르지만 상방향보다는 느리다는 것도 확인 할 수 있다. 계량적으로 비교해 보면 상방향 연소속도가 하방향 보다 20배, 수평방향 보다 5배 정도 빠르다는 것을 알 수 있다. 실험결과에 따라 V패턴이 만들어지는 원리를 생각하면 화염이 위로 상승할 때 옆으로 퍼지며 냉각되기 때문에 'V' 형태로 탄화되는 흔적을 남긴다는 사실도 확인할 수 있을 것이다.

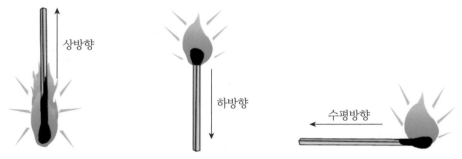

상방향 연소속도는 수평방향보다 5배, 하방향보다 20배 정도 빠르다.

하방향 연소속도는 상방향보다 20배, 수평방향보다 4배 정도 느리다.

수평방향 연소속도는 상방향보다 5배 느리고, 하방향보다 4배 정도 빠르다.

성냥개비의 연소속도 비율

Step **05** | 불꽃의 연소과정

화재는 화염 또는 불꽃의 발생을 특징으로 한다. 실제로 화염은 열과 빛을 방출하며 가연물의 연소로 인해 반응생성물을 야기한다. 화염은 가연물이 점화원에 의해 공기 또는 산소와의 산화반응이므로 가스 또는 증기가 연소되지 않는 한 화염은 발생하지 않는다. 특히 이것은 액체 가연물이 연소할 때 발생하는 가스나 증기의 증발 여부에 의해 좌우되는 측면이 강하게 작용한다. 이때 발생하는 화염은 전적으로 가스가 반응하는 것으로 액체 자체는 고체처럼 탄화하거나 열분해하지 않으며 가연성 증기가 화염을 생성한다. 고체 가연물은 대부분 화재가 성장하

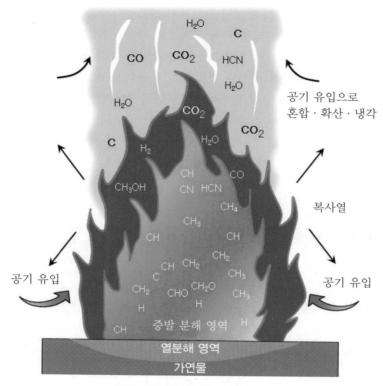

가연물의 열분해 및 가스의 흐름

면서 열분해의 결과로 화염을 동반한다. 목재의 경우 열의 영향으로 쉽게 분해되어 가연성 가스를 발생하는데 화재 초기단계에 연기의 발생은 탄소와 수소 등이 열분해를 일으켜 빠져 나오는 것으로 가연성 가스에 착화 후 목재로 옮겨 붙는 과정을 거친다. 일단 착화하면 최종적으로 숯이 되어 가연성 가스가 없더라도 표면에서 연소를 지속한다. 숯은 휘발성분이 없거나 연소된 목재보다 적은 양의 휘발성분을 가지고 있어 적열상태의 불빛만 나타내는 경우가 많다. 불꽃은 없지만 숯 표면에서 적열상태의 이글거리는 불빛만으로도 가연물이 추가된다면 또다시 열분해를 일으켜 발화되는 과정을 볼 수 있다. 화염에 의해 발생한 열은 연료 표면에서 방출되는데 온도가 상승할 경우 액체는 증발하며 고체인 경우 열분해를 일으킨다. 고체 가연물의 대부분은 350~500℃에서 열분해가 이루어진다.

고체 또는 액체의 연소로 발생하는 고온의 플룸은 화염이 지속되는 한 분자운동이 활발하기 때문에 체적 팽창에 따른 밀도의 감소로 위쪽으로 상승을 한다. 플룸의 뜨거운 가스 흐름이 화염의 높이보다 더 높게 상승하면 플룸의 온도는 공기의 혼입으로 인해 내려가지만 플룸의 상승으로 인해 반경은 확대된다. 이러한 움직임은 고온가스의 반응을 유지하기 위해 화염 주변으로부터 공기가 유입됨으로서 화재를 크게 확대시킨다. 만약 타오르는 화염이 산소가 순환되지 않는 밀폐된 구획실에서 성장한다면 대기 중의 산소농도(21%)는 감소할 수밖에 없다. 산소농도가 감소하는 것은 화재의 규모, 구획실의 면적 및 실내로 공기가 유입될 수 있는 개구부의 크기 등에 의해 좌우된다. 일반적으로 화염 근처에서 산소농도가 15% 이하로 감소하면 가연물의 연소속도는 급속히 감소하기 시작한다. 궁극적으로 화재가 발생하더라도 제한된 산소농도 조건에서는 더 이상 연소를 지속하지 못하고 소화되고 만다. 그러나 산소가 제한됨에 따라 화염은 약화되겠지만 높은 온도에서 생성된 연소가스는 산소농도가 낮아지더라도 급속하게 온도가 내려가는 것은 아니란 점도 알고 있어야 한다. 미국에서 행한 실험에 의하면 구획실에서 산소의 농도를 5~8% 사이로 조건을 부여한 후 가연성 액체를 연소시켰을 때 천장온도가 약 900~1,000℃로 관찰되었다는 보고는 산소 농도가 낮더라도 연소가스의 온도가 높다면, 개구부를 개방하는 등 다시 산소를 공급하는 경우 재 발화할 수 있다는 것을 보여주었다.

Step 06 촛불의 층류화염과 난류화염

화재현장에서 발생하는 화염은 대부분 확산화염(diffusion flame)이며 양초의 연소현상도 전형적인 확산연소의 한 형태로 분류된다. 촛불이 연소할 때 불꽃의 움직임을 보면 공기의 유입이 이루어지는 화염면은 유동이 거의 없고 안정적인 모습을 보이는데 이러한 불꽃을 층류화염(laminar flame)이라고 한다. 층류란 유체의 흐름이 규칙적이고 흐트러지지 않은 상태를 말한다. 촛불이 연소할 때 층류화염을 형성하는 이유는 심지 주변으로 파라핀의 분해와 혼합으로 형성된 반응층이 일정하게 유지되기 때문이다. 양초의 심지에 불을 붙이면 심지에 포함되어 있는 파라핀이 용융하며 이후 기체화 되어 연소하기 시작한다. 심지는 불꽃을 잡아주는 역할을 하며 심지 주변의 고체 파라핀은 열의 영향을 받아 녹으면서 모세관 현상에 의해 심지를 타고 올라가게 된다. 이러한 과정이 복합적, 반복적으로 일어나면서 연소하는 것이 양초의 주된 원리이다. 양초가 연소할 때 불꽃은 위로 향하며 바닥은 오목하게 안쪽으로 파이면서 용융

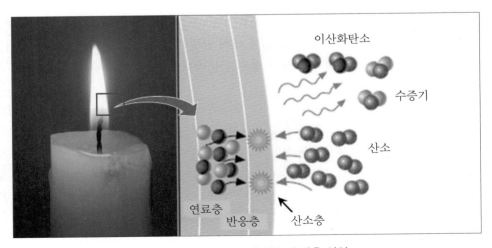

촛불의 연소 시 연료와 산소의 반응 영역

한다. 불꽃이 항상 위로 향하는 것은 중력에 의한 대류현상 때문으로 밀도가 높은 찬 공기는 아래쪽으로 흐르며 밀도가 낮아진 뜨거운 공기는 위로 향해 퍼지는 원리가 작용을 한다. 촛불 주변으로 밀도가 낮아진 공간에는 주변의 차가운 공기가 차지하여 연소에 필요한 산소를 지속적으로 공급하게 된다. 촛불의 아래 부분은 대류현상에 의해 차가운 공기가 유입되어 파란색의 안정된 불꽃을 보이며 뜨거워진 공기가 위로 상승하기 때문에 불꽃의 길이는 길어진다. 불꽃이 심지 아래로 내려가지 않는 것은 액상의 파라핀이 불꽃을 막고 있기 때문이며 정상상태에서는 연기의 발생이 거의 없으나 연소하고 있는 양초를 거꾸로 세우면 다량의 흑연이 발생하는데 산소의 유입과 확산이 이루어지는 대류작용이 원활하지 못해 발생하는 현상이다. 난류화염(turbulent flame)은 층류화염이 커지면서 불안정한 상태의 화염을 만들어내는 것으로 연소된 반응물이 어지럽게 변화하는 특징을 보인다. 난류화염은 화염 주변으로 와류작용이 일어나 공기와 혼합되면 연료가 있는 쪽으로는 공기를 받아들이고 공기가 빠져 나가는 곳은 연료를 방출시켜 반응대의 영역이 커지면서 불규칙한 형태를 보인다. 확산연소는 연료와 공기가 서로 반응대에서 연소를 일으키는 것으로 연료와 공기 중 어느 하나가 균형을 잃게 되면 연소반응을 지속할 수 있는 에너지를 잃게 된다. 촛불의 불빛을 보면 아래쪽은 청색으로 어두워 보이지만 그 바깥쪽은 주황색으로 밝게 빛나는데 불꽃의 각 부분은 염심, 내염, 외염으로 구분한다. 염심의 온도는 600℃이고 내염은 1,200~1,400℃, 외염은 1,400℃의 온도분포를 지니고 있다. 일반적으로 촛불의 최고온도는 1,257℃ 정도로 알려져 있다. 촛불 선단은 왜 뾰족한 형태를 유지하는 것일까. 연료가 많은 심지부분은 미연소 가스가 많고 심지선단부 이후로는 연료가 부족해지는 반면에 공기의 양이 증가하는 영역으로 소극적으로 연소하기 때문에 불꽃은 뾰족한 형태를 유지하는 것이다.

Step 07 화염의 전파

화재가 성장한다는 것은 발화지점 주변 가연물로 연소·확산되는 화염의 전파를 의미한다. 구획화재의 특징은 방화와 같이 특별한 경우를 제외하면 가연성 고체에서 발화가 일어나는 경우가 가장 많다. 음식물 조리 중에 일어나는 화재와 전열기기, 전기배선, 담뱃불 등 고체 가연물에서의 발화가 문제가 된다. 고체 가연물에 대한 환경적 인자로는 대기의 조성상태와 대기압의 조절과 통제가 관건이 되는 경우가 있다. 물과 습기의 체류상태나 건조도 등은 가연물이 연소하는 증발영역에 영향을 끼쳐 평소보다 물기의 농도가 많다면 발화는 쉽게 일어나지 않을 것이며 발화가 되더라도 그 힘이 미미하여 곧 소화될 가능성이 크다. 물리적인 인자로는 발화원의 초기 온도와 착화물의 두께, 부피, 열전도 등이 크게 좌우할 것이다. 화염의 전파는 발화된 에너지가 미연소된 구역을 향해 점진적 또는 급진적으로 돌진해가는 과정이라고 인식할 수 있으며 돌진과정에서 발생하는 화학적 연료의 조성문제와 물리적, 환경적 인자들이 연소에 도움을 주거나 방해하는 요인으로 작용한다고 인식할 수 있다. 화재조사와 관련된 것으로 화염의 전파는 발화지점을 축소시키는 문제와 관련이 깊다. 구획화재의 특성은 내장재의 성능 강화, 방화구획의 난연화 등 건물에 따라 화재가 발생한 곳만 연소하도록 최소화시키는 것이 최선이지만 기밀성이 취약한 건물이나 목조주택, 가건물 등은 옥외출화할 가능성이 매우 높다. 설령 내화조나 벽돌조 구조의 건물일지라도 창문이 개방되어 있거나 너무 조밀한 구조로 밀집되어 있다면 비화할 가능성이 크게 잠재되어 있다고 볼 수 있다. 주택밀집지역이나 비닐하우스단지 같이 단위면적이 넓고 협소한 구역에서는 발화지점보다 주변에 더 큰 피해를 낳는 결과를 초래하기도 한다. 발화지점으로부터 확산된 화염의 전파형태는 일반적으로 아래 그림과 같다. 화염의 속도는 화염면의 앞에 존재하고 있는 미연소의 가연성 혼합기가 이미 연소에 의하여 발생한 연소가스의 열팽창 때문에 전방으로 밀려나므로 화염은 이동하고 있는 미연소의 가연성 혼합기 속을 전파해가는 과정이다. 화염전파는 횡방향보다 종방향으로 빠르게 확산되며 종의 방향성은 상승연소와 하강연소로 구분된다. 예를 들어 건물 2층에서 발화된 경우 화염은 계단, 벽면, 출입문 등을 통해 1층의 공기를 오염시키고 열팽창 증가에 따라 1층과 2층에 대한 전면적인 화재양상을 일으키게 된다. 화염의 확산은 개구부를 통해 외부공기의 유입과 내부 공기의 유출현상이 반복적으로 진행되는 과정으로 이웃한 건물이 가까이 있다면 손쉽게 연소확산을 초래한다. 화염의 전파는 곧 연소의 이동경로를 알려주는 지표이며 발화지점을 규명하는 토대로 쓰인다. 내·외부 연소형태를 정확하게 읽어내는 능력과 화재조사과정의 원인규명 절차는 화염의 경계면이 이동한 흔적과 미연소된 부분과의 상관관계를 판별하여 논리구성을 엮어내는 과정에 있으며 화재조사의 성패를 좌우할 만큼 비중이 높다고 할 수 있다.

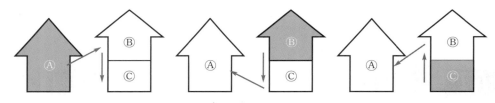

발화지점으로부터 화염의 전파형태

Step 08 **연기의 생성과 이동**

① 연기의 위험성

연기(smoke)란 물질이 연소할 때 공기 중에 부유하고 있는 고체·액체 미립자 및 가스의 복잡한 혼합물이다. 고체 또는 액체상 미립자는 가연성 가스에서 유리된 탄소입자와 검댕상태의 매연, 미연소 물질의 응축액, 물방울 입자 등이 공기 중에 부유하거나 확산된 상태를 말한다. 좁은 의미로는 연소되는 물질로부터 눈으로 식별이 가능한 가시성 휘발생성물이라고도 한다. 연기 중의 미립자 크기는 보통 $0.01{\sim}10\mu\mathrm{m}$ 정도이며 연기는 모든 화재 시 발생한다고 할 수 있다. 연기의 발생은 피난자의 가시도를 떨어뜨리고 피난 상 장애요소로 작용하기 때문에 항상 문제가 되고 있다. 화재로 인해 연소가 개시되면 실내의 산소가 점차 소비되고 그 농도는 시간이 경과하면서 매우 희박해지기 마련이다. 산소는 한꺼번에 많은 양이 소비되지는 않지만 서서히 산소결핍 상태에 이르게 되고 물질이 불완전 연소하면 유독가스와 연기의 양이 증가하여 피난자의 신경세포 활동을 저하시켜 재생불능 상태에까지 이르게 할 것이다. 일반적으로 산소의 농도가 15% 이하이거나 일산화탄소가 50ppm 이상, 시안화수소가 10ppm 이상인 경우에는 치명적이거나 의식불명 상태에 도달하게 된다.

② 연기의 생성

연기는 화재의 성격에 따라 그리고 연소시간에 따라 그 종류가 매우 다양한 것으로 나타나고 있다. 또한 재료의 열분해 성질에 따라서도 다양하게 나타나고 있는데 탄소 수가 많은 연료에 있어서 심한 흑연을 동반하는 경우가 많고 액체계의 연기는 특유의 냄새와 독성을 지니고 있는 것이 많다. 연료분자가 화염 중에서 탈수소와 동시에 중합을 반복하면서 탄소가 많은 물질을 배출하고 이것이 화염 밖으로 나와서 성장하는 것이 그을음(soot)이다. 화염 속에서 탄소 고분자는 입경이 대략 300Å 정도의 구형이며 그 수가 적거나 공기공급이 많은 상황에서는 화염 내부에서 산화·소실되므로 밖으로 나오지 못한다. 그러나 탄소를 많이 포함한 물질은 생성되는 유리탄소량이 많아 산화하지 못하므로 화염 밖으로 배출된다. 액체 또는 고체 미립자계에서 연기가 문제되는 것은 연기로 인한 피난 곤란과 소화활동에 종사하는 소방관의 활동장애, 질식 등 생리적으로 나쁜 영향 때문이며 시계불량에 따른 행동범위가 좁아져 악영향을 미치기 때문이다.

③ 연기와 보행속도

연기의 속도는 수평방향으로 약 0.5m/sec 정도로 인간의 보행속도(1~1.2m/sec)보다 늦다. 그러나 계단실 등에서의 수직방향은 화재 초기상태의 연기일지라도 1.5m/sec 정도로서 상당히 빠른 속도를 가지고 있다. 이것은 동일 층에서 화재가 발생한 경우 수평방향 및 직하층을 통한 대피가 가장 효과적이며 직상층을 통한 대피는 불가피한 경우를 제외하고는 권장할만한 사항이 아니라는 것을 의미한다. 연기 속의 보행속도는 복도의 길이와 실내의 밝기, 건물 내의 숙지도 외에 연기 농도와 연기가 눈을 자극하는 정도에 따라 좌우된다. 실험에 의하면 무자극성 연기 속에서 보행속도는 연기 농도에 거의 반비례하여 늦어지는데 반해 자극성이 강한 연기 속에서는 연기 농도가 어느 정도 이상이면 보행속도가 급격하게 저하되는 것으로 측정되었다. 특히 발밑과 벽면이 보이지 않을 정도가 되면 보행속도가 현저하게 늦어져 불특정 다수자가 운집한 곳에서는 정신적 공황(panic)상태에 빠질 위험이 크다. 따라서 피난 시에는 어느 정도 빛을 필요로 한다. 화재발생 시 연기가 건물에 가득 찼더라도 건물 내부 피난동선에 익숙한 유도

Chapter 01
Chapter 02
Chapter 03
Chapter 04
Chapter 05
Chapter 06
Chapter 07
Chapter 08
Chapter 09
Chapter 10
Chapter 11
Chapter 12
Chapter 13

자(건물내 관계자 및 종업원 등)가 있는 경우에는 극히 사소한 조명 빛(1 Lux정도)만 있어도 피난 상 장애는 그 만큼 줄어드는 것으로 나타나고 있다.

④ 연기의 유동에 영향을 주는 요소

화재에 의해 발생한 연기는 화재 초기에 피난행동과 소화활동에 커다란 장애가 되기 때문에 그 이동현상과 타 지역으로의 확대상황을 충분히 파악해 둘 필요가 있다. 발화지점에서 발생한 연기는 열분해 가스와 함께 먼저 실내 천장에 도달하고 점차 증가한 연기층이 응축되어 천장 상부에 층류를 이루어 사방으로 확대되어 간다. 연기층이 벽면과 접촉하면 하강하기 시작하여 결국에는 실내 전체가 열과 연기로 충만하게 된다. 이때 실내 한쪽으로 개구부가 있다면 상부에 있던 연기층은 또 다른 구역(옥외)으로 확대된다. 유출되는 연기층 하부쪽으로는 또 다른 공기가 유입되면서 연소가 지속되고 종국에는 실내공간 전체에 연기층이 두텁게 되어 연기 농도와 실내온도가 상승을 지속한다. 연기의 유동에 영향을 주는 요소에는 굴뚝 효과와 부력, 팽창, 바람 그리고 공기 조화 시스템(HVAC) 등이 있다.

(1) 굴뚝 효과(stack effect)

고층건물 내부의 온도가 건물 외부 바깥쪽 온도보다 더 따듯하고 밀도가 낮을 때 건물 내의 공기는 중력 반대방향으로 부력을 받아 계단, 벽, 승강기 등을 통해 상층으로 이동하는데 이를 굴뚝 효과라고 한다. 반대로 건물 바깥쪽의 온도가 빌딩 내의 온도보다 높을 때에는 건물 안에서 공기가 아래로 이동하며 이러한 공기흐름은 역굴뚝 효과(reverse stack effect)라고 한다. 굴뚝 효과나 역굴뚝 효과는 밀도나 온도 차이에 의한 압력차에 기인한다.

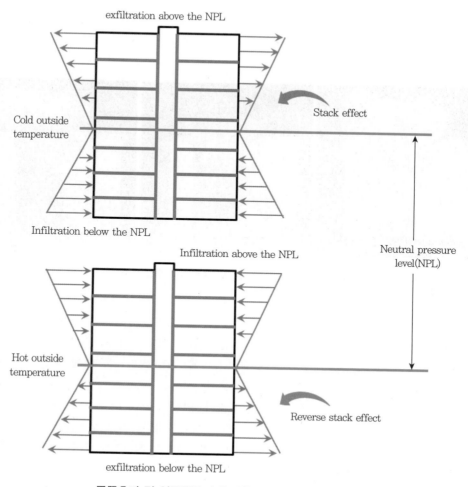

굴뚝효과 및 역굴뚝효과에 의한 연기의 이동경로

(2) 부력

    화재에 의해 생성된 높은 온도의 연기는 밀도의 감소에 따른 부력을 지니고 있어 생각보다 빠르게 상승을 한다. 부력은 중력의 반대방향을 향해 뜨려는 힘으로 물체에 작용하는 부력이 중력보다 크면 뜨게 된다. 대피를 할 때 낮은 자세를 취하는 것은 부력의 힘을 받은 연기와 접촉을 피하기 위한 고육책이다. 소방관들이 화재현장에 진입하기 전에 먼저 지붕을 뚫고 나서 출입문을 파괴하는 것은 뜨거운 가스와 연기를 배출시켜 실내압력을 억제시키기 위함이다. 화염과 가까운 곳은 부력 상승효과가 크지만 화염으로부터 거리가 멀어질수록 부력은 감소하게 된다.

(3) 팽창

    부력과 더불어 화재에 의해 방출되는 에너지는 팽창에 의해 공기 이동을 유발시킨다. 한 개의 개구부가 존재하더라도 화재구역에 있어서 건물 내 찬 공기는 화재구역 안으로 이동하며 뜨거운 연기는 화재구역 밖으로 배출된다.

고온가스층의 팽창은 공기의 유입과 유출을 좌우한다.

(4) 바람

밀폐된 실내일 경우 창문 등을 열어 놓지 않았다면 바람의 영향을 받을 수 없지만 화세가 커지고 유리창이 깨지는 등 개구부가 개방된 경우에는 바람이 건물 내에서 연기를 이동시키는 힘으로 작용한다. 바람은 기밀성이 떨어지는 건물과 창, 출입구가 많이 설치된 건물, 층수가 많은 고층빌딩 등에 영향을 미치는 경우가 많다. 만일 창문이 화재구역에서 바람이 부는 반대방향에 위치한다면 바람에 의한 부압에 의해 연기는 화재구역 밖으로 배출된다. 이것은 건물 내의 연기이동을 크게 감소시킬 수 있다. 그러나 만약 깨진 창문이 바람이 부는 방향에 있다면 화재가 발생한 층으로부터 다른 층으로 빠르게 확산시키며 이동할 것이다. 이 경우 건물 내 근무자나 화재진압을 하는 소방관 모두를 위험하게 만들 수 있다. 풍향이 연소에 미치는 영향도 무시할 수 없는 작용이다.

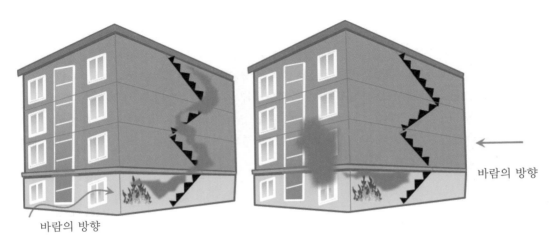

깨진 창문이 바람이 불어오는 방향에 있다면 화재는 발화층으로부터 다른 층으로 빠르게 확산될 것이며
(좌) 바람 부는 반대방향에 위치한다면(우) 연기는 화재구역 밖으로 배출된다.

(5) 공기 조화 시스템

HVAC(Heating Ventilation Air Conditioning)는 난방(Heating)과 환기(Ventilation), 에어컨(Air Conditioning) 기능이 조합된 시설이다. 이 시스템은 종종 고층건물 화재 시 연기를 전달하는 역할을 하기도 한다. 화재 초기단계에서 HVAC 시스템은 화재감지에 도움을 주기도 하는데 사람들이 있는 공간으로 연기를 전달함으로써 발 빠르게 대처할 수 있는 시간을 벌어주기도 한다. 그러나 화재가 상당히 진행할 경우 HVAC 시스템은 화재구역으로 공기를 제공하여 연소를 촉진시키고 이 연기를 다른 지역으로 전달하여 건물 내 모든 사람들을 위협하기도 한다. 내화구조의 통신실에서 화재가 발생한 적이 있었는데 화재가 완진되었다고 판단했을 때 연기를 배출시키기 위해 HVAC를 가동시키자 여기저기서 불꽃이 다시 살아난 사례도 있었다. 이러한 이유로 화재 발생 시 HVAC 시스템은 그 기능을 정지시켜야 한다.

CHAPTER 04

구획실 화재

The technique for fire investigation identification

구획실 화재

The technique for fire investigation identification

Step 01 구획실 화재의 이해

　　구획실 화재의 특징은 제한된 공간 안에서 화재가 발생하기 때문에 발화원의 크기나 가연물의 종류 외에도 공간적 특성이 좌우하는 비중이 크다. 개구부의 크기에 따라서 공기의 유입량과 흐름이 다르고 천장의 높이와 벽의 형태 등에 따라 화염의 길이와 연소확산 형태가 달라지기 때문이다. 벽과 천장의 열특성은 밀도, 단열성, 열용량에 따라 달라진다. 열용량(thermal capacity)이란 어떤 물질 1g의 온도를 1℃ 올리는데 필요한 열에너지의 양을 측정한 값으로 낮은 열용량을 가진 물질은 빠른 속도로 뜨거워지고 높은 열용량을 가진 물질은 불이 만들어낸 열에너지를 흡수하여 화재의 성장속도를 조금이나마 늦출 수 있다. 그러나 한 번 흡수한 열은

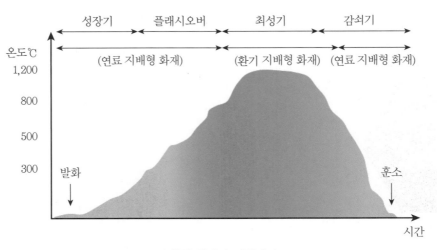

구획실 화재의 진행과정

그냥 소멸되는 것이 아니라 나중에 다시 방출되는 성질을 가지고 있어 재발화를 일으키기도 한다. 구획화재의 해석은 이처럼 건축양식의 이해와 함께 개별적인 가연물의 성질을 파악하는 것이 중요하게 작용을 한다. 일반적으로 구획화재의 진행과정은 발화가 개시되는 초기 단계를 비롯하여 성장기, 최성기, 감쇠기로 구분하고 있다. 화재의 성장 여부를 좌우하는 발화기에는 연료가 지배적인 작용을 하며 플래시오버를 거쳐 최성기에 이르면 환기지배형 화재로 전환되면서 화세는 최고조에 이르게 된다. 이후 화세는 가연물이 거의 연소된 상태가 되면 다시 연료에 의해 지배를 받는 양상을 보이게 되고 더 이상 연소할 수 있는 물질이 없다면 소멸되는 과정을 밟는다.

Chapter 01
Chapter 02
Chapter 03
Chapter 04
Chapter 05
Chapter 06
Chapter 07
Chapter 08
Chapter 09
Chapter 10
Chapter 11
Chapter 12
Chapter 13

Step 02 | 화재의 성장 단계

1 발화기(incipient stage)

이 시기에는 처음 발화된 가연물에 한정되어 연소하므로 화재의 규모는 작고 독립적으로 자유연소(free burning)하는 것이 일반적이다. 초기에는 주어진 공간에 산소가 풍부하므로 가연물의 착화 정도에 따라 좌우되는 연료지배형 화재 양상을 보인다. 가연물의 열 방출량은 낮아 완만한 온도상승을 일으키기도 한다. 일단 실내 전체 온도는 높지 않은 상황으로 화염으로부터 위로 상승하는 플룸은 대류 및 뜨거운 부력상승에 의해 구획실 천장으로 열의 흐름이 이동하면서 천장에 비교적 얇은 열기층을 형성한다.

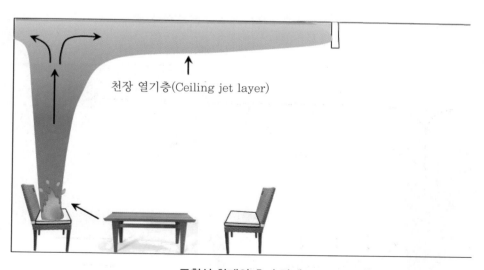

천장 열기층(Ceiling jet layer)

구획실 화재의 초기 단계

② 성장기(growth stage)

　　성장기에는 더 많은 가연물이 개입하여 복잡한 형태로 화재가 커지기 시작한다. 가연물의 연소가 본격적으로 이루어지면서 대류와 복사열의 영향으로 상방향 및 주변으로 불꽃이 확대된다. 불꽃으로부터 방사되는 열은 횡방향으로 화재를 확대시키고 주변에 있는 또 다른 가연물로 확대될 수 있다. 뜨거운 가스의 흐름은 수직방향으로 2~3m/sec의 속도로 상승을 한다. 상승한 연기와 열기류가 천장에 이르게 되면 더 이상 상승할 수가 없으므로 천장의 수평면을 따라서 옆으로 약 0.3~1m/sec의 속도로 퍼져 나가게 되는데 이를 천장분출(ceiling jet flow)이라고 한다. 천장분출이 일어나면 고온가스의 두터운 층은 벽면을 타고 점차 아래로 하강할 것이며 그에 따라 산소의 함유량은 감소하게 되고 끊임없이 불꽃은 성장하게 될 것이다. 천장분출이 일어나면 고온가스인 플룸의 부력이 사라지는 것이 아니라 부력의 방향을 천장 하부 측 방향으로 전환시키는 것이며 다른 방해요소가 없는 한 플룸의 중심선을 기준으로 360도 방향으로 퍼져 나가게 된다. 이 과정에서 만약 천장에 일산화탄소와 같이 열분해할 수 있는 물질이 충분한 농도를 유지하고 있다면 축적된 열에 의해 또는 화염의 직접 접촉으로 발화되어 천장을 통해 실내 전체로 확대될 수 있다. 이러한 현상을 플레임오버(flame over) 또는 롤오버(roll over)라고 한다. 이 현상은 구획실에서 고온가스층이 천장면에 집적된 상태로 연소 하한계 이상에 달하는 충분한 농도에 이르게 될 경우 불꽃이 착화할 수 있는 단계를 의미한다. 플레임오버가 발생하면 천장을 가로지르며 회전하는 것처럼 보이는데 천장에 있는 미연소 연료입자들이 점화되면서 하부에 축적된 냉각된 연기를 천장으로부터 밀어내고자 하는 부력이 증가했기 때문이다. 고온가스층의 급격한 온도상승은 구획실 내부를 팽창시키고 뜨거운 열기로 가득 차게 하여 가일층 연소는 확대될 수밖에 없게 된다. 한편 개구부를 통해 유출되는 가스의 양이 유입되는 가스의 양보다 많을 경우 중성대(neutral plane)는 위로 올라가게 되며 유출되는 가스의 양과 유입되는 가스의 양이 같아지면 고온가스층의 하강은 멈추게 된다.

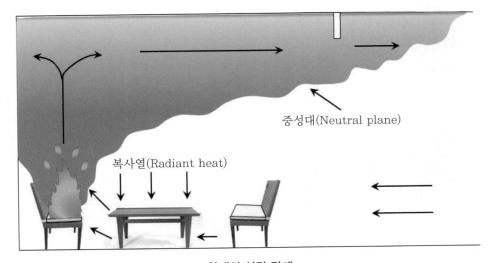

화재의 성장 단계

천장분출이 일어나 고온가스층이 벽을 타고 아래로 하강하였으나 거실장을 비롯하여 소파와 바닥은 복사열의 영향을 받지 않아 성장기 단계에 소화된 것임을 알 수 있다.

③ 플래시오버 및 최성기(fully developed stage)

구획실 내부에서 열에너지가 충분히 성장했다면 천장의 고온 가스층에서 발산되는 복사열은 구획실 안의 모든 물질에 영향을 미칠 수 있다. 이미 알려진 바와 같이 천장의 임계온도가 약 600℃에 도달했을 때 바닥면에서는 20kW의 복사열을 발생시키는 것으로 알려져 있는데 이 정도의 열이면 구획실 안의 가구와 바닥재 등 다른 가연물을 연소시키기에 충분한 온도로서 플래시오버를 발생시키는 것으로 보고 있다. 플래시오버가 발생하는 것은 열에 노출된 모든 가연물의 온도가 연소할 수 있는 최대값에 도달하여 더 이상 견딜 수 없는 상황이 전개되기 때문이다. 플래시오버는 불꽃이 어느 순간에 극적으로 번쩍거리며 확대되는 효과라고 볼 수 있다. 제한된 구역에 있는 가연물마다 인화와 발화에 이를 만큼 온도가 상승하면 거의 동시에 점화가 이루어져 마치 전광석화처럼 순식간에 상황이 전개되기 때문이다. 플래시오버가 발생하기 전에 가스층의 움직임은 비교적 부드럽게 층류를 형성하는 연료에 의해 좌우되지만 플래시오버가 일어나면 가스의 기류가 빠르게 변하고 세차게 요동치는 환기지배형으로 전환된다. 이때 열방출속도는 더 이상 가연물이 좌우하지 않으며 내부에 있는 공기의 양에 의해 제한될 수 있다. 플래시오버 발생 이후 열에너지가 강한 곳은 가연물이 집적된 곳이 아니라 최적의 환기조건을 갖춘 개구부가 될 수 있는 것이다. 구획실 화재에 대한 국내외 실물화재실험 자료를 보더라도 신선한 공기가 구획실로 유입되거나 산소가 부족한 지역에 공급되었을 때 환기효과에 의해 연소가 활발했음을 증명한 바 있다. 한편 모든 구획실에서 플래시오버가 발생하는 것은 아니라는 점도 생각하여야 한다. 환기구가 너무 작은 경우에는 산소의 공급이 원활하지 못해 플래시오버가 발생할 가능성이 적어진다. 반대로 개구부가 너무 큰 경우에는 고온가스층이 외부로 유출되면서 에너지 손실로 열의 축적이 용이하지 못해 발생하지 않을 수 있다. 플래시오버는 열을 충분히 저장할 수 있는 밀폐된 건물에서 가연성 가스를 많이 만들어낼 수 있는 가연재가 풍부할수록 동시다발적으로 폭발적인 연소를 일으킬 수 있다. 그러나 플래시오버가 한 번 발생하면 두 번 다시 발생하지 않는다.

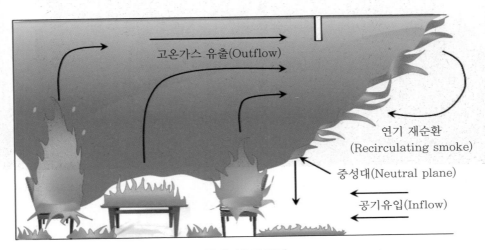

플래시오버 단계

최성기는 화염이 완전히 실내를 감싸고돌아 불에 전면적으로 노출되는 시기이다. 출입구와 창문 등 개구부를 통해 불길이 맹위를 떨치고 건물이 부분적으로 도괴되거나 균열을 일으

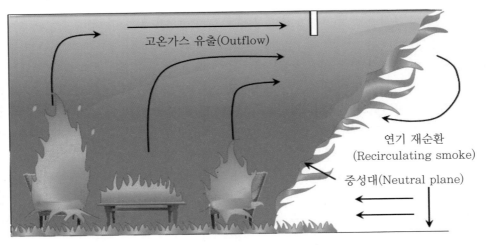

플래시오버 이후 최성기 단계

키기도 한다. 실내에 있는 모든 가연물들은 완전 연소에 이를 정도로 물체마다 지니고 있는 최고의 연소 잠재력을 발휘하는 상태로 돌입한다. 플래시오버가 발생한 이후 실내온도는 최고 900~1,100℃까지 급상승할 수 있고 복사열과 화염이 최고조이므로 인접한 건물로 화염이 전이될 수 있는 위험성까지 증대된다.

④ 감쇠기(decay stage)

감쇠기는 연소할 수 있는 물질이 소진된 상태로 점차적으로 화염이 작아지는 단계이다. 산소농도가 16% 이하로 떨어지면 미연소 물질이 있더라도 연소는 급격히 감소할 것이며 5% 이하의 산소농도에서는 연소가 완전히 중단될 수 있다. 가연물의 열분해가 종료되거나 가연성 증기가 차츰 약해지면 화염의 세기도 약화될 수밖에 없다. 그러나 훈소를 지속할 수 있을 만큼 연료가 적합하게 남아있다면 연소를 지배적으로 이끌어 가는 경우도 있다. 따라서 감쇠기를 종종 훈소단계라고도 한다. 훈소는 환기 및 단열상태 여부에 따라 고온이 유지된다면 일정시간 지속될 수 있으며 일산화탄소 등 독성가스와 가연성 증기가 생성되는 열분해를 동반한다. 적절하게 환기가 이루어지는 경우 이들 연소생성물은 연소할 수 있는 증기 혼합물을 형성하고 축적될 수 있을 것이다. 그리고 환기효과에 의해 신선한 공기의 유입이 이루어진다면 축적된 증기는 간혹 2차 화재를 일으켜 급격하게 연소할 수 있다. 이때 생성된 압력은 폭연(deflagration)보다 낮을 수 있지만 폭발적으로 연소할 수 있는 압력을 만들어내기도 한다.

Step 03 | 구획실 화재에 변화를 일으키는 변수들

① 중성대(neutral plane)

구획실에서 화재가 발생하면 급기구로 새로운 공기가 유입되어 연소를 촉진시키는 반면에 연소생성물인 고온가스는 유입된 공기에 밀려 배기구를 통해 밖으로 유출된다. 이때 외부에서 유입된 공기와 고온가스층이 서로 혼합되지 않고 천장과 바닥 사이의 어느 공간에서 기체의 면이 맞닿아 수평을 이루는 구역이 발생하는데 이를 중성대라고 한다. 구획실이 밀폐된 상태에서 내부 온도가 높으면 높을수록 중성대의 위치는 낮아지고 압력은 상승한다.

외부로 배출되지 못한 연기는 위에서 내려오는 압력에 의해 바닥 하단의 문 틈새를 통해 아랫부분으로 새어나오기도 한다. 이러한 상황은 구획실 내부에 주어진 산소가 제한적이므로 미처 연소를 하지 못한 가연물이 있더라도 느리게 연소할 수밖에 없어 환기에 의한 지배를 받는다. 그러나 공기의 공급이 커지거나 배출되는 고온가스의 양이 급격히 줄어들면 내부의 압력은 낮아지게 되고 중성대는 위로 상승하게 되면서 가연물 지배형으로 연소형태가 바뀌게 된다. 중성대는 화재가 진압된 공간에서도 확인되는 경우가 있다. 소방관들이 잔화정리를 할 때 구획실

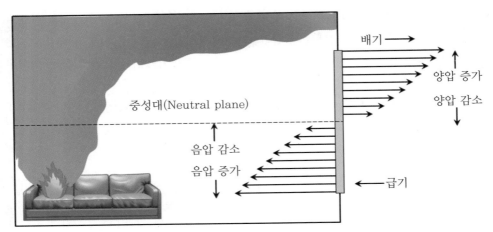

구획실 내부 온도가 높으면 높을수록 중성대의 위치는 낮아지고 압력은 상승한다.

내부에 재발화를 방지하기 위해 물을 뿌리면 잠열이 남아있는 물체와 벽에서 희뿌연 수증기가 대량으로 발생할 수밖에 없다. 이때 발생한 희뿌연 고온의 수증기가 즉시 배출되지 않고 어느 일정한 수평면에서 움직임이 거의 없고 마치 구름이 떠 있는 형태처럼 보인다면, 음압과 양압이 균형을 맞춰 공존하는 영역(0 포인트)인 중성대를 확인한 것이다. 이때 중성대 위치는 구획실 높이의 중간 정도쯤 차지하고 있는 것이 일반적이다.

중성대의 위치로 예측할 수 있는 현상들
❶ 중성대가 높이 있다면 화재 초기 단계임을 의미하는 경우가 많다.
❷ 아주 낮은 중성대는 강한 역기류가 발생할 가능성을 암시한다.
❸ 갑작스럽게 불길이 치솟는 경우 통풍구의 발생을 의미한다.
❹ 중성대가 점진적으로 낮아지고 있다면 가스가 축적되고 플래시오버가 임박했음을 의미한다.
❺ 중립면이 급격히 낮아진다면 화세의 급격한 증대를 의미한다.

❷ 플래시오버(flash over)

플래시오버는 제한된 공간에 있는 가연성 재료의 전 표면적이 동시다발적으로 발화를 일으키는 현상이라는 것에 기초를 두고 있다. 성장기와 최성기 사이에서 발생하며 열과 가연성 가스가 농축된 상태로 가연물 전체가 일순간에 발화온도에 이르게 되면 폭발적으로 연소를 하기 때문에 순발연소라고도 하며 연료지배형 화재가 환기지배형 화재로 전환되는 국면을 맞는다. 천장에서 바닥까지 고온을 유지하고 있으며 모든 가연물에 발염착화가 거의 동시에 일어나기 때문에 내부에 사람이 존재할 경우 생존하기 어렵다.[1] 주택화재 실험을 통해 확인된 바에

---

[1] 미국 캘리포니아 주정부에서 행한 플래시오버 실험결과에 의하면 소방관들이 플래시오버가 발생한 후 문을 통해 탈출할 수 있는 거리는 1.5m가 한계라고 밝혔다. 플래시오버가 발생한 곳의 평균온도는 537~815℃ 정도이며 이 온도에서 방화복을 착용한 소방관들이 버틸 수 있는 시간은 2초를 넘기지 못한다는 것이다. 소방관의 1초당 탈출거리는 평균 75cm이며 따라서 탈출구로부터 2초간 버틸 수 있는 거리인 1.5m 이상 진입하는 것은 절대 금지사항이다. 만약 이 같은 상황에서 3m 이상 진입하였다면 탈출 소요시간은 4초이며 이 시간은 소방관이 생존하기에는 너무 긴 시간이다. (소방전술Ⅰ. 2016)

Chapter 01
Chapter 02
Chapter 03
Chapter 04
Chapter 05
Chapter 06
Chapter 07
Chapter 08
Chapter 09
Chapter 10
Chapter 11
Chapter 12
Chapter 13

의하면 통상 플래시오버는 가연물 하중과 발열량, 산소 분압이 클수록 빠르게 발생하는데 목조 건물의 경우 5분~10분 정도의 시간이 주어지면 발생할 수 있다. 열기가 뜨겁고 두터우며 진한 연기가 아래에 쌓여 있는 경우, 가연성 증기의 방출이 문틈이나 유리창을 통해 식별되는 것 등은 플래시오버 발생의 징후라고 볼 수 있다. 플래시오버가 발생할 때 실내의 순간 압력은 높기 때문에 농축된 가연성 가스가 압력에 의해 일시에 뿜어져 나올 경우 압력파를 발생하는 경우도 있지만 충격파는 발생하지 않는다. 높은 압력의 배출은 열의 방출을 의미하며 이로 인해 산소는 급격하게 감소한다. 플래시오버가 발생하는 온도 범위에 대하여 지금까지는 대략적으로 600℃ 전후라고 보는 견해가 우세한 상황이다. 실내온도가 600℃ 정도에 이르면 연소 중인 가연물들이 복사열을 충분히 방출시켜 거의 모든 물체가 불꽃을 내며 연소할 수 있다고 보는 실험결과도 있다. 주변에서 흔히 볼 수 있는 목재의 경우 열분해가 이루어지는 온도(260℃)가 낮고 발화점은 400~600℃ 전후이다. 플라스틱인 폴리스티렌(polystyrene)은 100℃ 이상에서 부드러워지고 185℃ 정도가 되면 점성의 액체가 되는 등 가연성이 뛰어나 플래시오버가 발생하면 급격하게 연소되는 특징이 있다. 플래시오버가 발생하기 전에 미연소 가연성 가스인 일산화탄소가 충분히 만들어진 상황이라면 외부로 분출되지 못해 내부 기류를 따라 벽과 천장면을 맴돌다가 일시에 점화가 이루어지면 폭발적으로 연소가 진행된다. 개구율(벽 면적에 대한 개구부의 면적비)이 1/2~1/3이면 플래시오버 발생에 최대 영향을 발휘하지만 1/16 이하면 플래시오버는 발생하기 어렵다.

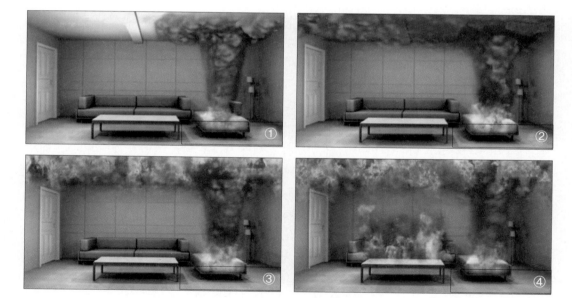

플래시오버 발생 과정

플래시오버의 발생 징후

❶ 실내 연소상태가 현저하게 자유연소 단계에 있는 경우

❷ 열 때문에 소방대원이 낮은 자세를 유지할 수밖에 없는 경우

③ 실내에 과도한 열이 축적되어 있는 경우
④ 열기가 느껴지면서 두껍고 뜨거운 연기가 아래로 쌓이는 경우

③ 백드래프트(back draft)

백드래프트는 실내가 충분히 가열된 상태로 다량의 가연성 가스가 축적되었을 때 산소가 유입됨으로써 연소가스가 순간적으로 발화하고 역류하는 현상이다. 역류가 특히 위험한 이유는 전혀 예측할 수 없다는 점에 있다. 주로 연기만 자욱하게 일어날 때 발생하는 현상으로 그 치명적인 공격을 예측하기란 거의 불가능하다. 이 예측불허의 상황은 산소가 부족한 상태에서 야기된다. 산소의 농도가 내려가면 화염을 동반한 연소상태가 화염 없이 연기를 발생하는 상황으로 바뀌게 된다. 그러나 실내 온도는 열분해가 일어날 정도로 상승한 상태이므로 모든 가연물들은 가연성 증기를 내뿜기 시작한다. 신선한 산소만 공급된다면 가연성 가스가 활발하게 연소할 수 있는 조건이 완비되는 셈이다. 이때 소방관들이 문이나 창문을 열게 되면 신선한 공기의 유입으로 가공할 힘의 폭발이 일어난다. 실내로 유입된 산소는 가연성 가스와 뒤섞이면서 불덩어리를 만들어낸다. 내부가스가 급속도로 팽창되면 가스는 초당 15m, 섭씨 1,100℃로 개구부를 통해 가연성 가스를 토해내며 내부에서 전파된 화염에 의해 엄청난 압력(충격파)을 지닌 불덩어리를 밖으로 밀어낸다. 그 와중에 내부에 있는 모든 내장재들과 가연물들은 파괴되는 것이다. 화재현장에서 소방관들이 가장 두려워하는 것도 이 순간의 역류현상이다. 지하실, 창고, 선박 등과 같이 밀폐된 조건에서 가연성 가스가 다량으로 체류하다가 발생하는 현상으로 연기폭발 또는 백드라우트(backdraught)라고도 한다. 연기가 농축된 상태라면 급격하게 발생하기 때문에 화재진압에 나선 소방관들의 안전도 보장하기 어렵다. 미국에서는 이 현상을 일찍부터 소방관 살인현상이라고도 표현하고 있다. 필자의 경우 지난 27년간 화재현장을 누비면서 백드래프트를 경험한 적은 단 한 차례도 없었다. 주변을 둘러볼 때 10년 이상 근무한 동료들 중에서도 백드래프트를 경험한 자는 찾아보기 어려웠다. 누구라고 할 것도 없이 소방관들 중에서 백드래프트를 경험하는 날이 온다면 그날은 무척 운세가 사나운 날로 기억될 것이다. 백드래프트 현상은 건물 내부구조가 매우 견고하고 이중창, 삼중창 등으로 밀폐되었거나 공기의 유입과 배출이 불량할수록 발생할 위험이 크다. 백드래프트는 연료지배형 화재를 거쳐 환기지배형 단계에서 발생하는 것으로 이미 가연물들은 열분해가 충분히 이뤄진 상황에서 공기가 유입되었을 때 전개된다.

경기도소방학교에 있는 특수화재 훈련장은 세계 각 국의 소방훈련장과 비교해도 손색이 없는 시설로써 백드래프트 현상 메커니즘을 실험으로 입증한 바 있다. 철재로 된 컨테이너(W: 2.4m, H: 2.4m, L: 6m) 내부에 목재와 합판, 건초더미 등을 집어넣고(약 150kg) 점화시켜 최대한 화염을 활성화시킨 다음 좌우 및 정면에 있는 출입문 등 개구부 3개소를 폐쇄시켜 산소의 공급을 차단시켰다. 이때 디지털 온도계로 측정된 실내 온도는 580℃ 정도를 가리키고 있었다. 문을 폐쇄시키자 곧 컨테이너 벽과 천장의 이음 부분에서 검은 연기가 배출되었고 시간이 지나면서 컨테이너 하단부 틈새에서도 연기가 흘러 나왔다. 시간이 지날수록 하단부를 통

Chapter
01

Chapter
02

Chapter
03

Chapter
04

Chapter
05

Chapter
06

Chapter
07

Chapter
08

Chapter
09

Chapter
10

Chapter
11

Chapter
12

Chapter
13

해 배출되는 흑색 연기량이 천장부근에서 배출되는 양보다 점차 많았는데 이것은 내부 압력의 증가로 중성대가 점차 아래로 내려오고 있음을 알려주는 신호였다. 산소 부족으로 실내온도가 300℃ 정도로 떨어졌을 때 밖으로 배출되는 연기의 색깔은 더욱 짙어졌는데 컨테이너 안에 불빛은 없더라도 일산화탄소 등 가연성 가스의 양이 최대한 팽창되었음을 감지할 수 있었다. 그리고 불꽃이 완전히 사라지기 전에 문을 열어 산소를 적절히 공급해 주는 순간에 먹구름 떼처럼 검은 구름이 잠시 밀려 나오기 시작하더니 어느 순간에 검은 연기 덩어리가 폭풍처럼 밀려 나왔고 '펑'하는 소리를 동반한 화염으로 변했다. 검은 연기 덩어리의 실체는 가연성 미연소 가스가 내부압력에 의해 밀려나온 것으로 연이어 나온 고온에 점화되어 폭풍처럼 반응한 것이다. 백드래프트가 일어난 이후 소화활동이 없다면 구획실 내부는 모든 가연물이 다시 활발하게 연소할 수 있는 상태를 유지한다.

백드래프트 발생 과정(경기도소방학교. 2016)

백드래프트의 발생 징후

① 연기가 균열된 틈이나 작은 구멍을 통하여 빠져나오고 압력 차이로 인해 공기가 내부로 빨려 들어가는 듯이 특이한 소리가 들리는 경우

② 화염은 보이지 않지만 창문이나 출입구가 뜨거운 경우

③ 유리창 안쪽으로 타르와 유사한 기름성분의 물질이 흘러내리는 경우

④ 창문을 통해 보았을 때 건물 안의 연기가 소용돌이치고 있는 경우

⑤ 산소공급이 감소된 상태로 약화된 불꽃이 관찰되는 경우

④ 플래시오버와 백드래프트 차이점

❶ 플래시오버가 백드래프트보다 발생 빈도가 높다.

플래시오버는 전체 가연물이 발화온도에 이르면 모두 연소하는 현상으로 최성기 직전에 종종 목격할 수 있지만 백드래프트는 밀폐된 구역에서 내부압력의 증가, 불꽃의 감소, 가연성 가스의 확대, 점화에 필요한 적절한 공기의 유입 등 필요조건을 충족하기 어려워 상대적으로 발생빈도가 낮다.

❷ 백드래프트는 폭발의 일종이지만 플래시오버는 폭발이 아니다.

백드래프트는 미연소된 가연성 가스가 산화제와 혼합되었을 때 일어나는 연기폭발에 해당하는 반면에 플래시오버는 압력은 발생하지만 폭발과 같이 충격파가 발생하지 않아 폭발에 해당하지 않는다.

❸ 플래시오버의 발생 원인은 열이며 백드래프트는 공기가 원인으로 작용한다.

플래시오버는 복사열이 축적된 결과 발생하며 백드래프트는 밀폐된 구획실에 공기가 유입됨으로써 발생한다.

〔표 4-1〕 플래시오버와 백드래프트 비교

구분	플래시오버	백드래프트
연소 상태	훈소 또는 불완전 연소 상태	자유연소 상태
원인	복사열 축적	산소 공급
폭발 유무	폭발 미발생	연기폭발에 해당

⑤ 롤오버(roll over)

롤오버는 플레임 오버(flame over)[2] 라고도 하며 화재 초기 단계에 발생한 가연성 가스가 산소와 혼합된 상태로 천장부분에 집적될 때 발생하는 것으로 뜨거운 가스가 실내 공기압과의 차이 때문에 발생하는 현상이다. 부력 상승작용에 의해 가연성 가스와 열분해 물질에서 발생한 힘은 천장면을 따라 굴러가면서 전면적으로 확산되는 특징을 가지고 있다. 가연성 가스가 발화온도에 도달하여 발화하면 불의 선단부는 급속하게 화염을 형성하면서 천장면을 가로질러 상

---

2 플레임 오버(flame over): 1046년 12월 7일 미국 애틀랜타(Atlanta)에 있는 와인코프 호텔(Winecoff hotel)에서 화재가 발생했을 때 연소 확대가 어떻게 진행되었는지 묘사하는데 처음 사용된 용어이다. 화재는 거의 모든 사람들이 깊이 잠든 시간인 새벽에 일어났기 때문에 희생자가 많았다. 화재가 일어난 시각은 새벽 3시 15분경으로 3층 서쪽 복도에서 시작되었는데 5층에 올라갔다 내려오던 호텔 종업원에 의해 화재사실이 알려졌다. 화재 원인은 담뱃불로 추정되었다. 화재 경보가 울린 것은 3시 42분이었고 이미 불이 크게 번진 후였다. 불은 개방된 계단과 건물 곳곳에 있는 개구부를 타고 위로 확산되었고, 마침내 최상층인 15층까지 불이 붙어 타올랐다. 유일한 탈출구인 계단은 불이 타오르는 통로로 작용하여 탈출구가 꽉 막힌 상태가 되고 말았다. 소방대가 출동했지만 화재 신고가 너무 늦게 들어갔기 때문에 현장에 도착했을 때 호텔은 전 층에 이미 불이 번진 상태였다. 당시 고층까지 닿는 사다리차가 없었기 때문에 양옆에 붙어 있는 12층 건물과 6층 건물 사이에 사다리를 놓아 사람들을 구출하기도 했다. 그러나 도로 쪽에 면해 있는 방에 묵고 있던 사람들은 구출할 방도가 없었고 결국 119명이 이 화재로 사망을 했다. 호텔의 소유주였던 와인코프 부부도 14층에 있는 자신의 방에서 화재로 사망한 채 발견되었다. 와인코프 호텔은 2007년 10월 1일 엘리스 호텔(Ellis hotel)로 재개장을 했다.

Chapter
01

Chapter
02

Chapter
03

Chapter
04

Chapter
05

Chapter
06

Chapter
07

Chapter
08

Chapter
09

Chapter
10

Chapter
11

Chapter
12

Chapter
13

층부를 오염시킨다. 화재 초기에 대피자 또는 소방관들에게 낮은 자세를 권유하는 이유가 되기도 하는데 가연성 가스를 품고 있는 열과 연기류의 확산으로 이해되며 화염보다 멀리 퍼지는 성질 때문에 발화지점보다 먼 곳으로까지 용이하게 전파된다. 롤오버의 확산은 화재 초기에 발생하며 오염된 상층부와 오염되지 않는 하층부의 경계선이 뚜렷하기 때문에 연소가 개시된 발화지점을 쉽게 인식할 수 있다. 롤오버 현상은 대류작용에 의한 고온가스의 이동으로 설명할 수 있지만 플래시오버에 비해 복사열에 의한 영향은 많지 않다. 가열된 열이 확산되는 비율이 적고 미연소가스가 포함된 가연성 혼합기의 흐름으로 보기 때문이다. 그러나 밀폐된 공간에서는 구획된 벽으로 인해 제약을 받기 때문에 굴절과정에서 천장면에 두터운 가스층을 빠르게 형성하기도 한다. 일반적으로 롤오버는 플래시오버보다 먼저 발생하지만 플래시오버가 발생하기 전 항상 발생하는 현상은 아니다.

롤오버현상에 의해 형성된 상층부와 하층부의 경계선

⑥ 플래시 화재(flash fire)

플래시 화재란 인화성 증기 및 가연성 가스(에어로졸 또는 분무상태) 등이 분산된 상태로 있다가 점화원에 의해 갑작스럽고 강렬하게 화재가 발생하는 현상이다. 순간적으로 짧은 시간에 높은 온도를 가지고 화염면이 빠르게 이동하는 것이 특징인데 일반적으로 압력을 동반하지 않는 경우가 많다. 가연성 가스나 인화성 액체의 증기가 누설되더라도 가연물의 위치와 밀도, 환기 등에 따라 폭발양상이 달라지므로 항상 폭발을 동반한다고 보기 어렵다. 따라서 연소 범위 내에서 점화원에 의해 확산된 가연물에 착화하더라도 폭발이 없다면 순간적으로 플래시 화재는 종료되며 더 이상 화재로 발전하지 않을 수 있다. 비교적 짧은 시간 연소한다는 것은 주변에 있는 다른 가연물을 가열할 만큼 영향을 주기 전에 스스로 가용할 수 있는 연료를 모두 소비했기 때문이다. 이러한 경우 화재패턴을 인식하기 어렵고 발화지점을 특정하기 어렵게 된다. 플래시오버가 일정시간동안 복사열을 축적시켜 가연물에 전면적인 연소를 일으키는 현상이라면 플래시 화재는 짧은 시간에 급속한 연소를 일으키는 현상이라는 점에서 구분을 요한다.

⑦ 연료지배형 화재(fuel controlled fire)

화재발생 초기에는 점화원에 의해 착화된 가연물에 국한되어 자유연소가 이루어진다. 외기의 공급이 없더라도 발화지점 부근은 주어진 공기에 의해 충분히 연소가 이루어지는 것이 일반적인 현상으로 연료 자체에 의존하여 연소하는데 이를 연료지배형 화재라고 한다. 그러나 발열량이 증가하면 대류작용이 활발하게 진행되어 구획실 안에 제한된 공기는 소모되고 연소반응은 더디게 진행된다. 화재 초기에는 온도가 높지 않아 복사열 전달은 크지 않으며 열기류가 부드러운 층류를 형성하고 있는 경우가 많아 연료에 의해 지배되는 형태를 보인다. 구획실에서 초기 성장단계 및 감쇠기에는 연료에 의해 좌우된다.

⑧ 환기지배형 화재(ventilation controlled fire)

화재가 성장하여 플래시오버 이후 단계에 접어들면 가연성 증기는 발생하지만 공기의 대부분을 소모시켜 화재실 내부는 환기량이 부족한 상태에 빠지게 된다. 화재실 내부는 불완전 연소를 일으켜 미연소 가스나 연기의 발생량이 증가하는데 이때 외기가 적절하게 유입되어 순환된다면 화재는 다시 탄력을 받아 성장하게 된다. 이처럼 외부로부터 공기의 공급여부에 따라 연소형태가 발달하는 것을 환기지배형 화재라고 한다. 연료지배형 화재와 달리 열기류의 흐름이 빠르며 세차게 요동치는 난류 형태로 바뀌는 특징이 있다. 최성기는 연료지배형에서 환기지배형으로 전환되는 시기로 화세는 걷잡을 수 없이 성장할 수 있는데 공기의 유입은 출입구의 크기와 형태에 의해 좌우되며 외기의 양에 의존한다.

⑨ 화재 하중(fuel load)

가연물이 많고 발열량이 클수록 화재강도 또한 커질 수밖에 없고 화재진압시간은 장시간 소요되며 구조물의 균열과 붕괴 등을 초래할 수 있다. 화재가 발생하면 연기에 의해 가시거리가 짧아지고 주어진 화재 하중에 따라 피해면적도 확산될 수밖에 없는 상황임을 고려하면 가

Chapter 01
Chapter 02
Chapter 03
Chapter 04
Chapter 05
Chapter 06
Chapter 07
Chapter 08
Chapter 09
Chapter 10
Chapter 11
Chapter 12
Chapter 13

연물의 비중이 크게 작용한다고 볼 수 있다. 화재 하중이란 구획실 내 예상 최대 가연물질의 양을 표현한 것으로 바닥면적(m^2)에 대한 등가 가연물의 값을 말한다. 가연물의 특성치는 매우 다양하여 연소 시 발열량도 다르기 때문에 실제로 존재하는 가연물을 그에 상응하는 등가 목재중량을 이용하여 산정한다. 화재 하중은 화재 규모를 판단하는 척도로써 가연물 하중이라고도 한다.

$$\text{화재 하중} Q(\text{kg/m}^2) = \frac{\sum GH_1}{HA} = \frac{\sum Q_1}{4,500A}$$

Q : 화재 하중(kg/m²) A : 바닥 면적(m²)

H : 목재의 단위 발열량(4,500kcal/kg) G : 모든 가연물의 양(kg)

H_1 : 가연물의 단위 발열량(kcal/kg) Q_1 : 모든 가연물의 발열량(kcal/kg)

CHAPTER 05

화재조사의 순차적 체계

The technique for fire investigation identification

CHAPTER
05

화재조사의 순차적 체계

The technique for fire investigation identification

과학적 방법의 사용

화재조사관들이 갖춰야 하는 가장 강력한 무기는 과학적 방법의 적용이다. 부실한 무기로는 적을 제압할 수 없듯이 연소현상을 바탕으로 수집된 증거를 합리적·논리적·과학적으로 결론을 이끌어내는 지름길은 과학적 방법의 사용에 달려 있다고 해도 과언은 아닐 것이다. 과학적 방법은 화재조사관들이 사용하고 있는 논리적 접근방식으로 발화원 및 연소 확대된 과정의 전반에 대해 사실 여부 또는 가능성 정도를 판단할 수 있게 해 주는 체계적인 접근방법이다. 기본 개념은 수집된 데이터를 바탕으로 가설을 세우고 수집된 정보마다 개별적인 검증을 통해 결론을 이끌어내는 데 있다. 수립된 가설이 사실과 일치하지 않거나 논리적으로 합당하지 않으면 성립할 수 없으므로 과학적 방법은 화재현장에서 발화원과 화재원인의 결정, 증거물 분석 및 사건의 재구성을 위해 가장 좋은 방법으로 쓰인다. 이 방법은 화재조사관들의 생각뿐만 아니라 최종적으로 관련분야 전문가의 의견이나 반론까지 모아서 합당한 결론에 도달할 때까지 다양한 가설을 조사하는 방식을 취한다. 수집된 데이터는 누락 없이 모두 적용시켜 검증하여야 하며 편견이나 치우침이 없어야 한다. 과학적 방법의 원리를 모르거나 무시한 채 화재조사를 하는 것은 마치 설명서(manual)를 읽지 않고 제품을 사용하는 것과 같아서 오류가 발생하면 돌이킬 수 없는 결과를 낳을 수 있다.

1 과학적 방법의 절차

과학적 방법은 7단계로 나누어 반복적으로 행해지며 화재원인 규명을 위해 데이터 수집 및 데이터 분석과 가설을 설정하는데 적용된다. 이 과정은 체계적인 방법을 수립하여 가설을 검증함으로써 문제를 해결하는 방식을 추구한다.

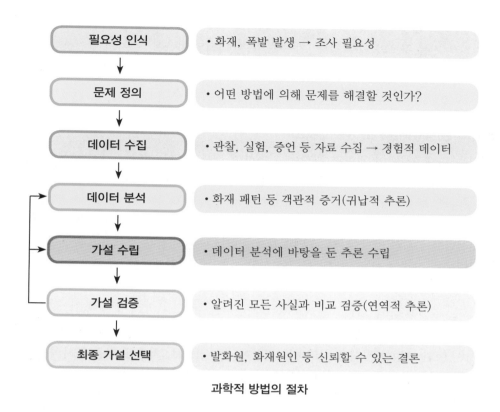

과학적 방법의 절차

(1) 필요성 인식(recognize the need)

화재현장에서 초동 조치의 가장 중요한 점은 완벽한 조사가 전개될 수 있도록 현장을 보존하는 일에 있다. 초기에 화재현장을 관계인 또는 관계기관에게 알린 후 화재조사관은 가능한 한 빠른 시간에 조사에 필요한 인원과 장비를 결정하고 현장조사를 진행하여야 한다. 이러한 결정은 발화원과 화재원인을 결정하는데 필요하기도 하지만 향후 화재와 폭발, 인명피해 방지에 대한 새로운 전략 수립을 위해서도 절대적으로 요구되는 사항이다. 이 단계는 기왕에 화재가 발생했으나 화재원인을 알 수 없어 화재를 규명하고자 하는 필요성이 제기되는 단계이다.

(2) 문제 정의(define the problem)

어떤 방법으로 문제를 해결할 것인지 결정하는 단계이다. 이 단계는 화재의 원인과 성격을 밝히는데 초점을 두고 있을 뿐만 아니라 증거 보호, 목격자 진술, 예비조사 결과와 피해조사서 등 문서를 검토할 수 있는 기본책임과 권한 있는 책임자를 결정하는 것을 포함할 수 있다.

(3) 데이터 수집(collect data)

데이터는 사건에 관한 사실적 정보를 직접 관찰했거나 측정한 것으로 사진촬영, 증거 수집, 실험 및 사례 분석, 목격자 증언 등이 해당된다. 수집된 데이터는 관찰 또는 경험을 토대로 한 것이 많아 이것을 경험적 데이터라고도 한다. 수집된 모든 데이터는 법적으로 어떻게 획득

119

한 것인지 검증의 대상으로 증거에 무결성이 유지되어야 하고 신뢰성 및 권위가 있어야 한다. 데이터 수집은 건물 구조와 입주 상태, 가연물 하중, 퇴적된 잔해물, 증거의 발견상황, 화재 패턴(열과 연기), 탄화심도, 아크매핑조사지점 등 현장 상황과 밀접하게 관련된 것이 모두 해당된다.

(4) 데이터 분석(analyze the data)

데이터는 화재조사관이 과학적 관찰에 기초하여 결론을 만들어낸 귀납적 추론(inductive reasoning)을 이용하여 분석한다. 데이터 분석은 화재조사관이 자신의 지식 정도와 화재조사 교육이나 훈련을 받은 수준, 데이터 전체를 평가할 수 있는 능력 등 경험에 의존하는 측면이 많다. 주관적인 분석 접근방법은 유사 화재사례를 경험한 지식, 교육훈련 및 화재역학에 대한 이해와 화재실험을 실시한 경험, 다른 사람이 실시한 실험 데이터 등을 검색하여 활용할 수 있다. 평가 데이터에는 화재 손상도, 열 및 화염의 방향, 아크매핑, 화재공학, 모델링 분석도구 등을 포함한다.

(5) 가설 수립(develop a working hypothesis)

가설이란 어떤 특정한 사실을 설명하는 짐작이나 추정으로, 차후에 있을 조사의 기반으로 사용되며 증명되거나 검증할 수 있는 것을 말한다. 수집된 데이터를 검증할 수 없다면 가설로 쓰일 수 없다. 데이터 분석을 기반으로 화재조사관은 현장을 관찰하고 물리적 증거, 목격자의 증언 등이 발화지점과 화재원인, 연소 확대된 관계를 설명하는데 일치하는지 잠정적인 가설을 수립하는데 사용하여야 한다. 가설은 불꽃의 높이 또는 가연물 하중, 점화원의 위치, 방의 크기, 열리거나 닫혀있는 출입문과 창문의 영향 등 화재의 메커니즘과 수학적 관계 등을 다룰 수 있어야 한다.

(6) 가설 검증(test the working hypothesis)

가설 검증은 연역적 추론(deductive reasoning)에 입각하여 이전부터 알려진 사실에 기초하여 종합적인 판단을 하는 과정이다. 연역적 추론은 이전에 알려진 다른 모든 사실과 화재 피해 내역, 화재를 일으킨 제품의 성능시험 성적서, 신뢰할 수 있는 연구논문, 실험 등을 비교하기도 한다. 화재나 폭발이 발생한 원인조사를 위해 추가로 데이터를 수집하거나 분석을 권장하기도 하며 목격자로부터 새로운 정보를 찾아낼 수 있는 가설을 개발하거나 수정하는데 가설 검증이 사용된다. 따라서 새로운 가설은 추가될 수도 있고, 모순이 없어질 때까지 과학적 방법의 (4), (5), (6) 단계를 쌍방향으로 반복하여야 한다. 가설 검증의 중요한 기능은 테스트할 수 있는 대체 가설을 만드는 것에 있다. 대체 가설이 기존의 가설과 대립하는 경우 그 평가는 화재조사관이 해결해야 할 과제로 남는다. 엄격하게 모든 가설들을 테스트하여 최종적으로 배제할 수 없는 가설은 끝까지 가능성이 있는 것으로 생각해 보아야 한다. 예를 들어 사람이 건물을 빠져 나간 후 불과 10분 만에 화재가 발생했다면 방화를 배제하기 곤란하므로 증거수집과 입증에 주력하여야 한다. 화재조사에 사용되는 과학적인 방법은 다른 분야에서 사용되는 방법과 근본적으로 차이가 있다. 왜냐하면 화재의 경우 최종 가설과 비슷한지 여부를 확인하기 위해 건물이나 차량, 임야 등을 실제로 연소시켜 테스트할 수 없는 한계가 있기 때문이다. 따라서 화재조사관들은 충분히 신뢰할 수 있는 데이터를 수집하고 화염의 성장 및 확산 등 기본적인 지표들에 대해 안정적으로 분석할 수 있는 방법을 시도하여야 한다. 설정된 가설은 검증 가능해야(testable) 하지만 틀릴 수도 있다(falsifiable)는 점을 염두에 두고 다각도로 검증하여야 한다. 가설 검증의 최종 결과는 모든 데이터를 사용하여 수립된 가설 중 타당성이 없는 것을 배제하고 유용한 데이터를 선택하는 데 있다.

(7) 최종 가설 선택(select the final hypothesis)

최종 가설에 대한 화재조사관의 의견은 사실과 논리를 기반으로 한 신념이나 판단이지만 그것이 언제나 절대적인 증거라고 하기 어려울 수 있다. 가설은 증거조사를 통해 확인된 사실과 일치할 때 비로소 최종 가설이 되며 공식적인 결론이나 의견으로 채택될 수 있기 때문이다. 화재조사관은 수집된 모든 데이터를 사용하여 오차가 거의 없는 최종 가설을 만들어내야 한다. 주의할 점은 화재조사관이 사전에 생각하고 있는 결론과 일치하는 데이터만 선별적으로 사용하지 않아야 한다.

② 과학적 방법의 신뢰수준

발화지점과 화재원인의 결정은 화재조사관들이 화재확산 경로를 추적하는데 과학적 원리와 지식을 적용하여 선정한다. 이 과정은 종종 '과학적 확실성의 합리적인 정도(reasonable degree of scientific certainty)'라고 표현하고 있다. 화재나 폭발의 원인에 대해 가설을 검증할 때 설정된 하나의 가설만 믿을 수 있는 데이터와 일치하고 남아있는 다른 데이터들을 확실하게 배제할 수 있다면 그 가설은 사용 가능한 데이터로써 과학적 타당성을 부여할 수 있을 것이다. 그러나 설정된 가설도 기존의 가설을 뒤집을 수 있는 새로운 데이터로 등장한다면 지금까지 이룩한 모든 과학적 결론은 다시 재평가되어야 한다. 대표적인 사례를 살펴보자. 과거 수십 년 전 언론보도 기사에 의하면 담뱃불이 가솔린 유증기에 착화되어 주유소에서 화재가 발생했다는 보도를 내면서 전 국민에게 불조심의 경각심을 촉구하는 보도가 심심찮게 올라오던 시절이 있었다. 그러나 오늘날 담뱃불은 훈소의 일종으로 가솔린 유증기에 착화될 수 없다는 것이 실험을 통해 입증되어 이전의 데이터가 잘못된 것임을 확인시켰다. 더욱이 알코올, 등유에도 담뱃불로는 착화될 수 없다는 원리를 화재조사관 다수가 알게 된 것이다. 거듭 말하지만 데이터의 신뢰수준은 증명될 수 있거나 검증이 뒷받침될 수 있어야 한다. 만약 화재나 폭발의 발생지점과 원인에 대해 두 개 이상의 가설이 충돌하는 경우 '가능'과 '의심'의 정도를 확실하게 증명하거나 설명할 수 있어야 하며 이것이 가능하지 않다면 '원인 미상'으로 결론을 내릴 수밖에 없다.

③ 오류를 최소화하는 방법

화재조사는 과학적 방법을 사용하더라도 일정부분 주관적 판단이 불가피하게 개입할 수밖에 없는 자연과학이다. 주관적 판단이 개입하는 부분의 문제해결 능력은 부분과 전체를 함께 볼 수 있는 시스템적 사고가 요구되는데, 제한된 단편적인 정보가 마치 전체를 구성하는 것처럼 판단하는 경우 오류가 발생할 수 있다. 모든 사고(thinking)는 수집된 정보를 바탕으로 우선 무엇인가 방향을 설정해야 하는 것이 가설 설정의 착수 단계이다. 가설은 검증을 통해 타당한 것으로 인정될 수 있어야 하며 만약 설정된 가설이 논리적으로 설명이 어려워 일정한 한계를 벗어나면 배제시켜야 한다. 화재조사관들이 합리적 판단에 기초하여 주관적 요소를 최소화하는 것은 개인의 경험과 지식의 정도도 중요하지만 타인의 견해를 비롯하여 다양한 가설을 놓치지 않고 검증하려는 철저한 의식과 개방적인 마음자세에 달려있다. 사람들은 어떤 문제에 직면하면 타당성을 철저하게 검토해 보지도 않고 개인의 원칙이나 믿음, 신조 등을 먼저 채용하려는 마음이 앞서는 경우가 있다. 그렇다보니 어떤 문제가 거짓이거나 또는 의문의 여지가 충분히 있다는 것을 발견했어도 오랫동안 품어온 자신의 생각을 버리지 못하고 지키려고 한다. 가령 자신의 의견과 일치하는 데이터나 증거에는 관심을 쏟지만 반대로 자신의 생각과 다른 반증자료는 왜곡하거나 가볍게 보아넘기며 등을 돌린다. 화재조사관들은 새로운 사실에 대해 자신의 생각을 바꾸거나 포기할 수 있는 준비도 필요하며 발상의 전환에도 전문가가 되어야 한다. 자신의 믿음을 방어하는 것보다 믿음을 개선하는 것이 더 중요할 수 있다. 바꾸어 말하면 자신의 가설을 관철시키는 방법보다는 상대방의 가설이 틀렸다는 것을 증명할 수 있는 자세가 더욱 중요하다는 것이다.

과학(science)과 사이비 과학(pseudo science)은 구별되어야 한다. 과학은 어떤 현상에 대한 인과관계를 이끌어내기 위해 관찰과 실험을 결합시킨 강력한 방법을 사용한다. 실험을 반복적으로 실시하여 동일한 결과를 얻었을 때와 객관적인 증거를 획득했을 때만이 과학적 타당성을 인정받을 수 있다. 그러나 사이비 과학은 결과를 설명하고 예측할 수 있는 과학의 힘을 주장하지만 세세한 과학적 방법에 근거를 두지 않고 주관적인 증거를 앞세운다. 인과관계를 그럴듯하게 주장하지만 상세한 논리적 관계는 제시하지 못한다. 소위 닫혀있는 자신의 생각이 검증된 과학인 양 논리를 펼친다며 날갯짓을 하지만 남들이 볼 때는 날갯짓이 아니라 고립된 미신에 빠져 허우적대며 발버둥치는 꼴에 지나지 않는다. 사이비 과학의 위험성은 사실이 아닌 것을 믿도록 하거나 알지 못하는 것을 마치 알고 있는 것처럼 생각하게 하는 데 있다. 가설을 검증할 수 없다면 그 순간부터 더 이상 과학이라고 부르기 어렵다.

(1) Fact Base 사고

Fact Base 사고는 문제해결을 위한 방법론 가운데 한 가지 방식으로 있는 그대로 사실에 기초하여 받아들이는 사고이다. 편견이나 선입견이 없고 과거 경험한 사례 등에 너무 집착하지 않으며 철저하게 사실을 근거로 문제를 직시하여 바라보는 것이 핵심이다. 현장만큼 확실한 증거는 없으며 필요한 정보와 증거는 주관적인 판단을 배제(zero-base)한 채 현장에서 찾아야 한다. 가설은 화재현장 상황에 따라 많을 수도 있고 매우 빈약할 수도 있다. 또한 가설 자체를 세우기 어려울 수도 있다. 그렇다면 사실적 기초 위에 관찰하고 경험한 것을 기록하는 것이 중요하다. 목격자가 없고 연소가 심해 남아있는 잔해물이 거의 없다면 가설을 세우기 어렵지만 쉽게 포기하지 않도록 한다. Fact Base 사고의 핵심은 팩트 체킹(fact checking)에 있다.

(2) MECE(Mutually Exclusive and Collectively Exhaustive)

MECE란 서로 중복되거나 누락 없이 개별적인 각각의 합이 일체가 되도록 하여 온전하게 전체를 완성한다는 개념으로 경영학에서 많이 사용되는 용어이다. 화재조사관들의 개별적인 생각이나 사고만 가지고는 전체를 조합하기 어렵다. 수집된 정보는 누군가에 의해 전체를 이루었을 때 진가를 발휘할 수 있다. 단편적인 정보를 가지고 전체를 평가할 수 없으며 각각의 정보가 무수히 많더라도 낱개의 정보로만 존재한다면 전체적인 논리를 만들어 낼 수 없기 때문이다. 전체적인 상황을 파악하지 못한다면 효과적인 대책이나 가설을 이끌어 낼 수 없다.

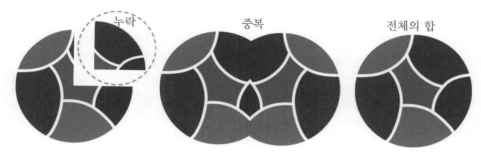

증거와 정보의 조합은 중복이나 누락이 없어야 한다.

Step 02 감식과 감정

1 감식(identification)

감식이란 사물의 가치나 진위를 파악하는 것으로 화재조사 보고규정에서는 '화재원인의 판정을 위하여 전문적인 지식, 기술 및 경험을 활용하여 주로 시각에 의한 종합적인 판단으로 구체적인 사실관계를 명확하게 규명하는 것'으로 정의되어 있다. 감식은 사물의 형태를 보고 연소학적으로 발화 가능성 및 연소 확대된 상관관계를 사실관계에 맞추어 밝혀내는 일련의 과정으로 요약된다. 사회과학 및 자연과학적 분야에 풍부한 전문적 지식을 바탕으로 물질의 상태를 시간적, 공간적으로 해석하여 화재현상을 입증해 내는 것이며 화재원인을 규명하는 핵심적 내용을 의미하고 있다. 감식은 시각에 의한 종합적인 판단이므로 화재현장을 떠나서 성립하기 어렵다. 물질의 기초 특성과 화재역학에 관한 전문적인 지식을 갖추고 현장을 바라보는 안목이 필요하며 여기에 풍부한 경험적 측면이 가미될 때 비로소 논리적 기반이 성립할 것이다. 감식은 사실의 전후 관계를 이론과 경험칙을 활용하여 논증적으로 완성시키는 과정이다.

② 감정(appraisal)

감정이란 '화재와 관계되는 물건의 형상·구조·재질·성분·성질 등 이와 관련된 모든 현상에 대하여 과학적 방법에 의한 필요한 실험을 행하고 그 결과를 근거로 화재원인을 밝히는 자료를 얻는 것'으로 화재조사 보고규정에 정의되어 있다. 감식과 감정은 실무상으로도 구분되고 있는데 감식의 내용이 지식과 경험을 토대로 화재현장 전반에 대한 종합적인 판단을 이끌어내는 과정이라면 감정은 사람의 감각으로 식별이 곤란해 실험·분석을 통해 좀 더 과학적인 방법을 적용시켜 성분과 재질, 특성 등을 밝혀내는 절차라고 할 수 있다.

감식활동에서 얻어진 자료를 감정과정까지 거쳐 최종적인 결론을 이끌어 내는 과정이 일반적인 조사 절차이며 감정결과는 감식결과를 더욱 구체화시켜주는 버팀목으로 작용하기도 한다. 그러나 감식결과가 감정으로 연결될 필요 없이 화재현장에서 바로 명확하게 원인이 밝혀지는 경우도 많기 때문에 양자의 관계는 원칙적으로 불가분의 관계지만 필요에 따라 감정결과가 생략되기도 한다. 감식의 한계로는 발화원의 특성에 대해 성분·재질·결합구조 등을 과학적 방법으로 현장에서 확인하기 어렵다는 점이며 감정은 화재현장 전반에 대한 사항을 배제한 채 사물의 개별적인 특성에 주력하여 이루어진다는 점에 한계가 있어 서로 보완적 관계를 유지할 수밖에 없다.

〔표 5-1〕 감식과 감정의 차이점

감식(Identification)	• 화재현장 전반에 관한 종합적이고 폭넓은 현장조사 행위 • 화재현상을 기술적·경험적 관점에서 파악(거시적)
감정(Appraisal)	• 물건의 형상, 구조, 재질 등에 대한 과학적 실험·분석 • 발화원에 대한 개별적인 특성 포착·분석(미시적)

이론적으로 감식과 감정은 구분되고 있으나 실무에서는 감식과 감정의 경계가 불분명한 경우도 있다. 특정 감정기관에서 화재현장 전체를 휘저으며 주도적으로 감식하는 경우를 종종 목격한 적이 있었다. 궁금한 것은 어째서 감정기관이 현장까지 통째로 조사하는 것이 가능한 것일까 의문이 들었다. 알아본 결과 그 감정기관이 화재현장 전체를 통째로 감정의뢰 받았기 때문이라는 답변이 돌아왔다. 화재현장 전체를 조사하는 행위를 감정으로 볼 수 있는지 의문이 아닐 수 없으며 감정기관에서 감식까지 행한 것이라고 말해도 무리는 없어 보인다. 그렇다면 실무적으로 감식과 감정의 경계선은 없는 것인가? 중국에서는 현장감식에 참여한 인원은 감정과정에 절대 참여할 수 없도록 못 박고 있다. 객관성과 신뢰성을 확보한다는 차원에서 분리

를 하고 있는 시스템에 화재조사관들도 이론(異論)이 없다고 한다. 감식과 감정은 뚜렷이 구분되는 전문영역으로 서로 존중되어야 한다. 감식과 감정의 구분 없이 특정 기관에서 통합적으로 감식과 감정이 행해지는 방식은 실무에서도 구분되어야 한다.

3 감식 방법

감식방법은 화재조사관의 개인적 능력과 경험에 의존하는 주관적 요소가 내포되어 있지만 발화에서부터 연소과정에 이르기까지 전 과정을 과학적으로 객관화하여 하나의 논리로 완성시키는 과정이다. 따라서 화재원인에 대한 모든 가능성을 열어 놓아야 하며 주관적 선입견을 가급적 경계하여 보고, 느끼고, 확인된 사실 하나하나에 주목하여 접근하려는 지혜와 노력이 필요하다. 증거물이 남지 않는 발화원의 잔해가 배제된 경우 논리적 기반을 더욱 강화시켜야 하는데 담뱃불, 낙뢰, 정전기 등으로 화재가 발생한 경우 문제가 될 수 있다. 감식 방법은 발화원에 대한 폭 넓은 이해를 필요로 하며 시각 및 후각과 경험칙을 종합하여 다양한 방법으로 조사가 전개되어야 한다.

(1) 시각에 의한 감식

연소가 개시되어 진행되는 상황에서부터 사상자의 발견 지점, 연기와 불꽃의 출화 방향 등 시시각각 전개되는 모든 상황 판단은 시각적 감식의 전제 요건이다. 발화장소뿐만 아니라 각 방면별로 돌아가며 건물 형태를 확인하고 건물 전체를 조망할 수 있는 안목과 식견이 핵심적 사항이다. 흔히 현장에서 '불을 읽어라(reading fire)'라는 말은 시각에 의한 종합적 판단을 강조하는 것을 의미한다.

(2) 촉각에 의한 감식

탄화물의 재질, 강도, 성분 등 잔존물에 대한 확인을 촉각으로 느껴 판단하는 방법이다. 탄화수소 계열의 석유류 제품은 타거나 녹아서 소실되면 형태를 구분하기 어려울 수 있어 직접 손으로 만져서 재질과 형태를 확인하는 경우가 있다. 목재의 탄화심도 측정법은 촉각을 이용한 대표적인 방법이며 물체의 성질에 따라 부스러지거나 깨져버릴 우려가 있으므로 각별히 주의를 필요로 한다. 인화성 액체의 성상 또는 물과 혼합된 석유류 물질의 점성이나 윤활 정도를 촉감으로 판별하기 위한 감식 방법으로도 이용되는데 화재현장에 남아 있는 위험물질은 피부와 접촉할 경우 쉽게 화상을 초래하거나 피부손상을 일으키는 물질도 많기 때문에 나무 막대기를 이용하여 점성을 판단하거나 유류채취기 등을 이용하는 방법을 선택하기도 한다.

(3) 후각에 의한 감식

인화성 물질이 살포된 현장은 화재진압 과정에서 냄새 확인이 가능하기 때문에 발화지점에 남겨진 유류가 포착되는 경우가 있다. 시간이 지나면서 석유류 물질은 빠르게 연소되고 일산화탄소 등 생성된 가스와 희석되거나 증발할 수 있으므로 초기 연소상황 포착이 중요한 작용을 한다.

(4) 경험과 실험 · 연구 응용에 의한 감식

풍부한 현장경험을 바탕으로 이론과 실무를 접목시켜 사실적 판단을 내리는 방법이다. 이론과 경험 중 어느 것의 비중이 큰 것인지 우선순위를 단언하기 매우 어렵지만 화재현장을 바라보는 안목은 다양한 현장경험을 통해 축적될 수밖에 없는 부분이 많다. 연기의 발생량과 농도, 화세의 전개 방향 등으로 화재의 규모를 직감적으로 판단하여 읽어낼 줄 아는 것은 경험칙에 의존한 것이며 이에 따라 화재 성격의 판단을 가늠할 수 있다. 현장에서 쌓은 경험은 지금까지 알려진 실험결과나 연구 성과물과 대입시켜 응용하기도 하는데 담뱃불이 도시가스나 가솔린을 착화시키지 못하는 것과 다리미에 옷감류가 착화되지 않는다는 실험결과 등은 좋은 응용 사례이다. 경험칙과 입증된 실험 · 연구결과의 응용은 오류를 최소화할 수 있는 방법으로 작용할 수 있다.

4 감식 한계

첫째, 가연 물질의 탄화, 소실로 잔유물이 거의 남지 않는다는 점이다. 불이 활성화된 상태로 외부로 출화하면 옥내로 유입되는 공기의 양은 더욱 활발하게 촉진되며 주변 건물로 비화의 우려까지 높아지기 마련이다. 풍속이 커지면 연소속도가 가속화되고 화재온도는 1,000℃ 이상까지 상승하여 구조물의 형체가 붕괴되는 위험상황까지 초래한다. 벽과 기둥 그리고 천장이 도괴되면 잔유물은 거의 남지 않게 되고 바닥면만 평면적으로 남게 되어 연소의 방향성이나 구조물의 형태를 가늠하기도 어렵게 되는 경우가 있다. 이러한 상황에 이르게 되면 미로 속을 헤매듯이 화재조사는 장시간 지속될 수밖에 없게 된다. 대부분의 화재가 추정으로 조사되는 경우는 이러한 연유에 기인한다.

둘째, 소화활동이나 인명구조 등에 의한 파괴, 이동 등으로 현장 상황이 변형된다는 점이다. 화염에 의해 천장면에 착화되면 불가피하게 천장재를 뜯어내거나 물의 침투가 곤란한 지역은 파괴 기구를 이용한 파헤침으로 의자, 소파, 탁자 등 집기류의 이동이 따를 수밖에 없다. 연소방지를 위해 물품이 밖으로 던져지는 경우도 있기에 구조물의 형태를 따져 수납물이 있었던 장소와 공간적 분화는 어떻게 되어 있었는지 사전 조사가 필요하게 된다.

셋째, 관계자를 포함하여 외부인의 출입이 잦으면 현장훼손이 가중되고 도난 우려 등으로 현장이 왜곡될 수 있는 점이다. 화재발생 후 통제선을 설치했다 하더라도 완벽한 현장 보존은 현실적으로 어려움이 많다. 관계자가 쓸만한 물품을 추려내기 위해 출입하다 보면 아무 생각 없이 이리저리 물품을 밟고 다니는 경우가 있고, 야간에 노숙자가 잠시 머무르는 경우도 있으며, 현장 주변에 산재한 물건들을 재활용업자들이 임의로 가져가는 현상도 발생하고 있다. 특히 화재현장에 몰래 침입하여 절도행각이 벌어지거나 발화부 주변을 고의적으로 훼손시킨 경우 증거확보에 어려움이 따른다. 이처럼 화재현장은 화재가 종료된 후에도 의외의 변수들이 작용할 수 있으므로 섣부른 판단으로 오류를 범할 가능성을 항상 염두에 두고 조사를 진행하여야 한다.

Step 03 정보 수집과 기록

① 정보의 수집 방법

화재조사의 첫걸음은 정보 수집에서 출발한다. 목격자 등으로부터 정확한 정보를 얻어내고자 하는 화재조사관은 뛰어난 대화기술을 필요로 하며 대화를 이끌어가는 방법에도 능숙하여야 한다. 상황에 따라 최적의 시간과 장소를 선택하고 진술기록은 반드시 현장에서 기록하여 보고서 등에 남겨야 한다. 화재현장을 적절하게 묘사한 도면이나 사진 등을 부가적으로 활용할 수도 있다. 목격자 등으로부터 가장 신뢰할 수 있는 정보를 획득할 수 있는 기회는 바로 화재가 발생한 현장일 수밖에 없어 초기 단계에 실시하는 것이 효과적이다. 초기에 기억하고 있는 정보는 비교적 구체적이며 정보량이 많기 때문이다. 그러나 일부 목격자들은 현장을 벗어나려고 하거나 화재조사관들의 질문에 선뜻 답하려 하지 않는 경향도 있다. 자신들의 책임소재와 실수나 부주의 등을 인정하고 싶지 않은 심리가 깔려 있고 피고용인들은 해고를 두려워 할 수 있기 때문이다. 인터뷰를 할 때 관계자 등의 신분확인도 필수적으로 기록하여야 한다. 인터뷰한 날짜, 시간, 장소 및 인터뷰 당시 입회했던 사람 등도 포함시켜 기록한다면 더욱 신뢰할 수 있는 증빙자료가 될 수 있다. 정보의 수집은 관계자 등을 비롯하여 소방관, 소방시설 등 기계적인 작동 상황 및 경찰, 보험사 등을 포함할 수 있다.

(1) 1차 정보 수집

소방이 단독으로 현장에 도착한 후 화재진압을 할 때 획득할 수 있는 정보를 말한다. 이 시기의 정보는 가장 신뢰할 수 있으며 가치가 높다. 화염이 가장 활발하게 일어나는 지점과 개구부의 개폐 상황, 최초 진입한 소방관의 활동과 소방시설의 작동 여부, 사상자의 발생 여부와 그 경위 파악 등이 이 시기에 이루어진다.

(2) 2차 정보 수집

1차 정보 수집 단계에서 획득한 정보를 확인하거나 추가 정보에 대한 사실 여부를 확인하는 단계로 화재진압이 끝난 이후 발굴 등 본격 조사 단계로 접어든 시기를 말한다. 화재발생 당시 상황실로 접수된 신고자의 통화내용 확인이나 화재현장 내부로 진입하여 화재로 소손된 물체의 확인 등이 포함될 수 있다.

② 정보의 수집 대상

(1) 관계자 등 조사

화재조사는 연소된 화재현장에 대한 대물적 조사가 원칙이지만 보충적으로 대인적 조사를 필요로 한다. 질문조사는 가능한 한 화재현장에서 바로 이루어지도록 하여 적시에 정확한 정보 수집이 이루어져야 한다. 질문의 목적은 신뢰할 수 있는 유용한 정보를 확보하여 화재원인 또는 연소 확대된 경위를 밝힐 수 있도록 직·간접적 자료로 활용하기 위함에 있다. 관계자 등에 대한 조사는 현장에서 구두(verbally)조사가 주류를 이루고 있지만 서류나 문서의 열람, 폐쇄회로 카메라 등 영상기록 등도 포함될 수 있다. 화재현장은 전쟁터를 방불케 할 정도로 참혹하게 손상된 경우가 많고 이를 목격한 사람들은 정신적 쇼크로 인해 원만한 조사를 진행하기 어려운 경우도 많은데 이러한 경우에는 화재현장으로부터 격리된 장소로 이동하여 마음의 안정을 취할 수 있도록 배려한 다음 요령 있게 진술을 얻어 내도록 한다. 대인적 조사는 가급적 현장에 있는 다수의 관계자로부터 정보 수집이 필요하며 확인되지 않거나 소문에 의한 내용까지 포함시켜서 광범위하게 정보를 수집하고 차근차근 확인해가는 절차를 통해 수집된 정보에 대한 평가를 하여야 한다. 면담을 통해 입수한 정보는 그 진위(眞僞)에 관계없이 모두 문서화해둘 필요성이 있다. 대인적 질문조사가 마무리되면 관계자에게 내용을 보여주거나 구두로 반복 설명을 해 주면서 서명을 받아놓을 필요가 있는데 이는 자료의 가치로써 신뢰성을 부여하기 위함이다. 진술조사는 상대방의 동의를 얻은 임의적 형식을 취하지만 너무 진술에만 의존하려는 자세는 경계하여야 한다. 방·실화의 대다수가 인간의 행위가 개입되어 발생한다는 측면에서 보면 자신들의 범의(criminal intent)나 과실을 축소 또는 은폐하려는 의도가 다분히 숨어 있을 수 있기 때문이다. 질문조사를 할 때 개인의 인권과 사생활은 보장되어야 하고 화재조사를 수행하면서 알게 된 사실을 함부로 누설하지 않아야 한다.

1) 관계자 등에 대한 정보 수집 내용

- 관계자 인적 사항(성명, 주소, 나이, 직업 등)
- 화재를 최초로 목격한 장소와 시간
- 화재를 발견할 당시 위치, 냄새, 소리, 피부로 느낀 정도
- 무엇이 불에 타고 있었는지, 불길과 연기의 크기 및 확산속도
- 출입문의 위치와 상태(개방 또는 폐쇄 여부와 파손되었는지 등)
- 화재발견 후 취한 행동(119신고, 소화 행위 등)과 다른 사람들의 행동과 위치
- 소방시설의 작동 및 인지 여부

2) 질문조사 시 주의할 점

- 개인의 인권과 사생활이 침해받지 않도록 할 것
- 어느 한 쪽으로 편중된 의사표현을 삼가고 중립적 입장을 취할 것
- 질문은 간결하게 하고 많은 이야기를 할 수 있도록 상대방을 배려할 것

Chapter
01

Chapter
02

Chapter
03

Chapter
04

Chapter
05

Chapter
06

Chapter
07

Chapter
08

Chapter
09

Chapter
10

Chapter
11

Chapter
12

Chapter
13

- 상대방의 감정과 기분을 증폭시키는 질문을 삼갈 것
- 화재와 이해관계에 있는 제3자 등 다수인을 상대로 한 질문은 피하고 개별적 질문을 통해 자료를 수집할 것
- 어린이나 노약자 등에 대한 질문 시 보호자 또는 후견인의 입회가 가능하도록 하여 신뢰감을 확보할 것

(2) 소방관들로부터 정보 수집

화재진압 활동에 직접 참여한 소방관들로부터 정보 확인은 필수적이다. 무엇보다 선착대의 활동상황 청취는 발화원인과 사상자의 발생경위 등을 조사하는데 결정적인 단서로 작용하는 경우가 많다. 화재실에 제일 먼저 진입한 소방관이나 소방대는 발화가 개시된 위치와 가연물의 종류, 물건의 배치 상태 등에 대해 가장 실체에 가까운 정보를 갖고 있다. 만약 출입문이 잠겨 있었다면 파괴기구를 사용하여 진입을 시도했다는 정보를 접할 수 있고 가연물이 2~3군데 산발적(sporadic)으로 모여 있었다면 일부러 가연물을 모아놓고 불을 질렀다는 범죄 단서를 포착할 수 있다. 특히 화재진압에 참여한 모든 소방관들로부터 정보 수집은 목격자가 없을 때 더욱 유용하며 현장을 재구성하는데 도움이 될 수 있다. 화재진압 과정에서 불가피하게 물건의 이동과 파괴가 이루어졌다면 당초에 물건이 있었던 자리와 이동된 위치에 대한 정보를 확인하여야 하며 전기 스위치의 조작, 가스 용기의 이동 조치, 유리창 또는 천장과 개구부 등을 파괴한 개소 등 화재 이후에 소방관들이 행한 활동을 확보하는 것도 염두에 두어야 한다. 소방관들마다 지니고 있는 각각의 정보가 모여 전체적인 화재성격을 풀어나간 사례를 살펴보자.

세차게 폭우가 쏟아지는 새벽 2시경 주물공장 2층에서 화재가 발생했는데 선착대가 도착했을 때 화재는 이미 성장기를 넘어 최성기로 돌입하는 상황이었다. 특이한 점은 창문이 모두 파괴된 상태였으며 2층에 진입한 소방관에 의해 인화성 액체 냄새가 감지되었다. 건물 후면에서는 또 다른 소방관에 의해 차량이 빠져나간 윤적(tire print)과 후문이 강제로 개방된 상태로 발견되었다. 2층 계단에서는 후착대로 진입하던 소방관에 의해 배척(wrecking bar)이 발견되었다. 화재조사관은 관계자가 화재발생 2시간 전에 모든 작업을 마치고 1시경에 퇴근을 했다는 진술을 확인하였다. 현장에서 확보한 각각의 정보를 수집한 화재조사관은 폭발이 없는 한 화염에 의해 유리창 전체가 깨질 수 없다는 점과 주물공장에서는 인화성 액체를 사용하지 않는다는 것을 수사기관에 제공했다. 나중에 수사기관에 의해 밝혀진 바에 의하면 주물공장에서 해고된 자가 앙심을 품고 후문 잠금장치를 깨고 차량을 이용하여 진입한 후 미리 준비한 배척과 휘발유를 들고 2층으로 올라가 유리창 전체를 깨고 밖에서 안으로 휘발유를 뿌렸다는 것이다. 그후 라이터를 이용해 착화시켰고 2층 계단을 내려오다가 배척을 버렸다는 진술도 확인되었다. 폭우가 쏟아지던 날씨였으므로 소방차의 출동이 평소보다 늦을 것이라는 계산과 인적이 드문 시간을 노렸다는 심리도 분석되었다. 이처럼 소방관들이 제공하는 각각의 정보들을 결합시키면 화재가 발생한 전후 시나리오를 구성하는 데 수고를 덜 수 있다. 목격자가 있다면 소방관들이 제공한 세부적인 정보와 대입시켜 좀 더 정확한 평가를 내릴 수 있다.

소방의 정보에 귀를 기울이지 않은 사례도 살펴보자. 화재 당시 현장에 있지 않았던 조사기

관이 3일 경과 후 현장감식을 목적으로 나왔는데 소방의 1차 화재조사 정보를 배제한 채 조사를 진행하였다. 그 기관은 이리저리 주변을 살펴본 후 뚜렷한 확증도 없이 연소된 현상만 가지고 가장 피해가 심한 지역을 발화지점으로 지목했으며 2시간 가까이 그 지점에서 발굴을 하였다. 사실 그 지역은 소방대 도착 당시에 불도 붙지 않은 지역이었다. 화재현장을 10년 이상 누빈 한 베테랑 변호사는 '소방의 화재조사관이 수집한 정보확인 없이 현장조사를 하는 행위는 맨땅에 헤딩하는 격'이라고 일침을 놓았다. 이미 확인된 정보를 수집하려는 노력이 없다면 좋은 성과를 기대할 수 없는 법이다. 미숙한 상황판단은 첫 단추를 잘못 꿴 것과 같은 오류를 부를 수밖에 없다.

(3) 소방시설조사

소방시설은 관련 법령에 의해 소화설비를 비롯하여 경보설비, 피난설비, 소화용수설비, 소화활동설비로 구분된다. 소화용수설비와 소화활동설비는 주로 소방관들이 사용하는 시설인 반면 소화설비, 경보설비, 피난설비는 화재가 발생한 구역에 있는 관계자들이 가장 먼저 사용할 수 있는 시설이다. 경보설비 작동에 의해 화재발생 사실을 널리 알릴 수 있고 소화설비를 이용하여 화재를 진압하거나 피난설비를 사용하여 안전한 대피가 이루어져야 한다. 화재가 발생했음에도 다수의 사상자가 발생했다면 경보설비는 적절하게 작동이 이루어졌는지 확인이 필요하고 피난설비가 적정하게 설치되어 있음에도 불구하고 부상자가 발생했다면 어떤 원인에 의해 사용하지 못했는지 조사가 진행되어야 한다. 경보설비는 화재 당시 발화구역을 가리킬 수 있고 감지기의 작동은 발화시간과 화재온도를 예측할 수 있는 단서를 남긴다. 더불어 기계적인 결함에 의한 고장과 관리 부실로 인한 기능 정지 등이 확인된다면 인적 부주의 등 화재가 확대된 계기를 파악할 수 있는 정보가 될 수 있다.

(4) 그밖에 유용한 정보

외부인의 출입을 감시하는 CCTV(closed circuit television)는 특정인 외에는 임의로 볼 수 없으므로 기록된 정보가 사건을 해결하는데 결정적인 정보를 줄 수 있다. 보안업체의 감지기는 외부인의 침입정보를 알려줄 뿐만 아니라 화재발생 사실도 즉각 알 수 있어 어느 부분에서 최초로 발화가 이루어졌는지 기록을 통해 확인할 수도 있다. 이러한 기계적인 정보는 가장 신뢰할 수 있는 정보로 위력을 발휘할 수 있다. 경찰, 보험회사 등이 제공해주는 정보도 화재원인을 밝히는데 보완적인 역할을 담당한다. 그밖에 관계자가 보유하고 있는 문서와 도면, 장부 등도 필요하다면 적절하게 이용될 수 있다. 만약 관계자가 보고를 거부하거나 허위자료를 제출하면 소방기본법(제53조 제2호)에 의해 200만 원 이하의 벌금에 처할 수 있다. 화재조사관은 수집한 모든 정보에 대해 정확하게 평가를 하여 정당한 것으로 삼을 수 있어야 한다. 다만 모든 정보를 신뢰할 수 있다고 단정하기 어렵고 저마다 자신의 입장에서만 제공한 단편적인 정보라는 사실도 염두에 두어야 한다. 수집된 정보의 상품가치를 평가하는 것은 화재조사관의 역량에 달려있음을 강조한다.

(5) 목격자의 기억

미국 캘리포니아대학교 심리학과 교수인 스티븐 박사(Steven E. Clark, Ph. D.)는 화재조사에 도움이 될 수 있는 목격자들의 기억에 대해 발표를 한 적이 있었다. 목격자들의 진술증거는 높이 신뢰할 수 있어야 하지만 모든 진술을 완벽하게 믿을 수 있는 경우는 많지 않은데 진술증거의 가치를 높이기 위해서는 목격자들과 인터뷰를 행하는 화재조사관들의 기술과 경험이 중요한 역할을 한다고 강조를 하였다. 사람들의 기억은 일반적으로 입력, 저장, 재생이란 3가지 요소를 가지고 있는데 입력은 보고 들은 모든 것을 저장하지 않고 선택적이어서 일부만 저장하고 다른 부분은 잊혀 버린다. 따라서 목격자들이 어떤 세부적인 사항을 진술하더라도 그들이 모든 것을 보았다는 것은 아니며 심지어 모든 것을 보았다고 하더라도 본 사실들을 모두 기억하는 것을 의미하지 않는다. 결국 현장 정보를 저장해 두더라도 질문을 받았을 때 정확하게 진술을 할 수 있는 것을 보장하기 어렵다는 것이다. 한편 화재조사관들이 목격자들과 인터뷰를 할 때 주의할 점으로 자신의 생각이 담긴 말들을 함부로 하지 않아야 한다는 것이다. 이 말은 화재조사관들이 내뱉은 말 한마디가 엉뚱하게도 정보의 제공자가 될 수도 있다는 것을 경고한 것인데 화재조사관들은 목격자로부터 정보를 얻는 입장이라고 생각하지만 정보의 흐름은 상호작용을 일으켜 목격자들 또한 화재조사관으로부터 정보를 얻을 수 있다는 생각을 지니고 있다는 점이다. 예를 들어 화재조사관이 '다른 사람이 이미 비슷한 말을 하였다' 라거나 '당신이 말한 내용이 맞는 것 같다.'라는 표현을 하면 목격자로 하여금 정당한 것으로 생각하게 만들 수 있으므로 목격자 진술에 맞장구를 치는 피드백[1]을 피해야 한다. 스티븐 박사는 목격자들이 본 것을 처음부터 끝까지 말할 수 있도록 방해하지 말아야 하며 불확실한 증거에 눈을 돌려 확인하고 인터뷰 내용을 빠짐없이 문서로 기록할 것을 덧붙여 주문하였다.

3 정보의 기록 방법

정보를 기록하는 방법에는 노트필기, 스케치, 사진촬영, 영상녹화(녹음 포함) 등이 있다. 노트필기와 스케치는 볼펜이나 연필 등 필기도구를 사용하여 정보를 평면적으로 기록하는 방법이고 사진촬영과 영상녹화는 필름이나 디지털 저장매체(digital storing medium)를 이용하여 입체적으로 자료를 기록하는 방법이다. 어느 방법을 선택하여 기록할 것인가는 화재조사관의 몫이지만 객관적 기록으로 평가될 수 있어야 한다.

(1) 노트필기(note taking)

시험을 잘 보려면 노트정리를 잘해야 한다는 말이 있듯이 보고서를 잘 만들고 싶다면 노트에 기록한 정보가 정확하고 구체적이어야 한다. 노트필기는 조사의 진행순서에 맞춰 작성하면 수월하고 체계적으로 만들 수 있다. 특히 관계자 등의 인터뷰 내용은 정확하게 기술하고 인터뷰가 진행된 시간(예를 들면 12:00~12:15까지 15분간)까지 기록할 수 있도록 한다. 연소물

---

1 피드백(feedback): 진행된 행동이나 반응의 결과를 본인에게 알려 주는 일

이 발견된 지점과 위치 등은 어떤 기준점을 내세워 표현하면 좋다. 예를 들면 '좌측 벽으로부터 10cm 떨어진 바닥면에 있던 손수건 발견'이라는 표현과 '거실 좌측 벽면으로부터 10cm 떨어진 바닥면에 있던 노란색 바탕에 빨간 장미가 그려져 있었고 부분적으로 그을린 손수건 발견'이라는 표현이 있다면 누구나 후자의 문구를 선택하여 사용할 확률이 높을 것이다. 후자는 거실이라는 지점을 표현했고 물체(손수건)의 문양과 오염상태를 나타내 정보의 기록 가치를 높였다.

노트에 기록할 필요가 있는 내용
① 화재가 발생한 대상물의 주소, 관계자 이름, 나이, 직업 등 인적사항
② 발화장소 주변의 건물, 도로, 위치 등 주변 여건
③ 최초 신고자 및 목격자 등과 행한 인터뷰 내용
④ 연소패턴, 물건의 위치, 개구부의 개폐상태, 스위치의 조작상태 등
⑤ 발굴, 복원, 증거물 수집 등 화재조사관이 행한 일련의 과정과 내용들

(2) 스케치(sketch)

스케치란 건물형태나 물체의 모양을 간추려 그린 그림을 말한다. 출입구 및 창문의 크기와 위치, 계단, 화재패턴, 연소 방향성 등을 표현하고자 할 때 현장을 단순화시켜 표현하는데 쓰임이 크다. 현장의 연소상황이나 증거의 위치 등은 사진보다 스케치로 설명하는 것이 더욱 효과적인 경우도 있다. 필요한 부분만 선별할 수 있고 전체를 나타내거나 강조하고 싶은 부분을 쉽게 표현할 수 있기 때문이다. 스케치는 전체 윤곽을 잡아서 주변 건물과의 관계, 도로 형태, 소손상황 등 고정된 물체를 평면도, 단면도, 상세도, 분해도 등으로 특성이 나타나도록 구분하여 작성하기도 한다. 물건의 크기나 방의 면적 등은 축척(scale)을 사용하면 더욱 좋고 스케치를 할 때 제목, 작성 일시, 작성자, 기상상황, 방위 표시(azimuth mark) 등을 함께 기록하도록 한다. 물건의 배열상태 등은 자세하게 기록하는 것이 추후 논쟁을 일으키지 않는다. 중요한 부분은 사진촬영과 병행하여 스케치의 진가를 뒷받침하도록 한다. 폭발에 의해 깨진 유리창과

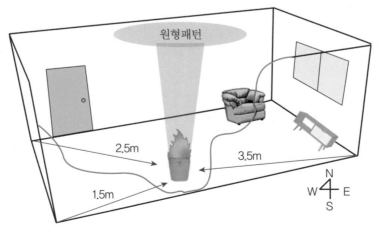

등축도법은 거리와 방향, 천장과 벽의 화재패턴 등을 한 눈에 파악할 수 있도록 도움을 준다.

비산된 파편들의 궤적을 섹터(sector)별로 스케치하면 폭발의 크기와 파편이 날아간 거리 등을 설명하는데 무리가 없다. 실내를 스케치할 때 등축도법(isometrical drawing)을 사용하면 실제 현장처럼 묘사할 수 있다. 등축도법은 실제 건물을 동일하게 축소하여 스케치하는 방법으로 각 방향별로 거리를 쉽게 판단할 수 있도록 기록하는 방식이다. 예를 들면 거실 중앙에 있는 쓰레기통에서 발화된 경우에 동·서·남·북 방위별로 실제 거리를 측정해 기록하고 주변 벽면과 천장에 남겨진 화재 패턴과 물리적 손상형태 등을 함께 나타내는 형식을 취한다. 건물 전체를 스케치할 때는 사진촬영과 병행 실시하고 가급적 화재현장 전체를 관찰 할 수 있는 높은 지점에서 작성하는 것이 좋다. 벽과 바닥의 연소상태는 등고선(contour)을 활용하면 효과적이다. 등고선은 비슷하게 연소한 지점끼리 선으로 연결시켜 나타내는 방법으로 강하게 연소한 부분과 약하게 연소한 부분을 구별할 수 있고 고정된 물체와 이동이 가능한 물체를 구분할 수 있다.

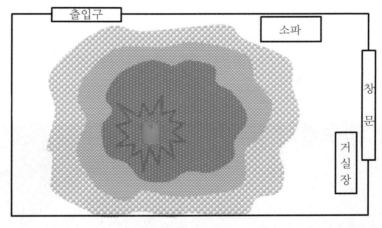

등고선은 비슷하게 연소된 구역을 서로 연결시켜 연소의 강약을 나타낼 때 쓰인다.

(3) 사진촬영(photograph shooting) — 비주얼(visual)로 승부하라

사진촬영은 화재조사관들이 가장 흔하게 현장을 기록할 수 있는 문서기록 방법이다. 문서란 단순히 기록에만 국한된 것이 아니므로 사진촬영 자체가 문서행위임을 염두에 두고 기록하여야 한다. 사진촬영은 화재 당시 상황이나 장면 등을 시간을 정지시킨 상태로 기록하여 시간이 지난 후에도 직접 보고 있는 것처럼 생생하게 느낄 수 있다는 강력한 효과를 지니고 있다. 아무리 훌륭한 보고서일지라도 말로 설명하는 데는 한계가 있기 마련이므로 단 한 장의 사진이 제3자를 납득시키거나 믿게 만들 수 있는 힘을 발휘한다. 인간의 오감(五感) 중 정보를 받아들이는 인지능력도 시각이 단연 뛰어난 것으로 밝혀졌다[2]. 시간이 지난 후 사건을 다시 연상시킬 때도 보고서의 내용보다는 당시 현장사진 한 장이 먼저 떠오른다는 것이 경험 많은 화재조사관들의 생각이 많다. 사진기록의 가장 큰 효과는 과장이나 조작이 없다면 객관성과 신뢰성을

---

2 정보를 인지하는 능력은 미각(2%), 후각(3%), 촉각(15%), 청각(20%), 시각(60%) 순으로 높다. 목격자가 화재를 최초로 발견했을 때 시각과 청각(유리 깨지는 소리, 폭발음 등)이 함께 작용했다면 정보는 더욱 정확할 수 있다. '보는 것이 믿는 것이다'(seeing is believing)라는 뜻은 시각적 언어를 강조한 말이다.

크게 부여할 수 있다는 점에 있다. 부연설명 자료 없이 사진만 10여 장 정도 나열한 상태임에도 제3자가 사건의 진행과정과 의미를 손쉽게 파악한다면 사진촬영을 핵심적으로 담아낸 것으로 인정받을 수 있을 것이다. 현장기록만큼은 비주얼(시각)로 승부한다는 생각에서 풍부하게 촬영할 것을 권장한다.

1) 외부 촬영 — 윤곽을 파악하라

　　연소중인 상황 또는 화재진화 후 현장 전반에 대한 외부 사진촬영이 선행되어야 한다. 건물을 각 방위별로 구조물의 형태를 고려하여 촬영하되 보통 앞뒤로 출화된 방향성에 착안하여 입체적으로 출입구, 창문 등의 개방 상태, 출화 흔적, 주변 건물로 비화된 연소 확산 경로 등 외부형태를 폭넓게 촬영하도록 한다. 외부 촬영기록은 사진판독 과정에서 더욱 명료하게 확인할 수 있어야 함은 물론이다. 특히 방향성이 식별되도록 촬영하는 것은 발화지점을 축소하는데 유용하게 활용될 수 있다. 다시 말하지만 현장 전반에 대한 관찰은 내부 조사에 착수하기 전에 높은 곳을 선택하여 현장 전체를 조망할 수 있는 곳을 선택하는 것이 좋다. 외부로부터 중심부로 연소된 현상을 추론해 낼 수 있으며 수납물이 멸실되었거나 이동되었고 변형된 사항 등도 확인이 가능한 경우가 많기 때문이다.

항공촬영은 발화장소 주변 여건을 한눈에 파악할 수 있는 정보를 제공한다.

　　항공촬영은 고층건물이거나 화재규모가 큰 현장일수록 필요성이 클 것이다. 화재조사용 기자재로 카메라가 장착된 드론(drone)과 헬리 캠(helicopter camera)의 사용은 짧은 시간에 큰 효과를 볼 수 있다. 연소 흔적의 파악은 거시적 관점에서 다수의 현장사진을 요구하기도 한다. 최근의 건축물 구조형태는 미관을 고려하여 다양한 형태로 신축되고 있는데 특히 대형 할인매

Chapter 01

Chapter 02

Chapter 03

Chapter 04

Chapter 05

Chapter 06

Chapter 07

Chapter 08

Chapter 09

Chapter 10

Chapter 11

Chapter 12

Chapter 13

장, 다중이용 시설, 복합 건물 등은 외부에 노출된 형태만 가지고 각 구획별 층수 및 피난구 등의 인식이 쉽지 않은 경우가 종종 발생하고 있다. 다양한 각도에서 구조물에 대한 특징을 매듭 짓지 않고서 접근한다면 전체적인 화재 해석이 엉뚱한 곳으로 치우칠 수가 있으므로 주의하여야 한다. 도로변에 접해 있는 건물의 경우 가각정리 및 구획된 부분을 따라서 면적이 큰 건물일수록 많은 사진기록을 남겨 두어야 한다. 이때 건물의 주된 출입구를 기준으로 하여 방향성이 식별되도록 기록하면 효과적이다.

화재현장 전체에 대한 사진 촬영은 높은 곳에서 전체를 조망할 수 있는 곳을 선택하는 것이 좋다.

2) 내부 촬영 — 실내를 빠짐없이 기록하라

실내는 외부와 달리 채광이 낮아 사진이 어둡게 나올 수밖에 없는 조건이 많지만 적정한 빛을 이용하여 천장과 벽, 바닥 등 소손된 상황을 중심으로 방향을 알 수 있도록 촬영하여야 한다. 화재패턴은 벽과 바닥, 천장 등 모든 면에서 만들어질 수 있고 벽과 천장에서 동시에 나타나는 경우도 있다. 한쪽 벽의 연소가 심한 반면에 반대쪽 벽의 연소가 약하다면 두 개의 벽을 연결시켜 연소의 경로를 역추적하는 지표로 쓰일 수 있어야 한다. 발화구역에 진입한 순간부터 모든 수납물들은 발견 당시 상태로 촬영을 실시하고 시시각각 발굴 과정에서 일어나는 증거의 발견 등 현장 변화 상황도 촬영을 하여야 한다. 마무리 단계로 사건을 재구성하는 복원과정도 폭넓게 사진촬영이 이루어져야 한다. 화재조사가 이루어지는 모든 절차는 사진촬영의 연속 과정이라고 생각해도 무방할 정도로 끊임없이 이루어져야 한다. 사진기록은 풍부할수록 효과적이지만 어느 시점에서 어떤 의도로 무엇을 촬영한 것인지 혼선이 발생하지 않도록 순차적으로 촬영을 해야 오류를 방지할 수 있다는 점도 지적하고 싶다. 실내에서 네 군데의 벽을 각각 촬영했다고 생각해 보자. 만약 사진마다 상세하게 방향을 기록하지 않았다면 시간이 경과한 후 사진만 보고 방향성을 구분하기란 쉽지 않을 수 있다. 이러한 혼선을 방지하기 위해 천장과 바닥 그리고 4면의 벽을 정육면체를 풀어헤친 전개도를 이용하여 기록하는 방법은 유용하게 쓰일 수 있다. 아래 사진은 출입구가 있는 벽을 ①로 삼은 후 ②~④까지 벽면을 시계방향 순으로 번호를 부여하여 나열한 것이다. 위쪽은 천장을 의미하며 아래쪽은 발화가 개시된 바닥면을 촬영한 것이다. 전개도를 보면 천장과 바닥은 벽 ②와 접한 곳에서부터 주변으로 확산된 것임을 알 수 있다. 사진을 배열한 후 전개도를 다시 정육면체로 조합을 하면 마치 현장을 축소시킨 모형처럼 유지하고 있는 것을 실감하게 될 것이다. 사진은 시간이 지났어도 제3자로 하여금 쉽게 수긍할 수 있도록 객관성을 유지하는 것이 핵심이다.

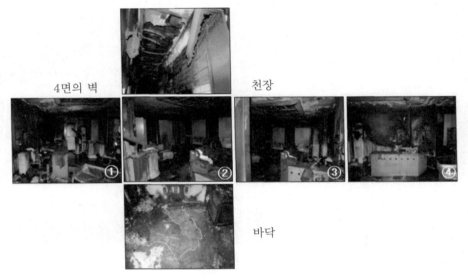

정육면체 전개도를 이용한 사진 배열

3) 증거물 촬영 — 한 장의 사진이 전체를 좌우한다.

풍부하게 사진을 촬영했더라도 최종적으로는 증거물을 지목하는 사진 한 장이 단서로 작용하여 화재의 성격 전체를 좌우할 수 있다. 단 한 장의 사진이 쟁점으로 부각된 경우 법정진술이나 추가로 답변 자료를 제출해 줄 것을 주문받을 수도 있다. 실제로 일선에서 뛰고 있는 베테랑 화재조사관들 중 일부는 이러한 상황을 체험한 사례가 많고 이를 통해 책임이 막중하다는 것을 절감했다고 말하고 있다. 유력한 증거물은 발견 당시 상태 그대로 촬영을 한 후 수집과 밀봉 과정까지 촬영하여 절차상 결함이 없도록 한다. 주의할 점은 증거물이 발견된 지점이나 구역을 반드시 포함시켜 원거리에서 먼저 촬영을 한 후 점차 근거리로 좁혀가며 촬영하여 증거물의 크기와 형태 등이 인식될 수 있도록 한다. 증거물이 발견된 소재가 불분명하면 증거로써 인정받기 어렵다. 증거가 발견된 지점은 화살표나 번호 등의 표식을 놓고 촬영하면 효과적이다. 크기가 작은 물체의 촬영은 측정용 자를 사용하면 길이와 폭을 더욱 구체적으로 남길 수 있다. 작은 물체를 클로즈업(close-up)시켜 촬영하는 기술이 필요하다면 과장되거나 일그러짐이 없고 초점이 흐리지 않게 찍어야 한다.

Chapter 01
Chapter 02
Chapter 03
Chapter 04
Chapter 05
Chapter 06
Chapter 07
Chapter 08
Chapter 09
Chapter 10
Chapter 11
Chapter 12
Chapter 13

전기스토브 앞에 널어놓은 수건이 복사열에 착화되어 벽과 바닥이 연소된 상황을 표식(화살표)을 사용하여 발견당시 상태로 촬영을 하였다.

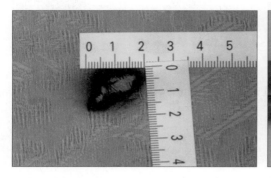
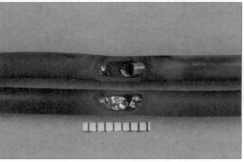

증거물의 사진촬영은 길이나 폭 등을 가늠할 수 있도록 측정용 자를 사용하면 명확하게 나타낼 수 있다.

4) 사진촬영 시 주의사항

❶ 모든 대상은 최초 발견 당시 원상태로 촬영을 하여야 한다. 이것은 사진촬영의 가장 기본원칙으로 준수되어야 한다.

❷ 화재조사의 진행순서에 따라 순차적으로 촬영을 실시한다. 외부에서 내부로 좁혀가며 촬영을 하고 연소 흔적과 연소 확산된 경로, 화재패턴 등 특징이 드러나도록 한다. 발굴지점에서 탄화물의 퇴적 층위, 물품의 배열 및 소손상황과 복원과정의 전개상황 등을 빠짐없이 촬영하도록 한다. 굳이 사진에 설명을 곁들이지 않더라도 나열된 사진만 보고 화재의 전체 흐름을 파악할 수 있도록 정리하려는 노력이 요구된다.

❸ 촬영자, 촬영 일시, 촬영 장소 등에 대한 기록을 남겨야 한다. 사진촬영은 담당자를 지정해 운영하는 것이 효과적이며 촬영 날짜와 시간이 사진에 찍혀 나올 수 있도록 미리 카메라 기능을 설정해 두는 것도 좋다.

❹ 발화원인과 관계가 없더라도 화재현장 전체를 증거물로 가정하여 연소되지 않은 부분도 촬영을 한다. 정황상 화재원인과 관계가 없는 지점일지라도 연소된 구역 전체를 촬영하도록 한다. 화재현장은 '돌아올 수 없는 강(river of no return)'을 건넌다는 심정으로 면밀하게 기록하여야 한다.

❺ 불필요한 장비나 사람이 포함되지 않도록 촬영한다. 일부러 의도한 것은 아니겠지만 더러 중요한 사진에 장비 또는 사람이 겹쳐 촬영되는 경우가 있어 주의를 요한다. 이러한 사진은 가치를 상실하여 활용하기 어렵다. 사진을 촬영하기 전에 피사체 주변을 다시 한 번 살펴 불필요한 물건이 없는지 확인하는 절차를 준수하도록 한다.

발굴 조사가 이루어진 주변에 물통이 놓여 있으며(좌) 냉장고 옆에 의미없이 서 있는 사람이 촬영되었다(우).

(4) 비디오촬영(영상녹화)

비디오촬영의 진가는 끊임없이 연속적으로 촬영이 가능한 데 있다. 화염의 성장과정, 연기의 변화, 소방대의 진압활동, 화재현장 주변에 있는 차량과 사람의 이동 형태 등을 포괄적으로 담아내는 효과가 우수하기 때문이다. 화재조사관이 안전모에 초소형 카메라를 부착해 생동감 있게 영상을 촬영하여 기록으로 저장하는 방안도 좋을 것이다. 소방활동은 건물 외부보다는 건물 내부에 위험요소가 많고 소방활동 대부분이 건물 내부에서 이루어지는 탓에 외부인들이 간혹 화재진압과정에 이의를 제기하거나 부정확한 진단을 내리는 경우가 있기 때문에 초소형 카메라의 사용은 불필요한 오해의 소지를 잠재울 수 있을 것이다. 또한 발굴과 촬영을 병행할 수 있다는 장점도 있다. 이밖에도 비디오촬영은 이미지를 손쉽게 편집하여 사용할 수 있는 캡처 (capture)기능이 있어 일일이 사진을 찍지 않더라도 능히 보완할 수 있는 효과가 있다.

Chapter 01
Chapter 02
Chapter 03
Chapter 04
Chapter 05
Chapter 06
Chapter 07
Chapter 08
Chapter 09
Chapter 10
Chapter 11
Chapter 12
Chapter 13

Step 04 발굴 및 복원

① 왜 피해가 적은 지역에서 큰 곳으로 조사해야 하는가?

발굴(excavation)에 임하기 전에 화재건물의 전체적인 윤곽 파악은 필수적인 선행조건이다. 구조물의 크기와 피해 범위를 먼저 확정하지 않고서 발굴범위 또한 결정할 수 없기 때문이다. 연소가 강하게 이루어진 부분과 약하게 이루어진 부분을 파악하고 출입구와 창문의 개폐 상태를 통해 환기효과가 이루어진 부분을 다른 연소지역과 구별할 수 있어야 한다. 화재패턴은 내부에만 있는 것이 아니라 외부에서도 발견된다는 사실을 잊지 말고 관찰하여야 한다. 개구부를 통해 외부로 화염이 출화했다면 풍향과 풍속의 흐름에 맞춰 불이 번진 형태가 남아 있을 것이며 지붕이 뚫린 부분은 화세가 가장 크게 작용한 방향을 알려주는 신호가 될 수 있다. 환기효과가 강하게 일어난 지역은 다른 곳보다 연소가 활발해 천장과 벽의 박리나 폭열이 발생할 확률이 높은데 마치 발화지점처럼 비춰질 수도 있다. 그러나 외부에서 가장 연소가 강한 부분이

건물 화재조사는 외부에서 내부로 접근하며 좁혀 들어가는 방식으로 진행한다.

반드시 발화지점을 의미하지는 않는다. 발화가 일어난 가연물 및 환기 상태, 열방출량 등에 따라 화재의 지속시간이 다르기 때문이다. 겉만 보고 판단하지 않도록 경계하여야 하는 이유가 여기에 있다. 화재조사는 외부에서 내부로 접근하는 나선형 조사 패턴(spiral search pattern)을 취하는 것이 일반적이다. 이것은 건물의 특성 및 화재 규모에 관계없이 피해가 적은 곳으로부터 피해가 집중된 곳으로 진행한다는 의미이다. 그렇다면 반대로 피해가 강한 곳으로부터 약한 곳으로 진행하는 것은 잘못된 방법일까? 다른 모든 조건을 무시한 채 연소가 강한 곳으로부터 약한 곳으로 조사를 진행한다면 화염 및 연기의 확산 방향을 가늠하기 어려울 수 있고 피해 범위를 알 수 없는 조건에서 화재원인 파악에만 집착한 꼴이 될 수 있다. 더구나 연소가 강한 곳이 반드시 발화지점이라는 보장도 없다. 결국에는 원점으로 돌아가 외부에서 내부로 진행하는 방식을 선택할 수밖에 없는 악순환을 낳는다. 나선형 조사 방식은 시간과 노력을 최소화시키고 합리적인 결과를 이끌어내는 조사 기법이다.

❷ 발굴조사의 적당한 시기는 언제인가?

　모든 사안을 처리할 때에는 적당한 '때(timing)'가 있다. 발굴은 화재실에 모든 연기가 빠져나가고 잠재된 열이 모두 식어 대기온도와 같은 조건에 이르렀을 때 실시하는 것이 가장 바람직하다. 주택과 같이 동일한 대상물이더라도 면적과 구조에 따라 화재 양상은 천차만별이므로 발굴시기를 시간이나 날짜 등으로 못 박아서 설정하기 어렵다. 화재진압 직후 내부에 서려있는 열과 수증기는 화재조사관의 호흡과 시야에 방해요소로 작용을 하며 원활한 발굴을 진행하기 곤란한 환경일 수밖에 없다. 반대로 시간이 너무 경과하지 않도록 신중을 기할 필요도 있다. 방치된 금속류는 생각보다 빠르게 산화와 부식을 일으켜 열에 의한 산화인지 공기접촉에 의한 산화인지 구분하기 어렵고 시간이 늦어지면 음식물의 부패로 구더기가 생길 수 있으며 심한 악취는 화재조사에 큰 부담이 될 수 있다. 개인의 사생활도 보호되어야 한다. 적절한 시기에 조사가 진행되면 피해자의 빠른 피해복구를 도울 수 있으며 프라이버시(privacy) 침해를 방지할 수 있다. 미국에서는 화재발생 후 개인의 프라이버시와 관계된 사항을 연방법원에서 판결을 내린 바 있다. 1978년 연방법원이 내린 Michigan v. Tyler 판결이 시사하는 내용을 소개한다. 판결문에는 화재조사관이 원인조사를 마치고 철수한 상태라면 그때부터 개인의 사생활은 보호되어야 한다는 차원에서 화재조사관일지라도 재차 개인의 영역을 함부로 들어갈 수 없다고 했다. 사건의 배경은 화재조사관이 1차 현장조사를 마치고 5시간이 경과한 후 다시 조사를 하기 위해 건물 안으로 진입을 했고 지하층에서 화재증거를 찾아낸 상황이었다. 그러나 연방법원은 화재가 진압된 다음 합리적인 시간 안에 조사가 진행되어야 하며 현장을 벗어났다가 다시 돌아와 찾아낸 증거는 효력이 없다고 보았다. 합리적인 시간이 지난 후에 다시 들어가려면 관계자로부터 동의를 서면으로 받아야 한다는 내용도 덧붙였다. 여기서 합리적인 시간이란 구체적으로 언급되지 않았지만 일단 조사가 마무리되면 개인에게 모든 권리가 회복된다는 의미로 개인의 프라이버시를 높이 존중해 준다는 점을 알 수 있는 사건이었다.

창고에 보관 중이던 철재용기가 산화되어 본래의 색상과 연소 흔적을 남기지 않았다. 화재발생 2일 후 확인된 상황이었다.

③ 발굴 목적 및 절차

　발굴을 실시하면 모든 화재원인과 증거물이 밝혀지는 것일까. 결론부터 말하자면 반드시 그렇지 않다. 상황에 따라 발화원이 소실될 수 있고 발화원의 잔해를 남기지 않는 촛불, 라이터불 등은 아예 흔적조차 없는 경우가 많다. 다만 남겨진 가연물의 잔해와 연소패턴 등 특징을 쫓아 합리적으로 규명할 뿐 일정한 한계가 따른다. 가솔린을 살포한 현장이 분명함에도 유류잔해가 검출되지 않는 경우도 얼마든지 있다. 이때 유류잔해는 확인할 수 없지만 시간에 비해 급격하게 연소한 흔적이 발견될 수 있고 바닥에 남겨진 유류연소 패턴 등을 발굴을 통해 입증했을 때 유류가 사용되었음을 강력하게 언급할 수 있을 것이다. 발굴의 목적은 화재와 관계된 증거물을 찾아 정확하게 발화원을 규명하기 위한 것이 핵심이다. 보충적으로 발화 및 연소 확산에 기여한 물체(가연물)의 종류와 쓰임, 위치를 파악하는데도 뜻이 있다. 발굴이 선행되지 않은 조사결과는 신뢰받기 어렵고 정당한 절차에 의해 조사가 이루어졌다고 볼 수 없다. 발굴은 화재규모에 관계없이 반드시 실시되어야 하며 화재원인을 밝혀내기 위한 조사의 기본이고 핵심으로 작용을 한다.

　발굴 절차는 발굴 범위에 대한 검토로부터 개시된다. 발굴 범위는 너무 좁게 한정시키지 말고 구획별로 나누어 실시하는 것이 효과적이다. 만일 주택내부 구조가 안방과 거실, 주방, 다용도실 등 4개 이상으로 구획되어 있는 상태에서 거실 주변에서 발화된 것으로 범위가 좁혀지면 거실 전체를 발굴 범위에 포함시켜 실시한다. 퇴적물을 통해 거실에 있었던 가연물의 배열상태를 파악하고 발화 요인과 배제요인을 넓고 다양한 각도에서 확인할 필요가 있기 때문이다. 발굴 범위를 좁게 한정시키다 보면 발굴 지역이 2~3개 이상 될 수 있고 부분적인 발굴 결과를 놓고 전체적인 연소현상을 설명하기 곤란해 질 수 있다. 발굴 과정은 손길이 닿는 순간부터 훼손이 가중된다는 사실을 염두에 두고 사진촬영과 확인된 사실에 대한 메모작성 등 중간계측이 발굴과 병행되도록 한다. 중간계측이란 발굴 과정에서 확인된 물체의 양 따위와 시간 등을 기록하는 것으로 이른바 중간평가라고 보면 무리가 없다. 발굴 지역이 넓어 2인 이상의 다수가 구역별로 분담하여 실시하는 경우에는 중간계측이 더욱 엄격하게 이루어질 필요가 있다. 중요하다고 생각되는 물체가 발견되거나 서로 확인이 필요한 부분이 등장하면 그때까지 각자가 확인한 정보를 서로 공유하고 기록하여야 한다. 중간계측을 하는 이유는 수거물이 발견된 장소와 탄화형태를 더욱 명확하게 하기 위함이며 이 과정이 생략된다면 증거물로서 가치가 떨어질 수 있다.

④ 발굴 방법

❶ 발굴 지역의 경계구역을 설정한 후 불필요한 낙하물 등을 우선 제거하여 안전을 확보한다.
❷ 무너지거나 붕괴된 벽체, 기둥, 금속재 등 상층부에 있는 큰 물체 등을 먼저 제거한다.
❸ 삽과 같은 큰 장비는 훼손의 우려가 크므로 가급적 사용하지 않는다.
❹ 상층부에서 하층부로 발굴을 하며 수작업(handcraft)을 원칙으로 한다.
❺ 장롱이나 소파, 침대 등 단면적이 크고 잘 옮기지 않는 물건은 가능한 한 이동시키지 않는다.
❻ 발굴된 물건은 위치가 어긋나지 않도록 주의하며 가급적 옮기지 않는다. 불가피하게 옮길 경우에는 사진촬영 등을 실시하고 보존조치를 강구한다.
❼ 복원할 필요가 있는 것은 용도별로 번호 또는 표식을 붙여서 정리해 둔다.
❽ 기름 찌꺼기나 분진 덩어리가 묻어있는 부분은 빗자루로 가볍게 쓸어내는 방법으로 불순물을 제거한다.
❾ 붓이나 빗자루 등으로 제거가 곤란한 불순물은 걸레나 헝겊에 물을 묻혀 문지르지 말고 살짝 닦아내거나 위에서 가만히 눌러 흡수시켜 제거한다.
❿ 국부적으로 깊게 파내려가지 않아야 하며 매몰된 전기배선은 잡아당겨 끊어지지 않도록 위에 있는 탄화물부터 제거한다.
⓫ 이미 조사가 종료되어 파헤쳐진 잔해는 별도의 장소에 따로 모아 발굴을 해야 할 부분과 겹쳐지지 않도록 한다.

Chapter 01
Chapter 02
Chapter 03
Chapter 04
Chapter 05
Chapter 06
Chapter 07
Chapter 08
Chapter 09
Chapter 10
Chapter 11
Chapter 12
Chapter 13

발굴 지역은 탄화물로 덮여 있어 순차적으로 위에서 아래로 제거하여야 한다.

발굴을 통해 바닥면에 탄화된 경계선 및 발화원의 잔해 등이 확인될 수 있다.

(1) 감식장비 사용에 따른 오염 예방

감식장비의 올바른 사용은 증거의 훼손을 최소화하고 발견 당시의 상태로 보존할 수 있는 장점이 있다. 발굴장비 세트는 화재조사관들의 가장 기본적인 필수장비로 관리되어야 한다. 모종삽이나 긁개, 붓과 빗자루 등 오염되기 쉬운 장비는 발굴이 끝난 후 반드시 세척을 하거나 이물질을 제거하여야 하며 장비가 물에 젖었다면 반드시 건조시킨 후 보관하여야 한다. 장비의 부적절한 관리는 증거를 수집할 때 교차오염을 불러일으킬 수 있다는 사실을 명심하여야 한다. 특히 휘발유 등 유류성분과 접촉한 장비는 남아있는 성분이 완전히 제거될 수 있도록 깨끗이 닦아내야 한다.

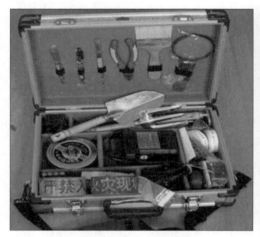

발굴장비 세트는 사용 후 반드시 세척을 실시하여 오염이 없도록 관리하여야 한다.

(2) 발굴의 기술적 접근방법

화재가 진행된 결과 바닥에 떨어진 잔해들을 살펴보면 각기 다른 층위를 형성하여 각각 다른 화재 단계(성장기, 최성기 등)에서 이루어진 것임이 확인되는 경우가 있다. 가연물이 많고 공기의 순환이 원활했다면 벽과 천장의 가연물 낙하로 일정한 퇴적층을 형성하기 마련이다. 따라서 퇴적된 상위층에는 소손된 물체의 단면이 크고 하위층은 활발한 연소로 인해 상위층보다 단면이 작은 것이 일반적인 현상이다. 발굴은 고고학의 발굴 과정과 매우 흡사하여 상위층으로부터 하위층으로 파헤쳐가는 과정이다. 그러나 화재현장은 불가피하게 화재진압이 선행되므로 물체의 변형과 파괴가 일어났을 것을 감안하고 진행하여야 한다. 퇴적층위를 구분할 수 없을 정도로 파괴가 일어났다면 어떤 물질이 먼저 연소된 것인지 판단하기 어렵기 때문이다. 발굴에 임할 때 유의하여야 할 사항은 다음과 같다.

❶ 발굴에 앞서 안전진단을 먼저 실시할 것
❷ 발굴 범위에 대한 오류(radius of error)가 없는지 확인할 것
❸ 발굴 범위를 설정·기록하고 발굴 과정 전반에 대한 사진촬영을 실시할 것
❹ 발굴 과정에서 확보된 증거물을 보관하기 위한 장소를 마련할 것
❺ 건물 안 내부구조와 그 안의 물건 배치 등에 대해 사정이 밝아 도움을 받을 수 있는 관계자를 확보할 것

⑥ 심사숙고하게 발굴을 진행하고 잔해나 증거물에 대한 쓰임이나 용도를 바로 확인할 것

5 복원(reconstruction) 목적 및 방법

복원은 발굴 결과를 바탕으로 화재발생 이전의 상황을 재현하는 것이 주된 목적이다. 복원을 통해 물건의 종류와 배치상황, 크기 등을 종합적으로 판단하여 최초 착화물과 연소확대에 기여한 물품의 성격을 구체화시킬 수 있게 된다. 물품의 배치방향은 연소된 형태를 보고 판단할 수도 있지만 관계자를 입회시켜 확인시키는 것도 좋은 방법이다. 주의할 점은 불명확한 것은 복원하지 않아야 한다. 관계자도 기억이 정확하지 않고 현장에 적용하기 애매한 것을 억지로 적용시킨다면 화재조사관의 주관이 개입된 행위가 되므로 무리한 억측은 피해야 한다.

복원 방법
❶ 발굴된 물건의 위치를 명확하게 한다.
❷ 형체가 소실되어 배치가 불가능한 것은 끈이나 로프 또는 대용품을 사용하되 대용품이라는 것이 인식되도록 한다.
❸ 복원은 현장식별이 가능한 확실한 것만 복원한다.
❹ 예측에 의존하거나 불명확한 것은 복원하지 않는다.
❺ 수직·수평 관통부의 부재인 목재나 알루미늄 등은 타거나 녹아서 남은 것, 가늘어진 것 등을 관찰하여 방향이 일치하는 곳을 맞춘다.
❻ 잔존물이 파손되지 않도록 잦은 위치이동은 하지 않는다.
❼ 관계인을 입회시켜 복원상황을 확인시킨다.

Chapter 01
Chapter 02
Chapter 03
Chapter 04
Chapter 05
Chapter 06
Chapter 07
Chapter 08
Chapter 09
Chapter 10
Chapter 11
Chapter 12
Chapter 13

퇴적물이 쌓여있는 매트리스 주변을 복원시켜 화재 당시 수납물의 위치를 재현한 상황(이영병. 2008)

Step 05 실전에 필요한 기술적 접근방법

화재조사는 화재현장을 오로지 몸으로 부딪쳐 진실을 찾아내는 것이 핵심으로 육체적인 체력이 뒷받침되어야 하며 정확한 판단력으로 다양한 정보를 걸러내어 보고서 작성으로 결론을 맺는다. 타 업무보다 전문적 지식을 요구받고 있으며 화재현장에서 끊임없는 생각과 고민이 반복되다 보니 부담스러운 업무로 취급받거나 매력 없는 분야로 바라보는 측면이 있는 것 또한 사실이다. 그러나 역설적으로 과학적 원리를 찾아 화재현장을 누비는 것만큼 매력적인 것도 없다. 미국과 일본, 중국 등 외국의 화재조사관들도 공통적으로 화재조사의 어려움을 토로하고 있으나 하면 할수록 쌓이는 지식과 경험에 강한 흥분을 느낀다며 묘한 마력에 빠져들 수밖에 없다고 한다. 노벨 의학상 수상자인 영국의 폴 너스(Paul M. Nurse)는 과학을 대하는 자세로써 '관심과 열정' 두 요소만 가지고 있다면 어느 분야에서든 노벨상도 탈 수 있을 것이라고 설파한 바 있다. 숱한 현장을 누비며 국내외 전문가들이 경험적으로 획득한 실전에 필요한 기술적 접근방법을 이론으로 정리한다.

1 제약된 조건을 받아들여라

현장상황 또는 발화요인에 따라 증거는 수집될 수도 있지만 수집되지 않을 수도 있다. 연소가 심해 구조물의 벽과 기둥이 모두 도괴되어 평면적으로 바닥만 남아있는 현장도 만날 수 있다. 심야시간에 일어난 화재는 목격자를 확보하지 못하는 경우도 있다. 화재현장은 이처럼 제약된 조건을 어쩔 수 없이 받아들일 수밖에 없는 경우가 많지만 주어진 조건을 극복하지 못한다면 논리를 만들기 어렵다. 실낱같은 단서를 찾아 돌파하려는 노력이 필요하다. 화재현장을 풀어나가는 해법은 화재조사관에게 달려있기 때문이다.

② 말을 절제하라

관계자들은 화재조사관이 수집한 증거가 곧 화재원인이라고 단정하려는 경향이 있고 화재조사관의 말 한마디에 촉각을 세워 반응하기 마련이다. 증거물에 대한 확실한 검증 없이 명쾌한 답변은 삼가야 하며 적절한 말의 절제는 금이 될 수 있다. 누구나 말을 덧붙일 수 있지만 멈추거나 아껴야 할 때를 알아야 한다. 말은 행동의 거울이다.

③ 자존심을 접어두라

화재조사는 조사관을 위한 것이 아니므로 화재 당사자들의 관점에서 문제를 바라보고 그들의 입장에서 생각할 필요도 있다. 상당한 수준의 공감능력을 길러야 하며 감정기복을 조절할 수 있어야 한다. 화재조사관이 모든 것을 아는 것처럼 행동할 필요가 없으며 자신의 주장을 관철시키려는 의지도 잠시 접어두고 유연한 태도를 보이는 것이 좋다. 자존심을 내세워 얻는 소득이 무엇인지 생각해 보아야 한다.

④ 마음을 닫지 말고 소통을 염두에 두라

2번째 항목인 '말을 절제하라'는 내용과 연관된 것으로 말은 아끼되 마음의 문은 항상 열어두어 본질을 꿰뚫어 볼 수 있는 시야를 확장시켜야 한다. 새로운 관점에서 문제를 바라볼 수 있는 능력은 소통에서 비롯된다. 화재 관련 전문가들의 의견을 청취하여 반영할 수도 있고 활발한 의견교환은 더 나은 결과를 이끌어 낼 수도 있다. 화재조사관에게는 소통하는 기술도 필요한 덕목이다.

⑤ 의도를 분명히 정리하라

화재현장을 파헤쳐 진실을 건져내는 것은 화재조사관의 의도와 선택이 좌우한다. 발화지점과 발화요인, 증거에 대한 해석 등 모든 가능성을 검토한 후 분명하게 의도를 정리하여야 한다. 현장상황과 증거의 판단에 시간이 걸린다면 유보할 수 있겠지만 애매모호한 자세는 오히려 의혹을 키울 수 있으므로 경계하여야 한다.

⑥ 더 이상 할 수 없을 때까지 논리를 단순화시켜 완성하라

가설은 더 이상 단순하게 할 수 없을 때까지 단순화시키고 증거의 입증으로 완성도를 높여야 한다. 증거물을 확보하지 못한 상황에서도 가설은 합리적으로 전개하여야 한다. 직접적인 물증이 없어 단독으로 증명력을 갖지 못하더라도 복합적인 모든 상황이 특정 원인을 지목하고 있다면 종합적인 증명력을 발휘하는 경우도 있다.[3] 직접증거가 아닌 간접증거만으로 법정에서 인정받는 경우가 있기 때문이다. 생략이 가능한 군더더기는 빼고 핵심사항만 결합시켜 논리를 완성하는 것이 가설을 단순화시킬 수 있는 첩경이 된다.

⑦ 반증에 의한 결과번복을 두려워하지 말라

부실한 조사결과는 또 다른 화재를 부른다는 점에서 확실한 정리가 필요하다. 방화범들이 수차례 불을 지르려는 마음속에는 화재조사의 미숙한 결론을 비웃거나 확실한 증거를 제시하지 못하게 함으로써 화재조사관들의 머리 위에서 놀려는 심리도 작용을 하는 법이다. 할 수 없을 때까지 또는 더 이상 캐낼 것이 없을 때까지 파고들어 결론을 매듭지어야 한다. 다만 화재조사관들이 수집한 모든 정황증거와 물적 증거를 앞세워 내린 결론에도 반증은 항상 뒤따를 수 있다는 점을 염두에 두자. 결과를 번복할 만큼 비중 있는 반증이 나타나면 원점에서 재검토하고 수용할 수 있어야 한다. 실험이나 관찰이 가능한 사항이라면 실험까지 행하려는 시도가 필요할 것이다. 소주(알코올 21%)에 불이 붙는지 논쟁이 붙은 적이 있었다. 대부분 사람들은 실험과 관찰을 행해 보지도 않고 막연한 추측만으로 불이 붙지 않는다고 했다. 그러나 숟가락 위에 소주를 부어 놓고 숟가락 아래서 라이터불로 가열하자 불이 붙는 현상이 관찰되었다. 반증을 두려워할 필요는 없으나 반증을 확인해 보려는 노력은 중요하다. 알코올 17%의 소주에는 불이 붙을까. 해보지 않고는 아무것도 알 수 없다. 시도하고 행동하는 것만이 답이 될 수 있다.

---

3 2009. 6. 12. 03:55경 A가 운영하는 노래방에서 화재가 발생하여 건물 6층이 전소되었다. 수사기관에서는 방화혐의를 입증하지 못해 내사종결 처리하였고 A는 보험사에 보험금 지급을 청구하였다. 그러나 보험사는 방화에 무게를 두고 지급을 거부하였고 A는 소송을 제기했다. 보험사는 방화라는 정황증거를 수집하여 대응을 했다. 법원은 화재발생 2개월 전에 보험 모집인에게 직접 전화를 하여 보험계약을 체결한 점과 외부인의 출입 흔적이 전혀 없었던 점, 각 룸마다 독립적으로 발화하였고 거짓말 탐지기 검사결과 질문에 대한 답변이 모두 거짓 반응으로 나온 점, 관리비가 연체된 상태로 상당한 채무가 있었던 점 등을 고려하여 고의에 의해 발생한 것으로 추단(미루어 판단)하였다. 이 사건은 3심까지 진행되었는데 보험사가 모두 승소하였다.(대법원 2011. 3. 24. 선고 2011다979 보험금판결) 법원은 간접증거(정황증거)에 대해 다음과 같은 해석을 내리고 있어 첨언한다. 「유죄 인정의 심증은 반드시 직접증거에 의하여 형성되어야만 하는 것은 아니고 경험칙과 논리법칙에 위반되지 않는 한 간접증거에 의하여 형성되어도 되는 것이며 간접증거가 개별적으로는 범죄사실에 대한 완전한 증명력을 가지지 못하더라도 전체 증거를 상호 종합적으로 고찰할 경우 그 단독으로는 가지지 못하는 종합적 증명력이 있는 것으로 판단되면 그에 의하여도 범죄사실을 인정할 수 있다.」

CHAPTER 06

화재패턴

The technique for fire investigation identification

CHAPTER **06**

화재패턴

The technique for fire investigation identification

화재 언어를 읽어라

　화재패턴(fire patterns)[1]은 발화지점을 역추적할 수 있는 가장 강력한 지표로 쓰인다. 열과 연기에 의해 바닥과 벽, 천장, 가구나 집기류, 설비 등에 형성된 흔적으로 물체의 연소정도와 표면에 일어난 변화 등을 눈으로 측정할 수 있는 패턴이다. 물체는 화염과 가까운 곳부터 연소하며 확산되므로 화재의 진행방향과 물체가 있었던 위치, 화재의 지속시간 등을 유추해 끄집어 낼 수 있고 구조물의 환기효과가 얼마나 작용했는지 근거를 제공해 준다. 가연물에 따라 차이는 있지만 구획실에서 화재성장은 대체적으로 아래 그림과 같은 과정을 거친다.

❶ A구역 : 발화지점

　화재가 개시된 구역으로 최초 착화물과 열에너지의 힘에 의해 화염의 성장여부가 크게 좌우된다. 최초 착화물에 불꽃 착화하더라도 열에너지를 유지할 수 없다면 곧 소화되지만 최초 착화물을 충분히 연소시킬 수 있다면 주변에 있는 또 다른 가연물로 불이 옮겨 붙어 화염은 상승하게 된다. 발화지점은 꾸준한 연소로 인해 가연물의 다수가 소실되지만 발화원(ignition source)이 발견되는 지점으로 설명할 수 있다.

❷ B구역 : 고온가스층

　연소되고 있는 물체 위로 상승하는 고온가스는 본격적으로 다량의 연기를 발생시킨다. 뜨

---

1 화재패턴: 화재효과로 인해 형성된 것으로 눈으로 볼 수 있고 측정될 수 있는 물리적 변화 또는 식별 가능한 모양(The visible or measurable physical changes, or identifiable shapes, formed by a fire effect) NFPA 921, 2014 edition

거워진 가스층은 수직방향으로 뻗쳐나가려고 하며 이때 차가운 공기가 아래와 측면으로부터 유입되기 때문에 상승하려는 힘은 더욱 부력을 받아서 고온의 가스기둥을 형성하기도 한다. 장애물이 없을 경우 보통 플룸의 중심부와 바깥쪽 경계선 사이는 약 15도 정도의 각을 이루며 벽면을 타고 상승할 경우 연소는 더욱 촉진된다. B구역에서 소화행위를 하거나 사람을 구출하다가 사상을 당한 경우라면 뜨거운 고온가스가 호흡기로 흡입된 경우로서 치명적인 기도화상을 당하기도 한다. 벽체에 다양한 화재패턴을 남기지만 탄화 형태는 일정하지 않다. 그을음의 입자만 흡착되기도 하며 벽체 마감재가 고온가스와 접촉하여 부풀려지거나 갈라진 형태로 탄화하기도 한다.

③ C구역 : 화염 확산층

화염과 고온가스가 전면적으로 퍼져나가기 때문에 화염과 복사열은 더욱 증대된다. 장애물 없이 상승한 불꽃과 고온가스층은 천장과 부딪치며 사방으로 확산되며 뜨거운 가스층이 차츰 아래로 내려오면서 대류작용도 매우 활발하게 이루어진다. 연기의 발생량도 점차 증가하고 발화지점의 직상 부분은 지속적인 화염과의 접촉으로 심하게 손상받은 형태를 남긴다. 발화지점의 판단에 있어 천장부의 소실 정도가 뚜렷이 크게 나타난 곳이 있다면 하단 부분의 가연물을 살펴보고 그 이유를 확인해 보아야 한다. 화염 확산층은 발화지점보다 수십 배 화재손상도가 크게 나타나는 것이 일반적인 현상이다.

그러나 화재가 장시간 지속되면 환기 상태에 따라 대류작용에도 변화가 생겨 화재패턴은 겹쳐지거나 변할 수 있고 소멸될 수도 있다. 따라서 단 하나의 화재패턴 지표만 가지고 화재원인을 결정하려는 것은 금물이다. 가장 정확하게 화재원인을 분석하려면 바닥과 천장, 가연물의 연소형태 등을 독립적으로 분석해 보고 수집된 여러 개의 화재패턴을 대입시켜 비교했을 때 화재가 순차적으로 이루어진 과정에 무리 없이 논리가 들어맞아야 한다. 다시 말해서 수집된 화재패턴이나 지표들을 각각 펼쳐 놓았을 때 서로 일치하거나 비슷한 점이 서로 연결되어 어느 하나를 가리키고 있는지 확인하여 결정하여야 한다. 화재패턴은 물체의 물리적인 변화를 눈으로 확인하고 종합적으로 연결시켜 설명할 수 있어야 한다. 점화원과 가연물의 관계, 공기의 순환, 연기의 이동 등으로 남겨진 물리적 흔적은 화재패턴을 읽어내는 '화재 언어(fire language)'라고도 표현을 한다. 호주의 화재진압전술 교관인 Shan Werner Raffel[2]은 화재 언어를 읽어

---

[2] Shan Werner Raffel은 호주 브리즈번소방서 소속 소방관이다. 화재진압전술 교본인 '3D Fire fighting'을 공동 저술하였고 미국, 영국, 독일 등 세계를 순회하며 플래시오버 및 백드래프트 대응방법, 소방관의 안전관리 등을 주제로 강연과 현장훈련을 몸소 실천하고 있다.

Chapter 01
Chapter 02
Chapter 03
Chapter 04
Chapter 05
Chapter 06
Chapter 07
Chapter 08
Chapter 09
Chapter 10
Chapter 11
Chapter 12
Chapter 13

내는 것을 SAHF로 요약하였는데 그가 강조한 것은 S(smoke), A(air), H(heat), F(flame)이다. 그는 이 4가지를 가지고 화재의 모든 현상을 알기 쉽게 설명을 유도하였다. 예를 들면 연기만 가지고 중성대의 변화, 연기의 농도가 암시하는 정보, 연기 발생량에 따른 부피와 위치의 변화, 부력에너지 등을 읽어내는 방법을 제시하였고 화염의 색상과 크기에 따라 화재를 진압하는 방법 등을 전파하였다. 사실 화재조사를 하려면 먼저 불과 연기의 특성, 연료 또는 환기에 의한 화세의 변화 등을 모르고서 접근하기 어렵다. 화재 언어를 읽고 분석하는 능력은 운(luck)이나 감(sense)이 아닌 지식과 기술을 바탕으로 의사결정을 내려야하는 화재조사관에게 꼭 필요한 능력이다.

Step 02 │ 화재패턴의 종류

1 벽과 천장의 연소 흔적

(1) V-패턴(V-shaped pattern)

연소가스의 상승성은 열에너지가 형성된 수직면 위에 집중되어 발화지점보다는 화세가 확대되는 출화부에서 열의 활동영역이 매우 빠르고 왕성해짐을 알 수 있다. 이 때문에 최초 발화지점 부근보다는 열기류가 확산된 지점에서 손상이 더욱 크게 나타날 수 있는데 밑면의 뾰족한 부분은 각이 작지만 발화지점을 의미하고 위로 갈수록 수평으로 넓게 퍼지는 것은 전형적인 V-패턴(역삼각형 패턴이라고도 한다.)의 모습이다. 주로 벽면과 출입문, 장롱 등 세워진 물체를 통해 인식이 가능하고 천장과 바닥면에는 발생하지 않는다. V-패턴의 기본은 열기류가 상승하면서 차가운 공기가 유입되고 열과 혼합되어 열기둥이 측면으로 퍼지면

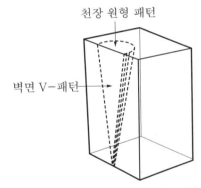

천장 원형 패턴

벽면 V-패턴

V-패턴은 대류의 영향으로 생성되며 플룸이 상승하여 천장에 닿을 경우 천장에 원형패턴이 만들어 질 수 있다.

서 생성되는 것으로 대류의 영향이 크게 작용한다. 기하학적 형태는 가연물의 열 방출률과 형상, 환기조건에 따라 조금씩 차이가 있으나 V-패턴의 각도가 넓게 형성되었다고 느리게 연소한 것이 아니며 반대로 패턴의 각도가 좁다고 하여 빠르게 연소한 것을 의미하지도 않는다. 종전에는 V-패턴의 넓이와 각도의 크기를 연소속도에 따라 좌우되는 것으로 해석하였으나 지금은 연소되고 있는 연료표면에 의해 좌우되는 것으로 보고 있다. 화재패턴은 플룸의 상승작용이 일어날 때 벽과 천장의 표면온도가 열분해 온도에 이르렀거나 이보다 높은 온도에 노출됨으로써 화재패턴을 만들어내는 것이다. 만약 화염이 벽에서 떨어진 중앙에서 성장하면 V-패턴이 만들어지는 것이 아니라 수직 상승하여 천장에 원형패턴을 남기게 될 것이다. 벽 또는 천장의 연료표면은 플룸과 상호작용을 일으켜 화재패턴을 만들어내는 중요한 인자이다.

Chapter 01
Chapter 02
Chapter 03
Chapter 04
Chapter 05
Chapter 06
Chapter 07
Chapter 08
Chapter 09
Chapter 10
Chapter 11
Chapter 12
Chapter 13

> **V-패턴의 각도(angle)에 영향을 주는 변수들**
>
> • 열방출률(HRR)   • 가연물의 형상   • 환기효과
> • 화재패턴이 나타나는 표면의 가연성
> • 천장, 선반, 테이블 상판, 또는 건물 외부의 위에 달린 구조물과 같은 수평 표면의 존재

(2) U-패턴(U-shaped pattern)

V-패턴이 예각에 가까운 형태를 띠는 반면 U-패턴은 매우 완만하게 굽이진 형태로 나타난다. 근본적으로 V-패턴과 유사하지만 복사열의 영향을 더욱 많이 받기 때문에 V-패턴보다 높은 지점에 형성되는 경우가 많다. V-패턴과 마찬가지로 화염이 주변에 높아진 기류와 혼합되어 벽면 등 수직면을 따라 전면적인 연소가 한 동안 이루어지면 천장에 원형패턴을 동반하는 경우도 있다. U-패턴의 아랫부분 열처리 경계선은 V-패턴의 하단부보다 높은 지점에 형성된다. V-패턴과 U-패턴은 발화지점 부근에서 식별되는 경우가 많다.

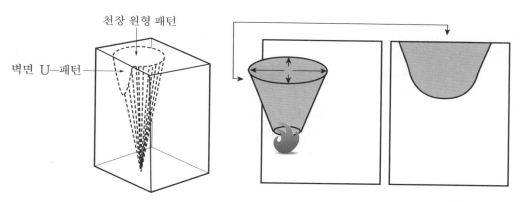

U-패턴의 하단부 열처리 경계선은 V-패턴의 하단부보다 높은 지점에 형성된다.

(3) 기둥 패턴(columnar shaped pattern)

주상(column) 패턴이라고도 하며 부력작용에 의해 플룸이 위로 상승할 때 벽면에 수직상태로 식별되는 패턴이다. 일반적으로 삼각형 패턴이 발전하여 생성될 수 있고 V-패턴으로 성장할 수도 있다.

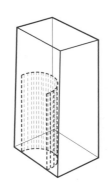
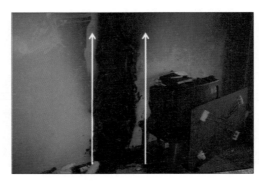

기둥 패턴의 형태

(4) 삼각형패턴(triangle shaped pattern)

역원뿔형 패턴 또는 역콘형 패턴(inverted cone pattern)이라고도 한다.(아이스크림 콘을 엎어놓은 형태와 비슷하여 붙여진 이름으로 보인다. cone은 원뿔을 뜻하는 것으로 NFPA 921 에서는 역콘형 패턴 또는 삼각형 패턴으로 표현하고 있다.) 화재 초기 단계에 가연물이 적을 때 국부적으로 형성되거나 화염이 주변 가연물을 착화시킬 수 없을 만큼 에너지가 감소되었을 때 불완전연소 결과로 나타난다. 계단이나 복도 등에 신문지나 종이뭉치 등을 쌓아 놓고 호기심에 자행하는 불장난 현장에서 종종 포착되는 연소 형태이다. 그러나 잠재된 불씨에 가연물을 충분히 부여하면 V−패턴이나 U−패턴 등으로 전환되어 화재가 확산될 수 있다. 초기 소화활동이 빠르게 이루어진 현장과 연소가 비교적 짧은 시간에 이루어진 경우에 볼 수 있고 구획실 안에서는 드롭다운(drop down)[3]으로 인해 발생하는 경우도 있다. 드롭다운이란 벽이나 천장에서 이미 착화된 물체가 바닥으로 떨어지면서 화재가 확산되는 현상이다. 테니스나 배드민턴 게임에서 드롭샷(drop shot)이란 말을 들어본 적이 있는가. 상대방이 친 공을 되받아칠 때 공이 네트를 넘자마자 뚝 떨어지게 하는 타법으로 드롭다운과 드롭샷은 예상치 못한 상황에서 아래로 떨어지는 현상이라는 공통점을 가지고 있다.

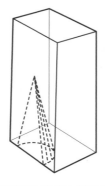

삼각형 패턴은 가연물이 적거나 불완전연소했을 때 또는 짧은 시간에 연소가 이루어진 경우에 볼 수 있다.

---

3 드롭다운: 연소 중인 물체가 떨어지거나 무너지면서 화재가 확산되는 것으로 폴다운과 동의어(The spread of fire by the dropping or falling of burning materials. Synonymous with "fall down.") NFPA 921, 2014 edition

(5) 원형패턴(circular shaped pattern)

천장이나 식탁, 거실 테이블이나 선반과 같은 수평 평면의 아래쪽에 형성되는 화재패턴이다. 화재가 실내 중앙에서 일어난 경우 천장면에 더욱 뚜렷한 원형패턴을 남길 수 있다. 그러나 벽과 가까운 곳에서 발화하였다면 플룸이 수직상승하더라도 벽에 의해 제한을 받기 때문에 천장에는 반원형 또는 옆으로 길게 늘어난 타원형패턴으로 보이는 경우가 있다. 원형패턴의 중심부는 열을 지속적으로 받았다는 증거가 될 수 있으며 열분해가 심할 경우 천장 내부 콘크리트 구조물의 박리 또는 폭열이 나타날 수도 있다. 만약 천장이나 수평면 테이블 아래쪽에서 원형패턴이나 타원형패턴이 발견된다면 바로 그 중심부 아래는 발화원 또는 강한 열원이 작용했다는 것을 알 수 있다.

천장에 원형패턴이 식별된다면 직하단부가 발화지점이거나 강력한 열원이 작용했다는 것을 알 수 있다.

플룸이 벽에 의해 제한을 받았을 때 천장에 만들어진 타원형패턴

(6) 모래시계패턴(hourglass pattern)

화염의 하단부에는 역 V-패턴(A패턴이라고도 함)이 만들어지고 화염 위의 플룸 영역은 V-패턴이 생성되어 이들의 결합된 형태가 마치 모래시계처럼 보이는 화재패턴이다. 화염의 성장과 함께 플룸이 수직 상승할 때 수직 표면(벽)의 중간이 좁혀졌다가 고온가스 영역이 확대 됨으로써 나타나는 패턴이다. 모래시계패턴은 우레탄 폼이나 발화성 액체 등 높은 에너지가 연 소할 때 나타나는 패턴일 수 있다.[4] 모래시계패턴은 상하가 대칭을 이루기도 하지만 하단부보 다는 화염이 왕성하게 확대되는 상단부가 더 크게 비대칭 상태로 발견되기도 한다.

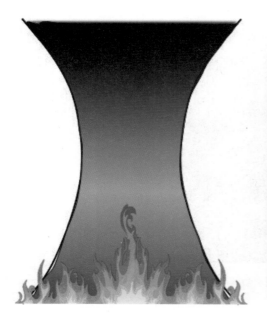 

모래시계 패턴

(7) 끝이 잘린 원추 패턴(truncated cone pattern)

끝이 잘린 원추 패턴은 수직 벽에 나타난 V-패턴, U-패턴 등과 수평면인 천장의 원형패 턴 등 2차원적인 패턴들이 결합되어 수직면과 수평면에 모두 나타나는 3차원 화재패턴(three dimensional fire pattern)이다. 쉽게 말해 하나 이상의 2차원 패턴들이 합쳐지면 3차원 형태 가 만들어진다. 모서리 부분에서 플룸이 수직 상승을 하다가 천장에 의해 제한을 받으면 끝이 잘린 원추 패턴이 천장에 형성되고 좌우 벽면에 V-패턴이 생성된 것은 3차원 화재패턴의 전형 적인 모습이다.

---

[4] David J. Icove ph. D(2006). Hourglass burn patterns : A scientific explanation for their formation.

Chapter
01

Chapter
02

Chapter
03

Chapter
04

Chapter
05

Chapter
06

Chapter
07

Chapter
08

Chapter
09

Chapter
10

Chapter
11

Chapter
12

Chapter
13

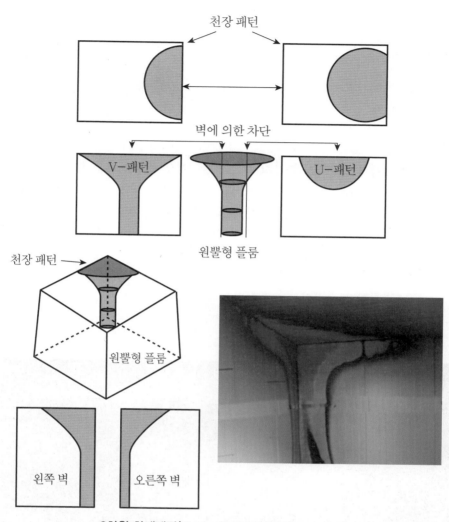

3차원 화재패턴(Three dimensional fire pattern)

3차원 패턴 연소실험

② 바닥의 연소 흔적

(1) 불규칙 패턴(irregular pattern)

불규칙 패턴은 주로 바닥에 나타나는 연소 형태를 의미한다. 일반적으로 이 패턴은 인화성 촉진제를 사용했을 때 쉽게 볼 수 있지만 인화성 액체의 연소현상에만 국한된 것은 아니라는 점을 말하고 싶다. 플래시오버로 인해 화염이 커지면 커튼이나 천장재 등 가연물이 바닥으로 떨어져 카펫 등에 옮겨 붙어 불규칙하게 연소된 형태를 남기기도 한다. 또한 화재가 장시간 지속되거나 건물이 붕괴된 경우에도 불규칙 패턴이 발생할 수 있다. 고온가스와 화염에 의해 고분자 플라스틱 물질이 연소하면 인화성 액체 생성물과 비슷한 냄새가 나고 바닥 장판이 비닐, 섬유류 등과 뒤엉켜 연소함으로써 얼마든지 불규칙 패턴을 생성할 수 있기 때문이다. 바닥에 옷감이나 책자 등이 헝클어진 상태로 바닥을 보호하고 있다면 부드러운 곡선 형태의 불규칙 패턴은 쉽게 만들어지기도 한다. 이 현상은 실내에 복사열이 가연물을 착화시키기에 충분하거나 플래시오버와 같이 강력한 화염이 덮쳤을 때 더욱 뚜렷하게 확인될 수 있다. 인화성 액체는 바닥에 쏟아지는 순간부터 불규칙적으로 흩어지고 주변으로 번지므로 포어 패턴과 스플래시 패턴도 넓은 의미에서 불규칙 패턴의 범주에 해당한다.

불규칙 패턴은 인화성 액체가 연소한 것이 아니더라도 얼마든지 바닥에서 형성될 수 있다.

(2) 포어 패턴(pour pattern)

인화성 액체가 바닥에 쏟아졌을 때 쏟아진 부분과 쏟아지지 않은 부분의 탄화경계 흔적을 포어 패턴이라고 한다. 이 형태는 화재가 진행되면서 액체 가연물이 있는 곳은 다른 곳보다 연소가 강하기 때문에 탄화 정도의 강약에 의해 구분된다. 때로는 액체가 자연스럽게 낮은 곳으

Step 02 | 화재패턴의 종류

Chapter
01
Chapter
02
Chapter
03
Chapter
04
Chapter
05
Chapter
06
Chapter
07
Chapter
08
Chapter
09
Chapter
10
Chapter
11
Chapter
12
Chapter
13

로 흘러 들어가 부드러운 곡선 형태를 나타내기도 하고 쏟아진 모양 그대로 불규칙한 형태를 나타내기도 하는데 연소된 부분과 연소되지 않은 부분에 뚜렷한 경계선이 남기 때문에 유류사용 여부에 대한 판단이 가능해진다. 인화성 액체가 바닥면에 흥건할 정도로 넓게 살포된 경우 쏟아진 부분의 장판재를 완전연소시켜 콘크리트 구조물이 드러난 형태로 남기도 한다. 포어 패턴은 의도적으로 뿌려졌거나 살포되었다는 의미로 사용되지만 앞서 이야기한 바와 같이 불규칙한 연소 패턴만 가지고 곧 유류가 뿌려진 것으로 오인하지 않도록 주의하여야 한다. 열가소성 플라스틱이 용융하면 액화된 후 연소할 때 불규칙하게 흘러내려 마치 인화성 액체를 사용한 것처럼 보이는 경우도 있다. 포어 패턴을 직역하면 마구 쏟아졌다는 의미에서 퍼붓기 패턴 또는 뿌려짐 패턴이라고도 한다.

포어 패턴(pour pattern)

(3) 스플래시 패턴(splash pattern)

액체 가연물이 연소할 때 발생한 열에 의해 스스로 가열되어 액면에서 끓으면서 주변으로 튄 액체가 포어 패턴의 미연소 부분에서 국부적으로 점처럼 연소된 흔적이다. 이 패턴은 주변으로 가연성 방울에 의해 생성되므로 약한 풍향에도 영향을 받는다. 바람이 부는 방향으로는 잘 생기지 않고 반대방향으로는 비교적 멀리까지 발생하는 것으로 알려져 있다.

스플래시 패턴(splash pattern)

(4) 도넛 패턴(doughnut shaped pattern)

　가연성 액체를 바닥에 뿌리고 착화시켰을 때 연소된 부분과 연소되지 않은 경계선이 마치 도넛 형태로 식별되는 패턴이다. 연소된 지역은 바깥쪽이 차지하고 미연소된 지역은 안쪽이 차지하는 형태로 바깥쪽과 안쪽의 탄화 형태를 합쳐보면 불규칙한 원형 모양이다. 도넛 패턴이 생성되는 이유는 가연성 액체가 살포된 중심부의 액체가 증발할 때 증발잠열의 냉각효과에 의해 보호되기 때문에 바깥 쪽 부분이 탄화되더라도 안쪽은 연소되지 않고 고리모양의 패턴을 만들어 내는 것이다. 유류가 뿌려진 지점으로 도넛과 같이 원형 모양을 유지하지 않더라도 유류의 가장자리 부분이 안쪽에 비해 강하게 연소한 흔적을 남기는 것이 일반적인 현상이다.

　아래 그림은 부직포 위에 가솔린을 뿌려 착화시킨 것으로 화재 초기에 가장자리 주변에서 착화되어 외부로 퍼져나가며 연소하는 반면 중앙 부분은 보호구역을 만들어 미연소 구역임을 알 수 있다. 그러나 연소가 지속되면 미연소 구역도 착화되어 주변으로 확산될 것이고 결과적으로는 그을리거나 완전연소하게 된다. 도넛 패턴은 장판이나 부직포 등 가연물 위에 가연성 액체를 뿌렸을 때 잠시 나타나는 유류만의 독특한 현상으로 실제 화재현장에서는 찾아보기 어렵다. 미국에서는 도넛 패턴을 마치 고리형태의 반지처럼 보인다고 하여 반지모양(ring shape) 또는 헤일로우 패턴(halo pattern)이라고도 표현하고 있다.

Chapter
01

Chapter
02

Chapter
03

Chapter
04

Chapter
05

Chapter
06

Chapter
07

Chapter
08

Chapter
09

Chapter
10

Chapter
11

Chapter
12

Chapter
13

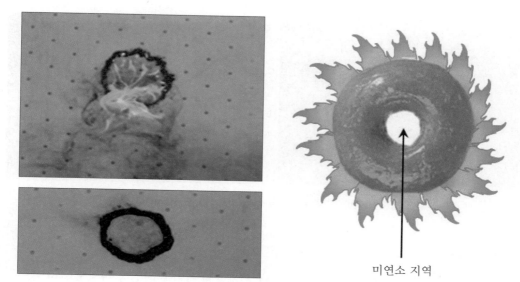

미연소 지역

도넛 패턴(Doughnut pattern)

(5) 고스트 마크(ghost mark)

콘크리트나 시멘트 바닥에 비닐 타일 등이 접착제로 부착되어 있을 때 그 위로 석유류의 액체 가연물이 쏟아져 연소하면 액체 가연물은 타일 사이로 스며들어 부분적으로 접착제를 용해시키고 타일의 모서리를 들뜨게 한다. 이 상태에서 화염이 구획실 안에 가득차면 접착제로 접합된 타일의 틈새가 다른 곳보다 더욱 격렬하게 연소를 일으키고 타일 아래 바닥은 국부적으로 변색되며 접착제가 훼손된 상태로 남는데 이때 바닥에 형성된 흔적을 고스트 마크[5] 라고 한다. 사각형 타일이 연속적으로 붙어있는 구조라면 연소 후 바닥면에 사각형의 탄화흔 또는 얼룩진 형태를 볼 수 있을 것이다. 그러나 고스트 마크가 보이더라도 촉진제를 사용했다는 결정적인 지표가 될 수 없다. 플래시오버가 일어날 만큼 높은 열 유속이 형성되면 바닥재에도 영향을 미쳐 발생할 수 있기 때문이다. 고스트 마크는 바닥 타일 및 접착제 연소와 관련된 것으로 바닥에서만 나타나는 독특한 흔적이라고 Dehaan은 말하고 있는데 NFPA 921에서는 고스트 마크에 대한 내용이 없다.

---

[5] 고스트 마크(ghost mark): 타일 접착제의 용해 및 연소에 의해 생성된 바닥 타일의 얼룩진 윤곽들(Stained outlines of floor tiles produced by the dissolution and combustion of tile adhesive.) John D. Dehaan et al. 2011. Kirk's fire investigation.

콘크리트 바닥에 형성된 고스트 마크(John D. Dehaan. 2011)

(6) 틈새 패턴(seam pattern)

목재로 된 바닥재 사이의 연결부 또는 벽과 바닥의 틈새 사이로 가연성 액체가 흘러 들어간 경우 그 사이 공간에서 협소하게 탄 흔적을 틈새 패턴이라고 한다. 바닥 틈새는 쌀 한 톨도 들어가기 힘든 공간이지만 가연성 액체가 유입될 경우 특유의 연소 흔적을 남길 수 있다. 가연성 액체가 뿌려진 경우 평평한 마루표면은 빠른 시간에 증발하며 연소하지만 틈새에 고여 있는 액체는 화염의 위쪽으로 발생하는 드래프트 효과와 틈새 사이 곳곳에서 발생한 복사열로 인해 거센 화염을 유지하면서 다른 부분에 비해 좀 더 오랫동안 연소할 수 있다. 화재 초기에 주로 볼 수 있으며 연소 후에는 바닥재 틈새 사이로 화염이 자리 잡았던 탄화 형태가 남는다. 그러나 플래시오버와 같이 강한 화염을 받으면 탄화 형태가 사라질 수 있어 화재패턴 추적에 어려움이 발생할 수 있다.

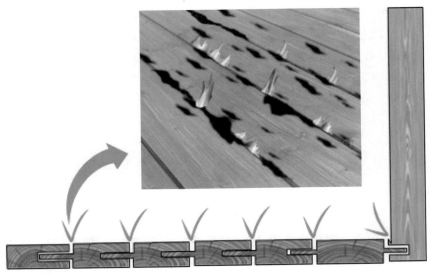

틈새 패턴은 가연성 액체의 드래프트 효과와 복사열로 인해 오랫동안 연소할 수 있다.

(7) 트레일러 패턴(trailer pattern)

의도적으로 불을 지르기 위해 건물 외부에서 내부로 연결시킨 가연물의 발견 또는 실내 거실에서 다른 방으로 연소 확대시키기 위해 인화성 액체에 적신 가연물을 길게 늘여놓은 연소 상황 등은 수평적으로 좁고 길게 나타나는 트레일러 패턴[6]의 특징이다. 트레일러를 조작하기 위해 사용하는 촉진제에는 가솔린, 시너, 알코올 등 가연성 액체가 많이 사용되며 구획실과 구획실 사이 통로를 연결하기 위한 도화선은 두루마리 화장지, 신문이나 종이더미, 짚단, 섬유류 등이 주로 현장에서 발견된다. 촉진제와 도화선의 조합은 트레일러를 만드는데 필수적인 재료인 셈이다. 2층 거실을 표적으로 삼고 1층에서 발화시킨 경우 2층으로 올라가는 계단에 미리 두루마리 화장지나 신문지 등을 바닥에 길게 연결시킨 후 그 위에 가솔린을 뿌리고 착화시키는 방법은 현장에서 발견되는 일반적인 수법이다. 눈길을 끄는 것은 도화선으로 쓰인 가연물의 양과 성분, 촉진제의 종류, 도화선의 길이 등에 따라 다르겠지만 화염전파속도는 의도했던 것처럼 쉽게 연소확대되지 않는 경우도 있는 점이다. 바닥이 흥건할 정도로 촉진제를 사용하지 않았다면 섬유류에 촉진제를 첨가하더라도 가연성 증기의 증발로 일반적인 연소 수준을 넘지 못한다. 화재현장에서 소방관들에 의해 발견되는 미연소된 도화선 조작 흔적은 이를 입증한 결과로 볼 수 있다. 흙 고랑을 50m 길이로 파놓고 가솔린을 뿌린 후 즉시 착화시켰지만 20m를 채 가지 못해 화염이 전파되지 않은 실험결과도 있는데 가솔린 증기의 증발이 생각보다 빠르게 진행된 결과였다. 트레일러 패턴의 발견은 계획된 방화임을 알려주는 강력한 지표로 쓰일 수 있다.

트레일러 패턴은 연소 중에 소방관들에 의해 발견되기도 한다.

---

[6] 트레일러 패턴(trailer pattern): 구조물에 화재를 확산시키기 위해 사용된 빠르게 연소하는 물질의 긴 흔적(long trails of fast burning materials used to spread a fire throughout a structure.) John D. Dehaan. 2011.

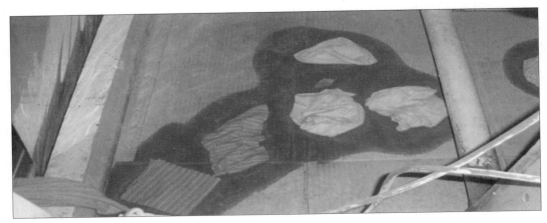

옷감류에 가솔린을 적셔 밖에서 안으로 길게 늘어뜨린 트레일러 패턴

(8) 낮은 연소 패턴(low burn pattern)

　가장 낮은 지역에서 심하게 탄 현상을 낮은 연소 패턴이라고 한다. 일반적으로 발화가 일어나면 화염은 수직 상승하므로 벽과 천장은 바닥보다 더 심하게 연소된 형태를 보이기 마련이다. 그럼에도 불구하고 특정 지역에서 바닥이 심하게 연소했다면 인화성 촉진제가 사용되었거나 플래시오버와 같이 거센 화염을 받은 것으로 해석할 수 있다. 주의할 점은 그 지역의 바닥재가 다른 곳보다 연소성이 강한 재질일 수도 있고 화재로 인한 붕괴 또는 드롭다운(drop down)에 의해 연소가 활발하게 촉진되었을 가능성 등을 종합적으로 판단하여야 한다. 촉진제를 사용했거나 플래시오버 같이 강력한 화염이 없다면 낮은 연소 패턴은 발생하기 어렵다.

탁자의 우측 다리가 소실되었고(좌) 다른 가연물에 비해 탁자가 완전 소실된 경우(우) 낮은 연소 패턴은 주변 상황을 살펴 종합적으로 판단하여야 한다.

(9) 다중연소 패턴(multiple burn pattern)

　발화점이 각각 별개로 2개소 이상 식별되는 화재패턴이다. 짧은 시간에 동시다발적으로 빠른 연소 확대를 노린 것으로 범죄목적 달성을 위한 방화 수단으로 쓰인 흔적이다. 국내에서는 각기 다른 발화지점을 의미한다는 뜻으로 독립연소 패턴이라고도 한다. 화염의 이동은 한 곳의 발화지점에서 고온가스가 일정한 흐름을 타고 주변으로 퍼져나가는 규칙을 따르고 있음에도 불구하고 연소 확대된 경로가 부자연스럽고 발화지점이 2개 이상 독립적으로 확인된다면 방화의 유력한 증거로 진단해도 무방하다. 특히 벽과 천장이 밀폐된 구획실은 건물이 붕괴되거나 벽체가 무너지는 등 특별한 변수가 없는 한 화염이 넘어갈 수 없다. 극단적으로 개구부를 통해 화염이 넘어가더라도 고온가스층의 이동경로가 자연스럽게 인식될 뿐 별도의 다중연소 패턴은 만들어지지 않는다.

안방 침대와 바닥에서 발화지점이 2개소이며(좌) 안방과 연결된 거실 바닥(우)에서도 발화지점이 확인된다면 다중연소 패턴을 의심할 수 있다.

③ 물체에 나타나는 연소 흔적

(1) 바늘 및 화살 패턴(pointer and arrow pattern)

바늘 및 화살 패턴은 목재나 알루미늄 등이 타거나 녹아서 부분적으로 남아있는 물체의 단면이 마치 바늘이나 화살처럼 뾰족하게 보이는 연소 형태이다. 목재로 된 책상, 의자, 식탁 등의 다리가 부분적으로 소실된 경우 나타날 수 있는데 의자의 하단부에서 발화가 개시되면 화염의 방향으로 의자가 소실되는 과정에서 목재는 화염과 접촉한 부분부터 연소함에 따라 의자 다리부분의 잔해는 마치 바늘이나 화살모양처럼 존재하는 경우가 있다. 따라서 패턴의 화살모양이 짧고 뾰족하거나 격렬하게 탄화된 곳일수록 발화지점과 가깝다는 것을 알 수 있다.

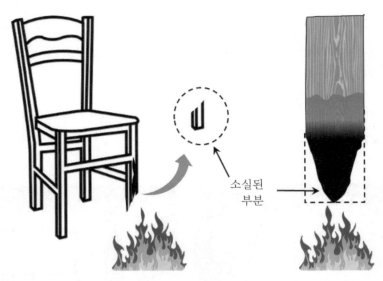

열원과 가까운 물체가 수직으로 연소한 경우 화살 패턴이 만들어질 수 있다.

발화부와 인접한 식탁의자가 소실된 형태

　　화살모양 패턴은 목재로 된 샛기둥처럼 수직상태로 여러 개가 연속하여 설치된 경우에도 어렵지 않게 관찰될 수 있다. 아래 그림은 여러 개의 성냥개비를 순차적으로 세워 놓은 것으로 열원과 가까운 성냥개비의 단면 소실이 가장 크고 열원과 멀어질수록 소실이 적어 탄화된 높이와 소실 정도에서 확연한 차이를 보여주고 있다. 화재현장에서 기둥이나 수직재인 목재가 순차적으로 배열된 상태에서 이처럼 성냥개비와 같은 연소 형태가 관찰된다면 열원의 방향을 알려주는 단서가 될 수 있다.

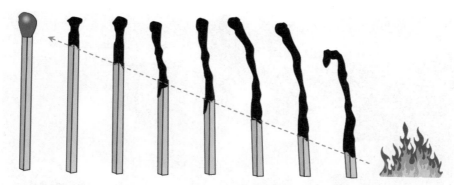

수직재가 순차적으로 연소한 경우 남아있는 단면을 통해 열원의 방향을 판단할 수 있다.

(2) 열그림자 패턴(heat shadowing pattern)

사물이 위치했던 지점이 열로부터 보호될 경우 그 사물을 제거했더라도 그 바닥지점은 원형상태로 보존되어 그림자를 남길 때 인식되는 화재패턴이다. 화염이 활성화되면 상승작용을 일으켜 상대적으로 바닥은 화염의 영향을 적게 받는다. 이때 화재구역 안에 있는 물체들이 연소하더라도 바닥면은 복사열로부터 보호되어 물체의 형태와 위치를 판단할 수 있는 단서를 제공한다. 화재진압 중 소방관에 의해 의자와 식탁, 책상 등이 이동되더라도 바닥에 남겨진 열그림자를 추적해 어떤 물체가 있었는지 확인될 수 있는 경우도 있다. 가연성 또는 불연성 물질을 가리지 않고 열로부터 보호된 바닥면이 남아 있으면 물체의 증명이 가능해진다.

물체에 의해 보호된 지역은 어떤 형태의 물건이 있었는지 알려주는 단서가 된다.(이영병. 2008)

167

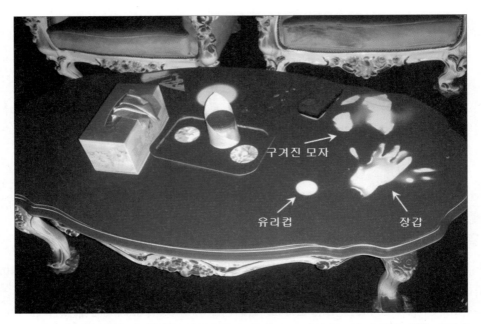

무겁게 그을음이 깔린 탁자 위에 남겨진 장갑, 유리컵, 모자의 열그림자 패턴. 방화 용의자
가 가솔린을 이용하여 모텔에 불을 지른 후 자신의 모자와 장갑을 현장에 남겨 결정적 증거
로 작용하였다.

(3) 완전연소 패턴(clean burn pattern)

완전연소[7] 패턴은 금속이나 콘크리트 등 불연성 물질의 표면에 남겨진 밝게 산화된 흔적이
다. 물체의 특정한 표면이 직접적으로 강한 화염접촉이나 복사열에 의해 그을음까지 날려버림
으로써 밝고 깨끗한 형태를 보이는데 완전연소 패턴이 형성되려면 표면의 화염온도가 500℃
이상이 되어야 한다. 완전연소 패턴이 발견된 지점은 적어도 강한 열이 지속적으로 작용했음을
알려주는 단서가 될 수 있지만 반드시 발화지점을 의미하는 것은 아니라는 점도 감안하여야 한
다. 환기가 원활하게 순환되는 지점은 발화지점이 아니더라도 그을음 등을 깨끗이 산화시켜 완
전연소 패턴을 만들어내는 경우가 있기 때문이다. 아래 사진은 환기가 순조롭게 이루어진 철재
출입문의 산화현상을 나타낸 것이다. 완전연소 패턴은 깨끗하게 연소했다는 의미와 밝고 하얗
게 연소했다는 뜻으로 실무에서 백화현상이라고 표현하기도 한다.

---

[7] 완전연소(clean burn): 벽이나 천장에서 연소한 유기 잔유물들이 화염과 직접 접촉으로 사라진 것(An area of wall or ceiling where
the charred organic residues have been burned away by direct flame contact.) John D. Dehaan, 2011.

금속 철재문 상단에 흰색으로 밝게 빛나는 완전연소 패턴은 오랜 시간 화염과 접촉했음을 알려주는 단서가 된다.

콘크리트 벽의 백화현상을 통해 우측이 좌측보다 오랜 시간 화염에 노출된 것임을 판단할 수 있다. (조천묵. 2008)

(4) 고온가스층에 의한 패턴(hot gas layer generated pattern)

플래시오버 상황 바로 직전에 복사열에 의해 가연물의 표면이 손상을 받았을 때 나타나는 패턴이다. 실내가 완전히 화재로 뒤덮이면 바닥도 복사열로 인해 손상받지만 소파나 책상 등 물체에 가려진 바닥은 보호구역으로 남는다. 이 패턴은 가스층의 높이와 이동방향을 나타내며 복사열의 영향을 받지 않는 지역을 제외하면 손상 정도는 일반적으로 균일하게 나타난다. 만약 출입구가 1/4 정도 개방되어 있다면 고온가스 중 일부는 밖으로 퍼져 나가겠지만 고온가스층은 출입문에 불균일하게 비대칭적인 흔적을 남긴다. 경첩과 가까이 접한 안쪽 부분으로는 고온가스층이 계속 쌓여 내려오지만 차가운 공기가 유입될 수 있는 바깥쪽은 고온가스층이 내려오기 어려워 출입문의 안쪽과 바깥쪽은 비대칭적일 수밖에 없다. 그러나 문이 온전히 닫혀 있었다면 고온가스층이 벽을 따라 균일하게 내려온 연소 형태를 보인다. 고온가스층에 의해 출입문에 만들어진 연소 흔적은 화염이 어느 방향으로부터 시작되어 어디로 향했는지 어렵지 않게 파악할 수 있는 근거를 제공받을 수 있다.

문이 열려있는 경우(좌) 안쪽에 탄화가 깊고 바깥쪽으로 솟구쳐 뻗쳐 나간 형태를 보이며 문이 닫혀있는 경우(우) 위에서 아래로 균일하게 탄화된 형태를 나타낸다.

고온가스층은 화재가 크고, 방이 작을수록 빠르게 두터워지며 문틈이나 창문 틈새 등을 통해 밖으로 유출된다. 밖으로 배출된 가스층은 또다시 다른 구역으로 들어가 천장부터 아래쪽으로 고온가스층을 채우게 된다. 따라서 고온가스층이 아래쪽으로 두텁게 덮인 지역은 발화가 먼저 개시된 구역임을 알 수 있고 가스층이 낮게 내려온 지역은 상대적으로 뒤늦게 연소가 확산된 지역임을 알려주는 지표가 된다.

고온가스층이 1/2 이상 아래로 내려와 일정시간 연소가 진행된 구역임을 알 수 있다.

고온가스층이 천장으로부터 낮게 깔려 있어 늦게 연소가 확산된 지역임을 알 수 있다.

(5) 환기에 의해 생성된 패턴(ventilation generated pattern)

열린 창문이나 출입구를 통해 신선한 공기가 유입된다면 화재패턴의 위치와 모양, 크기에도 영향을 미칠 수밖에 없다. 콘크리트 벽에 박리가 일어나거나 금속이 용융될 수 있고 발화지점이 아니더라도 용이하게 연소할 수 있는 가연물이 모여 있다면 마치 발화지점처럼 보일 수 있다. 따라서 연소가 심한 구역이라면 환기의 작용 여부를 살펴보아야 한다. 환기가 양호한 지역은 열방출률이 높거나 장시간 열에 노출된 것을 알려주는 단서가 된다. 화재가 발생한 구획실의 문이 닫혀 있더라도 고온가스층은 문의 상단 틈새를 통해 밖으로 유출될 수 있고 문의 하단부를 통해 신선한 공기가 유입되어 한동안 연소를 지속할 것이다. 화염이 지속적으로 성장하면 문의 상단과 하단부에서 고온가스층이 동시에 뿜어져 나올 것이다. 문이 닫혀있더라도 고온가스의 유출과 공기의 유입이 이루어지는 호흡작용이 일어나는 것이다.

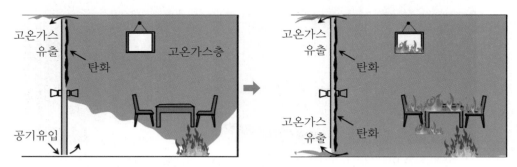

출입문이 닫힌 상황에서 고온가스의 유출과 공기의 유입이 일어나는 과정

(6) 소화활동으로 인한 패턴(suppression generated pattern)

소방관들의 소화활동으로 화재패턴이 만들어지거나 변경될 수 있다. 특히 지붕과 벽 등 개구부를 파괴할 경우 환기효과를 불러 일으켜 인위적인 손상 패턴이 만들어질 수 있고 직사주수로 벽과 천장에 물을 다량 분사할 경우 압력에 의해 침착된 그을음이 씻겨나가 마치 열에 노출된 부위처럼 밝게 보일 수도 있다. 물건의 파헤침이나 이동은 물체에 남겨진 화재패턴을 분산시켜, 파악하는 데 혼란이 가중될 우려도 있다. 발화지점 부근의 천장 마감재를 불가피하게 뜯어내 제거했다면 천장에 형성되었을지도 모르는 원형패턴이 유실될 것이며 이미 깨져있는 유리창을 소방관들이 재차 파괴했다면 외부인의 침입 여부를 판단하는 데 혼선이 빚어질 우려가 있다. 화재진압 활동과 화재조사는 동전의 양면과 같아 어느 하나도 소홀히 할 수 없으므로 화재패턴의 해석은 소화활동을 실시한 소방관들의 의견과 활동내역을 충분히 받아서 실시하여야 한다.

좌측 벽지가 소화수 접촉으로 찢겨 나갔고 천장 마감재가 파괴활동으로 뜯겨 나가 벽과 천장의 연소패턴 조합은 화재진압에 참여한 소방관의 의견을 반영할 필요가 있다.

Step 03 발화부를 암시하는 지표들

화재나 폭발이 발생하면 다양하게 남겨진 직·간접증거를 추적하여 사건의 전후 관계를 밝혀내는 과정을 거친다. 건물이 완전히 붕괴되지 않았다면 수많은 화재패턴과 물리적 증거가 남기 마련이고 이를 통해 사건의 실마리를 풀어가려는 고도의 기술이 발휘된다. 종종 사소한 증거가 사건 전체를 풀어 나가는 데 결정적 역할을 차지하는 경우를 생각한다면 다양한 지표들을 놓치지 않고 수집하려는 통찰력이 요구된다.

① 경계선 및 경계영역

경계선 또는 경계영역은 화재로 인해 다양한 물질이 연소된 결과 열과 연기 영향의 차이를 정의하는 경계이다. 보통 열처리 경계선(heat treatment lines of demarcation)으로 불리고 있는데 열에 집중적으로 노출된 곳은 밝은 색을 띠고 화염에서 발생한 연기의 생성영역과 구분이 되고 있다. 경계선은 화염의 세기와 물질의 연소 특성에 따라 크기와 색상을 달리하며 발화지점에서 화염이 멀리 퍼져나간 방향성을 남긴다. V-패턴, U-패턴 등 다양한 화재패턴의 종류도 따지고 보면 열처리 경계선이나 경계영역을 구분짓는 지표들인 것이다. 경계선이 발생하는 이유는 열방출률과 화염의 온도, 환기 상태, 물질이 열에 노출된 시간 등 여러 가지 변수가 작용하여 복합적으로 작용했기 때문이다. 열에 오랫동안 노출되었다면 소화활동이 행해졌더라도 경계선이 뚜렷하게 남는다.

계단 모서리에 가연물을 모아놓고 불을 지른 발화지점에서 소화활동이 이루어졌으나 뚜렷이 열처리 경계선이 남았다.

② 물질의 용융과 변형

물질의 용융과 변형은 화염접촉에 의한 물리적인 변화이다. 용융은 녹는다는 것으로 고체보다 에너지 상태가 더 높고 분자배열이 느슨하며 분자 간의 응력이 약한 액체 상태로 변화하는 것을 말한다. 결정질의 고체는 일정한 온도에 도달하면 갑자기 녹기 시작하며 고체가 전부 녹을 때까지 일정하게 온도를 유지하는 가열곡선을 가지고 있다.

고체의 가열냉각곡선을 보면 온도가 상승하다가 일정해질 때의 온도를 녹는점이라고 하며 이때 고체가 액체로 상태 변화를 일으킨다. 가열을 멈추고 냉각시키면 온도가 내려가다가 일정해지는 구간이 나타나는데 이때의 온도는 어는점이라고 하며 액체가 고체로 상태 변화를 한다. 순수한 물질의 경우 녹는점과 어는점이 같다. 그러나 혼합물은 순수한 액체의 끓는점보다 높은 온도에서 끓기 시작한다. 고체가 액체의 기화를 방해하기 때문이다. 따라서 끓는 동안 온도는 계속 높아진다. 순수한 액체인 물은 100℃에서 끓기 시작하며 끓는 동안 온도가 일정하지만 혼합물인 소금물은 100℃보다 높은 온도에서 끓기 시작하고 끓는 동안 온도가 높아진다. 달걀을 삶을 때 소금을 넣으면 더 빨리 익는 것과 라면을 끓일 때 스프를 먼저 넣고 물을 끓인 후 면을 넣으면 더 빨리 면이 익는 것은 온도가 계속 높아졌기 때문이다. 한편 냉각과정은 다르다. 혼합물은 순수한 액체의 어는점보다 낮은 온도에서 얼기 시작한다. 이것은 고체가 액체의 응고를 방해하기 때문으로 어는 동안 온도가 계속 낮아진다. 물은 0℃에서 얼기 시작하며 어는 동안 온도가 일정하지만 소금물은 0℃보다 낮은 온도에서 얼기 시작하고 어는 동안 온도가 낮아진다. 추운 겨울에 강물은 쉽게 얼지만 바닷물은 쉽사리 얼지 않는 사실은 이 때문이다.

물질에 용융과 변형이 일어나면 질량이 감소함에 따라 화재 당시 온도를 가늠할 수 있는 판단 근거로 쓰일 수 있다. 열가소성 플라스틱은 약 100℃에서 연화 또는 용융하며 400~500℃에서 발화한다. 열경화성 수지는 약 400℃에서 연화 또는 용융하며 450~700℃에서 발화한다. 녹은 형태를 관찰하면 열과 접촉한 방향으로 녹거나 흘러내린 것을 알 수 있고 열의 강도를 판단할 수 있다.

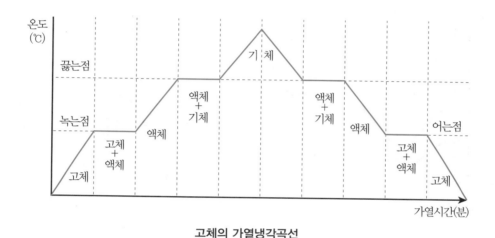

고체의 가열냉각곡선

〔표 6-1〕 주요 플라스틱의 연화온도

종 류	연화온도	종 류	연화온도
경질폴리염화비닐	60~100℃	폴리에틸렌	100~120℃
연질폴리염화비닐	60~120℃	폴리프로필렌	160~170℃
폴리스티렌	70~90℃	폴리카보네이트	200~240℃

금속류는 열을 받으면 변색되고 연화·용융되며 수열 정도에 따라 연소의 강약을 나타낸다. 금속은 단일 성분보다 합금류가 많지만 일반적으로 수열에 의해 붉은색으로부터 청색으로 변화되는 과정을 보이며 연소가 강할수록 백색으로 빛이 바랜다. 금속은 고유의 용융점에 이르게 되면 녹기 시작하므로 연소의 방향성 판단에 도움이 될 수 있다. 금속재는 일반 가연성 고체 물질과 달리 불연성 재질로서 독특한 변형을 일으킨다. 특히 수직재인 기둥이 열을 받으면 자체 하중으로 인해 좌굴(挫屈, buckling)[8]을 일으키는데 길이가 긴 기둥이 짧은 기둥에 비해 보

---

8 좌굴(buckling): 수직 또는 수평방향으로 압력을 받는 기둥이나 판이 하중의 일정치를 초과하면 휘어지는 현상. 이때 좌굴이 발생하는 하중을 좌굴하중(critical load) 또는 임계하중이라고 한다.

다 쉽게 좌굴한다. 화재조사에서는 이를 만곡(彎曲, curvature)이라고 한다. 만곡이 발생하는 원인은 열로 인해 금속에 팽창과 수축이 발생하여 하중이 버티는 임계하중을 벗어났기 때문이다. 금속 기둥의 만곡은 열을 받은 쪽으로 팽창이 일어나고 동시에 반대쪽으로 수축이 일어나 화염의 반대방향으로 휘는 것으로 알려져 있지만 화재현장에서 만곡의 방향성은 일정하지 않으며 오히려 화염의 방향과 관계없이 불규칙하게 형성된 것을 흔히 볼 수 있다. 그 이유는 열을 받은 반대방향으로 휘게 될 때 또 다른 어느 지점에서는 편심하중이 작용할 수밖에 없어 2차 만곡을 동반하는 경우가 많기 때문이다. 이러한 현상은 금속 재료의 강도와 무관하게 구조물의 형상에 의해 좌우되는 경향이 크므로 연소방향성 판단에 있어 면밀한 관찰이 요구된다.

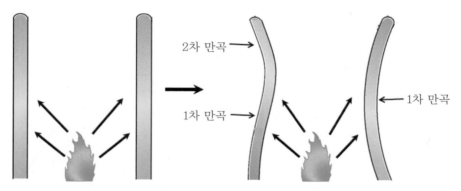

금속재 기둥은 열을 받은 반대방향으로 만곡이 일어나지만 편심하중에 의해 2차 만곡을 동반하는 경우가 많다.

천장 마감재인 텍스(tex)를 고정하기 위해 설치된 격자 금속편이나 철재 등 수평재는 수직재와 달리 열을 받은 방향으로 휘는 만곡이 일어난다. 수열을 받은 쪽으로 팽창이 일어나는 점은 수직재와 동일하지만 중력작용에 의해 열의 방향인 지면으로 처진다는 점에서 차이가 있다. 파이프에 일정한 곡률을 주어 설치한 비닐하우스 철골조에서 화재가 발생했을 때 흔히 볼 수 있고 열과 오래 접촉할수록 만곡은 심하게 일어나며 붕괴에 이를 수 있다.

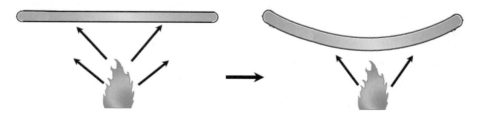

수평재로 사용된 금속은 화염과 접촉한 방향으로 만곡이 일어난다.

③ 목재의 균열흔

목재는 화재현장에서 가장 흔하게 볼 수 있는 가연물이다. 대단면의 목재는 표면이 착화·연소하더라도 연소되는 부분에 탄화층이 차열성을 갖고 있어 표면에서 연소하는 에너지가 그 심재에 미칠 때까지는 일정 시간을 필요로 한다. 목조주택에서 화재가 발생하더라도 즉시 붕괴되지 않는 것은 이처럼 심재가 내력을 유지하기 때문이다. 목재의 탄화심도 측정은 연소의 방향성을 판단하는데 유용하지만 화재에 노출된 시간을 알려주는 지표는 될 수 없다.

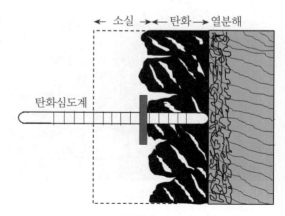

목재의 탄화심도 측정방법

열원과 가까울수록 탄화심도는 깊고 열원과 멀어질수록 탄화심도가 깊지 않으므로 연소의 방향성 판단에 도움을 주는데 국한된다. 탄화심도 측정은 목재의 측정점이 동일한 지점에서 동일한 압력으로 탄화심도계를 직각으로 삽입하여 철(凸) 부분을 측정하여야 하며 남아 있는 깊이와 소실된 깊이 전체를 측정하여 산정하여야 한다. 만약 목재의 4면이 모두 연소했다면 4면을 모두 측정하되 측정점은 10, 20, 30cm 등 일정한 간격을 두고 측정해 나가도록 한다. 목재가 가늘어져 측정이 곤란할 때는 연소되지 않은 부분의 지름을 측정하여 타고 남은 부분의 지름을 비교하여 산출한다. 소실된 부분과 탄화된 부분을 합산할 때 중심부까지 탄화된 것은 원형이 남아있어도 완전연소된 것으로 간주하여 산정한다. 열분해가 일어난 지역은 탄화심도 측정 시 제외된다.

목재 표면이 반짝거리며 악어 등처럼 직사각형으로 탄화된 형태를 엘리게이터링(alligatoring)[9] 패턴이라고 한다. 엘리게이터링은 화염이 빠르게 이동하며 신속하게 연소가 진행되었을 때 만들어지기도 하지만 열에 오래 노출될수록 반짝거리며 깊게 갈라진 형태로 발견된다. 목재 내부로 탄화가 진행된 깊이는 화염과 접촉한 시간 및 화염의 강도에 따라 다르지만 목재 단면에 남겨진 탄화된 지역과 열분해 지역의 경계선을 살펴보면 알 수 있다. 만약 화염이 급속히 성장하여 목재표면을 연소시켰다면 열분해 지역은 만들어지지 않거나 매우 짧게 나타날 것이다. 그 이유는 열이 전달되는 시간이 짧아 미처 열분해를 일으킬 수 없기 때문이다. 반대로 목재가 저온착화하는 것처럼 화염의 진행이 서서히 진행되었다면 탄화된 깊이가 깊고 열분해 지역도 경계선이 깊게 형성된 것을 확인할 수 있을 것이다. 일반적으로 강한 화염과 접촉한 목재는 굵은 균열흔을 나타내내고 서서히 발화가 진행된 상태라면 작고 미세한 균열흔을 나타낸다. 목재의 탄화심도를 측정하는 목적은 연소의 방향성과 연소의 강약을 판단하여 발화지점을 한정하기 위함이다.

---

9 엘리게이터링(alligatoring): 타버린 나무에 생긴 탄화된 직사각형 패턴(rectangular patterns of char formed on burned wood.)

열분해 경계선의 차이

느린 연소
(경계선이 깊다)

빠른 연소
(경계선이 짧다)

엘리게이터링 패턴

④ 석고보드의 하소

하소(calcination)란 물질을 태웠을 때 휘발성분이 없어져 재가 되는 것을 말한다. 주로 석고보드에서 발생하는 하소는 열에 어느 정도 노출되었는지를 판단할 수 있는 지표로서 하소심도가 깊으면 깊을수록 열이 강렬했음을 나타낸다. 탄화심도와 하소심도는 목재와 석고보드의 탄화 상태를 측정하기 위해 1950년대부터 유럽의 화재조사관들이 사용해 오던 방법이다. 탐침 장비로는 탐침자(탄화심도 측정기) 또는 버니어캘리퍼스(다이얼형, 디지털형) 등을 사용하여 깊이 측정을 통해 발화지역 및 화재해석을 공식화하는데 이용되어 왔다.

탐침자는 목재의 탄화심도 및 석고보드의 하소심도 측정에 적응성이 좋다.

다이얼형 캘리퍼스는 다이얼의 기어가 회전하면서 수치를 표시하여 가독성이 좋다.

석고보드의 특정 지점이 열에 오랜 시간 노출되면 그 부분이 하얗게 변하고 화학적으로 탈수되어 조밀성과 밀도가 감소해 푸석푸석한 상태로 변한다. 하소심도의 측정방법은 직접 단면

관찰(visual observation of cross sections) 또는 탐침조사(probe survey) 방법 2가지가 쓰이고 있다. 직접 단면관찰은 벽이나 천장의 일정 부분을 손으로 떼어내 하소된 층의 두께를 측정하고 관찰하는 방식을 취한다. 이 방식은 하소된 부위와 하소되지 않은 부위 사이의 경계선을 통해 하소된 깊이를 파악하고 열에 많이 노출된 지역을 판별하는데 사용하는 육안관찰 방법이다. 탐침조사는 탐침자 등 장비를 이용하여 석고보드의 단면에 직각으로 삽입하여 측정하는 것으로 측정을 할 때는 벽 또는 천장 등의 석고보드 표면을 따라 수평과 수직으로 일정한 간격을 두고 측정을 실시하여 하소된 범위를 좁혀 나가면서 집중적으로 열원에 노출된 구역을 파악하는 방식이다. 측정 시 주의할 점은 동일하게 압력을 가해 일정하게 측정을 하고 측정값 비교는 동일한 물질로만 하여야 한다는 것이다. 탐침자로 눌러 보았을 때 상대적인 저항력이 현저하게 느껴지지 않는다면 탈수된 상태임을 판단할 수 있는데 탈수가 되었다는 것은 석고보드에 함유된 수분이 열로 인해 완전히 증발하여 물질의 조밀성이 현격히 떨어진 것을 의미한다. 그러나 화재진압 과정에서 하소된 석고보드가 물을 많이 흡수하였다면 하소된 지점과 하소되지 않은 지점의 정확한 깊이를 측정하기 곤란해 질 수 있다는 점도 주의하여야 한다. 실제로 석고보드로 구획된 벌집 형태의 고시원에서 화재가 발생하여 하소심도를 측정한 일이 있었다. 발화가 일어난 구획실 면적은 불과 10m²에 불과했으나 소화수 접촉으로 인해 하소된 지점과 하소되지 않은 구역을 구분하기 곤란했고 측정도 어려웠다. 석고보드는 불연재로 불에 타지 않고 공기 중에 습기를 빨아들이는 성질인 흡습성이 적다고 알려졌으나 일단 물과 접촉하면 습기가 고착되고 작은 충격에도 쉽게 부서진다. 석고보드가 물과 접촉한 경우뿐만 아니라 지속적으로 열을 받게 되면 경화제가 열분해를 일으켜 표면에 금이 가고 기계적인 힘을 상실하여 벽면에서 이탈되어 측정이 불가능한 상황도 발생한다는 것을 함께 염두에 두어야 한다.

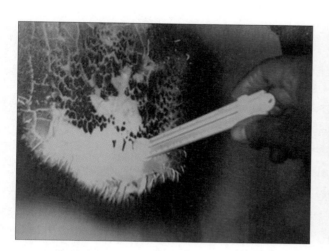

석고보드의 특정지점이 열에 오래 노출되면 하얀색으로 변하고(좌) 탈수되어 조밀성이 떨어지면 벽체로부터 이탈되는(우) 경우가 있다.

179

⑤ 유리의 파단면 해석

모래에 풍부하게 들어있는 규사(SiO_2)에 소다와 석회를 혼합하여 가열하면 액체 유리가 되는데 이것을 순간적으로 냉각시키면 투명한 유리가 된다. 이렇게 생성된 유리를 딱딱한 고체로 인식할 수 있으나 CHAPTER 02(물질의 연소특성)에서 언급한대로 유리는 응고점 이하로 냉각시킨 것으로 본질은 액체이다. 유리가 물리적 압력에 의해 깨질 경우 방사상(放射狀, radial)[10]과 동심원(同心圓, concentric)[11] 형태로 금이 가는 특징이 있다. 방사형 균열은 충격지점으로부터 사방으로 금이 뻗친 형태를 보이며 동심원 균열은 충격지점 주위에서 원형으로 확대된 모양을 나타낸다. 유리가 방사상으로 깨지는 원리는 충격을 받았을 때 앞면은 압축응력이 일어나고 뒷면은 인장응력이 작용하기 때문이다. 유리의 인장강도는 압축강도보다 훨씬 작기 때문에 인장응력 하에서 유리가 깨지는 것이며 압축응력으로부터 먼 쪽(뒷면)에서 균열이 시작된다. 유리가 충격을 받으면 대부분 방사상으로 깨지는 것이 일반적인데 간혹 동심원 형태로 깨지는 원인은 무엇 때문일까. 유리로 전달되는 운동에너지가 방사상 균열로 충족될 수 없을 때 동심원 균열이 일어나기 때문이다.

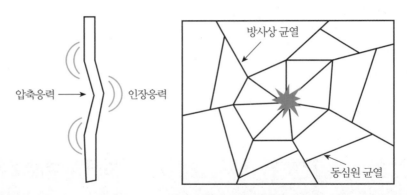

유리가 깨질 때 압축응력과 인장응력이 동시에 일어나며 인장응력 하에서 파손된다.

방사상 및 동심원으로 깨진 파편조각 측면에는 마치 물결치듯 곡선이 연속적으로 만들어지는데 이러한 형태를 월러라인(wallner lines)이라고 한다. 그동안 유리의 측면 곡선을 두고 마치 물결모양과 비슷하다는 의미에서 리플 마크(ripple mark) 또는 갈비뼈처럼 휘어진 형태를 빗대어 립 마크(rib mark)라고 표현하기도 했으며 패각상 균열흔(conchoidal fracture)이라고도 하는데 학문상으로는 월러라인이란 표현이 인정을 받고 있다. 월러라인(wallner lines)이란 명칭은 사람의 이름에서 유래된 것으로 월러(Wallner)는 1939년에 유리가 충격을 받으면 측면에 곡선모양의 균열이 형성된다는 것을 증명한 바 있다.[12] 방사상으로 깨진 파편조각 측면의 월러라인은 충격을 가한 쪽에서 거의 직선이며 반대쪽으로 갈수록 평행하게 곡선 형태로 굽어져 있는 것을 알 수 있다. 이러한 균열흔은 외부 압력이 어느 쪽 방향으로부터 진행된 것인지

---

10 방사상: 중앙의 한 점에서 사방으로 거미줄이나 바퀴살처럼 뻗어 나간 모양
11 동심원: 같은 중심을 가지며 반지름이 다른 두 개 이상의 원
12 K. Ravi-Chandar. 2004. Department of Aerospace Engineering and Engineering Mechanics the University of Texas austin USA.

를 알려주는 지표가 될 수 있다. 그러나 유리 파단면을 통한 충격방향 판단은 방사상 파단면인지 동심원 파단면인지를 먼저 구분해야 하는 단서가 붙는다. 만약 실내에서 밖을 향해 충격을 가했다면 방사상 파단면은 인장응력에 의해 바깥쪽이 먼저 파손되지만 동심원 파단면은 이와 반대로 깨진다. 파편조각을 통해 방사상 및 동심원 균열 여부를 판단하기 곤란하다면 깨진 유리조각을 모두 맞춰 보거나 창틀에 남겨진 잔해들과 비교해 본 후 판단하여야 한다. 헥클라인 (hackle lines)은 월러라인의 가장자리에 형성되는 또 다른 거친 균열흔이다.

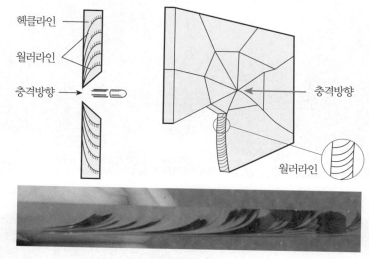

유리의 월러라인 해석은 방사상 또는 동심원 파단면인지 방향성을 확인한 후 판단을 하여야 한다.

유리가 창틀에 끼워진 상태로 열을 받으면 창틀 모서리 부분은 열로부터 보호되는 반면에 다른 부분은 열을 받아 온도차이가 발생하게 된다. 만약 열에 노출된 유리의 중심과 열로부터 보호되는 가장자리의 온도차이가 70℃ 정도가 되면 금이 가고 깨지기 시작한다. 열에 의해 깨진 유리 표면의 금은 불규칙하게 곡선으로 굽이진 형태를 보일 것이며 유리 측면 파단면에는 월러라인이 생성되지 않고 유리 표면처럼 매끄럽게 보일 것이다. 열에 오랜 시간 노출될 경우 금이 간 유리는 창틀로부터 차츰 떨어져 나가지만 창틀 안쪽은 유리의 낮은 열 전도성 때문에 열에 의한 영향을 받지 않아 깨진 유리 잔해가 남기 마련이다.

창틀에 끼워진 유리가 열에 노출되면 불규칙한 곡선 형태로 금이 발생한다.

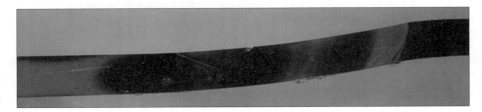

열에 의해 깨진 유리 파단면에는 월러라인이 없고 유리 표면처럼 매끄럽다.

　유리가 폭발로 깨진 형태는 일정하지 않은데 유리의 표면적 전체가 순간적으로 큰 압력을 받기 때문이다. 국부적으로 충격을 받았을 때 유리 측면에 나타나는 방사상 패턴 또는 동심원 모양은 없고 불규칙하게 좁고 긴 형태의 막대기처럼 금이 간 상태로 창틀에서 잔해가 발견되는 경우가 많다. 깨진 유리의 형태를 조사하면 물체 충격에 의한 것과 뚜렷하게 구분할 수 있으나 폭발을 일으킨 가스의 종류를 알려주는 단서는 될 수 없다. 또한 폭발로 깨진 유리의 파단면은 폭발의 방향성을 가리키는 지표로 쓰기 어렵다. 깨진 유리의 측면으로 방향성을 나타내는 균열흔이 없기 때문이다. 다만 내부에서 폭발압력이 형성되어 밖으로 밀려났다면 유리 파편이 밖으로 많이 비산되었을 것이며, 외부에서 폭발압력이 유리창을 깨고 내부로 확산되었다면 실내 쪽에 유리 파편이 많이 보일 것이다. 폭발은 밀폐된 곳에서 주로 발생하므로 창틀이 밀려난 방향, 파편이 쌓인 지점 등을 파악하면 쉽게 판단할 수 있지만 유리창의 깨진 단면이 폭발의 진원지를 지목하지 않는다는 점을 알고 있어야 한다.

Chapter 01
Chapter 02
Chapter 03
Chapter 04
Chapter 05
Chapter 06
Chapter 07
Chapter 08
Chapter 09
Chapter 10
Chapter 11
Chapter 12
Chapter 13

건물 내부에서 발생한 폭발압력에 의해 파손된 유리창의 형태

건물 외부에서 발생한 폭발압력에 의해 깨진 유리창의 형태

6 개구부의 개폐 상태

사무실이나 주택의 출입문, 화장실, 거실 등에 설치된 개구부의 개폐방식이 여닫이식 구조라면 문에 부착된 경첩(hinge)이 연기에 오염된 정도를 확인하여 화재 당시 개구부의 개폐 여부를 판단할 수 있다. 경첩은 문을 앞뒤로 밀거나 당겨서 열고 닫을 때 축을 이루는 부속으로 문이 닫히면 접히고 문이 열리면 동시에 전개되므로 만약 화재 시 문이 열린 상태였다면 경첩은 열과 연기에 오염된 상태로 발견된다.

경첩에 그을음의 부착이 많아 화재 당시 출입구가 열려 있었음을 알 수 있다.

출입문 상단의 경첩에 그을음 등 오염이 없어 화재 당시 닫혀 있었음을 알 수 있다.

주의할 점은 목재로 된 여닫이문의 밀폐 정도와 견고함 정도 등을 감안하여 조사를 하여야 한다. 문이 닫힌 상태로 화재가 최성기에 이르러 구획실이 온통 화염과 열기에 갇힌 상황이 되면 개구부의 상단과 하단 틈새를 통해 열과 연기는 외부로 유출되고 이때 도어래치(door ratch)와 경첩이 부착된 부분도 연기에 오염될 수 있기 때문이다. 문과 문틀의 밀폐성이 취약할수록 문 틈새의 오염도는 커질 것이다. 한편 미닫이문은 좌우로 밀고 당기는 구조로써 경첩과 도어래치가 없어 여닫이식에 비해 완벽하게 닫히지 않는 부분이 있다. 만약 여닫이문이 열린 상태로 화재가 발생했다면 개구부를 통해 다른 구역으로 연기가 확산될 것이므로 문틀의 상하좌우에 그을림이 부착된 형태를 보고 연기의 유출과 유입방향 및 문이 어느 정도 열려있었는지 판단할 수 있을 것이다. 특히 화염과 연기의 이동은 천장을 따라 이동하므로 하단부보다는 상단부에 오염이 가중된 형태로 보일 것이다. 화재 후 인위적으로 문이 더 개방되더라도 문틀 상단을 살펴보면 연기에 오염된 부분과 오염되지 않은 경계선이 남기 때문에 이를 통해 화재 당시 개폐 여부를 입증할 수 있다.

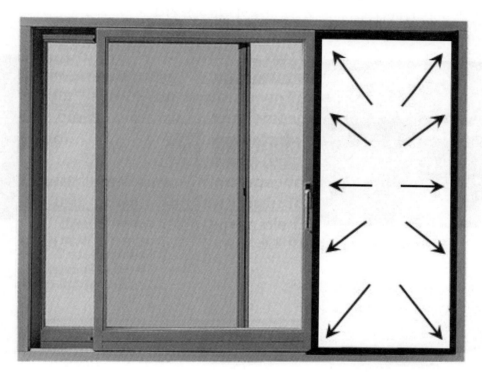

미닫이문은 열린 부분만큼만 문틀이 탄화되거나 그을린 흔적(화살표)이 남는다.

7 부풀어 오른 전구

천장에 매달아 사용하는 백열전구는 고온에 발광하는 필라멘트의 증발과 비산을 억제하기 위하여 불활성 기체(질소 및 아르곤 등)를 봉입한 구조로 되어 있다. 전구가 외부에서 열을 받으면 내부에 있는 가스가 높은 압력을 형성하고 열과 접촉한 방향으로 유리구가 연화하며 부풀어 오른 후 천공이 발생하므로 화염의 진행방향을 판단할 수 있다. 실험에 의하면 천장에 매달린 전구를 점등상태로 외부에서 열을 가했을 때 유리구가 열과 접촉한 방향으로 부풀어 오르고 구멍이 발생한 후 30~40초 경과하자 필라멘트가 단선되고 산화하면서 유백색 물질이 유리구 안에 흡착되는 것으로 밝혀졌다.[13] 반대로 소등상태로 실험을 했을 때 열과 접촉한 방향으로 부풀어 오르고 구멍이 발생했으나 필라멘트가 단선되는 등 변화가 없었고 유백색 물질도 발생하지 않았다. 전구용 유리는 보통 연화온도가 680~750℃인 연질의 소다석회 유리를 사용하고 있으며 전구 내부에 스템유리는 가공이 용이하도록 납유리를 사용하고 있는데 연화온도가 620~700℃로 낮다. 따라서 유리구가 녹는 온도인 750℃에 이르게 되면 열과 마주한 방향으로 부풀어 오르거나 구멍이 발생할 수 있다. 현장에서 부풀어 오른 전구가 발견되었을 때 인위적인 조작 없이 소켓에 고정되어 있었는지 확인을 하여야 한다. 전구가 고정되지 않았다면 다른 방향으로 돌아갈 수 있으므로 위치의 변경 여부를 확인하여야 하며 더욱이 전체적인 화염의 진행방향과 상반된다면 다른 변수가 있었는지 돌이켜 보아야 한다.

기계류에 고정된 전구를 통해 화염의 진행방향이 오른쪽이었음을 알 수 있다.

25W 이하의 소형전구는 열을 받은 방향으로 부풀어 오르지 않고 안쪽으로 찌그러들거나 수축된 모습을 보여 백열전구와 차이가 있다.

---

13 한국전기안전공사 전기안전연구원, '백열전구의 화재감정 기법' 2009.

소형전구는 화염의 방향으로 부풀어 오르지 않고 수축한다.

백열전구가 점등상태로 열을 받으면 유리구 안에 유백색 물질이 흡착된다.

Chapter 01
Chapter 02
Chapter 03
Chapter 04
Chapter 05
Chapter 06
Chapter 07
Chapter 08
Chapter 09
Chapter 10
Chapter 11
Chapter 12
Chapter 13

⑧ 폭열(spalling)

일반적으로 콘크리트구조는 대표적인 내화구조로 취급되고 있고 적정하게 방화구획이 이루어져 있다면 화재실 이외의 구역으로 연소 확대되지 않는다. 그러나 고강도 철근콘크리트 부재는 수밀성이 높아 화재 시에 콘크리트 내부에서 발생되는 수증기를 외부로 배출시키지 못하면 일정 온도 이상의 고온에서 갑작스럽게 부재 표면이 심한 소음과 함께 폭열이 발생하고 개구부가 형성되면 다른 곳으로 연소 확대될 수 있다. 폭열은 콘크리트조직 표면이 잘게 쪼개지거나 파이는 현상이다. 이 현상은 콘크리트의 압축강도와 내부 습도, 구조물의 크기와 형태, 화재발생 조건 등에 따라 차이가 있는데 화재 당시 연소가 집중된 지점을 추적할 수 있는 지표로 쓰일 수 있다. 폭열이 발생한 지점은 콘크리트 부재가 떨어져 나가고 다른 영역보다 밝은 색을 띠므로 어렵지 않게 확인할 수 있다. 폭열과 박리(desquamation)는 엄밀한 의미에서 구분되어야 한다. 박리는 통상 폭열과 동일시하여 천장과 벽면의 콘크리트가 이탈되는 현상으로 이해하고 있는 측면도 있지만 물체가 벗겨져 나가거나 탈락되는 현상이 박리의 주된 내용이다.

박리는 물체의 표면 일부가 벗겨지거나 떨어져 나가는 것으로 폭열과 구분된다.

폭열은 콘크리트나 석재, 벽돌 등으로 쌓아올린 벽과 천장이 장시간 열을 받을 경우 내부에 수증기압이 상승하여 표면장력이 붕괴될 때 야기된다. 아래 그림과 같이 콘크리트 벽이 화염에 노출되면 수증기압이 증가하여 타일과 콘크리트의 응집력이 저하될 때 타일의 박리가 선행되 며 그 후 콘크리트 구조물이 손상을 받는 것이 폭열 발생의 메커니즘이다.

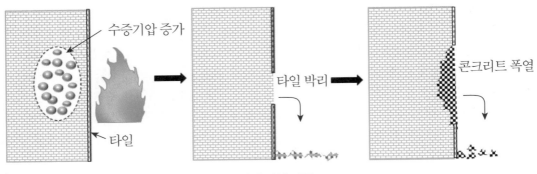

폭열의 발생 과정

폭열의 발생 원인

❶ 경화되지 않은 콘크리트에 있는 수분

❷ 철근 또는 철망 및 주변 콘크리트 간의 불균일한 팽창

❸ 콘크리트 혼합물과 골재 간의 불균일한 팽창

❹ 화재에 노출된 표면과 슬래브 내장재 간의 불균일한 팽창

콘크리트와 철근에서 불균일한 열팽창이 일어나면 폭열이 발생한다.

Chapter
01

Chapter
02

Chapter
03

Chapter
04

Chapter
05

Chapter
06

Chapter
07

Chapter
08

Chapter
09

Chapter
10

Chapter
11

Chapter
12

Chapter
13

⑨ 백화현상

벽지와 페인트 등으로 마감된 벽과 천장의 표면이 화염과 직접 장시간 접촉했을 때 콘크리트 내부구조물이 드러나 밝게 흰색으로 식별되는 흔적이다. 이 현상은 표면의 화염온도가 500℃ 이상 되어야 하므로 화염의 직접접촉 또는 강한 복사열에 의해 일정시간 화염이 강하게 작용했다는 근거가 될 수 있다. 주로 발화지점에서 나타나는 특징이기도 하지만 그렇다고 백화현상이 형성된 지점이 반드시 발화지점을 의미하지는 않는다. 발화지점이 아니더라도 적절한 환기가 이루어지면 마치 발화지점을 암시하는 것처럼 매우 활발하게 연소하며 주변으로 확대되기 때문이다. 백화현상은 벽과 천장에서 주로 발견되며 환기가 양호한 창문, 출입구 등에서 형성되기 쉽다. 만약 열에 취약한 벽이 화염에 의해 붕괴되었다면 무너진 곳으로 개구부가 형성될 것이고 공기의 순환이 개시되면 화염이 외부로 출화하게 될 것이다. 화재진압 후 무너진 벽체 잔해는 밝은 흰색을 띨 수밖에 없는데 이는 개구부가 만들어진 결과이며 공기의 유입과 유출이 활발했다는 증거로 삼을 수 있을 것이다. 백화현상은 일산화탄소 등 그을음까지 남김없이 완전연소가 이루어진 결과로 받아들여도 무방하다. 한편 백화현상은 소화수 접촉으로도 발생할 수 있다. 벽과 천장에 응축된 그을음 등이 소화수에 의해 씻겨나가면 마치 열에 의한 백화현상으로 보일 수 있어 판별에 주의하여야 한다.

오른쪽 벽면에 백화현상이 보이고 좌측 거실장의 탄화 형태를 보면 발화지점이 오른쪽임을 알 수 있다.

유리창 주변의 백화현상은 발화지점과 관계없이 환기가 양호하여 연소가 활발했음을 판단해 볼 수 있다.

천장의 연기응축물이 스프링클러 헤드에서 방사된 물에 의해 씻겨나가 마치 불가사리처럼 백화현상이 형성되었다.

⑩ 매트리스 스프링의 침하현상

대부분 매트리스(mattress)는 탄소강 소재의 코일스프링을 쿠션(cushion)안에 내장시킨 것으로 가연성 소재가 불연성 소재를 덮고 있는 구조로 되어있다. 화재로 쿠션이 모두 소실되고 내장된 스프링이 400℃ 이상의 열을 받게 되면 장력의 감소로 고유의 탄성을 상실하여 주저앉은 상태로 고착될 수 있는데 이때의 온도를 풀림(annealing)[14] 온도라고 한다. 침대 스프링의 침하현상은 화염의 이동 방향과 열의 세기를 가늠해 볼 수 있는 지표로 쓰인다. 장력이 줄어든 결정적 원인은 열에 일정시간 노출된 것을 의미하지만 구획실 안에서 환기조건이 활발했을 때 작용할 수도 있다. 만약 침대가 열려있는 창가 쪽에 배치된 상태로 화재가 성장했다면 적절한 환기로 다른 지역보다 열의 성장이 촉진되어 더 빨리 스프링의 장력이 감소하는 것으로 나타날 것이다. 한편 스프링의 침하현상은 가연성 액체를 사용하지 않았더라도 일반 가연물이 연소한 현장에서도 나타날 수 있는 현상으로 발화지점 판단에 신중을 기해야 한다. 소방의 화재조사관들 경험에 의하면 인화성 액체를 사용한 현장과 일반 가연물이 연소한 현장 모두 동일하게 침대 스프링의 장력이 감소한 것을 확인한 바 있다는 결론을 내놓고 있다. 다시 말하지만 매트리스 스프링의 침하현상은 일정시간 화염이 집중되었다는 것이며 스프링의 침하현상 하나만 가지고 인화성 촉진제를 사용했다는 단서로 사용하지 않아야 한다. 매트리스 스프링의 변형은 화재 당시 침대 위에 무거운 물체가 올려 있거나 침대 위로 또 다른 잔해물이 떨어져 화재하중을 높인 요소는 없었는지 다른 변수도 함께 검토되어야 한다.

매트리스 스프링의 침하현상은 일정시간 화염이 집중되었다는 단서가 된다.

---

14 풀림(annealing): 열에 의해 금속의 성질을 잃음(Loss of temper in metal caused by heating.)

🔟 수평면 관통부의 연소방향성

화재현장에서 파괴 및 물건의 이동을 최소화시켜 보존하였다면 가구류 등의 원래 모습과 배치상태를 보고 화염의 이동방향과 세기를 가늠해볼 수 있으며 발화지점을 축소할 수 있는 지표로 사용할 수 있다. 테이블, 책상과 같은 수평면 화재확산은 소실된 구멍의 경사면을 통해 화염의 이동경로 추적이 가능하다. 수평면 하단부의 소실이 크게 탄화되었고 기울어진 방향이 상단부로 향하고 있다면 하단부에서 발화된 것이고, 상단부의 소실이 크고 점차 아래로 기울어진 탄화된 형태를 보인다면 상단부에서 발화된 것임을 판단할 수 있다.

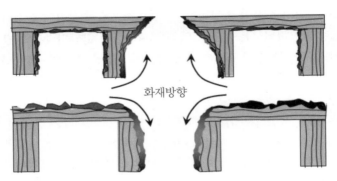

위쪽과 아래쪽으로 확산된 수평면 관통부의 연소 형태

Step 04 화재패턴 및 물성 변화에 따른 주의사항

1️⃣ 화재패턴은 변경되거나 겹쳐질 수 있다.

화재패턴은 화재가 지속되는 한 변형되거나 소실될 수 있고 새로 만들어질 수도 있다. 불완전연소 시 발생하는 역원뿔형 패턴도 가연물을 추가시켜 화염을 확대시키면 V-패턴이나 모래시계 패턴, 끝이 잘린 원추 패턴 등으로 변형되거나 확장될 수 있고 액자나 커튼, 천장재 등이 바닥으로 떨어지면 드롭다운 패턴을 새로이 만들 수도 있다. 화재는 단일 물질이 연소하는 것이 아니라 탄화수소 계열의 석유류 제품 등이 복합적으로 연소하는 경우가 많고 이들 물질이 뒤섞여 연소하면 화재패턴은 겹쳐질 수도 있다. 끝이 잘린 원추 패턴은 벽에 나타난 V-패턴 또는 U-패턴 등과 천장의 원형패턴 등 2차원적인 패턴들이 결합된 결과이다. 가연성 물질의 연소 결과는 질량이 감소하는 것으로 이어진다. 질량이 완전히 감소하면 화염과 연기의 활발함 정도를 알려주는 흔적이 사라질 수도 있지만 화재패턴의 특징적인 흔적 자체를 찾기 어렵더라도 애초부터 화재패턴이 없었던 것이 아니라 다른 요인에 의해 소실되었을지도 모른다는 점을 감안하여야 한다.

Chapter
01

Chapter
02

Chapter
03

Chapter
04

Chapter
05

Chapter
06

Chapter
07

Chapter
08

Chapter
09

Chapter
10

Chapter
11

Chapter
12

Chapter
13

② 완전연소가 이루어진 부분이 반드시 발화지점을 가리키지 않는다.

최초 발화지점은 화염이 지속되는 한 가장 소손이 심하게 나타나는 것이 일반적인 현상이다. 그러나 환기 상태와 화재진압 활동 등에 따라 발화지점이 아닌 부분이 더 심하게 연소할 수도 있다는 것을 감안하여야 한다. 화재진압은 물건의 이동과 파헤침 등 불가피한 상황도 따른다. 또한 화재진압 현장 여건상 어느 한 방면으로만 소방력이 집중되다보면 발화지점이 아니더라도 반대방면의 피해확대는 피할 수 없는 상황이 될 것이고 완전연소가 이루어질 수 있다. 개구부가 형성된 지점은 환기가 양호해 발화지점이 아니더라도 꾸준히 연소가 이루어져 마치 발화지점에서 확인될 수 있는 완전연소 양상을 보이기도 한다. 백화현상이 확인된다면 발화지역 안에 포함시킬 수 있는지 확인을 하고 환기조건, 가연물의 양과 배열상태, 연소 확대 경로 등과 일치하는지 종합적인 판단을 하여야 한다.

③ 전기 단락흔은 통전 중이었음을 입증할 뿐 발화원인이 아닐 수 있다.

화재가 발생하더라도 일정시간 전기는 통전상태를 유지하고 있는 상황이 발생할 수 있다. 화재진압 중 통전상태임을 모르고 있다가 소방관들이 감전을 당하거나 소화과정에서 물과 접촉한 전선에서 스파크가 일어나는 현상 등은 이를 뒷받침하고 있다. 따라서 특정 지점에서 1차 단락이 발생했더라도 차단기 동작이 이루어지지 않았다면 2차, 3차 단락은 얼마든지 일어날 수 있고 이에 따라 단락흔은 수 개소에서 발견될 수 있어 발화지점에 대한 섣부른 판단은 삼가야 한다. 전기 단락흔이 발화원으로 유력하다는 것을 뒷받침할 만한 다른 정보들이 없다면 전기적 용융흔 하나만 가지고 전체를 판단하지 않아야 한다. 근거 없는 믿음은 경계하여야 한다.

 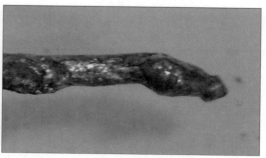

화재현장에서 흔히 발견되는 단락흔만 가지고 화재현장 전체를 해석하려는 것은 경계하여야 한다.

④ 폭열 현상이 곧 인화성 액체를 사용했다는 단서가 될 수 없다.

폭열(spalling)이 발생하는 근본원인은 콘크리트에 포함된 수분이 급격한 온도상승으로 수증기화 했을 때 이 수증기가 콘크리트 밖으로 배출되는 속도보다 더 많은 양이 발생함으로서 일어난다. 특히 바닥보다는 화염과 지속적으로 접촉할 수밖에 없는 벽과 천장에서 발생하기 쉽

폭열은 열에 집중적으로 노출된 벽과 천장에 주로 발생하며 인화성 액체를 사용했다는 단서가 될 수 없다.

다. 콘크리트가 열에 노출되면 내부에 있는 수분이 팽창하여 내력을 잃고 잘게 부서지는데 콘크리트와 철근의 열팽창 차이에 따라 철근의 부착력이 감소하여 콘크리트의 표층이 벗겨지고 파괴되는 것이다. 철근은 콘크리트보다 높은 열팽창률을 가지고 있어 뜨거워진 콘크리트 표면에 차가운 물을 접촉시킬 경우 급속도로 냉각되는 과정에서도 일어날 수 있다. 그러나 인화성 액체가 뿌려진 바닥에는 폭열이 일어나지 않는다. 미국에서 행한 실험에 의하면 가솔린을 단독으로 콘크리트 바닥에 뿌린 후 자연소화될 때까지 기다렸으나 바닥에 폭열은 발생하지 않은 것으로 나타난 바 있다.[15] 가솔린 증기의 기화가 매우 빠르고 비점이 약 30~200℃인 점을 감안하면 바닥면을 아무리 가열하더라도 200℃를 초과할 수 없어 폭열이 발생하는데 필요한 열팽창을 충분히 불러일으키지 못했기 때문이다. 콘크리트의 폭열은 화재 당시 최대온도와 콘크리트의 함수량이 서로 반응하여 일어나는 과정이다. 완전히 굳지 않은 습윤 콘크리트는 높은 열에 의한 증기압으로 더욱 쉽게 폭열을 일으킨다.

〔표 6-2〕 화재 지속시간과 콘크리트의 파손 깊이

시 간	파손 깊이
800℃에서 80분 경과 후	0 ~ 5mm
1,000℃에서 90분 경과 후	15 ~ 25mm
1,100℃에서 180분 경과 후	30 ~ 50mm

⑤ 무지개 효과가 유류를 사용했다는 단정적 증거가 될 수 없다.

가솔린 등 유류성분이 물 위로 뜨는 이유는 물은 극성 분자이고 기름은 무극성 분자로 서로 섞일 수 없기 때문이다. 다시 말해 물은 알코올이나 비눗물 등과는 결합력이 좋아 친수성(hydrophile property)을 가지고 있지만 유류는 탄소수가 많고 용해도가 낮아 서로 섞일 수 없는 소수성(hydro phobic property)을 가지고 있기 때문이다. 물보다 비중이 작은 인화성 액체가 물위로 뜨면 마치 무지개처럼 형형색색으로 비춰지는데 이 현상을 무지개 효과(rainbow effect)라고 한다. 실제로 유류가 살포된 화재현장에서 이 같은 무지개 효과는 쉽게 관찰되고 있으며 물 위에 떠서 착화된 유류는 물과 접촉하더라도 곧 소화되는 것이 아니라 방수압력에

15 Dehann, J.Novak. 2008. The Reconstruction of fires.

밀려 이리저리 밀려날 뿐 쉽게 꺼지지 않는다. 주의할 점은 화재현장에서 무지개 효과가 인식되더라도 인화성 액체를 사용한 것으로 쉽게 결론내리지 않아야 한다. 탄소가 많이 함유된 목재와 석유류가 함유된 나일론(nylon), 폴리에스테르(polyester), 레이온(rayon), 플라스틱 등이 연소한 경우에도 종종 나타날 수 있기 때문이다. 무지개 효과가 포착된 경우 주변을 살펴 다른 지표들과 일치하는지 입증자료를 보강하려는 절차가 준수되어야 하며 성분을 수집하여 분석을 의뢰하는 방안을 권장한다. 단순히 무지개 효과의 발견이 유류를 사용했다는 지표가 될 수는 없다.

가솔린을 뿌렸을 때 나타난 무지개 효과

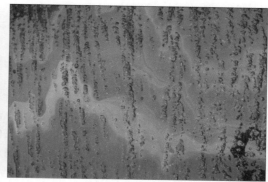

플라스틱, 스티로폼 등 합성물질이 연소했을 때 나타난 무지개 효과

⑥ 목재 바닥에 나타난 구멍은 가연성 액체의 사용을 의미하지 않는다.

화재현장에서 의외로 바닥의 소손상태가 벽과 천장보다 더 크게 확인된다면 연소 촉진제가 사용되었을 가능성을 쉽게 배제하기 어렵다. 그러나 목재로 된 바닥에 구멍이 생길 정도로 소손되었다면 이를 뒷받침할만한 확실한 증거가 나타날 때까지 가연성 액체를 사용한 것으로 속단하지 않아야 한다. 지금까지 발표된 연구에 의하면 플래시오버가 발생할 때 복사열은 $120 \sim 150 \mathrm{kW/m^2}$ 정도인데 이 정도의 열이면 충분히 바닥면을 착화시켜 바닥에 구멍이 발생할 수도 있는 것으로 보고 있다. 플래시오버가 일어나기 전에는 복사열이 충분하지 않아 바닥이 연소하는 현상은 흔치 않으며 더욱이 바닥에 구멍의 발생은 성립하기 어렵다. 종이나 섬유, 플라스틱이 연소하더라도 바닥에 구멍이 생길만큼 연소하는 경우는 거의 없는데 활발한 대류작용에 따라 화염의 상승성이 매우 크기 때문이다. 알려진 바에 의하면 지붕이 연소할 때 방수시트에 칠해진 콜타르(coal tar) 등이 녹아 바닥으로 떨어지면 오랜 시간 국부적으로 연소가 지속되므로 구멍이 발생할 수도 있는 것으로 보고 있다. 담뱃불처럼 훈소할 수 있는 물질이 오랜 시간 바닥에서 축열이 이루어지면 바닥에 구멍이 발생하는 것도 가능할 것이다. 그러나 가연성 액체를 사용하더라도 나무 바닥에 구멍이 생길 정도로 오랫동안 연소하지 않는다는 것이 지금까지 밝혀진 정설이다.

바닥에 생긴 9개의 구멍

1989년 7월 29일 새벽 3시경 미국 펜실베니아 주 먼로카운티에 있는 한 교회 수양관에서 화재가 발생하였다. 이날 화재로 딸을 잃은 아버지는 장장 25년간을 감옥에서 보내야 하는 비극을 겪게 되는데 미국 교포사회는 물론 국내에서도 방송을 통해 널리 알려진 이른바 '이한탁 사건'을 말한다. 당시 미국 수사기관이 이 씨를 기소한 여러 가지 이유 가운데 눈길을 끈 것이 있었다. 이 씨가 화재를 일으키려고 약 62갤런(233리터)의 유류를 뿌렸고 이로 인해 목조건물 바닥에 생긴 9개의 구멍은 유류를 사용한 것을 뒷받침하는 방화의 증거라고 했다. 그러나 안젤로 피자니(전 뉴욕주 화재수사관)박사는 방송 인터뷰를 통해 '9개의 구멍은 방화의 증거가 될 수 없다. 현재 이러한 이론은 현실성이 없다'고 잘라 말했는데 당시 수사보고서에도 거실과 작은 방, 소파 등에서 유류성분은 나오지 않은 것으로 작성되었다. 그렇다면 9개의 구멍은 어떻게 생겼을까? 당시 경찰 수사기록에는 거실과 주방 등의 탄화 형태를 '지붕과 일치하는 패턴(pattern consistent with roof)'이라고 적고 있는데 지붕 위의 아스팔트 타르가 아래로 떨어져 연소할 때 나타나는 형태와 일치한다는 의견을 기록한 것이다. 그런데 안타깝게도 수사기관의 이 기록은 법정에 제출되지 않았다. 피자니박사는 바닥의 구멍은 플래시오버 영향으로 발생할 가능성도 제시했다. 25년 전 이 씨의 유죄판결을 가능하게 했던 수사의 증거는 오늘날 수준에서 볼 때 비과학적이고 인정할 수 없는 것이었다.
이 사건은 2014년 8월 펜실베니아 주 해리스버그의 연방 중부지방법원이 이 씨를 살인범으로 몰고 간 증거가 비과학적이었다는 주장을 받아들여 이 씨의 유죄 결정과 형량을 무효화한다는 판결을 하고 보석을 허가했다. 그러자 검찰이 항소를 했다. 그러나 연방 제3 순회 항소법원은 이 씨의 유죄 판결이 무효라는 연방 중부지방법원의 결정에 손을 들어주어 이씨는 25년을 감옥에서 눈물로 보내야했던 억울한 혐의를 벗었다.

⑦ 유리의 잔금은 급격한 가열에 의해 만들어지지 않는다.

유리에 잔금(crazing)의 발생은 한쪽 면은 온도변화가 없고 반대쪽 면이 열에 가열되었을 때 차가운 물과 접촉으로 급격히 온도가 식으면서 발생한다. 잔금은 지금까지 급격한 열에 의해 발생하는 것으로 알려져 왔지만 오늘날 이에 대한 과학적인 근거는 없는 것으로 밝혀졌다. 유리가 열에 노출되면 일반적으로 금이 부드럽게 굽이치며 퍼지다가 어느 부분이 깨져나가면 녹으면서 흘러내리는 형태를 지니고 있어 열에 의해 잔금은 발생하기 어렵다. 유리의 잔금은 마치 충격에 의해 깨진 것처럼 보일 수 있어 판단에 주의를 요한다. 유리의 잔금 현상은 소방관들이 소화수를 뿌릴 때 어렵지 않게 관찰되기도 한다.

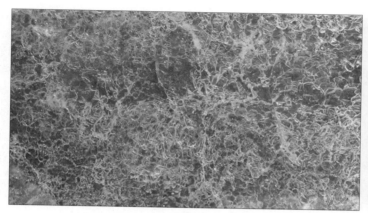

잔금(crazing)의 발생은 유리가 물과 접촉하여 급격히 냉각될 때 발생한다.

한편 강화유리는 화재로 인한 온도변화 또는 충격에 의해 깨졌을 때 입방체(cube) 모양의 여러 조각으로 산산이 부서진다. 강화유리는 일반유리를 500~600℃의 높은 온도로 열처리한 뒤 공기로 냉각시키는 과정을 통해 만들어진다. 냉각시킬 때 유리 내부는 높은 온도로 인해 팽창하지만 유리 표면은 차가워지므로 수축현상이 일어난다. 그러나 시간이 지날수록 유리 내부도 차츰 수축을 하는데 이때 유리 표면은 더욱 온도가 낮아졌으므로 한 번 더 수축을 일으킨다. 이렇게 팽창과 수축이 반복되면 유리의 구조가 매우 조밀해져 일반유리에 비해 3~8배 강한 성질을 지니게 된다. 강화유리가 입방체 모양으로 깨지는 이유는 촘촘한 조밀성에 기인한다. 강화유리가 산산이 조각날 경우 유리의 측면에 충격방향을 알려주는 균열흔(월러라인)은 형성되지 않는다.

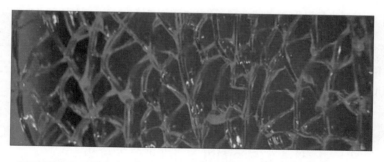

강화유리는 입방체모양으로 산산조각 깨지며 충격방향을 나타내지 않는다.

Chapter 01
Chapter 02
Chapter 03
Chapter 04
Chapter 05
Chapter 06
Chapter 07
Chapter 08
Chapter 09
Chapter 10
Chapter 11
Chapter 12
Chapter 13

⑧ 유리에 그을음 부착은 액체 촉진제를 사용한 증거가 될 수 없다.

유리에 부착된 검정색의 두껍고 끈적거리는 형태의 그을음(soot)은 반드시 액체 촉진제를 사용했다는 증거가 될 수 없다. 액체 촉진제가 아니더라도 목재, 플라스틱 등이 불완전연소를 일으키면 일산화탄소, 황화수소, 이산화황 등이 작용하여 그을음이 유리에 부착될 수 있기 때문이다. 연소는 단일 물질이 연소하는 것이 아니라 석유류를 가공한 합성물질의 열분해로 어두운 연기를 대량으로 방출한다는 사실을 기억해야 한다. 물체에 고착된 그을음은 가연물의 종류와 열방출률을 의미하지도 않는다. 그을음의 성분은 화학적 분석을 통해 규명하는 것이 가장 확실한 방법이다.

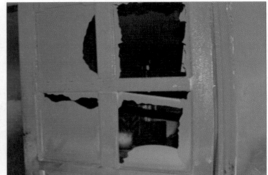

유리에 그을음의 부착은 촉진제를 사용했다는 증거가 될 수 없다.

⑨ 금속의 다양한 변색은 화염의 온도가 일정했다는 것을 의미하지 않는다.

화재로 금속이 산화하면 본래의 원색을 상실하고 형태가 변형되는 과정을 동반한다. 금속류의 종류는 헤아릴 수 없을 만큼 많지만 완전히 산화되어 백색이나 적갈색 또는 흑색의 단일 색상을 나타내지 않고 2~3개 이상의 색상을 띠고 있다면 화염의 다양한 온도분포를 나타내는 지표가 될 수 있다. 스테인리스(stainless) 스틸 표면이 높은 열에 심하게 산화되면 흐린 회색을 띠고 구리는 어두운 적색이나 흑색의 산화물이 된다.

아래 그림은 탄소 함유량이 0.3% 이하인 코팅되지 않은 연철(wrought iron)로 된 용기에 목재를 넣고 실험한 것으로 금속의 다양한 변색을 잘 보여주고 있다. 중앙부 청색이 가장 열을 많이 받은 곳이고 점차 황색 계통으로 화염이 번져나간 것을 알 수 있다.

금속의 다양한 변색은 화염의 온도가 일정하지 않았음을 알려주는 신호가 된다.

금속류의 수열 및 변색을 통해 판단해 볼 수 있는 개략적인 온도는 아래 표와 같다.

〔표 6-3〕 금속의 수열온도와 변색 구분

색 상	온도(℃)	색 상	온도(℃)
황색	230	분홍색	870
청색	320	백색	1,200
진홍색	590	휘백색	1,320

⑩ 화염의 색상이 곧 어떤 물질이 연소하는 것인지 알려주는 지표가 될 수 없다.

화염의 색상은 주변의 온도에 따라 변화한다. 탄화수소 계열의 가스나 증기가 산소와 적절하게 혼합된 경우 붉은색의 화염을 발생하고 공기와의 혼합비가 불안정하면 불완전연소에 따른 황색 계통의 연기를 발생한다. 온도가 높아지면 청백색이나 휘백색 등으로 보이기도 하는데 일반적으로 붉은색은 1,000℃ 이하일 때 많이 볼 수 있다. 화재현장에서도 붉은색 계통의 화염이 대부분인 것은 높은 온도를 만들기 위해 특별한 조작을 하지 않고 대기 중에서 자연 상태로 연소하기 때문이다. 일산화탄소는 산소가 부족한 불완전연소 시 주로 푸른색을 띠며 연소한다. 그러나 화염의 색상이 어떤 물질이 연소하는 것인지 밝혀주는 지표가 될 수는 없다. 종이와 목재, 천연섬유와 합성섬유, 플라스틱 같은 고체물질과 액체인 석유류의 연소 등은 모두 적색 계통의 화염을 발하며 성장을 한다. 화염의 온도는 공기와의 혼합상태 및 주변 여건에 따라 변화할 수 있으며 화염 내의 온도분포도 일정하기 않아서 불꽃의 색상은 언제든지 변할 수 있다.

〔표 6-4〕화염의 온도별 색상

색 상	온도(℃)	색 상	온도(℃)
암적색	750~800	황적색	1,100
적색	850	백적색	1,300
휘적색	950	휘백색	1,500

목재와 건초더미를 연소시켰을 때 화염의 색상은 인화성 액체가 연소할 때 나타나는 색상과 비슷한 현상을 보였다. 따라서 화염의 색상만 가지고 어떤 물질이 연소하는 것인지 판단하기 어렵다.

Step 05 정보의 평가

　　화재조사관은 화재원인과 발화지점에 대해 설불리 결정하는 것을 주의하여야 하며, 육하원칙에 따라 빠짐없이 기록하고 수집된 정보와 지표들을 신중하게 평가하여야 한다. 수집된 정보들을 모두 조합했을 때 적어도 하나 이상의 발화지점을 확실하게 결정할 수 없다면 화재원인에 대한 평가는 스스로 유보하여야 한다. 과학적 방법을 사용하여 논리적으로 해석이 가능한 모든 가설들을 선별하여 평가하고 최종 결론에 부합할 수 있어야만 화재조사관이 내린 결론에 신뢰를 부여할 수 있을 것이다. 화재조사관들 중에는 화재가 발생했을 때 발화원인을 반드시 밝혀내야 한다는 강박관념에 사로잡혀 있거나 과학적 방법에 따른 추론을 만들어 내지 못할 때 스스로 부담감에 얽매여 힘겨워하는 경우를 본다. 차근차근 수집된 정보를 조합하여 과학적 방법을 적용시키려는 시도는 힘든 수고를 감내해야 하는 과정이지만 가장 효과적인 방법이다. 방화의 유력한 증거가 발견되더라도 단편적인 정보에 의지하지 말고 나머지 다른 모든 지표들도 그것을 가리키고 있는지 다양한 각도에서 검증 방법을 모색하여야 한다. 적어도 2~3개 이상의 지표가 한결같이 하나의 결과를 가리키고 있어야 한다.

　음주 후 자신의 오피스텔 거실에 불을 지른 사건이 있었다. 방화자는 음주를 한 사실이 없고 화재 당시 집에 들어간 적도 없으며 불을 지른 사실이 없다고 완강히 버텼다. 그러나 화재발생 2시간 전 유흥주점에서 신용카드를 결재한 내역이 확인되었고 차량용 블랙박스 영상이 자신의 오피스텔 앞에서 꺼진 사실, 화재발생 전 오피스텔 안으로 들어갔다가 10분 후에 밖으로 나온 기록 등이 오피스텔 입구 CCTV를 통해 확인되었다. 방화자는 오피스텔을 빠져 나간 후 병원 응급실에 누워 있었는데 구두와 점퍼에서 유류성분이 확인되었다. 그는 손에 입은 화상을 치료하기 위하여 응급실을 방문한 것으로 밝혀졌다.

　화재조사관이 모든 화재의 원인을 밝혀내는 것은 실제로 불가능한 숙제일 수 있다. 최초 현장평가를 통해 발화지점을 설정했더라도 목격자의 진술과 화재패턴을 추적하다보면 최초 가설은 수정될 수도 한다. 고정관념을 버리지 않는다면 정형화된 틀 속에 스스로 갇혀 유연한 생각을 갖기 어렵다. 화재조사관이 설정한 가설은 모든 데이터와 일치하지 않을 수도 있다. 그렇다면 최초 발화지점 선정에 오류는 없는지 원점에서 다시 생각해 보아야 한다. 화재패턴과 목격자의 진술이 상반된 경우라면 어디에 문제가 있는 것일까? 서로 상반된 현상이 등장하면 언제든지 가설을 다시 재평가할 수 있어야 한다.

CHAPTER 07

발화요인별 화재원인

The technique for fire investigation identification

CHAPTER
07
발화요인별 화재원인

The technique for fire investigation identification

Step 01 전기적 요인

1 단락(short or short circuit)

전선피복의 절연성능이 감소하면 피복이 갈라져 동선이 노출될 수 있고 무거운 하중에 짓눌려 피복이 벗겨지는 손상이 일어나면 나선(裸線, bare wire) 상태로 선간 접촉 또는 금속재 등과 접촉으로 단락을 일으킨다. 단락은 직접 선간 접촉으로만 발생하는 것뿐만 아니라 과전류, 반단선에 기인하여 발생하기도 한다. 어떤 경우든 단락이 일어나면 과전류가 인가되고 순간적으로 2,000℃ 이상의 스파크가 발생하여 화재로 확대될 수 있다. 그러나 단락은 매우 순간적으로 일어나고 종료되기 때문에 모든 경우가 화재로 진전되는 것은 아니다. 목재나 플라스틱에는 착화가 곤란한 반면 가연성 증기나 쌓여있는 먼지, 섬유 조각, 종이 등에는 착화가 쉽게 일어날 수 있다. 단락이 발생하면 동선의 용융으로 수많은 금속편이 비산하며 1차적으로 피복에 착화하겠지만 일반적으로 절연피복은 열가소성 물질인 폴리염화비닐(PolyVinyl Chloride, PVC)[1]을 주원료로 사용하고 있어 피복 표면이 스펀지처럼 부풀어 오르다가 소화되는 성질을 지니고 있다. 단락이 일어난 나선은 끝 망울이 구형(球形)을 보이는 경우가 많고 광택이 있으며 녹은 부분과 녹지 않은 부분에서 뚜렷한 경계선이 발생한다. 이것을 화재원인이 된 1차 단락흔이라고 한다.

상용전원이 인가된 상태로 화재 열로 합선이 일어난 것을 2차 단락흔, 상용전원이 인가되지 않은 상황에서 용융된 것을 3차흔 또는 열흔이라고 구분하고 있다. 단락이 한번 일어난 금

---

1 폴리염화비닐(PolyVinyl Chloride, PVC): PVC 성분 중에는 염소(Cl)를 함유하고 있어 스스로 소화되는 자기소화성이 있다. 230~280℃에 급격한 분해가 일어나고 400℃ 정도에서 인화한다. 연소 시 짙은 연기가 발생하고 연속사용에 견딜 수 있는 온도는 55~75℃이다. 250℃ 정도에서 탈염화수소 반응이 가장 강하게 일어나고 수증기와 작용하여 금속을 부식시킨다. PVC 전선은 불에 잘 타지 않고 가공성이 좋은 장점이 있지만 연소 시 치명적인 염산가스를 배출한다는 단점이 있다.

화ㅣ재ㅣ조ㅣ사ㅣ감ㅣ식ㅣ기ㅣ술

204

속 조직은 그대로 응고되어 화재열(800~1,000℃)로 재가열하더라도 변화가 없다. 그러나 화재 열이 동(Cu)의 용융점(1,084℃) 이상이 되면 이 같은 특성도 잃어버릴 수 있는 점을 염두에 두어야 한다. 실무에서 1차흔과 2차흔에 대한 구별 여부에 대해 논란이 적지 않은데 1차 단락흔과 2차 단락흔은 외형상 구분하기 어렵고 모호한 경우가 많은 것이 사실이다. 1차흔은 전기적 에너지(내부)가 작용한 것이고 2차흔은 화재 열(외부)이 작용한 것이라는 차이가 있을 뿐 모두 통전상태에서 열원이 작용한 것으로 표면상태만 가지고 육안으로 판별이 불가한 경우가 많은 것이 사실이다.[2] 1차흔과 2차흔의 경계를 구분할 수 있는 방법으로 금속 현미경을 통한 조직분석 방법이 쓰이고 있지만 여기에도 한계가 있다.

단락이 발생한 장소에서 연소를 지속할 수 있는 최저 산소농도와 전선의 배열상태(수직 또는 수평 설치 등)는 천차만별이고 용융흔 내부에 함유된 탄소량과 보이드(void, 단락이 발생할 때 대기 중의 산소가 동에 흡수되지만 냉각될 때 다시 가스로 분리되기 위해 빠져나감으로써 발생하는 공간)의 많고 적음 등이 1차와 2차를 구분할 수 있다고 선을 그어 단언하기 어렵다. 다만 연소된 상황과 통전 상태, 금속 결합조직의 분석 등 종합적인 정보를 바탕으로 1차흔 여부에 대한 가설은 제시할 수 있을 것이다. 이와 달리 3차흔은 비교적 쉽게 구분되고 있는데 절연체가 화재로 손상되면 나선은 광택이 없고 용융범위가 넓은 것이 특징이다. 나선은 검거나 붉은색 계열의 산화피막이 생기고 산(acid)이 있으면 녹색이나 푸른색을 띠기도 한다. 산은 폴리염화비닐이 분해하면서 발생하기도 하는데 색상이 지니고 있는 진단적 가치는 없다. 도체는 전체적으로 불규칙하게 녹거나 아래로 처진 형태를 보이기도 한다.

솜과 분진류 등이 집적된 상황에서 단락이 일어나면 수차례에 걸쳐 섬광이 발생하고 불티의 비산과 동시에 용단되는 것을 알 수 있다.

---

2 전기적인 단락흔 및 외부화염에 의한 단락흔을 육안으로 식별하는 경우 오류를 범하기 쉬워 용융형태, 표면 및 단면구조, 에너지 및 열특성 등을 종합적으로 고려하는 것이 바람직하다.(최충석 외, 2004)

(1) 전원 측과 부하 측의 확인 없이 전기화재를 속단하지 않아야 한다.

전기시설에는 전원 측이 있으면 반드시 부하 측이 설계되어 있다. 화재현장에서 단순히 단락흔의 발견이 발화원인을 지목하는 것은 아니므로 반드시 전원 측과 부하기기 등을 대입시켜 확인을 하여야 한다. 화재가 발생하면 노출된 배선은 원래의 배선경로에서 다른 방향으로 변경될 수 있고 끊어지거나 이탈되어 발견되지 않는 경우도 있다. 따라서 단락된 한쪽 전선이 전원 측인지 부하 측인지 먼저 판단하여야 하며 만약 단락된 전선이 부하 측이라면 연결되어 있던 전원 측 배선과 연결시켜 확인을 하여야 한다. 단락이 일어나면 전원과 부하 측 모두 용융흔이 발생하기 때문에 양자의 비교평가는 필수적이다. 전선의 한쪽 단면만 가지고 발화 여부를 성립시킬 수 없다면 미확인 단락으로 남겨 놓을 수밖에 없다. 전선 간에 단락이 일어나면 부하 측 전선은 전원 공급이 끊어지기 때문에 절연체가 완전히 소실되지 않고 전선 표면에 거칠게 용융된 형태로 잔존하는 경우가 많은 반면에 전원 측은 차단기가 동작하지 않았다면 절연체가 부하 측보다 많이 연소된 상태로 남게 되는 등 비교·식별이 가능한 경우가 있다. 용융흔의 결정조직을 살펴보면 1차 측에는 동(Cu) 표면에 산소의 부착이 많고 2차 측에는 절연체가 용융될 때 발생한 염소(Cl)와 칼슘(Ca) 등이 검출될 수 있다.

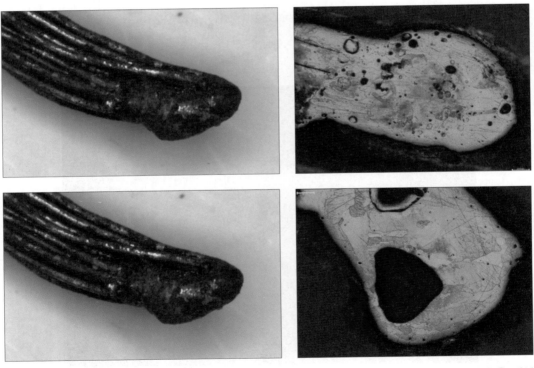

전원 측 배선 2가닥에서 주상조직이 인식되는 등 1차 단락을 의심할 수 있으나 이와 연결된 부하 측 배선을 확인할 수 없다면 미확인 단락으로 유보하여야 한다. 전원과 부하의 양쪽을 동시에 확인할 수 없다면 전기적 발화를 속단하지 않아야 한다.

Chapter 01
Chapter 02
Chapter 03
Chapter 04
Chapter 05
Chapter 06
Chapter 07
Chapter 08
Chapter 09
Chapter 10
Chapter 11
Chapter 12
Chapter 13

(2) 압착 손상에 의한 단락

장롱, 진열장 등 중량이 무거운 물체에 전선이 눌리거나 끼인 상태로 지속적인 하중을 받거나, 벽체나 문틈 사이로 전선을 분기시킨 후 스테이플러(stapler)로 고정할 경우 나타나는 접촉 손상 등은 압착에 의해 단락이 발생할 수 있다. 특히 구부러지거나 꺾인 부분에 설치된 배선은 비틀림이나 굽힘 현상이 고착화되어 절연체의 열화를 촉진시키고 단락으로 이어져 출화할 수 있다. 일반적으로 옥내용 전기배선은 비닐절연전선(IV, Indoor Vinyl insulated wire) 및 제2종 비닐절연전선(HIV, Heat resistant Indoor Vinyl insulated wire)을 가장 많이 사용하고 있는데 심선보다는 연선이 외력에 약해 단락 출화할 우려가 높다. 전선의 분기지점이 모퉁이라면 여유반경을 주지 않고 직각에 가깝게 설치하는 경우도 있어 단락지점과 설치상황 등을 고려한 현장조사가 이루어져야 한다.

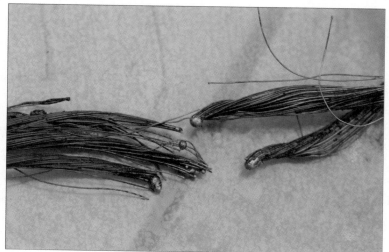

전선의 압착손상으로 인한 단락은 여러 개의 용융흔을 만들어 내기도 하며 심선보다는 연선에서 발생하기 쉽다.

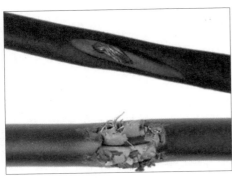

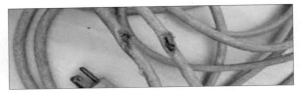

굴곡진 부분에 여유 공간을 두지 않고 배선을 꺾인 상태로 설치했다면 전선피복의 절연성능 저하로 단락 출화할 우려가 있다.

구석진 부분 바닥에 있던 전선이 무거운 하중에 눌려 압착손상으로 출화하였다.(경기도 의정부소방서. 2014)

② 접촉 불량(contact failure)

전기배선끼리 연결된 부분 또는 플러그와 콘센트, 전선의 나사 조임 부분 등 접속 기구 간의 접촉 부분에서 체결 상태가 이완되거나 배선 또는 단자의 접속이 헐거워진 경우, 콘센트 금속재의 탄성이 약화된 경우 등에는 접촉 면적의 감소로 접촉 저항이 증가하여 발열을 유발할 수 있다. 플러그의 경우 접촉 불량에 의해 한쪽 극이 접속부 과열로 발화하더라도 이극 도체끼리 접촉이 이루어지지 않는다면 전기배선이 단락으로 이어지기 전까지는 차단기의 보호를 받을 수 없어 발화지점 근처에는 단락을 동반하는 것이 일반적인 현상이다.

(1) 배선 이음부에서의 접촉 불량

전선의 연결부분을 납땜이음으로 처리하지 않고 전선끼리 꼬아서 절연테이프로 마감을 했다면 사용 도중 테이프 내부에서 부식이 일어나 꼬임이 약화되는 경우가 있고 주변 온도변화와

Chapter
01
Chapter
02
Chapter
03
Chapter
04
Chapter
05
Chapter
06
Chapter
07
Chapter
08
Chapter
09
Chapter
10
Chapter
11
Chapter
12
Chapter
13

공기 접촉에 의한 부식 등으로 저항이 증가하여 불완전 접촉에 의한 발열로 발화할 수 있다. 전선의 이음부에서 불완전 접촉으로 발화된 경우는 보통 한쪽 선이 헐거운 상태에서 일어나기 때문에 단락 부분에서 전선이 꼬이거나 뭉진 형태로 발견될 수 있고 전선 표면은 부식된 상태로 식별되기도 한다. 특히 전선 규격이 서로 다른 전선끼리 연결되어 있으면 공기접촉 면적이 커질 수밖에 없으며 접촉 불량으로 이어질 공산이 크다. 접촉 불량을 방지하기 위해 와이어 커넥터를 사용하는 것이 안전하지만 과전류가 인가된다면 커넥터의 플라스틱 커버가 녹으면서 착화할 수 있고 주변에 있는 다른 전선과 단락을 일으켜 출화하게 된다. 발화지점에서 와이어 커넥터를 사용한 흔적이 발견된다면 접촉 불량보다는 과전류 등 다른 원인을 검토해 보아야 한다.

아웃트렛(Outlet) 박스에서 전선이 이완되었고 발열을 일으켜 탄화되었다.(좌) 규격이 다른 전선끼리 연결한 경우 접촉 불량으로 이어질 가능성이 있다.(우)

과전류가 인가되면 배선 이음부를 덮고 있는 와이어 커넥터(플라스틱 커버)에 착화할 수 있다.(www.youtube.com/watch?v=_2HyTRxzwXs)

(2) 콘센트 등 접속 기구에서의 접촉 불량

콘센트와 플러그는 상시 꽂혀 있는 것이 아니라 쓰임에 따라 접속과 분리를 수없이 반복해 사용하는 경우도 많기 때문에 금속의 탄성이 저하될 수 있고 이에 따라 체결 상태가 느슨해지면 플러그 핀[3]과 콘센트 사이에 발열이 일어나 발화하게 된다. 이때 순간적으로 발생하는 불꽃은 고온이므로 플러그 및 콘센트 금속면이 용융될 수 있고 패이거나 소실될 수도 있다. 금속의 접촉면은 평탄하게 유지하는 것이 최상이지만 사용횟수가 반복되다보면 금속면에 요철(凹凸)이 발생하고 이들 접촉점에서 접촉이 불량하면 발열량이 증가하여 화재로 이어질 수 있다. 접속 부분의 접촉 불량으로 화재가 발생한 사례를 보면 금속 표면은 도금이 벗겨져 검거나 동(Cu) 본연의 색상이 드러나는 등 변색을 동반하는 것이 일반적인 현상이다. 체적이 일정하다는 전제하에 단자의 접촉 면적이 1/4로 줄어들면 발열량은 16배 증가한다. 압착단자에 충분한 힘을 주어 압착하지 않거나 규격에 맞지 않는 단자를 사용하여 규정값보다 접촉 면적이 1/4로 줄어들었다면 전기저항은 16배 커지게 되고 이곳에서 발열량도 정상 발열량보다 16배가 커지게 된다.[4]

플러그 핀의 용융 및 변색 · 소실 형태

---

[3] 플러그 핀 : 플러그 핀을 일부 교재에서는 '플러그 칼날'이라고 표현하고 있으며 콘센트를 '칼날받이'라고 쓰는 경우가 있다. 과거 100V를 상용전원으로 사용하던 시절에는 플러그가 칼날처럼 생겨 이 같은 표현이 가능했으나 지금은 상용전원이 220V로 승압되었고 플러그 형태 또한 핀이나 봉처럼 생겨 '플러그 핀 또는 금속 핀'이라고 부르는 것이 일반화되고 있다. 따라서 콘센트 역시 '핀받이'로 표현하여야 한다.

[4] 전기저항은 길이에 비례하고 단면적에 반비례하므로 길이를 4배 증가시키면 단면적은 1/4로 줄어든다. 따라서 전기저항 $R = \ell / A = 4/(1/4) = 16$배가 된다. $Q = 0.24\, I^2 R\, t$ [cal]에 의해 전기저항이 16배로 증가하면 발열량과 비례하므로 발열량도 16배가 된다.

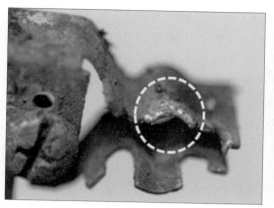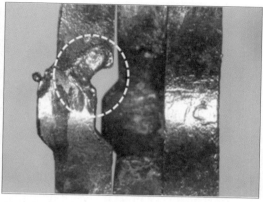

플러그와 접촉한 콘센트 접촉면의 용융 상태(이영병, 2008)

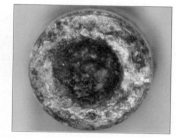

플러그 핀의 접합부가 용융 및 용단된 형태

(3) 아산화동 증식 발열

나사와 단자의 체결 부분 또는 동선과 단자의 체결부 등 접속 부분에서 접촉불량으로 저항이 증가하는 것은 도체의 일부가 고온에 노출되면 용융 및 산화함으로써 발생하는 아산화동(CuO_4, cuprous oxide) 때문인 것으로 알려져 있다. 전선과 전선 또는 전선과 단자, 접점부위 등 연결부에 동일한 압력을 주어 완벽하게 유지하는 것은 거의 불가능에 가깝다. 눈에 보이지는 않지만 전선과 단자 표면에는 수많은 요철(凹凸)이 있고 진동이나 충격으로 인해 얼마든지 이완될 수 있기 때문이다. 도체가 동의 합금인 경우 스파크 등에 의해 고온이 되면 동의 일부가 산화하여 도체 표면에는 아산화동이 생기는 경우가 있는데 이때 높은 온도로 발열하며 확대되는 현상을 아산화동 증식 발열이라고 한다. 아산화동은 산화제일구리(Cu_2O)나 구리가 대기 중의 산소와 결합하여 만들어지는 혼합물로 매우 높은 고온에서 만들어지는데(아산화동의 용융점인 1,232℃ 이상으로 추정) 도체 접속부의 접촉저항이 증가하여 과열되면 접촉부 표면에 산화막이 형성된다. 아산화동 조성비는 구리 약 89.9%, 산소 10.1%로 이루어져 있으며 외관상 표면에 산화동 막이 있지만 단단하지 않아 송곳 등으로 가볍게 찌르면 쉽게 부서진다. 분쇄물의 표면은 은회색의 금속광택을 가지고 있고 현미경으로 내부를 관찰하면 적색으로 반짝거리는 결정을 볼 수 있다. 적색 결정은 아산화동이 지니고 있는 독특한 특징으로 도체 접속부에서 이것이 발견되면 발화원인으로 불완전접촉을 강하게 뒷받침할 수 있는 증거가 될 수 있다. 아산화동이 발생한 발열 부분은 일반적으로 흑색으로 변색된 아산화동의 잔해를 볼 수 있다. 아산화동의 또 다른 특징은 다른 도체와는 다르게 부(負)의 저항온도계수를 갖는다는 점이다. 아산화동은 상온에서 수십kΩ의 전기저항을 갖지만 온도상승이 이루어진 후 급격하게 온도가 낮아져 1,050℃부근이 되면 최소가 되고 그 이후에는 역으로 온도가 증가해 나간다. 따라서 아산화동 증식 발열이 의심될 때에는 드라이기로 가열시켜 저항이 감소한다면 아산화동이 생성된 것이라고 판단할 수 있다.

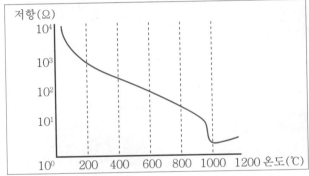

아산화동은 온도가 상승하면 저항이 줄어드는 부(−)의 특성을 갖는다.

동선(2mm)을 이용한 아산화동 증식 발열 실험 결과 40분 경과 후 전선 양 끝단에 은회색 경계면이 생기고 스파크 방전이 지속되었으며 4시간에 걸쳐 약 20mm의 아산화동이 증식되었다(경기도 의정부소방서. 2013).

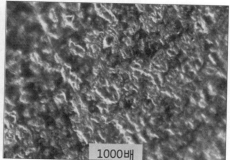

아산화동이 형성된 은회색 금속 내부를 실체 현미경으로 관찰하면 적색으로 반짝거리는 미립자를 확인할 수 있다.

(4) 접점 부위에서의 접촉 불량

스위치의 접점이 이루어지는 부분 및 인쇄회로 기판의 회로소자 접점부 등에서도 접촉저항의 증가로 발열이 일어나면 착화할 수 있다. 스위치를 오래 사용하다 보면 접점을 이루는 간격이 벌어질 수 있고 이로 인해 접촉면적이 감소하면 상대적으로 접촉저항이 증가하여 불꽃방전이 이루어진다. 스위치 단자의 발화과정을 보면 접점에서 스파크가 발생하여 전선피복과 플라스틱 외함에 1차적으로 착화하는 경우가 많고 접점부의 금속이나 나사는 부분적으로 용융된 상태를 보인다. 가전제품 안에 내장된 인쇄회로 기판은 동판이 들뜨거나 납땜처리한 부분이 떨어져 나갈 경우 접촉 불량으로 서서히 탄화가 진행되다가 발화하는 경우가 있다. 연소현상은 제품 안에서 이루어지기 때문에 조기에 발견하기란 쉽지 않지만 가연물이 제한적이므로 제품 자체만 손상되는 사례가 많다.

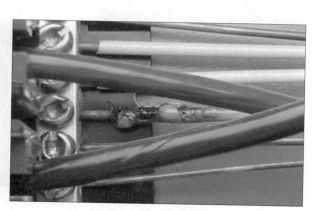

스위치 접점 및 터미널 단자 접속부에서 발열이 일어나 탄화되었다.

인쇄회로 기판의 접점부 접촉 불량으로 전선 및 회로 소자가 탄화된 형태

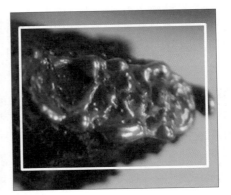
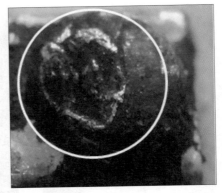

플러그 접속부 내부에 나타난 용융흔(경기도 포천소방서. 2015)

(5) 반단선(partial disconnection)

반단선은 전선 일부가 끊어져 단면적의 감소로 국부적 발열이 일어나 피복을 손상시키고 단락으로 이어져 발화하는 현상이다. 반단선이 일어나는 과정을 보면 전선의 이어짐과 끊어짐

이 반복되면서 불꽃이 튀고 이 불꽃에 의해 절연피복에 흑연이 진행되면 미소전류가 흘러 흑연이 증식되면서 결국 피복의 절연성능이 저하되어 선간단락을 일으키게 된다. 특히 반단선은 굽힘력이 작용하는 개소에서 심선보다는 여러 가닥이 모여 있는 연선에서 발생할 확률이 매우 높다. 심선은 한 가닥의 전선이 단선되면 끊어짐과 접촉이 다시 이루어지기 어렵지만 연선은 일부 전선(대부분 10% 이상)이 끊어지더라도 상용전원이 지속적으로 공급될 수밖에 없고 전선 전체가 끊어지지 않음으로써 끊어진 개소에서 끊어짐과 이어짐이 지속되는 경우가 많다. 이동이 잦은 전선과 굴곡이 있는 개소라면 충분히 반단선이 발생할 수 있고 사전에 발견되지 않는다면 화재로 이어질 수밖에 없는 상황을 맞게 된다. 전선의 단면적이 1/2 이상 감소한다면 전기저항이 4배 커지게 되며 발열량 역시 4배 커진다.

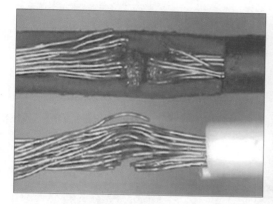

반단선은 절연피복 내부에서 연선 일부가 끊어짐과 이어짐이 반복됨으로써 발생한다.

③ 트래킹(tracking)

전압이 인가된 전극 사이의 절연물 표면으로 수분을 함유한 먼지가 쌓이거나 금속가루 등의 미소물질이 부착되면 이들 물질의 표면을 따라 전류가 흘러 소규모 불꽃방전이 일어날 수 있다. 만약 이러한 현상이 일정시간 반복되면 절연물 표면의 일부가 탄화되거나 침식이 생겨 도전성 물질로 변하게 된다. 일단 도전성 물질이 발생하면 미세한 불꽃방전을 일으킬 수 있는 전해질이 소멸해도 불꽃방전은 지속되어 다른 극의 전극과 도통될 수 있는 통로(track)가 형성되는데 이 현상을 트래킹이라고 한다. 트래킹은 궁극적으로 절연재료의 표면에서 발생하는 것으로 이 부분의 절연이 파괴되면 전기가 통전되고 절연물에서 발생한 분해가스 등에 착화하여 화재로 발전을 한다. 트래킹 발생 초기에는 흐르는 전류가 매우 작고 발열 범위도 좁아 즉시 표면연소하는 경우는 거의 없지만 차츰 심부적으로 타들어가면서 반경을 확대해 간다. 그러다가 전류량과 발열량이 커지는 일정 단계에 이르면 출화로 이어진다. 온도조절장치로 가장 널리 쓰이고 있는 서모스탯은 충전부 사이로 습기가 유입될 경우 트래킹 발화가 쉽게 일어나는 부품에 해당하는데 트래킹에 의한 절연파괴가 의심되는 경우 테스터기를 이용하여 저항값을 측정하면 약 10~30Ω 정도로 낮게 나타나는 것으로 알려져 있다. 서모스탯은 크기가 불과 3cm 정도에 불과하지만 도전로가 형성된 표면적과 충전부가 용융된 지점 등에 따라 다양한 저항값을 나타내기도 한다. 아래 그림은 냉온수기에 내장된 서모스탯의 절연 저항값을 측정한 것으로 트래킹 도전로 부근이 가장 낮지만 용융된 충전단자로부터 멀어질수록 저항값이 크고 무한대로 측정되는 지점도 있음을 알 수 있다.

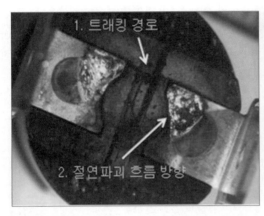 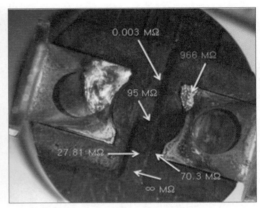

서모스탯 충전부 사이로 도전로가 만들어져 금속단자가 용융되었고 절연물 표면의 저항값은 매우 다양하게 측정되었다(경기도 연천소방서. 2012).

노래방 영상기기 위에 설치된 벽걸이형 에어컨에서 물이 뒤편 회로기판으로 떨어져 도전로가 형성되어 영상기기에서 화재가 발생하였다.

Chapter 01
Chapter 02
Chapter 03
Chapter 04
Chapter 05
Chapter 06
Chapter 07
Chapter 08
Chapter 09
Chapter 10
Chapter 11
Chapter 12
Chapter 13

콘센트 단자 사이애 흑연(연필심)을 이용한 도전로를 만들고 전원을 인가하자 불꽃방전이 이루어졌다(조천묵. 2007).

　　트래킹과 유사한 현상으로 그라파이트(graphite, 흑연화) 현상이 있다. 그라파이트는 목재나 플라스틱 등 유기절연체가 불꽃과 접촉했을 때 트래킹 현상처럼 도전로가 형성되고 이곳을 통해 전류가 흐를 경우 발열량이 점차 커져 발화하는 현상이다. 트래킹이 이물질(수분, 먼지, 금속가루 등)의 개입으로 발생한 것이라면 그라파이트는 누설전류 또는 스위치나 릴레이 등의 접촉부에서 발생한 불꽃에 의해 주변부를 탄화시켜 도전로를 확대시켜 나가는 점에서 차이가 있지만 근본적으로 트래킹과 그라파이트는 도전로가 형성된다는 점에서 동일하다. 목재로 마감처리 된 벽에 매입형 스위치가 설치되었다고 생각해 보자. 과전류나 단락 또는 접촉불량이 아닌 상황에서 장시간 누설전류가 목재 표면에 흘렀다면 작은 탄화도전로가 어느 부분에서 발생할 수 있고 점차 흑연범위가 확대되어 발열량 증대로 이어져 발화하게 된다. 그라파이트의 입증은 발화가 일어난 지점에 불꽃방전을 일으키는 기구와 흑연화가 진행된 탄화부를 확인하는 것이 매우 중요하다. 또한 탄화되지 않은 목재는 테스터로 측정했을 때 전기저항이 측정되지 않지만 흑연화가 진행된 부분은 일반적으로 100Ω 이하의 저항이 측정되므로 도전로의 형성 여부는 저항을 측정하여 비교해 볼 수도 있다. 지금까지 알려진 바에 의하면 트래킹과 그라파이트를 명확하게 구별하는 것은 밝혀지지 않아 그라파이트를 트래킹의 범주에 포함시켜 해석하는 것이 일반적이다.

목재를 탄화시켜 도전로를 만들고 전류를 흘리면 흑연화가 진행된 경로를 따라 적색으로 달아오르고 탄화된 부분이 연소한다.(wha-international.com)

4 과전류(over current)

전선의 발열량은 흐르는 저항과 전류의 제곱에 비례한다. 따라서 저항이 높을수록 발열량이 커지며 같은 저항일지라도 전류가 2배 커지면 발열량은 4배로 늘어난다. 전선의 온도가 상승하면 전선에서 발생한 발열량과 대기 중으로 열을 발산하는 방열량이 균형을 이룰 때 전선의 온도는 일정하게 유지된다. 이때의 전류를 그 전선의 허용전류라고 한다. 허용전류를 초과하면 전선의 온도가 올라갈 수밖에 없어 전선피복이 녹거나 합선을 일으켜 발화하게 된다. 저압옥내배선에 가장 널리 쓰이는 비닐전선의 피복이 손상되는 것은 적당히 흘려보내야 할 전류 외에 주변 온도가 작용하는 경우가 많다. 비닐 절연전선의 피복은 약 90℃ 이상이 되면 절연기능을 상실하는데 만약 전기장판 위에 무거운 이불을 겹겹이 덮어놓았을 때 주변 온도가 20℃라면 흐르는 전류에 의한 발열로 70℃만 상승하여도 90℃에 이르러 과전류로 인해 화재로 발전하게 된다. 따라서 모든 전선의 허용전류는 주변 온도를 고려하여 설계를 하고 있다. 모든 전선은 규격에 따라 허용전류가 정해져 있지만 여러 가닥의 전선을 합성수지관에 가설한다면 허용전류는 각각 달라진다는 점도 알고 있어야 한다. 규격 2mm인 비닐 전선을 3가닥 이하로 설치할 때 허용전류는 19A이지만 4가닥일 때는 17A, 5~6가닥일 때는 15A로 규정하고 있어 단순히 전선피복에 표기된 전류가 곧 허용전류가 될 수 없는 것이다. 따라서 흔히 과전류란 허용된 전류보다 많은 전류가 흐른 것을 의미한다고 쉽게 생각할 수 있지만 실제로 과전류란 주변 환경과 절연피복이 손상될 만큼 발열이 작용한 것이라고 판단할 필요가 있다. 전선 절연피복의 허용온도(최고 사용온도)는 발화 당시 온도와 비교하면 훨씬 낮기 때문에 허용전류를 조금 넘더라도 즉시 화재로 이어지는 경우는 없다.

5 과부하(over load)

(1) 전선의 과부하

전선의 과부하란 정해진 허용전류를 초과한 상태를 말한다. 테이블 탭을 이용한 부하의 문어발식 분기는 허용된 전류를 초과할 경우 화재로 이어질 우려가 있다. 그림과 같이 4개 이상의 부하가 접속된 경우 회로의 총 전류크기는 회로에 접속된 각 전기 기구 전류크기의 총합이다. 판단해야 할 문제는 전선이 과부하를 유발했는지 여부이다. 플러그마다 연결되어 있는 총 부하량을 산정해 보아야 하며 배선상의 허용전류를 따져 보아야 한다. 허용전류에 미달되는 전선

허용전류를 무시한 문어발식 전기배선의 분기는 과부하로 발화할 수 있다.

을 사용하였거나 방열조건의 불량, 부하기기의 과다사용 등으로 배선상의 절연이 파괴되면 피복이 녹으면서 구리 동선에 융착되기도 하며 독특한 단락흔이 생성되기도 한다.

차단기를 통과한 전류는 옥내배선 상에 표준 정격이 정해져 있어 정격 용량을 초과할 경우 차단기가 안전장치로 작동하지만 퓨즈박스나 커버나이프 스위치 등에 임의로 설치한 퓨즈 용량이 허용치를 초과할 경우 기능을 제대로 하지 못해 과부하가 발생하더라도 정상작동을 할 수 없으며 이러한 상태가 지속되면 기계나 부품에서 위험한 과열상태가 일어나게 된다.

정격 퓨즈를 채용했을 때 정격 전류를 초과하면 동작을 하지만(좌) 그렇지 않을 경우 퓨즈는 용단되지 않아 기기나 배선에서 발열을 일으키게 된다.

Chapter 01
Chapter 02
Chapter 03
Chapter 04
Chapter 05
Chapter 06
Chapter 07
Chapter 08
Chapter 09
Chapter 10
Chapter 11
Chapter 12
Chapter 13

절연전선에 과전류가 인가되면 피복이 과열로 용용되고 열분해 가스가 발생한다.

(2) 모터의 과부하

모터의 회전자가 구속되어 제대로 회전하지 못하는 경우와 전자변이나 마그넷 스위치 등에서 가동 철편의 흡인력이 방해를 받는 경우에는 과부하가 걸려 정상적인 기능을 할 수 없다. 대표적인 원인을 꼽자면 베어링 소손에 의한 고착, 펌프 케이싱(pump casing) 내부에 이물질이 침입하여 임펠러(impeller)의 회전을 정지시키는 경우 등을 들 수 있으며 운전 중에 이들 현상이 나타나면 과열을 동반하는 것이 일반적인 현상이다. 모터의 회전자를 고정시켜 구속운전을 행하면 권선이 과열되어 연기가 피어오르고 모터 중앙부의 온도가 고온(330℃ 이상)으로 변해 권선의 에나멜 피복이나 함침 바니스 절연지 등에 착화하여 모터가 연소하게 된다. 모터에 기계적인 과부하가 걸리면 즉시 회전속도의 저하가 발생하고 타는 냄새가 나기 때문에 손쉽게 과부하를 의심할 수 있다. 모터가 과부하로 과열되었을 때 내부를 분해하여 보면 권선에서 층간 단락(layer short)이 확인되는 경우가 있다. 층간 단락이란 모터나 변압기 등 권선기기의 에나멜 코일이 아래 위로 각 층상에 절연상태를 유지하다가 절연이 부분 파괴되어 단락을 일으키는 현상이다. 층간 단락은 선간 단락이나 상간 단락과 달리 급격한 전류의 증가는 동반하지 않는다.

Chapter
01

Chapter
02

Chapter
03

Chapter
04

Chapter
05

Chapter
06

Chapter
07

Chapter
08

Chapter
09

Chapter
10

Chapter
11

Chapter
12

Chapter
13

모터에 과부하가 걸려 회전자가 구속운전을 하면 발열을 일으켜 출화한다.

권선코일에서 층간 단락이 발생하는 주요 원인

❶ 주변 온도가 높거나 모터 케이싱의 열 방출이 불량하여 권선코일의 절연온도가 허용치보다 높을 경우

❷ 모터의 회전 장애로 구속운전을 하는 경우

❸ 순간적인 개폐 서지(surge)가 발생하거나 반복되면서 절연 성능이 저하되는 경우

❹ 정격전압을 채용하지 않거나 지락 등 이상전압이 인가된 경우

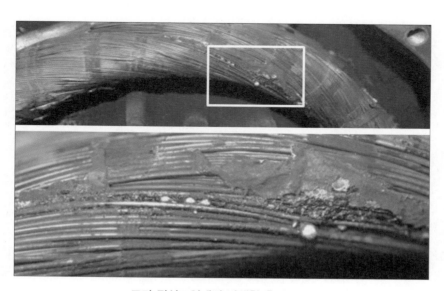

모터 권선코일에서 발생한 층간 단락

⑥ 누전(electric leakage)

(1) 누전화재의 성립

누전이란 전선피복의 절연이 불완전하여 전기의 일부가 전선 밖으로 새어 나와 전류가 흐르는 현상을 말한다. 전선의 노후로 절연이 불량하거나 어떤 원인에 의해 피복이 손상되어 습기의 침입 등이 발생하면 누설전류가 집중된 개소에서 발열을 일으켜 화재로 확산될 수도 있다. 지락사고도 누전의 일종이다. 전선피복의 절연성이 사라지면 정상적인 전로를 벗어나 전류가 다른 곳으로 흐르는데 이때 발생한 전류가 누설전류로 비로소 누전이 성립한다. 그러나 누전의 발생이 곧 화재발생을 의미하는 것은 아니다. 누전이 발생하면 발생지점의 금속재 등을 통해 대지로 전류가 방전되거나 정전이 일어날 수 있고 누전차단기가 동작을 하여 2차 사고를 방지하기 때문이다. 화재로 발전하려면 누전점 외에 접지점, 출화점의 성립을 필요로 한다. 누전점은 비접지측 전선이 벗겨져 외부로 전류가 누설되는 개소이고 접지점은 수도관 등 금속재가 전류와 접촉한 지점이다. 출화점은 누설전류가 집중되고 발화가 일어난 지점이다. 누전점은 1개소지만 그 후 다수의 분기경로를 지나서 두 개 이상의 접지점을 통해 흘러들어간다면 출화점은 2개소 이상 될 수 있고 접지점은 눈에 보이지 않는 벽속이나 땅속이 많아 특징을 발견하기 쉽지 않다.

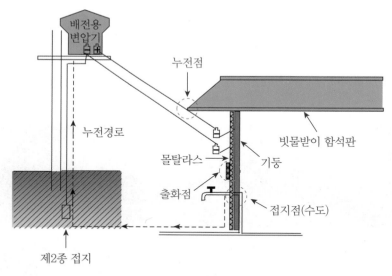

누전화재의 발생 경로

(2) 누전의 확인방법

가정이나 사무실에서 누전의 이상 유무는 누전차단기의 시험버튼을 눌러 확인하는 방법이 가장 간단하다. 누전차단기가 계속 떨어진다면 모든 차단기를 끈 상태에서 전력계가 돌아가는지 확인을 하고 그래도 전력계가 돌아간다면 어디선가 누전이 발생한 것으로 판단을 하여 부

Step 01 | 전기적 요인

Chapter 01
Chapter 02
Chapter 03
Chapter 04
Chapter 05
Chapter 06
Chapter 07
Chapter 08
Chapter 09
Chapter 10
Chapter 11
Chapter 12
Chapter 13

하기기의 모든 전원 플러그를 뺀 후 하나씩 전원을 투입하는 방식을 취하면 쉽게 확인할 수 있다. 습기가 많은 공간에 있는 전기제품을 대상으로 조사 순위를 정하는 것이 효과적이다. 우선 주방과 화장실, 식기건조대, 냉온수기, 냉장고 등에 순차적으로 전원을 투입하면 빠른 시간에 누전 개소를 발견할 수 있다. 누전을 예방하기 위해서는 노후 전선이 가설된 곳 또는 절연피복이 손상될 수 있는 개소가 있는지 확인하는 것도 좋다. 실외의 전기 시설물은 빗물이 닿지 않도록 주의하며 세탁기나 보일러 등을 청소할 때도 가급적 물을 사용하지 않는 것이 좋다. 주방 싱크대 주변의 콘센트나 화장실 내의 콘센트에는 물청소를 금해야 하고 만약 먼지 등이 쌓여 오염이 심하다면 화장지로 닦아주는 방법을 권장한다. 누전은 습기가 많은 개소에서 발생하기 쉽다.

(3) 전기용접에 의한 누전화재 사례

4층짜리 다가구주택 1층과 4층 보일러실에서 동시다발적으로 화재가 발생하였다. 화재발생 전 옥상에서는 바닥 누수방지를 위해 철재를 깔고 철판을 덮기 위한 전기용접 작업을 하고 있었다. 옥상에는 각 층으로 난방유를 공급해 주는 4개의 탱크를 연료 탱크실(내화조)에 저장하고 있었는데 탱크에서 분기된 연료 공급관(동 파이프)은 벽을 뚫어 밖으로 노출시킨 후 옥상에서 1층까지 벽을 따라 관이 수직으로 매입된 구조였다. 그런데 누수방지를 위해 바닥에 깔아 놓은 철재를 연료 공급관과 겹쳐지도록 가설을 하였고 용접봉과 접지 클램프의 간격을 5m 이상 이격시켜 통전 범위가 넓어지는 바람에 용접작업을 할 때 금속관 및 보일러 몸체로 전류가

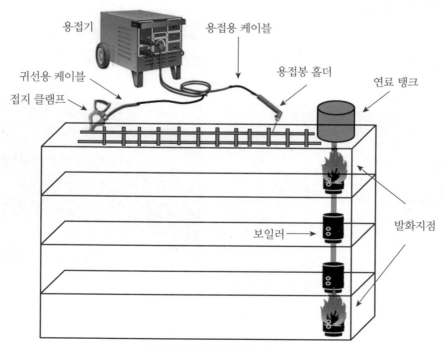

누전에 의한 발화지점 개략도

누전되었고 이로 인해 폐회로가 형성되어 화재가 발생한 것이다. 정상적이라면 용접기 → 용접용 케이블 → 용접봉 홀더 → 모재(철재) → 접지 클램프 → 귀선용 케이블 → 용접기로 이어지는 회로가 형성되어야 했다. 전기용접을 하려면 전류가 통하는 물체에 접지를 한 다음 용접봉을 이용하여 용접을 하게 된다. 용접시 용접점과 모재의 길이에 따른 접지점 간격을 어느 정도 유지하여야 한다는 명확한 기준은 없지만 차량용접의 경우 접지점(접지 클램프)과 용접봉과의 거리를 50cm 이내로 할 것으로 권장하고 있다. 용접 홀더선과 모재선 두 선로의 간격을 가깝게 하면 작업자의 실수가 있더라도 감전 및 누전 범위가 작아지게 되기 때문이다. 반대로 두 선로의 간격을 멀리 할 경우 통전 범위가 그만큼 넓어지게 되므로 작업자는 물론 제3자의 감전 및 누전 위험성을 동반할 수밖에 없다. 1층과 4층 보일러실에서 발화된 것은 용접기 → 용접용 케이블 → 용접봉 홀더 → 모재(쇠파이프) → 1층 및 4층 연료 공급관(동파이프) → 보일러 몸체, 건물 벽체 내 철근을 포함한 금속제 구조물 등 → 모재(철재) → 접지 클램프 → 귀선용 케이블 → 용접기로 이어지는 회로가 형성된 것으로 조사되었다. 1층과 4층의 보일러와 연결된 연료 공급관은 누설전류에 의해 직접 타격을 받아 용융된 형태로 확인되었다.

옥상 누수방지를 위해 철판 덮개공사 진행 중 연료 공급관이 철재와 겹쳐진 상태(경남 창녕소방서. 2016)

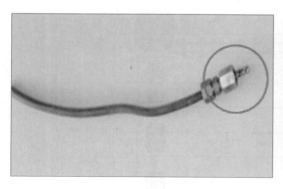 

1층 보일러실 연료 공급관의 용융 상태

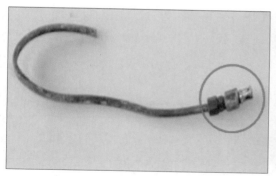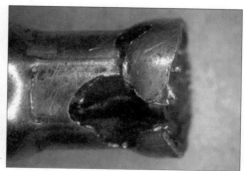

4층 보일러실 연료 공급관의 용융 상태

Chapter
01

Chapter
02

Chapter
03

Chapter
04

Chapter
05

Chapter
06

Chapter
07

Chapter
08

Chapter
09

Chapter
10

Chapter
11

Chapter
12

Chapter
13

7 정전기(static electricity)

정지상태의 전하에 의한 전기를 정전기라고 하며 일반적으로 서로 다른 두 물체를 마찰시키면 두 물체의 표면에 정전기가 발생하기 때문에 마찰전기(triboelectricity)라고도 한다. 일반적으로 서로 다른 이종(異種)의 물질이 접촉한 후 서로 분리될 때 발생한다. 책받침이나 풍선을 옷이나 머리 등에 문질러 마찰시킨 후 작게 자른 종이에 가져다 대면 종이가 달라붙는 현상을 볼 수 있다. 이러한 현상이 발생하는 원리는 마찰전기 때문이다. 물질은 원자라는 기본물질로 되어 있고 원자는 양성자, 중성자, 전자로 구성되어 있다. 두 물체를 마찰시키면 열이 발생하는데 이때 전자가 떨어져 나가면 물체는 양전하(+)를 띠고, 전자가 붙게 되면 음전하(−)를 띠게 된다. 이러한 상태를 대전(帶電, electrification)[5]되었다고 한다. 전기도 자석처럼 같은 극끼리 밀어내고 다른 극끼리 잡아당기는 성질이 있다. 풍선을 마찰시켜 종이에 갖다 대면 종이의 전자가 풍선의 음전하에 밀려나게 되고 풍선과 가까운 쪽으로 양전하를 띠게 되어 비로소 종이가 풍선에 달라붙게 되는 정전기 유도현상이 발생한다.

(1) 정전기 에너지

생활 속에 발생하는 기분 나쁜 정전기 에너지 발생량은 얼마나 될까? 옷을 벗을 때 속옷과 겉옷의 마찰과 박리로 정전기가 일어날 수 있고 걸을 때 신발과 바닥과의 마찰로 정전기가 발생할 수 있다. 의자에 앉아 있다가 일어설 때도 의자에 의복이 접촉함으로써 기계적 에너지가 전기적 에너지로 대전된다.[6] 사람의 신체는 전기가 잘 통하는 도체로서 인체저항은 수Ω~수백kΩ에 이르는 것으로 알려져 있다. 신을 신고 있을 때에는 대지와 절연상태를 유지하여 정전량을 축적하기 쉽지만 방전되기 쉬운 어떤 물체와 접촉할 경우 일시에 큰 방전에너지를 방출한다. 건조한 날 차량에서 내린 후 문을 닫을 때 손에서 따끔거리는 정전기 방전현상을 누구나

---

[5] 물체가 전하를 띠는 현상으로 대전된 물체를 대전체라고 하고 대전체가 띤 전기를 전하라고 한다. 모든 물체는 평상시에 음전하와 양전하의 양이 비슷하여 전기적으로 중성을 유지한다. 그러나 물체가 마찰 등 어떤 원인에 의해 음전하 또는 양전하의 양이 많아지게 되면 많은 쪽의 전기적 성질을 띠게 된다.

[6] 다리가 금속으로 된 의자에 앉아 의류와 좌석 사이를 밀착시킨 상태로 마찰을 한 후 갑자기 일어나면 의류에서 1,000~3,000V, 의자에서는 18,400V까지 대전된다.(중앙소방학교 소방과학연구실. 화재조사 감식 · 감정업무 지원을 위한 편람작성 정책연구. 2009)

한번쯤 경험했을 것이다. 이때 인체가 대전하여 느끼는 충격은 약 3,000V를 상회하며 방전에너지는 10~30mJ 정도로 크다. 다만 이때 전위는 높지만 전류가 적기 때문에 치명적인 사고로 확대되지 않을 뿐이다.

〔표 7-1〕 인체의 대전과 전격관계

인체대전 전위(KV)	전격의 정도	비 고
1.0	전혀 느끼지 못한다.	미미한 방전음 발생 (감지 전압)
2.0	손가락 바깥쪽만 느끼며 통증은 없다.	
2.5	방전한 부분이 바늘에 찔린 정도의 느낌, 깜짝 놀라지만 통증은 없다.	
3.0	따끔한 통증을 느끼지만 아프지 않으며 확실하게 느낀다.	
4.0	손가락에 미미한 통증을 느끼고 바늘로 찔린 통증을 느낀다.	방전의 발광을 볼 수 있다.
5.0	손가락 또는 팔뚝까지 쇼크를 느껴 아프다.	손가락 끝에서 방전 발광이 뻗는다.
6.0	손가락에 강한 통증을 느끼고 쇼크를 받은 후 팔이 무겁게 느껴진다.	
7.0	손가락, 손바닥에 강한 통증과 저린 느낌을 받는다.	
8.0	손바닥과 팔뚝까지 저린 느낌을 받는다.	
9.0	손목에 강한 통증과 손이 저려 무거운 느낌을 받는다.	
10.0	손 전체에 통증과 전기가 흐른 느낌을 받는다.	
11.0	손가락에 강한 저림과 손 전체에 강한 쇼크를 느낀다.	
12.0	강한 쇼크로 손 전체를 강타당한 느낌을 받는다.	

출처 : 이덕출 외. 정전기 재해와 장해 방지. 1996

(2) 정전기의 착화성

정전기의 발화과정은 전하의 발생 → 전하의 축적 → 방전 → 발화의 순으로 이루어진다. 정전기 화재의 문제는 고체나 액체보다는 가솔린의 유증기 등 기체상태가 상대적으로 위험하다. 가연성 혼합기 중에 방전이 되면 가연성 혼합기의 온도가 상승하고 이 온도가 어느 한계 이상이 되면 착화하여 폭발한다. 이처럼 한계온도를 상승시키는 힘이 착화에너지가 된다. 그러나 착화에너지가 존재하더라도 정전기 방전에너지가 더 작다면 폭발은 성립하기 어렵다. 다시 말해 착화폭발을 일으키려면 정전기 방전에너지가 착화에너지 이상이어야 한다. 또한 가연성 혼합기가 형성된 공간도 적정 범위 안에 있어야 착화가 가능하다. 발생한 총 에너지가 착화에너지 이상이라도 공간적으로 넓어지면 에너지 밀도가 작아지므로 가연성 혼합기의 온도가 충분히 상승하지 못해 착화하기 어렵다. 화재현장에서 LP가스나 부탄가스가 폭발했는데 상대적으로 그을음이나 연소가 미약했다면 가연성 혼합기의 밀도가 높지 않아 일어난 현상으로 이해하면 쉬울 것이다. 대전물체와 접지체의 모양도 영향을 미친다. 물체가 비교적 평평한 상태라면 에너지가 큰 착화가 일어날 수 있지만 뾰족한 침이나 칼처럼 튀어나온 물체는 착화하기 어렵다. 방전의 형태를 보면 불꽃방전을 일으킬 수 있어야 한다. 메탄이나 에탄, 부탄 등 석유계 탄화수소의 최소 착화에너지는 0.2mJ 정도이고 수소나 아세틸렌은 이보다 낮다.

〔표 7-2〕 가연성 기체의 최소착화에너지

구 분	최소 착화에너지(mJ)	가스 밀도(Vol%)
메 탄(CH_4)	0.28	8.5
프로판(C_3H_8)	0.305	5~5.5
에 탄(C_2H_6)	0.285	6.5
부 탄(C_4H_{10})	0.25	4.7
헥 산(C_6H_{14})	0.24	3.8
벤 젠(C_6H_6)	0.55	4.7
에틸렌옥사이드(C_2H_4O)	0.06	–
수 소(H_2)	0.02	28~30
아세틸렌(C_2H_2)	0.02	–
이황화탄소(CS_2)	0.02	–

알루미늄이나 유황, 목재 등 분진류의 최소 착화에너지는 가연성 기체보다 높지만 물질의 농도가 높을 경우 가연성 기체 못지않게 위험해 일단 착화하면 대규모 폭발을 일으킬 우려가 있다. 물체가 고정된 상태로 있을 경우 정전기는 일어날 수 없다. 어떤 형태로든 물질이 충돌하거나 접촉과 마찰을 일으켜 정전대전이 일어나야 한다. 전기저항이 큰 액체일지라도 분출과 동요 등이 없다면 안정을 유지할 수 있는데 물질별 상태에 따라 정전기가 발생할 수 있는 상황은 각기 다르다고 보아야 한다.

〔표 7-3〕 정전기가 발생하기 쉬운 물질과 상태

구 분	물질의 상태
전기저항이 큰 탄화수소 액체	유동, 동요, 비등, 분출, 침전
입자지름이 작고 전기저항이 큰 건조한 분체	접촉, 마찰, 분리, 파쇄
전기저항이 큰 섬유, 천, 필름	접촉, 마찰

(3) 정전기 화재 사례

❶ 경기도에 있는 LP가스 충전소에서 화재가 발생하였다. 목격자에 의하면 가정용 (20kg) LP가스를 충전하려고 빈 용기를 실은 화물차량이 들어 왔고 4~5명의 종업원들이 달려들어 빈 용기를 차량에서 내리고 있을 때 갑자기 불꽃이 튀면서 순식간에 화재가 확산되었다고 한다. 화염에 놀란 종업원들이 그곳을 벗어나려고 사방으로 도망을 갔는데 팔을 휘저으며 뛰어갈 때마다 겨드랑이 쪽에서 불꽃이 반짝거렸다. 현장에 체류된 가스 증기가 마찰에 의해 점화되는 순간이었다. 이날 사고로 종업원들은 2~3도의 화상을 입었다.

❷ 한 남성이 셀프주유소에서 차량에 연료를 주유하려고 주유기를 뽑아 차량 주유구에 넣고 뒤돌아서는 순간에 불꽃이 일면서 화재가 발생하였다. 인체에 쌓여있던 정전기 전자가 주유구 금속과 접촉하는 순간 방전이 이루어졌고 스파크가 기름에서 나온 유증기에 옮겨 붙으면서 불이 시작된 것으로 추정되었다. 옷이나 신체의 마찰로 발생한 정전기는 순간적으로 높은 전압을 갖고 있어 유증기에 착화할 가능성이 매우 높다. 주유를 하던 고객은 손과 얼굴에 화상을 입었고 옷도 부분적으로 연소되었다.

❸ 경기도에 있는 한 어린이집에서 발수제[7]를 계단에 칠하는 방수공사를 하던 중 인부한 명이 작업을 한지 불과 10여 분만에 옷의 상당부분이 불이 붙은 채 밖으로 뛰어 나왔다. 이 모습을 발견한 현장소장이 즉시 소화기를 이용해 불을 끈 뒤 119에 신고를 했다. 현장조사 결과 인부는 4층에서부터 아래층까지 방수작업을 하기로 예정되었는데 발수제를 바닥에 뿌린 다음 롤러를 문질렀거나 롤러에 발수제를 묻힌 다음 바닥에 칠했을 것으로 추정되었다. 통상적으로 유성발수제는 유기용제를 90~95% 함유하고 있으며 주요성분은 톨루엔, 벤젠, 시너 등으로 이들 성분은 증기압이 매우 높고 인화점이 매우 낮아 도포 후 곧바로 증발하면서 가연성 가스가 대기 중에 확산되는 특징이 있다. 도포된 발수제 표면 부위는 유증기가 공기와 혼합상태로 연소범위를 형성하였을 것이고 롤러를 사용해 발수제를 반복적으로 문질러 도포작업을 하던 중 정전기가 점화원으로 작용했을 것으로 조사되었다. 인부는 자신이 사용한 화학물질의 위험성을 전혀 인식하지 못한 상태에서 작업을 하다가 변을 당한 것으로 병원으로 후송되었으나 치료를 받던 중 사망하고 말았다.

❹ 필름(시트지)을 가공하는 인쇄공장에서 그라비아 잉크를 잉크 팬에 넣는 과정에서 화재가 발생하였다. 전기나 가스시설에는 전혀 이상이 없었고 인쇄기계에 부착된 접지시설에도 이상이 없었으나 작업자가 착용한 작업복이 나일론 소재로 잉크 유증기가 인체에 대전되어 착화된 것으로 밝혀졌다. 사고가 발생한 날 작업장 내부는 건조한 환경(습도 29%)으로 정전기가 쉽게 발생할 수 있는 환경도 한 몫을 하였다. 적정한 습도의 유지는 그만큼 정전기 발생을 줄일 수 있다.

---

7 발수제는 90~95% 이상의 유기용제를 희석한 중합물을 합성한 것으로 인화점이 40~50℃ 정도로 아주 낮아 롤러를 이용해 칠하는 과정에서 정전기에 의해 착화할 가능성이 매우 높다.

Chapter 01
Chapter 02
Chapter 03
Chapter 04
Chapter 05
Chapter 06
Chapter 07
Chapter 08
Chapter 09
Chapter 10
Chapter 11
Chapter 12
Chapter 13

8 지락(ground fault)

지락이라 함은 전로와 대지 간의 절연이 떨어지거나 성능을 상실하여 아크 또는 도전성 물질에 의해 서로 연결되어 있는 전로 또는 기기에 과도한 전압이 나타나 전류가 대지로 흐르면서 발생하는 사고를 말한다. 지락의 원인은 절연파괴가 대표적인데 절연체인 선로의 경년열화(습기, 대기오염, 외부 물체의 영향 등) 또는 기계적 충격이나 절연저하에 의한 물리적 손상, 과도한 전압이나 단락사고의 확대로 인한 지락 등이 대표적이다. 지락이 발생하면 송전계통의 전압을 상승시켜 접속된 전력기기의 소손우려가 크고 감전의 위험과 화재나 폭발로 이어질 수밖에 없는 확률이 높다. 지락이란 절연성능이 파괴된 전선이 도체나 대지로 전류를 방출시켜 일어나는 전기사고라고 정리할 수 있다.

(1) 지락사고 발생 시 일어나는 현상

지락이 발생하면 고압계통에서 대지로 지락전류가 유입되고 대지로 유입된 지락전류는 지락점으로부터 방사상으로 전류가 흘러 들어가게 된다. 이에 따라 지락전류가 유입된 개소의 반경은 크게 확대될 수 있고 절연체가 파괴되어 터져 나가거나 화재로 이어질 공산이 매우 크다. 지락 시 대지전위 상승은 지락점에서 가장 높고 지락점으로부터 멀어질수록 거리에 반비례하여 작아진다. 만약 지락점이 저압기기가 설치된 곳이라고 가정한다면 저압기기 외함의 전위는 그 점의 대지전위 상승 폭 만큼 올라가게 될 것이다. 접지극의 전위가 300V 올라갔다고 하면 저압기기의 외함도 동일한 전위가 될 것이므로 이 전압에 의해 저압기기의 피해가 가장 크게 나타날 것이므로 오동작을 일으키거나 절연이 파괴될 수밖에 없다. 지락사고는 어떤 형태로든 대지와 전기적 통로가 이루어진 물체가 전력선에 섬락거리 이내로 근접하거나 접촉이 이루어지면 전력선의 대지 절연은 파괴되고 전력선의 저하는 바로 전력선 → 물체(전도체) → 대지 → 전원 변압기 중성점이나 다른 상의 대지 충전용량을 통하여 회귀하는 순환회로가 구성됨으로서 지락전류가 흐르게 된다. 이 지락전류가 곧 사고전류이며 그 크기는 수십 kA에 이른다. 지락이 발생한 곳이 국부적일 경우 단락흔이 1~2개소 정도에 국한되지만 광범위한 경우에는 선로 전체에 영향을 미치기 때문에 조사구역을 확대시켜 살펴보아야 한다.

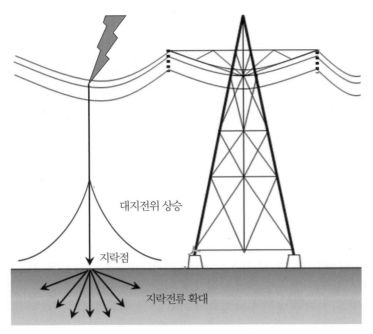

지락이 떨어진 지점의 대지전위는 상승하고 전류는 지면 속으로 방사상 확대된다.

 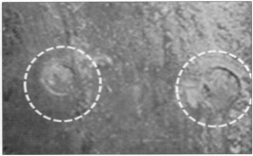

지락으로 인해 상수도관 플랜지 접속 부품인 볼트가 용융되었고(좌), 상수도관에 핀홀이(우) 발생하였다.

(2) 지락사고 사례

경기도의 어느 공사장에서 크레인 붐대(최장 31m)를 연장하는 작업 중 붐대가 고압 송전선로(154kV)의 전계범위 안에 들어가 스파크가 튀면서 송전선이 끊어졌고 이로 인해 지면으로 확산된 지락전류에 의해 동시다발적으로 비닐하우스 등 6개소 이상에서 화재가 발생하였다. 최초 지락점에서는 엄청난 섬광과 폭발음이 발생하였고 지락전류는 주변 일대 10km에 걸쳐 확산되는 결과를 낳았다. 크레인 붐대 끝부분과 같은 금속물체가 154kV의 송전선로에 접근 시 어떤 과정을 거쳐 발화되는 것일까?

송전선은 피복이 없는 나전선(bare conductor)으로 공기를 절연체로 삼고 있다. 공기로 절

Chapter
01
Chapter
02
Chapter
03
Chapter
04
Chapter
05
Chapter
06
Chapter
07
Chapter
08
Chapter
09
Chapter
10
Chapter
11
Chapter
12
Chapter
13

연되어있는 경우 전위차가 있는 도체간의 절연파괴는 양 도체 사이의 전계가 공기의 절연파괴 강도(일반적으로 약 3kV/mm)를 초과하는 경우에 발생한다. 크레인 붐대 끝부분이 송전선과 직접 접촉하기 전에 송전선에 가까워지면 송전선과 크레인 붐대의 양 도체 사이의 전계가 공기의 절연파괴 강도를 초과함으로서 부분적인 절연파괴가 발생한다. 이 부분적인 절연파괴 과정에서 발생한 고온의 열에 의해 크레인 붐대 끝부분과 송전선은 서로 접촉하기 전에 이격된 상태에서 송전선이 용융 · 증발 · 용단 후 지면으로 낙하함과 동시에 비닐하우스 및 통신선을 덮쳐 지상 가연물과 지하에 매설된 통신선로까지 지락전류가 영향을 미쳐 발화된 것이다. 크레인 붐대 끝부분에는 용융흔과 탄화흔이 남아 있었는데 이러한 전기적 흔적은 양 도체 간의 전계의 크기에 따라 용융흔 및 탄화흔 등의 정도 및 범위가 달라질 수 있다. 즉 양 도체가 접근하는 과정에서 초기에는 전계의 강도가 비교적 약해 용융흔과 탄화흔의 분포가 약할 것이지만 양 도체가 점점 더 근접해갈수록 용융흔과 탄화흔의 강도와 분포가 강하게 나타나게 된다. 그러나 어느 정도 이상 근접되기 전에 송전선은 이미 용융 · 증발 · 용단 · 낙하되어 절연파괴 및 아크는 지속되지 않는다. 섬광의 발생은 단락 및 지락의 확대과정에서 전기적 에너지가 빛에너지로 변환되어 발생하는 현상이다. 조사결과 크레인 붐대 끝단에서 수 개소의 전기적인 용융흔이 확인되었고 송전선이 지면에 닿는 순간 끊어지거나 꼬임이 풀려 터져 나갔으며 가공지선에도 영향을 끼쳐 액체처럼 용융된 형태로 비산되어 흘러 내렸다.

최초 지락이 발생한 지점에서 송전선로를 따라 섬광이 일며 연기가 하늘을 덮었다(장경일. 2006).

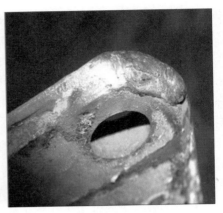

송전선에 접근함으로서 공기의 절연 파괴로 크레인 붐대 끝부분에 형성된 용융흔

송전선이 지면에 닿는 순간 끊어지거나 꼬임이 풀려 터져 나갔으며(좌), 가공지선도 용융되어 액체처럼(우) 비산되어 흘러 내렸다.

Step 02 기계적 요인

1 마찰열(frictional heat)

마찰열은 서로 다른 두 물체가 접촉할 때 접촉면에서 분자들이 충돌을 일으켜 이로 인해 발생하는 열을 말한다. 모든 물질은 마찰계수가 있어 마찰력이 발생한다. 마찰계수는 물질의 크기와 질량에 따라 크거나 작은데 마찰 면이 클수록 마찰계수도 커서 쉽게 열을 만들 수 있다. 비행기가 착륙할 때를 생각해 보자. 타이어가 지면에 닿음으로써 앞으로 굴러 나가는 것은 마찰 때문이지만 그 마찰로 인해 타이어에는 엄청난 손상과 마모가 발생한다. 타이어 내부는 200℃가 넘는 온도가 발생하며 타이어 외부는 브레이크 마찰력이 증가할수록 지면과 접촉한 타이어가 깎여 나가게 되고 마찰열은 상승하게 된다. 타이어가 버틸 수 있는 마찰력이 어느 한계를 초과하면 타이어에서 발생한 열에 의해 착화할 수밖에 없게 된다.

타이어가 지면과 접촉함으로써 발생한 과도한 마찰열은 착화로 이어질 수 있다.

마찰열에 의한 발화는 정지마찰보다는 운동마찰 상태에서 위험성이 증가한다. 정지마찰(static friction)은 정지한 상태에 있는 물체를 움직이려고 할 때 발생하는 저항을 말하며 운동마찰(kinetic friction)은 움직이고 있는 물체에 작용하는 저항을 말한다. 예를 들어 바닥에 놓인 어떤 물체를 이동하려고 밀었다면 정지마찰이 작용한 것이며 일단 물체가 움직이고 나서 반복적으로 움직임이 지속된다면 운동마찰이 작용한 것으로 처음에 정지된 물체를 움직이려고 할 때 쓰인 에너지는 정지마찰이 크며 운동마찰은 이보다 작은 힘이 작용한 것임을 알 수 있다.

비슷한 예로 연필로 쓴 글씨를 지우개로 지우는 과정을 보자. 지우개를 처음 밀 때는 큰 힘(정지마찰)이 작용하지만 반복적으로 지우개를 위아래 또는 좌우로 밀 때는 처음보다 작은 힘(운동마찰)이 들어감을 알 수 있다. 타이어 브레이크 패드의 마찰, 벨트 콘베어(belt conveyor)의 마찰, 모터 회전축의 마찰 등은 모두 운동마찰에 의해 발화할 수 있는 유형들이다. 태풍이나 돌풍에 의한 나뭇가지의 마찰이 산불로 이어지는 것도 나뭇가지끼리 접촉이 셀 수 없을 만큼 운동마찰이 진행된 결과이다. 마찬가지로 성냥을 켜기 위해 성냥갑에 성냥을 그어대는 일과 동력절단기로 금속을 절단하는 행위 등도 운동 마찰열을 이용한 행위들이다. 마찰열로 화재가 발생했다고 증명하려면 발화 개소에는 운동마찰이 일어날 수 있는 설비나 시설이 확인되어야 하고 마찰열이 착화에 도달할 만큼 높은 온도의 형성과 착화 가능한 가연물이 존재했다는 것을 모두 만족시켜야 한다.

두 개의 금속을 맞붙여 놓고 한쪽 면에서 진동을 가했을 때 마찰열로 용융된 형태

2 단열압축(adiabatic air compression)

단열압축이란 열이 차단된 상태에서 어떤 요인에 의해 기체의 부피를 압축하는 것을 말한다. 보통 제한된 공간에서 기체의 부피를 압축하면 온도는 높아지게 된다. 우리 주변에서 흔히 볼 수 있는 단열압축의 예는 디젤 차량의 엔진으로 설명할 수 있다. 디젤엔진은 외부에서 열교환 없이 공기를 압축하는데 공기가 압축되면 내부 공기의 온도가 올라가게 되고 연료를 분사하면 이 공기에 스스로 착화될 정도로 온도가 높아져 엔진이 작동하게 된다. 이외에도 자전거 타이어에 공기를 주입할 때 타이어와 펌프의 고무관을 만져보면 따뜻해진 것을 알 수 있는데 이것은 타이어 부피가 거의 일정한 반면에 타이어 내부 공기의 양이 갑자기 많아져 내부가 단열압축되는 효과가 발생했기 때문이다. 단열압축은 압축열이 집적된 결과 점화원으로 작용을 하지만 일상생활 중 발화원으로 작용하는 경우는 찾아보기 어려운 독특한 발화원이다.

3 고온표면(high temperature surface)

난로의 상판과 연통, 차량 배기관 등이 고온을 유지하고 있다면 이들 물체는 표면상 적열을 띠지 않더라도 종이나 섬유류 등과 접촉할 경우 바로 발화로 이어질 수 있다. 특히 화목난로의 연통 내부에 폐가스와 그을음, 타르 등이 축적되면 마치 숯처럼 연소할 수 있는 가연물로 변해 고온가스가 배출되는 드래프트 효과(draft effect)[8]에 의해 발화하게 된다. 연통 내부에 고온이 형성되었을 때 최고온도는 약 600℃ 이상이며 타르성분의 발화온도는 약 398℃ 정도로 열전도율이 좋은 연통에 열의 축적이 진행되면 연통 표면은 고온을 유지할 수밖에 없다. 연통 위에 수건이나 장갑 등을 널어놓았다면 연소된 잔해가 남는 경우가 있고 연통내부에는 까맣게 탄화된 그을음 덩어리가 확인될 수 있다.

Chapter 01
Chapter 02
Chapter 03
Chapter 04
Chapter 05
Chapter 06
Chapter 07
Chapter 08
Chapter 09
Chapter 10
Chapter 11
Chapter 12
Chapter 13

연통 내부에 그을음과 타르 등이 집적된 상태로 고온을 유지하면 발화할 수 있다.

Step 03 화학적 요인

① 자연발화(spontaneous combustion)

자연발화란 물질이 공기 중에서 발화온도보다 낮은 온도에서 서서히 발열하고 그 열이 장시간 축적됨으로써 발화점에 도달하여 연소에 이르는 현상이다. 자연발화는 외부의 불씨나 가열 등 다른 점화원과 직접 접촉하지 않은 상태에서 물질 스스로 발열한다는 점에서 점화에너지에 의한 일반적인 연소현상과 구별된다. 자연발화가 일어나기 위해서는 산화 · 분해 · 흡착 · 발효 등에 의해 생긴 작은 열이 축적되어 반응계 안에서 자신의 내부온도가 상승하는 것이 필요하고 이 발열이 증가하여 결국 발화온도에 이르러 연소를 개시한다. 일반적으로 열이 물질의 내부에 축적되지 않으면 내부 온도가 상승하지 않으므로 자연발화는 발생하지 않는다. 따라서 열의 축적 여부는 발화와 깊은 관계가 있는데 열전도율이 작을수록 열 축적이 용이하고 공기의 흐름변화가 적어야 한다. 통풍이 좋은 곳일수록 열의 축적이 어렵기 때문이다.

---

8 드래프트 효과(draft effect): 열에 의해 기체의 온도가 상승하면 체적은 증가하지만 단위면적당 중량은 감소하여 연소실(연통) 내의 연소가스는 바깥공기보다 가벼워져 부력에 의해 바깥으로 빠져 나가고 연소실 내에는 압력이 감소하여 새로운 공기가 흡입된다. 이처럼 연통이 갖는 통기력을 드래프트 효과라고 한다. 연소효과는 드래프트 효과에 의해 좌우되며 내부의 배기가스 온도가 높을수록, 연통의 직경이 크고 높이가 높을수록 커진다.

(1) 산화열 축적에 의한 자연발화

유지의 주성분은 글리세린($C_3H_8O_3$)과 지방산 에스테르이다. 지방산은 포화지방산과 불포화지방산이 있는데 대부분의 유지는 이들의 혼합물로 구성되어 있다. 유지는 일반적으로 불포화지방산기의 이중결합을 갖는 정도에 따라 산소를 흡수하고 산화·건조되면 요오드가의 비율로 자연발화의 대소를 추정할 수 있다. 요오드값이 높다는 것은 이중결합의 수가 많다는 것을 의미하며 불포화지방산을 많이 포함한 지방일수록 요오드가가 크기 때문에 위험성이 증대될 수밖에 없다. 따라서 불포화지방산을 많이 포함한 것은 상온 또는 잠열이 있는 상태에서 공기 중의 산소에 의해 산화되고 그 반응열이 서서히 축적되어 발화한다. 이들 유지류는 그릇이나 철재 용기에 담겨진 상태에서 열이 축적되는 경우도 있으나 공기와 접촉 면적이 좋은 헝겊이나 종이류 등에 담겨있다면 통기성이 작용하여 더욱 산화가 촉진될 수 있다. 그러나 자연발화는 물질의 양과 통기상태, 발열량, 수분의 함유량 등에 따라 일정하지 않아 발화시간을 예측하기 어렵다. 한편 광유(가솔린, 등유, 중유, 기어유 등)는 자연발화의 위험이 없다. 가솔린을 섬유나 종이에 적셔 방치하더라도 증발이 일어날 뿐 자연발화를 일으키는 요오드가가 거의 없어 변화가 없다.

용기에 담겨있는 기름 찌꺼기가 잠열에 의해 탄화되었고(좌), 밖으로 꺼내 산소가 공급되자 발화하였다(우).

기름 찌꺼기의 자연발화상태(경기도 구리소방서. 2015)

〔표 7-4〕 산화열 축적으로 발화할 수 있는 물질

식물유	건성유	아마인유, 오동유, 대두유 등
	반건성유	참기름, 옥수수기름 등
	불건성유	코코넛유, 올리브유
동물유	수산동물유	각종 어유, 고래 기름 등
	육산동물유	소기름, 돼지기름 등

　건성유가 스며든 섬유가 일정시간 경과한 후에 자연발화하는 현상은 산화열 축적에 따른 것으로 일상생활 주변에서 가장 흔히 접할 수 있는 화재 유형에 속한다. 미국에서는 아마인유(linseed oil)가 섬유나 종이 등에 스며들거나 축열 조건이 형성되면 짧은 시간에도 발화할 수 있음을 입증하였으며 국내에서는 식용유, 대두유, 동물성 기름 등의 찌꺼기를 종이박스에 보관하거나 행주로 덮어 방치했을 때 화재가 일어나고 있음을 밝힌 바 있다. 자연발화에 의한 화재였음을 입증하려면 탄화된 잔해 또는 남아있는 섬유류 등에 스며든 기름이 존재했는지 여부와 온도 및 습도 등을 확인하여야 한다. 자연발화는 대기 중의 기온과 밀접한 관계가 있어 적당량의 수분이 존재하면 촉매역할을 하여 반응속도가 가속화되는 경우가 많다. 따라서 고온·다습한 환경의 경우가 자연발화를 촉진시키며 저온·건조한 경우는 자연발화가 일어나지 않는다.

종이상자에 아마인유를 적신 섬유와 신문지를 함께 집어넣고 관찰한 결과 1시간 만에 온도가 110℃까지 상승하였으며 2시간이 경과하면서 흰 연기가 발생했고 3시간 10분이 지나자 불꽃착화가 이루어졌다.(ABC News. 2012)

(2) 발효열 축적에 의한 자연발화

발효열에 의한 자연발화는 건초더미와 쌓아둔 짚가리 등에서 발생한다. 국내에서도 발효열 축적에 의한 화재를 접할 수 있지만 대규모 농장을 운영하는 아메리카나 오세아니아 권에서는 종종 발생하는 것으로 알려져 있다. 호주의 Ray Huhnke(오클라호마 주립대학 농업과학부 원장)는 '건초가 자연발화하는 것은 건초더미를 보관하는 방식이 큰 비중을 차지'한다고 보고 있다. 층층이 쌓아놓은 건초는 내부온도를 상승시키는 요인이 될 수 있고 건초에 수분이 적당히 존재한다면 수증기(이산화탄소)가 발생하며 건초더미가 수분과 열의 방열을 막아 축열이 이루어진다. 습기를 머금은 건초나 짚단의 발화과정을 보면 건초더미 성분인 탄수화물의 발효로 온도는 130℃에 도달할 수 있으며 박테리아와 곰팡이 등 불안정한 분해생성물은 열을 계속 쌓아가는데 건초가 170℃에 이르면 발화하게 된다.[9] 열의 발생이 수분의 증발보다 빠르면 발화온도

건초더미에 적당히 수분이 존재하고 미생물과 박테리아 등의 증식으로 발열이 일어나면 옥외에서도 발화할 수 있다.

---

[9] Oklahoma Farm Report. 2013

Step 03 | 화학적 요인

Chapter
01

Chapter
02

Chapter
03

Chapter
04

Chapter
05

Chapter
06

Chapter
07

Chapter
08

Chapter
09

Chapter
10

Chapter
11

Chapter
12

Chapter
13

는 더욱 가속될 수 있으며 박테리아와 미생물이 활성을 잃은 후에도 계속 온도가 상승하면 자연발화 한다.

② 수분과의 접촉으로 발열하는 물질

　제1류 위험물인 과산화나트륨(Na_2O_2)은 왁스제조나 염색, 나염 등에 쓰이는 물질로 상온에서 수분과 접촉하면 산소와 열을 발생한다. 일단 발열이 일어나 주변에 있는 가연물이 연소하면 매우 빠른 속도로 확산될 수 있고 경우에 따라 폭발로 발전하기도 한다. 표백제나 살균제로 쓰이는 과산화칼륨(K_2O_2)도 물과 반응하면 산소를 발생하며 대량일 경우 폭발한다. 제6류 위험물에 해당하는 과염소산($HClO_4$)은 공기 중에 노출되면 발연(염화수소 발생)하며 물과 접촉할 경우 소리를 내며 발열을 일으켜 황산이나 질산보다도 강력한 산(acid)에 해당한다. 이러한 위험성 때문에 과염소산은 상품으로 유통되지 않는다. 제3류 위험물인 생석회(CaO, 산화칼슘)는 가축방역(구제역, AI 등) 등에 쓰이는 백색 결정(녹는점 2,570℃, 끓는점 2,850℃)으로 농어촌 지역에서 쉽게 볼 수 있는 물질로 수분과 작용하면 발열을 하고 가연물을 착화시킬 수 있다. 생석회가 다량인 경우 열의 축적이 좋아 가연물을 발화시킬 확률이 높지만 소량이면 발열을 하더라도 열의 발산이 작아 가연물을 발화점까지 승온시키기 어렵다. 일본의 화재사례 중에는 교토의 한 공사장에서 땅을 다지기 위해 생석회를 사용하다가 남은 생석회를 비닐덮개로 덮어 놓고 바람에 날리지 않도록 굵은 나무로 비닐을 눌러 놓았는데 마침 그날 밤에 비가 내리는 바람에 빗물이 비닐덮개로 스며들었고 발열을 일으켜 비닐에 착화된 사례가 있었다. 생석회를 공기 중에 방치하면 수분과 이산화탄소를 흡수하고 수산화칼슘($Ca(OH)_2$)과 탄산칼슘으로 분해를 일으키는 성질이 있다. 농가에서 화재가 발생했을 때 가축 방역제로 사용하던 생석회가 발견된

종이박스에 건초더미와 생석회를 넣고 물을 뿌렸을 때 발열작용으로 연기가 발생하며 착화되었다.(경기도 이천소방서. 2006)

다면 보관 장소 및 저장량, 수분과의 접촉 여부 등을 확인하여 발화 여부를 판단할 수 있을 것이다.

③ 위험물 중 자연발화 물질

공기 중 자연발화하는 위험물은 무엇보다 누출방지에 힘써야 한다. 만약 위험물관련 시설에서 별다른 발화원이 없는데도 불구하고 화재가 발생했다면 공기와 접촉하여 발화하는 물질이 있었는지 여부를 먼저 조사하여야 한다.

〔표 7–5〕 자연발화하는 위험물의 종류

구 분	품 명	특 징
제2류 위험물	철분	절삭유 등 기름이 묻은 철분을 장기간 방치하면 자연발화한다.
	알루미늄분	할로겐원소와 접촉 시 고온에서 자연발화 위험이 있다.
	아연분	저장 중 빗물이 침투하면 열의 축적으로 자연발화 위험이 있다.
	마그네슘	공기 중 습기와 반응하면 열의 축적으로 자연발화 위험이 있다.
제3류 위험물	칼륨	공기 중에 방치하면 자연발화 위험이 있고 적자색 불꽃을 내며 연소한다.
	나트륨	공기 중에 방치하면 자연발화하고 가열하면 황색 불꽃을 내며 연소한다.
	알킬알루미늄	공기 중에 노출되면 흰 연기를 발생하며 자연발화한다. (C_1~C_4까지)
	트리에틸알루미늄	공기 중에 노출되면 백연을 발생하며 자연발화한다.
	디에틸알루미늄클로라이드	공기 중 어떤 온도에서도 자연발화한다.
	알킬리튬	공기 중에 노출되면 어떤 온도에서도 자연발화한다.
	황린	공기 중에 노출되면 서서히 자연발화한다.
	디에틸아연	공기와 접촉하면 자연발화한다.
	다이에틸텔루륨	공기 중에 노출되면 자연발화하고 푸른색 불꽃을 내며 연소한다.
	트리메틸갈륨	실온에서 자연발화한다.
	수소화리튬	공기 또는 수분과 접촉하면 자연발화한다.
	수소화나트륨	건조한 공기에는 안정지만 습한 공기에 노출되면 자연발화한다.

구 분	품 명	특 징
제5류 위험물	니트로셀룰로오스	직사일광 및 산·알칼리 존재 하에서 자연발화한다.
	셀룰로이드	고온·고습 등에 의해 분해열이 축적되면 자연발화 위험이 있다.
	메틸히드라진	공기 중에 물을 흡수해 흰 연기를 발생하며 자연발화한다.
제6류 위험물	질산	유기물 중에 침투되면 자연발화한다.

④ 혼촉 발화

위험물은 법적으로 사용이 제한되어 있으므로 화재발생 또한 이들 물질을 사용하는 산업현장이나 연구실(공학연구실, 의학연구실 등) 등에서 발생하는 경우가 많다. 사고 원인은 폐기 또는 사용 중인 화학 물질들을 혼재하여 보관하거나 반응물질의 과다 투입, 주의력 부족으로 용기가 바닥으로 떨어져 용기 파손에 의한 누출 등이 화재로 이어지는 경우가 많다. 혼촉이 되면 즉시 반응이 일어나 발열하고 발화할 수 있고 일정시간이 경과한 후 급격히 반응이 일어나 발화나 폭발에 이르는 등 위험물의 성상에 따라 다양하게 반응을 한다. 대표적으로 산화성 물질과 환원성 물질의 혼촉은 곧 화재로 발전하며 폭발의 위험이 있다.

목분과 메틸알코올(환원성 물질)이 담긴 살레에 삼산화크롬(산화성 고체)을 첨가하자 즉시 발열하며 격렬하게 연소하였다.

〔표 7-6〕 물질의 혼촉 위험

산화성 물질	환원성 물질	현 상
액체 산소	디메틸케톤, 테레빈유, 인, 활성탄, 목탄 가루, 에테르	폭발
액체 공기	수소, 메탄, 아세틸렌, 나트륨, 금속 가루	폭발

산화성 물질	환원성 물질	현 상
무수크롬산	아닐린, 시너, 아세톤, 알코올, 그리스	발화
염소	황린, 아세틸렌, 암모니아	발화
염소산칼륨	황, 인, 황화안티몬, 금속 가루, 목탄	폭발
아염소산칼륨	이황화탄소	발화
질산암모늄	황, 인, 목탄, 금속 가루, 황화안티몬, 아연	발화, 폭발
피크린산	생석회	발화
산화철	용해 알루미늄	폭발
과산화수소	알코올	폭발
브롬	금속 가루	발화
염화질소	인, 지방유, 고무, 비소, 테레빈유	폭발
고순도 표백분	아세틸렌	발화

출처 : 화학화재감식. 최돈묵. 2016.

Step 04 작은 불씨에 의한 발화

작은 불씨라는 것은 불씨의 형상이나 에너지 양이 외관상 극히 작은 발화원임을 말한다. 자체는 고온이지만 열에너지가 매우 작아 스스로 불꽃연소할 수 없다. 대표적으로 담뱃불, 용접 불티, 금속 불티, 스파크 등을 들 수 있는데 대체로 불꽃이 존재하지 않지만 이들 불씨의 적열된 부분은 상당히 높은 고온을 유지하므로 무염연소라고도 한다. 일본에서는 담뱃불, 금속 불티, 용접 불티 등 외관상 극히 작은 불씨를 미소화원(微小火源)이라고 표현하고 있으며 국내에서도 이 용어를 대부분 채택하여 사용하고 있으나 우리 정서에 맞춰 '작은 불씨'라고 표현해도 무방할 것이다.

작은 불씨 감식의 어려움은 화재 후 발화원의 잔해가 모두 소실됨으로써 화재원인 입증에 한계가 많다는 점이다. 그러나 작은 불씨에 열량을 부여한 상황을 설정해 놓고 재현실험을 하거나 화재 시뮬레이션 프로그램에 시나리오를 적용 시키는 등 최근의 화재조사 기법은 과학적 기반과 합리적 논리를 설정할 수 있도록 발전을 하고 있다. 작은 불씨 감식의 핵심은 사실적 데이터를 바탕으로 합당한 가설을 수립하여 검증하려는 과학적 방법의 적용으로 오류를 최소화할 수 있어야 한다. 데이터 수집이 부족한 상태에서 가설을 먼저 제시하거나 막연한 기대에서 추정을 하려는 성급한 판단을 피해야 한다. 작은 불씨가 가연물과 접촉하더라도 모두 화재로 발전하는 것은 아니므로 작은 불씨의 존재 여부와 축열 가능성, 가연물에의 착화성 등 알려진 모든 사실에 부합할 수 있는 데이터를 모두 적용시켜 가설이 완성될 수 있도록 하는 것은 작은 불씨 감식의 핵심이다.

1 담뱃불

담뱃불 감식은 화재조사에 일익을 담당하고 있는 국내 소방기관에서 다양한 방법으로 연소실험을 통해 입증한 바 있으며 일본과 중국, 아메리카 지역 등 해외에서도 활발하게 연구를 진행하고 있는 상황이다. 일본 동경소방청의 笠原孝一(카사하라 코이치)는 연소실험을 통해 담배꽁초가 솜 표면 위에서 무염연소 후 유염연소로 전환되는 상황을 살펴본 결과 솜 표면은 풍속 0~1.4m/sec 조건에서는 유염연소로 발전하지 않았지만 풍속 1.4~1.6m/sec 에서는 유염연소로 발전한다는 것을 확인하였다. 중국에서는 彭磊(팽뢰) 등이 무염연소의 과정을 상세히 연구하였다. 무염이 지속적으로 확장되면 연료표면의 열 분해지역과 탄화지역이 점차 넓어지고 열분해로 생긴 연기와 가연성 휘발분이 계속 증가하는 동시에 탄화된 지역은 불꽃은 없지만 높은 온도를 유지한다고 했다. 이때 휘발분의 생성속도와 무염지역 환기량이 어떤 정해진 임계치를 초과할 경우 연료 표면에는 화염이 생긴다. 여기서 생성된 열 및 CO, CO_2, HCl, HCN, NO_2 등 독성물질은 화재로 인해 사망을 초래하는 중요한 원인이 된다고 덧붙였다. 중국에서는 불꽃 없이 연소가 진행되는 무염착화를 음연화재(陰燃火災)라고 한다. 이 분야에서 광범위한 작업을 수행한 바 있는 미국의 화재공학자 Baker에 의하면 담배를 흡입할 때 적열된 끝부분에서 온도는 850℃ 전후에 이르는 것으로 확인된 바 있다. 담뱃불의 평균 열방출률은 5W 정도로 낮게 보고 있는데 만약 건초나 섬유류 위에 담뱃불이 놓여 있다면 건초나 섬유류에 착화될 가능성은 거의 없다. 축열되기 전에 주변으로 열을 빼앗겨 담뱃불과 접촉한 부분으로만 그을릴 뿐 발화하지 않기 때문이다. 그러나 담뱃불이 한 장의 가벼운 천 조각(섬유)에 덮여있다면 열이 외부로 방출되는 것을 차단시켜 100℃ 이상의 온도까지 상승할 수 있을 것이며 이 온도는 가연물을 점화시키기에 충분한 에너지를 품게 될 수 있다. 셀룰로오스가 함유된 연료나 폴리우레탄 폼을 담뱃불과 접촉시키면 산소의 공급이 방해받지 않는 한 적당한 열이 축적되어 점화를 촉발시킬 수 있다. 담배는 열방출률(HRR)이 낮기 때문에 다른 가연물에 열을 충분히 전달하기까지 어느 정도 시간이 소요된다. 보통 축열에 의해 발화에 이르기까지 10~15분 이상이 소요[10]되며, 화염의 성장으로 연기와 불꽃이 출화하여 목격자에 의해 발견되기까지 약 20~30여분 가량 소요된 사례가 많다. 그러나 담뱃불이 모든 가연성 증기를 착화시키지 못한다. 담뱃불 근처의 산소량은 매우 낮은 반면에 이산화탄소의 수치가 매우 높아 가연성 증기의 착화성을 크게 떨어뜨린다. 타오르는 담배 선단의 표면 온도가 높더라도 재로 덮여있으므로 가솔린 증기 및 도시가스(메탄), 알코올, 시너, 등유, 카펫, 스티로폼, 고무 부스러기에는 착화되지 않는 반면에 수소(H), 황화수소(H_2S), 이황화탄소(CS_2), 아세틸렌(C_2H_2), 산화에틸렌(C_2H_4O), 포스핀(PH_3), 디에틸에테르[$(C_2H_5)_2O$] 등에는 착화가 가능한 것으로 확인되었다.[11] 담뱃불은 불꽃이 없으므로 가연물과 접촉하더라도 즉시 발화하지 않는다. 위험성은 축열에 달려 있다. 가연물을 착화시키기에 충분한 열을 집약할 수 있다면 언제든지 유염연소로 전환될 것이다. 담뱃불이 연소 초기에는 가연물과 접촉한 부분으로만 깊게 타들어가며 장시간에 걸쳐 훈소를 유지하므로 발염에 이르기 전에 연기가 피어나

---

[10] 담뱃불 축열에 의해 발화하기까지 신문지는 9분 15초, 수건(면)은 13분 30초가 걸렸고, 플라스틱 쓰레기통에서 착화 후 화염이 출화하기까지 평균 5~7분 정도 걸린 것으로 확인된 바 있다.(서울소방재난본부. 2009. 경기도재난안전본부 2006)

[11] John D. DeHaan. David J. Lcove. 2011. Kirk's fire investigation. Seventh edition.

고 냄새가 확산될 것이다. 연소반응이 느려 비교적 산소체적이 낮은 환경에서 서서히 진행되므로 불완전 연소에 그치기도 한다. 그러나 담뱃불의 축열로 가연물의 열분해 반응이 지속되고 가연성 증기가 발화온도에 이르게 되면 얼마든지 유염발화한다는 점에서 작지만 큰 위험을 부를 수 있는 발화원이다.

담뱃불이 신문지, 건초 등과 접촉하더라도 축열이 없다면 발화하지 않는다.

(1) 담뱃불 발화 가능성

담뱃불은 풍속이 1.5m/sec이면 최적상태로 연소하며 3m/sec 이상이면 꺼지기 쉽다. 담뱃불의 표면온도는 200~300℃이며 중심부 최고온도는 700~800℃, 연소 선단부의 온도는 550~600℃, 흡연 시 최고온도는 840~850℃로 알려져 있다.

표면온도
200~300℃
→
중심부
최고온도
700~800℃
→
흡연 시
최고온도
840~850℃

담뱃불의 온도 분포

플라스틱 쓰레기통에 담뱃불을 집어넣었을 때 7분이 경과하자 불꽃착화하였다.

(2) 담뱃불 축열 위험성

담뱃불의 위험성은 축열(heat storage)조건에 달려있다. 열의 축적은 밀폐되거나 구획된 공간에서 쉽게 형성될 수 있으며 재떨이나 컵 등 용기 내에서 보온효과가 우수하기 때문에 축열이 가능해진다. 담배꽁초가 수북이 담겨있는 유리 재떨이에 불씨가 남아있는 꽁초를 집어넣고 축열이 가능하게끔 행한 실험을 보면 불과 45분 만에 유리가 깨지고 담배꽁초가 사방으로 비산되는 결과를 낳았다.[12] 재떨이 내부 온도는 5분을 전후하여 100~150℃를 나타냈으며 유리 재떨이가 열에 의해 깨져나갈 당시 온도는 450~500℃의 온도를 기록하여 축열의 위험성을 확인할 수 있었다. 담배꽁초가 재떨이 안에서 높은 열로 축적되어 유리 재떨이가 파열되기까지는 집적된 가연물(담배꽁초)의 양에 좌우되는데 가연물이 조밀하게 뭉쳐있을 경우 열의 축적은 빠르게 촉진된다. 밀폐된 용기 안에서 담배꽁초끼리 맞닿아 있거나 겹쳐진 상태는 그 사이를 통해 산소가 유입되거나 외부로 빠져나가는 통로 역할을 담당하기도 하지만 열과 연기가 점차 증가하면서 열의 발산을 방해하는 차단벽으로 작용을 하기 때문에 일정시간 열의 축적을 돕는다. 일단 불씨가 잠재된 담배꽁초가 재떨이 안에서 연소(훈소)하는 것은 담배꽁초 사이의 공간을 통해 대기 중의 산소공급이 어느 정도 진행되는 것이며, 이로 인해 열의 축적과 연기의 발생량은 더욱 증대된다. 이 과정에서 불씨가 남아 있는 꽁초주변으로부터 점차 탄화가 촉진되고 전면적으로 재떨이 내부의 온도가 상승하게 된다. 일단 축열로 인해 열이 확산되면 불꽃은 보이지 않더라도 고온을 유지하기 때문에 니코틴과 타르 성분이 열분해를 일으켜 액체 상태로 흘러내려 유리 재떨이에 착상되기도 하며 뜨거운 연기와 혼합되어 휘산작용을 일으켜 대기를 오염시킨다.(유리 재떨이가 깨지는 이유는 CHAPTER 01에서 언급했듯이 열팽창 때문에 일어나는 현상이다. 유리는 열의 부도체로 열을 잘 전달하지 못해 재떨이 안쪽은 팽창하지만 바깥쪽은 그대로 있기 때문에 깨지게 된다.)

 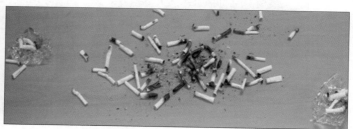

담뱃불 축열로 인해 유리 재떨이가 깨진 후 담배꽁초가 비산된 형태

(3) 담뱃불 화재 사례

화장실에서 확산된 불길에 의해 아파트(200㎡)가 반소되는 화재가 발생하였다. 화장실을 둘러보니 별다른 발화원은 발견할 수 없었다. 주목할 점은 좌변기와 인접한 벽면의 타일이 박

---

12 일본에서 행한 실험 결과도 국내와 비슷했다. 47분경 '펑'하는 파열음과 함께 유리 재떨이(외경:21.5cm, 내경:16.5cm, 높이:5.9cm, 깊이:5.3cm)가 2등분으로 쪼개졌고 불이 붙은 담배꽁초가 주변으로 비산되었다.(이의평. 2004. 화재감식실무)

리되었고 좌변기 하단부가 열에 깨져나간 점이었다. 발굴을 통해 벽면과 좌변기 사이 바닥에서 용융된 플라스틱이 발견되었다. 쓰레기통이 있었다고 의심되는 상황이었다. 관계자를 입회시켜 확인한 결과 쓰레기통으로 확인이 되었고 집주인이 화장실에서 흡연을 한 후 40여 분 전에 외출을 했다는 진술도 확보를 하였다. 상황으로 미루어 볼 때 집주인이 화장실에서 흡연을 한 후 별다른 생각 없이 담뱃불을 쓰레기통에 버렸으며 10여분 전후하여 쓰레기통에서 발화된 불꽃이 확대된 것이었다. 담뱃불은 쓰레기통 내부에 있던 화장지에 착화된 후 연소 확대되었고 화장실 내부가 충분히 연소 확대된 후 연기가 유리창을 통해 밖으로 새어 나와(20~30분 전후 예상) 주변인에 의해 발견되었다는 화재 시나리오 구성에도 무리가 없었다. 가연물의 배열상태와 화장실의 구조를 바탕으로 착화·발염에 이르기까지 경과시간과 연소확대 과정을 관계자에게 설명하자 집주인은 수긍을 하였다.

발화지점(○표시)주변 벽면 타일이 박리되었고(좌), 좌변기 하단이 깨진 형태

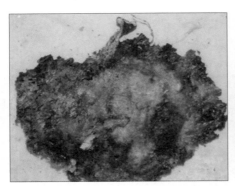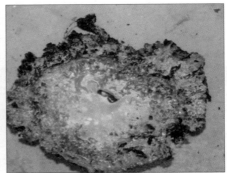

플라스틱 쓰레기통의 내부(좌) 및 바닥면의 탄화 형태

❷ 모기향 불

모기향 불의 단면적은 담뱃불보다도 작아 그 만큼 발열량도 높지 않다. 따라서 하나의 열원으로 간주는 하고 있어도 유염 연소되어 출화하는 예는 찾아보기 힘들다. 모기향이 연소하면 그 잔해는 불씨 없이 바닥으로 떨어지며 적색의 고온 불씨는 타지 않은 부분으로 열이 지속적으로 가열되어 이로 인해 기체가 발생하고 새로이 탄화잔사를 만들어낸다. 모기향 불은 화장지

등 가연물과 직접 접촉한 상태가 연출되더라도 착화는 일어나지 않는다. 모기향 불 위에 화장지를 올려놓고 연소실험을 한 경우와 화장지가 들어있는 쓰레기통에 모기향 불을 넣어 축열이 가능하게끔 조성한 후 발화 여부를 관찰한 실험결과는 모두 착화하지 않는다는 것이 사실로 확인되었다. 대기 중 모기향 불 위에 화장지를 올려놓은 실험은 2시간 동안 관찰을 했으나 착화에 이르지 못했다. 모기향 불과 접촉한 부분으로 화장지가 탄화가 되었을 뿐 불씨조차 일지 않았다. 축열에 의한 발화를 유도하기 위해 쓰레기통에 모기향 불을 넣고 모기향이 완전히 연소할 때까지 6시간 30분 동안 관찰한 방법도 역시 착화에 이르지 못함으로써 인위적인 조작이 없다면 모기향 불 자체만으로는 가연물을 발화시키지 못한다는 사실을 확인하였다.[13] 그렇다면 발화지점으로 판단한 지점에서 모기향이 발견되더라도 단독으로 발화하지 못하므로 배제가 가능할 것이며 다른 요인을 검토해 보아야 한다.

모기향 불 위에 화장지를 2시간 동안 올려놓았을 때 접촉한 부분만 탄화되었고 발화하지 않았다.

모기향이 쓰레기통 내부에서 완전 소실될 때까지 6시간 30분 동안 관찰했으나 화장지를 부분적으로 탄화시켰을 뿐 착화는 일어나지 않았다.

---

13 모기향이 완전히 소멸될 때까지 관찰했으나 내부온도가 80~85℃ 정도를 유지할 뿐 화장지를 착화시킬 만큼 축열은 이루어지지 않았다. (최진만. 최돈묵. 이창우. 2016)

일본에서 행한 모기향 연소실험 결과도 국내 실험결과와 동일했다.[14] 무풍상태의 공간에서
길이 5cm의 모기향 한쪽 끝에 불을 붙이고 화장지, 신문지, 수건, 매트리스 위에 모기향을 놓
고 실시한 실험에서 모두 발화하지 않았다. 연소를 돕기 위해 0.8~1m/sec의 풍속을 주었을 때
도 마찬가지로 모두 발화하지 않았다.

〔표 7-7〕 가연물별 모기향 불 연소 실험 결과(일본)

가연물 종류	연소실험 결과
화장지(5매를 2번 오려 접음)	35분경 모기향이 모두 연소했으나 미착화
신문지(10장을 오려 접음)	38분에 모기향이 모두 연소했고 위에서 아래로 8장이 타들어갔으나 미착화
수건(면 100% 3장을 3번 오려 접음)	35분경 모기향이 모두 연소했고 2장이 타들어갔으나 미착화
매트리스(두께 10cm, 내부 우레탄)	32분경 모기향이 모두 연소했고 우레탄이 약간 움푹 파였으나 미착화

3 용접 불티, 그라인더 불티

(1) 용접 불티의 위험성

전기용접이나 산소용접 시 발생하는 고온의 입자는 매우 작지만 적열 상태를 유지하고 있
어 가연물에 착화할 우려가 매우 높다. 용접할 때 사방으로 비산되는 불티의 온도는 가스용접
이 1,200~1,700℃, 전기용접이 2,000~3,000℃인 것으로 알려져 있다. 불티가 비산하면 순간
적으로 고온이지만 입자의 직경이 작고(0.2~3mm) 냉각이 빨라 모든 가연물을 착화시키는 것
은 아니지만 도시가스와 LP가스, 셀룰로이드 부스러기, 섬유 분진, 비닐, 가솔린이나 벤젠같이
인화점이 낮은 물질에는 쉽게 착화한다. 불티의 비산거리는 일반적으로 수평으로 5m 이내가
가장 많고 최대 11m까지 날아가기도 한다. 어느 정도 높이가 있는 곳(4m 이상)에서 수직으로
떨어지는 용적은 낙하하면서 그대로 응고할 수도 있지만 고온을 유지하고 있다면 지면에 닿는
순간 물방울이 튀기듯이 사방으로 확대될 수밖에 없다. 용접을 하는 작업위치가 높을수록 비산
거리는 넓어지며 지상에 떨어지는 순간 동심원 상으로 퍼져나간다.

가솔린이나 벤젠 등 인화점이 낮은 물질을 대상으로 일본에서 행한 실험결과를 보자. 사기
그릇에 각 액체시료를 50ml씩 담고 3m 높이에서 전기용접에 의해 불티를 낙하시킨 실험결과
를 보면 용접 입자가 낙하와 동시에 발염 착화하는 것으로 보고되었다. 액체 가연물 및 고체 가
연물을 대상으로 실시한 실험결과는 [표 7-8] 및 [표 7-9]와 같다.

---

14 이의평. 2004. 화재감식실무

Chapter
01
Chapter
02
Chapter
03
Chapter
04
Chapter
05
Chapter
06
Chapter
07
Chapter
08
Chapter
09
Chapter
10
Chapter
11
Chapter
12
Chapter
13

용접 시 발생하는 금속 불티의 비산 형태

〔표 7-8〕 전기용접 불티와 액체 가연물에의 착화성

구 분	실험 결과	입자 크기(mm)	입자 무게(mg)
벤젠	낙하와 동시에 발염연소한다.	1.3	7.5
아세톤		1.4	4.25
래커 시너		1.45	6.9
에탄올		1.1	2.4
가솔린		1.35	5.4
등유	낙하와 동시에 발염하지만 2~3초 후 소화된다.	1.45	6.1
경유		2	10.3

〔표 7-9〕 전기용접 불티와 고체 가연물의 착화성

구 분	시료 규격	실험 결과
우레탄고무	판상(40cm×40cm×5cm)	낙하와 동시에 용융하며 발염연소한다.
발포스티로폼	판상(40cm×30cm×3cm)	낙하와 동시 용융하며 3~4초 후 발염연소한다.
탈지면	약간 양을 평면에 방치	낙하와 동시에 발염연소한다.

구 분	시료 규격	실험 결과
무명(목화)	약간 양을 평면에 방치	낙하와 동시에 발염연소한다.
대팻밥	약간 양을 모아 둠	낙하 후 4~5초 경과하여 발염연소한다.
톱밥	약간 양을 퇴적시킴	낙하 후 동시에 발염연소하지만 4~5초 후 무염연소한다.
신문지	4번 접음	낙하 후 4~5초 경과하여 발염연소한다.
종이상자	직방체(24cm×28cm×41cm)	낙하 후 구멍이 뚫리고 7~8초 경과하여 발염연소한다.

용접 불티가 낙하하면 4~5초 후 대팻밥과 신문지에 발염연소한다.

(2) 용접불티 화재사례

아파트 5층 베란다 부근에서 화재가 발생하여 거실 안으로 화염이 확산되었고 생활 집기비품 다수가 피해를 입었다. 베란다 주변에는 특별한 발화요인은 발견되지 않았으나 오수배관이 전 층으로 연결된 수직 관통부인 덕트에 나무판자가 걸려 있었고 개방된 채 발견되었다. 5층 관계자를 통해 확인해 보니 화재발생 전 덕트 내부 배관교체를 위해 산소용접을 실시한 사실이 있었다는 진술을 확보하였다. 용접 작업자의 진술에 의하면 화재발생 전 1층에서 5층까지 배관교체 작업을 한 후 6층과 7층은 공사를 하지 않고 곧바로 8층에서 용접작업을 하다가 연기가 아래층에서 올라와 화재가 발생한 것을 알게 되었다고 했다. 용접 작업자는 불티가 아래층으로 떨어질 것을 예측하여 5층 덕트 구멍을 나무판자로 막아 화재에 대비하려 사전조치를 했지만 견고하게 밀폐시키지 않아 나무판자 틈새로 비산된 불티가 5층 베란다로 떨어져 주변 집기류 등에 착화된 것이었다. 용접 불티는 8층에서부터 5층까지 약 11m의 거리를 낙하했지만 적열상태를 유지하여 발화된 것으로 용접 불티의 착화성을 보여준 사례였다.

덕트 구멍을 나무판자로 막았으나 용접 불티에 의해
주변이 연소된 형태

베란다 덕트에서 떨어진 용접 불티에 의해 거실까지
소손된 상황(김종균. 2010)

Chapter
01

Chapter
02

Chapter
03

Chapter
04

Chapter
05

Chapter
06

Chapter
07

Chapter
08

Chapter
09

Chapter
10

Chapter
11

Chapter
12

Chapter
13

(3) 그라인더불티

그라인더 입자도 용접 입자와 마찬가지로 순간적으로 고온을 유지하는데 그 온도는
1,200~1,700℃에 이른다. 입자의 직경은 0.1~0.2mm 정도가 많고 발화가 일어나는 비산거리
는 1m 이내가 가장 많으며 4m 이상이면 발화할 가능성은 적어진다. 대부분 작업 중에 화재가
일어나는 경우가 많다. 탁상형 그라인더의 회전속도를 2,400rpm으로 하고 회전하는 날에 칼
을 갖다 댄 경우 최장 비산거리가 5.7m로 나타났는데 비산거리가 가까울수록 입자가 큰 것으
로 나타났다. 탁상형 그라인더를 이용하여 금속의 한 단면을 절단하기로 하고 바로 뒤편에는
비산된 절삭분(불티)에 의해 착화여부를 확인하기 위해 대팻밥을 준비하였다. 그러나 대팻밥에
서는 발화가 일어나지 않았다. 절삭분 자체는 고온이었지만 단면적이 작아 대팻밥과 접촉 즉시
냉각되었고 전열량이 부족했기 때문이다. 절삭분의 입자를 보면 용접 입자가 둥근 형태인 반면
그라인더 절삭분은 마찰력에 의해 날카로운 형태를 보인다.

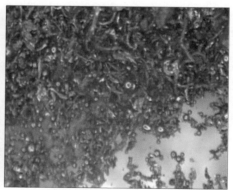

둥근 형태의 용접 입자(좌)와 날카로운 형태의 그라인더 절삭분(우)

④ 불티

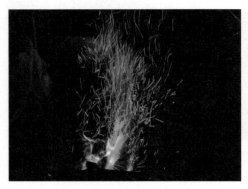

불티가 적열상태로 날아가 가연물과 접촉하면 발화하는 경우가 있다.

불티의 종류에는 모닥불의 불티, 화재가옥에서 생성된 불티, 굴뚝의 불티 등을 들 수 있다. 이러한 불티는 종류에 약간씩 차이가 있지만 현상을 보면 본질적으로 다른 것은 없어 화재 시 발생한 부력에 의해 또는 바람에 의해 비산하면서 또 다른 화재를 발생시킬 수 있다는 공통점을 가지고 있다. 불티에 의한 착화는 단순한 것처럼 보이지만 불티의 발생과 비산 및 착화라는 요소를 생각해 보면 그 물리적 성상과 착화형태는 여러 가지 조건에 의해 달리한다. 불티의 발생조건은 물체가 타면서 화염의 뜨거운 기류 영향을 받거나 열기를 발산하는 과정에서 파생된다. 불티는 열기류가 상승할 때 하부에서는 차가운 공기를 받아들이는 소위 드래프트 현상에 의해 바람의 영향을 받고 공중에서 흔들리며 이동을 한다. 연소면적과 열의 확산에 따라 차이가 있지만 보통 수십 m까지 불티가 퍼지는 것으로 화재현장에서 손쉽게 관찰되고 있다. 종이상태의 불티는 먼 거리까지 이동할 수 있는데 그 대부분은 공중을 나는 사이에 완전히 연소하여 재로 변하기 때문에 덩어리 상태로 비산하는 경우를 제외하고는 분상 불티에 의해 착화하는 힘은 매우 약할 수밖에 없다. 판형의 불티는 지붕재, 외벽재 등 판재나 얇은 금속판 등이 기류를 타고 적열 상태로 비산한다. 두꺼운 판의 경우에는 거의 근거리로 낙하하는데 낙하 시의 충격으로 다량의 목탄을 흩뿌리는 상태가 되어 얇은 종이와 접촉한다면 쉽게 착화할 수도 있다. 덩어리 상태의 불티는 기둥이나 대들보, 건물의 안채, 들보, 목조건축의 하층과 상층의 경계에 사용되는 두꺼운 수평재 및 마룻대 등 대략 가로와 세로의 크기가 10cm 전후의 크기로 적열되어 바람이 흘러가는 방향으로 낙하한다. 이것은 화염이 최성기 이후에 비산하는 것으로 다른 불티에 비해 더 멀리 날아가지는 못하지만 바람이 흘러가는 방향의 100m 이내에 있는 비닐하우스의 지붕, 플라스틱 물받이 혹은 건조대 등으로 낙하하여 화재를 발생시키는 경우도 있다. 이 불티는 덩어리 상태로 접촉 면적이 넓기 때문에 일단 착화하면 연소 확대 요인으로 작용할 수 있다. 상황에 따라 불티도 무시할 수 없는 에너지를 갖고 있는 셈이다.

Step 05 자연적 요인

Chapter 01
Chapter 02
Chapter 03
Chapter 04
Chapter 05
Chapter 06
Chapter 07
Chapter 08
Chapter 09
Chapter 10
Chapter 11
Chapter 12
Chapter 13

1 낙뢰(thunderstroke)

낙뢰란 벼락[15]이 떨어지는 사고를 말한다. 여름철 벼락이 발생하는 이유는 구름 속에 있는 물방울과 얼음 입자들이 서로 마찰을 일으켜 구름이 대전되기 때문이다. 이 마찰력에 의해 구름의 위쪽은 양전하를 띠고 아래쪽은 음전하가 만들어진다. 이렇게 만들어진 구름이 지표면을 지나가면 정전 유도 현상에 의해 지표면 위가 양전하를 띠면서 거대한 정전기인 번개가 생성[16]된다. 낙뢰는 구름(양전하)과 구름(음전하), 구름(음전하)과 지표면(양전하) 간의 높은 전위차로 발생하는 순간적인 뇌방전 시 폭발적인 공기팽창(30kV/cm)에 의해 소리(천둥)를 동반하기도 한다. 방전 시 순간전압은 수억 볼트(V)로 추정되고 있으며 방전로는 1km 내외 또는 수km가 될 수 있고 낙뢰의 전하량은 전압이 평균 10억 볼트(V), 전류는 2만~3만A(100W용 백열전구 7,000개를 8시간 동안 켤 수 있는 에너지)를 발생한다. 번개가 치는 순간에는 태양 표면온도의 5배에 달하는 약 30,000℃의 높은 열이 발생한다. 이 열로 인해 공기가 빠르게 팽창하면서 충격파(천둥소리)가 발생하고 천둥소리는 번개가 친 이후에 들리는 것이 일반적인데, 빛과 소리의 속도 차이에서 비롯되는 현상이다. 빛은 1초에 지구를 7바퀴 반이나 회전할 정도로 빠른 반면에 소리는 1초에 340m밖에 이동하지 못하기 때문이다. 번개가 발생했을 때 빛과 소리의 속도를 이용하여 번개가 발생한 지점과 현재 내가 위치한 지점 사이의 거리를 계산해 볼 수도 있다. 만약 빛이 번쩍하고 나서 5초 후에 천둥소리가 들렸다면 소리의 이동속도(1초당 340m)를 곱해주면 1,700m 떨어진 지점에서 번개가 쳤다는 것을 알 수 있다.

번개가 칠 때 순간전압은 물체의 절연을 파괴시켜 화재로 이어지는 경우가 많다.

---

[15] 벼락: 공중의 전기와 땅 위의 물체에 흐르는 전기 사이에 방전 작용으로 일어나는 자연 현상

[16] 벤저민 프랭클린(Benjamin Franklin, 1706~1790)은 번개가 전기라는 사실을 입증하기 위해 위험을 감수하고 실험을 행한 미국의 과학자이다. 그는 번개가 정전기 현상과 비슷하다고 생각하여 1752년 커다란 연에 금속 막대를 연결한 후 하늘 높이 띄워 구름에서 전하를 이끌어내는 실험을 시도하였다. 그의 생각대로 연에 떨어진 번개는 순식간에 연줄을 타고 내려와 금속 막대에 도달했는데 그가 금속 막대를 접촉하는 순간 전기불꽃이 일어나 번개는 전기라는 사실을 입증하였다고 한다. 또한 번개는 구름과 지면 사이에서 일어나는 거대한 정전기 현상이라는 사실도 함께 밝혀 번개를 복종시킨 인물로 명성을 떨쳤다.

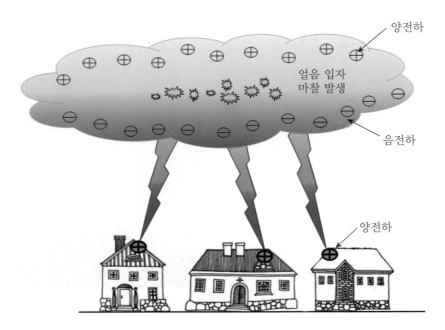

양전하

얼음 입자
마찰 발생

음전하

양전하

구름의 음전하와 지표면의 양전하가 형성되면 낙뢰가 발생한다.

(1) 낙뢰의 형태

❶ **직격뢰** : 낙뢰가 구조물이나 설비, 전력선 등에 직접 뇌격하는 것으로 약 20kV 이상의 전압과 수 kA에서 300kA 이상의 과전류가 발생한다. 물체에 닿는 즉시 화재나 폭발 등의 피해를 야기할 우려가 높고 사람이나 가축이 피해를 입기도 한다. 사람이 직격뢰(direct stroke)에 노출되었을 때 뇌격전류가 직접 사람을 통해 대지로 흐르기 때문에 심장마비, 호흡정지, 화상, 관통에 의한 외상 등으로 대부분 중상을 입거나 사망할 가능성이 높다. 사람이 지니고 있는 물체(운동기구, 지팡이, 우산 등)로 낙뢰가 떨어질 경우에는 직격뢰보다 작지만 큰 뇌격전류로 인해 감전을 당할 위험이 높다. 직격뢰로 인한 충격파인 이상전압(surge)[17]의 파고값은 극히 짧은 시간에 도달하고 짧은 시간에 소멸되지만 현재의 과학은 물체를 직격뢰에 견딜 수 있는 수준만큼 절연을 시키는 것은 불가능한 것으로 알려져 있다. 직격뢰는 대규모 방전현상으로 많은 전류가 한꺼번에 방전을 일으키기 때문에 금속이나 암석 등을 파괴시킬 수 있고 도체나 부도체를 가리지 않고 발생한다.

---

17 서지(surge): 낙뢰 등의 영향으로 발생하는 충격성이 높은 이상전압으로 전력계통의 전원선, 통신선, 신호선 등에서 발생한다. 특히 비가 내리고 번개가 치는 날이면 정전이 되고 인터넷과 전화가 불통되는 사고가 종종 발생하는데 전등 불빛이 불안정하거나 전자제품의 스위치를 켤 때 음성이 찌그러들고 TV 화면이 떨리는 현상 등은 서지의 영향 때문이다.

직격뢰가 교회 벽돌담장으로 떨어져 벽이 파손되면서 주차된 차량을 덮쳤다.(YTN. 2016)

직격뢰가 나무에 떨어져 고목에 구멍이 뚫리고 연소되었다.

❷ **측격뢰** : 낙뢰로 주된 방전이 일어날 때 분기된 뇌격[18]에 의해 주변에 있는 구조물 등으로 방전하거나, 직격뢰가 나무에서 방전이 이루어졌으나 수목의 전위가 높아져 인근에 있는 다른 구조물 등으로 재차 방전이 일어나는 경우 등을 측격뢰(side stroke)라고 한다. 예를 들면 낙뢰가 나무에 떨어졌을 때 나무와 근접한 물체(사람이나 구조물 등) 사이에 전위차가 공기의 절연파괴 전압을 넘어서면 물체가 뇌격전류의 도통 경로가 되어 감전 또는 화재가 발생하는 경우가 해당한다.

---

[18] 낙뢰가 칠 때 육안으로는 한 가닥으로 보이지만 카메라로 보면 여러 가닥의 번개(성분방전)가 서로 겹쳐져 있는데 이를 뇌격(雷擊, thunderstroke, lightning stroke)이라고 한다. 뇌격에는 구름 밑면으로부터 출발하여 지면으로 향하는 선행방전(또는 선행뇌격)과 지면에서 구름 밑면으로 향하는 복귀방전(또는 복귀뇌격)이 있다.

측격뢰는 주방전이 일어날 때 뇌격에 의해 주변에 있는 물체로 방전을 하거나 주변의 전위
가 높아져 재차 방전이 일어나는 현상이다.

❸ **침입뢰와 유도뢰** : 침입뢰는 송전선이나 통신선로에 뇌격하여 선로를 통하여 서지전압이
전달되는 것으로 발생빈도가 많고 일반적으로 6,000V 이상의 매우 큰 에너지를 갖고 있
어 피해 양상도 크다. 유도뢰는 뇌격점[19] 인근 대지에 매설된 전원선, 통신선, 금속 파이
프 등 도체를 통하여 유도되는 고전압, 고전류가 유입되어 접지전위의 급상승으로 서지
가 발생하는 것으로 지락이 일어나는 형태와 유사하다.

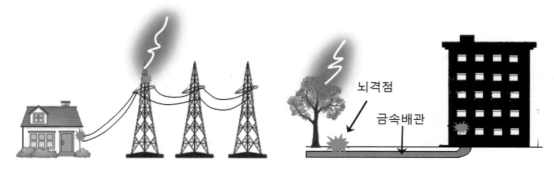

침입뢰는 송전선로를 타고 서지전압이 유입되는 경우가 많고(좌), 유도뢰는 매설된 금속관 등을 통해 서지
전압이 전달된다(우).

---

19 뇌격점(雷擊點, stroke point or point of strike): 낙뢰가 떨어진 곳 또는 낙뢰가 침입한 지점을 말한다.

  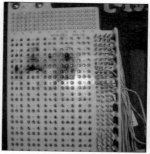 

Chapter 01
Chapter 02
Chapter 03
Chapter 04
Chapter 05
Chapter 06
Chapter 07
Chapter 08
Chapter 09
Chapter 10
Chapter 11
Chapter 12
Chapter 13

유도뢰가 가로등에 유입되었고 매입된 안정기가 폭발하였다.

통신 단자함에 유도뢰가 유입되어 릴레이가 터져 나간 흔적

(2) 패러데이 새장 효과(Faraday cage effect)

낙뢰가 비행기나 자동차에 떨어지더라도 전기장이 내부로 유입되지 않아 사람이 사상을 당하지 않는다. 전기시설에 전원을 인가하면 폐회로를 형성하듯이 낙뢰가 물체에 떨어지면 비행기나 차량의 표면에 폐곡면을 만들지만 전기장은 도체 내부로 침투하지 않는다는 사실을 페러데이(Faraday)가 과학적으로 입증을 하였다. 그는 금속박면으로 코팅된 물체에 빈 공간을 만들고 금속박 외부 표면에 고전압을 가한 후 내부 벽면을 검전기로 확인했을 때 전하가 존재하지 않는다는 사실을 밝혀냈다. 이 원리는 새장에 전류가 흐르더라도 전기장이 새장 속까지 침투하지 않아 새장 속의 새는 안전하다는 뜻에서 '패러데이 새장 효과(Faraday cage effect)'라고 부른다.

새장에 전류가 흐르더라도 새장 속의 새가 안전한 것은 전기장이 도체 내부로 유입될 수 없기 때문이다.

(3) 낙뢰사고 사례

❶ 서해대교 낙뢰사고

2015년 12월 4일 사장교(斜張橋)[20] 방식으로 설치된 서해대교 케이블에서 낙뢰(측격뢰)로 인한 화재가 발생하였다. 불이 난 72번 케이블 주변에는 전기적 요인이 전혀 없었고 케이블 내부에 있는 91가닥의 와이어는 고강도 폴리에틸렌 소재로 개별 코팅되어 있어 마찰열에 의한 발화도 불가능한 구조였다. 게다가 인위적으로 사람이 올라가 불을 낸다는 것은 더욱 상상하기 어려운 부분이었다. 화재는 약 3시간 30분 동안 진행되었는데 조사결과 순간적으로 높은 전류가 흐르는 큰 낙뢰와 달리 1,000~2,000A 수준의 낮은 전류가 흐르는 작은 낙뢰가 상대적으로 오랜 시간 흐르면서 사고가 난 것으로 조사되었다.[21] 큰 낙뢰에 피격되면 케이블에 큰 구멍이 발생하여 공기가 과도하게 유입될 것이고 그렇게 되면 발화하지 않고 금방 불이 꺼진다. 반면에 작은 낙뢰에 피격되면 케이블 표면에 작은 구멍이 생기고 적당량의 산소가 공급되어 불이 붙기 시작하고 일정시간이 흐른 뒤 화재로 진행되었다고 판단했다. 이날 화재를 일으킨 작은 낙뢰는 기상청 관측장비에도 잡히지 않았으며 수평으로 측격뢰가 작용한 것으로 조사되었다. 서해대교에서 일어난 사장교 케이블 낙뢰사고는 세계에서 두 번째 발생한 매우 보기 드문 사고로 기록되었다.

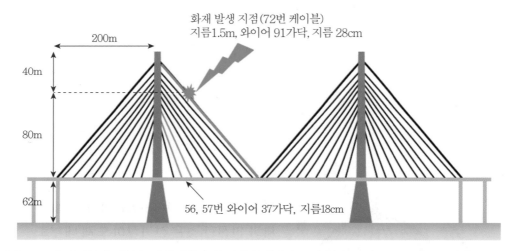

서해대교 72번 케이블이 낙뢰로 끊어지면서 화재가 발생하였고 56번과 57번 케이블에도 영향을 미쳐 연소되었다.

---

20 교각(橋脚) 위에 세운 탑으로부터 비스듬히 기울어지는 케이블로 주빔(main beam)을 지탱하도록 설계된 교량을 말한다. 지간(支間) 거리가 넓은 교량에 주로 사용되는 형식인데 서해대교는 경기도 평택시와 충청남도 당진시를 잇는 다리로 총길이는 7,310m에 이른다.

21 프랑스 출신의 낙뢰사고 전문가 알랭 루소는 서해대교 케이블 절단사고의 원인을 '작은 낙뢰' 때문인 것으로 결론내렸다. 그는 2005년 그리스에서 발생한 리온 안티리온다리(사장교)의 사고원인도 조사를 했는데 서해대교와 동일하게 낙뢰로 인한 사고라고 조사를 한 바 있다. 리온 안티리온다리 사고는 낙뢰로 사장교의 케이블에서 불이 난 세계 최초 사례이다. 소방은 정밀한 현장조사를 통해 알랭 루소의 조사에 앞서 낙뢰에 의한 화재라고 먼저 발표한 바 있다.

화재 당시 72번 케이블이 끊어진 형태(○표시)로 남아 있었고 교각 위에서 불꽃이 분출하고
있다.(노컷뉴스. 2015)

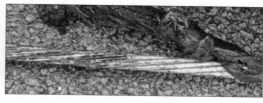

서해대교 낙뢰로 와이어가 끊어지고 절연피복이 연소된 잔해(황태연. 2015)

❷ **TV 안테나 낙뢰사고** : 일본 도쿄 나가노의 한 아파트 옥상 물탱크 위에 설치된 TV 안테
나로 낙뢰가 떨어졌다. 천둥 · 번개가 일어남과 거의 동시에 정전이 되었고 1층에 위치한
106호에서 화재가 발생하였다. 발화원인은 TV 수상기로 밝혀졌다. 사고 후 확인해 보니
옥상 물탱크와 TV 안테나는 건물과 전기적으로 완전하게 접속되어 있지 않았다. 다행히
TV 수상기 접지선은 전기실 접지(2종)선과 연결되어 낮은 접지저항을 갖고 있었다. 뇌전
류는 안테나 선(동축 케이블)을 통해 TV 수상기에 침입하였고 이곳 접지선을 통하여 전
기실의 접지극으로 방전되도록 설계되어 있었으나 TV 수상기 내부의 안테나 단자에서부
터 전원선 쪽으로 뇌전류에 의한 방전이 일어나 수상기 내부가 급격히 가열되어 폭발 ·
발화함으로써 화재가 발생한 것으로 조사되었다.

TV 안테나로 낙뢰가 떨어져 1층 TV 수상기에서 폭발과 함께 화재가 발생하였다.

❷ 수렴화재(convergence fire)

수렴이란 자연광인 태양으로부터 전달된 열이 한 곳으로 집중되는 현상을 말한다. 이때 태양광의 초점이 한 곳으로 용이하게 집중될 수 있도록 페트병, 둥근 어항, 유리병, 렌즈 등이 중간에 매개체로 작용한다면 발화하는 경우가 있다. 돋보기를 사용하여 종이나 목재에 발화현상을 일으키는 것도 수렴의 결과이며 따라서 수렴화재를 일명 돋보기 효과(magnifying glass effect)라고도 한다. 수렴화재의 발생은 태양광선이 굴절 또는 반사시키는 물질에 직각으로 입사할수록 빛의 집열이 쉬워진다. 또한 굴절 또는 반사시키는 물질의 표면은 요철이 없으며 매끄러울수록 난반사가 없어 발화하기 쉽다. 반사시키는 물질은 광택이 강할수록 광선을 반사시키고 투명할수록 발화가 쉽다. 비닐 랩과 스테인리스 재질의 그릇은 표면이 매끄럽고 광택이 있어 발화를 일으킬 수 있는 대표적인 반사물질에 해당한다. 수렴화재 조사는 당일 기상상황(태양광선의 존재)을 바탕으로 착화물이 수렴기구와 초점거리에 있었는지 확인하는 것이 가장 핵심이다. 수렴의 의한 탄화 형태를 보면 착화물에 열이 집중됨으로서 부분적으로 연소되는 경우가 많고 가연물이 그릇에 담겨 있었다면 그릇에 탄화 흔적이 남기도 한다. 알려진 바에 따르면 수렴화재 발생시간은 오전 10시에서 오후 13시 사이에 가장 많이 발생하는 것으로 보고되고 있으나 발염착화에 이른 시간적 경과는 태양의 입사각도, 가연물의 상태 등에 따라 일정하지 않다. 직경 15cm 오목거울에 초점을 맞춘 실험결과를 보면 5초 정도에 발연이 일어났는데 당시 발화지점의 온도는 480℃에 도달한 것으로 밝혀졌다.

비닐하우스 위에 빗물이 고인 경우 태양광 집열이 이루어질 수 있는 매개체로 작용을 하여 짚더미에 착화할 우려가 있다.(고기봉. 2015)

커피 가루를 건조시키기 위해 스테인리스 용기에 담아 아파트 베란다에 놓아두었는데 태양광 수렴에 의해 커피가루가 탄화되었다.(손재칠. 2015)

Chapter 01
Chapter 02
Chapter 03
Chapter 04
Chapter 05
Chapter 06
Chapter 07
Chapter 08
Chapter 09
Chapter 10
Chapter 11
Chapter 12
Chapter 13

스테인리스 용기에 가지를 썰어 건조시키기 위해 아파트(7층) 베란다에 놓았는데 4일째 되는 날 12:30경 연기가 피어오르며 탄화되었고(좌), 스테인리스 용기에도 탄화흔이 부착되었다.(경기도 평택소방서. 2015)

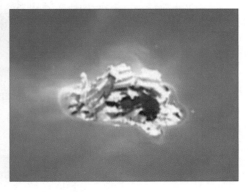

비닐에 물을 담아 빨랫줄에 걸어놓고 종이에 초점거리를 맞추자 짧은 시간에 종이에 구멍이 뚫리며 착화되었다.(경남소방본부. 2012)

Step 06 기타 발화요인

1 전자파(electromagnetic waves)

전자파에 의해 가연물에 발화가 일어날 수 있을까. 결론부터 말하면 발화하는 경우가 있다. 전자파란 전기장과 자기장이 시간에 따라 변할 때 발생하는 파동이다. 전자파는 매질이 없어도 공간을 통하여 한 영역에서 다른 영역으로 전파된다. 전자파의 예로는 빛·X선·적외선·자외선·라디오파·마이크로파 등을 들 수 있다. 막대자석 위에 종이를 한 장 올려놓고 쇳가루를 뿌리면 자석 주변에 쇳가루가 질서정연하게 한 극에서 나와서 자석 주위를 돌아 다른 극으로 들어가는 자기력선 모양으로 늘어서는 것을 볼 수 있다. 이렇게 자기력이 작용하는 자석 주위 공간을 자기장이라고 한다. 자기는 전기와 밀접한 관계가 있다. 전하의 주위에 전기장이 생기는 것처럼 그 전하가 움직이면 주변 공간에도 자기장이 발생한다. 결국 전기장으로 인해 자기장이 만들어진다. 자석은 정지해 있지만 자석을 이루고 있는 원자에서는 전자가 원자핵 주위를 돌고 있는데 이렇게 움직이는 전하가 작은 전류를 이루어 자기장을 만들어낸다. 간단한 원리로 막대기를 이용해 잔잔한 수면 위를 반복적으로 두드렸을 때를 생각해 보자. 막대기와 접촉한 지점을 중심으로 물결파가 발생하고 점차 주변으로 확대해 나가게 된다. 마찬가지로 주기적으로 진동하는 전하는 시간에 따라 변화하는 전기장의 파동을 만들어내고 주변으로 퍼져나가게 된다. 전기장의 변화는 자기장을 만들어내고 자기장의 변화는 전기장을 유도하며 전자파는 스스로 전기장과 자기장을 만들어내는 보강을 계속한다. 따라서 전자파에서 발생하는 전기장과 자기장은 단독으로 존재할 수 없고 한 쌍을 이루어 주기적인 교란에 의해 주변으로 퍼져나간다. 전자파는 횡파에 속하며 전기장과 자기장이 서로 90도를 이루면서 서로가 서로를 유도하여 소멸되지 않고 멀리까지 전달되어 나가는 것이 전자파로, 그 속도는 빛의 속도와 같다.

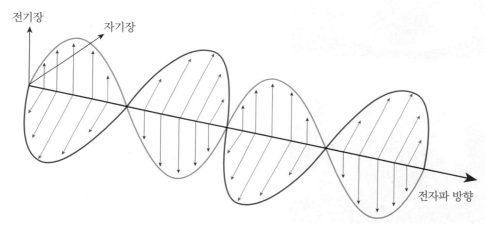

전기장과 자기장은 서로 수직상태로 진행한다.

전자파로 발화하려면 어떤 방식으로든 가연물질과 상호작용이 일어나야 한다. 비가 오거나 바람이 심하게 부는 날에 라디오에 잡음이 발생하고 TV 수상기 화면이 일그러지는 현상 등 기기의 오작동 현상은 다른 전자파와 서로 간섭을 일으키거나 전파장애 등으로 발생하는 현상이다.

전기장의 변화에 의해 전자가 가속운동을 할 경우 주변에는 전자파가 발생한다. 예를 들어 휴대폰의 주파수 영역이 1,800MHz라면 통화 중에 안테나의 전자들이 위아래 또는 앞뒤로 진동을 하면서 1초에 18억 횟수의 진동을 하게 된다. 이때 휴대폰에서 발생한 전자파를 다른 물질에 비추게 되면 그 물질의 양이온과 전자 등이 힘을 받아 진동 할 것이며 가속도 운동을 일으켜 그로부터 2차적으로 전자파가 발생할 수 있다. 다만 전자파를 물질에 비추었을 때 물질 내부 전자의 움직임은 물질을 구성하고 있는 원자의 결합상태에 따라 달라지는데 어떤 특정 파장의 전자파만 투과시키거나 반사 또는 흡수를 할 것이다. 알루미늄과 같이 전기 전도성이 강한 물질은 기본적으로 자기장을 반사시키는 특성이 있는데 금속 표면에 주파수를 지닌 시간적으로 변화하는 자기장이 가해지면 자기 유도현상으로 인해 금속 표면에 유도 기전력이 형성되고

프라이팬에 알루미늄 호일을 둥글게 구겨서 말아놓고 가솔린을 뿌린 후 휴대폰으로 통화버튼을 계속 누르며 전자파 발생을 유도하자 불과 수 분 만에 착화가 일어났다.(m. pandora. tv. 1999)

유도 기전력에 의한 와전류로 인해 금속 표면의 온도는 상승할 수밖에 없게 된다. 휴대폰 전자파의 유해성은 끊임없이 논란이 많은데 휴대폰 전자파를 이용한 발화는 가능한 것일까. 휴대폰 전자파의 영향으로 다른 물체가 발화하는 것도 이와 비슷한 원리인 것으로 보인다. 국내에서 행한 발화실험을 보자. 프라이팬 위에 알루미늄 호일을 구겨서 둥근 형태로 말아놓고 가솔린을 적당량 뿌린 후 강한 전자파를 발생시키기 위해 통화버튼을 계속 누르는 방식을 취하자 가솔린에 착화가 되었다. 휴대폰에서 발생한 전자파가 알루미늄 금속의 자유전자와 상호작용을 일으킨 결과로 보인다. 국내 한 정유사에서는 휴대폰 전자파의 발화 위험성을 경고하여 주유소 부지 내에서 휴대폰 사용을 하지 말 것을 당부한 바 있으며 일본석유협회에서도 휴대폰을 받을 때 나오는 전자파가 주유기에서 발생한 유증기에 인화될 가능성을 제시한 바 있다. 휴대폰 전자파에 의해 화재가 발생한 것으로 의심되는 외국의 화재사례를 살펴보자. 유조차가 급유를 받기 위해 주유소 안으로 들어와 주유기 앞에 정차를 한 다음 운전자가 차량 위로 올라가 맨홀 뚜껑을 열었을 때 상의 주머니에 넣어둔 휴대폰에서 벨이 울렸다. 운전자는 무심코 주머니에 손을 넣어 휴대폰을 받았는데 그 순간 불꽃이 튀며 폭발적으로 화재가 발생하였다. 운전자는 불이 붙은 채 차량 아래로 떨어졌고 주변은 순식간에 불바다가 되고 말았다. 다른 발화요인이 전혀 없었으므로 휴대폰에서 발생한 전자파 또는 전하가 인체와 의류에 방전을 일으킨 정전기화재를 의심해 볼 수 있는데 만약 전자파로 화재가 발생한 것이라는 관점에서만 보면 전파가 강한 송신 주파수대역이 아니더라도 수신 주파수대역에서도 충분히 발화한다는 것을 보여준 사고였다.

② 폭죽(firework)

폭죽은 일종의 화약으로 성냥과 같이 이동이 가능한 점화원으로 작용할 수 있다. 쓰임을 보면 축제용 또는 장난감용이 대부분이지만 대량으로 사용할 경우 수많은 불티의 비산으로 가연물에 착화된 화재가 있고 사람이 직접 화상을 당한 사례도 많다. 장난감용은 도화선을 잡아당

Step 06 | 기타 발화요인

Chapter 01
Chapter 02
Chapter 03
Chapter 04
Chapter 05
Chapter 06
Chapter 07
Chapter 08
Chapter 09
Chapter 10
Chapter 11
Chapter 12
Chapter 13

겨 사용하는 방식이지만 축제용은 발사장치를 사용하여 공중으로 쏘아 올려 사용하는 구조로 되어 있다. 사용방식은 다르지만 폭죽의 원료가 흑색 화약(black powder)으로 구성되어 있다는 공통점을 가지고 있다. 흑색 화약은 질산칼륨(75%)과 숯(15%), 황(10%)의 혼합으로 이루어진 결합체로 작은 불씨에도 즉시 폭발하여 반응성이 좋다. 질산칼륨은 산소를 공급하는 역할을 하는데 숯과 황이 연소하면서 질산칼륨을 가열하면 산소가 방출되고 이때 황은 연기 상태로 배출된다. 생일 케이크를 구입할 때 나눠주는 작은 폭죽이 터지는 원리도 이와 마찬가지로 생각하면 쉽다. 폭죽에 달려 있는 줄을 잡아당기면 '펑' 소리와 함께 안에 있던 종이가 튀어나오는데 여기서 줄은 화약에 불을 붙이는 기폭제 역할을 담당한다. 폭죽의 실에는 황(S)이 묻어 있고 실을 감싸고 있는 종이에는 인(P)이 발라져 있어 성냥을 긁으면 점화되는 것과 동일한 이치로 작용을 한다. 폭죽에 달린 실을 잡아당기면 황과 인이 반응해 불이 붙고 화약이 터지게 된다. 폭죽의 종류는 매우 다양하지만 내부 구조는 아래 그림과 같이 조합된 것이 일반적이다. 별(stars)은 폭죽이 터져 나갈 때 발생하는 빛의 줄기를 말하는데 바로 이 별이 연소함으로써 불빛이 퍼져나가게 된다.

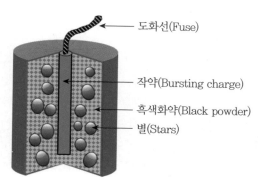

도화선(Fuse)
작약(Bursting charge)
흑색화약(Black powder)
별(Stars)

폭죽의 원료 및 구조

폭죽은 쓰임에 따라 내부에 충전되는 화약의 양과 크기가 매우 다양하다.

③ 풍등

풍등은 지역 축제를 성대하게 치르거나 한 해 소원을 하늘에 기원하는 등 분위기를 띄우기 위한 도구로 많이 쓰이고 있지만 소방의 관점에서 풍등은 가연물과 접촉 시 쉽게 화재로 확산될 우려가 있는 날아다니는 점화장치이다. 일단 공중에 떠다니다가도 바람의 기류변화가 일어나면 방향을 잃고 급격히 지면으로 떨어질 수 있고, 비닐하우스 지붕이나 건초더미, 마른 낙엽 등과 접촉하면 곧바로 발화를 일으킬 수 있다. 풍등은 고체연료가 소모될 때까지 공중에 머물 수 있다는 점 때문에 2~3km까지 손쉽게 이동할 수 있는데 고체연료는 약 5분 정도 공중을 날아다닐 수 있도록 제작된 것이 많고 풍등 안 온도는 540~570℃ 정도를 유지한다. 풍등이 의심되는 화재는 화재 당일 반경 수 km 안에서 풍등을 이용한 축제가 있었는지 확인을 하고 당시 풍향과 풍속, 풍등을 날려버린 시간대 등을 조합하는 것이 중요하다. 또한 발화가 일어난 장소에는 풍등의 종이 잔해와 풍등의 모양을 유지하기 위해 부착된 철사 잔해가 발견되는 것이 일반적이다.

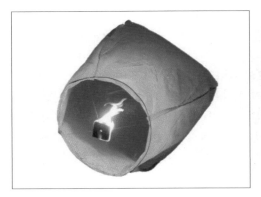 

풍등 속 고체연료는 가연물과 접촉 시 즉시 발화하는 점화장치로 작용을 한다.

④ 동물 및 설치류

설치류에 의해 뜯겨나간 전선 잔해

동물 및 설치류가 화재를 일으킨 통계는 어느 정도인지 정확한 보고는 찾아보기 어렵다. 그러나 동물에 의한 화재사례는 국내외를 통해 심심찮게 보고되고 있다. 동물의 입장에서 보면 인간의 눈에 띄기 어렵고 자신의 먹이활동에 편리한 공간을 우선적으로 고려할 것이므로 전기설비가 설치된 배전반이나 천장 등을 활동무대로 삼고 있는 경우를 볼 수 있다. 전선이 분기된 배전반 구멍 틈새는 쥐나 고양이, 족제비 등이 비집고 들어갈 수 있고 전극에 몸이 닿은 경우 몸체가 전극으로부터

떨어지지 않는다면 화재로 발전할 우려가 있다. 설치류 동물인 쥐는 날카로운 끌 모양의 앞니가 죽을 때까지 매년 13mm씩 계속 자라나기 때문에 정상적인 먹이활동을 위해 딱딱한 물체에 앞니를 계속 갉아대 마모를 시키는 습성이 있다. 특히 쥐는 냄새를 풍기는 물체를 좋아하는데 전기배선을 갉았을 때 풍기는 냄새를 좋아한다는 속설도 있어 천장이나 창고 등에 가설된 전기배선은 그들의 표적이 될 수 있다. 전기배선을 지속적으로 갉아대면 전선피복이 뜯겨지고 단락이 일어나 화재로 발전할 우려가 있다.

쥐가 전선을 갉아 단락이 일어난 사례를 보자. 집안에서 TV를 보던 중 갑자기 정전이 되어 전기설비를 살펴보니 창고 모퉁이에 설치된 전선이 끊어진 상태로 주변에는 쥐의 배설물과 털이 발견되었다. 전기배선 상에는 쥐의 앞니 자국이 선명하게 남아 있었다. 보안경보 시스템이

중단되는 사고도 있었다. 한 건물에서 보안장치가 해제되었다는 신호가 잡혀 보안회사 직원이 확인을 해보니 설치류에 의해 끊어진 것으로 보이는 신호선이 발견되었고 주변에는 음식물을 담았던 종이와 비닐 등도 널려 있었는데 동물의 이빨 자국이 비닐봉지에 선명하게 남아 있었다. 흔치 않은 경우지만 나방이 가연물로 작용하여 발화한다는 분석도 있다. 나방은 밤에 불빛을 이용하여 길을 찾는다. 불빛 대신에 달빛을 이용하기도 하는데 달빛과 일정한 각도를 유지하면 안정적으로 직선 궤도를 확보할 수 있고 나선(spiral)으로 광원 주위를 돌면서 끊임없이 비행을 할 수 있다. 불빛 주위를 맴돌기 때문에 달빛이 아닌 차량 전조등이나 가로등과 부딪치면 스스로 불속으로 뛰어드는 격이어서 짧은 시간에 가연물로 작용할 수 있다는 것이다. 나방이나 하루살이 등은 집단을 이뤄 떼로 몰려다니는 경우가 많아 주변에 광원과 인화성 물질이 동시에 존재한다면 발화를 일으킬 수 있는 촉매가 될 수 있다고 보고 있다. 가정용 인터폰에서 바퀴벌레로 인해 발화된 사례도 있다. 거실 벽에 매입된 인터폰에서 연기가 피어올라 인터폰을 뜯고 확인해 보니 기판 하단부에 수많은 바퀴벌레 알이 탄화된 상태로 발견되었는데, 바퀴벌레 알로 기판에 흐르는 전류가 인가되었고 일정시간을 두고 탄화가 진행된 결과였다. 고양이를 집에 남겨두고 여행을 떠난 집에서 화재가 발생한 사례도 흥미롭다. 빈집에서 화재가 발생했다는 신고를 받고 집안을 살펴보니 전자조리기 위에 있던 행주와 라면봉지가 타거나 녹아내렸고 주변 커튼으로 화염이 옮겨 붙어 화세가 커지는 찰나에 발견되어 소화되었다. 전자조리기는 푸시버튼 방식으로 눌려져 있어 사용 중이었음이 확인되었는데 일정시간 전자조리기에서 발열이

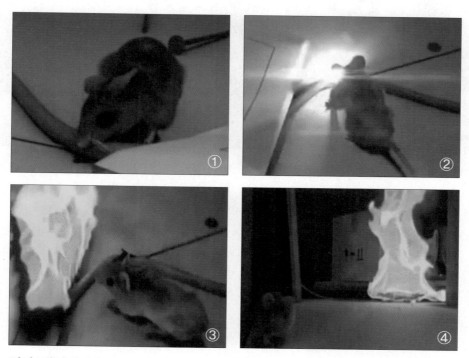

쥐가 전기배선을 갉아 단락이 일어나자 불티에 의해 주변 종이에 착화되었고 쥐는 유유히 도망을 갔다.(youtu.be/c7vb1QhvCQs)

일어났고 위에 놓여 있던 가연물에 착화된 것으로 조사되었다. 집안에는 고양이 한 마리밖에 없었는데 거실과 주방을 마음껏 돌아다니다가 우연히 전자조리기 버튼을 발로 누르는 바람에 전원이 투입되었고 발열이 일어나 화재가 발생한 것으로 결론을 내렸다. 거리를 지나가다 보면 전봇대나 가로등에 조류가 둥지를 튼 것을 발견하는 것은 흔한 일이지만 드물게 적산전력계 또는 전기배전반, 굴뚝, 지붕 틈새 등에 둥지를 트는 사례가 있다. 조류도 인간과 마찬가지로 따뜻하고 안전한 곳을 찾아 둥지를 트는데 나뭇가지를 비롯하여 철사, 구리선, 쇳조각 등을 물어와 둥지를 단단하게 구축하는 경향이 있고 둥지 안에 있는 깃털은 화재 시 불쏘시개 역할을 할 수 있는 가연물로 작용할 수 있다. 전봇대나 전기배전반에 설치된 둥지는 철사 등 금속성 물질이 전극과 접촉할 경우 단락·발화로 이어질 수 있고 굴뚝 주변에 설치된 둥지 또한 온도가 축적되면 발화할 수 있는데 둥지가 굴뚝을 타고 주방으로 떨어져 집안이 화재로 확산된 사례도 있었다. 동물에 의한 화재는 매우 특이한 경우로써 발화지점에서 동물의 사체가 발견되기도 하지만 쓰레기 잔해에 남겨진 이빨 자국, 배설물, 깃털 등이 증거로 발견되기도 한다. 사람의 손길이 닿기 어려운 공간에서 이 같은 현상이 발견되면 동물에 의한 화재를 충분히 의심해 볼 수 있다.

배전반에 침입한 쥐가 버스바 접촉으로 죽었고(좌), 곰이 감전으로 사망한 형태(우) (humorbook.co.kr)

동물의 몸에 불이 붙은 채 뛰어다니다가 화재로 확대된 매우 이례적인 사례도 있었다. 업무시간인 대낮에 차량정비소 창고에서 갑자기 연기가 피어올랐고 내부에 보관 중이던 차량 부속품과 사무용품 등이 소실되었는데 CCTV 확인결과 놀랍게도 몸에 불이 붙은 동물 한 마리가 쏜살같이 창고 안으로 들어가는 장면이 잡혔다. 검사 결과 이 동물은 고양이로 판명되었는데 어떻게 고양이 몸에 불이 붙었는지 의문이 많았지만 누군가의 못된 소행이었으리라는 의혹만 남겼다. 사람의 몸에 불이 붙으면 일반적으로 밖으로 뛰쳐나오기 마련인데 고양이는 반대로 건물 안으로 뛰어 들었다는 사실은 혹여나 창고가 생전에 고양이의 은신처는 아니었을까 하는 추측만 무성할 뿐이었다.

고양이 몸에 불이 붙은 채 건물 안으로 뛰어가는 장면이 CCTV에 잡혔고 사체로 발견되었다.(임종만. 2013)

민물가재가 연탄보일러 급수탱크의 인입배관 안으로 들어와 배관이 막힘으로써 보일러 과열로 화재가 발생한 사례도 있었다. 화재는 산 중턱에 위치한 상수도가 공급되지 않는 주택에서 발생하였다. 집주인은 보일러 난방을 위해 주택 위쪽 약 100m 되는 지점에 집수정 2개를 설치하여 계곡에서 흘러내리는 물을 공급받는 시설을 사용하고 있었다. 집수정은 계곡에 위치한 탓에 이물질과 벌레 등 생물의 왕래가 가능한 구조인 것이 화근이 되었다. 민물가재가 배관 속으로 진입하여 연탄보일러 급수탱크 배관을 막았고 순환불량에 의해 보일러 내부가 과열되면서 보일러 연통(PVC)에 착화된 것으로 밝혀졌다. 보일러 급수탱크 인입배관에는 낙엽 찌꺼기와 민물가재의 사체가 발견되었다.

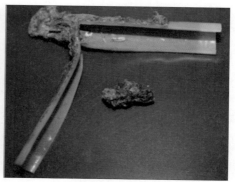

급수배관 및 배관 내부에서 나온 민물가재 집게와 배관내부 가재의 잔해물(김진수. 2012)

CHAPTER 08

방화조사

The technique for fire investigation identification

CHAPTER
08

방화조사

The technique for fire investigation identification

사람의 행위가 개입되지 않고 일어나는 화재는 거의 없다. 낙뢰나 홍수·태풍·지진 등 천재지변에 의해 일어나는 화재를 제외한다면 거의 모든 화재는 인간의 직·간접적인 행위와 관련되어 있다. 건성유나 기름 찌꺼기 등에 의한 자연발화도 일부러 의도하지 않았을 뿐 인간의 관리 소홀 및 방치에서 비롯된 행위의 결과이다. 화재는 천재지변이나 자연발화에 의한 것을 제외한다면 실화와 방화로 구분되는데 인간의 행위가 전적으로 작용한 결과물로 받아들여도 무방할 것이다. 실화는 인간이 의도하지 않은 부주의의 결과이고 방화는 충분히 계획하고 의도 했다는 차이가 있을 뿐이다.

방화[1] 란 고의적으로 불을 질러 공공의 위험을 발생케 하는 범죄를 말한다. 방화의 동기에는 장난이나 보복, 범죄 은닉, 정신착란에 의한 심리적 충동 등 다양한 원인이 있지만 가장 우려되는 것은 보험사기와 관계된 방화가 끊이지 않는다는 점이다. 그 배경을 보면 대체적으로 채무 해결, 사업 부진에 따른 자금회전을 한방에 만회하기 위해 무모한 행위를 감수하더라도 금전적 반대급부를 손에 넣을 수 있다는 유혹을 떨쳐 버리기가 쉽지 않기 때문이다. 방화자가 사전에 현장을 답사하고 이동 동선까지 계획적으로 주도면밀하게 파악하여 실행에 옮기는 것이 최근의 방화수법으로 증거가 남지 않아 용의자를 특정하지 못한다면 사건은 미궁에 빠져 장기화할 수밖에 없는 한계가 있다. 일단 방화범이 방화에 한번 성공하면 2차 방화를 획책하는 재범률도 높아 강력한 처벌규정이 뒤따라야 한다는 목소리가 끊이지 않고 나오고 있는 현실을 짚어볼 필요가 있다.

---

[1] 방화(arson) : 악의적이고 의도적이거나 또는 무모하게 화재나 폭발을 일으키는 범죄(The crime of maliciously and intentionally, or recklessly, starting a fire or causing an explosion.) NFPA 921, 2014 edition

Step 02 　방화의 일반적 특징

❶ 단독 범행이 많고 검거가 어렵다.
❷ 주로 인적이 드문 야간이나 심야에 많이 발생하며 조기 발견이 어렵다.
❸ 인화성 물질(가솔린, 석유, 시너 등)을 촉진제로 사용하는 경향이 많다.
❹ 피해 범위가 넓고 인명을 대상으로 한 범죄가 많다.
❺ 계절이나 주기와 관계없이 발생한다.
❻ 현장에서 발견된 용의자는 극도의 흥분과 자제력 상실로 폭력성을 보이기도 한다.
❼ 계획적이기보다는 우발적으로 발생하는 경우가 많다.
❽ 여성에 비해 남성의 실행빈도가 높다.
❾ 주택 및 차량에서 주로 발생한다.

Step 03 　방화를 의심할 수 있는 물리적 증거들

　정신질환자나 자살방화자 등 특별한 경우를 제외하면 방화범이 현장에서 검거되는 사례는 거의 없다. 방화범의 입장에서 보면 방화의 완벽한 실행과 도주로 확보는 뗄 수 없는 관계라서 두 가지를 동시에 고려한 후 범행에 착수하기 때문이다. 남의 눈에 띄지 않는 시간과 요일의 선택도 미리 계산을 하고 이미지 트레이닝을 반복하면서 완전범죄를 꿈꿀 것이다. 완전범죄란 과연 가능한 것일까? 이에 대한 연구는 오랜 세월을 두고 학자들 사이에 끊임없이 논의가 진행되어 왔는데 완전범죄를 성립시키는 것은 매우 희박하다는 논리가 우세를 보이고 있다. 인간이 어떤 행위를 했을 때 흔적이 남기 때문이다. 촉진제를 사용했다면 행위자의 손에 유류 성분이 부착될 가능성과 눈썹이나 머리카락 등 체모에 그을린 흔적이 남을 수 있다. 신발이나 의복에서도 그을음이 부착되거나 유류성분이 스며들 수 있다. 또한 화재 수신반 전원이 꺼져있거나 보안장치 전선이 끊어진 채 발견된다면 사전에 방화를 염두에 둔 조작 흔적으로 볼 수 있다. 연소현상을 중심으로 현장에서 방화를 의심할 수 있는 물리적 증거들은 대체적으로 다음과 같은 요약할 수 있다.

❶ 유류(가솔린, 석유, 시너 등) 냄새가 나고 유류를 담은 용기가 발견된 경우
❷ 연소현상이 부자연스럽고 연소시간에 비해 피해 범위가 넓은 경우
❸ 2개소 이상 서로 다른 별개의 발화지점이 확인된 경우
❹ 가연물이 모여 있고 환기 촉진을 위해 개구부가 개방된 상태로 발견된 경우
❺ 촛불, 발화장치, 트레일러 등 인위적인 조작 흔적이 있는 경우
❻ 깨진 유리창, 신발 자국 등 외부인의 침입 흔적이 확인된 경우

⑦ 동일 유형의 화재가 주변에서 연쇄적으로 발생한 경우

⑧ 발화원으로 작용할만한 요인이 전혀 없는 곳에서 화재가 발생한 경우

⑨ 강도, 절도 등 다른 범죄 흔적과 겹쳐져 연소한 경우

⑩ 일상 생활용품이 비정상적으로 극히 적거나 저가의 물품들이 발견된 경우

⑪ 화재 직전 감시카메라(CCTV)의 작동이 정지되거나 촬영 사각지대에서 화재가 발생한 경우

Step 04 | 방화를 암시하는 현장 정보들

방화는 짧은 시간에 목적달성을 위해 가연물 전체를 초토화시키려는 의도를 갖고 자행되는 범죄수법이기에 급속한 연소로 전소에 이르는 경우가 많다. 완전연소는 촉진제 및 가연물과 범죄에 사용된 조작수법 등 물적 증거 대부분을 소실시킴에 따라 방화인지 여부를 확증해내기란 매우 어렵다. 또한 정황을 따져 방화의 심증을 굳히더라도 뚜렷한 물적 증거 없이 기소까지 성립시키기에는 더욱 어려움이 많다. 증거물이 소실되어 버린다는 사실 때문에 실상 많은 화재가 실화인 것처럼 덮여지는 경우도 있지만 물리적 증거 외에 주변인들의 진술과 보험가입 상태, 경제상황, 최근의 행적 등 서로 연관 지을 수 있는 단편적인 정보와 정황들을 맞추다 보면 방화를 뒷받침하거나 암시하는 유력한 정보를 획득할 수도 있다. 현장 주변에서 흘러나오는 방화를 암시하는 소문 또는 정보에는 다음과 같은 것들이 있는데 물리적 증거처럼 비중 있게 취급할 필요가 있다.

❶ 화재발생 전 심한 언쟁이 있거나 싸움이 있었다는 주변인의 진술이 있는 경우

❷ 수일 전 또는 수개월 전부터 영업을 중단했거나 폐업 상태인 경우

❸ 이미 화재를 한 번 이상 경험한 전력이 있거나 이웃으로부터 평판이 나쁜 경우

❹ 화재 직전 다수의 화재보험에 가입했거나 또는 보험 만기일이 도래한 경우

❺ 정신 병력이 있거나 지병 악화 등으로 삶에 의욕이 없었다는 주변 진술이 있는 경우

❻ 화재 직전 주변을 서성거리며 주위를 둘러보는 사람이 있었고 화재 직후 차량이 빠져 나간 상황 등을 목격한 정보가 경우

❼ 유서가 발견되고 지인들에게 안부를 전하거나 부탁을 하는 등 신변정리를 한 정보가 있는 경우

❽ 물품의 판매실적이 저조하고 헐값의 재고품이 많았다는 소문이 확인된 경우

❾ 관계인이 퇴근 직후 화재가 발생했거나 일거리가 없어 휴일이 잦았다는 소문이 있는 경우

❿ 화재가 발생하기 전에 건물 구조상에 손상이 있었다는 증언이 있는 경우

Step 05 방화의 조작 수단

① 유류 등 발화성 촉진제 살포 후 직접 착화

　유류(가솔린, 석유류, 시너 등)는 우발적 수단으로 사용되기도 하지만 치밀하게 사전에 계획을 세운 범행현장에서도 폭넓게 선택되는 연료에 해당한다. 구입이 쉽고 짧은 시간에 연소를 확대시킨다는 점에서 가장 강력한 촉진제(accelerant)[2]로 널리 쓰이고 있다. 소량으로도 즉시 착화하기 쉽고 발열량이 우수한 장점 때문에 방화자들이 손쉽게 실행에 옮길 수 있다. 특히 가솔린은 경유나 메탄올보다 에너지 방출속도가 큰 것으로 밝혀졌다.[3] 화재가 개시된 이후 소방관들이 가장 빨리 현장에 도착했다면 유류 냄새가 감지되는 경우가 있고 유류 용기가 발견되기도 한다. 유류의 사용은 바닥에 뿌리고 착화시키는 것이 일반적이지만 주요 목표물(기계류, 집기류, 장롱, 책상 위, 서류뭉치 등) 표면에 뿌리고 착화를 시도하는 경우도 있다. 집기류나 책상 위 등 목표물 표면에서 발화가 일어나면 바닥으로부터 자연스럽게 상승한 연소현상과 배치되므로 의도된 방화행위가 있었음을 알 수 있다. 현장에서 발견되는 유류 용기는 플라스틱 용기, PET병, 생수병 등 소규모 용량이 가장 많이 발견되고 있는데 휴대가 쉽고 이동이 자유롭다는 점을 계산했음을 보여주는 증거라고 할 수 있다. 발화지점 근처에서 용기가 발견된다면 대개 열에 녹아 변형되거나 형체를 분간하기 어려울 정도로 바닥에 달라붙는 경우도 있다. 만약 촉진제를 담은 용기로 추정되는 물체가 발견되면 촉진제 성분이 남아 있을 수 있으므로 신중하게 취급하여 성분 분석을 통해 결정적 증거로 활용할 수 있어야 한다.

유류 용기는 이동이 편리한 20L 이하의 소형 용기가 주로 발견된다.(임종만. 2015)

---

2 촉진제 : 주로 연소성이 강한 발화성 액체를 의미하며 빠른 시간에 가연물 전체를 연소시켜 마치 인체에서 아드레날린(adrenalin, 흥분·공포·분노 등의 감정을 느낄 때 분비되는 호르몬)이 유발되는 것과 같은 효과를 발휘한다. 가솔린, 등유, 시너 등은 강력한 촉진제에 해당한다.
3 창고에서 화재가 발생했을 때 적치된 면에서 플래시오버 발생 시 에너지 방출속도는 가솔린($2.2MW/m^2$)이 가장 크고 경유($1.9MW/m^2$), 메탄올 $0.72(MW/m^2)$ 순으로 나타났다.(Fire Dynamics. 2010)

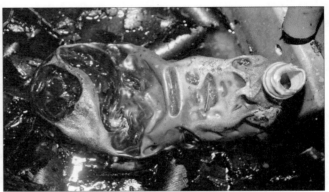

현장에서 유류 용기의 발견은 촉진제의 성분 분석을 가능하게 하는 증거로 쓰인다.

유류 용기는 화재현장 주변에서 발견되기도 한다.

유류 용기는 착화 후 증거인멸을 위해 불 속에 던져버리는 경우도 있지만 경황이 없어 급히 현장을 빠져 나오다 보면 발화지점 부근에서 원형 상태로 발견되거나 또는 용융된 상태로 발견되기도 한다. 또한 용기를 들고 나와 멀리 던져버리는 경우도 있고 차량 트렁크에 집어넣고 도주하는 사례도 있다. 유류의 직접 착화는 방화자의 손과 신발에 유류 성분이 묻어있는 경우가 많고 손과 얼굴에 화상을 입거나 머리카락이 그을리는 등 행위자 자신의 신체에 증거를 남기는 경우가 있다.

② 유류 및 휴대용 부탄가스의 조합

유류와 휴대용 부탄가스의 조합은 일단 유류에 착화시킨 후 2차적으로 폭발을 노린 수법이다. 범행의 성공을 위해 2~3군데 설치하는 경우가 있고 여러 군데가 동시다발적으로 연소할 수 있도록 다량의 가스용기를 배치시켜 놓기도 한다. 현장에서 용도가 불분명한 부탄가스 용기가 가연물을 모아놓은 곳에 집중되거나 구석진 벽 모서리 등에 모아 놓는 등 자연스럽지 않은 배치는 이와 같은 수법을 시도한 것인지 살펴보아야 한다. 가스 용기가 화염에 의해 내부 온도 상승으로 폭발하면 용기 상단 접합부가 이탈되거나 몸체가 파열된 형태로 발견된다. 따라서 연소시간이 짧았음에도 불구하고 다수의 가스 용기가 파열된 상태로 발견된다면 방화를 충분히 의심해 볼 수 있다.

차량에 유류 용기와 휴대용 가스를 사전에 준비했으나 발각된 현장(조용선. 2015)

플라스틱 카트에 휴대용 부탄가스를 싣고 그 위에 촉진제를 담은 용기를 올려놓아 직접 착화를 시도하려다 발각된 흔적(좌). 유류에 착화 후 다수의 부탄가스가 연달아 폭발을 일으켜 접합부가 이탈되거나 찌그러진 형태(우)로 발견된 잔해

277

③ 트레일러 조작

트레일러(trailer)는 발화지점으로부터 또 다른 구역으로 연소확대시키기 위해 길게 직선 (수평)으로 늘어뜨린 종이(구겨진 신문지, 두루마리 화장지 등)나 섬유, 짚단 등에 가솔린 등을 첨가한 가연물의 조합으로 발견된다. 길게 연결된 가연물은 도화선이나 심지처럼 작용을 하여 2~3개소 표적으로 삼은 공간을 착화시키겠다는 위험한 발상에서 비롯된다. 계단에서 트레일러 조작 흔적이 발견되었다면 아래층에서 위층으로 연소확대를 노린 방화의 강력한 단서로 취급해도 무방할 것이다. 트레일러의 조작은 건물 형태 등 내부 사정에 밝은 자가 사전에 치밀한 계획 아래 실행에 옮기는 조작수법이다.

계단에서 발견된 트레일러는 위층으로 연소확대를 노린 조작임을 알 수 있다.

2층 창문을 통해 촉진제에 적신 커튼이나 천 조각 등을 도화선 삼아 아래로 늘어뜨린 후 1층에서 점화한다 면 손쉽게 2층 내부를 연소시킬 것이다.

트레일러 조작은 비단 수평상태에서만 이루어지는 것이 아니라 수직상태에서도 이루어질 수 있다. 커튼이나 의류를 2층 창문 밖으로 길게 연결시켜 늘어뜨린 후 밖으로 나와 1층 지면에서 착화시키는 수법이다. 2층 내부에는 손쉽게 연소 확대될 수 있도록 가연물을 2~3군데 분기시켜 수평으로 트레일러를 연결함으로써 수직상태에서 점화된 불길이 2층 안으로 유입되면 급속히 확대되는 수직과 수평을 조합한 조작인 것이다. 이 방법은 방화자가 자신의 안전을 최대한 확보할 수 있다는 점과 화재 당시 부재 중이었다는 것을 증명하는 방법으로 악용되기도 한다. 그러나 1층에서 2층으로 화염이 상승할 때 벽면에 촉진제 증기의 그을음 잔해가 남을 수 있고 가연물 일부가 바닥에 떨어져 남기 때문에 2층 유리창의 손상 없이 1층 벽면에 남겨진 기둥 패턴과 바닥에서 가연물이 발견된다면 수직상태의 트레일러 조작행위를 의심해 볼 수 있다.

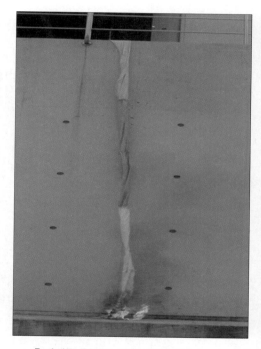
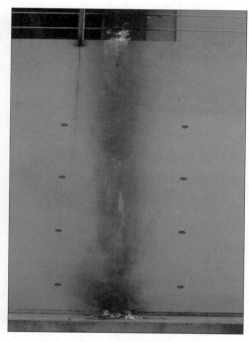

촉진제를 첨가한 천을 연결하여 5m 높이에서 늘어뜨린 후 점화시키자 불과 3초 만에 2층 내부로 연소확대되었고 벽면에는 기둥 패턴이 형성되었다.(최돈묵. 이창우. 2016)

④ 발화지점이 2개소 이상인 다중화재

트레일러가 가연물을 도화선처럼 연결시킨 조작이라면 다중화재(multiple fires)는 이곳저곳 여러 곳에 각각 불을 질러 독립적으로 연소시킨 조작이다. 다중발화라고도 하며 독립된 발화개소라고 표현하기도 한다. 다중발화로 결론을 내리려면 각 발화지점이 서로 연관성이 없어야 하며 하나의 발화지점에서 확산된 것이 아니라는 확증이 뒷받침되어야 한다. 화재가 성장하면 대류작용 및 복사열이 활성화되고 주변 공기의 흐름에 영향을 받아 발화지점에서 일어난 화염은 매우 빠르거나 서서히 주변으로 확대되는 과정을 거친다. 이 과정에서 발화지점은 다른 개소보다 화재가혹도가 커질 수밖에 없다. 만약 이러한 과정이 관찰되지 않고 여기저기 국부적으로 연소되었거나 가연물이 흩어져 있는 상태로 서로 연관성 없이 산발적으로 보인다면 다중발화의 유력한 증거로 판단할 수 있다. 주의할 점은 일반적인 연소현상에서도 고의에 의한 독립연소 현상처럼 보이는 경우가 있는 점이다. 불티의 비산에 의해 다른 구역으로 화재가 확산된 경우와 천장에서 발화된 후 가연물이 아래로 떨어진 경우 등은 각기 독립연소처럼 보일 수 있다. 일반적인 연소 현상이지만 독립된 화재로 오인할 수 있는 현상은 다음과 같다.[4]

❶ 전도 · 대류 · 복사에 의한 화재 확산
❷ 불티에 의한 화재 확산
❸ 직접적인 화염 충돌에 의한 화재 확산
❹ 커튼 등의 화염 낙하(drop down)에 의한 화재 확산
❺ 파이프 홈이나 공기조화 덕트 등 수직 통로를 통한 화재 확산
❻ 경골구조(얇은 샛기둥에 외장판을 붙여서 조립한 목조 골조) 내의 바닥이나 벽, 구멍내부 화재 확산
❼ 과부하된 전기배선
❽ 전기, 가스 등 지원설비의 고장
❾ 낙뢰
❿ 에어로졸 용기의 파열 및 분출로 인한 화재 확산

⑤ 비정상적인 연소 조장

가연물이 모여 있거나 창문 등을 열어놓아 연소가 용이하도록 조장한 것은 방화를 암시하는 단서가 된다. 거실 중앙에 옷가지 등 가연물을 모아놓은 것과 침대 하단 바닥에 가연물을 밀어 넣고 창문을 열어 놓고 선풍기를 돌린 흔적 등은 가연물의 배열상태가 일상적이지 않은 것으로 일부러 연소를 조장한 흔적 여부를 의심해 보아야 한다. 유리창은 열어 놓기도 하지만 산소공급을 촉진시키기 위해 파손시키는 경우도 많다. 깨진 유리창의 파손상태를 통해 충격이 가해진 방향을 판단할 수 있으나 열처리된 차량용 강화유리 재질이라면 전체가 골고루 금이 가고 작은 조각들로 파손된 후 낙하하므로 충격이 가해진 방향을 판단하기 어렵다.

[4] NFPA 921 Guide for fire & explosion investigations(2014 edition)

거실 바닥에 가연물을 모아놓고 착화시킨 비정상적인 연소 조장 흔적

Chapter
01

Chapter
02

Chapter
03

Chapter
04

Chapter
05

Chapter
06

Chapter
07

Chapter
08

Chapter
09

Chapter
10

Chapter
11

Chapter
12

Chapter
13

유리의 깨진 형태는 어떤 물체를 사용해 파손시킨 것인지 알려주는 단서가 될 수 없다. 일반 유리창에 나무막대기와 작은 망치, 팔꿈치 등을 이용해 동일한 힘으로 가격했을 때 파손된 양상은 비슷하게 나타날 것이다. 일반적으로 창문에 있는 유리가 출입구에 있는 유리보다 면적이 작고 강도가 약하기 때문에 창문 유리를 파괴시켜 산소를 공급하거나 침입경로 등으로 발견되는 사례가 많다. 다만 유리창을 깨고 화염병 등을 안으로 집어던지는 경우라면 단 한 번의 충격만으로도 목적달성이 가능하겠지만 침입 목적의 경우라면 파손시키는 방법보다는 소리 없이 유리창을 열고 진입하는 방법을 쓰는 것이 일반적인 수법이다. 외부인의 소행에 의한 방화는 침입 경로 상 유리창이 깨지거나 자물쇠가 파손된 채 발견되기도 하지만 마치 외부인의 침입 흔적으로 보이기 위해 일부러 자신의 건물을 손상시켜가며 위장하는 편법이 동원되기도 한다.

⑥ 전기 · 통신설비 등을 이용한 방화

전기적 요인에 의한 화재로 위장하기 위해 배전설비나 통신설비의 함 내에 있는 계전기, 릴레이, 배선 등의 부속품과 전로에 일반 가연물을 이용하여 착화를 기도하는 조작 수법이다. 만약 면장갑이나 종이류 등에 촉진제를 첨가하여 배전설비함 안에서 착화시켰다면 자연스럽게 전기배선까지 연소할 것이며 손쉽게 단락에 이르러 마치 전기로 인한 화재로 오판할 우려가 있다. 배전반이나 분전반, 통신설비함 등은 금속 철재로 보호되어 있고 전문가에 의해 점검을 하지 않는 한, 사람의 손길이 닿지 않는다는 점을 노린 지능적 방법이므로 설비의 바닥 부분을 눈여겨 살펴 일반적이지 않은 가연물이 남아있거나 부하 측에서 전기적 요인에 의한 발화요인 없이 설비만 연소했다면 실화를 위장한 방화조작 흔적을 면밀히 살펴볼 필요가 있다. 전구나 콘센트 설비 주변에 신문지 등 가연물을 모아놓고 불을 질러 연소과정에서 발각이 되더라도 마치 실화처럼 보이도록 조작한 사례도 있다. 문어발식으로 콘센트에 플러그를 접속시킨 후 주변에 신문지 등 가연물을 쌓아놓고 불을 지른다면 전기배선 어딘가에서 손쉽게 단락이 발생할 것이고 화재원인은 1차로 전기적 요인에 의해 발생한 것이며 2차로 주변 가연물에 착화한 것으로 판단을 할 우려가 있다.

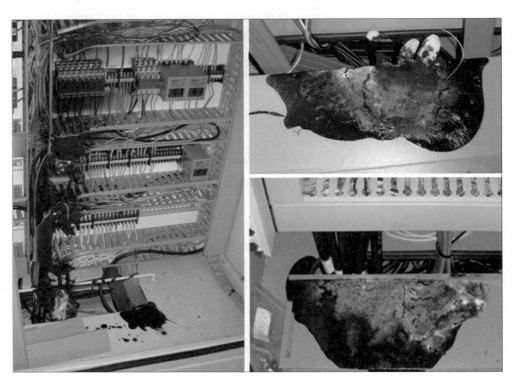

면장갑에 촉진제를 첨가시켜 방화를 시도한 통신설비 내부 소손 흔적

종이컵 안에 촛불을 넣고 계량기 하단에 설치한 조작 흔적

전기설비 주변에 가연물의 잔해가 필요 이상 많다면 전기화재를 위장한 방화 조작 여부를 살펴보아야 한다.

7 성냥과 담배를 조합한 발화장치

　　일상생활에서 성냥의 쓰임은 과거에 비해 현격하게 줄었지만 방화 지연장치로 쓰임은 종종 발견되고 있다. 특히 담배와 성냥의 조합은 국내외 방화사례를 통해 심심찮게 소개되고 있다. 발화 지연장치의 사용은 도주할 시간을 충분히 확보할 필요가 있거나 자신의 알리바이를 입증하기 위한 버팀목을 마련하려는 의도가 다분히 숨어 있다는 점을 놓치지 않아야 한다. 실험에 의하면 담배를 수평으로 했을 때 필터까지 연소하는데 13~14분 정도가 소요되지만 필터를 위로 했을 때는 11~12분 정도가 소요된 것으로 나타나 수평상태보다 수직상태가 약간 빠르게 연소한 것으로 나타난바 있어 담배를 이용한 지연장치는 발화 조작 후 충분히 도주할 수 있는 시간을 제공할 것이다. 일단 발화 후 화재가 활성화되면 성냥과 담배의 잔해가 식별되는 경우는 흔치 않으므로 남아있던 주변 가연물을 면밀히 살펴 발화원으로 작용할 만한 요인은 무엇이었는지 종합적으로 판단을 하여야 한다.

여러 개의 성냥을 담뱃불과 맞닿아 설치하거나 담뱃갑에 성냥을 넣은 후 그 틈 사이로 담뱃불을 끼워 넣은 수법은 다이너마이트가 터지는 것과 같은 효과를 노린 조작이다.

성냥과 담배를 조합한 발화장치는 도주할 시간 등을 확보하기 위한 조작 수단이다.

⑧ 양초를 이용한 발화장치

양초는 휘발성이 극히 적고 착화가 용이하며 유해가스의 발생 없이 안정적으로 연소한다는 점에서 방화자들이 선호하는 조작 방법 중 하나이다. 촛불 주변에 신문지 등 가연물을 모아 놓고 일정시간이 경과하면 착화하도록 조작하거나 양초를 2~3군데 배치시켜 동시다발적으로 착화시키는 방법 등을 이용한다. 양초의 제원(길이, 중량, 직경)은 통일된 규격이 없어 제조회사에 따라 천차만별인 만큼 연소시간도 짧게는 20분에서부터 최대 100여 시간 이상 연소할 수 있는 제품 등이 출시되고 있다. 양초를 이용한 방화현장에 출동한 소방관들은 간혹 웃지못할 웃음거리(happening)를 경험하기도 한다. 양초의 연소시간을 미처 계산하지 못해 조작한 가연물에 착화되기도 전에 소방관에 의해 발견된 경우인데 가연물을 여기저기 쌓아놓고 촛불을 근접시켰다가 들통 난 사례가 있다.

촉진제를 담은 플라스틱 용기 위에 휘발유로 적신 수건을 덮고 촛불을 올려놓은 장치

소방관에 의해 현장에서 발견된 촛불 지연 장치(경기도 오산소방서. 2007)

신문지를 바닥에 깔고 그 위에 양초를 세워 놓았을 때 양초의 길이가 짧아져 신문지와 접촉한 상황이라면 발화가 일어나는가? 실험에 의하면 양초가 거의 용융된 단계에 이르면 심지가 서 있지 못하고 양초 중심에 고여 있는 파라핀 액체에 쓰러져 스스로 꺼지는 것으로 밝혀졌다. 연소 조건을 어떻게 부여하느냐에 따라 착화할 수도 있지만 평면으로 펼쳐진 신문지에는 촛불과 접촉하더라도 발화는 일어나지 않는다. 촛불은 복사열도 거의 없다. 촛불로 손을 녹이거나 보온조치가 가능하다는 이야기를 들어본 적이 있는가. 양초 주변을 신문지로 감싼 후 가까이 근접(5cm)시키더라도 착화는 이루어지지 않는다. 양초의 발화 위험은 가연물과의 접촉이 관건으로 연소과정 중 쓰러졌을 때 오히려 위험성이 있다.

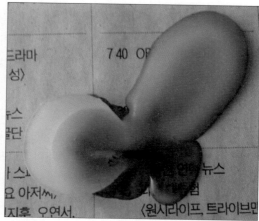

양초가 모두 연소하면 심지가 중심을 잃고 쓰러져 자연소화되며 신문지에 착화되지 않는다.

⑨ 모기향을 이용한 발화장치

모기향의 연소시간은 무풍상태일 때 7시간 전후까지 연소할 수 있어 발화 지연장치로 활용되는 경우가 있다. 아래 그림은 모기향의 중심부에 성냥개비의 두약 부분만 절단시켜 올려놓은 조작 방법이다. 성냥의 두약 부분이 모기향에서 떨어지지 않도록 살짝 접착제를 발랐으며 바로 옆에 가솔린이 담긴 용기를 배치시킨 후 신문지를 펼쳐 덮어 놓은 상태로 시간이 경과하여 두약이 발화하면 신문지 안에 형성된 가솔린 증기에 착화가 이루어 질 것이다. 모두 연소하면 모기향 받침대만 남게 되므로 발화원 입증이 곤란해질 수 있는 점을 노린 지능적 수법이다. 모기향 받침대의 존재만 가지고 모기향으로 인해 발화했다고 판단하지 말고(앞서 언급했듯이 모기향불은 가연물과 접촉하더라도 단독으로는 발화하지 않는다.) 주변에 용융된 플라스틱 잔해와 가솔린 성분 등이 남아있는지 확인을 하는 등 다른 변수를 검토해 보아야 한다.

가솔린이 담긴 플라스틱 용기

신문지에 덮인 상태로 모기향 위의 성냥이 발화하면 가솔린 증기에 착화하도록 조작한 지연장치

천장을 뜯고 전기적 결함에 의해 화재가 발생한 것처럼 꾸미기 위해 전기배선 근처에 인화성 물질을 넣은 페트병과 모기향을 도화선으로 연결한 후 시간이 지나면 전선에 불이 붙게 만든 발화장치. 방화자가 직접 제작한 후 3차례 모의실험까지 했으나 불은 전선 일부를 태우는 데 그쳤고 발화장치에 지문을 남겨 검거되었다.

⑩ 가스설비 등의 고의 조작

　　가스(대부분 LP가스)의 사용은 방화자가 매우 짧은 시간에 큰 효과를 볼 수 있다는 기대를 걸고 출발하는 경우가 대부분이다. 사전에 가스 용기와 결합되어 있는 호스를 풀어 놓고 밸브를 살짝 열어 놓거나 호스(대부분 가요성이 좋은 염화비닐 호스)의 특정 부분을 잘라 놓기도 하며 밸브의 막음조치를 해제시켜 사고를 유발시키는 경우도 있다. 호스의 연결구에 그을음이 부착되었다면 사전에 용기로부터 이탈된 상태였음을 판단할 수 있다.

염화비닐 호스에 부착된 그을음은 미리 가스용기로부터 분리되었다는 것을 알려주는 강력한 지표가 된다.

호스의 절단 또는 퓨즈콕에 부착된 그을음(○표시)은 사전에 고의적 조작이 있었음을 알려주는 단서가 된다.

⑪ 전기타이머 등을 이용한 시한 발화장치

발화장치에 타이머의 부착은 목표한 시간에 작동하도록 설정한 지능적 수법이다. 현장에서 발견된 예를 보면 건전지에 리드선을 연결한 후 타이머에 접속하고 배선 중간에 니크롬선(발열체)을 설치하여 설정시간에 이르면 니크롬선의 발열로 종이나 용기에 담아둔 촉진제(가솔린 등)가 연소하도록 조작한 경우가 있다.

발화장치로 리드선을 사용했다면 발화지점 부근에서 발견되기도 한다.(Shan Raffel)

영국 옥스퍼드대학 외곽지역 캐닝턴(Cannington)에 있는 템플턴대학 지붕에서 발견된 발화장치(The daily telegraph online edition. 2007)

유리병

화약

부탄가스

니크롬선

배터리와 타이머

유리병 안에 부탄가스를 넣고 화약으로 공간을 채운 후 니크롬선을 화약에 꽂고 배터리와
타이머를 조합한 시한 발화장치

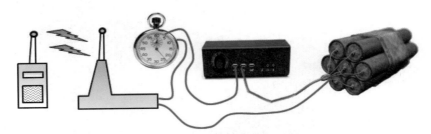

타이머와 폭발물을 조합해 놓고 무전기 주파수를 맞춰 발화하도록 조작한 장치

자신의 알리바이를 성립시키기 위해 무전기 또는 전화기를 이용한 원격 발화장치를 설치한
경우도 있다. 이 수법은 화재 당시 집안에 아무도 없었다는 것을 증명할 수 있고 뚜렷한 증거
가 발견되지 않는다면 화재 원인이 미궁에 빠질 수 있는 점을 노린 조작이다. 실제로 미국에서
발생한 사례를 보자. 화재 당시 집 안에는 아무도 없었는데 화재가 발생하였고 화재 후 집 주인
은 보험회사에 보험금 지급을 요구하였다. 보험조사원은 화재 전후 경위를 조사하던 중 화재발
생 57분 전에 집 주인이 아무도 없는 자신의 집에 전화를 한 사실을 의심했다. 집주인은 왜 아
무도 없는 자신의 집에 전화를 했을까? 깊은 생각에 잠긴 보험조사원은 즉시 화재현장으로 달
려가 꼼꼼히 잿더미를 살펴보았다. 전화선에 연결된 얇지만 강한 금속선을 찾아냈다. 점화도구
였다. 전화벨이 울리면 금속선이 진동을 하고 그 곳에 연결된 21개의 성냥골이 밑에 놓인 샌드
페이퍼와 마찰하도록 장치를 한 것이었다. 완벽하게 화재를 일으키기 위해 그 옆에는 가솔린에
적신 신문지와 셀룰로이드를 비치해 성냥불이 켜지면 바로 불이 퍼질 수 있도록 되어 있었다.

⑫ 투척용 발화장치

불을 지르고자 하는 목표물에 발화장치를 던져 순식간에 연소확대시키려는 조작 방법이다. 유리병에 촉진제 등을 1/2가량 넣은 후 10cm 정도의 면 조각을 도화선처럼 병 입구에 늘어뜨린 구조가 일반적인 형태로 쓰인다. 과거 대학가에서 데모를 할 때 던졌던 화염병을 연상하면 쉽다. 촉진제에 적신 면 조각에 불을 붙인 후 목표물을 향해 던지면 병이 깨지면서 유출된 가솔린에 의해 주변으로 쉽게 확산이 이루어지므로 단번에 급속한 연소를 야기할 수 있다. 연소가 활발할수록 발화장치의 존재를 식별하기 어렵다는 단점이 있어 깨진 유리병의 잔해 등 증거 수집에 소홀함이 없어야 한다. 투척용 발화장치에는 가스 용기가 이용되기도 한다. 가스 용기에 라이터 등 점화장치를 결합시켜 던졌을 때 발화가 일어나게끔 조작한 것으로 폭발음이 동반될 수 있다.

유리병을 이용한 투척용 발화장치(서울의 소리. 2012)

영국 남쪽에 있는 사우햄프턴(southampton)의 한 가정집 안으로 던져진 투척용 발화장치. 가스용기 4개에 각각 라이터를 결합시켜 알루미늄 호일로 포장했다.((The daily telegraph online edition. 2009)

⑬ 전열기구 등에 가연물 고의 방치

　난로나 전기 히터, 가스 스토브 등 높은 열을 방사하는 기구 앞에 가연물을 가까이 접근시켜 발화시키는 것으로 이 수법은 방화인지 실화인지 고의성 여부를 판단하기 어려운 점을 노려 자행하는 조작이다. 도중에 발견되더라도 얼마든지 실화로 판단할 수 있는 여지가 많기 때문이다. 그러나 고의로 옷감이나 수건 등을 전열기에 덮어 놓았다면 섬유잔해가 금속 보호망에 부착될 수 있어 고의 여부를 밝히는 데 도움이 될 수 있다.

전기스토브에 점퍼를 덮어놓았지만 보호망에 점퍼 소재인 솜 잔해가 남아 혐의를 입증할 수 있었다(좌). 전기스토브 보호망에 직접 천 조각을 접촉시키자 3초 만에 발화(우)하였다.

　국내에 출시되고 있는 전기스토브를 대상으로 실험을 행한 자료에 의하면 전기스토브로부터 50cm 떨어진 지점에서 열을 측정했을 때 불과 15분 만에 온도가 161℃까지 상승하였고 합판에서는 연기가 피어오르며 타는 냄새가 발생하였다.[5] 또한 천 조각을 직접 보호망에 접촉시켰더니 불과 3초 만에 불이 붙고 새카맣게 연소되는 결과를 낳았다. 국내기준은 전기스토브에 가연물을 접촉시켰을 때 10초 안에 불이 붙으면 부적합 판정을 내리고 있다.

⑭ 전기단락을 이용한 발화장치

　전기단락을 이용한 장치는 방화임을 숨기고 전기적 요인에 의한 화재로 몰아가려는 목적에서 선택되는 조작 방법이다. 가솔린 등이 담긴 비닐봉지를 천장 안에 매단 상태에서 주변에는 솜과 부드러운 화장지 등을 배치시킨 후 얼키설키 엮여있는 전선 중 일부를 조작하여 단락 발화를 일으킨 경우가 있다. 천장 안쪽에 대팻밥을 모아놓고 종이로 된 우유팩에 촉진제를 담아

도화선을 만들어 일정시간이 지나면 단락이 일어나 착화하게끔 조작한 사례도 있다. 주변에는 착화하기 쉬운 대팻밥을 모아놓았기 때문에 완전 연소된다면 단락흔만 남는다는 점을 노린 것이다. 방화자들이 천장 안쪽을 선택하는 것은 상식적으로 방화가 일어날 수 있는 지점으로는 부적합하다고 사람들이 생각할 것이라는 점과 낡은 전기배선이 원인이 되어 화재가 일어날 확률은 상대적으로 높기 때문에 전기화재로 둔갑시키기 위한 조작이었다. 목조주택 천장의 목재 받침대 부분에 분기된 전선들을 한 군데로 묶어 놓고 단락을 조작한 사례도 있는데 마치 배선 시공 시 문제가 있는 것처럼 조작한 경우였다.

Chapter 01
Chapter 02
Chapter 03
Chapter 04
Chapter 05
Chapter 06
Chapter 07
Chapter 08
Chapter 09
Chapter 10
Chapter 11
Chapter 12
Chapter 13

우유팩에 촉진제를 넣고 섬유로 짠 도화선을 만들어 천장 전기배선이 지나가는 곳에 대팻밥을 모아놓고 단락발화를 일으키도록 조작한 장치

Step 06 방화조사 시 참고하여야 할 가변적 요소들

앞뒤 가리지 않고 욱하는 마음에 우발적으로 자행되는 방화는 감정을 다스리지 못한 결과이기 때문에 주변에 다수의 목격자가 있거나 방화자 스스로 후회하며 자백하는 경우가 많다. 그러나 보험금 편취, 보복이나 범죄 은폐 등을 위한 계획적 방화는 방화도구를 어떤 것으로 할 것인지 고민을 하며 이에 따라 방화 장소와 시간을 결정한다. 여기에서는 계획적으로 실행하는 방화에 국한하여 현장에서 참고하여야 할 변수들을 소개한다.

1 야간화재를 주의 깊게 보자 ─ 방화범은 주로 야간에 활동하는 습벽이 있다.

방화범들은 들쥐나 박쥐, 너구리처럼 야행성이 강한 습벽이 있다. 특히 연쇄방화범들은 방화를 저지르는 지역사정에 밝아 야간에 여기저기 불을 지르면서 손쉽게 그 지역을 빠져 나가기도 한다. 일반적으로 야간은 주간보다 사물을 판단하는 시야거리가 짧고 행동반경이 좁기 때문에 방화 당시 용의자를 다른 사람이 목격했더라도 방화자는 도주하기 쉽고 목격자가 용의자의 인상착의를 특정하기 어렵다는 점을 역이용하고 있다. 사람의 왕래가 드문 후미진 골목이나 폐가옥, 관리인이 없는 노상 주차장, 시장 철시 이후 화재 등은 방화 동기를 불문하고 야간에 방화범들의 손쉬운 표적이 될 수 있다.

2 날씨가 사나운 날은 방화범이 기다리던 날일 수 있다.

방화는 계절이나 주기에 관계없이 발생하지만 방화범들은 남의 눈을 피하기 쉽고 흔적을 남기지 않기 위해 기상이 악화되는 날을 손꼽아 기다릴 수도 있다. 하늘에 구멍이라도 뚫린 듯이 억수같이 비가 퍼붓는 날이거나 매우 추운 날, 천둥과 번개를 일으키며 바람이 몹시 부는 날 등은 방화자들이 남의 이목을 피하기 쉽고 행동이 자유로워 손꼽아 기다리는 D-데이[6]가 될 수 있다. 비가 쏟아지거나 눈이 내리는 등 날씨가 사나운 날은 소방대의 현장 도착시간이 평소보다 늦을 수 있고 방화자들이 좀 더 여유롭게 방화를 실현할 수 있다는 기대를 걸 수 있다. 바람이 심하게 부는 날씨는 평소보다 빠른 속도로 연소를 시킬 수 있고 비가 많이 내려 바닥이 질퍽질퍽하다면 방화 조작에 쓰인 촉진제와 발자국 등 침입 흔적 증거물이 빗물에 희석될 수도 있다. 비나 눈이 오는 날 또는 바람이 세차게 부는 날에는 노출 전선이 빗물과 접촉으로 누전이

비가 오는 날만 골라서 방화를 저지른 사례

어느 날 02:00경 앞을 분간하기 어려울 정도로 폭우가 쏟아지는 상황에서 경기도 ○○시 중심가에 있는 가구점에서 화재가 발생하였다. 발화 장소는 소방서로부터 불과 3km 거리였음에도 불구하고 소방대가 도착했을 때에는 화재가 최성기를 맞이하고 있었다. 화염이 얼마나 강했는지 가구점 뒤에 있는 아파트까지 집어삼킬 기세였으며 소방관의 접근도 어려웠다. 엄청난 폭우에도 불구하고 가구점은 전소되었고 화재는 원인미상으로 처리되었다. 그로부터 7개월 후 동일한 관내에서 역시 폭우가 심하게 내리던 어느 날 02시경 자동차 영업소에서 화재가 발생하였다. 화재는 최성기 상태로 전시장 내부를 모두 연소시켰으며 1시간여 만에 진화되었다. 화재조사관이 조사를 하다 보니 자동차 영업소 대표가 7개월 전 일어난 가구점의 대표와 동일 인물이며 가구점 화재로 상당 금액의 화재보험금을 수령한 사실 등을 확인하였다. 소방의 화재조사관은 즉시 수사기관과 보험회사 SIU팀(Special Investigation Unit)에 연락을 취했고 범행 일체를 자백받았다. 방화범은 당초 사채를 빌려 쓴 채무를 해결할 목적으로 사람의 발길이 뜸하고 이목을 피할 수 있는 비가 오는 날만 손꼽아 기다렸다가 실행에 옮겼다는데 1차 방화에 성공한 데 힘입어 2차 방화도 성공할 것이라는 확신이 있었다는 자백을 했다.

---

[6] D-Day는 전략적 공격 또는 작전개시 시간을 나타내는 데 자주 사용되는 미국의 군사 용어이다. 어두의 D의 유래에 대해서는 여러 설이 있지만 막연한 날짜를 나타내는 Day의 약자라는 해석이 있다.

Step 06 | 방화조사 시 참고하여야 할 가변적 요소들

Chapter 01
Chapter 02
Chapter 03
Chapter 04
Chapter 05
Chapter 06
Chapter 07
Chapter 08
Chapter 09
Chapter 10
Chapter 11
Chapter 12
Chapter 13

발생할 수 있고 전선이 바람에 흔들려 접촉 불량 등이 발생할 가능성을 생각할 수 있으나 누전이나 전선의 불완전접촉 등에 기인한 것으로 쉽게 판단하려는 오류를 범하지 않아야 한다.

③ 개구부가 잠겨 있었다고 방화 배제사유가 될 수 없다.

절도나 강도 등 범행 후 방화를 했다면 우선적으로 안전하게 현장을 빠져나가는 것이 급선무이므로 출입문 등 개구부는 열림 상태로 발견되는 것이 일반적이지만 건물주 본인이나 사주를 받은 사람이 방화를 하는 경우 사전에 치밀한 계획 하에 이루어지므로 밖으로 빠져나옴과 동시에 개구부를 폐쇄시켜 방화와 무관하다는 논리를 만들어 낼 수 있다. 개구부가 모두 잠긴 상태로 행한 방화는 방화자 스스로 조기에 화재가 발견되는 것을 원치 않으며 자신의 알리바이를 갖다 대며 발뺌하기에 좋은 수단으로 여긴다는 점을 알고 있어야 한다. 개구부가 폐쇄되었더라도 어떤 확증 없이 내부에서 방화가 발생한 것이 아니라고 단정하지 않아야 한다. 시한 발화장치는 개구부를 모두 폐쇄시킨 후 점화시키는 것이 일반적인 방법이다.

④ 발화원이 존재할 수 없는 곳에서 일어난 화재는 방화일 수 있다.

발화원이 평소 존재할 수 없는 계단이나 복도, 담장 부근 등에서 일어난 화재는 방화일 가능성이 매우 높다. 주로 아파트와 사무실의 계단과 옥상, 지하 주차장, 옥외 야적장, 엘리베이터 내부 등은 발화원이 존재할 수 없는 곳으로 발화원을 특정할 수 없다면 방화를 의심할 수 있다. 이러한 공간은 야간이나 심야 시간대뿐만 아니라 주간에도 방화자가 마음만 먹으면 언제든지 타깃으로 삼을 수 있는 좋은 표적이 될 수 있다. 이러한 공간에서 발생한 방화의 특징은 신문지나 서적 등 착화하기 쉬운 가연물의 잔해가 발견되고 가연물이 제한적이라는 점이다. 가연물의 잔해를 통해 착화성 여부를 살펴보면 사용된 발화원의 존재를 한정시킬 수 있고 방화를 제외하곤 설명하기 어렵다는 가설을 세울 수 있을 것이다. 발화원의 존재를 특정하기 어렵고 발견되지 않는다고 방화가 아니라고 외면하지 않아야 한다.

발화원이 존재할 수 없는 아파트 방수기구함이 연소된 현장

발화요인이 없는 계단에서 화재가 발생한 경우 방화의 가능성이 있다.

⑤ CCTV는 24시간 잠을 자지 않는다.

　　어느 정도 규모가 있는 건물이나 시설에는 옥내외에 CCTV가 설치되어 있는 경우가 많고 소규모 건물에도 보안강화를 위해 확대되고 있는 추세이다. 보안장치의 기능은 회사마다 약간의 차이는 있으나 대부분 외부인의 침입과 화재가 발생하면 신호가 해당 보안회사 관제센터로 들어가 즉시 확인할 수 있도록 되어 있다. 불꽃과 연기 특유의 색깔을 분석한 정보를 저장해두었다가 불과 연기가 발생하면 이를 인식해 화재 여부를 판단하고 발화지점을 규명하는 데 한몫을 하는 제품도 있다. CCTV는 24시간 감시가 가능하므로 화재가 발생한 건물에 CCTV가 설치되었는지 확인은 필수적이다. CCTV가 설치되어 있음에도 불구하고 만약 CCTV의 전원선이 끊어졌거나 카메라 창이 깨져 손상되었다면 화재 직전 누군가의 조작이 있었다는 단서가 될 수 있다. CCTV가 사각지대 없이 설치되어 있다면 방화 용의자 등을 특정짓는 것뿐만 아니라 발화원인규명에도 결정적인 도움을 받을 수 있을 것이다. 샐러리맨 M은 23:57경 자신의 승용차를 지하 주차장에 주차한 후 집으로 들어갔는데 4시간 22분 후인 04:19경 본인의 차량에서 화재가 발생했다는 사실을 알게 되었다. 소방의 화재조사관은 M이 주차시킨 시점이후부터 지하 주차장의 CCTV 기록을 검색했으나 24시 이후 지하 주차장으로 드나든 차량과 사람이 없는 것으로 확인되어 방화 가능성을 배제할 수 있었다. 자칫 방화로 오인할 수 있는 사건을 CCTV 기록 덕분에 방화가 아닌 것으로 밝혀지는 순간이었다. 기계는 사람이 지정해 놓은 프로그램대로 동작할 뿐 거짓말을 하지 않아 가장 신뢰할 수 있는 증거로 쓰일 수 있다. CCTV는 24시간 잠을 자지 않으며 잠을 자야 할 이유도 없다.

Chapter 01
Chapter 02
Chapter 03
Chapter 04
Chapter 05
Chapter 06
Chapter 07
Chapter 08
Chapter 09
Chapter 10
Chapter 11
Chapter 12
Chapter 13

① M이 23:56경 지하 주차장으로 들어와 ② 주차 후 ③ 집으로 들어갔고 ④ 4시간 이상 아무 일도 없다가 ⑤ 갑자기 차량 엔진룸에서 불꽃이 발생하며 ⑥ 급격히 연소확대된 모습이 CCTV 기록을 통해 확인되었다. (충남 아산소방서. 2016)

⑥ 전기제품을 이용한 방화는 관련 분야의 전문가일 수 있다.

발열작용이 있는 전기제품에는 규정된 온도 이상으로 상승하는 것을 방지하기 위해 온도퓨즈나 서모스탯 등이 내장되어 있다. 제품을 분해하여 퓨즈나 서모스탯을 제거하고 발열체에 직접 연결한 조작은 전기상식이 부족한 일반인이 실행하기 어려운 측면이 있어 만약 전기제품에서 이와 같은 조작이 발견된다면 관련 분야의 직업을 갖고 있거나 사주를 받은 또 다른 전문가가 실행했을 가능성이 있다.

전기나 전자제품 수리 등을 직업으로 하는 사람은 반복된 작업으로 인해 분해와 조립에 능할 수밖에 없고 누적된 학습효과로 인해 누구보다 쉽게 조작을 할 수 있을 것이다. 이들은 전기제품의 장단점을 훤히 꿰뚫고 있어 어떻게 하면 불을 낼 수 있는지 알고 있는 것이다. 따라서 전기제품을 이용한 위장 실화조사는 주변 관계인들의 직업과 연관이 없는지 살펴볼 필요가 있다. 전기제품을 이용한 위장 실화는 대부분 전원코드에서 단락흔을 남기므로 외형적으로 드러난 현상만 가지고 전기적 요인에 의한 화재로 판단할 우려가 있고 자칫 주의하지 않으면 인위적으로 조작했다는 입증이 불가능해질 수 있다. 전기제품에서 발화가 의심될 경우 분해·감정은 필수적이다.

7 소방시설의 미작동은 방화와 관계된 사전 조작일 수 있다.

방화자의 입장에서 소방시설의 정상작동은 장애물이므로 사전에 전원을 끄거나 전원선을 끊어 놓아 화재의 조기 발견 및 초기 소화가 어렵도록 조치를 하는 경우가 있다. 발화가 일어난 층을 비롯하여 바로 위층의 감지기선이 끊어진 현장을 조사한 적이 있었는데 화염과 연기가 상방향으로 빠르게 확산되므로 이를 늦추기 위해 직하층은 제외하고 발화층과 그 직상층의 감지기선만 끊어 놓은 조작이었음이 밝혀진 적도 있었다.

경보설비의 전원 차단, 스프링클러설비 유수검지장치의 2차 측 밸브 폐쇄, 펌프와 연동된 주배관의 2차 측 체크 밸브의 폐쇄 조치 등은 충분히 방화를 의심할 수 있는 단서가 될 수 있다. 펌프설비 2차 측에 설치된 게이트 밸브는 밸브봉이 노출된 상태일 경우 개방된 것이며 밸브봉이 노출되지 않았다면 잠겨있는 상태임을 한 눈에 알 수 있으므로 게이트 밸브는 조작하지

압력 챔버에 부착된 전원선의 분리(□)는 방화를 의심할 수 있는 단서가 될 수 있다.

않고 압력 챔버에 부착된 압력스위치의 전원을 단선시키거나 분리시킨 후 커버를 살짝 씌워 놓는 눈속임을 하기도 한다. 압력스위치 전원선의 단선은 곧 수압조절 기능을 상실시켜 원활한 소화를 기대할 수 없도록 획책한 수법을 의미한다.

⑧ 화재현장을 맴도는 구경꾼 속에 범인이 지켜보는 경우가 있다.

등잔 밑이 어둡다는 말처럼 방화범은 화재현장 가까이에서 소리 없이 미소를 지으며 지켜보고 있는 경우가 있다. 소방관이 모든 상황을 정리하고 떠날 때까지 골목길 한편에 서서 지켜보는 경우도 있고 방화 후 스스로 119에 신고를 하고 어수선한 군중 틈바구니 속에 파묻혀 모든 상황을 바라보는 사례도 있다. 이들이 현장에서 지켜보는 것은 자신이 행한 범행이 100% 달성되었는지 직접 확인하고 싶은 마음과 주변사람들이 소동을 피우며 당황해 하는 모습을 즐기려는 심리가 작용했을지도 모른다. 구경꾼들 사이에 숨어있는 방화범의 체포는 현장활동에 임하는 소방관들의 정보가 결정적인 역할을 하는 경우도 있다. A소방관은 화재진압을 할 때 출입문과 유리창의 개폐상태와 집안내부 물건들이 흐트러져 있었는지 등을 기억했다가 화재조사관에게 정보를 제공해 주는 베테랑 소방대원이었다. 어느 날 A는 심야에 주차된 차량에서 화재가 발생하여 화재진압을 한 적이 있었는데 1시간 후 또다시 복합건물 화장실에서 화재가 발생하여 현장에 출동을 하게 되었다. 그런데 불과 1시간 전 차량화재 현장에서 보았던 한 청년을 다시 보게 되었다. A소방관은 이상하다는 생각이 들어 그 청년과 직접 눈길이 마주치는 것을 피하면서 일부러 그의 곁을 가까이 지나치면서 눈여겨 살펴보았다. 그의 손과 옷에는 희미하게 옅은 그을음이 묻어있었고 신발 표면에도 그을음이 덮여 있었다. 특히 쓸어 올린 앞 머리카락이 불에 그을린 흔적이라는 것을 보고 즉시 현장에 있던 수사관에게 연락을 취해 현장에서 체포할 수 있었다. 그 청년은 한 달 전 가출을 한 후 거리를 배회하다가 식당 안에서 어느 가족이 행복하게 식사하는 모습을 보고 자신의 처지와 비교해 생각해 보니 화가 치밀어 불을 질렀다고 하였다. 방화가 의심되는 현장은 어디선가 방화자가 지켜보고 있다는 가능성까지 염두에 두고 자료수집을 할 필요가 있다. 미국에서는 구경꾼들을 Lookie-loo(구경꾼이란 뜻의 저속한 표현)라고 부르며 현장에서 구경하는 대중들을 상대로 가감 없이 촬영을 하여 범인색출 정보로 활용을 하고 있다.

⑨ 상황실로 접수된 정보 속에 답이 있는 경우가 있다.

화재발생을 알려주는 단서는 상황실에 신고가 접수된 단계로부터 비롯되므로 녹취기록의 확인은 이미 굴러 들어온 정보를 검증할 수 있는 기회를 제공한다. 녹취시간과 대화내용은 대부분 진실을 담고 있으며 신고자가 다수일 경우 발화지점, 연소상황 등에 대한 공통점을 포착해 낼 수 있는 경우도 있다. 상황실 수보대 40여대가 동시다발적으로 불이 켜지며 화재신고가 접수된 적이 있었다. 화재는 지하 룸살롱에서 발생했는데 70여 통의 신고내용 중 한 여성이 다급한 목소리로 자신이 불을 냈다며 울부짖으며 신고를 했으나 몇 마디 하지도 못한 채 곧 통화가 끊기고 말았다. 상황실에서 수차례 다시 통화를 시도하며 정보를 수집하려고 했지만 결국 통화를 할 수 없었는데 화재진압이 끝난 다음 현장을 수습하는 과정에서 그 신고자는 지하실 입구 쪽에서 사망한 채 발견되었다. 사망원인을 조사한 결과 그 신고자는 가정불화로 이혼을 한 후 혼자서 유흥주점을 운영하면서 가정파탄에 따른 상실감과 무력감에 시달렸으며 불을 질러 모두 태워버리고 싶다는 양극성 정동장애가 있던 것으로 밝혀졌다. 자신이 불을 질렀으나 급박하게 119로 신고를 하며 탈출을 시도했지만 폭풍처럼 밀려드는 화염과 연기를 이길 수 없었고 엄청난 공포를 느끼며 절명한 것이었다. 상황실로 접수된 정보의 확인은 이미 그물망에 걸려든 물고기를 남김없이 요리하는 것처럼 일망타진하여야 한다. 추가적으로 확인이 필요한 내용은 신고자와 연락을 취해 현장에 입회시켜 당시 화염을 목격한 위치와 상황을 청취하는 방법도 효과를 볼 수 있다.

⑩ 지능적 방화는 목격자를 만들어 내기도 한다.

화재조사관들은 실화를 위장한 지능적 방화는 목격자를 일부러 만들어내기도 한다는 점을 알고 있어야 한다. 이런 상황은 방화자가 자신의 범행을 감출 수 있는 동시에 목격자가 화재 당시의 상황을 알아서 자연스럽게 대변해준다는 점을 노린 수법이다. 이해하기 쉬운 사례를 들어본다. 차량 보닛(bonnet)을 열고 엔진부위 앞쪽에 가솔린에 적신 헝겊을 일렬로 배열한 후 다시 보닛을 닫고 주행을 하면 엔진부 실린더 벽의 온도[7]와 주변부의 온도가 상승하여 가솔린의 발화점인 280℃에 손쉽게 도달하여 착화될 수밖에 없는 상황에 직면하게 된다. 이때 방화자는 기어를 저속으로 놓고 가속 페달을 힘껏 밟아 빠른 온도상승을 노리는 경우가 있는데 될 수 있으면 주행 중 목격자를 쉽게 확보할 수 있는 도로를 선택하여 다른 운전자로 하여금 목격하게끔 연출하여 주행 중 화재가 발생한 것으로 자연스럽게 방화를 위장할 수 있다. 목격자들은 방화자의 의도를 전혀 알 수 없는 상태에서 객관적으로 발생한 화재 당시의 발견 상황만 있는 그대로 진술할 뿐이므로 완벽한 위장이 가능할 것이다. 특히 차량화재의 경우 엔진부에서 발화한 경우 전소되는 양상을 띠므로 헝겊의 잔해가 남기 어려워 엔진 과열이나 전기적 요인 등으로 해석할 우려가 있다. 엔진부 내부에 있어서는 안 될 부적합한 가연물(기름에 적신 헝겊, 의류, 엔진 위에 뿌려놓은 가솔린 흔적 등)은 있었는지 세심히 살펴보아 이와 같은 가연물의 흔적이 발견된다면 고의적 행위가 있었음을 의심해 보아야 한다.

⑪ 화재를 비롯하여 2개 이상 겹쳐진 사고는 방화일 가능성이 높다.

화재 외에 살인 · 절도 · 강도 · 강간 등 타 범죄 흔적이 발견되어 2개 이상의 사고가 겹쳐진 것으로 보인다면 충분히 방화를 의심할 수 있다. 살인현장의 경우 사망원인에 혼선을 주기 위

---

[7] 가솔린엔진 실린더 벽의 온도는 150~370℃ 전후이다. (중앙소방학교, 2013)

해 사체에 직접 불을 붙여 연소시킨 흔적과 다량의 혈흔이 발견될 수 있는데 화재와 겹쳐진 이와 같은 현장은 방화일 가능성이 매우 높다. 절도나 강도사건의 경우 집기류 등 생활용품이 어지럽게 흩어진 형태로 발견되며 침입 흔적을 없애기 위해 불을 지른 형태를 남기는 경우도 있다. 방화수단은 라이터 등을 이용한 직접 착화를 주로 사용하며 착화시킨 후 현장을 벗어나는 것이 급박하므로 창문이나 출입문 등 개구부가 열린 상태로 발견되고 화재는 국부적인 연소에 그치는 경우도 있다. 수직으로 4단 서랍장이 있는 경우 절도범들은 가장 아래있는 서랍까지 개방을 할 것이다. 한 번 개방한 서랍을 다시 닫을 필요 없이 순차적으로 위에 있는 서랍을 열 수 있다는 점을 알고 있기 때문이다. 이러한 흔적은 외부인의 침입과 절도행위가 있었다는 단서가 될 수 있다.

집기류의 파손 및 어지럽힘 등은 고의로 사고를 일으켰다는 단서가 될 수 있다.

서랍이 모두 개방된 상태로 발견되어 절도 후 방화를 행한 것임을 알 수 있다.

⑫ 주차된 차량용 블랙박스가 눈을 뜨고 있는 경우가 있다.

발화장소가 옥외일 경우 주변에 주차된 차량의 블랙박스가 발화 당시 상황을 기록했을지도 모른다. 블랙박스 모니터가 2채널이라면 전방과 후방 양방향 기록이 가능하므로 발화지점과 주차된 차량의 방향을 살펴 영상기록을 확인할 필요가 있다. 실제로 화재가 발생한 주변에 주차된 차량의 블랙박스에 당시 상황이 고스란히 기록되어 사건의 실마리를 푸는데 결정적 역할을 한 사례가 있다. 차량용 블랙박스는 소리 없는 감시자라고 불릴 만큼 쓰임이 커지고 있다.

화재가 발생한 차량 맞은편에 주차된 차량 블랙박스에 기록된 영상기록

소방대가 현장에 도착했을 때 화염은 최성기에 이르러 차량이 전소되었으나 화재가 발생한 차량 뒤편에 주차된 차량에서 블랙박스 영상기록을 통해 운전석 전면부에서 최초 발화되었음을 알 수 있었다.

⑬ 출입구에 장애물을 설치한 조작은 방화를 의심할 수 있다.

소방관의 화재진압을 늦추고 방해하기 위해 출입구 가까이 차량을 배치하거나 잠금장치에 쇠사슬 등을 이용하여 이중 삼중으로 감아놓기도 하며 금속으로 된 막대기를 가로나 대각선으로 질러 놓아 빗장을 강화시킨 흔적 등은 방화를 의심할 수 있다. 이 같은 조치는 불을 지른 내부가 충분히 연소할 수 있도록 시간을 벌어보겠다는 계산이 깔렸음을 짐작할 수 있다. 이러한 조작은 흔하지는 않지만 장기간 휴업 중이거나 폐업상태의 공장 등에서 볼 수 있는데 관계자들은 물품이나 장비의 도난 등을 우려해 철저하게 봉쇄한 조치일 뿐이라는 항변을 예측할 수 있으므로 세심한 판단이 요구된다. 밖에서 안으로 문을 밀어 여는 여닫이문 안쪽 바닥에 쐐기를 박아놓아 소방대의 진입을 늦추고 유유히 사라진 경우도 있었다. 여닫이문 바닥 틈새에는 목재로 된 쐐기 2개가 발견되었다.

이중 삼중으로 출입구를 봉쇄시킨 조작은 방화를 충분히 의심해 볼 수 있다. (Fire fighter Talk with R.J. Haig. 2016)

소방관의 진입을 막기 위해 여닫이문 안쪽 바닥에 쐐기를 박고 불을 지른 현장

⑭ 사망자가 피난을 시도한 흔적이 없고 외상이 있다면 방화를 의심할 수 있다.

　사망자가 발화지점으로부터 피난을 시도한 흔적 없이 소사하였다면 방화일 가능성이 있다. 화재로 인한 대부분의 사망자는 소사되기 전에 일산화탄소 등 유독가스에 의해 질식사하는 것이 선행되므로 화장실이나, 출입구, 창문 등으로 대피를 시도한 흔적이 발견되기 마련이다. 이러한 현상은 비단 사람뿐만 아니라 애완견이나 고양이 등 사람에 의해 길들여진 동물들도 빠져나올 구멍을 발견하지 못해 질식사한 경우 구석에서 발견되는 등 비슷하게 발견되는 특징이 있다. 피난을 시도한 흔적이 없는 것은 화재 이전에 이미 사망했다는 것을 의미하며 부검을 통해 질식여부에 대한 확인이 필요할 것이다. 화재현장에서 발견된 사체에서 창상이나 타박상, 골절, 다량의 출혈, 피부 함몰 등 외상이 발견되는 점도 방화를 의심할 수 있다. 화재로 사망한 이후에는 어떤 외력을 받더라도 혈압이 없어 다량의 출혈이 발생할 수 없고 타박상이나 멍 자국도 죽은 후에는 생길 수 없는 흔적으로 살아있을 때 발생한 생활반응 증거이기 때문이다.

Step 07 방화사례 조사

① 과학으로 잡아낸 방화사건

　미국 피츠버그에서 발생한 John Martorano 살해사건은 방화를 과학으로 해결했다는 평가를 받기에 충분한 사례에 해당한다. John Martorano의 부인은 사촌에게 범행을 사주하여 남편을 살해한 후 보험금을 타내기 위해 지하 세탁실에 방화를 하였으나 수도관이 파열되면서 불

Step 07 | 방화사례 조사

Chapter 01
Chapter 02
Chapter 03
Chapter 04
Chapter 05
Chapter 06
Chapter 07
Chapter 08
Chapter 09
Chapter 10
Chapter 11
Chapter 12
Chapter 13

은 30여 분만에 소화되고 말았다. 발화지점은 보일러와 급탕용 히터 사이에 있던 플라스틱 세탁물 바구니였는데 바구니 바로 위 2m 높이에는 수도관이 설치되어 있었다. 수도관은 엘보를 사용하여 직각으로 설치되어 있었고 엘보의 연결부는 납붙임 용접으로 되어 있었는데 이 부분이 열에 녹으면서 파이프 안에 있던 물이 쏟아져 자연스럽게 소화가 된 것이었다. 화재조사관은 발화원인과 화재의 성장과정을 살펴보았다. 납의 용융점이 약 250~300℃인 점을 고려한다면 적어도 화염은 천장 가까이 설치된 동파이프까지 이르러야 했고 더욱이 물이 채워진 동파이프의 납이 용융하기까지는 납 접합 부위에 화염을 일정시간 계속 가열시켜야 한다는 결론이 나왔다. 화재조사관이 화재 시나리오를 작성한 결과를 보면 세탁물 바구니의 크기를 감안하여 화염의 직경을 0.7m로 가정했을 때 연소속도는 10g/s, 연소열은 20kJ/g, 열방출률은 200kW로 나타나 화염의 높이를 계산해 보면 1.2m가 되므로 우연한 사고로 화재가 발생했다면 도저히 화염이 동파이프에 도달할 수 없다고 보았다.

반면 가솔린과 같은 연소촉진제가 있었다면 열방출률은 925kW가 되며 화염의 높이는 2.8m까지 치솟아 화염은 쉽게 천장까지 도달할 수 있고 그 온도는 납을 용융시키기에 충분하다고 판단했다. 이 화재원인에 대해 다른 가설도 있을 수 있지만 결론은 쉽게 바뀌지 않을 것이란 점도 추가했다. 연소촉진제에 대한 직접적인 증거는 없었지만 과학이 증거로 빛을 발하는 순간이었다. 이 사건은 화재조사관 William J. Petraitis와 Thomas Hitchings가 세탁물 바구니 속에 연소촉진제가 있는 경우와 없는 경우를 각각 테스트한 후 문제를 제기하였고 과학이 사실 판단에 얼마나 유용한 것인가를 보여준 사례라고 말할 수 있을 것이다.[8]

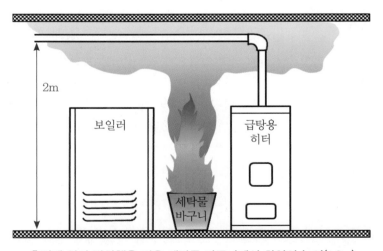

촉진제 없이 발화했을 경우 세탁물 바구니에서 화염의 높이(1.2m)

---

[8] Dougal Drysdale. (2011). Fire Dynamics. third edition.

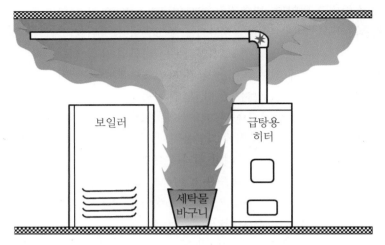

촉진제를 사용했을 경우 세탁물 바구니에서 화염의 높이(2.8m)

② 화재조사관의 의견을 돌려세운 법원의 판단

(1) 화재 상황

미국 플로리다 주에 있는 소나무로 지은 2층 주택에서 야간(23:37경)에 화재가 발생하여 성인 2명과 어린이 4명 등 모두 6명이 사망을 했다. 화재현장을 최초로 진입한 소방관 A에 따르면 주택 입구에서 불길이 거세게 타오르고 있었고 주택 앞쪽의 방과 복도가 다른 곳보다 심하게 타고 있었다고 진술했다. A는 그 때문에 현관 입구로 진입하는 것을 포기하고 북쪽 창문을 박차고 진입했는데 2층 계단과 복도가 심하게 타고 있었으며 2층 진입은 불길이 거세 진입할 수 없었다고 덧붙였다. 또 다른 소방관 B는 현관과 복도의 불길을 진압하려 했으나 불길이 쉽게 잡히지 않아 애를 먹었으며 가까스로 현관 입구로 진입을 했을 때 현관 근처 바닥에 불에 탄 구멍을 발견하였고 거실 바닥에서도 유사한 구멍을 발견했다고 말했다. 화재진압에 참여한 소방관들은 일제히 다른 화재보다 화재진압 활동이 매우 힘들었으며 마치 바닥에 가연성 액체를 뿌린 것처럼 진화된 불꽃이 또 다른 지점에서 다시 옮겨 붙는 현상이 일어났다고 진술을 하였다.

(2) 관계자 진술

사망자 중 한사람의 남편이 방화 용의자로 떠올랐는데 그는 화재 당시 남쪽 창문에 차량을 주차시키고 차 안에서 잠을 자다가 남쪽 거실 창문에서 불이 솟는 것을 보고 집안으로 들어섰을 때 소파에서 30cm 정도의 작은 불길이 솟아오르는 것을 발견했다고 말했다. 그는 물주전자로 불을 끄려했으나 그의 아내가 정문 쪽에서 물 호스를 끌고 오는 것을 보고 그 호스를 가지고 불을 끄려 했지만 물이 조금 밖에 나오지 않아 불길을 잡을 수 없었다고 했다. 2층에는 5명의 아이들이 있었기에 그의 아내와 처제는 아이들을 대피시키기 위해 2층으로 올라갔고 그도 그녀들을 따라 2층으로 올라가려했는데 등 뒤에서 이상한 소리가 들려 돌아보니 그의 아들이 서

있었다고 하였다. 불길은 점점 뜨거워져 그는 아들을 안고 집밖으로 나올 수밖에 없었다는데 밖으로 뛰쳐나오는 순간 등 뒤에서 '쉬익'하는 소리와 함께 주택 전체가 불길에 휩싸였다고 진술을 하였다. 나중에 밝혀진 사실이지만 그는 아내와 자주 다투었으며 약 2개월 전에는 아내를 심하게 구타하면서 집을 불태워버리겠다고 협박한 사실도 있었다. 화재가 발생한 날에도 술을 마시는 것 때문에 다투고 나서 차 안에서 잠을 잤던 것으로 확인이 되었다.

(3) 사망자 부검

6구의 시체는 모두 2층 계단 입구에 몰려 있어 1층으로 탈출을 시도하려다가 사망한 것으로 인정되었다. 용의자의 아내와 처제는 각각 아이를 한명씩 안은 채 발견되었고 두 명의 어린아이는 각각 계단근처에 쓰러져 있었다. 정확한 사망원인 판정을 위해 부검을 한 결과 용의자의 아내는 체내에 일산화탄소 농도가 14%였으며 처제는 24%, 어린아이들은 30%대로 나타났다. 이와 같은 일산화탄소의 낮은 수치는 사망자들이 발화지점 근처에 있지 않았다는 사실과 화재가 급격하게 확대된 것임을 추측하게 해 주었다.[9]

(4) 화재원인 추론

❶ 관계자의 미심쩍은 진술

소방관들이 화재현장을 진입하기 전에 용의자를 만났을 때 그의 몸에서는 연기 냄새가 나지 않았다. 또한 그는 아내와 싸운 것이 아니라 단지 자신이 집에 들어오는 것을 아내가 원치 않아서 차 안에서 잠을 잔 것이라고 했다. 그런데 왜 소파에서 불이 붙기 시작했는지 또 그의 아들만 어떻게 2층에서 탈출할 수 있었던 것인지에 대해 전혀 설명을 하지 못했다. 화재조사관이 현장주변 조사 도중 용의자의 차량 안에서 1/4 정도 가솔린이 담겨 있는 플라스틱 가솔린 통도 발견되었는데 용의자는 잔디 깎는 기계에 사용하고 남은 것이라고 말했다.

---

[9] 혈액 속 일산화탄소의 치사량은 일반적으로 COHb의 50% 정도로 알려져 있다. 그러나 COHb이 20%의 낮은 수치에서도 사망할 수 있다는 보고가 있다. COHb 수치가 20% 미만으로 측정된 사망자는 산소부족이나 화상 같은 다른 원인에 의해서도 사망할 수 있다고 한다. (NFPA 921 2014 edition)

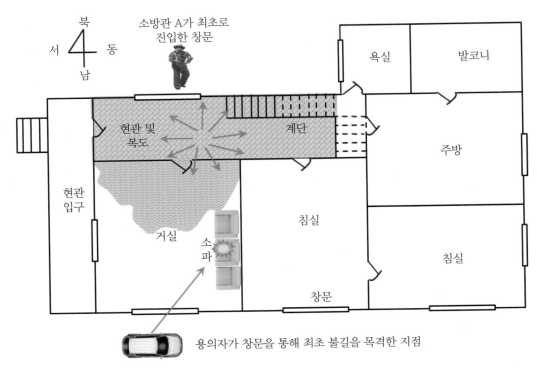

북
서 4 동
남

소방관 A가 최초로
진입한 창문

욕실　발코니

현관 및
복도

계단

주방

현관
입구

거실

소
파

침실

침실

창문

용의자가 창문을 통해 최초 불길을 목격한 지점

화재가 발생한 1층 평면도

❷ 화재조사관의 방화 추정 근거

화재는 건물 현관 앞쪽에서 뒤쪽으로 진행된 것으로 판단했다. 거실 남쪽에 있는 유리는 살짝 그을린 채 불규칙하게 깨졌는데 녹아내리지 않았고 깨끗하다는 것은 화재가 급격하게 성장한 결과라고 해석했다. 북쪽 벽에 있는 창문유리를 조사한 결과 역시 불규칙하게 깨져 있었고 알루미늄 창틀과 유리가 바닥에 녹아 있었는데 이것은 바닥 온도가 640~760℃ 정도였다는 것을 암시하는 증거였다. 또한 창문 아래쪽에서 인화성 액체의 연소 형태가 관찰되었는데 유리와 알루미늄 창틀이 녹을만한 온도가 생성되었음을 암시했다. 불길은 북쪽뿐만 아니라 계단 아래와 복도 입구에서도 있었음을 알 수 있었으며 이 부근에서 인화성 액체를 사용한 *pour pattern*이 발견되었다. *pour pattern*이 일어난 바로 위쪽의 천장과 나무골재가 다른 부분에 비해 심하게 연소된 것은 이 부분에 많은 양의 열이 가해졌다고 판단했다. 결론적으로 화재는 처음에 복도와 거실입구에서 발생하였으며 복도와 거실부근은 인화성 액체가 연소했던 것으로 추정되는데 이곳은 소파가 있는 지점과 반대방향이었다. 사실 소파 주위와 바닥은 거의 타지 않았으며 소파 위의 천장도 조금밖에 타지 않았다. 바닥에 구멍이 날 정도로 타들어 갔다는 소방관들의 진술과 진화 후에도 계속 불이 되살아났다는 현상은 인화성 액체가 존재했다고 보았다. 최초의 화재진압 시도는 건물 북쪽과 계단 입구에서 이루어졌는데 소방관들의 옥내 진입을 위해 이곳에서 집중 방수가 이루어졌고 소방관들의 진입 후에도 건물 남쪽은 약 15분가량 연소가 계속되

Step 07 | 방화사례 조사

Chapter 01
Chapter 02
Chapter 03
Chapter 04
Chapter 05
Chapter 06
Chapter 07
Chapter 08
Chapter 09
Chapter 10
Chapter 11
Chapter 12
Chapter 13

어 결과적으로 건물의 남쪽과 북쪽이 골고루 연소하였다. 문제의 소파는 남쪽에 있었는데 소파가 최초 발화지점이라는 용의자의 진술을 고려하면 남쪽의 화재 피해가 훨씬 컸어야 했다.

(5) 소송 진행

관할 법원은 배심원 만장일치로 용의자를 기소하였으며 각기 다른 카운티에서 온 12명의 화재조사관들도 세밀한 조사를 통해 방화라고 결론을 지었다. 또한 증거물에 대한 검사결과 용의자의 신발과 아들의 옷에서 가솔린이 검출된 것으로 나타났다. 그러나 변호사 측에서 증거물에 대한 재조사를 요구하였고 그 결과 화재현장 바닥에서 수거한 샘플은 가솔린이 아닌 테레빈유(turpentine, 소나무에서 추출되는 가연성 액체)가 묻어 있는 것으로 판명되어 방화로 단정하는데 해결하여야 할 첫 번째 문제로 부각되었다. 화재는 20여 분 동안 계속되었다는데 바닥에 뿌려진 가솔린이 전부 연소하여 그 흔적이 남을 수 없다는 것은 설명될 수 있다고 보더라도 바닥(폴리프로필렌 카펫)에 남아있는 연료와 용의자의 신발과 그 아들의 옷에 존재하는 연료가 서로 다르게 나타난 점은 설명될 수 없었기 때문이었다.(바닥 카펫에 남아있는 성분을 용의자의 신발과 아들의 옷에 묻은 성분과 연결시켜 설명할 수 없었던 것으로 보인다.) 두 번째 문제는 소방서의 보고서였는데 용의자의 차량 안에서 발견된 가솔린 통에 1/4 가량이 남아있었다고 하지만 다른 화재조사관이 작성한 보고서에는 2/3 정도의 가솔린이 남아 있었으며 용의자의 차량이 아닌 다른 차량에서 발견되었다고 한 점이었다. 이러한 문제를 제기한 법원은 모의 화재실험을 통해 원인을 규명하고 용의자의 진술을 확인하자고 결론을 내렸다.

(6) 모의 화재실험

용의자 및 관계자의 진술을 토대로 철거대상 주택을 선정하여 내부구조를 화재건물과 일치하도록 꾸몄으며 비디오 카메라, 일산화탄소 측정기 등을 설치하였다. 1차 실험은 용의자의 진술대로 소파를 발화지점으로 한 화재실험이었고 2차 실험은 가솔린을 착화물로 한 방화실험이었다.

❶ 1차 실험

소파위에 불을 점화시키고 3분쯤 경과했을 때 너무 많은 양의 일산화탄소가 뿜어져 나와 일산화탄소 측정기는 작동을 멈추었다. 이것은 열이 확산되기 전에 사람이 연기에 의해 먼저 사망할 수 있다는 것을 뒷받침했다. 5분 후에는 플래시오버가 발생했는데 사람이 사망에 이를 수 있을 만큼 뜨거운 열은 연기보다 2분 늦게 발생했다. 이를 통해 보통의 성인이 화재를 인지하고 자기호흡을 참아가며 2층에 있는 아이들을 구조하려고 시도한 것이 시간적으로 충분히 가능하며 아이들과 함께 탈출하려다 플래시오버가 발생하여 열에 의해 사망할 수 있다는 개연성이 인정되었다. 또한 용의자가 아들을 안고 집 밖으로 뛰쳐나올 때 '쉬익'하는 소리와 함께 주택이 화염에 휩싸였다는 진술도 설득력을 갖게 되었다. 다만 실제 화재와 다른 점은 남쪽 부근의 소파를 중심으로 연소가 심했다는 점이다. 소파 근처의 유리창이 완전히 박살났고 소파 주위의 온도는 최고치를 기록하였다. 플래시오버로 인해 거실과 복도 바닥이 골고루 탄화되었으며 거실 바깥쪽으로도 희미하게 탄화되었다. 인화성 액체를 사용한 연소패턴은 확인되지 않았다. 북쪽은 상대적으로 피해가 경미했다.

❷ 2차 실험

가솔린의 양은 화재현장에서 발견된 통 속에서 없어졌다고 추정되는 3/4 정도의 양으로 실시되었다. 2차 실험 결과는 실제 화재가 발생한 양상과 비슷했다. 2차 실험을 지켜본 소방관들도 실제 화재현장과 흡사하다고 진술을 했다.

(7) 법원의 최종 판단

소파 위에서 화재를 발견한 용의자의 아내와 처제가 자신의 호흡을 참아가며 아이들을 구하기 위해 2층으로 뛰어 올라갔고 아이들을 들쳐 업고 나오려는 순간에 플래시오버가 발생하여 갑자기 뜨거운 열에 의해 사망했다는 논리가 비디오를 통해 본 화재 실험 결과와 일치할 수 있다고 판단을 했다. 또한 길고 가파른 계단은 연기와 열의 급격한 발생과 확산에 사다리 역할을 했다고 보았다. 무엇보다 소파 실험 시 플래시오버 현상이 일어났을 때 마치 바닥에서 발화된 것 같은 현상이 있었는데 바닥 재료가 소나무여서 상당한 양의 테레빈유를 포함하고 있기 때문에 인화성 액체 없이도 거실 바닥에서 발화할 수 있다는 주장을 뒷받침한다고 보았다. 결론적으로 방화의 심증은 있지만 방화 사실에 대한 객관적이고 결정적인 증거가 발견되지 않았고 열 명의 범인을 놓치더라도 한 명의 무고한 시민을 처벌할 수 없다는 취지로써 사망자들의 사망 원인은 소파 위에 원인불명의 발화원에 의해 야기된 플래시오버 현상에 의한 것이지 인화성 액체를 이용한 방화가 아니라고 판단하였다.

(8) 교훈 및 시사점

이와 유사한 사건은 얼마든지 발생할 수 있다는 점에서 지금까지 열거한 내용을 바탕으로 화재조사관들이 유의하여야 할 사항들을 재구성해 보자.

첫째, 바닥에서 발생한 구멍을 인화성 액체가 사용된 증거라고 볼 수 있는지 여부이다. 일반적으로 목재 바닥에 구멍이 나려면 일정시간 심부적으로 무염연소가 진행되거나 복사열이 매우 강해야 발생할 수 있다. 가연성 액체가 뿌려진 바닥면은 액체가 모두 연소할 때까지 차가운 상태를 유지하고 있어(또는 인화성 액체의 끓는점보다 낮다.) 적어도 연소하는 동안에는 구멍이 발생하기 어렵다. 가연성 액체가 충분히 바닥에 흡수되거나 누적된 상태로 연소가 진행된다면 생길 수 있지만, 구멍이라기보다는 전면적으로 탄화된 양상을 보일 것이며 이외 다른 요인이 작용하지 않았는지 검토가 필요하다. 목재 틈새로 가연성 액체가 유입되더라도 유류에 의한 틈새패턴이 확인될 뿐 정작 구멍은 발생하지 않았음은 실험으로도 입증된 바 있다.(틈새패턴은 유류를 사용했을 때 주로 초기에 형성되는 현상으로 실제 현장에서는 찾아보기 힘든 현상이다.) 경험적으로 볼 때 목재로 된 바닥에 휘발유를 뿌림으로써 바닥에 구멍이 발생한 사례를 접한 바 없으며 오늘날 이러한 가설은 근거가 없는 것으로 비판을 받고 있다.

둘째, 현장에서 수거한 가솔린의 양이 보고서마다 달랐다는 점이다. 이것은 사람마다 물체를 바라보는 느낌이 다르다는 점에서 빚어진 것으로 보인다. 느낌만 가지고 눈짐작으로 어림잡아 계산한 오류로 보이는 이유이다. 현장에서 통째로 용기를 수거하여 무게를 측정하여 기록하는 방법은 기록의 정확성을 기할 수 있는 첩경이 될 것이다. 임시방편이지만 용기 내부를 볼 수 없다면 담겨진 가솔린의 양만큼 겉면에 유성 사인펜 등으로 수평으로 선을 그어 사진촬영 등으로 기록하는 방법도 객관성을 유지할 수 있을 것이다. 법원의 판단과 논리 전개는 화재조사관들이 생각하는 것 이상으로 냉정하고 혹독하다는 것을 알고 있어야 한다.

셋째, 용의자가 직접 가솔린을 어딘가에 뿌렸다면 그의 의복과 손에 유류성분이 남아 있을 가능성이 크다. 보고서에도 용의자의 신발과 아들의 옷에서 가솔린이 검출된 것으로 되어 있는데 정작 현장을 진입하기 전에 용의자를 만난 소방관들은 용의자의 몸에서 연기 냄새조차 나지 않았다고 진술을 했다. 확실한 반증은 변호사 측의 재조사 요구에 의해 바닥에서 수거한 가연성 액체는 가솔린이 아닌 테레빈유로 밝혀졌다는 점이다. 그렇다면 용의자의 신발과 아들의 옷에 묻은 성분은 무엇을 의미하는 것일까? 의문은 또 있다. 보고서에는 소파 주위와 바닥은 거의 타지 않았으며 소파 위의 천장도 연소가 약했다고 기술되어 있다. 그렇다면 소파 주변에는 애초부터 인화성 액체가 없었다고 볼 것인데 용의자의 아내와 처제가 아이들을 구하려고 2층으로 올라간 사이에 가솔린을 뿌렸기 때문에 용의자와 아들의 신발과 옷에서만 가솔린 성분이 나온 것일까? 이 논리를 용의자의 진술과 맞춰보면 소파에서 발화된 상태로 아내와 처제는 아이들을 구하려고 2층으로 올라갔고 용의자는 그 후 짧은 시간에 거실 입구에 가솔린을 뿌렸다는 것인데 급박한 상황에서 이러한 행동이 가능한 것인지도 의문이다.

앞에서 표현한 대로 이러한 유형의 화재는 얼마든지 발생할 수 있다. 날아다니는 방화범에 수사는 제자리를 맴돈다는 말은 그만큼 방화의 단서를 포착하기 어렵고 방화수법이 날로 교묘해져 해법을 찾기 어렵다는 것의 방증이다. 방화와 실화의 경계 판단은 매우 어려운 문제이다. 화재 당시에는 실화로 판단했지만 시간이 흐른 뒤 방화로 판명되는 경우가 있고 방화범으로 기소되었지만 증거 불충분 등으로 혐의 없음으로 종결되는 경우도 있는데 모든 것이 기록에 의해 유지된다는 점을 유념할 필요가 있다. 화재조사는 '기록과의 싸움'이라고 표현해도 지나치지 않을 것이다. 모든 연소현상을 구체적으로 기록하여 누락이 없어야 하며 증거가 있다면 증거의 처리 절차를 명확하게 남겨야 한다. 기록이 누락되었다는 것은 조사를 하지 않았거나 확인하지 않았다는 의미와 다를 것이 없다.

CHAPTER 09

폭발조사

The technique for fire investigation identification

CHAPTER 09

폭발조사

The technique for fire investigation identification

Step **01** | **폭발 현상**

1 폭발에 대한 해석

폭발(explosion)하면 대피할 틈도 없이 돌발적으로 일어나는 물리적·화학적 파괴현상을 생각할 수 있지만 이에 대한 통일적 정의는 아직까지 정리된 것이 없다. 산업안전대사전에서는 '폭발은 일반적으로 압력의 급격한 발생 또는 개방된 결과로 인해 폭음을 수반하는 파열이나 가스 팽창이 일어나는 현상'이라고 했고 한국산업규격 화재 관련 용어집(KS F ISO 13943 : 2002)에서는 '온도 상승이나 일정 온도로 분해반응 또는 빠른 산화반응으로 야기되는 기체의 급격한 팽창'으로 정의하고 있다. NFPA 1(fire code)에서는 '폭연으로 인한 내압의 증가로 밀폐 공간 또는 용기의 파열 현상'이라고 했으며 NFPA 921에서는 '화학적·물리적으로 잠재된 에너지가 갑자기 운동에너지로 전환되면서 생성되었던 가스를 분출하는 것'이라고 했다. 일본학자들의 견해를 보면 키타가와(北川)는 '화학 변화를 동반하여 일어나는 압력의 급격한 상승현상'이라고 했으며 히키다(疋田)는 '폭음을 동반한 연소 또는 파열현상'이라고 했다. 각각의 정의를 참고하여 공통사항을 한마디로 종합하면 폭발의 본질은 급격한 압력상승으로 정리된다. 풀어서 정리를 하면 폭발하기 쉬운 물질(가스나 분진 등)이 발열·분해·증발·연소 등으로 에너지를 얻어 반응이 급격히 진행되었을 때 주위에 압력파를 발생시켜 팽창 또는 파열을 일으키는 것인데 물리적 또는 화학적 에너지가 기계적 또는 열에너지로 빠르게 변화하는 것을 의미한다. 폭발음은 굉음을 동반하는 것이 일반적인데 공기 중을 전파해 나가는 압력파에 의해 발생한다.

2 화재와 폭발의 차이

　화재는 점화원(훈소 및 자연발화 제외)에 의한 발열반응이고 불꽃을 수반하는 것이 일반적인 현상이다. 발열반응과 불꽃은 가연물과 산소와의 화학반응이고 고체가 액체로 변하거나 액체가 기체로 기화하는 상변화를 일으키며 연소하는데 이 과정에서 주변보다 기온이 높거나 기체의 부피팽창이 일어나는 것이 일반적인 현상이다. 연소범위가 확대되면 일정시간 연소는 계속된다. 폭발도 연소와 마찬가지로 점화원에 의해 가연물과 산소의 반응으로 이루어지는 것이 대부분이며 고체·액체·기체 상태에서 발생이 가능하다는 점에서 일반적인 연소현상과 동일하다. 다만 연소는 가연물에 착화 후 정상적인 속도(정상연소)로 산화반응이 진행되지만 폭발은 화염이 빠르게 전파되어 강력한 압력(충격·파열 등)을 발생시킨다. 다시 말해 폭발은 연소현상보다 급격한 온도, 압력변화에 의한 체적팽창 등으로 순간적으로 물리적 또는 화학에너지가 열에너지 또는 기계적 에너지로 변환되어 주변으로 전달되고 격렬하게 폭음을 발생(비정상연소)하며 지속시간이 매우 짧게 이루어진다는 점에서 차이가 있다. 고체 및 액체보다는 공기와 접촉면적이 넓은 기체 상태로 개방된 공간 또는 밀폐된 공간에서 가연성 혼합기가 형성되고 최소점화에너지 이상의 에너지가 주어지면 반응은 매우 빠르게 일어난다. 폭발은 연소와 달리 압력에너지(압력파)의 축적상태에 따라 피해양상이 상이한데 개방된 공간에서 가연성 가스가 누설되어 가스-공기의 가연성 혼합기가 형성되더라도 누설된 양이 많을 때에는 점화를 시키더라도 압력파는 거의 발생하지 않으므로 압력상승에 기인한 피해는 거의 없다. 반면 밀폐된 구역에서는 압력이 대폭적으로 상승하므로 축적된 압력파는 약한 부분을 파열시키며 외부로 방출되는데 건물내부는 물론 설비와 기기, 인명피해까지 동반하는 파괴력을 보인다는 점에서 구분되고 있다.

3 폭발이 일어나는 원리

(1) 온도변화에 따른 압력상승

　밀폐된 공간에서 온도가 상승하면 그에 비례하여 압력이 상승한다. 압력상승은 건물이나 용기가 견딜 수 있는 한계를 초과했을 때 일부가 파괴되면서 압력이 밖으로 터져나갈 수밖에 없는 상황을 맞게 된다. 만약 빈 용기라 할지라도 내부에 증기가 남아있는 상태로 방치되었다면 내부 압력은 주변 온도변화에 따라 얼마든지 상승할 수밖에 없다.

$$V가 \ 일정할 \ 때 \ \frac{T_2}{T_1} = \frac{P_2}{P_1}$$

V : 부피(m^3), T : 절대온도(K), P : 기압(atm)

　예를 들어 구획실의 초기 온도가 20℃라고 했을 때 화재로 인해 급격하게 온도가 1,000℃로 상승했다면 압력은 4.3atm이 된다.

$$P_2 = \frac{T_2 P_1}{T_1} = \frac{(1,000+273)\mathrm{K} \times 1\mathrm{atm}}{(273+20)\mathrm{K}} = 4.3\mathrm{atm}$$

압력이 일정할 때 기체의 부피는 절대온도에 비례한다는 샤를의 법칙을 응용한 사례를 살펴보자. 대기압이 화재 전후 동일하다고 가정했을 때 구획실의 실내온도가 25℃에서 플래시오 버가 발생하는 단계인 650℃로 상승하였다면 팽창된 공기의 부피가 3.1배 증가하였음을 알 수 있다.

$$\text{샤를의 법칙} \quad \frac{V_1}{T_1} = \frac{V_2}{T_2}$$

$$V_2 = \frac{T_2}{T_1} \times V_1 = \frac{(650+273)}{(25+273)} = 3.1$$

(2) 반응물과 생성물의 몰수 변화에 의한 압력상승

몰수 변화는 부피변화를 의미한다. 난방이나 조리용 연료로 많이 쓰이는 프로판의 경우 산소와 결합하여 폭발할 때 반응전후의 몰(mol)수 변화가 압력을 변화시키는 요인으로 작용을 한다. 반응에 참여하지 않은 질소 등의 부피와 반응 전후의 상변화 등 다른 변수들도 압력에 영향을 주지만 화학반응의 몰수 변화는 부피변화를 나타내며 압력을 변화시키는 요인으로 작용을 한다.

프로판 C_3H_8 + $5O_2$ → $3CO_2$ + $4H_2O$ (반응 전 6몰, 반응 후 7몰)

(3) 상변화에 의한 압력상승

압력상승은 물질의 상태변화에 의해서도 발생한다. 액체가 개방된 계에서는 기체로 변하면서 체적이 증가하지만 밀폐된 곳에서는 압력이 상승한다. 100℃의 물 1몰이 수증기로 증발한다면 약 1,700배로 체적이 팽창하며 기화한다. 역설적으로 부피가 제한된 밀폐용기에 담겨진 물이 완벽하게 모두 증발한다고 가정을 하면 부피 팽창 대신에 약 1,700배의 압력상승이 일어날수 있다. 압력밥솥을 이용하여 밥을 짓다가 기밀성이 급격히 떨어져 순간적으로 뚜껑이 폭발한다면 증기와 물의 혼합물이 상당한 압력을 가지고 비산할 것이다. 이처럼 액체에서 기체로 또는 밀폐계에서 개방계로 물질의 이동이 일어날 때 상변화를 동반하면 폭발이 일어난다. 상변화에 따른 폭발은 점화원의 존재 여부와 상관없이 발생하기도 한다.

4 폭발범위

가연성 기체가 공기 중에 누설되더라도 폭발이 일어나려면 가연성 혼합기(연료−공기)의 농도가 적정한 범위(연소범위, 폭발범위, 폭발한계) 안에 있어야 한다. 가연성 기체의 종류에 따라 연소범위는 각각 달라지는데 공기보다 가연성 기체의 배출량이 너무 많거나 공기의 양이 가연성 기체의 양보다 많을 경우에는 연소범위를 초과 또는 미달한 것으로 폭발은 일어나지 않는다. 전자를 연소 상한계(Upper Flammability Limit), 후자를 연소 하한계(Lower Flammability Limit)라고 한다. 만약 연소 상한계에서 불이 꺼졌다면 산소 부족으로 연소를 지속할 수 없기 때문이며 반대로 연소 하한계에서 불이 꺼졌다면 가연물이 적고 연소열이 부족했기 때문이다. 폭발범위는 가연성 가스의 공기 중 부피(Vol%)로 나타낸다.

〔표 9−1〕 주요 가연성 물질의 연소 특성

물질명	화학식	분자량	비점	연소 한계(Vol%)	
				하한계	상한계
아세톤	CH_3COCH_3	58.08	56.3	2.6	13
아세틸렌	C_2H_2	26.04	−83.6	2.5	100
암모니아	NH_3	17.03	−33.4	15	28
일산화탄소	CO	28.01	−191.2	12.5	74
에틸알코올	C_2H_5OH	46.1	78.32	3.3	19
메틸알코올	CH_3OH	32	64.65	7.3	36
수소	H_2	2.01	−252	4	75
톨루엔	C_7H_8	92.1	110.625	1.2	7.1
부탄	C_4H_{10}	58	−0.50	1.8	8.4
프로판	C_3H_8	44	−42.07	2.1	9.5
메탄	CH_4	16	−161.49	5	15

폭발사고의 원인은 주로 가연성 가스가 대부분으로 프로판이나 메탄 등 단일 가스시설에서 발생하는 것이 가장 많지만 석유화학 단지나 2종 이상의 가스를 취급하는 곳에서 발생하는 폭발사고는 여러 종류의 가스가 폭발범위를 형성하는 경우가 있다. 이때는 실험식으로 잘 알려진 르 샤틀리에(Le chatelier) 공식을 이용하여 혼합가스의 폭발한계를 쉽게 구할 수 있다.

$$L = 100/(V_1/L_1)+(V_2/L_2)+(V_3/L_3)$$
L : 혼합가스의 연소한계

L_1, L_2, L_3 : 각 가연성 가스의 폭발한계(Vol%)
V_1, V_2, V_3 : 각 가연성 가스의 용량(Vol%)

예를 들어, 수소 30%, 일산화탄소 15%, 메탄 55%가 혼합되었다면 이들 물질의 연소 한계는 각각 상한이 75%, 74%, 15%이고 하한이 4%, 12.5%, 5%이므로 아래와 같이 폭발한계를 구할 수 있다.

폭발 상한계 $L = 100/(30/75) + (15/74) + (55/15) = 23.2$(Vol%)
폭발 하한계 $L = 100/(30/4) + (15/12.5) + (55/5) = 5.1$(Vol%)

일반적으로 가연성 가스의 농도가 일정한 경우 압력이 상승하면 연소범위는 넓어지며 이에 따라 반응속도가 커져 열의 발생이 클 수밖에 없다. 연소범위를 좁히기 위해 이산화탄소, 질소, 수증기 등의 불활성 가스를 가연성 가스에 혼합하는 방법은 폭발 시 피해를 최소화할 수 있는 수단인데 비열이 큰 불활성 가스일수록 연소범위를 좁게 하는 효과가 있다.

5 폭발에 필요한 최소산소농도

연소에 필수적인 공기(산소 공급원)는 일반적으로 산소농도가 15% 이하가 되면 산소결핍으로 더 이상 연소를 하지 못하고 소화되고 만다. 마찬가지로 폭발도 가연성 혼합물의 산소농도가 감소하면 화염은 더 이상 진행되지 못하고 중단된다. 연소 하한에서 산소농도는 공급과잉 상태지만 연소 상한에서는 공급부족 상태로 산소량에 의해 불꽃전파의 양상도 달라질 수 있다. 이처럼 연소나 폭발로 인해 화염을 전파하기 위하여 최소한의 산소농도가 요구되는데 이를 최소 산소농도(MOC, Minimum Oxygen Concentration)라고 한다. 화재나 폭발은 연료농도와 무관하게 산소의 농도를 감소시키면 방지할 수 있으므로 최소산소농도는 폭발 방지에 중요한 기준으로 쓰인다. 최소산소농도의 산출은 가연성 가스의 연소 반응식 중 연소 하한계 값에 산소의 양론계수를 곱해서 구한다. 예를 들면 일산화탄소의 연소 하한은 12.5%로 공기 중 완전연소한다고 가정했을 때 반응식을 보면 산소량은 0.5몰로 폭발에 필요한 최소산소농도는 6.25%임을 알 수 있다.

예제 공기 중에서 프로판의 연소 하한계는 2.1%이다. 최소산소농도(MOC)는 얼마인가?

풀이 프로판(C_3H_8) $C_3H_8 + 5O_2 \rightarrow 3CO_2 + 4H_2O$
MOC $= 2.1 \times 5 = 10.5$Vol%
프로판 1몰이 완전연소하기 위하여 필요한 산소는 5몰이다. 프로판의 하한계가 2.1%이므로 산소 5몰을 곱해주면 10.5Vol%의 최소산소농도가 필요하다.

⑥ 폭발과 화재의 전후관계

화재와 폭발 중 어느 것이 먼저 선행된 것인지 판별하는 것은 상황에 따라 매우 어렵기도 하지만 쉽게 결정되기도 한다. 생활주변에서 흔히 볼 수 있는 폭발사고는 구획된 실에서 누출된 가스가 가연성 혼합기를 형성한 후 점화원에 의해 야기되는 경우가 대부분이다. 물론 개방된 공간에서도 폭발은 발생하지만 압력상승에 기인한 충격파가 만들어지고 이로 인해 화재로 확산되는 경우는 구획된 실이 대부분이므로 구획실로 한정하여 폭발과 화재의 전후관계를 살펴보자. 가스 누출로 인한 기체의 화염전파는 공기와 혼합된 예혼합연소로 연소반응은 빠른 발열반응이며 가연물에 착화하려면 발화에 필요한 에너지가 주어지거나 발화에 이를 만큼 온도가 충분히 상승되어야 한다. 또한 가연성 기체가 연소범위 안에서 농도, 압력이 적정하여야 하고 연소반응에 관여하는 반응물질의 입자수가 많아야 한다. 메탄이 누설된 경우 화재로 확산되는 과정을 보자. 연소반응은 화학적으로 연소파가 연쇄적으로 진행하면서 전방으로 이동하는 과정이며 연쇄개시반응(chain initiation reaction)에 따른 활성기(radical) 발생으로 분기반응의 수가 증가하여 화재로 확대되는 것이다. 메탄의 활성기 수가 증가하면 반응속도도 급격히 증가하지만 활성기의 증대는 곧 가연물과 산화제를 연소시키는 과정이므로 이들이 소멸하면 연소반응속도도 감소하게 된다. 메탄의 연소로 H, O, OH라는 연소반응을 주도하는 활성기가 작용하는데 활성기의 증가는 정지반응이 일어나지 않는 한 분기반응하는 입자수가 증가하므로 반응속도는 급격히 커진다.

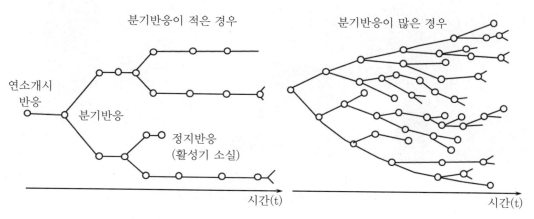

연쇄반응에 있어서 분기에 의한 활성기의 증가와 반응의 가속상태

가스가 누설되어 폭발이 일어났음에도 화재가 발생하지 않는 경우가 있는데 이러한 현상은 왜 일어나는 것일까. 공기 중 누설된 가연성 기체는 연소범위 내에서만 폭발하는데 주어진 밀폐공간에서 가연성 가스의 농도는 항상 일정하다고 말할 수 없다. 가스가 누설되거나 발생한 지점은 농도가 가장 높고 그 지점으로부터 멀어질수록 농도가 낮아질 수밖에 없어 불균일한 분포를 지닌다. 더욱이 환기상태나 가스의 비중 등에 의해 그 흐름은 불규칙한데 가연물보다 공기량이 많은 하한계 근처에서 발화한다면 가연물과 공기의 혼합비 불균형으로 폭발에 그치는 경우가 많다. 다만 화재는 발생하지 않았지만 폭발 시 발열을 동반하므로 주변에 있는 종이 표면이 탄화 또는 갈변이 일어나거나 나일론 소재로 된 커튼이 열에 의해 수축 또는 변형되고 부분적으로 탄화되는 현상 등을 볼 수 있다. 폭발 시 발생한 열이 종이나 얇은 비닐 등 연소하기 쉬운 가연물의 표면적을 스쳐 지나갔고 불완전연소했다고 생각하면 이해가 쉬울 것이다. 반면 연소 상한계는 가연물의 양이 공기보다 많아 폭발이 일어남과 동시에 방출된 가연성가스가 주위의 공기와 혼합되면서 계속 연소하는 가스화재(확산연소)로 이어지는 경우가 많다. 가스화재의 확산과정은 폭발과 동시에 순간적으로 가연성 가스가 즉시 기화(Flash 증발)하며 주변으로 화염이 확산되는 Flash fire를 일으키기도 한다. 이 현상은 압력(폭발음)의 강도가 약한 편이고 순간적으로 화재가 종료되는 경향이 많지만 옥내에 사람이 있었다면 쇼크사할 만큼 위력적이다. 현장조사를 할 때 가연성 가스의 누출로 폭발이 발생했음에도 화재는 미미한 상태로 사망자가 발생했다면 Flash fire 발생 여부를 충분히 의심해 볼 수 있다. 사망자의 의복과 머리, 눈썹 등 체모가 탄화되거나 얼굴 등 피부 일부가 화상을 당한 채 발견되는 것은 순간적으로 발생한 Flash fire의 결과로 나타나는 특징 중 하나에 해당한다. 폭발이 화재로 전이되는 것은 일반 가연물에 착화될 정도로 에너지가 크고 착화 가능한 가연물이 존재했을 때 확산연소로 발전하는 것이며 화재는 지속된다.

LP가스 누설로 폭발이 발생하여 건물 입구가 붕괴되었고 유리창(□ 표시)이 깨졌으며 지붕이 변형되었으나 화재는 발생하지 않아 폭발 하한계 근처에서 폭발이 발생했다는 것을 알 수 있다.

Step 02 폭발효과

폭발이 일반적인 연소현상과 가장 다른 점은 매우 짧은 시간에 순간적으로 일어나고 압력이 방출됨으로써 피해확산 범위가 크다는 점이다. 물리적 또는 화학적 원인에 의해 폭발이 발생하면 압력이 사방으로 방출될 때 구조물을 파괴시키고 여기서 파생된 파편조각이 멀리 날아가 2차적인 피해를 유발시킬 수도 있다. 폭발조사는 이론적으로 내부에너지 증가에 따른 압력의 변화와 누출되었을 때 급격하게 상변화가 일어나는 엔탈피(Enthalpy) 반응과정을 이해하지 못하면 폭발이 전개된 시나리오를 작성하기 어렵다. 실무적으로 발화원을 특정하기 어렵다는 점도 있다.

① 압력 효과(pressure effect)

폭발 시 발생하는 압력파는 기체의 팽창 때문에 생성된다. 압력파는 폭발지점에서 매우 높은 온도와 압력이 팽창된 결과로 폭발중심으로부터 바깥쪽으로 확대되는데 힘의 방향에 따라 양성압력(양압, positive pressure)과 음성압력(음압, negative pressure)을 형성하며 이동한다. 양압은 폭발중심으로부터 밖으로 빠져 나가는 압력이고 음압은 이와 반대로 폭발중심으로 유입되는 압력을 말한다. 폭발로 인해 구조물이 붕괴되고 수십 미터까지 파편 잔해가 비산하는 것은 양압이 주변의 공기를 밀어내며 작용한 결과로 음압보다 파괴력이 크다. 압력파가 외부로 확산될 때 높은 온도와 압력으로 인해 가연물을 연소시키기도 하며 자립상태에 있는 물체들을 폭발 반대방향으로 붕괴시키거나 변형시키며 에너지를 소모한다. 압력파의 힘은 물체와 접촉으로 에너지가 흡수되어 소멸되기도 하지만 콘크리트 벽처럼 단단한 강도를 지닌 물체에 압력파가 전달되면 흡수되지 못해 또 다른 방향으로 반사파를 전달시켜 다른 구조물을 파괴시키는 경우도 있으나 압력은 처음보다 감소될 수도 있다. 압력파에 물체가 피격당할 경우 외력에 약한 유리가 가장 먼저 파열되며 밀폐된 구역에 설치된 방화문도 밖으로 밀려나며 뒤틀린 상태로 변형되기도 한다.

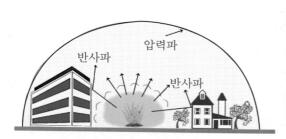

압력파가 물체에 흡수되지 않을 경우 반사되어 또 다른 파괴를 일으킬 수 있다.

건물 내부에서 확산된 압력파에 의해 건물 외부 유리창과 벽면이 파괴된 형태

압력에 의해 에어로졸 용기가 베니
어 합판을 뚫고 천장에 꽂힌 상태

폭발압력으로 방화문이 밖으로 밀려 나온 상태

[표 9-2] 과압으로 인한 손상효과

압 력		손 상
psi	kPa	
0.02	0.14	소음 발생(138dB)
0.03	0.21	변형되어 있는 대형 유리창 파열 가능
0.04	0.28	음속돌파, 유리파열과 같은 큰 소음(143dB)
0.1	0.69	변형되어 있는 작은 창유리 파손
0.15	1.03	창유리 일부 파손
0.3	2.07	가옥 천장의 일부 파손, 10% 창유리 파손
0.5~1	3.4~6.9	심각한 손상이 발생할 확률 95%
0.7	4.8	크고 작은 창 부서짐
1~2	6.9~13.8	가옥 부분 파괴
2	13.8	비강화 콘크리트 벽 부서짐
2~3	13.8~20.7	심각한 구조적 손상 하한계
2.5	17.2	유류 저장탱크 파열
3~4	20.7~27.6	가옥 전파
4	27.6	짐 실은 화물(train)차 전복
5	34.5	짐 실은 화물(boxcar)차 전파
5~7	34.5~48.2	빌딩의 전파
7	48.2	분화구 생성

출처 : Daniel A. Crow et al. 화학공정안전.

폭발 시 발생하는 압력은 연소파[1]에 의한 화염의 전파로 화염 전방에 약한 압축파(압력파라고 할 때도 있다)가 겹쳐져 강한 압축파(충격파)를 생성시켜 전파되는 현상으로 가스폭발 중 가장 강력한 파괴작용을 한다. 이론적으로 볼 때 폭발로 발생한 압력선단의 형태는 구형(spherical)이므로 모든 방향을 향해 압력을 균등하게 전파시킨다. 화염선단으로부터 밀려난 미연소 가스는 압력선단과 함께 확대되어 폭발이 일어난 층이 아니더라도 상층을 파괴시키기에 충분한 힘으로 퍼져 나간다.

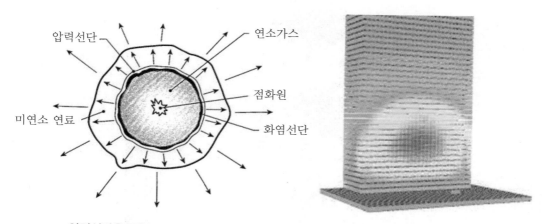

압력선단은 구형으로 사방으로 압력이 전달되어 건물 전체에 손상을 줄 수 있다.

폭발로 인한 압력파 발생으로 야기되는 피해는 양압에 의존하는 경향이 높아 최대 피크압력에 도달한 후 점차 감소해 나가는데 폭발지점으로부터 거리가 멀수록 위력은 떨어진다. 아래 그림을 보면 알 수 있듯이 폭발은 대기압 ①지점에서 발생하여 피크압력에 이르는 ②로 이동하는데 이 시간은 매우 짧지만 엄연히 존재하는 시간으로 이 간격을 도달시간이라고 하며 ②와 ③사이는 충격 지속시간(양압)으로 순간적으로 강한 압력파가 폭발이 일어난 반대방향으로 전달되며 최대 과압을 쏟아내지만 곧 대기압으로 인해 압력은 감소한다. 양압에 의해 밀려난 공간에는 순간적으로 진공상태가 되지만 공기의 압력이 평형을 유지하기 위해 공기가 역류하여 폭발 중심부로 모여드는 음압이 형성된다. 진공영역은 공기가 전혀 없어 기압이 0이라고 볼 수 있는데 공기는 고기압에서 저기압으로 이동하듯이 공기가 부족한 영역을 채우기 위해 역류하는 현상이 일어나는 것이다. 물에 젖은 스펀지를 손으로 눌렀을 때 일시적으로 압력을 받은 부분은 물이 밀려 나지만 손을 떼면 다시 물이 밀려들어 균형을 이루는 원리와 같은 이치로 생각하면 쉽다. 제한된 밀폐공간에서 폭발이 일어나면 기밀성이 취약한 개소(유리창, 출입문 등)를 통해 압력이 배출(venting)되므로 이 부분은 다른 지점보다 손상이 크게 나타날 수 있다. 압력이 너무 강해 미처 압력이 배출될 시간이 부족하면 용기나 컨테이너 등은 산산조각 파열될 수

---

[1] 가연성 기체가 누출된 예혼합 상태에서 발화원에 의해 발생한 화염이 혼합가스 내 공간을 옮겨가며 화염이 전파되는 현상을 연소파라고 한다. 연소파가 압력을 밀어 이동할 때 중첩되지 않은 상태로 진행되는 폭발을 폭연(deflagration)이라고 하며 연소파와 압력파의 중첩으로 속도가 급격히 증가하는 현상은 폭굉(detonation)으로 구분하고 있다. 폭굉은 화염전파가 초음속(1,500~3,000m/s)으로 일어난다.

도 있다. 일반주택이나 업무용 건물에서 폭발이 발생한 사례들을 보면 내부 수납물의 손상은 크게 나타나더라도 최대 압력은 벽과 지붕 등 주요 구조부를 해체시킬 만큼 압력상승이 급격히 이루어지지 않는 경우가 많다. 견고하게 신축된 주택의 경우 폭발압력은 $3\text{psi}(0.21\text{kgf/m}^2)$ 초과하지 않는 것으로 알려져 있다.

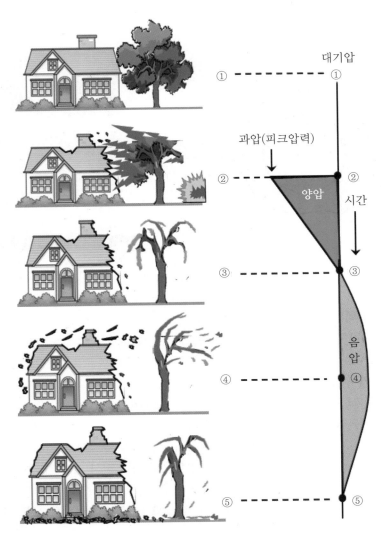

시간 경과에 따른 양압과 음압의 폭발 효과 변화

Chapter 01
Chapter 02
Chapter 03
Chapter 04
Chapter 05
Chapter 06
Chapter 07
Chapter 08
Chapter 09
Chapter 10
Chapter 11
Chapter 12
Chapter 13

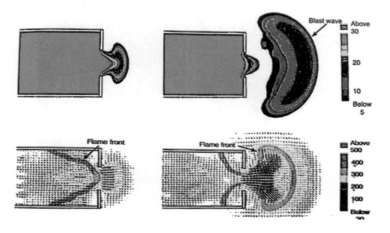

에틸렌과 공기가 혼합상태로 폭발하였을 때 선단압력(psi)과(위) 화염선단의 속도(m/s)를 나타낸 것으로(아래) 점화 후 132m/sec 속도로 화염선단이 배출되었고(아래그림 좌) 142m/sec 속도로 화염선단이 밖으로(아래그림 우) 확대된 형태(NFPA921. 2014 edition)

② 비산 효과(shrapnel effect)

물체의 비산으로 가장 위험한 것은 폭발 후 피해 강도가 깊어짐에 따라 추가 피해로 확대될 수 있다는 점에 있다. 비산물의 발생은 압력효과의 결과로 압력이 클수록 비산범위도 넓어진다. 구조물과 용기 등은 부서지거나 쪼개져서 멀리까지 날아가 또 다른 손상을 일으키거나 그 물체에 의해 사상자가 발생할 수도 있다. 비산물은 물체의 재질과 압력에 따라 크거나 작은 입자 등으로 분산되는데 전력선이나 주택, 상가 등 다른 물체에 직접적인 타격을 주어 폭발이 발생한 지점으로부터 범위를 확대시켜 또 다른 재해를 만들어 낼 수 있다.

파편의 비산방향은 위로 높이 올라갈수록 수평으로 확대되는 거리는 짧아진다. 위험물 저장소의 벽과 지붕의 접합부를 쉽게 파괴될 수 있도록 설계하는 것은 폭발이 일어났을 때 주된 압력을 상부로 분출시켜 수평으로 압력과 비산물이 확대되는 것을 감소하기 위한 조치이다. 비산물의 최대 수직거리를 구하는 공식을 Clancey는 다음과 같이 유도 하였다.[2]

$$비산물의 \ 최대거리 : L = 294W^{0.236}$$
$$L : 비산물의 \ 최대거리(m)$$
$$W : TNT \ 질량(kg)$$

위 식에 의하면 TNT 폭약 20kg이 폭발하였다면 최대 596m까지 비산된다는 것을 알 수 있지만 일반적으로 비산물의 파편은 최대거리까지 비산하지 않고 최대거리의 0.3~0.8배 지점에서 낙하한다. 폭발이 크고 파편조각이 많을수록 최대거리로 비산할 확률은 높아진다.

---

2 이창욱. 방화공학. 2010.

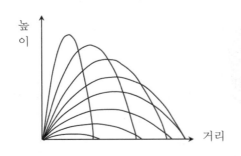

파편이 상부로 높이 올라갈수록 비산거리가 짧아지는 것을 알 수 있다.

폭발로 유리 창틀이 통째로 15미터 이상 날아간 현장(dailymail.co.uk/news)

폭발로 인한 물체의 비산형태

3 열 효과(thermal effect)

화학적 폭발은 폭발과 동시에 주변으로 많은 열을 방출시키고 에너지가 크기 때문에 화재를 수반하는 경우가 많다. 특히 매우 짧은 시간에 높은 온도까지 상승하므로 일단 화재가 발생하면 오랫동안 지속되는 특징이 있다. 폭발 결과 주변으로 비산되는 수많은 불티 중 불덩어리 형태의 파편조각은 폭발중심으로부터 멀리 떨어진 곳에 또 다른 화재를 일으킬 수 있는 부작용도 있다.

폭발 후 열 효과로 화재가 발생한 현장

Chapter 01
Chapter 02
Chapter 03
Chapter 04
Chapter 05
Chapter 06
Chapter 07
Chapter 08
Chapter 09
Chapter 10
Chapter 11
Chapter 12
Chapter 13

4 지진 효과(seismic effect)

　폭발이 발생했을 때 지축이 흔들렸다고 느끼는 경우는 건물의 흔들림과 땅의 진동이 전달되었기 때문이다. 진동이나 충격은 직접적으로 건물에 손상을 불러오지만 구조물이 폭발로 터져나가 손상된 파편이 지면에 떨어질 때도 전달될 수 있다. 도심에서 발생하는 가스폭발 등 폭발 규모가 작은 경우 지진효과는 매우 미미하지만 건물에 균열이 생길만큼 영향을 줄 수 있고 땅속에 매설된 각종 배관과 통신 케이블 등에 손상을 줄 수 있다.

Step 03 물리적 폭발

　물리적 폭발(physical explosion)은 물질의 화학적 변화 없이 내부압력 상승 또는 부피증가 등으로 폭발하는 현상을 말한다. 폭발과정을 보면 물질에 따라 상변화를 일으키기도 하지만 상변화 없이 발생하기도 한다. 고무풍선이나 자동차 타이어가 터지는 것은 상변화 없이 기체가 폭발한 것이며 프로판가스 용기가 외부로부터 열을 받거나 부식 등으로 폭발하는 것은 상변화(액체 → 기체)를 동반한 물리적 폭발이다. 고무풍선이나 프로판가스폭발은 짧은 순간에 압력이 해방되어 기체가 방출되는 것으로 작용·반작용법칙에 의해 기체가 분출되는 반대방향으로 용기가 날아간다. 물리적 폭발에는 압력밥솥 폭발, 보일러 폭발, 내부 압력상승에 의한 프로판가스 저장용기의 폭발 등이 있다.

1 물리적 폭발의 특징

  프로판가스 용기가 폭발하는 경우는 대부분 내부압력 상승에 기인한다. 압력이 상승하면 증기압이 올라가고 액체의 체적 변화가 일어나 내압[3]을 버티지 못하고 가장 약한 부분을 통해 폭발(파열)한다. 프로판 용기의 내용적에 85% 이하로 가스를 충전하더라도 외부 온도가 60℃ 에 이르면 액체의 체적이 119% 팽창하여 과압을 형성하고 파열될 위험이 따른다. 규정압력 이상의 과압이 형성되면 안전밸브가 작동을 하지만 팽창된 압력이 과도할 경우 안전밸브가 감당을 하지 못하고 폭발에 이르고 만다. 폭발 전 용기 안에 있는 물질은 비점 이상의 높은 온도와 증기압 이상의 상태로 있는데 압력이 외부로 분출될 때 과열상태가 되어 순간적으로 기화하는 돌비현상(bumping)[4]을 일으키고 부피가 급격히 팽창하여 용기 자체가 파열되고 비산되기도 한다. 폭발현장에서 프로판 용기가 파열되어 내부가 드러난 것은 직접 용기가 화염을 받아 내부 압력을 견디지 못한 결과로 소성변형을 일으켜 국부적으로 부풀어 올라 두께가 얇아지고[5] 균열이 일어난 지점에서 물질의 상변화로 급격히 압력이 분출된 결과이다. 그렇다면 용기가 파열되지 않는 현상은 무엇 때문일까. 내부압력이 증가하더라도 안전밸브를 통해 가스가 분출되고 연소가 진행되는 과정이 이어진다면 용기에서 폭발은 일어나지 않는다. 안전밸브를 통해 가스가 빠른 속도로 기화하므로 용기 내부로 산소가 유입될 수 없고 유출된 가스가 급속히 기화하는 바람에 용기 하단부에는 가스가 남아 있는 부분에 결로가 나타나며 연소만 계속될 뿐이다.

LP 가스의 급격한 기화로 증기폭발이 일어나 가스 용기가 절개되었고(좌), 화염에 노출된 연료용기가 압력 상승으로 증기압이 높아져 물리적으로 파열된 형태(우)

---

[3] LP가스의 최고충전압력은 15.6Kg/m²이며 내압시험압력은 최고충전압력×5/3의 식으로 구한다. 계산하면 15.6×5/3=26kg/m²가 된다. 일반적으로 프로판 용기의 내압시험은 3MPa(31Kg/m²)의 압력에 버틸 수 있도록 요구하고 있다.

[4] 돌비현상: 액체를 가열하는 경우 비등점에 도달해도 여전히 비등하지 않고 열을 흡수하여 가열상태로 있다가 그것이 어떤 기회에 액체와 그 증기의 평형상태가 무너져 갑자기 급격한 비등상태를 일으키는 현상을 말한다. 돌비현상은 보일러 등을 취급하는 과정에서 일어나며 이 현상에 의해 보일러를 파괴시켜 중대재해를 일으킨다.

[5] LPG 용기의 철판 두께는 용량에 따라 다르다. 2kg 및 3kg용은 2mm이며 5kg용은 2.2mm를 사용하고 있다. 가장 널리 쓰이고 있는 10kg, 20kg, 50kg용은 2.6mm를 사용하고 있다.

메탄올 저장탱크(300L) 바깥쪽 벽에 보온재를 씌우기 위해 철골 지지대(4개)를 설치하는 용접작업 중 열이 탱크 내부 유증기에 착화하여 내부 증기압력에 의해 탱크 상단 뚜껑이 5m 이상 날아가는 폭발이 발생하였다.

부탄용기의 폭발현상은 일반화재 현장에서 쉽게 볼 수 있는데 프로판 용기보다 두께가 얇고 변형이 일어나는 압력이 낮기 때문이다[6]. 부탄용기는 주석 강판을 사용하여 동관 및 경판을 각각 결합하여 용접으로 접합시킨 1회용 용기로서 휴대용 연료가스로 가장 많이 쓰이고 있고 그밖에 에어로졸용, 라이터 충전용 등으로 쓰이고 있다. 일반적으로 부탄용기가 화재로 가열되면 내부압력 상승으로 접합부인 상판 또는 바닥 경판이 이탈되는 구조로 되어 있다. 그러나 노즐부에 안전장치(스프링식)가 내장된 경우에는 내부 압력상승 시 용기가 폭발하기 전에 유로상의 가연성 증기가 강한 압력으로 안전밸브를 눌러 스프링이 위로 밀려 올라가 가연성 증기를 외부로 배출시키도록 되어 있다. 또 다른 안전장치로 상판 주변부에 CRV(Countersink Release Vent)가 설치된 용기도 있다. CRV는 화재 열로 용기의 내부 압력이 상승하여 변형이 시작될 때 용기 상부 뚜껑 카운터싱크(countersink)에 점 모양으로 설치된 배출구(12개)를 통해 가스를 외부로 일시에 방출시키는 방식으로 용기의 폭발을 방지하는 구조로 되어 있다. 따라서 이러한 안전장치가 내장된 용기는 폭발이 일어나기 전에 가연성 가스를 방출시키므로 주변에 화염이 있다면 일순간 화염이 커지며 한동안 연소를 하지만 급격한 폭발은 발생하지 않는다.

---

[6] 부탄 용기의 두께는 고압가스안전관리법에서 0.125mm 이상으로 규정하고 있으며 1차 변형이 발생할 때 내부 압력은 약 1.3 MPa 정도이고 파열은 약 1.5 MPa 정도에서 일어나도록 되어 있다. 충전량은 253g 이하이다.(KS 8106)

용기 상판 카운터싱크 안쪽에 있는 CRV 형태

안전장치가 없는 일반용기의 몸체 자체가 찢어진 상태로 발견되는 것은 증기폭발로 인해 파열되는 현상이다. 증기폭발은 액상에서 기상으로 급격한 상변화에 의해 기화가 일어나는 비등현상으로 단순히 상변화에 의한 것이므로 착화를 필요로 하지 않으므로 화염의 발생은 없으나 증기폭발에 의해 공기 중에 기화한 가스가 가연성인 경우에는 증기폭발에 이어서 가스폭발로 이어질 위험이 있다.

부탄 용기의 몸체가 파열되거나(좌), 바닥 경판이 이탈된 것은(우) 내압상승에 의한 물리적 폭발 후 증기폭발로 이어진 결과이다.

② BLEVE

BLEVE(Boiling Liquid Expanding Vapor Explosion)란 가연성 액화가스 저장탱크 주위에서 화재가 발생한 후 탱크 벽면(기상부분)이 부분적으로 가열되면 강판의 인장력 저하로 탱크가 파열되고 이때 내부에서 가열된 액화가스가 급속히 비등하며 폭발하는 현상이다. 탱크가 파열되기 전 내부에는 열을 받은 액상의 프로판과 증기압이 서로 높은 온도로 평형을 유지하고 있는데 강판이 파열되면 과열상태의 액체가 내부 압력 때문에 분무상으로 분출하며 빠르게 기화한다. 확산된 가스는 주변의 공기와 혼합되어 폭발성 혼합기를 형성하며 기왕에 발생한 화염을 착화에너지로 하여 다시 폭발하게 된다. 연소하는 증기는 착화 후 바깥쪽이 먼저 연소하며 화염은 폭발한계 이상으로 농도가 높은 내부 가스를 팽창시키는데 이때 증기의 형상은 마치 구름처럼 둥근 형태(구형)의 파이어볼(fire ball)을 생성하는 경우가 있다. BLEVE는 탱크 내부의 압력이 파열지점을 통해 비등하는 현상까지만 보면 기계적 폭발이지만 기화 즉시 착화하므로 기계적 폭발과 화학적 폭발이 결합된 형태로 볼 수 있다.

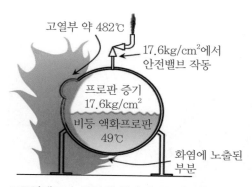

프로판탱크가 화염에 일정시간 노출되면 기상부와 접한 강판의 인장력 저하로 국부적으로 볼록 튀어 나오게 되고 이 부분은 판의 두께가 얇아 결국 파열에 이르게 된다.

LP가스 탱크로리가 화염에 의해 파열된 상태

3 fire ball

fire ball이란 "가연성 액체로부터 대량으로 발생한 증기운이 갑자기 연소할 때 생기는 구상(球狀)의 불꽃"으로 정의할 수 있으며 BLEVE의 발생과 관련이 깊다. 이론상 증기운 폭발(UVCE, Unconfined Vapor Cloud Explosion)[7] 발생 시에도 fire ball이 발생할 수 있지만 가스가 대기 중에 누설되었을 때 점화원에 의해 폭발하는 증기운 폭발은 점화원을 반드시 필요로 하므로 점화원이 없다면 fire ball이 발생할 이유가 없다. 또한 증기가 대기 중 자유공간으로 퍼져 나가므로 폭발에 이르는 증기 농도가 희석될 수밖에 없어 발생할 확률이 작다. 반면에 BLEVE는 액화가스 탱크가 이미 화염에 휩싸인 상황에서 누출된 가스에 착화하는 것으로 fire ball을 동반할 우려가 높다. 일반적으로 fire ball은 가연성 액체가 높은 압력을 유지하고 있고 용기의 파열로 급격히 액체가 비등할 때 발생하는데, 가연성 증기와 공기가 혼합된 바깥 부분

---

[7] 증기운 폭발은 대기 중에 대량의 가연성 가스 또는 가연성 액체가 유출되어 그것으로부터 발생하는 증기가 공기와 혼합해서 가연성 혼합기체를 형성하고 발화원에 의하여 발생하는 폭발을 말한다. 개방된 대기 중에서 발생하기 때문에 자유공간 중의 증기운 폭발(UVCE, Unconfined Vapor Cloud Explosion)이라고 한다. 증기운 폭발이 발생하는 과정은 유출된 물질이 저장되어 있는 상태에 따라 특히 압력과 온도에 따라 다르다.

이 먼저 연소하며 연소되지 않은 내부 중심부를 가열시켜 팽창하므로 공(ball) 모양을 이룬다. fire ball의 위험성은 강력한 복사열에 있다. 복사열의 파장은 주변 사람들에게 화상을 입히거나 화재를 크게 증폭시킬 수 있다. 1998년 부천 대성LPG충전소 화재 시 화재진압에 나섰던 소방관들의 증언에 따르면 현장도착 즉시 소화작업을 하던 중 갑자기 프로판 탱크로리에서 fire ball이 발생하여 소방관을 비롯하여 멀리서 현장을 지켜보던 주민들 대부분이 화상을 입었다는 기록이 있다[8]. 당시 대다수 소방관들은 강한 복사열로 인해 신체 노출된 부위인 귀에 화상을 당해 너나할 것 없이 한동안 귀에 붕대나 거즈를 붙이고 활동을 했다고 한다. fire ball은 마치 다이너마이트 더미를 쌓아놓은 화약고가 일순간에 폭발하는 것처럼 미처 대피할 시간적 여유가 없어 더욱 위험하다고 볼 수 있다.

fire ball은 가연성 증기와 공기가 혼합된 바깥 부분이 먼저 연소하며 하단부로 공기를 빨아들여 연소하지 않은 고농도의 중심부를 가열·팽창시키므로 공 모양을 이룬다.

BLEVE에 의해 생성된 fire ball을 미국 화학공학회 산하기관인 CCPS(Center for Chemical Process Safety)에서는 아래와 같은 공식을 유도하여 위험성을 평가하였다.

---

[8] 1998. 9. 11(금). 14:12경 경기도 부천시 오정구 내동에 소재한 대성LPG충전소에서 가스설비 취급부주의로 화재가 발생하였다. 관할 선착대가 화재 접수 2분 후인 14:14경 현장에 도착했을 때는 가스를 저장탱크에 주입하던 LPG 탱크로리(15톤)에 불이 붙고 있었고 주변에 LP가스 용기(20kg)들이 폭발하고 있었다. 그로부터 8분 후 이미 불이 붙은 탱크로리가 거대한 fire ball을 일으키며 폭발하였고 복사열로 인해 화재진압에 나선 소방관 24명과 구경하던 주민 60명이 얼굴과 손 등에 화상을 당하고 말았다. 폭발압력도 상당하여 탱크로리의 뒷부분 경판이 약 28.5m, 앞 경판이 약 12.6m까지 비산하였다. 이날 화재로 건축물 8동 및 차량 129대가 전소하였고, 64억 8천여만 원의 재산피해가 발생하였다.

Chapter
01

Chapter
02

Chapter
03

Chapter
04

Chapter
05

Chapter
06

Chapter
07

Chapter
08

Chapter
09

Chapter
10

Chapter
11

Chapter
12

Chapter
13

① fire ball의 최대 직경(m) : $D_{max} = 6.48M^{0.325}$
　　D : 직경(m), M : 가스저장량(kg)
② fire ball의 지속시간(s) : $t = 0.825M^{0.26}$
　　t : 지속시간(sec)
③ fire ball의 중심부 높이
　　$H = 0.75D^{max}$
　　H : 중심부 높이(m), D_{max} : 직경(m)

　　실제로 부천LPG충전소 화재 시 발생한 fire ball의 크기와 지속시간, 중심부 높이를 위의 공식을 대입하여 살펴보면 fire ball을 일으킨 프로판 가스의 양을 약 27ton으로 볼 때 최대 직경은 179m이며 지속시간은 11.7초, 중심부 높이는 134m까지 치솟았음을 알 수 있다.

④ 보일러 폭발

　　보일러의 종류는 연료에 따라 가스 · 기름 · 전기 보일러 등 다양하지만 사용원리는 모두 비슷하며 폭발 원인은 주로 보일러의 과열 또는 순환불량에 기인한 내부 압력상승 등으로 액체가 기체로 상변화를 일으켜 증기폭발로 이어지는 물리적 폭발이 많다. 보일러는 급열과 급탕을 반복적으로 사용하므로 압력이 높았다가 낮아지는 순환이 적절해야 하는데 자동급수장치 기능이상으로 급수부족 상태가 되면 열교환기는 과열될 수밖에 없고 이때 급수펌프가 작동을 하면 물이 과열된 열교환기 내부에서 급격하게 증기로 변해 압력의 급상승으로 열교환기 내부가 찌그러지는 압궤현상 및 폭발이 일어난다. 순환펌프 고장 또는 온도과열방지 센서가 기능을 발휘하지 못할 때에도 폭발하는 경우가 있다. 이외에도 보일러 급수관의 파손이나 열교환기 금속의 부식 및 균열 등으로 인해 물리적 폭발이 일어날 수 있는데 가스나 기름 등 연료의 누설이 이어질 경우에 주변에 점화원이 있다면 폭발 후 확산연소로 확대된다.

보일러 과열로 폭발했을 때 열교환기 내부 압궤현상

⑤ 전선폭발

　전선폭발이란 물리적 폭발의 일종으로 전선에 순간적으로 큰 용량의 전류가 흘러 온도가 급격히 상승하면 용해되고 기화로 인해 극히 짧은 시간에 팽창하는 폭발 현상이다. 단락의 경우 전위차가 있는 전로 사이의 절연손상으로 동선 상호 간에 서로 접촉하면 고전류가 흐르게 되고 이때 순간적으로 2,000℃ 이상의 고온이 발생하면서 국부적으로 전선이 용융되는 폭발이 발생한다. 전압이 높은 고압전기 시설일수록 폭발 시 굉음이 크고 연쇄적으로 폭발이 발생할 수 있다. 154[kV] 송전선(330mm²)이 폭발을 일으킨 경우를 보면 강심 알루미늄 연선(ACSR : Aluminum Cable Steel Reinforced) 폭발 시 발생한 섬광은 매우 밝은 색으로 순식간에 전선에서 발생한 고열로 인해 용융이 일어나 파편처럼 알루미늄이 지면으로 비산되었고 가연물과 접촉 즉시 발화한 사례가 있었다.

154[kV] 송전선 폭발로 용융 · 비산된 알루미늄 전선(좌)과 철골에 융착된 잔해

알루미늄 송전선이 전선 폭발 후 고열에 녹아 지면으로 비산된 형태

6 변압기 폭발

건물이나 아파트, 공장 등은 특고압을 수전받아 전압을 강압(380/220V)하여 쓰고 있는데 이에 필요한 설비가 바로 변압기이다. 변압기는 절연방식에 따라 유입식, 건식, 몰드식, 가스식 등으로 구분하고 있다. 이 가운데 옥내·외에서 가장 흔히 볼 수 있는 것은 유입식으로 이 변압기는 절연유가 담긴 탱크 속에 철심과 권선 등을 넣은 구조로 되어 있다. 절연유(광유, 혼합유, 실리콘유 등)는 절연물의 절연과 냉각을 유지하는 물질로 만약 변압기의 내부 온도가 상승하면 절연유의 팽창으로 내부 공기를 밖으로 배출시키고 온도가 내려가면 절연유가 다시 수축하므로 변압기 내부로 공기가 유입되는 호흡이 이루어진다. 절연유 열화의 가장 큰 원인은 공기접촉 또는 과부하에 따른 온도상승과 금속의 촉매작용 등이 일어나기 때문이다. 절연유의 온도상승은 무엇보다 화재 및 폭발 우려가 높아질 수밖에 없다. 폭발은 변압기 주변 온도상승, 냉각불량, 소비전력 과다에 의한 일시적인 과전압 또는 서지전압의 인가, 수분이나 먼지 등이 침입할 경우 등 여러 가지 원인이 있으나 일반적으로 변압기 내부의 온도상승이 가장 위험하다. 어떤 원인에 의해 변압기에서 절연열화 진행으로 철심을 둘러싸고 있는 권선에서 단락이 일어나면 열이 발생하고 절연유에서 휘발성 가스가 분해됨으로써 이 가스(수소, 아세틸렌, 일산화탄소, 탄산가스 등)들이 급격한 압력상승을 유발하여 변압기 상부 공기층을 압축하고 팽창된 압력이 변압기 외함이 버틸 수 있는 한계를 초과하면 절연유가 분출하면서 폭발로 이어진다. 만약 온도와 압력이 절연유의 발화점(약 145℃) 이상이면 화재를 동반한다.

폭발로 유입식 변압기(75KVA)의 몸체가 파열된 내·외부형태(이창우. 김만건. 2009)

7 수증기폭발

수증기폭발이란 용융금속이나 슬래그(slag)[9] 같은 고온물질이 물속에 투입되었을 때 그 고온물질이 지니고 있는 열이 물로 급속히 전달되면 물이 과열됨에 따라 순간적으로 비등이 일

---

[9] 용광로 등에서 광석이나 금속을 녹일 때 용제나 비금속 물질, 금속산화물 등이 쇳물 위에 뜨거나 찌꺼기로 남는 것의 총칭이다. 용접할 때 용융된 금속 표면에 뜨는 산화한 금속 가스나 비금속 물질을 의미하기도 한다.

어나는 물리적 폭발을 말한다. 가열이 강할수록 액체의 기화로 증발이 이루어질 때 액체 내부에서 기포를 발생시키며 일어난다. 이 현상을 비등이라고 한다. 수증기폭발은 강철이나 알루미늄 등을 녹여 주조하는 산업현장에서 주로 발생하는데 용광로, 용융로, 전기로, 회수로, 도가니, 가마 등의 설비에서 물과 접촉으로 발생한다. 용융된 금속은 보통 1,000℃ 이상에 달해 물과 접촉 시 급격한 비등으로 고압의 수증기를 팽창시켜 폭발한다. 쉬운 예로 수분 1g이 알루미늄(용융점 660℃)의 용탕[10] 속에 존재한다면 순간적으로 형성된 수증기의 압력은 1600kgf/cm²에 이르게 된다. 지금까지 실험 결과로 알려진 수증기폭발의 과정을 보면 용융금속이 물과 접촉으로 발생하는 폭발시간 스케일(time scale of explosion : 폭발에 의해 발생한 압력이 상승하여 피크에 도달했다가 하강할 때까지의 압력피크의 시간 폭)은 수 m/sec이고 경우에 따라서는 0.1m/sec 정도로 매우 빠르게 발생한다고 한다. 용융된 납이나 알루미늄, 아연 등을 물속에 낙하시켰을 때 용융물이 용기 바닥 가까이에 도달하면 용융물 표면을 물이 에워싸는 막비등이 일어나고 이로 인해 물이 과열되고 급격하게 비등함으로써 격렬하게 비산하며 용융물은 아주 작은 알갱이로 분산된다. 막비등(film boiling)이란 고온 표면에 물이 닿았을 때 증기의 막이 형성되고 그곳에서 기포가 발생하는 현상을 말한다. 적열된 난로 표면에 소량의 물을 부으면 접촉과 동시에 수많은 물방울이 난로 표면으로 흐르는 것을 볼 수 있는데 이는 물방울과 철판 사이에 증기 막이 생겨 물이 막비등을 하기 때문이다.

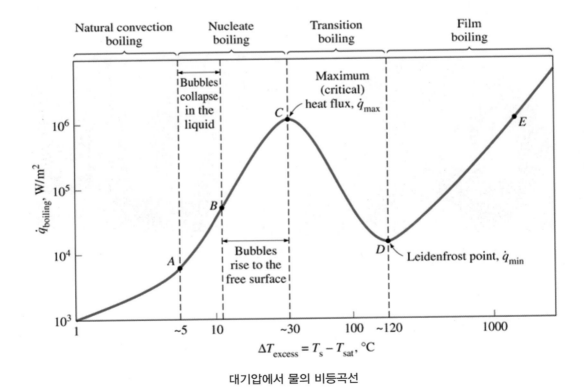

대기압에서 물의 비등곡선

---

[10] 주조 작업에서 금속이 녹은 쇳물을 말한다.

수증기폭발 메커니즘은 물의 비등곡선을 통해 쉽게 이해할 수 있다. 위의 그림에서 A까지는 변화가 없는 자연대류 영역이지만 이 영역의 끝부분에서 아지랑이가 피어오르듯 미세한 움직임을 보이다가 핵비등 영역인 A점에서부터 기포가 발생하기 시작한다. A점을 비등개시점이라고 한다. A~C점까지는 핵비등 영역이라고 하며 B~C영역에서 기포가 연속적으로 발생하고 열전달 곡선은 높은 열유속으로 인해 직선상태로 위쪽으로 향하는데 자연대류 영역에 비해 열전달율은 수십 배에 이른다. C~D영역은 온도상승에 따라 역으로 열유속이 감소하는 특이한 영역으로 특히 D점을 레이덴프로스트(Leidenfrost)[11]점이라고 한다. 이 영역을 천이비등 영역이라고 하며 가열된 표면에 증기막이 생기기 시작하는 단계이다. D~E영역은 막비등 영역으로 연속적으로 발생한 증기막이 가열된 표면을 덮는다. 전체적으로 이 과정을 한마디로 표현하면 물의 비등으로 기포가 발생하고 증기막의 형성과 막비등이 연속적으로 진행된다는 것을 알 수 있다. 특별한 것은 열유속과 온도차이에 의해 에너지가 옮겨가는 천이비등 영역의 변화이다. 비등상황에서 열유속이 C점을 넘으면 D로 가지 않고 곧바로 막비등 영역인 E쪽으로 넘어간다. 반대로 온도차가 작은 경우 막비등 영역에서 열유속이 작게 되어 D를 넘으면 핵비등 영역인 B쪽으로 뛰어 넘어간다. 결과적으로 온도차이가 증가 또는 감소할 때 천이비등 영역을 건너뛰는데 이 영역에서는 핵비등과 막비등이 혼합상태로 존재하고 기포의 생성과 파열이 짧은 주기로 반복되어 다른 영역보다 심한 비등현상을 지니고 있다. 수증기폭발이 의심되는 현장조사를 할 때는 먼저 충분한 양의 용탕이 수조에 투입되었는지 파악을 하고 용탕으로부터 물로 열전달이 이루어지는 수심과 물의 조성 및 바닥상태를 확인하는 것이 중요하다. 수증기폭발은 수심이 낮으면 폭발하기 쉽고 수조 바닥을 석회나 석고, 알루미늄, 수산화물 슬러지 등으로 코팅하면 격렬한 폭발이 일어날 수 있다. 그러나 바닥을 그리스(grease), 타르, 페인트 등으로 코팅하였을

물을 넣은 비커에 도선을 설치하고 전류를 흘렸을 때 규칙적으로 기포가 형성된 막비등 상태

---

[11] 막비등 상태에서 에너지를 감소시키면 잠시 동안은 막비등 상태를 유지하다가 어느 시점에서 부분적으로 핵비등 상태로 급격히 변화하고 결국에는 전체가 핵비등 상태로 된다. 이처럼 막비등에는 하한점이 있는데 그 점을 레이덴프로스트(Leidenfrost)점이라고 한다.

경우 폭발은 일어나지 않는다. 수증기폭발은 물의 분해나 반응의 결과가 아니라 고온 용융물과 물이 접촉하여 비점 이상으로 과열되거나 열이 급격히 전달되어 폭발적인 비등을 일으키는 것으로 물도 위험물처럼 작용할 수 있다는 것을 잘 보여주고 있다.

Step 04 화학적 폭발

화학적 폭발(chemical explosions)이란 표현대로 물질이 화학적 변화로 반응이 일어나는 폭발이다. 여기에는 물리적 폭발 후 화학적 변화를 일으키는 것도 있지만 근본적으로 산화ㆍ분해ㆍ중합 등 화학반응으로 인해 분자구조가 변화되는 과정에서 압력이 발생하는 것으로 급격히 에너지를 방출하는 현상이 많다.

1 가스폭발

가스폭발은 가연성 기체(프로판, 메탄 등)가 공기 또는 산소와 혼합된 상태에서 어떤 점화원이 주어졌을 때 순간적으로 화염이 혼합가스를 전파해 나가 폭발하는 것으로 주변에서 일어날 수 있는 가장 흔한 형태이다. 밀폐구역에서 폭발이 발생하면 벽과 천장으로 전달되는 압력 상승이 일어나고 그 압력이 구조물이 버틸 수 있는 어느 한계 이상이면 화염의 전방으로 진행되는 미연소 가연성 혼합기체 중의 압축파에 의해 창문이나 출입구 등을 파괴시켜 개구부를 만들어낸다. 폭발강도에 따라 콘크리트 벽에 균열이 생기고 천장이 기울어지거나 주저앉기도 하며 출입문과 창문이 깨져 밖으로 튀어나오는 등 다양하지만 폭연(deflagration)에 머무는 수준으로 강력한 충격파가 만들어지는 폭굉(detonation)으로 이어질 확률은 극히 낮자. 가정에서 흔히 사용하는 스프레이용 모기살충제나 먼지제거제 등은 LP가스를 충전시킨 것으로 비록 용량은 작지만 밀폐공간의 체적이 누출된 가스량과 연소범위를 형성한다면 얼마든지 폭발로 이어질 수 있다. 연소범위를 이해하기 위해 가로, 세로가 각각 4m이고 높이가 2.5m인 방에서 프로판가스 캔(용량 220g) 한 개를 모두 뿌렸을 때 폭발이 일어나는 과정을 살펴보자. 이론적으로 방의 체적은 40m³이므로 리터로 환산하면 40,000L가 된다. 여기에 방 체적의 2.1%에 해당하는 프로판의 체적은 840L이므로 5평 규모의 방에서 프로판가스가 폭발하려면 적어도 프로판가스 캔 4개가 필요하다는 식이 성립한다는 것을 알 수 있다. 그러나 실제상황에서는 프로판가스 캔 1~2개만 누설되어도 폭발이 일어난다. 이것은 앞서 언급한 대로 가스 누설이 중점적으로 이루어진 지점은 연료 농도가 높을 것이지만 반대로 가스가 주변으로 확산되는 지역은 점차 낮아질 수밖에 없어 불균형 상태가 진행되다가 어느 지점에선가 연료-공기의 혼합기가 조성되고 점화원이 있으면 폭발하기 때문이다. 이에 따라 초기 폭발이 이루어진 부분은 화염이 크던 작던 간에 발생하여 화재로 확산되기도 하지만 연료-공기의 혼합비율이 적정하지 않으면 착화 불가로 가연물 표면이 용융ㆍ탄화된 형태로 남는 경우가 많다. 프로판은 공기보다 비중(1.52)이 무거워 바닥으로부터 0.3~0.5m 높이에서 착화가 일어나거나 탄화된 형태를 주로 볼 수 있지만 1.5m 이상 높은 곳에서도 열적 손상이 일어나는 경우가 많다. 이것은 용기로부터 LP가스가 누출될 때 온도가 낮아 아래로 깔리지만 잠시 후 주변의 온도와 같아지거나 온도가 올라가면 주변으로 확산이 이루어지기 때문이다. 공기보다 비중이 큰 드라이아이스도 승화과정에서 처음에는 바닥으로 퍼지지만 주변 온도가 상승하면 온도를 빼앗겨 공기와 혼합되어 위로 상승하는데 이와 같은 원리로 생각하면 된다. 다량의 가연성 가스 또는 증기가 대기중으로 확산되어 구름처럼 떠있는 상태로 점화원에 의해 폭발하는 증기운 폭발(Vapor Cloud Explosion)도 가스폭발의 일종이다.

LP가스가 내장된 소형 용기(223g)의 가스폭발로 유리창 및 내부 수납물이 손상된 형태(임종만. 2014)

가스폭발로 문짝의 균열 및 종이가 탄화되었으나 연료-공기의 불균형으로 화재로 확대되지 않는 현장

② 분해폭발

　　대부분의 가연성 가스는 분해할 때 열을 흡수하는 흡열반응을 하지만 아세틸렌, 에틸렌, 산화에틸렌, 질소산화물 등은 발열작용을 일으키는 물질로 조연성 가스(공기, 산소 등) 없이도 폭발이 가능하다. 이들 물질은 압력이 낮으면 발화에너지가 커지고 압력이 높으면 발화에너지가 작아진다는 폭발한계에 차이가 있을 뿐 폭발에 따른 큰 발열을 동반하여 분해화염이라는 특수한 화염을 발생하는데 가스폭발 시 발생하는 화염과 매우 비슷한 것으로 취급받고 있다. 아세틸렌(C_2H_2)은 산소가 없이도 2atm 이상으로 압축하여 점화하면 폭발이 일어나는데 이때 분해반응에 의해 원자의 결합이 끊어져 탄소(그을음)와 수소로 분해된다. 알려진 실험 결과에 의하면 밀폐된 유리관에 공기를 빼낸 후 아세틸렌가스를 넣고 한쪽 끝을 점화하면 밝은 황색 화염이 발생하여 전파되는데 아세틸렌의 압력을 더 상승시키면 화염속도와 압력도 증가하여 유리관을 파괴시킨다. 이와 같은 현상을 분해폭발이라고 한다. 분해폭발은 고압상태로 저장되어 있을 때 발열이 일어나 가스의 열팽창으로 압력이 급격히 상승할 때 폭발하는 것으로 알려져 있으나 반드시 고압가스 상태에서만 발생하는 것은 아닌 것으로 밝혀졌다. 그 동안 아세틸렌의 한계압력은 1.4atm으로 그 이하에서는 안전하다고 보았으나 독일에서 대기압(1atm)상태에서도 큰 발화에너지가 작용함으로써 아세틸렌이 폭발한 사례가 있어 그 후 아세틸렌의 분해폭발 범위도 2.5~100Vol%로 변경되었다.

③ 역화에 의한 산화폭발

　　역화(flash back)란 가스설비 등에서 배관을 따라 가스가 연소기 쪽으로 공급되며 연소하다가 화염이 연료공급원 쪽으로 역류하는 현상이다. 다시 말해 버너의 불꽃이 가스가 흐르는 반대방향으로 흐름으로써 거꾸로 불이 옮겨가는 것으로 가스레인지 위에 큰 냄비를 올려놓고 장시간 사용할 경우 불꽃이 버너 내부로 들어가는 경우가 해당한다. 역화에 의한 폭발은 산소용접기 사용 중 산소와 연료(주로 프로판 또는 아세틸렌)의 압력 불균형으로 발생하는 경우가 많다. 산소용접기는 산소와 연료를 이용한 예혼합연소 방식으로 확산연소에 비해 역화 위험이 크고 3,000℃ 이상의 고온을 빨리 얻을 수 있으며 연소속도가 매우 빠른 것이 특징이다. 용접 중 프로판가스 용기의 압력이 산소 용기의 압력보다 낮거나 반대로 산소 용기의 압력이 프로판가스 용기의 압력보다 낮은 경우 모두 역화에 의해 폭발할 우려가 있다. 프로판 용기 안에 연료가 거의 없어 가스압이 낮아지면 점화가 잘 이루어지지 않는 경우가 있는데 이때 용접작업자들은 토치 구멍이 막힌 줄 알고 땅바닥에 탁탁 치며 재차 점화를 시도하며 산소밸브를 개방시키는 경우가 있다. 이렇게 되면 산소가 토치를 통해 밖으로 배출되기도 하지만 모두 밖으로 빠져나가지 못해 프로판 용기 쪽으로 역류하는 상황이 벌어져 화염이 배관 속을 타고 프로판 용기 안까지 유입함으로써 폭발할 수밖에 없다. 화재조사 시 프로판 용기와 연결된 연료호스가 그을린 상태로 찢어지거나 파열된 상태로 확인된다면 이미 산소가 프로판 용기 안으로 들어가 가연성 혼합기가 형성된 상황에서 외부에서 점화가 이루어져 화염이 내부로 유입됐다는 것을 판단할 수 있다. 이러한 폭발은 용접기에 역화방지기가 없는 것이 특징이며 프로판 용기 내부에 액상연료가 거의 없거나 토치 입구가 막힌 상황이므로 프로판 용기 압력이 산소 용기 압력보다 훨씬 낮아야 한다. 폭발한 프로판 용기 잔해는 압력 배출로 바닥 경판이 이탈되고 몸체가 찌그러진 상태로 내부에는 화염에 의해 그을음 등 검게 탄화된 모습을 보인다. 용기의 찌그러짐 현상은 폭발 시 주변으로 날아가 벽이나 천장 등과 부딪쳐 발생한 흔적이다. 실제 현장조사를 하다보면 용기는 폭발지점으로부터 수십 미터 날아간 곳에서 발견되는 경우가 일반적인 현상이다[12]. 프로판이 산소와 혼합된 상태로 일어나는 압력용기의 폭발은 화학적 폭발 중 산화폭발에 해당하며 프로판의 발열량(1kg당 12,000kcal)이 높아 작업자가 화상을 당하거나 화재로 이어질 공산도 있다.

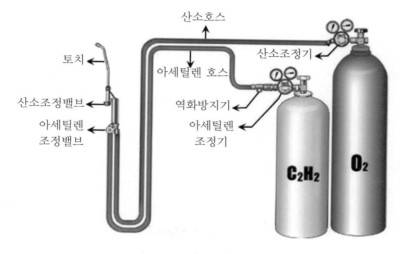

아세틸렌−산소로 구성된 용접기 구조

산소용접 중 폭발압력에 의해 무너진 벽(좌)과 날아간 물체에 의해 천장이 천공되었다.(우)

---

[12] 산소와 프로판가스를 이용한 철판 절단작업 중 프로판가스가 폭발했는데 용기 하단부 경판이 몸체로부터 완전히 분리되었고 가스호스에서는 심한 탄화흔적이 남았다. 사고 당시 가스 용기는 약 18m 정도 날아갔는데 폭발음을 듣고 밖으로 나오던 작업자가 용기에 머리를 맞아 사망을 하였다. 사고 원인은 토치에 의한 역화로 밝혀졌다.(한국가스안전공사 박찬일 외. 산소와 유지류 접촉에 의한 사고사례 연구. 2006)

Chapter 01
Chapter 02
Chapter 03
Chapter 04
Chapter 05
Chapter 06
Chapter 07
Chapter 08
Chapter 09
Chapter 10
Chapter 11
Chapter 12
Chapter 13

프로판 용기 내부가 검게 탄화된 상태로 바닥 경판이 이탈 되었고(좌) 호스가 파열되었다. (경기도 광주소
방서. 2008)

④ 분진폭발

　　분진폭발(dust explosion)이란 탄광에서 생산되는 미분탄을 비롯하여 플라스틱 부유물과
금속분, 목분, 섬유분진 등 고체 가연물이 분말상태로 공기와 일정비율 혼합된 후 점화원에 의
해 격렬하게 연소하는 현상이다.

　　이들 물질은 어느 공간에 퇴적된 상태보다는 공기 중에 부유하고 있을 때 유동성이 좋고 표
면적이 넓어져 폭발 위험은 더욱 커질 수밖에 없다. 밀가루, 설탕가루, 커피가루 등 곡물류도
퇴적상태로 불을 붙이면 연소성을 보이지 않지만 표면적이 커지는 공기 중에 가루를 뿌리며 점
화시키면 쉽게 폭발이 일어나는데 비록 불연성 물질이더라도 그 입자가 분말상으로 존재한다
면 가스폭발처럼 화염이 전파된다는 것을 알 수 있다. 지름이 $1,000\mu m$보다 작은 입자는 물질
의 종류에 관계없이 분체(powder)라고 하며 그 가운데 $420\mu m$ 이하의 미세한 고체상 분말로
40mesh 표준체를 통과한 것을 분진으로 구분하고 있다. 따라서 분체보다 작은 미립상의 고체
를 분진이라고 하며 폭발을 일으키는 적절한 크기는 20mesh 이하로 알려져 있다. 분진폭발의
위험성은 퇴적분진과 부유분진 상태로 설명할 수 있다. 분진의 지름이 $0.1\mu m$ 이하일 경우 공
기 중에 안개처럼 부유하여 가라앉지 않는다. 이러한 상황은 가스가 누설된 경우와 동일한 위
험성을 지니고 있다고 생각해도 무리가 없다. 그러나 실제 분진은 에어로졸처럼 눈에 보이지
않는 미세한 것에서부터 알갱이처럼 입자가 보이는 것도 있는데 입자가 큰 분진은 어느 시점
에 가라앉는 퇴적상태를 유지하게 된다. 입자가 큰 분진은 어떤 기계적인 작용을 주어 공기 중
에 뜨게 하더라도 곧바로 다시 가라앉는다면 폭발 위험은 줄어든다. 가스나 증기처럼 공기를
통해 전파되는 확산성을 띨 수 없기 때문이다. 분진폭발은 가연성 분진 입자가 공기 중 화염을
전파할 수 있도록 적정한 분포를 지녀야 하며 공기와 혼합상태로 분진농도(폭발한계)를 유지
하는 것이 관건이다. 그러나 분진농도는 가스처럼 일정한 폭발한계를 얻기 어렵다. 분진입자
는 크기가 천차만별이므로 입자가 작으면 천천히 낙하할 것이고 입자가 크면 빠르게 낙하할 것
이다. 폭발했을 때 이와 같은 원리를 적용시키면 작은 입자는 공기 중에서 연소반응이 종료되

Chapter
01

Chapter
02

Chapter
03

Chapter
04

Chapter
05

Chapter
06

Chapter
07

Chapter
08

Chapter
09

Chapter
10

Chapter
11

Chapter
12

Chapter
13

겠지만 큰 입자는 표면이 탄화되는 정도에 그치며 낙하할 것이고 곧 소화되고 만다. 분진폭발 시 발생하는 폭발 압력은 가스폭발보다 작지만 연소시간이 길고 에너지가 커서 피해정도가 심하게 나타난다. 분진폭발과 가스폭발은 가연물이 공기와 혼합기를 형성한 후 점화원에 의해 열 분해를 일으킨다는 점에서 근본적으로 동일하지만 분진폭발은 가스폭발과 달리 균일하지 않으므로 완전연소를 기대하기 어렵다는 점이다. 분진은 폭발할 때 입자가 비산하므로 이와 접촉한 물질들은 국부적으로 탄화된 흔적을 남기며 1차 폭발 이후 2차, 3차 폭발로 이어지는 다중 폭발(multiple explosion)이 일어날 수 있다. 다중 폭발이 연속적으로 일어나는 이유는 1차 폭발로 발생한 폭풍압에 의해 분진 입자가 주위로 비산될 때 화염에 의해 발생한 열이 연속적으로 미연소 분진의 분해를 촉진시키며 전파되기 때문이다. 실무에서 분진폭발을 접할 수 있는 것은 집진설비를 갖춘 공장에서 주로 볼 수 있다. 집진설비는 기체 중에 부유하는 먼지나 재를 분리하여 오염된 미세분진을 포집하고 정화된 공기는 배출구를 통해 밖으로 내보내는 시설이다. 주요 폭발 원인은 송풍기 고장상태로 작업을 진행하여 분진이 부유하도록 상황을 조성한 경우와 청소불량에 의한 분진 퇴적 등으로 열이 집진기 내에서 축적된 자연발화로 폭발하는 경우가 있다. 분진폭발이 일어난 현장조사는 우선 분진의 화학적 반응성에 착안한 조사가 절대적이라는 것을 제안한다. 발열량과 휘발성분의 함유량, 회분함유량 등이 높을수록 폭발성이 크다는 점에 착안하여 분진의 성분파악이 이루어져야 한다. 탄진의 경우 휘발성분이 11% 이상이면 폭발하기 쉽고 15~30%의 회분을 함유한 역청탄이 40% 이상의 휘발성분을 지니고 있으면 폭발하기 쉬운 것으로 보고된 바 있다.

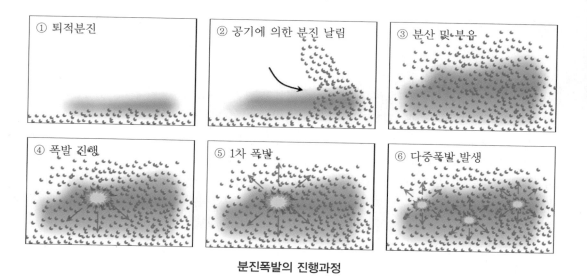

분진폭발의 진행과정

⑤ 분무폭발

기계장치에 부속된 유압호스가 작동 중 어떤 원인에 의해 터졌다면 내부에 있던 유압오일이 걷잡을 수 없이 밖으로 분출하는데 밖으로 밀려나오는 압력에 의해 유압오일은 공기 중에 안개처럼 퍼질 수밖에 없는 상황을 맞게 된다. 이때 점화원이 주어지면 안개처럼 퍼진 입자에 폭발이 발생하는데 이를 분무폭발이라고 한다. 대규모 시설이나 중장비에 사용하는 유압오일은 점도와 인화점이 높아 어지간해서는 연소하기 어렵지만 공기 중에 안개처럼 노출되면 상황이 달라지는 경우가 있다. 유압오일이 누출되었을 때 착화에너지가 안개처럼 퍼진 입자를 부분적으로 가열하면 그 부분으로 가연성 혼합기가 형성되고 이를 바탕으로 연소가 개시되면 연소열이 부근의 또 다른 입자 주위에도 가연성 혼합기를 만들고 열을 가해 연소가 가속화되면서 폭발로 이어지게 된다. 가스의 분해폭발 및 분진폭발과 연소과정이 비슷하지만 가연물이 가연성 액체라는 점에서 차이가 있다.

Step 05 폭발조사

폭발규모에 따라 차이는 있지만 일반적으로 폭발현장조사는 화재현장조사 방법과 큰 차이가 없다. 현장보존을 전제로 조사하여야 할 구역을 설정하고 자료를 수집하며 폭발이 전개된 모든 과정을 파헤친 내용을 담을 수 있어야 한다. 폭발은 짧은 순간에 반응이 종료되는 특성상 사전에 체계적인 접근방법을 염두에 두어야 사건이 일어난 시나리오 구성에 무리가 없다.

1 현장 설정

폭발사고현장은 보통 화재현장보다 피해규모가 광범위하며 대단히 혼란스럽다. 폭발현장이 넓을수록 조사인원과 조사에 소요되는 시간도 비례하여 증가할 수밖에 없는데 조사에 앞서 적절한 현장 설정과 통제는 올바른 조사를 수행하기 위한 전제조건이 된다. 인적 통제는 허가받지 않거나 관계자가 아닌 경우라면 임의적 출입에 제한을 두어야 하며 물건의 반출행위 등은 엄격한 통제 하에서 이루어지도록 한다. 조사를 하기 위한 경계구역의 설정은 가장 멀리서 발견된 파편조각으로부터 1.5배 이상으로 설정하고 조사과정에서 더 멀리 날아간 파편조각이 또 다시 발견되었다면 경계구역을 좀 더 확대하여 조사할 필요가 있다. 현장을 설정하는 목적은 증거의 보존과 안전사고 방지에 목적을 두고 있다. 폭발압력에 의해 물체가 비산할 경우 파편이 작을수록 멀리 날아가지만 파편조각이 큰 경우에도 예상했던 거리보다 멀리 날아가는 경우가 있는데 가스통이 수십 미터 밖에서 발견되거나 폭발지점으로부터 원거리에 있는 건물 유리창이 깨진 경우 등은 폭발 위력과 누출된 가스의 양을 측정해 볼 수 있는 증거 지표가 될 수 있다. 멀리 날아간 가스통과 바닥에 비산된 파편조각을 불가피하게 이동할 때에는 발견 당시의 기록유지를 위해 사진촬영을 하여 가스통이 날아간 지점과 비산된 파편의 크기와 위치 등을 세밀하게 기록할 필요가 있을 것이다. 안전사고 방지를 위한 조치도 뒤따라야 한다. 파편의 비산범위가 넓을 경우 도로를 통제하여 차량의 진입을 제한하거나 보행 자체를 금지할 수도 있다.

Step 05 | 폭발조사

Chapter 01
Chapter 02
Chapter 03
Chapter 04
Chapter 05
Chapter 06
Chapter 07
Chapter 08
Chapter 09
Chapter 10
Chapter 11
Chapter 12
Chapter 13

폭발범위가 넓을수록 현장설정 구역도 확대되며 적절한 통제가 이루어져야 한다.

② 현장 평가

(1) 폭발과 화재의 구분

폭발과 화재 가운데 어느 것이 먼저 발생한 것인지를 파악하는 것은 사건을 풀어가는 선행 조건이다. 일반적으로 화재로 발생한 압력은 벽과 천장 등 구조물을 파괴시킬 정도로 힘을 발휘하지 못한다. 드물게 발생하는 플래시오버나 백드래프트 현상이 팽창된 압력과 화염을 토해내기도 하지만 폭발중심으로부터 물체를 파괴시켜 에너지를 뿜어내는 가스폭발의 위력과는 비교가 되지 않는다. 폭발 이후 화재를 동반하는 것은 폭발 시 발화에너지가 대단히 크고 가연물로 화염전파가 이어지는 온도 상승이 일어났기 때문이다. 온도 상승은 폭발 시 발생한 열에 의해 가연성 기체의 온도가 높아져 전달되는 과정인데 대단히 빠른 속도로 진행되기에 가연물의 양이 풍부하다면 초기 화재라고 볼 수 있는 기간도 없이 삽시간에 연료지배형 화재로 진행될 것이다. 가스폭발처럼 가연성 기체의 누출로 폭발이 발생했을 때 화재로 이어질 확률에 대해 일본에서는 40~80%에 달하는 것으로 보고된 바 있다[13]. 이 비율을 반대로 생각해 보면 화재 이후 폭발로 이어질 확률은 적다고 볼 수 있는데 실무에서도 화재 이후 폭발로 이어진 사례는 극히 적다. 가스의 누출로 가연성 혼합기가 형성되면 점화원에 의해 기체연료에 폭발적인 반응이 먼저 일어난 후 발생한 열에 의해 주변 가연물(고체 및 액체)에 착화되는 과정을 거치므

---

13 日本 消防廳. 消防白書. 平成 22年版(2010)

로 화재 후 폭발은 생각해 보기 어렵다. 다만 화재 이후 연소확산 과정에서 일어나는 LP가스폭발, 부탄가스 캔 폭발 등은 별개의 사안으로 구분하여야 하며 적어도 가연성 기체에 최초로 발화에너지가 작용한 결과 내부에서 외부로 압력이 방출된 사실이 증명되었을 때 폭발이 선행되었다고 판단할 수 있다. 폭발현장에서 창문이나 출입문, 실내에 있던 물체 등이 밖으로 비산된 상황에서 화재가 진행되고 있다면 폭발이 선행된 후 화재가 이어진 것으로 판단이 가능할 것이다. 이때 밖으로 비산된 파편조각에는 그을음이나 탄화흔이 존재할 수 없는데 화재보다 폭발이 먼저 발생한 결과라는 증거라고 볼 수 있다.

(2) 폭발 유형 구분

물리적 폭발 또는 화학적 폭발의 구분은 발화원을 추적하는 기준이 될 수 있다. 물리적 폭발은 물질의 화학적 변화 없이 압력해방으로 기체가 분출되는 현상을 비롯하여 액체가 기체로 또는 고체가 기체로 바뀌며 상변화가 일어나는 폭발로써 용기가 파열되더라도 근본적으로 화재 발생과는 관계가 없다. 압력밥솥 용기와 자동차 타이어, 풍선의 폭발 등을 생각하면 상변화 없이 기체의 압력이 해방된 것으로 화재가 발생할 여지가 없다는 것을 알 수 있다. 물리적 폭발은 이와 같이 압력과 온도가 주어진 용기의 내압을 초과하면 용기가 파열되는 것으로 용기 안에 있는 물질은 가연성이든 불연성이든 관계없이 발생하지만 만약 가연성 기체라면 연료가 분출될 당시에 주변에 점화원이 존재한다면 얼마든지 화학적 폭발로 이어질 수 있다. 예를 들면 화재현장에서 LP가스 용기가 화염에 휩싸인 경우 온도상승으로 내압을 초과하면 안전밸브가 개방되어 외부로 가연성 증기가 배출되고 그곳에서 착화되어 불길이 솟구치는 현상을 보는 경우가 있다. 이때에는 용기 안으로 산소가 유입될 수 없어 LP가스가 모두 기화할 때까지 화학적 폭발은 일어날 수 없고 이에 따라 용기 폭발 또한 기대할 수 없다. 그러나 화재 후 용기 안으로 산소가 공급될 수 있는 조건이 마련되고 점화원이 부여되면 얼마든지 화학적 폭발로 전개될 수 있다. LP가스 용기 안에서 가스−공기의 혼합기가 형성되어 화학적 폭발로 이어지면 용기는 반으로 쪼개지거나 용접이 된 선을 따라 쪼개지기도 하며 하단 경판이 이탈된 형태를 보인다. 화학적 폭발은 발열반응을 동반한 작용으로 어떤 형태로든 주변 가연물로 열이 전파되는 특성 상 가연물이 그을리거나 탄화된 형태를 나타내는데 이러한 현상이 발견된다면 화학적 폭발에 의한 영향이라고 단정하기에 앞서 물리적 폭발에 이은 화학적 폭발이 일어난 것은 아닌지 검토를 할 필요가 있다. BLEVE 현상을 보자. BLEVE 현상은 외부에서 일어난 발화원에 의해 화재가 일어나 탱크가 가열되고 국부적으로 열에 가열된 부분이 파열되는 현상으로 물리적 폭발이 화학적 폭발로 확대된 경우이다. 물리적 폭발이 화재로 확대된 경우는 BLEVE 외에도 주변에 점화원이 있다면 LP가스 용기도 가열시켜 폭발할 수 있음을 알 수 있다. 폭발 유형을 구분할 수 있다면 그만큼 발화 원인을 좁혀나가는 데 도움이 될 것이다.

(3) 분화구 생성

분화구란 폭발이 일어난 중심부 또는 폭발물이 상당량 모여 있던 지점으로 지면 속으로 움푹 파인 깔때기 모양이거나 지면이 함몰된 형태로 남아 폭발지점을 알려주는 단서로 작용을 한다. 폭발 중심부는 폭발물의 양과 강도에 따라 크기와 깊이가 천차만별로 높은 압력과 빠른 압력 상승률이 빚어낸 결과이다. 연료에 따라 고체 및 액체 폭발물과 압축가스에 의해서 발생할 수 있고, BLEVE에 의해서도 발생할 수 있다. 폭발성 물질은 화약류의 총칭으로서 질산에스테르류(니트로셀룰로오스, 셀룰로이드), 니트로화합물(피크린산, 트리니트로톨루엔), 유기과산화물(과산화벤조일, MEKPO) 등 수많은 종류가 있다. 소방법 상 제5류 위험물이 폭발성 물질에 해당하는데 가연성 물질임과 동시에 산소를 함유하고 있어 물질 스스로 산소를 소비하면서 폭발적으로 연소를 하는 위험성이 있다. 폭발로 분화구가 생성된 지점에는 물체가 온전하게 남지 않으며 잔류물 또한 기대하기 어렵다. 폭발은 심한 충격과 폭음을 동반하는데 이는 폭발 시 급속한 화학적 변화가 일어날 때 이와 동시에 많은 열과 팽창된 가스가 부피팽창을 일으키기 때문이다. 예를 들면 다이너마이트 원료로 쓰이는 니트로글리세린은 폭발 시 기체가 약 1,200배로 부피팽창을 하는데, 온도상승까지 감안하면 10,000배의 체적으로 팽창하는 것으로 알려져 있다. 이와 같은 기체의 부피팽창은 과압에 의한 폭풍파(blast wave)를 만들어 내고 땅에도 충격과 진동이 전달되면 분화구가 형성될 수 있다. 폭발성 물질에 의해 분화구가 생성된 사례를 보자. 중국 톈진(天津)항 폭발사고[14] 당시 시안화나트륨(NaCN)과 질산암모늄(NH_4NO_3) 등 3천여 톤의 물질이 보관돼 있던 지점에서 폭발이 일어나 지름이 약 70m에 이르는 분화구가 만들어졌는데 폭발 후 이곳에는 약 5만 톤의 폐수가 담겨 있었고 허용기준치의 277배가 넘는 시안화물이 검출된 것으로 밝혀졌다. 분화구의 크기는 TNT 폭약 약 3톤과 21톤 규모의 강력한 폭발이 연이어 일어남으로써 형성된 것으로 주변에 있던 컨테이너 수백 개는 종잇조각처럼 구겨진 채 폭발중심으로부터 밀려난 상황을 맞았다. 북한 용천역 폭발사고[15]에도 질산암모늄 폭발로 인해 깊이 15m의 분화구가 발생한 바 있다. 이 깊이는 적어도 TNT 8톤 상당이 폭발했을 때 생성되는 것으로 추산되고 있다. 엄청난 폭풍파에 의해 땅이 파였으므로 분화구 안에 잔류물은 남지 않았다.

[14] 2015. 8. 12(수). 중국 톈진항에 있는 물류회사 위험물보관 창고 주변의 컨테이너에서 폭발사고가 발생하였다. 당시 톈진시 공안소방국에서는 시안화나트륨 700톤, 질산암모늄 800톤, 질산칼륨 500톤 등 3천여 톤의 위험물질이 폭발현장 주변에 있었다고 발표를 하였다. 대형 폭발은 2차례 걸쳐 발생했는데 폭발 당시 160km 떨어진 베이징 지진계에서 리히터 규모 2~3의 지진파가 관측될 정도였으며 사고 현장에는 주차돼 있던 차량이 수 미터 상공으로 튀어 올랐다는 목격자의 진술도 있다. 이날 사고로 소방관 등 139명이 목숨을 잃었고 실종자 34명, 부상자 527명이 발생했으며 1만 7천여 명이 대피하는 피해를 당했다. 정확한 폭발 원인은 밝혀지지 않았다.(조선일보 보도내용 발췌. 2015)
[15] 2004. 4. 22(목). 평안북도 용천역에서 질산암모늄을 적재한 화물차량이 유조차량과 궤도에서 교체작업을 하던 중 폭발이 발생하였다. 폭발로 인해 150여 명이 목숨을 잃었고 부상자 1,300여 명이 발생하였다. 피해반경은 4km에 달했고 반경 500m 안에 있는 역사를 비롯하여 4~5층 규모의 건물 대다수가 파괴되는 피해를 입었다.(조선일보 보도내용 발췌. 2004)

톈진항 폭발사고로 지름 70m 크기의 분화구가 형성되었고 압력파에 의해 컨테이너 등이 밀려난 모습

북한 용천역 폭발현장에 생성된 분화구

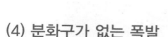

(4) 분화구가 없는 폭발

일반적으로 산소와 혼합된 상태로 연소범위 안에 있는 가스나 분진이 폭발하면 분화구가 발생하지 않는다. 폭발 중심부가 없는 것은 개방계와 밀폐계의 조건에 따라 차이가 있으나 폭발시점에 가연성 혼합기가 흩어져 분산된 상태로 폭발과 함께 발산되었기 때문이다. 초음속 폭굉 일지라도 상황에 따라서는 폭발 중심부가 없을 수도 있다. 천연가스나 액화석유가스는 폭발하더라도 중심부가 없는 것은 밀폐된 공간에서 폭발속도가 음속 미만(폭연)이기 때문이다. 고여 있는 인화성 액체와 가연성 액체의 증기가 폭발하더라도 대부분 폭발 중심부를 남기지 않으며 곡물, 재료가공공장, 석탄, 광산에서 발생하는 분진폭발도 격렬하게 손상을 주며 폭발하지만 폭발 중심부를 남기지 않는다. 분화구가 만들어지는 것은 대부분 고체 폭발물로써 어떤 방식을 취하든 지면에 압력과 충격이 전달되어야 한다. 수류탄을 던졌을 때 공중에서 폭발하면 압력파가 대기 상으로 분산되지만 지면과 접촉하면 압력이 땅에 전파되어 소규모 폭발 중심부가 생성되는 원리를 생각하면 될 것이다. 같은 원리로 백드래프트에 의한 연기 폭발도 가연성 가스와 미립자들이 공간에 넓게 분산된 상태이고 폭발속도 역시 음속 미만이므로 분화구가 생성되지 않는다.

③ 연료의 누설과 확산

(1) 연료의 누설

일반 주택에서 연료가 누설된 사고원인은 주로 금속배관 말단의 막음조치 미흡, 이물체 접촉에 의한 배관 손상, 점화되지 않은 상태에서 연소기 밸브 개방, 고의 누출 등으로 구별할 수 있다. 폭발은 연료가 누설된 후 확산된 상태에서 발생하는 것이 대부분으로 누설지점의 파악은 폭발조사의 핵심을 이루고 있다. 금속배관 끝단의 마감은 반드시 나사산이 있는 금속재로 마감하여야 함에도 어떤 마감조치 없이 그대로 방치하거나 볼밸브로 처리한 경우가 있어 누군가 조작에 의해 가스 누설로 이어지는 경우가 있다. 불이 켜지지 않은 상태로 연소기 밸브를 개방시킨 경우에도 가스는 계속 방출되고 있는 상태이므로 환기가 다소 원활한 공간이라도 누설되는 가스의 양은 폭발을 일으키기에 충분할 수 있다. 일반적으로 가스 공급배관은 건물 밖은 금속관으로 연결되어 있고 이후 연소기가 설치된 내부 공간으로는 염화비닐호스로 연결되어 있는 구조가 많다. 이러한 구조는 누군가에 의해 내부에서 염화비닐호스가 절단될 수도 있고 금속관과 염화비닐호스 간의 체결부를 해제시켜 손쉽게 사고를 야기할 수 있는 조건이 된다. 염화비닐호스는 연소하더라도 그물망 형태의 가는 철사가 남기 때문에 설치경로를 추적할 수 있는 단서가 될 수 있는데 그물망의 단면이 깨끗하게 잘려나간 상태로 보인다면 폭발 이전에 칼이나 가위 등을 이용한 사전 조작이 있었음을 의심할 수 있다. 그물망은 단면이 작아 화재 후 빠르게 부식되는 성질이 있고 작은 접촉으로도 쉽게 부서지므로 조심스럽게 관찰하면 손상된 단면이 발견될 수 있다.

잘려 나간 염화비닐호스(좌)와 옥외 가스금속관 끝단의 막음조치가 없는 상태(우)

가스폭발은 연소 하한계 부근에서 주로 발생하지만 누설지점의 위치와 높이, 방향, 방출속도 등에 따라 폭발 양상이 조금씩 차이가 있다. LPG는 공기보다 무거워 낮은 곳에 체류하거나 확산되고 메탄과 수소는 공기보다 가벼워 비교적 높은 공간으로 확산되지만 이들 물질이 복합적으로 누설된 경우 아래위로 구분되는 것이 아니라 균일하게 농도가 분포된다. 그 이유는 누설된 기체의 움직임이 빠른 상황에서 끊임없이 공기분자와 충돌이 이루어지는 브라운 운동이 이루어져 비중이 서로 다르더라도 혼합될 수밖에 없기 때문이다. 단일 성분의 가스가 누설된 경우도 예외는 아니다. 예를 들면 폭발이 일어난 건물의 벽이 바닥과 가까운 곳에서 파손되었다고 연료가스가 공기보다 무거운 것이고 천장이 파손되었다고 공기보다 가벼운 것이라는 판단은 금물이다. 다시 말해 폭발로 손상된 지점의 높이가 연료가스의 증기밀도를 나타내는 것이 아니라는 것이다. 밀폐구역에서 폭발의 손상 정도는 구조물의 강도에 좌우되는 경향이 커서 벽과 천장 중 취약한 부분으로 먼저 파괴가 일어나는 것이다. 가스나 증기의 확산속도는 분자량이 작을수록, 온도가 높을수록 커지기 때문에 동일한 조건이라면 프로판과 메탄 중 확산속도는 메탄이 빠르다. 가스의 분자량이 작을수록 공기보다 가벼워 멀리 빠르게 확산되기 때문이다.

Chapter 01
Chapter 02
Chapter 03
Chapter 04
Chapter 05
Chapter 06
Chapter 07
Chapter 08
Chapter 09
Chapter 10
Chapter 11
Chapter 12
Chapter 13

LP가스폭발로 건물 벽체가 파손되고 바닥 일부가 주저앉았으며(위) 건물 내부 콘크리트 천
장이 붕괴된 현장(아래)으로 손상된 지점의 높이가 곧 가스의 증기밀도를 의미하지 않는다.

(2) 연료의 확산

가스와 증기는 온도와 압력이 달라지면 질량은 일정해도 부피와 밀도가 달라져 엉뚱한 곳
에서 예측하기 어려운 폭발이 일어날 수 있는데 연료의 확산이 가져오는 결과이다. 일반적으로
가연성 가스는 가연성 액체보다 증기비중이 가벼운 것이 많다. 간단한 예로 프로판의 증기비중
은 1.5인 반면 톨루엔은 3.1로써 공기 중에 확산될 경우 프로판이 더 멀리 빠르게 확산된다. 주
택 1층에서 LP가스가 누설되었을 때 그곳에서 착화지 않더라도 부피와 밀도가 커져 널리 퍼질
것이며 점화원이 작용한 곳에서 폭발로 이어지게 된다. 인화성 액체의 증기는 가스보다 비중
이 높아 확산이 느리다고 볼 수 있지만 가스가 확산되는 과정과 동일한 과정을 거쳐 주변으로
확산되고 폭발을 일으킨다. 밀폐된 공간에서 인화성 액체 용기의 뚜껑을 개방한 상태로 방치했
다면 유증기가 낮은 공간으로 확산될 우려가 높고 점화원에 의해 폭발할 것이다. 실제로 고온
의 톨루엔이 들어있는 혼합용 탱크를 보관하고 있던 1층 실내에서 작업자가 탱크의 맨홀 뚜껑
을 완전히 닫지 않아 톨루엔 증기가 누설되었고 지하층으로 확산된 상황에서 인화 · 폭발이 일
어났던 사례가 있었다. 톨루엔은 휘발성이 강하고 인화하기 쉬운 물질로 공기와 혼합된 증기가
폭발성을 지닌다는 기초적인 사실을 알지 못함으로써 발생한 사고였다.

톨루엔 누설로 증기폭발이 일어나 비닐 바닥재가 부분적으로 연소된 형태

가스의 확산은 공기 중에서 뿐만 아니라 지면 아래 흙을 통해서도 원거리까지도 확산될 수 있다. 지하 배관에서 가스가 누설된 경우 땅속에 갇혀있는 것이 아니라 배관의 깊이, 땅의 표면 특성 등에 따라 좌우 또는 위로 이동하는 유동성을 지닌다. 흙은 공기와 물에 대한 흡수력이 뛰어난 다공성이 있고 가스가 쉽게 통과할 수 있을 만큼 밀집도가 낮다. 가스가 공기 중에서 확산되면 부취제 특유의 냄새가 발생하지만 흙의 성분에 따라 부취제 냄새가 제거되는 경우도 있다. 그러나 물에 대한 용해성이 낮아 감지되는 경우도 있다.

④ 발화에너지 분석

폭발을 방지하려면 무엇보다 점화원과 격리가 필요하고 물질을 최소점화에너지 이하로 유지하면 된다. 반대로 폭발이 발생하는 것은 물질에 최소점화에너지 이상이 주어졌기 때문이다. 에너지가 불충분하면 순간적으로 에너지와 접촉한 부분이 고온이 되더라고 곧 냉각되므로 연소반응은 지속되지 않는다. 그렇다면 발화가 지속되기 위하여 어떤 양 이상의 에너지가 필요한데 이를 최소발화에너지(MIE, minimum ignition energy) 또는 최소점화에너지, 최소착화에너지라고 한다. 최소발화에너지는 매우 적어 Joule의 1/1,000인 mJ를 단위로 사용한다. 최소발화에너지의 크기는 물질의 종류, 혼합기의 온도·압력·농도 등에 따라 다르다. 온도와 압력이 높을수록, 연소속도가 클수록 최소발화에너지는 작아진다. 실험한 바에 따르면 가연성 가스의 조성이 화학양론적 조성(완전연소 조성) 부근일 경우 최소발화에너지는 최저가 되고 이를 중심으로 상한계나 하한계로 향하게 되면 최소발화에너지는 증가하는 것으로 보고 있다. 밀폐구역에서 발화에너지의 위치가 어디에 있었느냐에 따라서도 폭발 피해는 달라질 수 있다. 만약 발화에너지가 중앙에 있는 경우 압력 상승률은 최대가 된다. 상대적으로 발화에너지가 벽과 인

Chapter 01
Chapter 02
Chapter 03
Chapter 04
Chapter 05
Chapter 06
Chapter 07
Chapter 08
Chapter 09
Chapter 10
Chapter 11
Chapter 12
Chapter 13

접했다면 화염면은 벽과 부딪쳐 에너지를 잃고 이에 따라 압력 상승률은 낮아져 폭발의 격렬함은 줄어들게 된다. 그러나 발화에너지가 큰 기폭장치를 사용한다면 중앙부분이 아니더라도 어느 순간에 폭연을 폭굉으로 확대시키기도 한다. 일반적으로 상온·상압에서 공기와 혼합된 경우 최소발화에너지는 가연성 기체가 0.2~0.3mJ 정도이며 석탄, 목분, 알루미늄분 등 각종 분진은 20~40mJ 정도로 가연성 기체보다 분진류의 최소발화에너지가 크다. 정전기 방전에 의한 최소발화에너지는 0.1~1mJ 정도로서 분진류는 착화시키기 어렵지만 가연성 기체를 착화시키기에는 충분한 에너지를 갖고 있다.

〔표 9-3〕 가연성 기체의 최소발화에너지

구 분	발화에너지(mJ)	구 분	발화에너지(mJ)
메탄	0.28	메틸에틸케톤	0.68
에탄	0.285	아세톤	1.15
프로판	0.305	초산메틸	0.40
프로필렌	0.096	초산에틸	1.42
아세트알데히드	0.215	초산비닐	0.70
디메틸에테르	0.376	벤젠	0.55
디에틸에테르	0.33	산화에틸렌	0.087
과산화디부틸	0.49	수소	0.02

출처 : 광주소방학교. 화재조사실무Ⅳ. 2015

〔표 9-4〕 분진류의 최소발화에너지

구 분	발화에너지(mJ)	구 분	발화에너지(mJ)
마그네슘	80	에폭시	15
알루미늄	20	폴리에틸렌	10
철	100	폴리프로필렌	30
소맥분	160	폴리스티렌	40
석탄	40	베레후탈렌	20
유황	15	콜크	40
펄프	80	목분	30

⑤ 폭발현장에서 정보의 기록

앞서 말했듯이 폭발조사는 근본적으로 화재현장조사 방법과 큰 차이가 없다. 화재조사관이 조사한 내용과 발견 상황을 정확하게 기록하고 사진촬영과 위치도 등을 작성하는 절차를 거친다. 이 과정을 통해 폭발지점과 발화원을 판단하며 주변에 산재된 증거물 등을 수집한다. 폭발로 인해 피해가 심각하거나 폭발물질이 다양하여 성상을 파악하기 곤란하다면 관련분야 전문가의 도움을 받을 필요가 있고 피해구역을 할당하여 다수 화재조사관들의 협조를 얻어야 하는 경우도 있다. 피해가 클수록 조사 범위도 넓어질 수밖에 없고 시간적·육체적 부담도 가중되겠지만 모든 기록을 빠짐없이 기록하려는 치밀함이 필요한 것이다. 이미 폭발지점이 뚜렷하게 나타난 경우에도 그것은 조사의 끝이 아니라 여러 단서 중에 하나일 뿐이라는 생각을 갖고 현장의 외형적 규모로부터 전체를 세부적으로 파악하려는 인식을 갖고 있어야 한다. 폭발현장이 소규모라고 무시할 것도 아니지만 크다고 하여 부담감을 크게 가질 필요도 없다. 적어도 현장의 크고 작음을 떠나 조사과정에서 놓치거나 누락된 정보는 없는지 검증하려는 것이 더욱 중요하다고 할 수 있다.

(1) 폭발범위 벡터 작성

폭발로 인해 물체가 손상 받고 비산된 지역이 넓어 일목요연하게 정리하기가 복잡할 때는 벡터(vector)를 이용하면 전체 윤곽을 잡아서 처리하기가 쉽다. 벡터란 화재나 폭발이 일어난 구역의 열과 화염 또는 폭발의 크기와 방향 등을 화살표로 나타낸 물리적 표시로 평면도 상에 기록하는 것이 일반적인 방법이다. 여기에는 폭발이 발생한 건물 전체의 형태와 출입문, 창문, 지붕과 벽 등을 포함하여 폭발 방향과 물체가 비산된 거리 등이 나타나도록 작성하여야 효과가 있다. 벡터의 표기는 파편조각 등이 날아간 거리를 실제로 측정한 거리를 기록하며 화재패턴과 건물의 높이, 물질의 표면특성 등을 추가하여 작성할 수 있다. 벡터 작성은 폭발압력과 폭발물이 날아간 거리 등에 대해 계량적 해석을 가능하게 하고 시각적으로 현장을 단순화시켜 객관적 이해를 돕는 자료로 평가받을 수 있어야 한다. 유리는 깨지기 쉽고 파편 조각들이 멀리 날아간다는 특성이 있어 폭발 압력과 비산거리를 평가하는 물체 중 하나로 쓰인다. 유리창이 폭발압력에 의해 비산된 경우 창틀에 남아있는 깨진 유리의 형태를 사진촬영하고 비산된 방향에 따라 날아간 유리조각 형태와 비산거리, 유리에 남겨진 특징 등을 기록할 수 있어야 한다. 멀리 비산된 유리조각에서 열에 살짝 그을린 흔적이 보인다면 화재발생 후 곧이어 폭발이 뒤따랐다는 것을 알려주는 단서가 될 것이다. 반대로 유리조각이 멀리 날아갔는데도 깨끗하다면 화재발생 이전에 폭발압력에 의해 비산된 것임을 알 수 있다. 이 같은 증거는 발견된 지점에서 확인하고 기록되어야 하며 발견되는 증거물마다 벡터로 기록하다보면 폭발지점으로부터 비산된 증거라는 일관성을 발견하게 될 것이다. 주의할 점은 비산된 지점에서 발견된 파편이 폭발지점에 남아있는 소재와 일치하는지 대입해 보고 만약 일치하지 않는다면 배제하여야 할 것이다. 예를 들면 폭발로 비산된 범위 안에서 필름으로 코팅된 유리파편이 발견되었음에도 폭발중심에서 필름 코팅된 유리창이나 유리제품 등이 발견되지 않는다면 폭발과 관계없는 것으로 배제가 가능

Chapter
01

Chapter
02

Chapter
03

Chapter
04

Chapter
05

Chapter
06

Chapter
07

Chapter
08

Chapter
09

Chapter
10

Chapter
11

Chapter
12

Chapter
13

할 것이다. 벡터의 작성은 다양하게 비산된 증거들이 어떻게 확산되고 분포되었는지를 나타내는 궤도를 재구성하는 데 도움이 될 것이다.

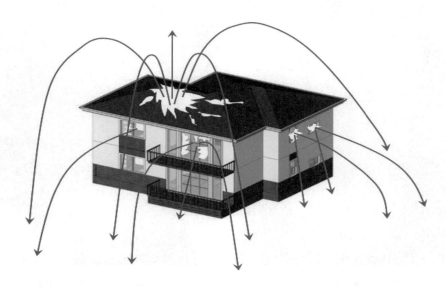

벡터의 작성은 폭발중심부와 물체가 날아간 방향을 해석하는 기준이 될 수 있다.

(2) 용기의 파손 상태 등 폭발기록의 입증

폭발피해는 누설된 가스의 양과 시설, 건물구조에 따라 매우 다양하므로 입증과 기록방법도 현장에 따라 다를 수밖에 없다. 가스폭발 후 용기 표면에 결로현상이 발견된다면 폭발 전에 가스의 급속한 누설이 있었다는 증거이며 압력조정기 내부에 있는 다이어프램이 손상된 경우에도 다량의 가스가 누설되므로 용기 표면에 결로현상이 발생한다. 따라서 결로현상이 발견되면 용기 표면을 사진촬영하는데 그치지 말고 압력조정기도 수집하여 내부 손상이 있었는지 검사를 통해 입증할 필요가 있다.

용기 표면의 결로현상은 가스의 급속한 방출이 진행되었음을 알려주는 단서가 된다.

　가스폭발의 원인은 용기 표면의 결로현상 이외에도 염화비닐호스의 절단 흔적, 금속배관 끝단 막음조치가 없었다는 것 등으로 입증이 가능할 것이다. 중간밸브는 호스에 연결된 상태로 발견되는 것이 일반적이지만 폭발 후 화재로 인해 호스에서 이탈되어 잔해에 묻혀 쉽게 발견되지 않을 수 있고 발굴지역에서 발견되지 않을 수도 있다.(경험적으로 볼 때 화재 후 누군가 가져갔거나 화재진압과정에서 다른 곳으로 이동되었을 가능성도 있어 이에 대한 고려가 있어야 한다.) 그렇다면 가스가 누설된 것을 입증할 길은 없는 것인가. 중간밸브와 연결된 연소기 밸브가 열림상태로 발견되고 연소기 상단의 레인지 후드가 타 지점보다 손상과 연소가 크며 주방에 설치된 유리창의 파편이 가장 먼 지점에서 발견된 점으로 보아 폭발중심이 연소기 주변이었다는 것 등 다른 모든 증거가 일관성 있게 특정지점을 가리키고 있다는 것을 증명하는 데 초점을 두면 입증에 어려움을 덜 수 있을 것이다.

　중간밸브는 폭발 후 닫힘상태로 발견되는 경우도 있다. 이러한 상황은 최초 현장에 진입한 소방관이 2차사고 방지를 위해 중간밸브를 폐쇄시키는 경우가 있고 애당초 중간밸브와 연결된 가스설비가 폭발한 것이 아니라 다른 가스를 이용한 폭발 등을 생각할 수 있을 것이다. 입증은 현장에서 당장 발견된 상황뿐만 아니라 소방관 등 누군가의 조작에 의해 변경된 내용까지 확인하고 기록하여 향후 반증이 제기되더라도 입증된 사실에 변함이 없고 흔들림이 없어야 한다. 가스 용기가 터져 쪼개지거나 절개된 상황은 화염을 받은 용기 몸체가 내부 압력을 견디지 못해 부풀어 올라 두께가 얇아진 곳으로 균열이 발생하여 보일러가 폭발하는 것처럼 내부의 상변화로 용기 자체가 분리된 것이다. LP가스 용기는 가스가 누설되어 착화하더라도 용기 안으로 산소가 유입될 수 없어 폭발하지 않는다. 결국 가스가 모두 소진될 때까지 연소는 계속되지만 폭발은 일어나지 않는다. 용기의 파열은 화재 열에 의해 과압이 형성되거나 외부 충격 또는 용기 자체의 피로 균열의 확대 등으로 파열되므로 용기의 쪼개진 부분을 면밀히 파악하고 파편 조각 등을 수거하여 대조한 후 입증하도록 한다.

Chapter
01
Chapter
02
Chapter
03
Chapter
04
Chapter
05
Chapter
06
Chapter
07
Chapter
08
Chapter
09
Chapter
10
Chapter
11
Chapter
12
Chapter
13

용접 접합 부위에서 피로 파괴가 일어나 가스가 누설되었고(좌), 외부 화염에 의해 파열된 LPG 용기(우)

에어 컴프레서(공기 압축기)는 용기가 부식되면 폭발할 수 있는 특이한 케이스에 해당한다. 공기 압축기를 사용한 후에는 반드시 탱크 안에 있는 물을 배수시켜 청결을 유지해야 하는데 배수가 원활하지 못하거나 탱크 바닥에 누적된 습기가 금속을 부식시켜 녹이 진행되면 운전 중 피로 균열을 일으켜 폭발하는 경우가 있다.

등유나 중유는 용기에 담긴 상태에서 뚜껑이 열려 있더라도 누설된 증기는 비점이 낮아 폭발한계 이하를 유지하여 폭발하지 않지만 바닥에 뿌려지면 표면적이 넓어져 점화원에 의해 유증기폭발을 일으킬 수 있다. 가연성 액체일지라도 뚜껑이 닫혀있는 용기는 내부에 포화증기압이 형성되고 이 상황에서는 증기농도가 폭발범위를 초과하여 점화원이 있어도 폭발하지 않는다. 따라서 폭발 당시 용기의 개폐여부와 인화성 액체가 어떤 상태에 있었는지 확인은 필수적이다. 가연성 액체 용기가 폭발로 인해 멀리 날아간 경우는 기상부의 증기가 팽창되어 더 이상 내압을 견디지 못함으로서 용기뚜껑이 파열되고 증기가 박차고 나갈 때 추진력을 얻었기 때문이다. 일반적으로 용기가 세워진 상태일 때 용기 뚜껑이 개방되는 경우가 많지만 용기 바닥면이 개방되어 튕겨 나가는 경우도 있다. 용기 바닥면이 개방되는 경우는 용기가 옆으로 누워있는 상태일 때 위험성이 증대된다. 용기가 세워져 있을 때에는 증기압력이 용기 뚜껑으로 집중되지만 옆으로 누워있는 경우에는 담겨있는 양에 따라 용기의 측면은 물론 용기 뚜껑과 용기 바닥면으로도 기상부가 만들어진다. 만약 가연성 액체가 용기에 반쯤 남아 있는 상태에서 옆으로 쓰러지면 1/2 정도의 빈 공간이 수평으로 형성될 것이다. 이런 상황에서 지속적으로 열을 받는다면 바닥면과 측면 등 열에 취약한 지점에서 파열을 일으킬 것이며 용기 내부에 팽창된 압력이 높을수록 멀리 날아갈 수 있는 에너지를 얻는다.

가연성 액체가 담긴 철재용기가 외부 화염을 받아 내부 증기압 팽창에 따라 뚜껑이 터져 5m가량 날아간 형태

(3) 정보의 누락 방지

현장조사 시 누락 없이 정보를 기록하려면 사각지대가 발생하지 않도록 샅샅이 모두 살펴보고 관찰하는 것이 관건이다. 화재 또는 폭발이 거실에서 발생한 것으로 보이는 현장에서 주방을 배제한 채 조사를 한 것은 조사 범위를 너무 압축한 것일 수도 있다. 어떤 정보를 쓸 것이고 어떤 정보를 버릴 것인지 판단의 선택은 화재조사관에게 있지만 반론은 항상 화재조사관들이 등한시한 부분에서 발생한다는 점을 강조한다. 정보의 기록유지는 가감 없이 수집한 후 철저한 검증을 거쳐야 하며 화재조사관의 눈길과 손길이 미치지 않은 사각지대가 없도록 하여야 한다. 목격자가 폭발현장에서 반복적인 폭발음을 들었다면 그것을 뒷받침할 수 있는 파열된 부탄가스통이나 스프레이통 등의 증거를 확보하여 설명할 수 있어야 한다. 전기적 요인에 의해 폭발이 발생했더라도 주변에 가스설비 등의 화학적 요인과 기계적 요인 등은 없었는지 모든 요소를 살펴보고 이들이 배제된 사유에 대해서도 기록해 놓아야 한다. 다른 요인에 대한 정보를 기록해 놓지 않으면 사후 기록하지 않은 요인에 대해 조사결과를 내놓으라고 요구받았을 때 대응할 방법이 궁색해질 수밖에 없다. 화재조사관은 조사 결과에 대해 반론이 제기되었을 때 자신이 조사한 결과만 내세울 것이 아니라 상대방이 주장하고 있는 내용에 대해 어떤 사실 때문에 당신이 주장하고 있는 내용이 아닐 수밖에 없다는 점을 설명할 수 있는 능력이 더 중요하다.

CHAPTER 10

증거물의 수집과 처리

The technique for fire investigation identification

CHAPTER 10

증거물의 수집과 처리

The technique for fire investigation identification

Step 01 증거의 정의 및 종류

1 증거의 정의

사전적 의미에서 증거란 어떤 사실을 증명할 수 있는 근거를 뜻한다. 여기서 근거는 크게 인적 증거와 물적 증거를 총칭하지만 화재조사는 물리적 증거가 중심이므로 화재를 일으킨 그 물건의 존재와 상태가 화재원인 증명에 도움이 되는 것을 말한다. NFPA921에서는 물리적 증거를 '특정한 사실이나 문제를 증명하거나 반증할 수 있는 실체가 있는 물건'이라고 하였고 국내 화재증거물수집관리규칙에서는 '화재와 관련이 있는 물건 및 개연성이 있는 모든 개체'라고 정의를 내리고 있다. 개체(個體)란 전체에 대하여 하나하나의 낱개를 이르는 말로서 비단 물질이나 물건뿐만 아니라 목격자의 증언, 진술, 고백 등이 포함될 수 있고 감식, 감정, 도면과 사진, 변사체 등도 폭넓게 증거의 범주로 인정하고 있다.

2 인적 증거(personal evidence)와 물적 증거(physical evidence)

화재조사와 관계된 증거에는 인적 증거와 물적 증거로 구분하고 있다. 인적 증거는 화재현장에서 관계자로부터 얻어낸 진술과 증언이 될 수 있고 감정인의 감정 소견도 인적 증거로 취급하고 있다. 물적 증거는 화재조사관들이 현장에서 확보한 발화원의 잔해 또는 연소 확대된 탄화물 등이 될 수 있고 각종 서류와 도면, 사진, 영상물 등도 물적 증거로 인정받고 있다. 물적 증거는 발화원인 조사에 있어 결정적인 증거가 될 수 있으며 형사상으로 방화자에 대한 책임을 추궁할 수 있는 근거로도 쓰이고 민사상으로 손해배상을 청구할 수 있는 단서로 작용을 할 수 있다.

화|재|조|사|감|식|기|술

358

물적 증거는 변색과 용융 등으로 원래의 형태와 모습으로부터 변형된 경우가 많지만 남겨진 단면을 통해 원래의 상태를 추적해 보면 발화 당시 상황을 입증할 수 있을 것이다. 가연성 액체가 담겼던 플라스틱 용기가 녹아 형체가 사라지더라도 용융 후 바닥에 응고된 잔해를 통해 플라스틱 성분을 확인할 수 있고 주변 바닥으로 흘러 스며든 유류성분이 검출될 수 있다. 가연물이 많지 않은 상황에서 연소된 시간에 비해 급격하게 연소된 화재패턴이 확인된다면 이러한 화재 언어(fire language) 자체가 물리적 증거로 쓰일 수 있다. 법의학적 증거는 혈액이나 지문, 타액, 머리카락 등 미세증거를 대상으로 화재와 관계된 사람을 특정시키고 화재 당시 행위를 입증할 수 있는 객관적 지표를 제공해 준다. 반증이 나타나지 않는 한 물적 증거가 돌이킬 수 없는 확실한 증거라면 인적 증거는 사람의 심리상태나 심경 변화 등으로 시간이 지남에 따라 변화될 수 있기 때문에 유동적인 증거라고 할 수 있다. 처음에는 객관적 사실 그대로 진술을 하다가도 차츰 상황이 정리되면 책임 소재와 손익 계산을 따져 알고 있었던 사실도 모른다고 하거나 침묵으로 일관하는 경우는 얼마든지 볼 수 있기 때문이다. 따라서 화재현장에서 관계자의 진술에만 의존한 조사에 집중하다 보면 법정심문에서 사실의 진위가 뒤바뀌거나 화재원인을 밝혀내고도 법적으로 마무리를 짓지 못하는 직면에 부딪칠 수 있다. 화재조사는 물리적 증거의 바탕위에 대인적 조사가 보충적으로 이루어져 화재 전후 관계를 명백히 밝혀내는 것으로 물리적 증거 확보에 심혈을 기울이되 확보된 인적 증거와 조화와 균형이 맞아 떨어질 수 있도록 사실관계의 입증에 주력하여야 한다.

Step 02 증거보존을 위한 현장 조치

모텔 2층에서 화재가 발생한 적이 있었다. 2층에는 6개의 객실이 있었는데 객실 출입문을 살펴보니 공통적으로 화염이 복도에서 객실 안쪽으로 유입된 것으로 확인이 되었다. 발화지점은 2층 계단입구로 판명되었는데 이곳에서 확산된 불길이 천장을 가로질러 복도 전체로 전면적으로 확대되었고 계단참 주변의 유리창이 열기에 의해 모두 깨졌으며 바닥 카펫까지 소실되었다. 발화지점은 콘크리트 바닥이 드러날 정도였으며 발굴이 필요 없을 정도로 잔해가 남지 않았다. 더구나 화재진압을 위해 다수 소방관들의 왕래가 불가피했고 화재 후 관계자들의 출입이 잦았던 탓으로 탄화물의 잔해를 오염시키거나 소멸시키기에 충분했던 것이다. 방화의 심증은 있었으나 결국 증거획득에는 실패하고 말았다. 이 사례에서 알 수 있듯이 화재진압 후 적절한 시기에 증거보존을 위한 현장 조치가 이루어지지 않는다면 발화원의 잔해 및 착화에 이르게 된 탄화물의 종류조차 파악하기 어려운 한계를 맞는다. 증거보존 및 발화구역의 훼손을 최소화하려면 화재진압 후 무분별한 현장진입에 제한을 두어야 하며 화재 책임자나 화재조사관의 지시에 따르도록 하여야 한다. 본격적으로 현장조사를 진행하지 않는 한 발화지점은 파악되지 않는 경우도 있고 가재도구 등은 원래의 위치로부터 옮겨지거나 위치를 알 수 없는 경우도 있다. 따라서 화재현장 전체를 물리적 증거로 간주하고 적절한 조치를 취할 필요가 있다. 현장보존은 곧 증거를 보존한다는 차원이며 발화원인을 정확하게 규명할 수 있는 지름길과 통한다는 것을 마음속에 간직하고 있어야 한다.

증거보존을 위한 현장 조치와 확인하여야 할 사항들

① 발화지점 부근은 가급적 직사주수를 피하고 훼손 방지를 고려한다.

② 잔화정리 시 과도한 파헤침이나 물건의 이동은 제한하도록 한다.

③ 화재진압 후 내부로 진입하는 인원은 엄격히 통제하고 제한적이어야 한다.

④ 물품의 이동과 반출은 원칙적으로 금하며 불가피한 경우 사진촬영 후 조치한다.

⑤ 소방관에 의해 파괴된 출입문, 유리창, 천장 등은 화재로 손상된 것과 구분하여 둔다.

⑥ 화재진압과정에서 전기스위치와 가스밸브 등의 조작은 없었는지 현장활동에 참여한 소방관을 통해 확인해 둔다.

⑦ 물을 뿌려도 불이 꺼지지 않았던 지점, 미리 열려 있었던 개구부 등 자연스럽지 않은 특이 현상과 참고할만한 사항들을 최초 현장에 진입한 소방관으로부터 정보를 확보한다.

Step 03 ▍ 증거수집 용기

증거수집 용기의 사용목적은 증거의 변질 또는 오염을 방지하고 물리적 상태와 특성을 수집 당시의 원상태로 보존하는데 있다. 증거물의 형태와 특성에 따라 비닐봉지, 유리병, 금속캔, 종이봉투, 종이상자 등으로 구분하고 있으며 용도에 맞게 사용하여야 한다.

① 증거수집 용기의 종류

❶ 비닐봉지

비닐봉지(plastic bag)는 모양과 크기가 다양하고 가격이 저렴하며 구입이 쉬워 널리 사용되고 있는 증거수집 용기 중 하나에 해당한다. 비닐봉지가 투명한 재질인 경우 봉지를 열지 않고도 내용물을 볼 수 있는 장점이 있으나 견고하게 입구를 밀봉처리하지 않는다면 증거의 오염 및 변질을 초래할 우려가 있어 주의할 필요가 있다. 증거물을 비닐봉지에 넣은 후 봉지 입구에 지퍼가 달린 지퍼 백의 사용은 오염 방지를 최소화할 수 있는 방법이 될 것이다. 지퍼 백을 봉하는(sealing) 방법이 매우 간단하기도 하지만 현장에서 증거물을 수집할 때 교차오염만 없다면 일단 비닐봉지 내부로 오염원이 유입될 가능성을 최대한 줄일 수 있기 때문이다. 지퍼 백의 사용은 내용물의 누설이나 공기의 유입 등을 막을 수 있고 오랜 시간 보관이 가능한 방법에 속한다. 지퍼가 없는 일반 비닐봉지일 경우에는 증거물을 봉지 안에 넣은 후 입구를 모아서 한번 구부린 후 케이블타이나 끈 등으로 견고하게 묶거나 테이프로 단단하게 돌려 붙여 외부 오염원과 접촉하지 않도록 하는 방법도 있다. 케이블타이나 끈이 없으면 틈이 발생하지 않도록 봉지자체를 옭매듭 지어 사용하기도 한다. 비닐봉지는 재질이 버틸 수 있는 한계 이하의 적당한 증거물을 담아야 하며 액체시료를 담는 용도로는 선택하지 않아야 한다. 비닐은 쉽게 찢어지거나 누설될 수 있기 때문이다. 그렇다고 비닐봉지의 견고함을 과소평가할 필요는 없다. 날카로운 물체 등과 접촉 없이 온전한 상태로 보관이 가능하다면 비닐봉지는 유리병이나 캔보다도 증거를 변질시키지 않고 오래 보관할 수 있는 장점이 있다.

비닐봉지 입구를 옭매듭 짓거나 비닐을 모아서 한 번 구부린 후 케이블 타이, 테이프 등으로 밀봉처리한 형태

지퍼 백 비닐봉지 형태

❷ 유리병

　액체 및 고체 증거물을 수집하는데 이용된다. 유리병은 착색되지 않은 투명한 재질을 선택하여 안에 담긴 물체를 볼 수 있는 것이 좋다. 유리병은 휘발성 액체의 증발 방지 및 오랜 시간 저장하더라도 증거물의 상태를 악화시키지 않는 장점이 있는 반면에 외부 충격에 쉽게 깨질 수 있고 물체를 대량으로 저장하는데 용적의 제한을 받는 단점이 있다. 액체 촉진제를 수집할 때 주의할 점은 유리병 뚜껑 안쪽이 본드나 아교로 접착되거나 고무로 된 재질은 사용하지 않도록 하여야 한다. 본드와 아교 접착제는 시료를 오염시킬 수 있는 용매가 첨가되어 있고 고무재질은 액체 촉진제 증기에 의해 녹거나 물러질 수 있으며 이로 인해 시료 성분의 변질을 초래할 수 있기 때문이다. 유리병에 휘발성 액체를 수집하는 경우 코르크마개 또한 뚜껑으로 사용하지 않도록 주의를 하여야 한다. 코르크마개의 미세한 공기구멍은 외부 공기와 접촉할 수 있는 통로

역할을 하여 휘발성 증기의 증발을 촉진시킬 수 있기 때문이다. 화재증거물수집관리규칙에서는 유리병 뚜껑은 유리로 되었거나 폴리테트라플루오로에틸렌(PTFE)[1]으로 된 마개 또는 내유성의 내부판이 부착된 플라스틱이나 금속의 스크루 마개를 가지고 있어야 한다고 규정하고 있다. 만약 유리병 뚜껑이 본드나 아교로 접착되거나 고무 재질 또는 코르크마개를 사용할 수밖에 없다면 알루미늄이나 주석 호일로 뚜껑을 감싼 후 공기가 새지 않도록 단단히 밀봉처리를 하여야 한다. 유리병에 수집하여야 할 액체 촉진제의 양은 유리병의 용적과 증기가 차지하는 비율을 고려하여 2/3(70%) 이상 채우지 않도록 한다.

유리병에 인화성 촉진제를 수집할 경우 증기가 새지 않도록 밀봉처리하여야 한다.

❸ 금속 캔

고체 및 액체 증거물을 수집할 수 있는 용기로 특히 유동성 있는 액체를 수집하는데 쓰임이 좋다. 금속 캔은 저장과 이동이 편리하고 어떤 용매에도 투과성이 없으며 내구성과 강도가 우수해 휘발성 액체의 증발 방지에 탁월한 장점이 있다. 단점으로는 시료를 넣은 후 용기를 열기 전까지는 안에 있는 내용물을 볼 수 없으며 공기 중에 산화하면 녹이 발생하는 점을 들 수 있다. 금속 캔과 뚜껑은 평소에 청결하고 건조한 상태를 유지하여야 하며 사용 직전에 캔의 상태를 검사하여 새거나 녹이 발생했다면 폐기하여야 한다. 시료를 담고 뚜껑을 닫을 때에는 손으로 눌러 닫는 방법보다는 고무망치를 이용해 두드리면 기밀유지에 효과적이다. 일반적으로 금속 캔의 뚜껑은 스크루마개 또는 압력을 가해 누르는 금속 뚜껑으로 되어 있는데 캔과 뚜껑의 접속부분이 조금이라도 찌그러져 있다면 즉시 폐기하여야 한다. 금속 뚜껑은 직접 금속 몸통에 견고하게 밀착시켜 닫는 방식이므로 다시 열고자 할 때는 여간해서는 손으로 열기 어려워 드라이버나 송곳으로 몸통과 뚜껑 사이를 벌려 열 수밖에 없어 찌그러진 틈새가 발생했다면 재사용을 금한다. 유류를 담았던 용기는 완벽하게 유류성분을 제거하기 어려우므로 한 번 사용 후 폐

---

[1] 폴리테트라플루오로에틸렌(Polytetrafluoroethylene)은 열에 강하고 마찰계수가 극히 낮으며 내화학성이 우수하다. 듀퐁의 상품명인 테프론(teflon)으로 많이 알려져 있으며 넓은 온도 범위(−270~250℃)에서도 물리적 성질을 유지한다. 개스킷, 베어링, 컨테이너와 관의 내벽, 부식이 일어나는 밸브와 펌프의 부품, 조리기구, 톱날 등의 보호막 등으로 사용되고 있다.

Step 03 | 증거수집 용기

Chapter 01
Chapter 02
Chapter 03
Chapter 04
Chapter 05
Chapter 06
Chapter 07
Chapter 08
Chapter 09
Chapter 10
Chapter 11
Chapter 12
Chapter 13

기할 것을 권장한다.[2] 유리병과 마찬가지로 금속 캔에 액체를 수집하는 경우 용적과 증기가 차지하는 비율을 고려하여 2/3(70%) 이상 채우지 않도록 한다.

금속 캔은 누설이나 녹이 없어야 하며 청결하고 건조하여야 한다.

④ 종이봉투 및 종이상자

종이봉투는 고체 시료를 수집하는데 가장 일반적인 수집용기로 쓰인다. 전기배선과 차단기 잔해, 금속 조각, 플라스틱 등 종이봉투의 규격에 따라 알맞은 크기의 증거물을 수집할 수 있지만 물에 젖은 물질은 종이가 파손될 우려가 있으므로 피하도록 한다. 증거를 수집한 후에는 테이프 등으로 견고하게 밀봉하여 보존하여야 한다. 종이상자는 부피가 큰 물체를 수집하거나 이동하는데 사용된다. 물체를 수집한 후 남아있는 여유 공간은 에어 캡(일명 뽁뽁이)이나 신문지 등을 꾸겨서 채워 넣어 물체가 흔들리거나 이송 중 파손되는 것을 방지하도록 조치할 필요도 있다. 비닐봉지, 금속 캔, 종이봉투를 이용하여 1차 수집된 증거를 밀봉시킨 후 다시 2차로 종이상자에 옮겨 담아 이송하고자 할 때에도 적응성이 좋다.

종이상자 및 종이봉투의 형태

[2] 화재증거물수집관리규칙에서 주석도금 캔은 1회 사용한 후 반드시 폐기할 것과 양철 캔의 누르는 금속마개도 한 번 사용한 후에는 폐기하라고 명시되어 있다.

❺ 증거수집용 가방

금속 캔이나 유리병에 수집한 증거물을 별도의 증거수집용 가방에 담아 보존하는 것으로
저장과 이동이 편리해 쓰임이 크다. 무엇보다 휘발성 액체에 오염이 가중되는 것을 최소화할
수 있는 탁월한 장점을 갖고 있다. 일반 가방과 달리 화학적으로 안정된 딱딱한 재질로 만들어
져 외부 충격을 받더라도 내부에 있는 물체가 보호받을 수 있고 증거물이 유실될 확률이 거의
없다. 내부 구조는 수집된 액체 시료가 이동 중에도 흔들리거나 쏟아지지 않도록 홈으로 파인
케이스에 들어가도록 고안되어 안전성을 높인 것이 많다.

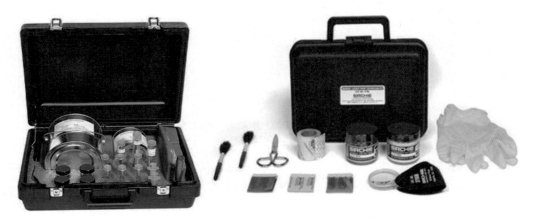

증거수집용 가방의 형태

② 증거수집 용기 사용 시 주의사항

❶ 증거수집 장비와 용기를 포함한 모든 기자재는 원래의 목적과 채취할 시료에 적합한 것
을 사용하여야 한다.

❷ 시료 용기에 따라 적당한 마개를 사용하거나 시료가 누설되지 않도록 언제나 확실하게
밀봉하여야 한다.

❸ 증거물을 수집할 때 오염·훼손·변형 방지를 염두에 두고 수집하는 방법을 강구하여야
한다.

❹ 시료 용기는 사용하기 전에 검사를 하고 만약 새거나 부식이 발견되면 폐기하여야 한다.

❺ 시료 용기는 원칙적으로 재사용하지 않아야 하며 재사용할 경우 반드시 세척 후 청결을
유지하여야 한다.

❻ 시료 용기에 밀봉이 완료되면 특별한 사정이 없는 한 현장에서 재개봉하지 않아야 한다.

Step 04 증거물 수집 및 오염 방지

Chapter 01
Chapter 02
Chapter 03
Chapter 04
Chapter 05
Chapter 06
Chapter 07
Chapter 08
Chapter 09
Chapter 10
Chapter 11
Chapter 12
Chapter 13

화재조사관이 현장조사를 실시하는 과정은 발화지점과 화재원인을 결정하기 위해 증거와 정보를 수집하고 확인하는 절차를 거친다. 수집된 자료는 화재 또는 폭발이 발생한 원인에 대해 가설을 세우고 검증하는데 필수적인 재료인 셈이다. 증거물은 발견 당시 그 지점에 위치하게 된 배경과 설치 상태, 손상 정도 등을 따져 화재와 어떤 관계였는지 구체적이어야 하며 화재현장 전체와 연결된 시나리오 구성에 막힘이 없어야 한다. 효과적으로 화재현장 전체를 해석하고 증거물을 수집하고자 할 때는 시스템적 사고방식으로 접근할 것을 권장한다. 시스템적 사고는 전체 속에서 부분을 바라보며 전체 최적화를 고려하는 사고방식으로 눈에 보이는 현상과 그 이면에 숨어있는 문제의 본질을 파악하는 사고로 작용하기 때문이다. 이 사고방식을 적용하면 당초 증거물이 있었던 상태와 발화당시 일어난 작용으로 인해 연소확대된 사유까지 피드백시킴으로써 조사결과의 신뢰와 완성도를 높일 수 있다.

① 증거물의 수집 전 단계

깨끗하게 소독 처리된 장갑과 신발, 복장 등을 착용하도록 한다. 증거수집 장비는 물에 젖지 않고 건조한 상태로 흙이나 먼지 등 오염물질이 없는 깨끗한 것이어야 하며 수집 용기 또한 소독처리된 것을 준비하도록 한다. 수집할 대상이 가연성 액체인 경우 한 번도 사용하지 않은 용기를 준비하여 무결성을 유지하는 것도 좋은 방법이다. 장갑이나 신발은 갈아서 사용할 수 있도록 넉넉한 분량을 준비하여 언제든지 새 것으로 바꿔 사용할 수 있도록 조치하는 것도 필요하다. 증거물 표지 또는 번호표 등도 여유 있게 준비하도록 한다.

② 증거물의 수집 방법

수집할 증거물이 선정되면 본격 수집에 앞서 증거물이 있었던 구체적인 위치를 먼저 사진 촬영을 하고 노트에 기록하여야 한다. 어디서 발견되었고 다른 물품과의 배치상태 등을 알 수 있도록 번호표를 놓고 사진촬영을 하여 주변 상황까지 기록함으로써 증거의 가치를 높여야 한다. 증거가 고체 또는 액체인지 크기가 큰 것인지 작은 것인지 등에 따라 수집에 적합한 용기와 장비를 준비하고 오염이 가중되지 않는 수집 방법을 선택하여야 한다. 부적절한 증거의 수집은 오염이 가중될 수 있고 증거의 변형과 훼손은 다시 원점으로 돌이킬 수 없다는 점을 염두에 두어야 한다.

❶ 가능한 한 빠른 시간 안에 수집하라.

화재진압이 끝나고 난 후 건물 내부에 연기가 없고 열기 또한 모두 식은 상태라면 빠른 시간 안에 증거를 수집하는 데 집중하도록 한다. 이 시간은 화재조사관에게 금쪽같은 골든타임 (prime time)이 될 수 있다. 화재진압대원을 제외한 외부인의 접촉이 없는 현장일수록 증거가 발견되기 쉬울 것이다. 화재발생 후 2~3일 정도가 지나면 외부인의 출입 흔적이 발견되는 경우가 있고 비와 눈 또는 공기 접촉 등에 의한 물질의 산화로 금속에 녹이 발생하면 화재로 인한 변색흔은 녹에 덮여 식별하기 어려울 수도 있다. 어느 시기에 조사에 착수할 것인지는 오로지 화재조사관의 현명한 판단에 달려있는 것이다.

❷ 증거를 취급하는 인원은 제한을 두도록 하라.

증거가 여러 사람의 손을 거친다면 오염이 가중되고 망실될 우려를 피하기 어렵다. 증거수집 용기가 뒤바뀔 수 있고 새 용기와 재사용한 용기의 구별에 혼선이 발생할 수도 있으므로 증거물은 가급적 한 사람이 담당하도록 하는 것이 좋다. 수집 용기에 부착하는 인식표 (identification tag) 작성도 증거를 수집한 화재조사관이 직접 수집 일시, 수집 장소, 수집자, 증거물의 내용 등을 적어 관리소재를 분명하게 하는 것이 좋다.

❸ 장갑과 신발의 오염방지에 주의하라.

증거수집용 장갑과 깨끗한 신발의 착용은 필수적이다. 증거수집용 장갑에는 비닐장갑, 고무장갑, 면장갑 등이 사용되고 있는데 모두 증거수집 전 착용을 하고 증거를 수집한 후에는 재사용하지 말고 폐기하여야 한다. 또 다른 증거물을 수집할 때에는 새로운 장갑으로 교체를 하여 하나의 장갑으로 여러 종류의 증거물과 접촉하지 않았다는 기록의 작성도 필요하다. 증거물을 수집했을 때 사용한 장갑을 증거물 옆에 나란히 놓고 용기와 장갑에 동일한 번호를 매겨 사진촬영으로 기록을 남기는 방법은 수집절차가 어떻게 이루어졌는지 증명할 수 있는 자료로 쓰일 것이다. 이때 관계자 등을 입회시켜 수집절차에 오류가 없었음을 확인시키는 방법을 병행한다면 더욱 좋다. 신발은 증거를 수집할 구역에 들어가기 전에 확인을 하고 조사구역이 바뀔 때마다 갈아 신도록 한다. 신발을 신은 채 부직포로 된 덧신을 덮어씌워 착용하는 방법도 오염을 가중시키지 않는 방법이 될 것이다. 모텔 1층에 가솔린을 뿌린 후 불을 지른 현장을 조사한 적이 있었는데 2층 바닥에서도 가솔린 잔해가 검출된 적이 있었다. 조사결과 화재진압대원이 1층 화재를 진압한 후 방수화가 오염된 상태로 그대로 2층으로 올라가 진입하는 바람에 일어난 해프닝으로 밝혀졌다.

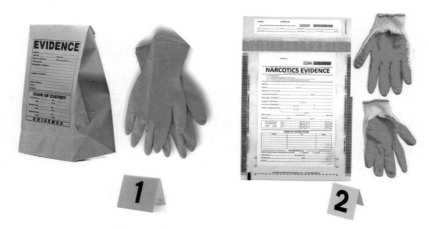

증거물을 수집할 때 사용한 장갑을 증거물과 함께 사진촬영하면 증거의 수집과정을 증명하는 자료가 될 수 있다.

❹ 증거수집 도구는 깨끗하고 사용하지 않은 것을 이용하라.

발굴 용구를 비롯하여 핀셋, 가위, 증거물 표지, 수집 용기 등 증거수집 관련 장비는 깨끗하거나 사용하지 않은 것을 이용한다. 일단 한 번이라도 사용된 증거수집 도구는 사전에 깨끗하게 소독 또는 세척된 것이어야 하며 증거수집도구로부터 증거물이 오염되었다는 논란이 없어야 한다. 가연성 액체가 흡수된 섬유나 카펫을 비닐봉지로 수집할 때는 비닐봉지를 거꾸로 뒤집어서 손을 집어넣은 후 섬유나 카펫을 잡고 다시 밖으로 당겨 밀봉하는 방식은 증거물과 직접 접촉하지 않는 방법 중 하나가 될 수 있다. 하나의 증거를 수집한 후 또 다른 증거를 수집할 때에 수집 도구가 오염되었다면 반드시 화장지 등으로 닦아내거나 세척한 후 재사용하여야 한다. 스포이트, 피펫, 사이펀 관 등 세척이 불가능한 도구는 사용 후 폐기한다. 스포이트나 피펫, 사이펀 관은 현장에서 소량의 액체를 빨아들이는 데 쓰이는데 특히 사이펀(siphon)은 관을 이용하여 액체를 낮은 지점에서 높은 지점까지 이동시키는 데 쓰이는 장치로 이 메커니즘을 사이펀의 원리라고 한다. 일회용 주사기를 이용하여 가연성 액체를 수집하는 방법도 있다. 스포이트나 주사기 등 일회용 수집도구는 소모품이므로 항상 넉넉한 분량을 준비하여야 한다.

스포이트   피펫   사이펀 관

❺ 대조 도구 및 증거물 표지를 적극 활용하라.

화재현장에서 발견되는 증거물은 원형을 유지하고 있는 경우가 거의 없다. 금속이나 석재 등 일부 불연재를 제외하면 목재와 종이, 플라스틱 등 가연재가 많아 소실되거나 변형된 잔해로 발견되는 것이 일반적이며 전기배선의 용융흔, 금속 조각 등은 근접 촬영할 경우 크기를 가늠하기 곤란한 상황도 맞이할 수 있다. 이러한 경우에는 발견 당시 대조 도구(compare tool)를 증거물 옆에 놓고 크기를 알 수 있도록 사진촬영을 하고 발견상황과 소손된 상태 등을 구체적으로 설명해 기록하면 더욱 효과적이다. 대조 도구는 증거물의 상대적 크기를 알기 쉽게 눈금자, 동전, 성냥개비 등을 사용할 수 있으며 눈금자는 증거물의 크기를 계량적으로 기록하는데 효과적이다.

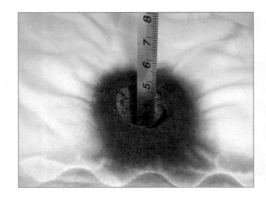 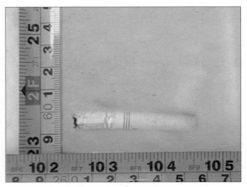

눈금자, 악어클립, 동전 등 대조 도구의 사용은 물체의 크기를 쉽게 식별할 수 있어 신뢰를 높일 수 있다.

한편 증거를 수집하고자 할 때 발견된 지점 및 다른 물건들의 배열상태 등 상대적 위치를 일목요연하게 나타내기 위하여 증거물 표지를 사용할 것을 권장한다. 2개 이상 복수의 증거물이 한 지점에 있거나 다수의 증거물이 구획실에 산재되어 있다면 이들 각각에 번호를 부여하여 사진촬영을 하고 기록함으로써 혼란을 방지할 필요가 있을 것이다. 증거물 표지에는 번호표와 화살표를 주로 사용하고 있는데 각각의 위치와 특징을 설명하는데 쓰임이 좋다.

증거물 표지(화살표와 번호표)

2개 이상 복수의 증거가 산재되어 있다면 일련번호를 부여한 번호표를 작성한다.

⑥ **오염물질은 강제로 털어 내거나 떼어내지 않도록 하라.**

증거물에 부착된 오염원은 함부로 제거하지 않아야 한다. 오염물질의 제거는 증거의 파손과 망실을 부르는 위험한 발상이기 때문이다. 증거에 부착된 잔해는 최초 착화물일 수 있고 이를 통해 발화과정을 추적할 수 있는 단서가 될 수 있다. 감정기관으로 증거의 성분 분석을 의뢰할 때 부착된 잔해의 성분분석도 함께 요청할 수도 있다. 증거에 붙어있는 오염물질 자체도 증거라는 점을 잊지 않아야 한다.

⑦ **상호 이질적인 증거를 하나의 용기에 수집하지 않도록 하라.**

고체와 액체를 각기 다른 용기에 수집했더라도 최종적으로 하나의 수집 용기에 함께 넣어 보관하지 않도록 한다. 액체의 누설로 오염이 발생할 수 있고 증거의 원상태 유지를 보장하기 어렵기 때문이다. 설령 증거물이 모두 고체일 경우에도 발견지점과 용도가 다르다면 각기 다른 용기에 수집하여 관리하여야 한다. 휘발성 액체를 금속 캔에 담아 수집할 때에는 뚜껑이 닫히는 몸통의 홈 사이에 이물질이 없는지 확인을 한 후 고무망치를 이용하여 확실하게 밀봉처리 하도록 한다. 금속망치를 사용하면 뚜껑이 찌그러지거나 눈에 보이지 않는 틈이 발생할 수 있기 때문이다. 증거의 수집은 증거물마다 개별적으로 수집하는 것이 원칙이다.

⑧ **전기 구성품의 수집은 폭넓게 수집하라.**

전기 구성품 가운데 가장 흔한 것으로 전기배선의 단락흔은 화재 당시 통전 여부와 최초 발화지점을 좁혀 나갈 수 있는 지표로 쓰이고 있다. 전기배선을 증거물로 수집할 때에는 전원 측과 부하 측을 구분해야 하고 가능하다면 전선피복이 남아있는 부분까지 길게 수집하여야 한다. 전기시설이 인가된 상태라면 단락흔의 잔해는 곳곳에 남기 마련인데 전기적 요인에 의해 단락이 일어나면 전원 측과 부하 측으로 단선이 되므로 양 측을 모두 수집하여 검토하여야 한다. 만약 전원 측과 부하 측의 구분 없이 단락이 확인된다면 미확인 단락으로 유보해 두어야 한다.

전선피복이 남아있는 부분은 전선의 규격과 색상, 제조사 등을 확인하는 데 도움이 될 수 있을 것이다. 전선에는 전원 측과 부하 측을 구분할 수 있는 표식을 테이프로 고정시키고 로프를 감듯이 둥글게 말아서 수집한다. 최종적으로 전선이 연결되어 있던 기기까지 사진촬영 및 기록한 후 수집한다. 전기 스토브, 헤어 드라이어, TV, 세탁기, 냉장고 등 전기제품은 용도에 따라 크기가 천차만별이지만 필요하다면 통째로 수집하는 방안을 강구하여 감정을 의뢰할 수도 있다. 전기제품과 연결된 전원코드와 떨어져 나간 부속품까지 빠짐없이 모두 폭넓게 수집하도록 한다.

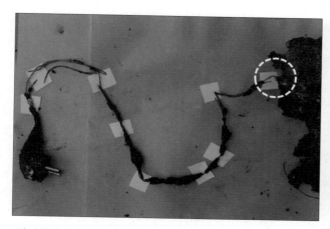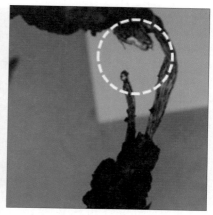

전기배선에 단락(9개소)이 발생한 지점마다 표식을 붙여 전원 측과 부하 측을 구분하였다.(조천묵. 2008)

❾ 비교 샘플의 수집은 오염되지 않은 지역에서 수집하라.

촉진제가 사용된 화재현장에서 비교 샘플은 오염되지 않고 연소되지 않은 구역에서 수집하여야 한다. 만약 촉진제가 스며든 탄화된 카펫을 수집했다면, 동일한 카펫의 타지 않고 촉진제가 없다고 판단되는 부분을 비교 샘플로 채취하여야 한다. 대다수 가연물은 석유화학 제품이 주류를 이루고 있어 촉진제가 없더라도 카펫이 주변 가연물과 동반 연소를 할 때 석유류 성분은 얼마든지 발생할 수 있으므로 비교 샘플을 통한 검증은 필수적이기 때문이다. 비교 샘플은 오염이 가중되기 전에 초기 조사시점에 수집하도록 하며 연소가 심해 비교 샘플을 수집할 수 없다면 좀 더 폭넓은 증거 보강에 힘써야 한다.

❿ 인식표 작성 및 관리에 충실하라.

인식표는 증거수집 용기 겉면에 부착하는 것으로 증거의 발견에서부터 수집 내용 등을 망라한 일종에 증거물에 대한 이력서라고 볼 수 있다. 여기에는 수집 일시, 수집 장소, 수집자, 봉인자 등 구체적인 내용을 담고 있다. 인식표는 사전에 수집 용기 겉면에 인쇄된 서식을 붙여 사용하는 경우도 있으나 필요에 따라 화재조사관이 현장에서 직접 펜으로 기재하여 붙이기도 한다. 필기구는 잉크가 잘 번지지지 않는 펜으로 누구나 쉽게 알아볼 수 있도록 기재를 하고 현장에서 금속 캔에 인식표를 부착할 경우 떨어지지 않도록 투명테이프로 인식표 전체를 덮어 붙여 단단히 고정시키는 방법을 사용하는 것도 좋다.

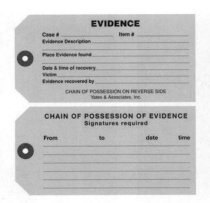

인식표에는 수집 일시, 장소, 수집자, 증거물 내용 및 증거가 이동될 때마다 누구의 손을 거쳤는지 알 수 있도록 보관 이력 관리까지 기재하여야 한다.

③ 증거물 오염문제

증거물 오염은 그것을 수집하는 과정에서 야기되는 문제이다. 증거물은 고체나 액체가 대부분으로 연소과정에서 불에 타거나 증발로 인해 본래의 특성치를 잃어버린 경우가 많다. 특히 증거물이 다른 퇴적물과 혼합된 상태로 무분별한 수집은 오염의 심각성을 더욱 가중시킬 수밖에 없다. 고체로 된 물질은 물질 자체가 불에 타거나 용융되고 산화되기도 하지만 다른 물질에 융착되어 하나의 색다른 물체로 발견되기도 한다. 예를 들어 헤어드라이어에서 과열로 발화되어 섬유류에 착화된 후 연소 확산되었다면 내부 전열선의 과열이 원인이지만 플라스틱 외함에 융착된 형태로 나타날 것이며 액체인 경우에는 주변 탄화물에 흡습되거나 낮은 곳으로 흘러 들어가 또 다른 물질에 스며들기도 할 것이다. 이러한 경우 무리하게 힘을 주어 떼어내려고 하거나 오염된 장갑으로 액체 성분이 스며든 물체를 다루지 않도록 하여야 한다. 증거물의 오염을 최소화하기 위한 방법은 무엇보다 화재가 개시된 시점으로부터 최대한 빠른 시간 안에 조사가 이루어지도록 후속조치가 뒤따라야 한다. 열에 손상된 물질은 산화와 부식의 속도가 정상치 보다 빠르게 진행되며 인화성 물질의 경우 주변 탄화물로 스며들어 희석되거나 증발이 촉진되기 때문이다. 증거물에 오염을 가중시켰거나 수집 절차에 하자가 있던 것으로 의심을 받으면 더 이상 신뢰받기 어렵고 그 시점부터 증거라고 보기 어려울 수도 있다. 법원은 증거물에 대한 가치부여를 결정할 수 있는 권한이 있어 화재조사관이 심혈을 기울여 수집한 증거일지라도 법정에서 배제될 수 있다. 우리나라의 실정법은 증거의 증명력은 오로지 법관의 자유판단에 의한다는 자유 심증주의를 적용하고 있기 때문이다.(형사소송법 제308조). 또한 적법절차에 따르지 않고 수집한 증거는 증거라고 할 수 없다[3]. 증거물의 오염은 오손(汚損)을 포함하는 개념으로

---

[3] 위법 수집 증거 배제의 원칙 : "적법한 절차에 따르지 아니하고 수집한 증거는 증거로 할 수 없다."는 것으로 2007년 6월 1일부터 형사소송법 308조의 2에 명문화된 규정이다. 이 규정은 개인과 달리 수사기관이 불법으로 수집한 증거에 더욱 엄격하게 증거능력을 제한한다는 의미를 두고 있다. 위법하게 수집한 증거를 인정할 경우 수사기관은 계속하여 위법적으로 증거를 얻으려 할 것이며 이는 수사기관의 권력남용으로 이어져 국민들이 인권침해를 받을 우려가 있어 이를 방지하기 위한 의도이다. 일각에서는 위법하게 수집한 증거라도 진실규명에 도움을 줄 수 있다고 하지만 적정 절차를 위반한 증거 수집은 국민의 기본권을 침해할 수 있다는 측면에서 비판을 받고 있다.

사용되기도 한다. 단순히 물체가 더럽혀진 상태를 넘어 손상된 것을 의미하는 오손은 증거물이 가지고 있는 본래의 가치나 진실된 사실을 뒤바꿔 놓을 만큼 위험한 상황을 부르기도 한다. 오손이 화재조사관의 의도한 바와 상관없이 실수나 관리부실로 발생한 것이라면 변조(變造)나 조작(造作)과는 구별되어야 한다. 변조는 이미 이루어진 물체 따위를 다른 모양이나 물건으로 바꿔서 만드는 것이며 조작은 어떤 거짓을 사실인 듯 꾸며서 만들어내는 것을 말한다. 증거물이 법정에서 종종 신뢰받는 자료로 인정받지 못하는 사례는 증거수집의 절차에서 오는 문제점도 있지만 변조나 조작의 의혹이 불거지는 경우도 있으므로 세심한 관리와 투명한 절차가 확보되어야 한다.

Step 05 증거물의 보관 및 이송

1 증거물 보관

수집된 증거물은 구획된 전용실에 보관하거나 전용함 등에 넣어 변형이나 파손될 우려가 없어야 하며 증거물에 곰팡이나 부패균의 발생을 억제시킬 수 있도록 건조하고 서늘한 장소에 보관하여야 한다. 직사일광이 비치거나 습도가 높고 기온변화가 심한 장소는 변형이 일어날 수 있으므로 피하고 원형 그대로 보존이 가능한 상태를 유지하여야 하며 화재조사와 관계가 없는 자의 접근도 엄격하게 통제되어야 한다. 증발 우려가 있는 휘발성 액체는 누설방지 및 적정한 온도유지가 가능한 전용 캐비닛을 이용하는 것이 좋다.

증거물 보관은 건조하고 서늘한 장소가 좋고 전용 캐비닛은 오염을 방지할 수 있다.

② 증거물 전달 방법

(1) 인편에 의한 전달

증거물의 전달은 가급적 증거수집에 직접 참여한 화재조사관이 인편으로 전달할 것을 권장한다. 인편에 의한 직접전달은 증거물의 손상과 망실을 최소화 시킬 수 있고 증거물이 뒤바뀌는 것과 다른 것으로 착각하여 잘못 전달하는 오류를 방지할 수 있다. 증거물이 감정기관으로 넘어가기 전까지 모든 책임은 화재조사관에게 있으며 증거물이 온전하게 보존되도록 하여야 할 의무가 따른다. 연구소나 감정기관으로 증거물을 인계인수할 때 문서로 기록을 남기는 것도 중요하다. 증거물을 인계받는 기관은 증거물을 넘겨주는 자의 소속과 성명, 인수 날짜, 증거품 목에 관한 내용이 기재된 서명을 받아 두는 것이 필요하며 증거물을 넘겨주는 화재조사관은 화재현장에서 증거품을 획득하게 된 배경과 상황 등을 구두로 보충 설명을 해 주어 참고가 되도록 협조를 한다.

(2) 우편물을 이용한 전달

거리가 너무 멀거나 직접전달이 곤란한 상황 등에서는 불가피하게 탁송을 이용할 수도 있다. 우편물을 이용할 때에는 증거물을 상자 안에 넣고 임의적 개봉을 방지하기 위하여 변경 방지용 테이프로 밀봉을 하고 상자 안에 어떤 물건이 들어 있는지 알아보기 쉽게 '파손주의' 등의 표식을 하는 것이 좋다. 이는 물건을 배달하는 사람도 알 수 있게 함으로서 취급에 각별한 주의를 촉구하는 역할을 할 것이다. 상자 안에는 화재조사관의 소속과 이름, 주소, 전화번호, 증거물의 세부목록 등이 기재된 서류를 포함시키고 화재조사관의 요구사항을 포함시키는 것도 좋다. 서류봉투를 이용한 탁송은 외부 충격으로부터 보호받을 수 있도록 안쪽에 에어 캡으로 코팅처리된 것을 사용하면 손상을 방지할 수 있다. 그러나 모든 물품을 탁송으로 처리하고자 하는 방법에는 한계가 있다. 충격에 약한 전자부품이나 배선용 차단기, 온도조절장치 등은 파손의 우려가 있으므로 파손 방지를 위한 조치가 필요하며 이송 전에 증거물을 인계받는 기관과 사전에 협의를 하여 대책을 강구하는 것이 좋다. 우편물을 탁송으로 보낼 수 없는 규정[4]에 대해서도 대책을 세워야 한다. 폭발성 물질과 발화성 물질, 인화성 물질 등은 현행 우편법 상 우편금지 물품으로 지정되어 있어 탁송이 불가하다. 폭발성 물질로 제한을 받는 것에는 발화제, 섬광제, 발연제와 흑색화약, 폭약류 등이 해당한다. 알루미늄분, 환원철, 환원니켈 등 발화가 일어날 수 있는 합금류와 카바이드, 헤어 스프레이, 부탄, 성냥과 라이터 등의 가연성 물질, 인화점이 30도 이하인 것과 알코올류, 석유류(석유에테르, 가솔린, 석유벤젠 등) 등의 물질도 탁송처리를 금하고 있다. 이외에도 강산류 및 강산화성 물질, 유독하거나 증기를 발하는 물질, 방사성 물질도 우편 탁송이 불가한 것으로 제한을 두고 있다.

---

[4] 우편법 제17조 제1항에서는 "우편물의 안전한 송달을 해치는 물건을 정하여 고시하여야 한다."라고 규정되어 있다. 고시된 내용을 보면 폭발성 물질, 발화 및 가연성 물질, 인화성 물질, 유독성 물질, 강산류 및 강산화성 물질, 독약류 및 병균류, 방사성 물질 등을 우편금지 물품으로 정하고 있다.

Chapter 01
Chapter 02
Chapter 03
Chapter 04
Chapter 05
Chapter 06
Chapter 07
Chapter 08
Chapter 09
Chapter 10
Chapter 11
Chapter 12
Chapter 13

종이상자를 이용한 우편물 탁송 형태

Step 06 증거물 감정분석

증거물의 감정분석은 화재와 관계된 발화원을 규명하거나 화재 확산에 기여한 물질들을 첨단 장비를 이용해 과학적 방법에 의해 풀어내기 위한 과정이다. 증거물의 형상과 구조, 재질, 성분 등을 밝힐 수 있고 필요하다면 실험까지 행함으로써 정량적·정성적 결과를 얻을 수 있다. 살펴보아야 할 것은 감정결과가 반드시 특정 화재원인을 지목하거나 입증을 보장하는 마침표가 될 수 없다는 점이다. 다시 말해 현장에서 획득한 유력한 증거물도 전체 화재사건을 구성하는 일부분일 뿐 화재 전체를 해석하는 잣대로 삼기 어려울 수 있다는 것이다. 증거물 수집 대상이 잘못 선정될 수도 있고 오염이 심해 불명확한 결과가 초래될 수도 있다. 상황에 따라서는 수집할 증거물 자체가 없을 수도 있다. 실제로 참고가 될 만한 사례를 소개한다. 어느 공식 기관에서 화재현장을 감식한 후 전기적 요인으로 원인판정을 내렸고 이에 필요한 전기배선 등 증거를 수집하여 감정의뢰를 했다. 감정기관은 증거물 단면에 대한 소견을 담아 감정서를 보냈고 해당 기관은 전기적 요인으로 사건을 일단락 지었는데 1년 후 다른 사건에 연루된 범죄자가 여죄를 조사받다가 당시 화재는 자신이 저지른 방화였다고 자백을 하면서 사건 전체가 원점으로 돌아간 경우도 있었다. 감정 결과에 전적으로 매달려 최종 판단을 할 것이 아니라 수집된 다른 모든 정보와 연결시켜 가설을 종합적으로 검토하려는 몫까지 화재조사관의 책무임을 잊지 않아야 한다. 감정 결과는 어디까지나 수집된 다수의 정보 중 과학적으로 확인된 하나의 정보에 불과하다는 점을 강조한다.

1 가스 채취기

가스 채취기는 유류가 살포된 것으로 의심되는 현장에서 쓰임이 큰 감식·감정용 기기로 반응성이 우수한 장점이 있다. 가스 채집에도 효과가 있다고 알려져 있으나 화재현장에서 유류성분 수집에 널리 쓰이고 있어 유증 검지기라고 표현하는 측면이 더 많이 쓰이고 있다. 일반적으로 휴대가 간편하고 사용이 쉬운 핸드타이트(hand tight)방식이 주로 쓰이며 유리 검지관에 흡수된 물질의 변색 유무를 통해 성분을 판별한다. 유리 검지관 안에는 가스 검지제와 실리카겔 입자의 흡착제가 봉인되어 있는데 일단 유류나 가스성분이 흡수되면 화학반응에 의해 색상변화가 일어나기 때문에 현장에서 어떤 성분인지 즉시 확인할 수 있는 효과를 발휘한다. 유리 검지관이 노란색으로 변색되면 휘발유 성분이 포함된 것이고 연한 갈색으로 판별되면 등유 및 경유 성분이 유입된 것으로 판단할 수 있다. 톨루엔과 크실렌은 짙은 갈색으로 변하고 에틸벤젠은 초록빛을 띤 갈색으로 변하는 것으로 알려져 있다. 샘플을 채취하는 시간은 1분~1분 30초 정도이며 방향족 탄화수소 검출에 탁월한 성능을 가지고 있다. 그러나 정확한 성분 분석은 샘플을 채취하여 GC를 이용한 방법을 병행할 것을 추천한다.

가스채취기의 형태(좌) 및 유류성분의 채취 모습

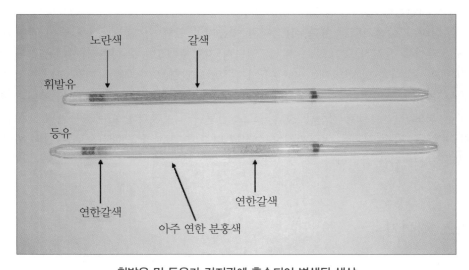

휘발유 및 등유가 검지관에 흡수되어 변색된 색상

② 가스 크로마토그래피

가스 크로마토그래피(GC, Gas Chromatography)는 각종 유기물질이 혼합되어 있을 때 단일 성분으로 물질을 분리시켜 각각의 성분을 규명하는 분석기기로 분류된다. 불순물이 없는 높은 순도의 헬륨, 수소, 질소, 아르곤 등의 비활성 기체를 운반기체로 사용하며 주입부를 통해 시료가 주입되면 기화되어 운반기체를 따라서 분리가 일어나는 분리관을 거쳐 검출기에 이른다. 검출기에 도달한 시료 성분은 전기적 신호로 변환된 후 데이터 시스템에 의해 기록되는 방식을 취하는 것이 일반적인 사용방법이다. 시료가 미량이더라도 빠른 시간에 성분 분석이 가능하고 정량적 재현성이 높은 장점이 있다. 질량분석기(MS, Mass Spectrometer)는 물질을 이온화시켜 분자량을 알 수 있도록 GC에 연결하여 사용하는 기기로 GC/MS는 여러 성분이 첨가된 미지의 시료에 대해 물질의 종류와 분자량을 파악하는데 압권이다. 가연성 액체 증거물을 감정기관이나 연구소로 의뢰하는 것은 GC/MS의 분석결과에 대해 신뢰가 높기 때문이다.

가스 크로마토그래피

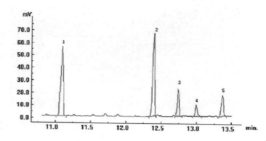

액체 혼합물질을 GC/MS로 확인한 결과 5가지
성분으로 분류된 피크(Peak) 그래프

③ 비파괴촬영기

비파괴시험(NDT, Nondestructive Testing 또는 NDE, Nondestructive Examination)은 재료나 기기 등의 형상과 크기, 기능 등을 전혀 손상시키거나 파괴하지 않고 물체의 성질과 상태, 구조, 내부결함 등을 파악하는 방법으로 비파괴검사기, 비파괴촬영기, X-Ray 촬영기라고도 한다. 방사선이 물질을 투과하여 물질과의 상호작용에 의해 흡수 또는 산란을 일으켜 내부결함을 검출해내는 것이 핵심이다. 용융된 스위치의 내부 접점 형태, 화염에 플라스틱이 함몰된 차단기 내부, 분해가 곤란한 기기의 내부결함 등을 확인하는 데 도움이 된다. 비파괴시험 방법은 방사선을 투과시켜 행하는 실험이므로 관련 분야의 자격자 또는 전문기술자가 취급하여야 하며 동일한 샘플에 대해 언제 검사를 실시하더라도 동일한 결과와 평가를 받을 수 있어야한다.

비파괴촬영 장비

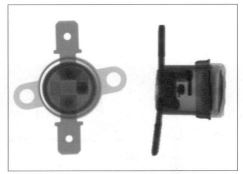

서모스탯 내부를 비파괴촬영기로 촬영한 모습

가스레인지 조작 손잡이 내부 결함 여부를 확인하기 위해 비파괴검사기로 촬영한 모습

④ 전선의 금속조직 분석

(1) 1차흔과 2차흔의 구분은 가능한 것인가?

화재현장에서 옥내배선 및 옥외배선은 가설상태에 따라 다양하게 배치되어 있어 다수의 전기배선이 발견되기 마련이다. 전기배선은 가요성이 좋아 벽과 바닥, 천장 등으로 가설 또는 분기시킨 경우가 많고 단락으로 수 개소가 끊어진 경우 전원과 부하 측을 구별하기 어려운 상황을 맞기도 한다. 단락이 일어나 단선된 것 외에도 소방활동으로 인해 끊어지기도 하며 원래 있었던 지점에서 위치와 설치상황이 변경된 채 발견되기도 한다. 따라서 단락에 의한 발화로 결정할 때에는 전선의 가설경로와 취급상황, 발화지점의 소손상황 및 다른 발화원을 배제할 수 있다는 종합적인 판단이 필요한 것이다. 단락흔의 발견이 곧 발화원인을 찾았다는 것으로 해석하지 않아야 한다. 1차흔과 2차흔은 뚜렷하게 구분이 가능한 것인가? 일반적으로 알려진 육안검사 방법에 의하면 1차흔은 용융된 부분과 용융되지 않은 부분의 경계선이 분명하고 둥근 망울형태로 반짝거리는 광택을 보이며 2차흔은 광택이 없고 구리가 녹아 흘러내리거나 이에 가까운 형태가 많다고 보는 견해가 있다[5]. 1차흔과 2차흔은 모두 통전상태에서 만들어진다는 공통점이 있는 반면 1차흔은 단락이 먼저 선행되고 절연체(보통 PVC)에 착화하지만 2차흔은 절연체가 먼저 연소한 후 단락이 이루진다는 차이점이 있다. 1차 단락 시 도선은 적색으로 산화되며 2차 단락은 화염에 의해 산소부족 상태에서 발생하므로 도선은 흑색으로 구분된다고 보는 견해[6]도 있으나 도선의 변색은 화재조건에 따라 얼마든지 달라질 수 있어 1차흔과 2차흔을 구분하는 기준이 될 수 없다. 일반적으로 철이 화재 열에 오랫동안 가열된 후 방치되면 검게 산화된 녹이 발생하며 상온에 방치할 경우 붉게 녹이 슨다. 녹이 슨다는 것은 온도와 관계된 화학변화가 일어나는 것으로 온도가 10℃ 높아지면 화학작용은 2~3배 빨라진다. 구리 전선이 고온에 의해 변색되면 검은색 계통의 산화제이동이 생기며 상온에서는 청록색이 된다. 어떤 이유에서든 절연체가 파괴되어 구리 도선이 노출되면 열로 인해 적색 계통 또는 검붉은 색으로 변색되며 절연체인 폴리염화비닐(PVC)이 분해되면 산(Acid)이 발생하여 녹색이나 푸른색으로 나타나기도 한다. 또한 PVC 절연체의 연소로 부식성 가스인 염화수소(HCl)가 발생하여 구리 도선의 부식을 촉진시키기도 한다. 한편 2차흔이 육안으로 볼 때 광택이 없고 구리가 녹아 흘러내린 형태라는 것에도 논란은 있다. 그동안 소방기관에서 행한 2차 단락실험 결과를 보면 외형적으로 1차 단락흔과 큰 차이를 보이지 않고 있기 때문이다. 타원형 상태로 광택이 있으며 표면의 매끄러운 정도를 나타내는 평활도에서도 1차흔과 2차흔은 뚜렷한 차이가 없었다. 또 다른 연구 실험결과에서도 2차흔은 구형(球形)상태로 나타났으며 녹은 형태나 크기 또한 1차흔과 비슷한 비율이었고 표면 평활도에서도 분명한 차이가 없다고 보았다[7]. 보이드(구멍, void) 또한 1차흔보다 2차흔에 작은 구멍이 많았으나 화재현장은 예외가 많다는 점을 고려하면 보이드만으로 1차흔과 2차흔을 구별하기는 어렵다고 보았다. NFPA 921(2014)에서도 1차흔과 2차흔을 따로 구분하지 않고 전기적 아크(arc)에 의한 용융과 화재로 인한 용융이라는 표현을 사용하여 단정적인 결론을 내리지 않고 있다. 그렇다면 1차흔과 2차흔을 구별하는 현상적 기준은 무엇일까. 전선의 단면만 가지고 해석하는데는 무리가 있다는 것이 다수 전문가들의 견해이며 기본적으로 현장의 소손상황을 바탕으로 종합적으로 판단해야 한다는 의견이 많다. 보충적으로 금속단면을 성형·연마한 후 금속현미경을 통해 여러 형태의 구멍(void)과 경계면(boundary surface)을 중심으로 형성된 주상조직(columnar structure) 또는 수지상 패턴(arborization pattern) 등의 관측 여부로 유추 판단하는 것이 확률적으로 가능할 수 있다는 견해가 있다.

[5] 강원도소방본부. 화재조사(감식) 알고리즘. 2007.
[6] 김윤회. 비닐평형코드에서의 단락흔 외형 특성에 관한 비교연구. 2010.
[7] 이의평 외. 전기용융흔에 의한 화재원인 감정법에 관한 연구. 2001.

(2) 금속조직 분석

❶ 일반적인 금속의 결정 구조

구리 동선은 1,082℃ 전후에서 용용된 후 결정체가 만들어진다. 한 번 만들어진 결정체는 일반적인 화재 열(800~1,000℃)로 재가열하더라도 금속조직에는 변화가 없지만 동선의 용용점 이상이 가해지면 녹아서 결정체의 특성을 상실하기 때문에 애초부터 단락이 없었던 것으로 판단할 우려도 있다. 일반적으로 금속현미경으로 관찰했을 때 용용된 동선 중에 균일한 결정구조를 보인다면 발화원인이 아닌 것으로 배제가 가능할 것이다.

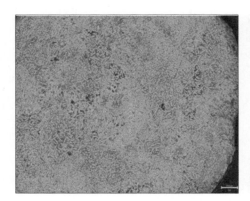
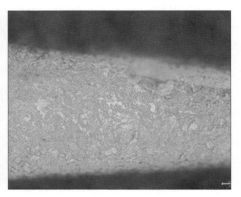

구리 도선의 용용흔이 균일한 결정체를 보여주고 있다.(최윤종. 2016)

동선의 단락흔은 그 부분으로 부피팽창이 일어난 것으로 둥근 망울이 발생하지만 질량에는 변함이 없다. 단락 후 동선에 발생하는 보이드는 대기 중의 공기가 동선에 흡수된 후 가스상태로 빠져 나감으로써 비로소 형성되는 공극이다. 금속현미경으로 관찰해 보면 보이드는 원형 또는 괴상을 띤 형태가 많고 빈 공간이므로 검게 보인다. 외부 화염에 의한 단락은 주변 온도가 높아 냉각되는 속도가 느려 전체적으로 보이드가 고르게 퍼진 형태를 보이는 경우가 많다.[8]

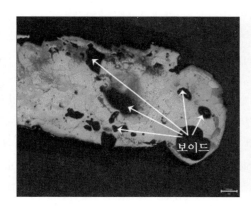
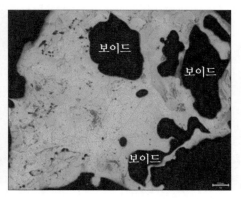

보이드의 분포 형태

8 최충석 외. 옥내용 비닐코드 및 고무코드의 화재확산특성 분석. 2005.

❷ 외부 화염에 의한 금속의 변화

미통전 상태에서 외부 화염에 전선이 노출되면 절연피복이 전체적으로 넓게 녹고 도선은 광택 없이 가늘며 거친 형태를 보이는 경우가 많다. 무엇보다 화재 열의 온도에 영향을 크게 받으므로 동선이 녹아 촛농처럼 흘러내린 경우가 많고 가요성이 현격하게 저하되어 손으로 굽히면 쉽게 끊어지기도 한다. 동선 표면은 불규칙하게 파인 형태로 녹아서 소멸되는 경우도 있다. 동선 표면 곳곳에 둥글게 튀어나온 돌기가 형성되는 경우도 있는데 동선 내부의 융점이 표면보다 낮으면 내부는 용융된 상태이고 외부 표면은 고체에 가까운 상태가 되어 기포팽창으로 내부 용융물이 뚫고 나오기 때문에 형성되는 현상이다. 금속현미경으로 관찰하면 금속조직은 올록볼록하거나 아코디언 주름상자가 오므렸다가 늘어나는 식으로 확장된 수지상 패턴을 보인다.

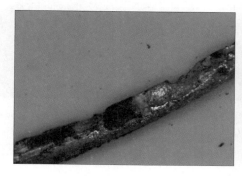
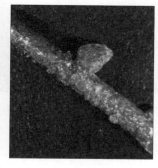

외부 화염에 의해 동선은 전체적으로 녹거나 파이고 돌출되기도 한다.

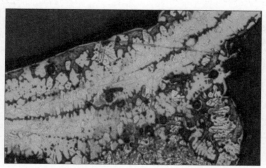

동선 내부가 용융 · 팽창되어 밖으로 돌출된 것으로 수지상 조직을 보여주고 있다.

Chapter 01
Chapter 02
Chapter 03
Chapter 04
Chapter 05
Chapter 06
Chapter 07
Chapter 08
Chapter 09
Chapter 10
Chapter 11
Chapter 12
Chapter 13

❸ 단락에 의한 금속의 변화

둥글게 단락흔이 형성된 경계면을 중심으로 주상조직이 식별된다면 발화원인일 공산이 있다. 주상조직은 온도가 높은 방향(용융흔이 만들어지는 방향)으로 길게 뻗은 형태를 지닌다. 절연피복 또는 주변 가연물 등 불순물 개입으로 보이드가 함께 나타나기도 하지만 단락 후 급히 냉각될 때 수지상 조직도 함께 관찰되는 경우가 많다.

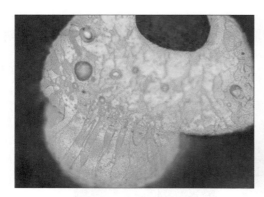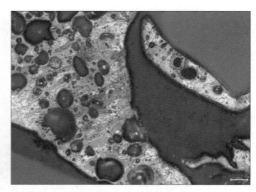

단락흔 하단 부분을 보면 고드름처럼 길게 뻗친 주상조직이 관찰되고(좌), 이물질 개입으로 보이드가 다수 형성된 상황에서 붉은색으로 길게 뻗은 주상조직이 관찰된다(우).

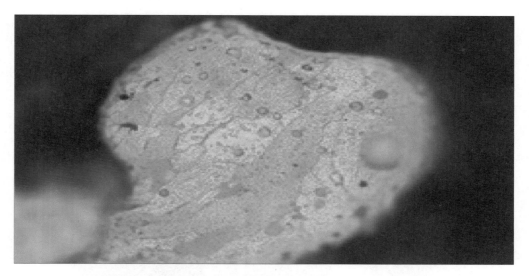

점상(點狀) 형태의 보이드와 함께 붉은색으로 식별되는 주상조직 경계선

❹ 전선의 조직분석 감정 요구 시 고려할 사항

유효적절한 증거수집은 화재원인을 규명할 수 있는 합리적 논리기반을 더욱 강화시키겠지만 어떤 확증이나 개연성 없이 막연한 기대감에서 수집된 증거는 감정 요구를 하더라도 만족을 얻기 어려워 시간과 인력만 소비한 결과를 초래할 수 있다. 화재현장에 산재된 단락흔은 화재

Step 06 | 증거물 감정분석

Chapter 01
Chapter 02
Chapter 03
Chapter 04
Chapter 05
Chapter 06
Chapter 07
Chapter 08
Chapter 09
Chapter 10
Chapter 11
Chapter 12
Chapter 13

원인과 상관없이 발생하는 경우가 비일비재한 현상임에도 전원과 부하 측의 구분 없이 수집되는 경우가 있고 용융흔 몇 점을 수거하여 조직분석을 기대하는 경우 등은 삼가야 한다. 부하측 전선에서 단락흔이 확인되더라도 전원측 배선을 함께 수집하지 않는 것은 통전 여부를 확인하지 않는 것과 같고 전원과 부하의 일치 여부를 성립시킬 수 없기 때문이다. 아크매핑을 통한 확인 없이 용융흔 몇 점을 수거한 경우에도 상황은 마찬가지로 볼 수 있다. 통전상태였다면 얼마든지 2차 용융흔을 만들어내 비산시킴으로써 마치 발화요인으로 오인하게끔 보일 수 있기 때문이다. 거듭 말하지만 전원과 부하 측이 불분명한 상태에서 어느 한쪽 선이 1차 단락으로 판단되더라도 나머지 한쪽(전원 또는 부하 측) 전선을 확인할 수 없다면 결국 미확인 단락으로 처리하여야 한다. 만약 하나의 배선 상에서 3개소 이상의 단락이 확인된 경우 배선 전체를 감정 의뢰하여 각각의 단락흔에 대한 입증 사실도 확보해두는 것이 중요하다. 이때 혼선을 방지하기 위해 단락이 일어난 지점마다 일련번호를 부여한 표식을 부착시키도록 한다. 수요(부하)가 있으면 공급(전원)이 반드시 있기 마련이란 사실을 증거로 일치시키고 설명이 가능하여야 한다.

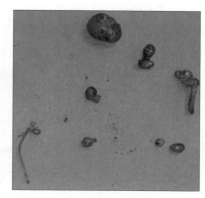

전원과 부하 측 구분 없이 어느 한쪽의 단면만 가지고 발화요인을 논하지 않아야 한다. 아크매핑 검토 없이 전후 상황이 검증되지 않은 이론은 성립하기 어렵기 때문이다.

전기배선은 전원과 부하가 구분될 수 있도록 수집하고 기록되어야 한다.

일반 가정집이나 사무실에 설치된 옥내배선은 거의 대부분 병렬방식으로 필요에 따라 또는 사용하기 편리하도록 구간마다 스위치를 설치하여 켜짐/꺼짐 시스템을 채택하고 있다. 주택에서 전등이 작동하는 원리를 아래 그림을 통해 살펴보자. 누전차단기를 통해 옥내로 분기된 전원선 중 1선(빨간색)은 각각의 전등과 직접 연결되고 나머지 1선(검정색)은 각 구획실의 스위치와 연결되는데 이를 공통선이라고 한다. 스위치에서는 또 다른 스위치 선(녹색)이 나와 전등과 결선되며 스위치를 켜짐 상태로 하면 비로소 접점이 이루어져 점등이 된다. 이 방식이 가장 기본적으로 알려져 있는 '단로 점등회로' 방식이다. 구획된 실이 증가하더라도 필요한 지점에 공통선과 스위치 선만 증설하면 손쉽게 분기가 이루어지는 장점이 있다. 아래 그림에서 A구간과 B구간은 어떤 원인에 의해 합선이 발생하더라도 이는 스위치 접점이 이루어진 것에 불과해 근본적으로 발화는 일어나기 어렵다. 실제로 A구간과 B구간에 결선된 전선을 부딪쳐 보라. 소규모 스파크가 잠시 이루어질 뿐 배선을 착화시킬 만큼 에너지가 크지 않아 다른 모든 조건을 무시한다면 발화하기 어렵다. 변수가 있다면 합선이 이루어진 지점에 먼지나 이물질 등이 개입된 상태라면 발화할 가능성도 있으나 C구간만큼 큰 에너지를 발휘하진 못한다. C구간은 전등의 점등 여부와 관계없이 220V 공통선이 가설된 구간으로 전선의 노후, 피복의 벗겨짐, 수분 침투 등 복잡한 원인이 작용하여 단락이 발생하면 무한대로 전류가 흘러 주변 가연물을 충분히 착화시킬 수 있어 A, B 구간보다 상대적으로 발화가능성이 높은 구간이다. 이처럼 단락흔이 발생하더라도 그 지점의 결선방식과 소손형태를 살펴 발화 가능성 여부를 판단한 후 증거를 수집하여야 한다.

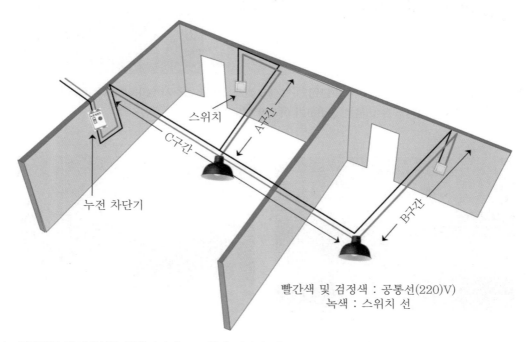

빨간색 및 검정색 : 공통선(220)V
녹색 : 스위치 선

A · B구간의 전기배선은 단락되더라도 스위치 접점이 이루어진 것에 불과해 스파크 정도만 발생하지만 C구간은 단락 시 무한대로 전류가 흘러 발화 가능성이 상대적으로 높다.

Step 07 증거물의 처리

Chapter 01
Chapter 02
Chapter 03
Chapter 04
Chapter 05
Chapter 06
Chapter 07
Chapter 08
Chapter 09
Chapter 10
Chapter 11
Chapter 12
Chapter 13

증거물의 처리는 증거수집만큼 어려운 문제를 안고 있다. 현장에서 화재조사관에 의해 선택적으로 확보된 증거물이더라도 관계자나 관련기관으로부터 공식적인 승인이 없다면 마음대로 처분하지 않아야 한다. 화재와 관련된 자가 지금 당장은 필요하지 않더라도 소송으로 비화되어 각종 자료를 수집하는 과정에서 증거물의 반환을 요구하거나 확인을 요청할 수 있기 때문이다. 증거물의 소유를 주장하는 자에게 보관증을 발급하였다면 반환해야 할 의무가 뒤따를 것이며 소유권을 포기하겠다는 의사표현이 있으면 반드시 문서로 기록하여 분쟁이 발생할 여지가 없도록 조치하여야 한다. 묵시적인 동의와 승인은 인정될 수 없으며 서면에 의한 명시적 동의(express consent)를 확보하여야 한다. 특히 방화와 같은 형사사건인 경우 사건이 판결로 종결될 때까지 증거를 보관할 필요성은 더욱 높아진다. 심리기간 동안에는 제출된 증거인 보고서, 사진, 도면 및 증거물 항목 등은 법원의 기록이 되며 법원에서 보관을 하는 경우도 있다. 소송 수행자인 변호인이 증거의 제시와 열람을 요구할 수도 있다. 증거물의 파기(破棄)와 반환(返還)은 상대적으로 구별되고 있다. 증거의 파기 또는 폐기 처분은 관련자가 더 이상 필요하지 않아서 동의를 한 경우와 사건의 종결, 증거로서 가치를 상실한 경우 등에 실시된다. 반환은 관계자에게 소유권이 있음을 인정하는 것으로 정당한 사유가 없는 한 증거물은 반환되어야 하며 불필요한 마찰을 최소화시켜야 한다.

CHAPTER 11

화재사

The technique for fire investigation identification

화재사

The technique for fire investigation identification

화재현장에서의 죽음

　화재현장에서 사망자의 대부분은 질병 또는 나이가 들어 사망에 이르는 병사(death from disease)나 자연사(natural death)가 아닌 사고사(accidental death)로 분류된다. 신병비관, 부부갈등, 채무압박 등에 시달리다가 스스로 화재를 일으켜 사망하거나 본인의 의도와 관계없이 뜻밖에 화재를 당해 화재현장에서 소화활동을 하거나 대피 중에 사망한 사례들은 모두 사고사로서 화재사(death by fire)라고도 한다. 따라서 화재사는 화재현장을 배경으로 일어나는 사고를 지칭하는 의미가 크다. 다만 화재사는 화재로 인한 화염과 연기 등으로 질식하거나 부상·화상·쇼크 등을 당해 사망에 이른 것으로서 화재 이전에 이미 사망한 사체(死體)를 마치 화재사로 위장하기 위해 불을 지른 것과 다른 장소에 있던 사체를 특정 장소로 이동하여 범행을 은폐하기 위한 수단으로 불을 지른 행위 등은 화재사가 아니므로 구별되어야 한다. 화재사는 사체가 거의 불에 탄 경우도 있지만 불에 타지 않거나 부분적으로 연소된 경우도 많아 화재현장에서 사체의 외관상태만 가지고 화재사인지 아닌지를 판별하는 것은 매우 신중해야 할 부분으로 대부분 정확한 사인 규명(examination of cause of death)은 검시관이나 법의학자들이 풀어야 할 몫으로 남는다.

　법의학(forensic medicine)이란 의학 및 자연과학을 바탕으로 법률적으로 문제시 되는 사항을 연구 또는 감정을 하는 학문분야이다. 법의학은 법정의학(法庭醫學)이라고도 하는데 일찍이 유럽에서는 1249년에 재판관의 명령으로 법의감정(法醫鑑定)을 실시한 것을 시초로 법정과학이라고까지 표현하고 있다. 법의학은 범죄수사나 형사재판에 필요한 각종 증거물에 대하여 의학적 감정을 시행하는 응용의학의 한 분과로서 사람의 권리가 억울하게 침해받는 일이 없도록 권리를 보장하려는 것이다. 화재로 인해 발생한 사망자는 말이 없지만 '죽은 자는 진실을 말한다.(The dead tells the truth)'는 관점에서 사체 검증을 통해 화재를 포함한 기타 범죄사건 수사에 기여하는 것이 법의학의 핵심이다.

Chapter 01
Chapter 02
Chapter 03
Chapter 04
Chapter 05
Chapter 06
Chapter 07
Chapter 08
Chapter 09
Chapter 10
Chapter 11
Chapter 12
Chapter 13

① 사체의 연소현상

사체의 연소는 화재발생에 따른 질식, 화상, 유독가스에 의한 중독 등으로 사망에 이른 후 지속적으로 화염의 영향을 받아 탄화되는 과정이다. 사체가 온전한 형태를 유지하고 있더라도 심하게 연소하면 근육과 힘줄, 뼈 조직까지 손상받는 4도 화상을 보이는 형태를 어렵지 않게 현장에서 확인할 수 있다. 사체는 연소과정에서 사망 당시의 자세를 유지하고 있는 경우는 매우 드물고 가연물의 일부로서 사후 변화를 동반한다. 열에 의해 피하조직이 타면서 발생한 증기에 의해 피부가 파열되고 지방이 많이 분포된 복부에서 장기가 밖으로 나오거나 항문의 괄약근이 열리면서 대변이 나오기도 있다. 몸에서 흘러나온 지방은 끈적거리는 액체상태로 연소열이 높아 주변에 있는 다른 가연물과 동반 연소하는 양상을 띠기도 한다. 지방이 탈 때 연소현상은 마치 양초가 타듯이 기름역할을 하기에 양초 효과(candle effect) 또는 심지 효과(wick effect)라고도 한다(John D. Dehaan. 2011). 성인의 사체가 완전히 탄화하기 위해서는 950℃에서 1,100℃ 정도의 온도로 2시간 정도의 시간이 소요되는 것으로 알려져 있다. 사체가 화염에 직접적으로 착화하기는 어렵지만 일단 착화가 이루어지면 피부와 근육의 수분이 빠져나가면서 연소될 것이고 검게 탄화된 잔해를 남긴다. 사체가 의복을 착용하고 있다면 먼저 의류가 연소를 가속시키는 촉진제 역할을 하여 알몸으로 있는 상태보다 빠르게 연소가 진행되지만 피부와 밀착된 부분으로 반지를 착용한 손가락이나 바지의 혁대 부분, 양말을 착용한 발목, 넥타이를 조여 맨 와이셔츠 목깃 부분 등은 보호되어 탄화가 덜 진행될 수 있고 그 부분의 피부는 약한 화상을 보이거나 피부가 보존된 상태로 보이기도 한다. 그러나 화염의 지속은 팔과 다리의 관절이 몸통으로부터 분리될 정도로 가혹한 결과를 낳는 경우도 있다. 사체의 연소 정도는 사체가 화재에 노출된 시간이 길면 길수록 소실된 부분이 많아질 수밖에 없는데 극단적인 경우 사체가 너무 심하게 소실되면 부검 없이는 성별조차 확인하기 어려울 수 있고 사망에 이른 원인파악이 불가능할 수도 있다.

손목과 다리가 분리되고 장기 일부가 노출된 사체

사체가 발견된 위치나 장소는 사체의 연소 정도를 가늠할 수 있는 또 다른 중요한 요인이 될 수 있다. 만약 침대나 소파, 또는 안락의자 등이 사체와 접해 있다면 체지방 및 세포조직이 화염을 통해 보다 더 많이 소실될 것이다. 만약 화재하중이 높은 차량에서 화재가 발생했다면 열량이 높은 실내 내장재와 플라스틱 부품들이 타면서 더욱 광범위하게 손상을 받은 탄화사체로 남게 될 것이다. 머리가 심하게 연소하면 두개골 골절이 일어나고 경막외혈종(extradural hematoma)이 부검 시에 발견된다. 열에 응고된 피가 뇌의 앞쪽과 옆쪽으로 둘러싸이는데 법의학적으로 화재가 아니더라도 머리에 위치한 혈종은 종종 둔상과 흉부압박상과 관련이 있어 신중한 판단을 요한다. 사망하기 전이나 사후에 생긴 경막외혈종은 색깔로 인해 쉽게 구분이 되는데 사후 경막외혈종은 적갈색을 나타내며 혈액이 끓으면서 형성된 기포로 인해 연약하며 벌집모양을 띤다.

② 사후 시반

사망을 한 이후에는 혈관의 적혈구가 순환을 하지 못해 정지하므로 사후에 일정한 자세를 계속 유지하고 있다면 혈액은 신체의 가장 낮은 곳으로 모여 피부와 내장에서 혈액침하(hypostasis)현상이 일어나는데 특히 피부 표면에 나타나는 현상을 사후 시반(postmortem lividity)이라고 한다. 정상적인 시반은 암적색(red-purple color)이고 발현 부위는 자세에 따라 다양하지만 사체의 가장 아랫부분에 나타나는 것이 일반적인 현상이다. 만약 사체가 등 쪽을 바닥에 대고 있었다면 뒷목 부분과 허리, 팔과 대퇴부의 뒤쪽으로 시반이 보일 것이고 복부를 바닥에 대고 있었다면 안면과 가슴, 팔과 다리의 앞쪽으로 나타나게 된다. 만약 사망한 후에 자세가 변경된다면 최초에 형성된 시반은 경과된 시간에 따라 고정된 채 남아 있을 수도 있지만 새롭게 변경될 수도 있다. 변경된 자세에 따라 새로운 시반이 형성된 것을 양측성 시반이라고 한다. 따라서 사체의 발견 당시에 자세와 일치하지 않는 시반이 확인된다면 이미 사망 당시의 자세를 변경했거나 사체를 이동했다는 근거가 될 수 있다. 시반 패턴이 형성되었더라도 사후강직이 일어나 사체가 고정되기 전에 시반이 있는 곳에 압력을 가하면 시반이 움직일 수 있다. 미국의 일부 화재조사관들은 이것을 blanch(순간적으로 압력을 가했을 때 흰색으로 보이는 현상)라고 표현하기도 한다. 이것은 손톱에 압력을 가하면 손톱 밑 부분이 일시적으로 흰색으로 변하는 것과 비슷한 상황이다. 압력이 제거되면 손톱은 본래의 색상으로 돌아오게 된다. 사후 시반을 관찰 할 때 사체가 지면과 접한 부분으로는 형성되지 않는다는 점도 알고 있어야 한다. 사체가 등 쪽을 바닥에 대고 있다면 어깨와 엉덩이, 종아리 부분은 바닥에 눌린 상태가 되고 혈액이 순환할 수 없어 그 부분은 혈액침하가 발생하지 않아 흰색으로 남게 되어 시반이 발생할 수 없다. 또한 사체가 부분적으로 눌려있거나 압박을 받는 상태였다면 혈액침하가 발생하지 않아 시반이 형성되지 않는데 이러한 부위로는 브래지어의 고리에 눌린 부분, 양말 윗부분의 고무줄이 압박하고 있는 발목 부분 등이 될 수 있다. 시반은 일반적으로 사망한 이후 30분 이내에 나타날 수 있고 수 시간이 지나서야 나타나는 경우도 있다.

Chapter
01

Chapter
02

Chapter
03

Chapter
04

Chapter
05

Chapter
06

Chapter
07

Chapter
08

Chapter
09

Chapter
10

Chapter
11

Chapter
12

Chapter
13

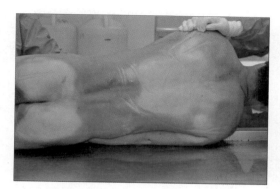

지면과 접촉한 부분으로는 혈액이 순환할 수 없어 암적색 시반이 발생하지 않는다.(대검찰청. 2015)

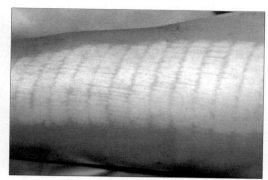

오른쪽 대퇴부 옆 부분에 시반이 없어 사망 당시 체위를 추정할 수 있다(한길로. 2015)

③ 권투선수 자세

　화재현장에서 발견되는 사망자는 마치 방어하는 권투선수 자세(pugilistic attitude) 또는 옆으로 쪼그리고 누워있는 태아의 자세처럼 굳어진 상태로 발견되는 경우가 일반적이다. 이러한 현상은 팔과 다리의 근육이 오랜 시간 높은 온도에 노출되어 열에 의한 강직에 의해 발생한다. 근육의 열 강직은 사후강직보다 강하며 몸통을 향해 팔과 다리를 당겨 팔과 다리의 근육을 수축시킨다. 근육의 수축은 뼈에 굴곡작용이 일어난 것으로 굴근(팔꿈치를 구부릴 때 관절 양쪽에 있는 뼈 사이의 각도를 줄여주는 근육)이 신근(관절을 펴는 작용을 하는 근육)보다 강직이 강하기 때문이다. 손가락 마디는 안으로 수축되어 마치 컵을 쥐고 있는 모양처럼 보이는 경우도 있다. 이러한 움직임은 손과 다리 등의 돌발적인 경련에 의한 것이 아니라 화재가 진행되면서 점진적으로 출현하는 현상이다. 권투선수의 자세가 보이지 않는다면 이미 충분하게 화염에 노출된 것임을 의심할 수 있고 팔과 다리에서 골절을 볼 수 있다. 또 다른 이유는 화재 이전

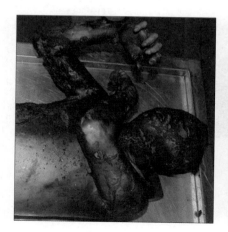

권투선수자세

옆으로 쪼그린 자세

에 이미 몸이 굳게 경직된 상태였다면 이러한 자세는 나타나지 않을 수 있다는 것도 염두에 두어야 한다. 화재현장에서 연소시간이 짧거나 열이 사체에 강하게 작용하지 않아 근육의 수축이 짧을 경우에도 권투선수 자세는 발생하지 않을 수 있다.

❹ 물집과 피부의 균열

　수포(blisters)의 형성은 신체의 자연스러운 방어적 현상이다. 수포는 살아있을 당시에 생성된 것으로만 생각할 수 있는데 사후에도 생길 수 있다. 일반적으로 사후에 생긴 물집의 크기는 제한적이고 공기만 차있거나 소량의 체액과 공기가 섞여 있는 것이 일반적이다. 반면에 생존 당시 형성된 물집은 이보다 크고 체액만 분포되어 있다. 분홍색 또는 빨간색 물집은 사망 전에 발생한 것으로 간주할 수 있으며 이러한 색깔은 사망하기 전에 염증반응에 따른 결과이다. 손과 발에서는 장갑이나 양말을 벗겨낸 것처럼 피부가 쭈글쭈글한 형태를 보이며 벗겨져 나가기도 한다(장갑상·양말상 탈락). 화세가 강해지면 팔과 다리 몸통 등에서 피부 수축에 따른 균열이 일어나고 균열 부위가 확대되면서 파열이 일어난다. 균열이 일어난 부위의 폭과 깊이는 열이 높을수록 크고 깊어지며 수포는 남지 않는 경우가 많아 처음부터 발생하지 않은 것으로 판단할 우려가 있다. 물집은 사체가 온전히 형태를 유지하고 있을 때 확인이 가능할 것이며 연소가 지속되면 의복이 먼저 연소한 후 피부가 타기 때문에 마치 벌거벗은 상태에서 사망한 것처럼 보인다. 사체가 이동되기 전에 발견 지점과 체위를 바탕으로 물집과 피부의 균열이 일어난 부위를 기록하면 화재가 확산된 경로를 추론하는데 도움이 될 수 있다.

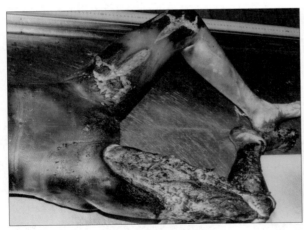

다리 피부의 균열

손가락 주변의 장갑상 탈락

사체의 탄화가 깊어지면 의복이 완전 소실되고 장기가 노출되어 마치 벌거벗은 상태에서 사망한 것처럼 보일 수 있다.

⑤ 사체의 혈흔

사체의 입과 코, 항문 등에서 상처 없이 혈흔이 보이는 경우가 있다. 이는 사망 후에 화재 열로 인해 사체 내부 압력상승이 이루어졌기 때문이며 심장박동이 정지한 후이므로 혈흔은 소량인 경우가 많다. 살아있을 때 어떤 외부 자극에 의해 출혈이 일어났다면 그 주변으로 자창 등 상처가 보일 것이며 다량의 피가 관찰될 수 있다. 그러나 구타나 폭행 등이 살아있을 때 가해졌다 하더라도 정도가 약하거나 구타를 당한 부분에 혈관이 없다면 출혈이 발생하지 않는다. 출혈이란 혈관이 파열되면서 몸속에 순환 중이던 혈액이 혈압에 의해 혈관 밖으로 빠져나오는 것으로 조직 간에 혈액이 응고되어 응혈(몸 밖으로 나온 피가 공기와 접촉으로 뭉치는 현상)을 형성한다. 따라서 살아있을 때 출혈이 생겨 응혈이 형성되면 거즈나 솜 등을 이용하여 닦아내더라도 잘 제거되지 않는다. 또한 혈관이 터짐과 동시에 강한 압력을 받거나 혈압이 극도로 저하된 상태라면 출혈량이 극히 적거나 없을 수 있다. 혈관이 살아있을 때뿐만 아니라 죽은 후에 터지더라도 혈액은 밖으로 유출된다. 그러나 혈압이 없기 때문에 그 양은 살아있을 때보다 현저하게 적고 응혈이 없기 때문에 씻거나 닦아내면 쉽게 제거가 된다.

Step 02 화재 당시 생존 흔적

1 사망자의 자세

사체가 등을 바닥에 대고 천장을 바라보고 있거나 또는 바닥에 엎드려 누워있거나 옆으로 쪼그리고 있는 경우 등이 발견되는데 사망자의 자세는 화재 당시 생존했는지 여부를 판단할 수 있는 지표가 될 수 없다. 화재가 발생했으나 이를 인지하지 못한 채 침대에 누워 조용히 질식사한 경우와 화재를 인지했으나 쇼크를 받고 쓰러진 상황 모두 화재 당시 살아있었지만 천장을 바라보는 자세로 굳어질 수 있다. 다른 장소에서 살해 후 사체를 옮겨와 유기한 경우에도 천장을 바라보는 자세로 나타날 수 있어 사체의 부검 없이 사망자의 자세만으로 생존 여부를 판단하려고 해석하지 않아야 한다. 다만 사체의 발견지점은 화재로 인해 사망 직전에 어떤 행위나 시도가 있었는지 판단해 볼 수 있는 데이터로 활용될 수 있을 것이다. 출입구 근처, 화장실, 베란다, 창가 부근 등에서 발견된 사체는 연소상황과 연기의 확산 패턴을 대입시켜 피난을 시도하려고 했던 의도가 있었음을 추론해 보는 것이 가능할 것이다. 자살 방화의 경우 촉진제를 몸에 뿌려 시도했다면 주변 가연물보다 더 많이 사체가 탄화되지만 사체의 자세는 일정하게 나타나지 않는다.

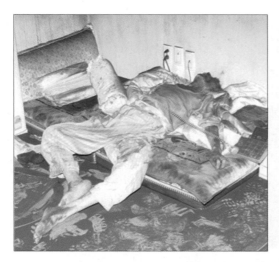 

화염의 직접피해가 없는 곳에서 발견된 사체의 자세를 통해 화재 당시 생존상태로 피난을 시도한 것으로 추론을 세울 수 있을 것이다.

사체의 자세는 화재 당시 생존 여부를 판단할 수 있는 지표가 될 수 없다.

② 생활반응 평가

생활반응(vital reaction)이란 인간이 살아 있을 때 신체에 가해진 자극에 의해 나타나는 현상을 말한다. 피부나 점막에 염증이 생겼을 때에 그 부분이 빨갛게 부어오르는 현상은 살아있을 때 모세혈관이 확장된 것으로 사망한 후에는 발현할 수 없다. 일상생활 중에 물체에 부딪쳐서 나타나는 멍 자국도 살아있을 때 나타나는 가장 흔한 생활반응으로 사람이 죽은 뒤에 나타

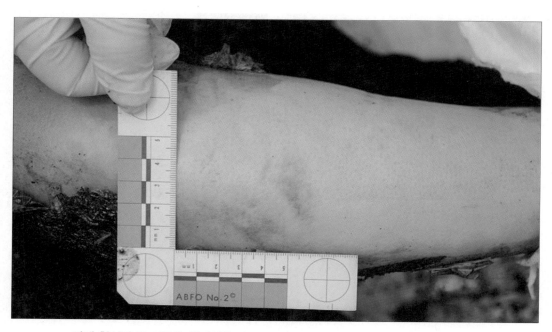

팔에 형성된 멍 자국은 살아있을 당시 형성된 것임을 알 수 있다.(서문수철. 2015)

나는 시반과는 구별된다. 따라서 살아있을 때 신체의 내부 또는 외부로부터 가해진 자극에 대하여 생체는 반드시 반응을 하며 반응의 결과는 죽은 뒤에도 소멸되지 않고 남게 된다. 반대로 죽은 뒤에 가해진 외부 자극에 대하여는 반응이 나타나지 않기 때문에 외부 자극이 살아있을 때의 것인지 죽은 뒤의 것인지를 판별하는 기준이 된다. 주의할 점은 사망 직후에 곧바로 외부 자극이 가해졌을 경우에는 사망 직전과 반응이 매우 유사하기 때문에 외부 자극이 가해진 시점이 살아있을 때인지 죽은 후인지 판단하기 곤란한 때도 있다.

(1) 호흡기에 그을음의 부착은 화재 당시 생존했었다는 단서가 된다.

권투선수 자세나 암적색 시반 등은 화재 당시 살아 있었다는 증거가 될 수 없다. 그러나 코나 입 등 호흡기에 그을음의 부착은 화재 당시 살아있었다는 단서가 된다. 만약 일산화탄소 등을 흡입한 호흡이 없었다면 폐나 기관지 등 호흡기로 그을음이 유입될 수 없어 일산화탄소 중독현상이 일어날 수 없기 때문에 부검을 하더라도 비교적 깨끗한 상태의 기관지를 볼 수 있다. 호흡기로 유입된 그을음을 생존 당시 삼켰다면 기관지 외에도 폐와 내장에서도 발견될 수 있다. 주의할 점은 사망자를 대상으로 초기 조사를 할 때 입이나 콧구멍 주변에서 발견되는 그을음이 화재 당시에 반드시 호흡이 있었다는 확증단서로 섣불리 판단하지 않도록 세심하게 관찰할 필요도 있다. 이미 사망한 사체 주변으로 화재가 계속 진행될 경우 부유 중인 그을음 입자 등이 떠돌다가 사체의 호흡기 주변으로 가라앉으면 생존 당시 호흡작용이 이루어져 흡입된 것으로 보일 수도 있기 때문이다. 사체의 콧구멍 안으로 면봉 등을 깊숙이 집어넣어 그을음 등의 흡입 여부를 조사하기도 하지만 정확한 진단은 부검을 필요로 한다.

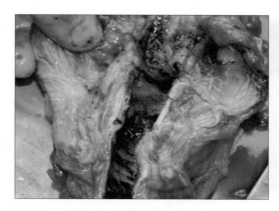

화재 당시 호흡이 있었던 기관지

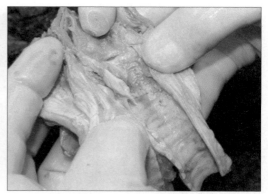

화재 당시 호흡이 없었던 기관지

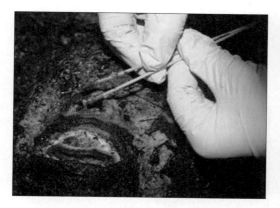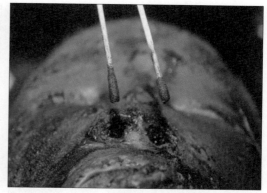

화재 당시 호흡이 있었다면 콧구멍 내부에서 그을음 잔해가 검출될 수 있다. (서문수철. 2015)

(2) 눈가 주름 사이에 그을음이 없다면 살아 있었다는 단서가 된다.

화재를 당하면 누구나 열과 연기를 참아내기 위해 생각할 겨를도 없이 눈을 감는 신체반응이 일어나기 마련이다. 특히 연기는 호흡을 곤란하게도 하지만 독성으로 인해 눈에 연기가 접촉할 경우 자연스럽게 눈을 감을 수밖에 없는데 만약 눈가 주름 사이에 그을음이 부착되지 않았다면 이러한 인체반응이 대응한 것으로 화재 당시 생존했었다는 단서가 된다. 사망한 후에는 눈가 주름이 풀리기 때문에 어렵지 않게 육안으로 확인할 수 있는 현상이다.

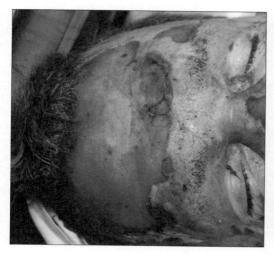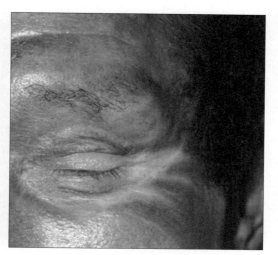

눈가 주름 사이로 그을음이 없다면 화재 당시 살아 있었다는 단서가 된다.

(3) 손과 발에 그을음의 부착은 살아 있었다는 증거가 된다.

손과 무릎, 발바닥에 그을음과 연소 잔해물이 짙게 배여 있다면 화재 당시 손과 무릎을 이용해 기어 다녔거나 걸어 다닌 활동이 있었다는 것을 알려주는 단서가 된다. 만약 어떤 행위 없이 사망을 했다면 모든 신체 부위에 그을음이 고르게 부착된 상태로 보일 것이다. 손과 발바닥의 그을음 외에 바닥에는 맨발로 찍힌 발자국이 확인될 수도 있고 벽에 손가락 자국이 남아 있다면 생존 당시 이동형태를 알 수도 있다. 손바닥과 발바닥에는 화상 흔적이 함께 보이는 경우도 있다.

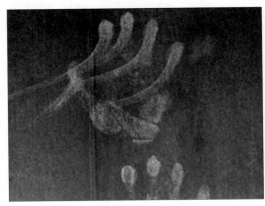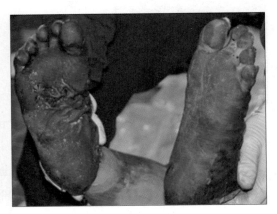

벽에 남겨진 손자국과 발바닥에 부착된 그을음은 화재 당시 살아있었다는 증거가 된다.

(4) 선홍빛 시반은 호흡이 있었다는 단서가 된다.

사체에 나타난 선홍색(cherry-red color) 시반은 화재 당시 생존했었다는 중요한 단서가 될 수 있다. 선홍색 시반은 일산화탄소를 흡입할 경우 나타나는 사후 시반으로 화재 당시 살아 있었다는 강력한 증거가 되기 때문이다. 일산화탄소(carbon monoxide)는 무색·무취의 유해 가스로 공기보다 가볍고(0.97) 물에 녹지 않는 불용성으로 거의 모든 화재 시 탄소화합물 등이 불완전연소를 일으킨 결과로 발생한다. 일산화탄소는 유독가스 흡입에 의한 화재사망의 가장 주요 원인으로 꼽히고 있는데 적은 양이더라도 두세 번 만 호흡을 하면 의식불명에 빠지거나 사망에 이르게 된다. 일산화탄소를 흡입할 경우 적혈구의 헤모글로빈(Hb)과 결합하여 일산화탄소헤모글로빈(COHb, Carboxyhemoglobin)을 생성하는데 일산화탄소는 산소에 비해 헤모글로빈에 대한 친화력이 약 200배 이상 높기 때문에 체내에서 산소운반능력을 떨어뜨려 소량만 흡입하더라도 치명적일 수 있다. 혈액 속에 일산화탄소의 치사량은 50% 정도로 알려져 있다. 만약 사망자의 혈액 중에서 일산화탄소가 검출된다면 화재가 진행 중일 때 살아있었다는 증거가 되지만 일산화탄소의 포화도가 10% 미만이라면 화재 전에 이미 사망했다는 것을 알려주는 지표가 될 수 있다. 건강한 사람도 약 0.5~1%의 일산화탄소 포화도를 가지고 있고 흡연자의 경우에는 약 10% 정도를 밑도는 수치를 지니고 있는 것으로 알려져 있다. 일산화탄소가 배출되는 작업환경에 노출되어 있는 작업자들도 5~10% 수준의 일산화탄소를 체내에 지니고 있다는 보고가 있다. 일산화탄소 중독에 의한 사후 시반은 내부의 장기 및 근육 조직을 포함하여 선홍색을 나타낸다. 특히 손톱은 마치 살아있는 것처럼 선홍색을 유지하는데 일산화탄소헤모글로빈의 포화도가 높을수록 뚜렷하게 나타나는 특징이 있다. 선홍색 시반은 사체의 부패가 진행되면 사라진다.

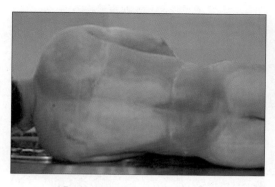 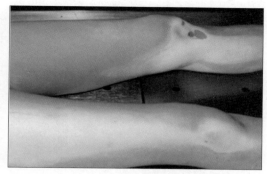

선홍색 시반은 살아있을 때 일산화탄소 호흡이 이루어졌다는 증거가 된다.(대검찰청 2015)

〔표 11-1〕 일산화탄소헤모글로빈 포화도에 따른 증상(강대영. 2012)

COHb(%)포화도	증 상
10~20	가벼운 두통, 심한 육체 노동 시 호흡 곤란
20~30	두통, 귀 울림, 어지러움
30~40	심한 두통, 구역질, 구토
40~50	빈맥, 호흡 수 증가, 의식 장애
50~60	호흡 및 맥박 증가, 경련, 혼수, 실금
60~70	호흡 미약, 심기능 저하, 혈압 저하, 사망
70~80	반사 저하, 호흡 장애, 사망

(5) 상처 난 구멍이 넓게 벌어졌다면 살아있을 때 형성된 증거가 된다.

칼과 같은 예리한 흉기에 의해 몸에 개방성 상처가 나면 피부나 근육 등의 부드러운 조직의 탄력섬유가 절단되고 수축작용을 일으켜 상처 난 구멍이 넓게 벌어지고 상처 가장자리는 밖으로 말리는 현상이 나타난다. 이와 같은 현상은 살아있을 때 만들어진 것으로 흉기의 크기, 상처 난 길이와 깊이에 따라 다양하게 나타난다. 만약 사망한 후에 상처가 형성되었을 때에는 이러한 현상이 없거나 매우 미약한 것으로 알려져 있다.

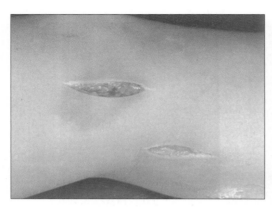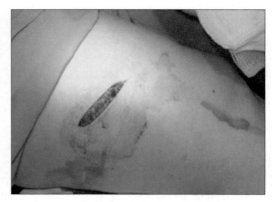

살아있을 때 개방성 손상을 당하면 상처 구멍이 넓게 벌어진다.

Step 03 화상

화상(burn injury)은 높은 온도의 기체나 액체 또는 고체물질과의 접촉으로 신체에 열이 가해졌을 때 발생하는 피부의 손상이다. 화상은 열이 가해진 강도와 접촉한 시간, 생체조직의 열전도 능력에 따라 화상의 깊이와 정도가 결정된다. 화상의 가장 흔한 원인은 화염과 뜨거운 물에 접촉한 것으로 특히 열화상(thermal burn)은 피부 손상도가 깊고 옷을 착용한 상태라면 더욱 큰 손상을 보게 된다. 화재현장에서 신체의 일부에 화상을 당한 자가 있다면 발화지역을 규명할 수 있는 단서로 작용할 수 있다. 소화행위를 직접 했거나 대피를 하다가 화상을 당할 우려가 있고 당사자가 직접 불을 지른 경우에도 신체의 일부에 화상을 당할 확률이 높기 때문이다. 만약 가솔린 등 유류를 이용한 착화를 시도했다면 눈썹이나 머리카락 등 체모(體毛)가 그을릴 수 있고 의류나 손바닥에 유류 성분이 남아있는 경우가 있다. 화상은 100도 이상의 뜨거운 열에 노출되었을 때만 당하는 사고가 아니란 점도 알고 있어야 한다. 화상은 40~45도의 열에 장시간 노출되었을 때도 발생하는데 이를 저온 화상(low temperature burn)이라고 한다. 미국 화상학회에 의하면 피부가 50도의 열에 3분만 노출되어도 화상을 입는 것으로 보고 있는데 전기장판, 온수매트, 찜질기 등을 장시간 사용했을 때 고온에서 입는 화상보다 피부를 더 깊숙이 손상시킬 수 있다고 경고하고 있다. 화상의 위험은 피해를 입은 신체 표면적이 어느 정도인가에 따라 좌우된다. 머리와 가슴, 팔과 다리 등을 백분율로 나타낸 '9의 법칙'은 화상의 범위를 판단하는 지표로 쓰인다. 일반적으로 전신에 3도 화상을 3분의 1정도 입게 되면 생명의 위협을 받는다.

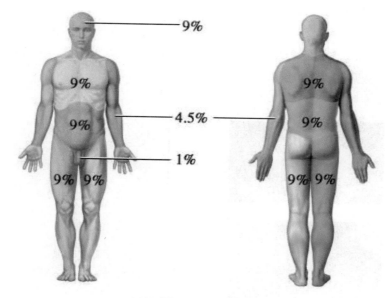

9의 법칙에 의한 체표면적

Chapter 01
Chapter 02
Chapter 03
Chapter 04
Chapter 05
Chapter 06
Chapter 07
Chapter 08
Chapter 09
Chapter 10
Chapter 11
Chapter 12
Chapter 13

1 1도 화상(first degree burn)

1도 화상은 표피층에 한정된 화상으로 피부가 붉게 변하면서 동통을 수반한다. 피부가 햇볕에 지나치게 노출되었을 때 붉게 변한 것을 흔히 1도 화상이라고 보면 된다. 물집은 발생하지 않고 치료를 하지 않더라도 별다른 합병증이나 후유증 없이 자연 치유된다. 사망한 후에 혈액 침하가 일어나면 없어질 수 있다.

2 2도 화상(second degree burn)

2도 화상은 피부의 진피층까지 손상된 것으로 물집이 생기고 심한 통증이 동반된다. 감염의 위험이 있으며 상처가 다 나은 후에도 흉터가 남을 수 있다. 물집 주변은 붉은 색의 얼룩인 홍반(erythema)을 볼 수 있는데 사후에 혈액침하가 일어나도 없어지지 않는다.

3 3도 화상(Third degree burn)

3도 화상은 피부 전층이 손상된 상태로 피부색이 흰색 또는 검은색으로 변하며 말초신경이 손상되어 통증이 없고 물집이 발생하지 않는다.

④ 4도 화상

임상적으로는 4도 화상은 없으나 피부 전층을 비롯하여 근육과 신경, 뼈 조직이 손상된 것으로 소사체에서 흔히 볼 수 있다.

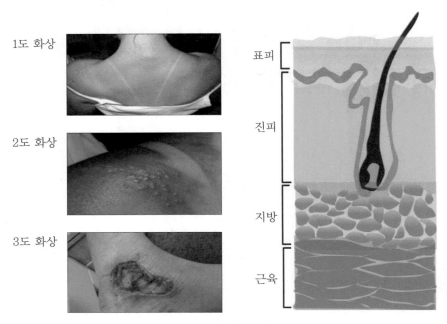

1도 화상

2도 화상

3도 화상

표피

진피

지방

근육

화상형태 및 피부의 구조

Step 04 생사의 갈림길에서 인간의 행동과 판단

① 신체의 변화

화재와 같은 극단적인 공포상황에 처하면 교감신경계의 기능을 끌어올려 에너지는 팔과 다리로 집중되며 긴장감에 빠져 심장의 박동은 빨라지고 숨은 가빠지면서 마비증상이 나타나는 경우도 있다[1]. 모든 혈액이 팔과 다리근육으로 이동한다는 것은 위험상황으로부터 탈출할 수 있는 힘이 증가한다는 것으로 평상시에는 상상할 수 없는 에너지를 발휘하기도 한다. 유리창을 단번에 깨거나 계단을 거침없이 올라가는 행동 등이 될 수 있다.

---

[1] 2014 재난안전 스페셜 심포지엄 발표자료(서울대학교)

② 판단능력

정상적인 성인도 위험상황에 접하면 두뇌로 피가 충분히 전달되지 않아 지능과 판단력이 저하되고 패닉에 빠진다. 성인의 지능지수(IQ)는 어린이와 비슷한 80 수준 이하로 떨어질 수 있고 이성적인 판단이 어렵다. 평소 같으면 쉽게 빠져나올 수 있는 건물에서도 불이나면 많은 사람들이 우왕좌왕하다가 희생당하는 것은 판단결함에 의한 결과임을 보여주는 사례이다. 방향을 바꿔 계단을 2번 이상 돌아서 통과하거나 모퉁이를 돌았다면 방향감각은 상실될 수밖에 없다. 화재실로 진입하는 소방관들도 벽을 이용해 반드시 한 방향으로만 이동을 하며 도중에 방향을 바꾸지 않는 것은 탈출을 대비해 안전을 확보하려는 철칙으로 준수되고 있다. Fool—Proof란 어떤 위험한 상황에 직면했을 때 행동이나 판단능력이 떨어지는 바보일지라도 능히 해낼 수 있도록 피난대책을 원시적으로 간단·명료하게 하자는 의미이다. 피난구유도등과 유도표지 등은 피난방향을 한 눈에 알아볼 수 있도록 그림이나 색채를 이용하며 막다른 복도가 없도록 계획하여야 한다. 비상구 문은 안쪽에서 바깥쪽으로 손쉽게 밀쳐 열 수 있도록 하여 안전을 도모하는 것 등이 해당된다. Fail—Safe란 하나의 방법이 실패하더라도 다른 수단과 방법을 통해 2중·3중으로 안전을 확보하자는 대책이다. 만약 좌측 계단을 통해 대피에 실패했을 경우 우측 계단을 사용할 수 있도록 양방향 피난계단을 마련하는 것과 화재로 상용전원이 정전된 경우 비상전원을 가동시키는 것 등이 해당된다.

③ 인간의 피난행동 특성

지금까지 알려진 인간의 피난행동 특성은 생존자들의 증언과 목격자 진술, 화재진압에 참여한 소방관의 인명구조 발생경위 등을 참작하여 연구되어 왔는데 주요 특성을 살펴보면 다음과 같다.

(1) 귀소본능

화재가 발생하면 생각할 겨를도 없이 무의식적으로 평소 이용하던 출입구와 보행동선을 따라 탈출하려는 행동이다. 희생을 당한 사람 중에는 내부 사정을 잘 알고 있는 사람들의 특성에서 많이 나타난다. 간혹 무사히 피난했음에도 불구하고 다시 건물 안으로 뛰어 들어가려는 경향도 있다. 이러한 행동은 건물 안에 어린이나 노약자 등 자신과 관련된 사람이 아직 내부에 있다는 사실을 밖으로 탈출한 후 알게 되었거나 현금, 귀금속류 등을 미처 들고 나오지 못한 경우 다시 뛰어 들어가려고 한다. 만약 소방관이나 경찰관 등 현장을 통제하는 전문요원이 없다면 이러한 사람은 다시 건물 안으로 뛰어들게 될 것이며 미처 다시 빠져나오지 못함으로써 치명적인 사상을 초래할 것이다. 대표적인 사례를 소개한다. 주부 B씨는 아침 식사 후 설거지를 하고 있었는데 아이들이 놀고 있는 방에서 "불이야"라는 소리가 나서 달려가 보니 아이들 책상 아래서 불길이 치솟고 있었다. B씨는 급히 아이들을 밖으로 내보내고 화장실로 달려가 바가지에 물을 담아서 방안에 물을 뿌렸으나 불길은 이미 주변 공책과 아이들 침대로 옮겨 붙었고 메케한 연기가 방을 가득 메웠다. 주부 B씨는 필사적으로 불을 끄려 하였지만 유독가스에 견디다 못해 뛰쳐나왔다. 그러나 잠시 후 무슨 이유였는지 B씨는 다시 집안으로 들어갔는데 소방대가 도착했을 때 B씨는 집안에서 밖으로 나오다가 현관 입구에서 쓰러진 채 발견되었다. B씨의 치마폭에서는 금반지 등 귀금속과 현금 그리고 몇 개의 저금통장이 담겨 있었다.

(2) 퇴피본능

화재로 발생한 화염과 열 그리고 연기를 피해 발화지점으로부터 멀리 피하려는 본능이다. 화재 초기에는 사람들이 힘을 합쳐서 화세를 제압하려고 하지만 일단 활성화된 불길이 걷잡을 수 없게 확산되면 뿔뿔이 흩어지는 행동으로 나타난다. 만약 퇴로가 차단되었다면 감당하기 어려운 공포가 엄습해 온도가 낮고 비교적 오염이 적은 공간인 책상 밑, 화장실, 창문 주변으로 몸을 낮게 움츠리려는 행동을 보인다. 공기호흡기를 착용한 소방관들도 화재실 안에서 정신없이 활동을 하다가 갑자기 퇴로를 찾게 되는 경우가 있다. 한치 앞도 볼 수 없는 화재실에서 휴대하고 있던 조명기구의 배터리가 방전되어 퇴로가 불분명한 경우 바닥에 전개되어 있는 소방호스를 따라 역방향으로 탈출하는 경우가 있으며, 공기호흡기에 잔량이 얼마 남지 않았음을 알려주는 경고 벨이 울리면 급박하게 밀려오는 긴장감으로 탈출구를 찾게 되는데 퇴피본능의 일환이다.

(3) 지광본능

사람의 신경계는 보고, 느끼고, 듣고, 맡아보고, 생각하는 능력이 우수한 것으로 알려져 있다. 이 가운데 사람이 가장 답답해하고 공포를 느끼는 신경계는 한치 앞도 내다 볼 수없는 암흑공간에서 오는 두려움이다. 화재가 지속적으로 발전하면 건물 내부 정전사태가 일어나고 동시에 검은 흑연이 공간 전체를 잠식하여 피난자의 방향감각 상실을 불러오게 된다. 이때 어느 한 곳에서 조그만 불빛이라도 발견되면 방향성 없이 피난자가 빛을 향해 나아가려는 본능이다. 피난구유도등이나 유도표지 등의 설치는 빛을 따라 대피하도록 설계된 것으로 지광본능과 관계가 깊다. 새벽 3시경 복합건물 3층 만화방에서 화재가 발생하였는데 만화방에서 탈출한 5명의 손님들이 4층 복도 끝에서 서로 뒤엉킨 채로 사망을 하였다. 그 곳은 피난구가 있는 곳도 아니었으며 5명 모두가 서로 알고 지내는 사이도 아닌 것으로 조사가 되었는데 왜 그곳에서 사망을 했을까? 소방의 화재조사관은 주변을 둘러 본 후 그 원인을 밝혀냈다. 4층 복도 끝은 유리창으로 되어 있었는데 유리창 밖으로 커다란 가로등이 있는 점에 주목하였다. 새벽녘 컴컴한 건물 안에서 보면 유리창을 통해 들어오는 가로등 불빛 때문에 마치 피난구처럼 인식되어 누구나 그쪽으로 달려갈 수밖에 없었다는 결론을 이끌어낸 것이다.

(4) 추종본능

집단행동의 특성 가운데 주장이나 생각이 분명한 사람이 앞장을 서게 되면 다수의 추종자들이 따르기 마련이다. 화재와 관련하여 이러한 집단특성은 구성원들끼리 잘 알고 있거나 또는 서로 모르는 사이의 집단이더라도 행동에는 큰 차이가 없다. 일단 화재는 생명을 담보로 불과 맞서야 하는 생존경쟁이기 때문이다. 굳이 말을 하지 않더라도 피난구를 향해 탈출하려고 최초에 행동을 옮긴 사람이 있다면 무의식속에 부화뇌동(附和雷同) 하려는 집단행동 본능으로 나타나기도 한다. 추종본능의 위험성은 많은 인원이 한 곳으로 집중하는 경향이 있어 화재로 인한 피해보다는 무질서에서 오는 짓밟힘, 넘어짐, 깨어짐 등의 피해도 막심하게 나타나고 있다. 대중이 모여 있는 장소에서 앞서가던 한 사람이 넘어지게 되면 뒤따르던 많은 인원도 한꺼번에 넘어짐으로써 사고가 대형화하기 쉽다. 이러한 본능은 나이가 어릴수록 단순하여 추종자를 쫓아가려는 행동반응을 보인다. 화재실에 사람이 없는데도 불구하고 확인되지 않은 불확실한 정보를 가지고 소방관들을 곤경에 빠뜨리는 경우도 있다. 화재현장에서 관계자가 화재실 안에 사람이 있는 것 같다고 말을 한 경우 대부분의 소방관들은 위험을 무릅쓰고 화재실 안으로 진입하여 생사확인을 감행하는데 화재현장에 난무하는 온갖 억측을 확인하려는 추종본능의 범주에 속한다.

(5) 좌회본능

표현대로 좌측으로 돌아가려는 행동특성이다. 우리가 일상생활에서 느끼지 못하는 부분이지만 운동회 때 트랙을 돌며 달리는 방향과 스케이트를 타고 빙판을 도는 방향 등은 모두 시계반대방향인 좌측으로 돌고 있다. 이러한 이유는 사람의 심장이 왼쪽에 있기 때문이라는 설과 오른손잡이들이 많기 때문이라는 설 등이 있으나 확실하게 증명된 바는 아직까지 없다. 복도에서 사람끼리 마주 친 경우 별 생각 없이 좌측으로 비켜서려는 행동특성은 화재 시 행동에도 자연스럽게 영향을 미친다고 볼 수 있다.

4 현장에서 발견되는 죽음에 이르는 상황

(1) 연기에 의한 질식

사망자가 의도했든 의도하지 않았던 간에 의식이 있는 상태에서 화재를 당해 몸부림치는 현장을 소방관들이 직접 접하는 경우가 있다. 연기에 의한 질식은 곧 심장이 멈추는 상황이 아니라 열과 연기를 피하려다 막다른 길목에서 출구를 찾지 못해 몸부림치는 과정이 전개되는 비극이다. 뜨거운 연기의 흡입은 호흡기에 부종이나 염증을 유발할 수 있는 흡입화상을 일으킬 수 있어 소방관이나 주변인들에 의해 구출되더라도 한동안 정상적인 생활에는 어려움이 따른다. 사망자가 발견된 지점의 특징을 보면 피난을 하기 위해 발화지점으로부터 일정 거리를 두고 발견되는 경우가 많고 막다른 지점에서 신발이 벗겨지거나 손목에서 끈이 풀린 시계, 깨진 안경 등이 발견된다면 한동안 이리저리 몸부림쳤음을 흔적을 통해 미루어 판단할 수 있다. 또한 휴대폰과 안경, 수첩이나 지갑 등 개인 소지품이 사망지점으로부터 일정 거리를 두고 곳곳에서 흩어진 상태로 발견된다면 피난 중에 분실했을 가능성이 있으므로 이동 동선을 판단할 수 있는 단서가 될 수 있다. 유리창이 깨진 상태로 혈흔이 부착되어 있고 폐쇄된 출입문 손잡이에

Chapter 01
Chapter 02
Chapter 03
Chapter 04
Chapter 05
Chapter 06
Chapter 07
Chapter 08
Chapter 09
Chapter 10
Chapter 11
Chapter 12
Chapter 13

연기와 지문이 남아 있는 것이 보이며 벽과 바닥을 손으로 긁은 흔적 등도 일정 시간 생존했음을 알려주는 지표가 된다. 사망자의 손에서 피가 유출된 흔적은 유리창을 깨기 위한 시도가 있었다는 것이며 다수의 손톱이 깨져 나간 흔적은 벽과 바닥을 긁다가 생긴 증거가 된다. 매우 드문 경우지만 간혹 질식 직전에 가족들에게 고맙다거나 미안했다는 의미를 담은 유서가 증거로 발견되는 사례도 있다.

(2) 자살방화

자살방화는 자신의 몸에 직접 불을 붙여 죽음을 자초하는 방법이 주로 목격된다. 의복을 착용한 채 시도하기도 하지만 정신이상자의 경우 알몸상태로 촉진제를 몸에 뿌린 후 행동에 옮기기도 한다. 의복을 착용했다면 의류가 심지역할을 하여 엄청난 화염을 동반하지만 알몸은 이보다 화염이 크지 않은 반면에 극심한 신체의 고통이 따른다. 화염이 순간적으로 확대되면 안면과 손 등 노출된 피부에 화상을 입고 호흡을 할 수 없게 되어 기도 등 호흡기에서 일산화탄소가 검출되지 않는 경우가 많다. 만약 호흡을 하였다면 기도에 급성 손상인 흡입화상이 일어나 즉각적으로 부종이 발생할 수 있으며 기도협착이 진행되는 호흡성 쇼크(shock)에 이르러 사망하게 된다. 관련 사례를 소개한다. 한적한 야산 주차장에 있던 차량 안에서 갑자기 폭발과 함께 불꽃이 일었는데 차량 운전석 문이 열리며 몸에 불이 붙은 사람이 중심을 잃고 걸어 나오는 상황이 한 등산객에 의해 목격된 적이 있었다. 조사결과 차량 안에는 부탄가스 통 서너 개와 가솔린이 담긴 철제 용기가 남아 있었는데 미상의 점화원에 의해 착화되는 순간 폭발과 연소가 일어난 것으로 밝혀졌다. 부검 결과 호흡기에서는 그을음이 검출되지 않았다. 또 다른 사례를 소개한다. 공중화장실에서 옷을 모두 벗고 알몸에 시너를 뿌린 후 자살방화를 시도한 자가 있었는데 화염의 고통을 이기지 못해 밖으로 뛰쳐나와 주변 편의점으로 들어가 냉장고를 열고 생수를 거침없이 들이켰다. 순간적인 고온접촉으로 탈수 등 저체액성 반응이 일어난 쇼크였으며 전신 3도 화상을 입고 하루 만에 사망하고 말았다. 마찬가지로 사체의 호흡기에서는 그을음이 검출되지 않았고 3도 화상에 의한 쇼크가 사망에 이른 원인으로 판명되었다. 자살방화를 시도하는 경우 대개 자신의 몸에 직접 촉진제를 뿌려 실행하는데 전신에 화상을 입고 고통을 호소하며 2~3일 이내에 사망하는 공통점을 보인다. 자살방화자들은 죽음에 이르는 고통과 반응을 알고 실행에 옮기는 것일까. 자살은 범죄가 아니지만 자살 방조는 범죄(형법 제252조 제2항)에 해당한다.[2]

---

2 우리나라 형법은 '자살죄'라는 명문규정이 없다. 자살이 성립되면 처벌할 대상 자체가 없어 범죄로 취급되지도 않는다. 미수에 그치더라도 마찬가지로 별도의 처벌규정은 없다. 그러나 자살을 하게 하거나 방조한 경우에는 '자살방조죄', '자살교사죄' 등으로 처벌될 수 있다. 예를 들어 두 명이 동반자살을 시도했으나 한 명이 죽고 한 명이 살아남았다면 살아있는 자에게 자살방조죄를 적용할 수도 있다.

촉진제를 직접 몸에 뿌린 자살방화는 의복의 착용여부에 관계없이 전신화상을 일으켜 죽음에 이르게 된다.

Chapter 01
Chapter 02
Chapter 03
Chapter 04
Chapter 05
Chapter 06
Chapter 07
Chapter 08
Chapter 09
Chapter 10
Chapter 11
Chapter 12
Chapter 13

Step 05 | 사망자의 신원 확인

사체의 일부가 타지 않고 남아 있더라도 육안검사를 통한 신원파악은 전적으로 신뢰하기 어렵다. 머리카락이 완전히 소실되면 성별 구분이 어렵고 착용하고 있던 의복까지 완전히 타 버린 상태라면 외관상태만 가지고 판단하기 어렵기 때문이다. 따라서 육안검사는 사체의 신원 파악을 위한 방법 중 가장 신뢰할 수 없다. 사체가 가혹할 정도로 탄화되었을 때는 치아와 뼈 등을 대상으로 엑스레이(X-ray)검사를 하는 방법이 효과적일 수 있다. 성별 구별이 불분명하 더라도 여성은 아이를 낳을 수 있는 신체조건상 골반 뼈의 구멍이 남성보다 클 것이며 성인의 뼈(206개)보다 어린이의 뼈(300개)가 많아 성인과 어린이의 사체 판단이 가능해진다. 똑같은 성인이라도 뼈가 가장 무거운 시기는 25세 전후이며 40세 전후에 이르게 되면 뼛속 밀도의 감 소로 가벼워지기 때문에 뼈의 밀도를 통해 나이를 추측해 내는 방법도 있다. 대퇴골(넓적다리 뼈) 하나만으로 사람의 키를 예측하기도 하는데 대퇴골의 길이에 2.6을 곱한 후 26을 더하면 사망자의 키를 대략 짐작할 수 있다. 사체는 약 2시간 동안 1,093℃의 화염에 연소하더라도 치 아나 보철구 등이 파괴되지 않으므로 이를 통해 신원 확인이 가능해진다. 실제로 사망자의 치 아 상태를 치과 진료기록과 대조해 보거나 수술자국, 수술 후 철심을 넣은 보철구의 사용 흔적 등으로 신원을 확인한 사례는 어렵지 않게 찾아볼 수 있다. 혈액이나 DNA(Deoxyribonucleic Acid)검사 방법도 있지만 이 방법은 사체의 탄화가 심하게 타지 않고 지문 등이 남아있을 경우 이용이 가능한 방법이다.

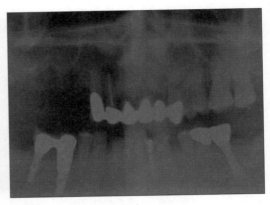

사체가 탄화되었더라도 엑스레이 치아검사를 통해 신원을 확인할 수 있다.

  일반인들은 화재현장에 남겨진 담배꽁초의 타액성분을 통해 DNA 등 식별이 완벽하게 가능한 것으로 보고 있는데 이는 잘못 알고 있는 지식이다. 땀이나 침 자체에는 DNA가 없다. 더구나 땀이나 침이 담배꽁초에서 증발해 버리면 아무런 현상도 남지 않는다. 다만 땀이 모공에서 나오거나 침이 입안에 고여 있다면 아주 적은 양의 상피세포(몸 표면의 세포나 위창자관 내벽의 바깥쪽을 둘러싸고 있는 얇은 겉껍질)가 DNA를 함유하고 있어 담배꽁초에 침이 마르더라도 그 자리에 세포가 남아있는 경우에 이를 통해 신원 파악이 가능할 것이다. 일반적으로 1나노그램(1ng=10억분의 1g) 이하의 증거를 미세 증거(LCN · Low Copy Number)라고 하는데 만약 범인이 버리고 간 면장갑을 통해 DNA를 확보했다면 장갑 손바닥 부분에서 배어나온 땀속에 아주 적은 양의 상피세포가 남아있었다는 추론이 가능할 것이다. DNA 등 유전자감식 성공률은 30~40% 정도라고 한다.

CHAPTER 12

화재조사 논증오류 사례의 비판적 분석

The technique for fire investigation identification

화재조사 논증오류 사례의 비판적 분석

The technique for fire investigation identification

 화재원인의 근본을 밝혀내는 작업은 간단한 문제가 아니다. 현장에서 원인이 밝혀지는 경우도 있지만 증거물에 대한 감정 결과까지 생각한다면 시일은 길어질 수도 있다. 그렇다고 감정결과가 곧 화재원인을 단정짓는 것도 아니며 단편적인 결과일 뿐이므로 최종 판단은 다른 정보와 대입시켜 다시 검토해 보아야 한다. 화재현장에서 증거는 없거나 발견되지 않을 수 있고 정황증거만으로 추론을 전개해야 하는 상황과의 만남 등은 엉켜있는 실 뭉치를 풀어내야 하는 것만큼 복잡한 과정이다. 제한된 정보는 증명할 수 없거나 알 수 없음 등을 이유로 논점을 만들어내지 못해 헤어 나올 수 없는 소용돌이 미궁 속을 맴도는 것처럼 수고를 감내해야할 수도 있다. 그러나 논증을 충분히 풀어낼 수 있는 현장임에도 상황에 따라 지켜야 할 원칙을 등한시함으로써 야기되는 오류는 경계하여야 한다. 정보의 수집이 적절했음에도 분석과정이 치밀하지 못해 제3자가 전체의 속성을 수긍하기 어렵거나 부분적이고 단편적인 정보를 가지고 논리의 확대해석으로 모순을 만들어 내는 등 자가당착적 위안에 빠지지 않아야 한다. 실패는 성공을 이끌어주는 나침판이 될 수 있다는 점에서 화재원인조사와 관계된 오류 사례를 가상 시나리오(virtual scenario)를 적용하여 재조명한다.

Step 01 모기향을 화재원인으로 판단한 사례

1 개요

 대학생 30명이 야외수업을 받기 위해 1박 2일 일정으로 바닷가와 인접한 심신수련원에 입소를 하였다. 낮에는 학습활동을 하였고 저녁이 되자 캠프파이어를 하며 약간의 맥주를 즐겼고

Chapter 01
Chapter 02
Chapter 03
Chapter 04
Chapter 05
Chapter 06
Chapter 07
Chapter 08
Chapter 09
Chapter 10
Chapter 11
Chapter 12
Chapter 13

친구들 간에 정담이 이어졌다. 행사는 저녁 23:00 무렵까지 이어졌으며 그 후 모두 배정된 자신의 숙소로 돌아갔는데 A는 친구 4명과 함께 3층에 투숙을 했다. 그러다가 새벽 01:00 무렵 A가 잠자고 있던 방에서 화재가 발생했고 A를 포함한 5명은 깊은 잠에 빠져 미처 빠져나오지 못하고 모두 사망을 하고 말았다. 화재가 급속하게 확대된 이유는 숙소가 경량 샌드위치패널로 제작된 컨테이너로 내장재인 스티로폼과 합판 등이 연소하면서 짧은 시간에 피해를 키웠다. 화재 당일 날씨는 습도가 55%, 풍속은 1.3m/sec, 기온은 24.5℃인 것으로 확인되었다. 조사기관은 화재원인을 「모기향을 포함한 미상의 화종」으로 결론내렸다.

❷ A가 투숙했던 숙소 내부 평면도

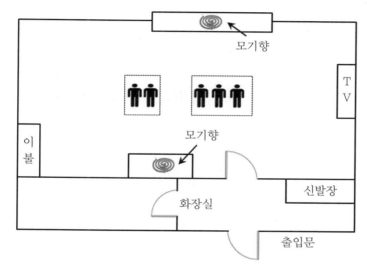

모기향은 방 내부 책상 위, 창문 부근에 각각 2군데 피워놓은 상황이었다.

❸ 조사기관이 화재원인을 모기향으로 판단한 근거

경량 샌드위치패널은 형체를 알아볼 수 없을 정도로 붕괴되었으며 관계자를 통해 A가 투숙한 방에 모기향을 피웠다는 정보를 바탕으로 조사기관이 모기향을 화재원인으로 판단한 근거는 ① 모기향을 피운 창가 방면 위쪽은 연소했으나 바닥 부분이 그대로 남아 있었고 ② 모기향을 피워놓은 화장실 칸막이 밑동 부분이 조금 더 타들어갔으며 ③ 화장실 부분에서 타다 만 휴지조각과 옷가지 등이 식별되는 것으로 보아 이 부분에서 미상의 불씨가 존재하였고 이에 가연성 휴지, 의류 등이 접촉되어 출화한 것으로 추정된다는 결론을 내렸다.

④ 화재를 인지한 목격자들의 증언

화재를 최초 목격한 B는 A의 맞은편 방에서 잠을 자다가 01:00 무렵 화장실을 가기 위해 방을 나섰는데 복도 윗부분에 흰 연기가 가득 찬 것을 보고 순간적으로 화재가 발생한 것으로 생각을 하여 A가 투숙한 방문을 열어 보았는데 시커먼 연기와 불길이 밖으로 나와 안으로 진입할 상황이 아니었다고 진술을 하였다. 그는 즉시 소리를 질러 다른 방에 있는 친구들을 깨웠고 화장실에 있는 물을 가져와 뿌리려 했으나 짙은 연기에 진입을 못하고 몸을 피해 다른 친구들과 건물 밖으로 대피를 하였다.

⑤ 화재원인 검토

결론부터 내리면 화재원인으로 판단한 근거에 모기향의 발화 가능성에 대한 언급이 없다. 모기향은 열량이 매우 적어 부드럽고 얇은 종이일지라도 착화되기 어렵다. 화재원인을 모기향으로 판단한 근거 중 ①항과 ②항은 화재원인과 무관하게 단순히 연소된 현상을 표현한 것에 지나지 않는다. ③항은 모기향이 놓여있던 지점과 동떨어져 있고 단지 현장에 남겨진 잔류물에 불과할 뿐 발화요인을 설명하는 데 아무런 관계가 없다. 휴지조각과 옷가지 등에서 모기향으로 인해 생긴 화흔(모기향으로 인해 탄 자국)을 포착하지 못했다면 다른 요인을 검토했어야 하지 않을까. 일반적으로 모기향은 섬유나 의류, 종이와 접촉하더라도 발화하지 않으며 접촉한 부분으로 나선형 형태의 탄화흔만 남긴다. 옥내에서 화재가 발생했을 때 날씨는 발화원에 영향을 미치지 않는다. 다시 말해 전기합선이나 훈소, 라이터 점화, 방화 등은 최초 발화원으로 작용한 열에너지의 크기만 다를 뿐 외부요인인 날씨와 관계가 없다. 다만 화세가 성장하여 유리창과 출입문 등 개구부가 개방되면 공기의 유입과 유출의 순환이 이루어짐에 따라 비로소 기류의 영향을 받게 된다. 화재 당시 날씨는 습도가 55%로 화재발생 우려가 높은 건조주의보나 건조경보가 내린 상황도 아니었다.[1] 풍속은 1.3m/sec로 담뱃불에 의한 훈소 발화가 진행될 수 있는 여건으로 볼 수 있으나 이 상황도 축열이 전제된 후 발화가 가능한 것으로 실험 결과 나타난 바 있다.[2] 모기향이 발화에 이르는 시간은 예측할 수 없다. 그러나 A가 캠프파이어를 마치고 숙소로 들어간 시간과 화재가 발생한 시간 간격이 2시간에 불과하며 최초 목격자 B가 화재를 발견했을 때는 이미 화염이 성장하여 소화행위를 할 수 없을 정도였다는 점을 비교하면 모기향에 의한 발화 가설을 적용하기에는 무리가 있다. 어떤 형태로든 훈소가 진행되면 일정시간 불꽃 없이 불완전연소에 따른 연기의 발생량이 더욱 많이 발생하기 때문이다. 화재원인 판단에 대한 애매한 결론도 설득을 얻기 어렵다. 모기향인가? 미상의 화종인가? 미상의 화종이라면 최초 착화물과의 관계는 어떻게 설명할 것인지 끝없는 질문에 맞설 수 있는 논리가 뒷받침되어야 한다. 우리나라 국민 중 여름철에 모기향을 한번쯤 사용하지 않은 사람은 없을 것이다. 그렇다면 매년 어디에선가 모기향에 의해 화재가 발생했다는 소식과 통계가 있어야 하는데 이에 대

---

[1] 기상특보 발표 기준에 의하면 건조주의보는 실효습도 35% 이하가 2일 이상 계속될 것이 예상될 때이며 건조경보는 실효습도 25% 이하가 2일 이상 계속될 것이 예상될 때이다.
[2] 담뱃불에 의한 쓰레기통의 발화가능성 및 소손형태에 관한 연구(대전소방본부, 2007)

한 자료를 찾기 어렵다. 발화현상에 대한 가설은 일반적인 물리법칙[3] 안에서 설명될 수 있어야 한다.

Chapter 01
Chapter 02
Chapter 03
Chapter 04
Chapter 05
Chapter 06
Chapter 07
Chapter 08
Chapter 09
Chapter 10
Chapter 11
Chapter 12
Chapter 13

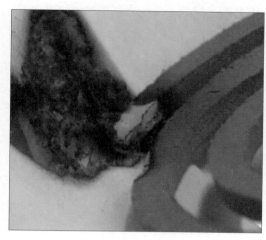

모기향은 섬유와 접촉한 부분으로만 탄화될 뿐 발화하지 않는다.

Step 02 방화를 담뱃불 화재로 오인한 사례

1 개요

새벽 03:00경 술에 만취한 40대 남성 한 명이 모텔에 투숙을 하였다. 이 남성은 다음날 오전 11:00경 퇴실을 하였고 그로부터 약 6분 경과 후 남성이 퇴실한 방에서 화재가 발생하였다. 1층에 있던 모텔 종업원은 남성이 투숙했던 방에서 감지기[차동식(공기관식) 스포트형]가 울려 화재발생 사실을 알았고 119에 신고를 하였다. 현장을 확인해 보니 침대 매트리스 상단이 집중적으로 연소하였고 나머지 집기류들은 연기와 그을음 피해만 입었을 뿐 연소가 심한 상황은 아니었다. 집중적으로 연소된 부분이 침대 상단부로 국부적으로 소손된 상황임을 볼 때 주변인들은 담뱃불로 인한 화재라는 견해가 많았다.

---

[3] 물리법칙 또는 자연법칙은 경험적인 관찰에 기초한 과학적 방법의 일반화이다. 자연법칙은 과학적인 실험을 통해 확인된 가설 또는 그 결론이다. 그런 법칙의 형태로 자연을 요약하여 묘사하는 것이 과학의 근본 목적이다.

② 화재가 발생한 방 내부 소손상황

침대를 중심으로 연기가 확산되었고(좌), 침대 상단부가 부분 소실된 상태(우)

③ 시뮬레이션 실험

FDS(Fire Dynamic Simulator) 화재모델링 프로그램을 이용하여 침대 매트리스에서 발화했을 때 실 내부에서 감지기가 동작하는 시간을 측정하였다. 실험조건은 화재가 발생한 실과 동일하게 크기를 설정하고 침대 매트리스에서 최초 착화되었을 때 장애 없이 연소하는 것으로 가정하였다. 실 크기는 60m³(가로6m×세로5m×높이2m), 개구부 면적 0.25m², 화재실 온도는 20℃로 설정하였다. 실험을 용이하게 하기 위해 제시한 실험조건 외에 기타 조건은 무시했으며 매트리스 발열량에 따라 실 내부의 온도가 변화하는 것을 중앙에 설치된 감지기를 통해 측정하도록 하였다.

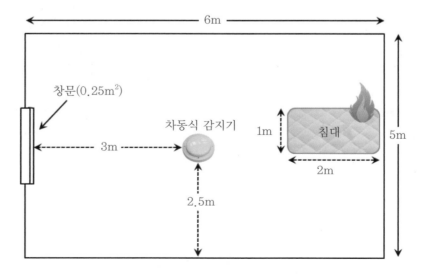

FDS 화재모델링 프로그램을 이용한 실 내부 조건

Chapter 01
Chapter 02
Chapter 03
Chapter 04
Chapter 05
Chapter 06
Chapter 07
Chapter 08
Chapter 09
Chapter 10
Chapter 11
Chapter 12
Chapter 13

시뮬레이션 실험 결과 발화 후 감지기가 작동하기까지 온도변화가 나타난 시간은 약 2분이 소요된 것으로 판명되어 실험 결과를 놓고 볼 때 담뱃불로 인한 발화 가능성은 거의 불가능한 것으로 밝혀졌다. 담뱃불로 발화가 일어나려면 가연물과 접촉한 상태로 훈소가 진행되면서 축열이 이루어져야 비로소 착염과정을 거쳐 출화에 이른다. 이처럼 출화에 이르기까지는 최소한의 시간이 필요한데 매트리스 소재와 유사한 섬유(면)에 담뱃불을 접촉시켜 행한 연소실험 결과에 의하면 13분 30초 후에 발화가 된 것으로 보고된 바 있다.[4] 정리를 하면 침대 매트리스가 담뱃불 접촉에 의해 발화하려면 최소한 13분 30초가 필요하며 감지기가 동작한 시간 2분을 더했을 때 총 15분 30초가 소요된다는 결론이 나온다.

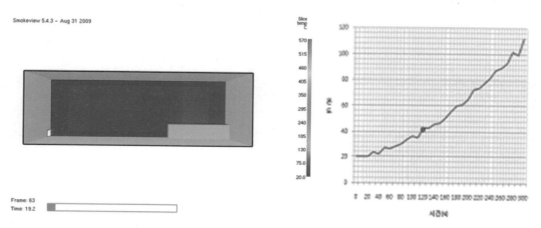

시뮬레이션 결과 차동식 감지기는 약 2분 만에 동작이 이루어졌다.(유명열. 2011)

④ 화재원인 검토

담뱃불은 풍속 1.4~1.6m/sec 환경일 때 유염착화할 수 있다. 가연물은 침대 매트리스처럼 평면상태보다는 구겨진 상태가 축열이 좋고 종이가 섬유보다 착화가 빠르다. 화재가 발생한 모텔 내부 화재가 발생한 실은 무풍상태로 섬유재질의 매트리스 표면이 평면상태에서 연소하여 내부 스프링까지 노출된 상황임을 보면 6분이란 짧은 시간에 훈소발화할 수 없다. 차동식 스포트형 감지기는 종별에 따라 반응시간이 다르지만 일반적으로 주위 온도가 1분에 15℃ 이상 상승할 경우 4분 30초 이내에 작동하도록 되어있으며 화재당시 정상적으로 작동된 것에 비추어 보면 빠르게 성장한 불꽃에 의해 동작이 이루어졌음을 어렵지 않게 판단할 수 있다. 앞서 언급했듯이 훈소는 발화하기 전에 불완전연소에 기인한 연기가 먼저 다량으로 발생한 후 유염발화하므로 충분하게 축열이 형성되지 않는다면 화재로 발전하지 않는다. 신원 미상의 투숙객이 퇴실을 한 후 6분 후에 화재사실이 종업원에 의해 인지된 것은 라이터 등 직접 착화가 가능한 도구를 이용한 방화를 떠나서 생각하기 어렵다.

---

4 서울소방본부. 담뱃불발화 실험 결과보고(2009)

Step 03 전기적 요인에 의한 화재를 방화로 오인할 뻔한 사례

1 개요

공항 터미널 주차장에 세워둔 차량에서 20:51경 화재가 발생하였다. 주차장 경비는 순찰을 돌던 중 화재현장을 목격하고 소화기를 이용해 자체 진화를 시도하였고 다행히 차량화재는 곧 진화되었으나 다수인이 출입하는 공항 주차장의 이미지가 나빠질 것을 염려하여 공항 측에서는 소방서에 신고를 하지 않았다. 화재가 발생한 차량운전자는 2일 전에 공항에 차량을 주차하고 지방으로 출장을 떠난 상태로 공항 관계자들이 연락을 취함으로써 운전자가 화재발생 사실을 알게 되었다. 차량 운전자는 차량을 보험으로 처리하기 위해 소방서로 사후조사를 요청하였다.

2 1차 현장조사

피해 차량은 화재발생 후 견인되어 견인업체 주차장으로 이동된 상황이었다. 차량은 조수석 앞 범퍼 부분에서 상부 및 측면으로 소손된 형태였으며 엔진룸에서는 발화요인을 특정할만한 요인이 없었다. 일반적으로 엔진룸에서 발화한 경우 화염이 보닛 밖으로 출화된 형태가 보이기 마련인데 조수석 범퍼 하단부에서 외적인 요인에 의해 발화된 것으로 보여 방화가 의심되는 상황이었다.

최초 발화지점에서 견인업체가 사진 촬영한 모습(좌)과 견인업체 주차장으로 이동된 후 모습(우)을 촬영한 것으로 조수석 범퍼 하단부에서 상부 및 측면으로 소손된 형태를 볼 수 있다.

3 2차 현장조사

사후조사는 발화장소 및 발화지점의 현장이 보존되어 있는 경우에만 조사를 하는 것이 원칙이다. 화재조사관은 차량의 소손상황은 확인했으나 발화지점에 대한 확인이 필요했다. 최초 발화지점인 공항 주차장을 찾아가 현장을 둘러보니 피해 차량이 주차되어 있던 지점은 펜스로 통제선을 설치한 상태로 보존되어 있었는데 바닥에는 연소된 플라스틱 잔해와 소화기 분말 가루가 남아 있었다. 눈에 띄는 점은 차량이 주차된 바로 앞 주차라인으로부터 2미터 지점에 4개의 가로등 헤드가 한 세트로 설치된 높이 3.5미터 가량의 지주대가 자리 잡고 있었다. 4개의 가로등(메탈할라이드등) 헤드 중 피해 차량과 가장 가까운 쪽에 있는 헤드 1개가 검게 그을렸으며 글로브[5] 부분이 화재로 소락된 것이 확인되었다. 확실한 증거를 확보하기 위해 즉시 주차장에 설치된 CCTV 영상녹화기록을 확인해보니 아크릴 소재로 된 글로브 부분에서 불빛이 확대되면서 아크릴 수지가 차량 범퍼 부근으로 떨어져 연소확대된 것으로 판명되었다.

피해 차량이 주차된 지점 바로 앞 2미터 지점에 4개의 가로등 헤드가 설치된 지주대 모습(좌)과 글로브가 소실된 가로등 안에 램프가 원형을 유지하고 있으며(우) 안쪽에 그을음이 다량 부착된 형태

CCTV 영상녹화기록을 확인한 모습으로 가로등 불빛이 비치다가(좌) 갑자기 불빛이 확대되었고(가운데), 차량 조수석 범퍼 부근에서 불빛과 연기가 발생(우)하는 모습이 확인되었다.

---

[5] 광원을 완전히 감싸주는 조명등의 표면 케이스를 지칭한다. 유리로 만들어진 것이 많지만 아크릴 수지 등으로 제작된 것도 많다. 일반적으로 조명용으로는 우윳빛 유리를 사용하고 신호용이나 표지 등에는 색이 가미된 유리를 주로 사용한다.

④ 화재원인 검토

　　화재가 발생한 가로등은 소비전력이 400[W]인 메탈할라이드등으로 불빛 표면을 감싸고 있는 글로브 재질은 아크릴수지로 확인되었다. 과거에는 글로브 재질로 유리를 많이 사용했으나 점차 아크릴수지 제품이 많이 확산되고 있는 추세에 있다. 글로브 내부는 크게 전원이 공급되는 전극과 열과 빛을 발산하는 발광관으로 구성되어 있다. 발광관은 약 3,500~4,000℃의 열이 발생하는 것으로 알려져 있는데 발생한 열의 일부는 외부로 방출되기도 하지만 일부는 글로브 표면에 영향을 주어 표면온도를 높이기도 한다. 가로등 내부에 메탈할라이드등이 깨지지 않고 그을린 흔적으로 볼 때 축적된 이물질 등 가연물의 일부가 열에 착화되었고 글로브에도 영향을 미쳐 아크릴수지가 불이 붙은 채 차량 조수석 범퍼 부근으로 떨어져 2차 화재를 일으킨 것으로 보인다. 적어도 이물질 등은 일정기간 시간을 두고 탄화가 진행되었을 것이며 발화온도에 이르러 착화되었을 것이다. 메탈할라이드등은 글로브에 의해 보호되지만 외기에 상시 노출된 상태로 눈·비·바람 등의 영향을 받아 먼지와 하루살이 곤충류 등이 유입되는 경우가 많아 이들 물질이 쌓이면 축열에 의해 충분히 발화하기 때문이다. 아크릴은 플라스틱 가운데서도 수정처럼 투명성이 높아 플라스틱의 여왕이라고도 불린다. 기품있는 아름다운 광택으로 인해 각종 건축과 조명등에 폭넓게 쓰이는데 가시광선의 투과율은 무려 93%에 달하며 전 파장에 걸쳐 거의 전무라 해도 좋을 정도로 흡수되지 않아 2m 이상의 두께에도 충분히 투시가 가능하고 자외선 투과율도 무기유리에 비해 현저히 크다. 아크릴은 비중도 가벼워 동일한 두께의 유리와 비교할 때 비중이 50%에 불과하고 알루미늄과 비교했을 때는 47%, 마그네슘에 대해서는 70% 정도로 가볍다. 충격강도 또한 우수하여 강화유리와 비교했을 때 6~17배 정도 강해 항공기의 방풍용 등 안전도가 요구되는 곳에 널리 사용되고 있는 소재이다. 다만 모든 플라스틱류의 공통적인 문제지만 전기적 전열성이 높아 정전기가 발생하기 쉽고 이로 인해 먼지 등 이물질을 쉽게 끌어당기며 열에 취약한 단점이 있다. 모든 물질은 온도와 습도에 영향을 받아 수축과 팽창을 하는데 아크릴의 경우 다른 물질에 비해 반응이 큰 가연성 물질로 발화점은 약 400℃이다. 화재조사관은 당초 견인업체 주차장으로 이동된 피해 차량을 보고 외적인 요인에 의한 방화로 예단을 했으나 2차 현장조사를 통해 구체적인 증거를 확보하고 입증해냄으로써 모든 화재는 현장을 충분히 돌아본 후 생각해도 늦지 않다는 교훈을 남겼다.

전극　　발광관

메탈할라이드등의 구조

1 개요

직장인 A는 동료들과 함께 자정 무렵까지 술을 마시며 놀다가 대리운전을 불러 새벽녘에 자신의 집 근처에 도착했다. 그러나 곧장 집으로 가지 않고 집 앞 공터에 차를 세운 후 추위를 피하기 위해 차안에서 시동을 켜고 운전석 의자를 뒤로 젖혀 반쯤 누운 상태로 잠을 자다가 새벽 04:00경 승용차 내 뒷좌석 부근에서 발화된 화재로 인해 승용차가 전소되는 바람에 사망을 하였다. 유족들은 보험회사를 상대로 보험금 지급을 요구하는 소송을 냈는데 법원은 차량에 특별한 결함이 없었고 외부에서 발화되었다고 단정할 만한 특이한 점도 없었다며 A가 음주상태에서 운전석 의자를 뒤로 젖히고 누워서 담배를 피우다가 뒷좌석에 떨어뜨린 담뱃불로 인하여 발화된 것으로 추정된다는 것을 사실로 인정했다.

2 차량 내부 연소실험

차량 문짝과 유리창을 모두 닫고 뒷좌석에 고무로 코팅된 면장갑과 종이에 불을 붙여 놓은 상황을 재현했다. 실험 결과 면장갑과 종이의 연소반응으로 좌석시트(섬유류)에 착화되어 불길이 일었으나 10분 만에 공기부족으로 연기만 남긴 채 자연소화되는 현상이 나타났다. 발화를 시도한 지점에 면장갑과 종이의 잔해는 남지 않았으며 좌석시트 바닥은 너비 50cm, 깊이 2cm 가량이 연소하였고 등받이 부분은 표면만 살짝 용융된 형태로 남았다.

차량을 밀폐시킨 후 뒷좌석에 불을 질렀으나 10분 만에 자연 소화된 형태(서울소방본부. 2005)

차량 안에 경유 15리터를 뿌린 후 모든 창문을 밀폐시켜 점화를 한 실험에서도 초기에는 불꽃을 내며 연소를 하였으나 곧 공기부족으로 훈소상태로 전환되는 현상이 관찰되었다. 7분 30

초 경과했을 때 창문 틈새로 연기가 소량 배출되는 현상만 관측되었을 뿐 불꽃은 보이지 않았다. 훈소가 진행되는 상황에서 운전석 창문을 부분 파괴하여 외기를 순환시켰지만 소멸된 불꽃은 다시 발화하지 않았다.

7분 30초경 창문 틈새로 연기가 배출되었고(좌), 앞 유리창을 부분 파괴(우)하여 외기를 순환시켰으나 재발화하지 않았다.(충북소방본부. 2007)

③ 의문점

❶ 운전자가 흡연을 했을까?

흡연을 즐기는 애연가일지라도 차안에서 흡연을 할 때에는 2~5cm 정도 창문을 열어 연기의 배출이 용이하도록 조치를 하는 것은 일반화된 상식이다. 연기가 밖으로 빠져 나가도록 조치 없이 밀폐된 차안에서 흡연을 하는 사람이 있을까? 만약 유리창을 조금이라도 열어 두었다면 외기의 순환이 이루어져 담배가 지속적으로 훈소반응을 하겠지만 담배가 모두 타면 상황은 그대로 종료되고 말 것이다. 수사기관과 법원은 무엇을 근거로 사망한 운전자가 차안에서 담배를 피워 발화된 것으로 판단한 것인지 의문이 남는다.

❷ 담뱃불을 뒷좌석에 떨어뜨릴 수 있었을까?

운전자는 반쯤 누운 상태로 발견되었으므로 잠을 자다가 화재를 당했다는 추론은 성립할 수 있다. 그런데 흡연을 하다가 잠이 들었다면 손은 자연스럽게 각각 좌우로 늘어뜨렸거나 가슴이나 배 위에 위치하는 것이 자연스런 현상이라고 보면 담배는 오른쪽 운전석과 조수석 사이 공간 또는 조수석 시트 윗부분이거나 왼쪽 운전석 문짝 공간 부분에 떨어졌을 확률이 높을 것이다. 설령 팔을 들어 올려 뒤로 제치고 잠을 자는 상태였더라도 차량 바닥에 떨어질 수는 있으나 뒷좌석 시트 위에 떨어뜨리기는 어려웠을 것으로 보인다. 운전석 뒤 바닥으로 떨어진 담뱃불이 어떤 가연물과 접촉했는지도 의문이다. 담뱃불은 종이류가 펼쳐진 상태에서는 축열 부족으로 발화하지 않기 때문이다.

4 화재원인 검토

시동을 걸어 놓은 상태로 운전석에서 잠을 자다가 화재가 발생하는 것은 운전자가 무의식 중에 가속페달을 계속 밟음으로써 엔진과 배기장치 과열로 일어나는 사고이다. 정지된 상태에서 공회전이 지속되면 엔진소리가 높아져 굉음이 발생하고 차량 배기파이프와 연결된 배기관의 과열로 연기가 피어오르다가 차체 부속장치인 고무링(O링) 및 언더코팅제(배기파이프 및 차체 하부의 부식방지를 위해 도포하는 일종의 페인트), 차량 범퍼 등에 착화할 수 있으며 차량실내 바닥도 가열되면 바닥 매트에서 발화가 일어날 수 있다. 엔진룸보다는 배기가스가 방출되는 차량 뒷바퀴와 트렁크 쪽으로 소손피해가 크게 나타나는 특징이 있다. 차량을 2,000~4,000rpm까지 단계적으로 고속 공회전을 시켜 부위별 온도를 측정한 실험결과에 따르면 촉매장치 하단부와 배기관이 400℃ 가까이 상승한 것으로 측정된 바 있다.[6] 엔진회전수를 7,000rpm까지 높여 실시한 실험 결과[7]에 의하면 시동을 건 후 4분 만에 엔진 룸에서 발연이 일어났고 6분 만에 배기관 주변에서 착화가 발생하였다. 발화가 일어나기 전까지 온도를 측정했을 때 서브 머플러는 554.5℃, 촉매장치 575.5℃, 메인 머플러 491℃로 각각 측정되었다. 운전자가 가속페달을 밟아 화재가 발생한 경우 배기관 주변이 다른 곳보다 상대적으로 소실이 심하며 배기관 서브 머플러 내부를 분해하면 불완전연소에 의한 그을음이 타 개소보다 심하게 부착되어 있음을 확인할 수 있다. A가 운전석 의자를 뒤로 젖혀 반쯤 누운 상태로 잠을 청했다면 자연스럽게 발을 뻗어 가속페달을 밟았을 가능성이 크며 이에 따라 일정시간 고속 공회전이 일었을 것이며 배기관 주변으로 착화가 진행되었을 확률이 가장 높다.

주차된 상태에서 고속 공회전이 계속되면 배기관 주변으로 발화가 일어나 차량 뒤편이 집중적으로 연소하는 형태를 보인다.

6 교통안전공단. 자동차 화재실태와 발화원인 조사 결과. 2004.
7 강원소방본부. 화재 재현실험 연구보고서. 2010.

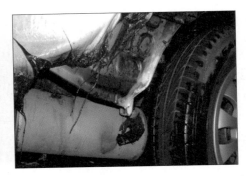

고속 공회전에 의한 화재로 촉매장치를 고정시켜주는 고무링이 소실되었고(좌), 메인 배기관 바로 위에 있는 우레탄 범퍼가 연소된 형태(우)

Step 05 전기다리미를 발화원으로 판단한 사례

1 개요

신축한 지 20년이 경과한 농촌형 일반주택에서 화재가 발생하였다. 지붕과 벽이 부분적으로 붕괴되었고 집기류 등 가재도구 일체가 완전히 연소하였다. 화재당시 집안에는 아무도 없었는데 안방에서 시작된 불길이 거실과 주방, 작은방 등으로 확산된 것으로 판명되었다. 화재조사관은 발굴작업을 통해 안방에서 플라스틱 케이스가 용융된 전기다리미를 발견했고 주변에 탄화된 옷가지 등을 근거로 전기다리미 과열에 의한 발화로 판단을 하였다. 집주인도 외출하기 전 다리미를 사용했는데 전원코드를 콘센트로부터 분리했는지 여부는 불분명하다는 진술을 덧붙였다.

안방에서 발견된 전기다리미의 형태

Chapter
01
Chapter
02
Chapter
03
Chapter
04
Chapter
05
Chapter
06
Chapter
07
Chapter
08
Chapter
09
Chapter
10
Chapter
11
Chapter
12
Chapter
13

② 다리미의 구조와 기능

다리미에는 스팀다리미와 스팀장치가 없는 일반다리미 등이 있으나 내부구조와 성능에는 큰 차이가 없다. 온도조절은 원형으로 된 회전식 스위치를 돌려서 설정하는 방식이 가장 많이 쓰이고 있으며 내부에는 열을 내는 전열선이 자동온도조절장치인 바이메탈과 연결된 구조로 설정된 온도 이상이 되면 바이메탈 접점이 떨어지고 온도가 내려가면 다시 접점이 붙어 온도를 상승시키는 과정이 반복되면서 동작이 지속된다. 또한 과열 방지를 위해 규정된 온도 이상이 되면 자동으로 끊어지도록 온도퓨즈까지 내장된 제품이 많아 화재의 위험성은 거의 없다고 봐도 무방할 것이다. 다리미의 종류에 따라 차이는 있으나 전원을 투입하면 대략 245℃ 전후까지 온도가 상승하며 전원을 차단하면 온도는 내려가지만 바로 식는 것이 아니어서 10분이 지나도 100℃ 전후 온도를 유지하므로 자칫 피부와 접촉한다면 화상을 당할 수 있다. 바닥면의 온도가 60℃까지 떨어지는데 17분이 소요되었다는 실험 결과도 있어 완전히 바닥면이 식기까지는 20여분 이상이 필요하다는 해석도 가능할 것이다.

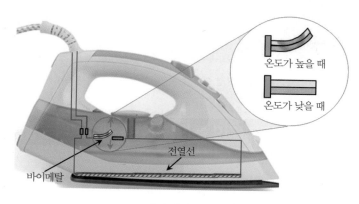

다리미의 구조

③ 다리미 연소실험

다리미(1,900W)의 온도를 최고 온도로 설정한 후 신문지 위에 2시간 동안 올려놓은 실험 결과를 보면 착화에 이르지 못했다. 신문지가 누렇게 변색되었을 뿐 자동온도조절장치의 동작으로 온도가 상승하지 못한 결과였다. 흰색 와이셔츠(면 85%, 폴리에스터 15%)를 대상으로 한 실험에서도 착화되지 않는 동일한 결과가 나왔다. 흰색이 누렇게 바랬을 뿐 착화되지 않았다. 다리미제품의 대부분은 손잡이 부분에 점멸램프가 부착되어 있는데 이는 바이메탈의 동작 여부를 알려주는 신호로 고장이 발생할 확률도 거의 없다. 그러나 다리미를 분해하여 고의로 바이메탈을 제거한 후 전열선에 전원을 직접 연결했다면 온도상승을 제어할 수 없으므로 과열발화를 막을 수 없을 것이다.

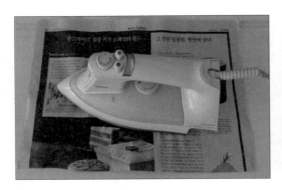 

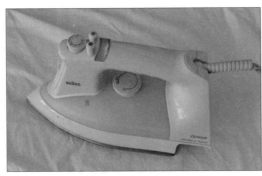 

신문지와 와이셔츠에 다리미로 2시간 동안 접촉시켰으나 발화하지 않았다.

④ 화재원인 검토

전기다리미에서 발화된 것을 입증하려면 분해를 하여 내부 바이메탈 소자와 온도퓨즈의 용단상태 등을 확인하여야 한다. 온도를 제어하는 소자가 정상으로 확인된다면 발화요인에서 배제하여야 한다. 살펴 본 바와 같이 바이메탈 등 온도조절장치가 정상적이라면 설정된 온도 범위 안에서만 작동하므로 가연물을 착화시킬 수 없기 때문이다. 만약 온도제어기능 상실로 다리미에서 발화가 일어났다면 다리미의 바닥면에는 가연물의 잔해가 부착될 수 있으므로 최초 착화물을 확인하는 절차도 필요할 것이다. 5시간 이상 가연물(의류)과 접촉상태로 다리미를 방치할 경우 저온착화할 수 있다는 의견도 있으나 실제로 7시간 이상 방치했음에도 발화되지 않았다는 결과가 있다. 발화원인을 규명함에 있어 발화요인이 존재했다는 사실만으로 착화 여부의 검증 없이 다른 정황을 꿰맞추지 않아야 한다.

Step 06 자연발화를 방화로 판단한 사례

Chapter
01
Chapter
02
Chapter
03
Chapter
04
Chapter
05
Chapter
06
Chapter
07
Chapter
08
Chapter
09
Chapter
10
Chapter
11
Chapter
12
Chapter
13

1 개요

　　폴리우레탄폼(polyurethane foam)[8]을 저장하는 조립식 천막창고에서 저녁 20:00경 화재가 발생하였다. 당시 창고 밖 공터에는 폴리우레탄폼 100여 개를 숙성시키기 위해 대기 중에 방치하고 있었다. 창고 내부에 전기시설은 전혀 없었고 외부인의 출입 흔적도 찾아볼 수 없었지만 보안시설이 허술하여 외부인이 마음만 먹으면 언제든지 출입이 가능한 곳으로 주변 잔디 부근에서 누군가 버린 담뱃불에 의해 발화된 후 천막창고로 불이 옮겨 붙은 것으로 판단되었다. 그런데 4시간 경과 후 동일한 장소에서 다시 화재가 발생하여 숙성시키기 위해 밖에 내다 놓은 폴리우레탄폼 100여 개가 모두 소실되고 말았다. 누군가 의도적으로 생산제품을 태워 없애려고 행한 방화를 의심하였다. 소실된 폴리우레탄폼은 17:00경 생산을 마치고 밖에 내다 놓은 제품이었다.

2 폴리우레탄폼 착화실험

　　연소된 폴리우레탄폼과 동일하게 숙성 중인 제품을 대상으로 발화 가능성을 실험하였다. 폴리우레탄폼은 생산 직후 약 130℃ 정도의 열을 지니고 있어 공기와 원활하게 순환이 이루어지면 발화할 수 있다는 것이 증명되었다.

---

[8] 폴리우레탄폼: 폴리올과 다이소시아네이트로 만들어지는 스펀지상의 다공질 물질이다. 연질, 경질, 반경질로 나뉘어지며 단열성이 크고 전기절연성이 뛰어나며 강도가 크다. 연질은 매트리스와 같은 쿠션재에 쓰이고 경질은 단열재로 많이 사용된다.

폴리우레탄폼 내부에 원활한 공기 유입을 위해 인위적으로 구멍을 뚫고 관찰했을 때 5분 후 연기가 발생하였고 10분이 경과하자 연기의 양이 증가하면서 15분 만에 착화되었다.

③ 화재원인 검토

고분자(polymer)는 거대분자라고도 하는데 이는 단량체라고 하는 작은 단위가 반복해서 고리형태로 연결되어 있는 커다란 분자이다. 폴리우레탄, 스티로폼, PVC, 폴리에스터, 나일론 등은 대표적인 고분자로써 의류나 각종 기구, 페인트, 포장재, 합판 제작 등에 이러한 고분자가 널리 사용되고 있다. 고분자는 자연에서 얻어지는 천연 고분자(탄수화물, 단백질, 핵산 등)와 인공적으로 만들어진 합성 고분자로 구분할 수 있으며 위에서 예를 든 합성 고분자는 단량체를 연속적으로 붙여가는 방식(첨가 또는 중합)과 단량체가 결합할 때 작은 분자(물 등)가 빠져 나가며 생성되는 방식(축합)이 있다. 이러한 방식으로 얻어진 폴리머는 일정강도를 유지하기 위해 단단하게 굳히는 과정을 거치는데 이를 경화라고 한다. 경화과정은 높은 온도와 숙성시간을 필요로 한다. 이 화재는 발포된 폴리머를 숙성시키는 과정에서 발열이 일어나 폴리우레탄폼 스스로 자연발화(중합)한 것으로 판명되었다.

Step 07 촛불에서 발화된 것으로 판단한 사례

① 개요

수도권 인근에 꽤나 이름이 알려진 사찰에서 화재가 발생하였다. 예불을 올리는 부처님 좌상 양옆으로 큰 촛불이 각각 1개씩 켜 있었고 그 주변에 작은 촛불 40여 개가 각각 놓여 있었는데 새벽녘에 큰 촛불이 모두 연소하여 바닥에 있던 종이류에 착화된 것으로 조사되었다.

② 촛불의 연소성

양초의 성분은 파라핀이 주성분이며 그 외에 경화납, 스테아린산, 등심 등으로 구성되어 있으나 제조사별로 성분에 약간의 차이는 있다. 파라핀은 탄소와 수소가 결합된 탄화수소로 대략 20~35개의 탄소원자에 수소원자가 2개씩 결합된 분자($C_{20}H_{42}$~$C_{35}H_{72}$)로 되어 있는 것이 많고 융점은 52~63℃ 정도를 유지하는 것이 많다. 파라핀은 연소성과 가공성이 좋고 용융되었을 때 유동성이 양호하여 양초의 원료에 가장 적합한 물질로 인정받고 있다. 경화납은 주로 우지나 야자유, 고래 기름 등에서 추출·정제된 백색의 반투명 물질로 지방산에스텔($C_{15}H_{31}COOC_{16}H_{33}$)이 주성분인 납을 말한다. 스테아린산은 양초의 강도를 높이고 연소 시 양초가 구부러지는 것을 방지하기 위해 첨가하는 물질이다. 등심(양초 심지)은 불꽃을 내는 가장 중요한 역할을 한다. 양초 심지는 면사를 사용하며 연소 시 녹아내린 양초를 모세관현상에 의하여 불꽃중심 가까이 빨아올려 기화·연소시키는 역할을 한다. 불꽃 안에서 검게 탄화된 뒤에 빨갛게 적열하고 심지 선단부분에서 완전히 탄화된 후 깨끗하게 소멸되는 것을 볼 수 있다. 양초가 연소하더라도 심지의 잔해가 남지 않는 것은 이와 같은 연소과정을 거치기 때문이다. 양초의 불꽃 크기와 연소시간은 불꽃이 일어나는 면사의 굵기에 따라 좌우된다.

③ 촛불의 연소실험

촛불의 규격은 크기에 따라 편의상 대·중·소 3단계로 구분하고 있으나 통일된 규격은 없고 제조회사마다 치수와 연소시간에 차이가 있으므로 이를 감안하여 실험을 행하고 판단하여야 한다. 소형과 중형 양초는 불을 붙였을 때 풍속 0.8m/sec에 쉽게 꺼졌지만 대형 양초는 풍속 2.4m/sec에도 꺼지지 않은 경우가 있었다. 대형 양초는 왜 꺼지지 않았던 것일까? 정지된 촛불에 공기를 공급하면 불꽃이 흔들려 정지상태일 때보다 연소속도가 빨라지게 된다. 마찬가지로 어느 한 방향에서 촛불에 바람을 가하면 불꽃이 바람에 흔들리지만 바람이 불어오는 쪽의 납이 먼저 굳어지므로 바람막이 벽이 만들어지고 심지는 편향되어 길어지게 되므로 강한 바람에도 불이 꺼지지 않는 것이다.

바람이 부는 방향으로 납이 굳어 바람막이 형성

양초가 바람을 받은 방향으로 바람막이 벽이 만들어진 형태

양초를 낙하시켰을 때 실험 결과를 보면 높이가 높을수록 화재로 이어질 확률은 낮아졌다. 대형 양초의 경우 15cm로부터 65cm 높이까지 실험을 했으나 극단적으로 발화될 확률은 거의 없는 것으로 나타났다. 예를 들면 가정에서 흔히 사용하고 있는 책상 높이 정도에서 바닥으로 떨어지면 심지부가 먼저 바닥과 맞닿아 스스로 소화됨으로써 발화하지 않을 확률이 높은 것으로 보였다. 그러나 세워둔 촛불이 바로 쓰러졌고 주변에 착화 가능한 가연물이 있는 상황이라면 화재로 이어질 공산이 컸다. 집안에 냄새를 제거하기 위해 촛불을 켜 놓았는데 집에서 기르던 애완견 또는 고양이가 건드려 화재가 발생했다는 사례는 촛불이 주변으로 바로 쓰러진 경우로써 실험 결과를 뒷받침하고 있다. 촛불 위에 사각 티슈와 신문지, 목면 형겊, 종이 골판지 등 가연물을 촛불로부터 2cm 이격시킨 후 행한 실험에서 사각 티슈는 5초, 신문지 10초, 목면 형겊 10초, 종이 골판지는 1분 만에 모두 착화하는 것으로 나타났다. 높이를 4cm로 이격시킨 실험에서는 사각 티슈만 발화했고 나머지 가연물은 부분적으로 탄화된 형태만 보여 촛불로부터 상방향 2cm 이내가 가장 발화하기 쉬운 조건임을 확인하였다. 양초의 복사열 발화를 확인하기 위해 측면에 0.5~1cm 거리를 두고 가연물을 배치한 실험에서는 0.5cm와 0.8cm 거리에서 사각 티슈와 신문지, 목면 형겊, 종이 골판지 등이 모두 발화했으나 1cm 거리에서는 어느 것도 발화하지 않아 사실상 복사열의 영향은 거의 없는 것으로 확인되었다. 촛불이 자립상태로 있다가 모두 연소했을 때 바닥에 있는 가연물과 접촉하면 착화가 가능한 것인가? 화재를 일으키려고 인위적 조작을 하지 않았다면 바닥에 신문지를 깔고 촛불을 세워 방치하더라도 양초가 모두 소진되면 심지가 그대로 쓰러져 소화되고 만다.

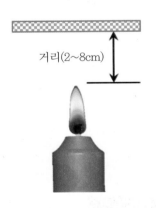

거리(2~8cm)

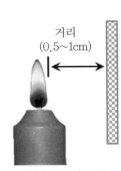

거리
(0.5~1cm)

촛불 상방향 2cm에 사각 티슈와 신문지, 목면 형겊, 종이 골판지 등 가연물을 배치했을 때 1분 안에 모두 발화했으나 촛불 측면 1cm 거리에서는 어느 것도 발화하지 않았다.

④ 화재원인 검토

예불을 올리는 법당 안에 촛불이 있었다는 사실만으로 논증을 세워 입증하기에는 어려움이 많을 것이다. 화재를 성립시키려면 촛불이 쓰러졌을 가능성 또는 주변 가연물과 접촉했을 가능성 등을 제시할 필요가 있다. 법당의 출입구 등 개구부는 모두 닫혀 있었는지 또는 최종적으로 법당을 빠져 나간 사람은 있었는지 등 다른 요인을 모두 배제한 채 촛불의 발화여부만 가지고 생각한다면 최초 가연물을 먼저 살피는 것이 관건이 될 수 있다. 특히 촛불이 놓여있던 바닥 종이류에 착화되었다는데 과연 종이를 바닥에 놓고 촛불을 올려놓는 경우가 있을까. 일반적으로 사찰에서 사용하는 양초는 대형 양초를 많이 사용하며 양초 표면에 비닐로 감겨있는 상표를 떼어내지 않고 사용하는 경우가 있는데 장시간 촛불이 연소하다보면 비닐 상표에 착화되는 경우도 있다. 완전연소가 진행되면 양초의 파라핀 잔해가 남지 않으므로 더욱 확실한 가설을 세워야 한다는 점도 염두에 두어야 한다.

Step 08 담뱃불이 마른 낙엽에 착화한 것으로 판단한 사례

1 개요

A는 20세 청년이지만 정신지체가 있어 정신적 나이는 5세 정도에 불과했다. 어느 날 A가 살고 있는 집 주변 임야에서 화재가 발생하여 수목과 잔디 등 60m²가 소실되었는데 주변 사람들은 A를 범인으로 지목했다. 평소 A가 담배를 피우는 흉내를 내며 놀다가 이웃들에게 혼쭐이 난 사례도 서너 번 있었다는 증언이 뒤를 이었다. A가 살고 있는 집 주변 임야에는 수목과 마른 낙엽이 불규칙하게 얕게 깔려 있는 정도였으며 수북하게 낙엽이 쌓인 상황은 아니었다.

2 낙엽의 착화실험

낙엽이 담뱃불로 인해 발화되는 최적 조건은 수분 함유량이 15% 미만이고 부서진 상태로 풍속이 2.0m/sec 이상이어야 하며 담뱃불이 낙엽에 덮여 있는 조건이 일치할 경우에 가능한 것으로 분석되었다.[9] 또 다른 실험 결과에 의하면 수목과 마른 낙엽, 마른 잔디가 있는 장소에 담뱃불 8개를 방치한 후 지켜봤으나 필터 부분까지 모두 연소했지만 발화되지 않았다.[10] 실험을 했을 때 기온은 8.6℃, 습도 28%, 남서풍이 3.6m/sec로 10월의 가을 날씨와 비슷한 상황이었다. 발화되지 않은 것은 담뱃불이 가연물에 덮이지 않고 대기 중으로 열이 분산되어 열의 축적이 없었기 때문이었다.

9 김동현 외. 담뱃불에 의한 낙엽 착화에 대한 연구. 한국화재소방학회. 2010.
10 김영회. 경기도 담뱃불화재 손해배상청구소송관련 담뱃불 화재 대처 방안. 한국화재감식학회. 2010.

열의 축적이 없다면 담뱃불이 낙엽과 접촉하더라도 발화하지 않는다.

3 화재원인 검토

　　임야화재 발생 시 담뱃불의 발화 가능성은 가장 나중에 검토해도 늦지 않으므로 다른 발화 요인에 대해 먼저 확인을 하는 것이 오류를 줄일 수 있는 방법이 될 수 있다. 입산자들의 라이터 사용여부, 어린이 등의 불장난 행위, 차량이나 트랙터 등 연료를 사용하는 동력장치의 존재, 농부들이 임야를 개간하기 위해 불필요한 잡초 등을 태우려 했던 소각행위 등이 있었는지 확인을 한다. 상기 예시 가운데 하나로 화재가 발생했음에도 실화자가 책임을 감당하지 않으려고 담뱃불로 둔갑시키는 경우도 있기 때문이다. 경험한 사례를 들여다보자. 임야화재가 발생한 곳에 도착했을 때 화세는 걷잡을 수 없이 커진 상태로 소방관들이 포위 협공하기도 힘들었는데 농부 차림새의 한 사람이 다가와서 담뱃불에 의해 불이 난 것 같다는 정보를 제공해 주었다. 그런데 그 사람의 머리카락과 눈썹이 모두 불에 그을린 것이 의심스러웠고 물어보지도 않은 정보를 자진해서 적극적으로 말해주는 것도 의문이었다. 머리카락과 눈썹이 그을린 사실에 대해 물었을 때 답변을 피하는 눈치도 역력했다. 수집된 정보를 분석하는 과정에서 119에 최초 신고를 한 사람도 바로 그 사람인 것으로 확인이 되었다. 모든 정황이 그 사람에게 집중되어 조목조목 질문을 좁혀 들어가자 쓰레기를 태우기 위해 라이터를 사용했다는 사실을 실토하였다. A가 불을 질렀다는 발화지점에 마른 낙엽과 수목은 있었지만 담뱃불에 의해 착화될 만큼 수북이 쌓인 곳은 아니었다. 낙엽이 머금고 있는 습도(대기 중의 습도를 포함)·풍향·풍속은 담뱃불 발화에 필수적인 요소이다. 담뱃불은 습도가 많을수록 발화하기 어렵다. 또한 담뱃불이 낙엽 위에 던져진 상태라면 외기에 의해 열을 빼앗겨 축열 부족으로 착화하기 어려울 것이다. 기왕에 화재가 발생했을 때 발화지점 주변에 낙엽 등 가연물을 수거하여 연소실험을 행하는 것도 구체적인 자료를 구축하는데 도움이 될 것이다. 낙엽이 모여 있는 곳에 담뱃불을 투기했을 때 발화의 위험이 존재하는 것은 사실이지만 사례를 통해 알 수 있듯이 낙엽이 있었다는 사실만 가지고 담뱃불에 의해 발화된 것으로 속단하지 않아야 한다. 정신연령이 5세에 불과한 A가 평소에 담배를 피우는 흉내를 냈다는 사실만으로 정황을 맞춘 것은 아닐까. 집 주변 임야에는 마른 낙엽이 수북이 깔린 상황도 아니었다는 점을 고려할 필요가 있을 것이다.

Step 09 | 전기스토브의 착화 타이밍을 의심한 사례

Chapter 01
Chapter 02
Chapter 03
Chapter 04
Chapter 05
Chapter 06
Chapter 07
Chapter 08
Chapter 09
Chapter 10
Chapter 11
Chapter 12
Chapter 13

1 개요

A화재조사관은 전기스토브가 가연물 접촉으로 발화된 현장을 3차례 조사한 바 있었다. 첫 번째 화재는 공장 탈의실에서 아침 08:00경 화재가 발생한 현장이었다. 화재발생 전 가장 먼저 출근한 직원에 의하면 탈의실에 선풍기형 전기스토브를 켜 놓고 나온 것이 화근이었다고 했다. 07:40경 출근하여 탈의실에 전기스토브를 켜 놓고 옷을 갈아입었는데 스토브 근처에 옷을 걸어놓는 행거에 걸린 의류가 복사열에 의해 착화된 것이었다. 불과 20분 만에 화재가 발생한 결과였다. 두 번째 화재는 개인 사무실에서 18:30경 발생한 화재였다. 저녁식사를 위해 18:00경 사무실을 나설 때 한 여직원이 자신의 책상 밑에 켜 놓은 박스형 전기스토브를 끄지 않아 책상 하단 및 의자가 소실되었다. 세 번째 화재는 새벽 02:00경 발생했는데 책상 안쪽에 박스형 전기스토브가 쓰러진 채 발견되었고 책상과 집기류 등 사무기기 일체가 소실되었다. 직원들은 모두전날 20:00경 퇴근을 했고 보안시설이 갖춰져 있어 외부인의 출입은 없었던 것으로 조사되었다. 첫 번째 화재와 두 번째 화재는 모두 30분 안에 발화되었는데 세 번째 화재는 6시간이 지난 후 발화된 것으로 나타나 시간적 차이가 갖는 의미에 대해 A화재조사관은 의문을 가졌다.

2 전기스토브 착화실험

전기스토브는 발생한 열에 의해 주변 공기를 따뜻하게 해주는 대류와 복사작용이 있는 난방용 기기로 일반적으로 소비전력은 1.5~3kW형이 많이 사용되고 있다. 형태에 따라 선풍기형, 박스형, 난로형, 라디에이터형 등이 있고 안전장치가 바닥에 설치되어 있어 쓰러지면 곧바로 전원이 차단되게끔 설계된 것이 대부분이다.

선풍기형, 박스형, 난로형 전기스토브의 형태

431

선풍기형 전기스토브 위에 의류(나일론 소재)를 덮고 행한 실험[11]에서 1시간 40분이 경과했을 때 옷에 착화되는 현상을 보였다. 30분 무렵에 옷감이 수축되면서 구멍이 발생하였고 90분이 경과했을 때 가연물이 검게 변하며 전체적으로 녹아내렸지만 초기에 급격히 발화하는 현상은 없었다.

30분 경과   90분 경과   100분 경과

박스형 전기스토브를 대상으로 한 실험은 화재사례와 유사하게 조건을 만들어 실시했다.[12] 책상 밑에 전기스토브(석영관 히터 2개 모두 작동)를 놓고 의자를 안으로 밀어 넣어 전기스토브와 10cm의 이격거리를 두었고 의자 위에는 방석을 놓아 착화 가능성을 높였다. 그러나 5시간 동안 관찰했으나 방석 외피가 용융되고 내부 솜이 탄화되었을 뿐 발화되지 않았다. 연이어서 수건 3장을 의자에 깔고 행한 실험에서는 20분 만에 연기가 발생하였고 30분에 연기의 양이 많아지면서 50분 경에 수건 가장자리에 불티가 일어 충분히 발화할 수 있음이 관찰되었다. 수건이 발화할 수 있었던 요인은 2~3회 연속으로 실험을 행함으로써 열 축적이 의자와 책상하단 주변에 분포됐기 때문으로 풀이되었다.

책상 밑에 전기스토브를 놓았을 때 방석과 수건의 탄화형태

11 경기도 파주소방서. 전기기기에 의한 화재 연구. 2014.
12 서울 강동소방서. 전기스토브에 대한 화재사례 및 발화실험 연구. 2012.

③ 화재원인 검토

전기스토브 화재는 가연물이 전열선과 직접 접촉함으로써 발화하는 것이 아니라(방화 등 의도적으로 조작한 경우 제외) 복사와 대류의 영향을 받아 발화하는 경우도 있다. 대다수 전기스토브는 철재로 된 보호망을 갖추고 있어 가연물이 접촉할 수 없는 구조로 발화에 이르기까지는 착화 가능한 온도가 형성되어야 하므로 일정 시간이 경과하여야 한다. 그 시간은 설치장소에 따라 천차만별이므로 예측하기 어렵지만 책상 아래와 같은 밀폐된 좁은 공간은 공기의 순환이 적어 열이 공기 중으로 분산되기 어려워 열의 집적이 다른 곳보다 쉬울 것이다. 복사열의 영향을 받는 가연물이 없다면 10시간 이상을 방치해도 발화는 일어나지 않겠지만 섬유재질로 된 의자나 섬유류 또는 책상 등에 근접할 경우 발화하지 않는다고 장담하기 어렵다. 11시간이 경과한 후 화재가 발생했다는 보고도 있다.

Step 10 2개소 이상 단락흔 성립에 대해 논리가 미흡했던 사례

① 개요

부유층이 모여 사는 아파트에서 원인을 알 수 없는 화재가 발생하여 거실과 안방 등 내부 $200m^2$가 모두 연소되고 말았다. 화재조사관은 수집된 정보를 바탕으로 현장조사를 실시했고 거실천장 전등과 연결된 배선 상에서 단락흔을 발견했는데 이를 통해 화재는 최초 거실에서 발화되었고 주변으로 확산된 것이라는 견해를 비쳤다. 그러자 관계자는 안방에서 발견된 전기배선 중에도 동일한 단락흔이 확인됐다며 안방과 거실에서 동시다발적으로 화재가 발생한 것은 아니냐며 반론을 제시했다. 안방에서 확인된 전선은 벽면 매입형 콘센트와 연결된 4구형 멀티 콘센트 배선으로 어떤 부하기기와 연결된 것은 없었다. 나중에 밝혀진 사실이지만 주방 전등에서도 단락흔이 발견되었다. 화재조사관은 3개의 단락개소에 대해 논리를 제시하지 못했다.

② 옥내 전기배선 계통도

일반주택 및 아파트의 전기배선은 병렬상태로 전선이 분기되어 있다. 메인 차단기로부터 분기된 차단기는 전등용과 전열용(콘센트), 대용량 전열용(주로 에어컨) 등 일반적으로 3~5개 정도의 분기회로로 나누어진다.

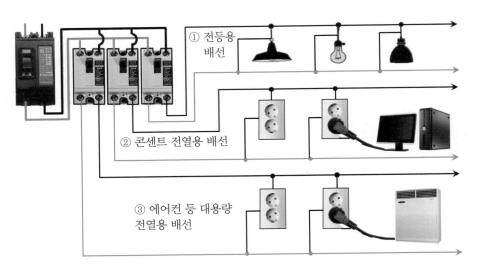

① 전등용 배선

② 콘센트 전열용 배선

③ 에어컨 등 대용량 전열용 배선

옥내 전기배선은 메인 차단기를 비롯하여 3~5개 정도의 분기 차단기로 구성되어 있다.

③ 화재원인 검토

거실에서 단락흔이 발견된 것과 별개로 안방과 주방에서도 단락흔이 발견되었다면 옥내배선의 설치상황을 먼저 살펴보아야 한다. 일반적으로 어느 가정에서나 메인 차단기는 배선용 차단기를 주로 쓰고 있으며 전등과 전열기, 에어컨 등 3~5개 정도 병렬로 분기된 차단기는 누전차단기를 사용하고 있다. 물론 누전차단기를 주 차단기로 설치하고 분기 차단기를 배선용 차단기로 사용하는 경우도 있지만 그렇게 설치할 경우 누전이 발생할 때마다 배선용 차단기가 누전을 감지하지 못해 모든 전원이 꺼지게 되는 불편을 감수해야 한다.[13] 거실과 주방에 설치된 전등은 하나의 차단기에서 분기된 경우가 많다.

---

13 지금까지 주택용 분전반의 경우 메인스위치를 누전차단기 또는 배선용 차단기 중 어느 것을 설치해야 한다는 기준이 없었다. 그러다보니 메인 스위치로 누전차단기를 설치하고 분기 차단기로 배선용 차단기를 설치한 경우에 어느 한 전기 선로에 누전이 발생하면 해당 선로를 포함해 집안 전체가 정전돼 어느 선로에 문제가 생겼는지 발견하기 어렵고 불편이 컸다. 개정된 KS규격을 보면 메인스위치는 배선용차단기를 사용하고 분기스위치는 누전차단기로 사용할 수 있도록 변경하여 문제점을 쉽게 해결할 수 있도록 했다. 개정된 KS규격은 2017년 1월 1일부터 적용되고 있다.

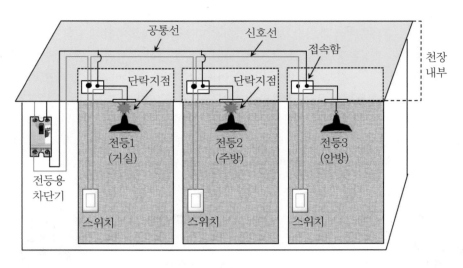

전등용 차단기로부터 분기된 옥내 배선도

위의 그림은 전등용 차단기로부터 거실과 주방, 안방으로 배선이 분기된 것임을 나타내고 있다. 모든 전등은 천장 속에서 분기된 공통선(검정색)과 연결되어 있고 신호선(빨간색)은 접속함을 거쳐 직접 스위치로 연결된 후 다시 스위치의 나머지 1선이 접속함을 거쳐 전등과 연결된 구조로 스위치를 켰을 때 점등이 이루어진다. 화재조사관이 판단한대로 거실에서 먼저 단락이 발생했다고 하더라도 차단기가 동작(trip)하지 않았다면 주방과 안방에서도 얼마든지 단락이 발생할 수 있다. 그림을 보면 거실 전등에서 단락이 발생해도 접속함에서 분기된 신호선이 단락된 배선과 관계없이 독자적으로 주방과 안방으로 분기되어 통전되고 있음을 확인할 수 있다. 간단한 예를 생각해 보자. 집안에 있는 여러 개의 전등 중에 임의로 한 개의 전등 배선을 끊더라도 나머지 전등이 동작하는데는 아무 영향이 없음을 이를 증명하고 있다. 또한 안방 전등스위치를 켰을 때 모든 전등이 동시에 켜지는 것이 아니라 선택된 안방 전등만 켜지는 원리도 신호선을 각각 병렬로 따로 분기시켰기 때문이다. 전등 1, 2, 3이 모두 켜진 상태에서 전등 1에서 단락이 일어나 화재가 발생했고 화염의 확대로 전등 2와 전등 3으로 화세가 옮겨가면 모든 개소에서 단락을 일으키게 된다. 거꾸로 전등 3에서 단락이 일어나 화재가 발생한 경우에도 전등 2와 전등 1에는 영향을 줄 수 없어 전등 2와 전등 1은 정상적으로 점등된 상황에서 화염이 확대되면 불꽃 접촉으로 단락이 일어나게 된다. 결과적으로 전등이 모두 켜진 상황에서 전등용 차단기가 동작하지 않았다면 물리적인 거리와 전혀 상관없이 어디에서든 2차, 3차 단락사고가 일어날 수 있는 것이다. 다만 전등 3개의 단락흔 가운데 어느 것이 먼저 단락된 것인지는 전선의 잔해만 가지고 논할 수 없다. 연소상황과 화재패턴 등을 고려하여 종합적으로 판단을 하여야 한다.

전기배선과 관련하여 단락이 발생한 물리적 거리에 대해 자칫 잘못 이해하기 쉬운 부분을 정리한다. 실무에서 최종 부하 측에 가장 거리가 가까운 단락지점을 발화가 일어난 곳으로 보고 있는데 이것은 직렬회로 상에서만 성립하는 것이다. 예를 들어 TV 배선이 멀티콘센트와 연결되었

435

고 멀티콘센트는 다시 벽면 매입형 콘센트와 연결된 상황에서 TV 배선에서 3개의 단락흔이 발생했다면 물리적으로 부하측(TV)과 가장 거리가 가까운 단락흔이 발화지점이 된다. 그러나 전등이나 전열기 등 병렬로 구성된 회로에서는 앞에서 말했듯이 물리적인 거리와 관계가 없다. 전등용 차단기로부터 5m 떨어진 지점에서 단락이 발생했어도 차단기가 동작하지 않았다면 10m 떨어진 전등의 통전에는 아무런 영향이 없어 병렬회로 상에서 단락은 여러 개가 나타날 수 있다. 만약 2구형 멀티콘센트를 통해 TV와 컴퓨터로 각각 분기된 병렬회로 상에서도 TV와 연결된 배선에서 전기적 요인에 의해 단락이 발생했다면 사고전류는 2구형 콘센트를 통해 부하가 적은 벽면 매입형 콘센트로 회귀하게 되며 정상적이라면 이때 차단기가 트립(trip)된다.

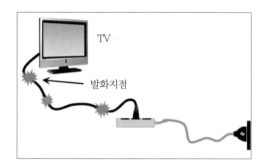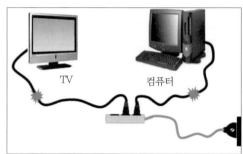

하나의 배선에서 3개의 단락흔이 발견되면 TV와 가장 거리가 가까운 지점이 발화지점이지만(좌), 병렬회로(우)에서는 단락흔만 가지고 논할 수 없고 주변 소손된 상황과 화재패턴 등 종합적인 검토가 이루어져야 한다.

　　합선 등 사고전류가 발생했을 때 단락이 1개소가 아닌 2~3개소 이상에서 단락흔이 만들어지는 이유는 무엇 때문일까. 두 선로가 합선될 때 주변에 물이나 절연체 등이 합선된 부분에서 저항체로 작용을 하면 차단기가 작동할 수 없어 2개 이상 단락이 발생한다고 보는 견해가 있다. 이러한 상태는 저항체가 있고 사고전류가 정격전류 이하라면 차단기가 즉시 작동할 수 없으므로 2차 또는 3차 단락이 발생할 수 있다는 논리가 가능할 수 있다. 차단기 고장으로 2개 이상 단락이 형성된 것이라는 견해도 있으나 하나의 배선 상에서 2개소 이상 단락이 발생했어도 차단기가 정상 동작(trip)된 경우도 있어 차단기 고장으로 결론짓기에는 어려움이 있다. 하나의 배선에서 2개 이상 단락이 형성된 이유에 대해 아직까지 확실하게 정립된 이론은 찾기 어렵다. 배선용 차단기마다 주어진 정격전류 범위 안에서 단락이 발생하면 동작(trip)이 이루어지지만 정격전류 이상의 단락전류가 인가되면 차단기가 소호능력을 잃어 아크가 분출되고 차단기가 소손되는 상황을 맞기도 한다. 다시 말하지만 현장에서 병렬로 연결된 회로 상에서 2~3개소 이상 단락흔이 발견된다면 단독으로 어떤 특정 지점을 발화원인으로 설명할 수 없으므로 주방과 거실, 안방 등 내부 구조와 전선의 분기상태, 주변의 연소상황 등 개별적인 사실을 바탕으로 폭넓게 판단하여야 한다.

Step 11 석유난로 오급유에 의한 비정상 연소를 복사열 발화로 오인한 사례

Chapter 01
Chapter 02
Chapter 03
Chapter 04
Chapter 05
Chapter 06
Chapter 07
Chapter 08
Chapter 09
Chapter 10
Chapter 11
Chapter 12
Chapter 13

1 개요

원목가구를 수입 · 판매하는 컨테이너 사무실에서 화재가 발생하였다. 관계자의 말에 의하면 날씨가 추워 석유난로(기화식)에 등유를 주입하여 가동시킨 후 거래처를 다녀오기 위해 사무실을 나선 후 약 30분 정도 만에 화재가 발생한 것 같다고 했다. 사무실 중앙에는 석유난로가 있었는데 화재조사관은 주변 의자 등받이에 걸려 있는 옷과 주변 집기류 등이 석유난로에서 확산된 복사열에 의해 착화된 것으로 판단을 했다. 컨테이너 밖에는 등유와 휘발유 등이 들어 있는 플라스틱 통 5개가 가지런히 놓여 있었다.

2 석유난로(기화식) 실험[14]

석유난로에 정상적으로 등유를 주입하고 의자 등받이에 옷을 걸쳐 놓은 상태로 약 50cm 정도 이격시킨 후 120분 동안 복사열의 영향을 관찰하였으나 푸른 색상의 불꽃이 안정적으로 연소할 뿐 옷에 착화되는 등 변화가 나타나지 않아 복사열의 영향을 거의 받지 않는 것으로 확인되었다. 석유난로에 등유대신 휘발유를 주입한 후 작동시켰을 때는 불과 2분 만에 불꽃이 출화하며 격렬한 반응을 보였으나 과열방지장치(바이메탈 스위치, 온도퓨즈 등)에 의해 연료공급이 차단되었고 계기판에 "에러" 또는 "점검"이라는 표시가 나타나며 작동이 중단되었다.

1분 경과 후

2분 경과 후

석유난로에 휘발유를 주입했을 때 2분 만에 불꽃이 출화하는 이상연소 현상을 보였다.

---

14 경기도 파주소방서. 석유난로에 의한 화재발생형태 연구. 2009.

등유와 휘발유를 같은 비율로 혼합시켜 주입한 후 작동시켰을 때 약 1분 30초 후 점화 플러그에 의해 착화가 이루어졌으며 불완전연소로 불꽃길이가 길어져 방열판 밖으로 적색 불꽃이 유출되었다. 점화 후 5분~25분 동안 불꽃길이는 더욱 커져 10㎝ 이상의 불규칙한 형태를 나타냈다. 40분 후에는 그을음 및 매연이 발생하면서 "퍽~퍽" 하는 소리와 함께 불꽃의 크기가 커지면서 방열판 밖으로 유출되어 순식간에 석유난로 위로 화염이 유출되었으나 이후 약 1분간 화염을 유지하다가 과열방지장치가 작동하여 동작을 멈추었다.

  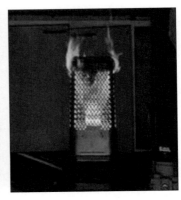

20분 경과   27분 경과   40분 경과

석유난로에 등유와 휘발유를 동일한 비율로 혼합시켜 작동시켰을 때 변화

기화식 석유난로는 등유를 기화실 또는 기화관 내에서 증발시킨 후 연소실에서 연소시키는 방식으로 기화실과 연소부가 별도로 구분되어 있다. 기화식 연소방식이 다른 연소방식과 큰 차이점은 기화실 설정온도에 따라 최적연소가 결정된다는 것으로 온도가 너무 높거나 낮아도 등유의 기화는 적당하게 이루어질 수 없다. 온도가 지나치게 높은 경우에는 불길이 거세게 흔들리거나 진동을 하며 낮은 경우에는 증발 불충분으로 적색 불꽃이 흔들리거나 그을음이 발생한다. 가열방법은 히터로 가열하는 방법과 연소열을 수열하여 히터와 병용하는 방법이 일반적으로 이용된다. 온도제어 방식은 기계식(바이메탈)과 전자식(서모스탯)에 의한 방식이 널리 쓰이고 있다. 점화방식은 점화 변압기의 2차 측(고압)에 결선한 점화 플러그(점화전극)가 스파크 방전을 일으켜 예혼합기에 점화하는 방식이 많다. 기화식 석유난로는 휘발유만 넣으면 기계 자체가 작동을 하지 않는다. 얼마간의 등유가 남아있는 상태에서 휘발유와 혼합되었을 때 비로소 불안정하게 불꽃을 일으키며 작동을 하지만 이 현상도 과열방지장치가 온도상승을 감지하면 자동으로 연소가 정지되고 전자펌프에서도 연료공급이 중단된다.

3 화재원인 검토

석유난로의 감식은 화재 당시 사용 중이었는지를 명확히 할 필요가 있으며 만약 사용 상태에 있었다면 기기의 소손 상황과 사용 장소의 상황, 주위 가연물과 남아있는 연료통 등을 중점으로 조사하여야 한다. 연소기기가 사용 중이었는지의 판단은 밸브, 콕크류의 개폐 상황 등으로 확인이 되는 경우도 있다. 특히 연료탱크에 잔량이 남아 있을 수 있고 주변에 연료를 공급했던 통이 남아 있다면 가스 측정기를 이용하여 현장에서 성분 분석을 할 수도 있으나 가능하면 수거 후 가스 크로마토그래피를 이용한 성분 분석을 의뢰하는 것이 효과적이다. 등유나 휘발유를 사용하는 난방기기에서 화재가 발생했다면 남아있는 유류성분을 무조건 수거하여 감정의뢰할 것을 추천한다. 생각하지 못했던 의외의 단서를 잡아낼 수도 있을 것이다. 난로화재의 위험성은 복사열에 의한 착화보다는 어떤 형태로든 난로에 가연물이 접촉했을 때 더욱 위험하다. 컨테이너 밖에 등유와 휘발유 등이 들어있는 플라스틱 통 5개가 확인되었다면 관계자가 화재발생 전 어느 통을 사무실 안으로 가져와 주입했는지 확인하는 것이 핵심이 될 수 있다. 만약 석유난로에 약간의 등유가 남아있는 상황에서 휘발유를 주입했다면 20~30분 사이에 난로 밖으로 화염이 출화하였고 의자 등받이에 걸쳐 놓은 옷에 착화하여 연소확대된 것으로 추론을 세울 수 있을 것이다. 화재조사는 논리를 개발하는 것이 아니라 사건이 발생한 사실에 맞춰 논리를 빠짐없이 전개시키는 것이 무엇보다 중요하다.

Step 12 정황증거에 의존하여 방화를 화기취급 부주의로 오판한 사례

1 개요

일가족 4명이 살고 있는 평범한 시골주택에서 00:20경 화재가 발생하여 잠자고 있던 어린 남매 2명이 사망을 하고 부부가 중상을 당하고 말았다. 남편의 진술에 의하면 화재발생 전 자신이 거실에서 석유난로(심지식)를 켜 놓은 채 연료를 주입하면서 라이터로 담배에 불을 붙이던 중 갑자기 옷에 불이 붙어 밖으로 뛰쳐나가 땅바닥에 구르면서 옷에 붙은 불을 끄고 집안에 있는 가족을 구하려고 했으나 이미 불길이 집안 전체로 옮겨 붙어 손쓸 틈이 없었다는 진술을 확보하였다. 남편의 상의 점퍼는 일부 그을렸고 체모(눈썹과 머리카락)도 부분적으로 그을린 것으로 확인이 되었다. 거실 중앙에는 소손된 석유난로가 발견되었는데 주변에 있는 다른 가연물보다 열에 집중적으로 노출되어 금속 표면이 밝게 빛나는 흰색으로 산화되어 발화기기로 의심할 여지가 없어 보였으며 손잡이 부분은 완전히 파손된 상태로 남아 있었다. 남편의 진술대로 화재는 거실을 중심으로 안방과 남매들이 잠자고 있던 작은방 등으로 연소 확대된 것이 확인되어 화기취급 부주의로 판단을 하였고 석유난로는 현장에서 수거하여 감정의뢰를 하였다.

석유난로 몸체 하단부가 산화되어 백화현상을 보이고 있으며(좌), 손잡이 부분은 화재로 소손된 채 발견된 모습(우)

② 현장에서 놓칠 수 있는 정보의 재구성

① 00:20경 석유난로에 연료를 넣은 이유는 무엇일까?

화재발생 시간은 잠을 청하고 있을 시간임에도 거실에 나와 석유난로에 연료를 주입하고 작동시키려 했던 의도가 사건의 시발점이므로 이에 대한 정보수집과 분석이 이루어져야 한다. 남매 2명이 작은방에서 잠을 자다가 사망했다는 점과 거실에 난로를 피워 난방을 하려했던 점과는 관계가 없어 보인다. 심야에 연료를 주입한 행동도 일상적인 상식 밖의 행위로 보인다. 거실에서 남편이 무엇을 하려고 했는지 의문을 던질 필요가 있을 것이다.

② 남편의 의류는 왜 타지 않고 그을렸을까?

남편은 난로에 연료를 주입하면서 라이터로 담배에 불을 붙이던 중 갑자기 옷에 불이 붙어 밖으로 뛰쳐나갔다고 했다. 상황과 자세에 따라 다르겠지만 난로에 연료를 주입하다가 순간적으로 발화가 일어나면 인간은 반사적으로 몸을 피하기 마련이어서 옷에 착화되지 않을 확률이 높고 착화되더라도 화염과 인접한 옷소매 또는 상의 일부 정도만 착화될 것이다.(만약 옷소매에 착화되었다면 양 손으로 불을 털어내려는 행위를 예상할 수 있어 손에는 화상 또는 열상 흔적이 확인될 수 있다.) 남편의 체모와 상의 점퍼 일부가 그을렸다는 점은 순간적으로 몸을 피했다는 증거가 된다. 몸에 붙은 불을 끄기 위해 밖으로 뛰쳐나가 땅바닥에 몸을 굴릴 정도였다면 손과 얼굴 등에 화상을 입었거나 점퍼와 바지에 오염물질이 부착되는 것이 일반적인 현상이다.

Chapter 01
Chapter 02
Chapter 03
Chapter 04
Chapter 05
Chapter 06
Chapter 07
Chapter 08
Chapter 09
Chapter 10
Chapter 11
Chapter 12
Chapter 13

❸ 석유난로의 연료주입구 뚜껑은 확인했는가?

석유난로에 연료를 주입하는 과정에서 화재가 발생했다면 연료주입구 뚜껑은 반드시 열려 있어야 한다. 석유난로에 연료뚜껑이 닫힌 채 발견된다면 남편의 진술 자체는 모두 거짓이므로 사건이 전개된 모든 시나리오는 원점에서 다시 출발하여야 한다.

③ 화재원인 검토

석유난로의 손잡이가 모두 소실되더라도 분해검사를 통해 연통 심지의 위치로 사용 여부를 쉽게 판단할 수 있다. 심지가 연통 위로 올라와 있으면 사용 중이었음을 알 수 있다. 그러나 화염과 일정시간 접촉하면 위로 올라와 있는 노출된 심지가 소실될 우려도 있어 심지조절용 손잡이를 확인할 필요가 있다. 일반적으로 손잡이는 회전식이 많아 아래쪽으로 돌리면 심지가 올라가고 다시 위쪽으로 돌려 정 중앙에 손잡이 레버가 위치하면 소화상태임을 알 수 있으므로 확인이 가능하다. 주의할 점은 석유난로의 기능에 따라 약간씩 기능에 차이가 있다는 점과 소화활동 중에 이동되거나 낙하물 충격 등에 의해 심지의 상태가 불명확할 수도 있다.

한편 현장에서 수거한 석유난로를 분해조사한 결과 연통을 감싸고 있는 심지가 아래로 내려간 상태로 판명되어 화재 당시 사용하지 않았음이 밝혀졌다. 수사기관에서 즉시 남편의 신병을 확보하여 조사한 결과 남편은 어린 남매를 살해할 목적으로 부인과 공모하여 석유난로 주변에 기름을 뿌리고 불을 질렀으며 보험금을 타낼 계획이 있었음을 자백하였다.

분해검사를 통해 연통을 감싸고 있는 심지가 위로 올라오지 않은 형태(좌)와 심지가 연소되지 않아(우) 사용하지 않았음을 알 수 있다.

방화와 연관된 관계자들은 반드시 진실만을 말하지 않는다. 방화뿐만 아니라 실화의 경우에도 당사자들은 방어논리를 만들어내 강변하는 경우가 많다. 거짓말은 사전에 준비하기도 하지만 순간적으로 만들어내기도 한다. 이들 부부는 휘발유에 적신 옷가지를 석유난로 주변에 배치하고 불을 질렀으며 화재 당시 어린 남매를 구출하고자 했던 진술에도 일관성이 없었다. 거짓의 진위여부 판단은 매우 어렵지만 거짓말을 하지 않는 증거로 대응하려면 증거물의 수집과 분해검사는 필수적이다. 거짓말에 대해 연구를 해 온 심리학자 폴 애크만(Paul Ekman) 캘리포니아대 교수는 사람들은 8분마다 하루 200번 이상 거짓말을 한다고 발표한 바 있는데 그 의미가 무엇인지 새겨볼 필요가 있다.

Step 13 소똥의 발화 가능성을 외면한 사례

1 개요

한적한 시골마을 비닐하우스 축사에서 화재가 발생하였다. 축사는 한 동안 사용하지 않던 공간으로 바닥에는 건조된 소똥이 여기저기 상당량 방치되어 있었고 낡은 비료용 종이포대와 비닐, 스티로폼, 나무상자 등이 질서 없이 나뒹굴고 있었다. 화재발생 6시간 전에는 축사를 정비하기 위해 비닐하우스 파이프를 새로 설치하고자 가스용접 작업을 약 1시간 동안 실시한 사실도 확인하였다. 작업자는 모두 5명이 참여했는데 전원 작업 전후에 흡연한 사실을 시인하였다. 화재조사관은 작업자들이 흡연을 한 후 생각 없이 버린 담뱃불에 의해 종이류 등에 착화된 것으로 판단하였다.

2 소똥의 발화 가능성

적당히 건조된 소똥에 불을 붙이면 생각보다 쉽게 착화가 이루어진다. 소똥은 천연 섬유질이 다량 함유되어 있고 적당한 크기로 응고된 상태에 불을 붙이면 마치 번개탄이 연소하듯이 불꽃을 일으키며 훈소를 한다. 화력이 좋아 종이나 목재 등과 접촉할 경우 충분히 발화할 수 있고 남부 아시아에 있는 나라인 인도에서는 밥을 짓거나 난방용 연료로 소똥을 이용하기도 하는데 일종의 고체연료인 셈이다. 응집력이 좋아 집을 짓는 건축 재료로 쓰이기도 한다.

적당히 건조된 소똥은 훈소하며 가연물과 접촉할 경우 발화한다.

Chapter
01
Chapter
02
Chapter
03
Chapter
04
Chapter
05
Chapter
06
Chapter
07
Chapter
08
Chapter
09
Chapter
10
Chapter
11
Chapter
12
Chapter
13

3 화재원인 검토

담뱃불의 축열 가능성도 배제하기 어렵지만 용접작업을 행한 사실을 쉽게 배제한 것은 아닌지 검토했어야 한다. 비닐하우스 안에 가장 많이 있던 것이 적당히 건조된 소똥이라면 착화 및 연소확대가 용이한 가연물로 판단했어야 했다. 용접작업을 했다면 수많은 불티가 방치된 소똥 위로 가장 많이 비산되었을 것이며 소똥 틈새에서 훈소가 진행되었을 시나리오를 생각해 볼 수 있다. 발화원인으로 생각해 볼 수 있는 경우의 수(number of case)는 담뱃불과 용접 불티로 간단하게 요약되는데 각각의 특성을 살펴보자. 가스용접 시 불티의 온도는 약 1,200~1,700℃ 정도이며 담뱃불의 표면온도는 200~300℃ 정도로 순간온도는 용접불티가 훨씬 높다. 반면에 용접 불티는 순간적으로 고온이지만 담뱃불보다 빨리 냉각되는 단점이 있다. 그렇다면 최초 착화된 가연물과 훈소의 지속여부가 관건이 될 수 있다. 담뱃불이 소똥과 접촉하더라도 축열이 어려워 훈소를 유지하기 어렵다. 관계자를 통해 용접작업이 이루어진 지점을 확인하면 불티가 비산된 범위를 판단할 수 있으므로 용접 불티의 발화 여부를 좁혀나갈 수 있을 것이다. 진리를 모르는 사람은 단순한 바보로 취급받지만 진리를 알면서도 그것을 외면하거나 부정하는 것은 범죄이다.

Step 14 전기적 요인을 방화로 오판한 사례

1 개요

면제품 장갑을 제조하는 소규모 공장에서 화재가 발생하였다. 화재는 작업자 2명이 점심식사를 하기 위해 자리를 비운 사이 발생했는데 장갑기계 및 생산된 장갑 완제품 등이 소실되었다. 특이한 것은 6대의 기계에서 각각 독립적으로 연소한 것으로 조사된 사실이었다. 화재발생 전 공장 안에는 20대의 기계가 거의 간격 없이 촘촘히 배치된 상태로 24시간 가동되고 있었고 화재보험에도 가입된 것으로 확인이 되었다. 장갑제조 기계는 모두 자동식 시스템으로 24시간 운영이 가능했는데 작업자 2명은 기계가동 중 실이 끊어지거나 기계적 에러가 발생하지 않도록 살펴보는 단순 업무를 담당하고 있었다. 기계 주변에는 장갑 생산과정에서 발생한 면 먼지 등이 켜켜이 부착되어 있었고 건조한 환경이었다. 조사기관은 발화부가 6개소로 확인된 점과 화재보험에 가입된 정황 등을 근거로 방화로 단정을 했다.

면장갑을 생산하는 소규모 공장 내부 모습

2 방화로 단정하기 전 검토가 필요했던 사항들

화재현장에서 2개소 이상 독립된 발화부의 발견은 방화를 암시하는 강력한 지표 중 하나임에는 틀림이 없다. 일반적으로 독립된 지점에는 가연물을 모아놓은 흔적이 발견되거나 촉진제를 사용한 잔해가 발견된다. 6대의 기계 주변에 이와 같은 연소 흔적이 확인된다면 방화를 충분히 의심할 수 있으므로 독립적으로 연소된 6개소에 대해 연소 잔해물을 면밀하게 검증했어야 한다. 또한 6개의 발화부에 착화 수단은 무엇이었을까? 작업자 2명이 임무를 분담하여 라이터로 착화 후 유유히 빠져 나왔다고 보기도 어려울 것으로 보인다. 화재보험금을 노렸다면 촉진제 등을 이용한 강력한 연소방법을 택하지 않았을까? 사전에 방화를 계획했다면 알리바이를 맞추기 위해 나름대로 시나리오를 구상하고 실행에 옮기는 안전한 방법을 선택하는데 화재가 발생한 시간대가 점심시간이었고 작업자들이 식사를 하기 위해 자리를 비운 사이라는 점을 보면 계획된 방화로 보기도 어렵다. 국부적으로 연소된 6개소를 마치 독립된 발화부로 판단했을 때에는 합당한 근거를 가지고 있어야 한다.

③ 화재원인 검토

다시 말하지만 방화로 단정하기 위해서는 독립된 6개소에 가연물을 모아 놓았거나 촉진제 성분이 검출되는 등 고의로 조작한 흔적을 찾아 입증하여야 한다. 이러한 물증 확보 없이 단순히 6개소가 발화부로 보인다는 이유만으로 어떤 논리적 제시 없이 방화라고 속단하지 않아야 한다. 장갑공장은 기계를 24시간 가동시켜 기계 주변에는 실과 장갑에서 발생한 면 먼지 등이 켜켜이 부착되어 있었고 건조한 환경이었다고 했다. 사람이 자리를 비운 사이 화재가 발생했다면 기계적 설비상황까지 면밀히 조사할 필요가 있을 것이다. 기계작동 중 접점부인 마그네틱 스위치, 릴레이 단자 등에서 불티가 발생했다면 면 먼지 등에 착화할 가능성은 있는 것인지 지금까지 알려진 연구나 실험데이터 분석도 필요할 것이다.

면장갑을 생산하는 기계 위에 쌓여진 분진류의 형태

장갑공장에서 파생되는 면 먼지를 대상으로 실시한 실험 결과를 보자. 면 먼지의 착화성은 일반 가연물에 비해 대단히 빠르며 일단 발화하면 중간에 꺼지지 않고 급속히 화염이 전파되는 반면 소멸도 빠른 것으로 나타났다. 면장갑과 동일한 섬유분진(면+폴리에스테르) 3g을 50cm 길이로 일렬로 배열한 후 3회 반복 실시한 실험 결과를 보면 17~18초 만에 모두 연소하였고 잔해물은 남지 않았다. 실험 결과에 의하면 착화 후 1m 떨어진 가연물에 도달하는 시간은 불과 34~36초 밖에 걸리지 않는다는 것을 알 수 있을 것이다.

〔표 12-1〕 섬유분진의 연소속도 실험 결과(경기도 포천소방서. 2014)

구 분	길이/무게	실험 횟수 및 연소시간		
		1회	2회	3회
면 분진	50cm/3g	10초	11초	11초
폴리에스테르 분진	50cm/3g	4분 10초	4분 8초	4분 13초
면+폴리에스테르 혼합 분진	50cm/3g	18초	17초	18초

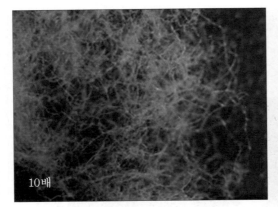
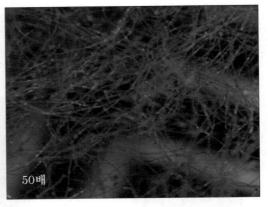

면장갑 섬유(면 80%, 폴리에스테르 20%)를 실체현미경으로 관찰한 모습

만약 장갑제조 과정에서 발생한 실 먼지 등이 모든 기계들과 기계들을 이어주는 전선에 수북이 쌓여 있다면 릴레이 등 특정 접점 부위에서 발생한 불티에 의해 착화된 후 전선 위에 쌓인 먼지를 따라 불이 번지는 통로역할을 할 수 있으며 급속히 연소한 후 소멸되기 때문에 그 흔적이 남지 않아 국부적으로 6개소의 연소 흔적이 생길 수 있다는 가설이 가능할 것이다. 봄에 무수히 거리에 흩날리는 꽃가루도 이와 비슷한 연소현상을 보인다. 꽃가루를 모아 일렬로 배열한 후 점화를 하면 눈 깜짝할 사이에 화염이 전파되고 흔적 없이 상황이 종료되는 현상을 볼 수 있다. 6대의 기계에서 각각 불이 난 것처럼 보인 것은 방화가 아니라 기계들 사이에 쌓여있던 먼지들이 도화선처럼 화염을 확산시킨 후 흔적을 남기지 않고 소멸된다는 의외성을 고려하여야 한다. 실제로 장갑공장에서 면 먼지에 착화된 후 독립적으로 연소한 것처럼 화재로 확대된 사례도 있었다.

Step 15 영하의 날씨에 담뱃불 발화 가능성을 의심한 사례

1 개요

칼바람이 가죽점퍼를 뚫고 파고들 정도로 매서운 영하 11도의 날씨에 대형냉장고(4대)를 싣고 고속도로를 달리던 화물차량 짐칸에서 화재가 발생하였다. 운전자의 말에 의하면 운행을 한 지 한 시간 정도 지났으며 지나가던 다른 차량이 손짓을 하기에 백미러로 짐칸을 보니 연기가 피어오르고 있었다고 했다. 냉장고는 두꺼운 종이박스로 포장된 신제품이었는데 모두 소실되고 말았다. 화재조사관은 운전자의 흡연사실을 확인하여 담뱃불에 의한 발화 가능성을 설명했다. 그러자 운전자는 운행 중 1회 흡연한 사실을 인정하면서도 영하의 날씨에 달리는 고속도로에서 담뱃불에 의한 발화가 성립할 수 있느냐며 항변을 했다. 더구나 자신이 운전석에서 던진 담배꽁초가 화물칸으로 떨어질 확률에 대해서도 부정을 하며 과실이 없음을 애써 강변하였다.

2 달리는 화물차량 짐칸으로 담배꽁초가 떨어질 가능성

모든 만물은 서로 끌어당기려는 힘(중력, gravitation)이 작용한다. 중력의 법칙에 예외는 없어 인간이 땅을 밟고 걸어 다니는 것도 지구가 모든 것을 잡아당기려는 중력이 있기 때문이다. 따라서 모든 물체를 떨어뜨리면 위에서 아래로 떨어질 수밖에 없다. 다만 차량이 주행 중인 상황이라면 수직낙하하는 것이 아니라 바람의 영향을 받아 생각지 못한 곳으로 떨어질 수 있다. 달리는 차량은 공기를 빠른 속도로 밀쳐내며 이동하므로 바람의 발생은 불가피한 현상인데 이때 운전자가 담배꽁초를 밖으로 버리면 빠른 공기의 흐름을 타고 화물칸으로 공기가 소용돌이치는 와류가 발생하여 도로로 떨어지는 것이 아니라 화물칸으로 빨려 들어가 떨어질 수 있다. 이 현상은 승용차보다는 차량의 길이가 긴 화물차량에서 발생할 확률이 높다. 화물차량의 경우 운전석 탑이 높은 반면 화물칸은 낮기 때문에 그 공간의 공기는 빠져나가지 못하고 공기를 빨아들이는 효과가 발생하는 것이다. 주행 중인 차량에서 공기저항(관성저항)이 발생하면 물체의 배후에서 소용돌이가 형성되고 이때 공기의 저항력은 차량의 정면 면적에 비례하며 차량속도의 제곱에 비례하여 커지게 된다. 즉, 속도가 빠를수록 공기저항이 커서 와류가 발생하는 것이며 동일한 거리를 주행하더라도 연료소모가 많다.

주행 중 담배꽁초를 차창 밖으로 버릴 경우 차량 화물칸은 공기의 빠른 흐름으로 와류가 형성되어 담배꽁초가 화물칸으로 빨려 들어갈 공산이 있다.

③ 주행모드를 가상한 연소실험

시속 15km로 주행할 때 발생하는 풍속을 계산하여 선풍기를 이용한 실험은 짧은 시간에 발화할 수 있음을 입증한 바 있다. 두꺼운 종이박스 사이에 담뱃불을 놓고 선풍기를 가동시켰을 때 불과 1분 만에 다량의 연기가 발생했고 곧이어 착화되는 결과를 낳았다. 와류가 형성된 화물차 적재공간은 담뱃불이 종이박스에 착화할 만큼의 순환이 적절히 이루어진 결과로 담뱃불의 축열시간에 상관없이 풍속의 세기에 따라 얼마든지 빠른 시간에 착화할 수 있음이 확인되었다.

종이박스 사이에 담뱃불을 놓고 선풍기를 동작시켰을 때 1분 만에 착화되었다.(이창우. 황태연. 2015)

4 화재원인 검토

차량운행 중 아무 생각 없이 밖으로 버린 담뱃불이 화물칸으로 떨어질 수 있는 것은 공기의 강한 기류 때문이다. 일반도로에서 정속주행(60km)을 하다가 차창 밖으로 침을 뱉었을 때를 생각해 보자. 침을 밖으로 뱉는 순간 강한 바람을 맞은 침은 뒤로 밀려나면서 도로에 떨어지는 것이 아니라 차량 뒷문에 부착되는 경우가 있는데 속도가 높을수록 확률은 높아진다. 차량 밖으로 침을 뱉었지만 곧바로 운전석으로 들어오는 경우를 경험자라면 운행 중 한번쯤 체험했을 것이다. 이 또한 바람이 안쪽으로 빨려 들어오는 기류 때문이다. 담배 불씨가 화물칸으로 떨어진 후 종이박스 등 착화물과 접촉한 상태를 유지한 채 적절한 공기의 순환이 가미된다면 충분히 착화할 수 있다.

Step 16 들불화재의 연소성을 무시한 사례

1 개요

농부인 A는 봄철을 맞아 해충을 박멸할 목적으로 논과 밭에 불을 놓기로 마음을 먹고 동생인 B와 함께 밭으로 나가 불을 질렀다. 동내 사람들은 건물 등으로 불이 번질 것을 우려해 만류하였으나 A는 잡초더미만 태우는 것으로 여겨 불이 크게 번지지 않는다고 자신을 하였다. 겨우내 말라있던 잡초에 불을 붙이자 곧 주변으로 불길이 서서히 번졌고 A는 흐뭇한 표정으로 지켜보았다. 그러나 잠시 후 주택 쪽으로 불길이 번지는 것을 보고 동생과 함께 불길을 막아보려고 발로 불을 밟으며 쇠스랑으로 이리저리 제쳐봤으나 여간해서 불은 꺼지지 않았다. 결국 주택까지 불이 덮쳐 전소되고 말았다.

2 들불화재의 특성

지표면을 덮고 있는 잡초, 낙엽, 이끼 등의 양이 많고 건조된 상태로 착화되었다면 주변에 있는 임목까지 영향을 미쳐 수간화(나무의 줄기가 연소하는 현상) 또는 수관화(나뭇가지를 비롯해 잎이 연소하는 현상) 산림화재로 발전하기 쉽다. 연소속도는 지형과 풍향, 풍속, 온도 등의 영향을 받고 계절에 따라 다르지만 일반적으로 시간당 4~7km의 속도로 진행될 수 있고 상황에 따라서 시간당 10km 이상이 되는 경우도 있다. 지형별로 보면 급경사면에서는 열기류가 산허리를 따라 상승하므로 연소확대되기 쉽고 소화활동이 어려우며 순간적으로 피해가 확산되기도 한다. 경사가 급하면 급할수록 상승기류가 격렬해지고 산발적으로 국지풍까지 불면 작은 규모의 산림이라 해도 급속도로 연소확대된다. 노령림(60년 이상)이 심어진 구역은 지표면에 빛이 많이 들어 풀이 잘 자라고 건조하기 때문에 지표화가 유발되어 화재가 발생하면 소화활동에 어려움이 많다. 논두렁, 밭두렁 등 초원지역은 숲보다 발화율이 높고 방치된 폐비닐과 비료

Chapter 01 Chapter 02 Chapter 03 Chapter 04 Chapter 05 Chapter 06 Chapter 07 Chapter 08 Chapter 09 Chapter 10 Chapter 11 Chapter 12 Chapter 13

부대, 쌓아놓은 건초더미 등의 가세로 연소확대가 빠른 특징이 있다. 일단 지표면에서 착화되면 불길은 제한 없이 사방으로 원형모양으로 확대되는 패턴을 보여 포위협공하지 않는 한 초기 소화도 어렵다.

들불화재는 화염에 제한이 없어 원형모양으로 확산되는 형태를 보인다.

③ 들불화재 재현실험

들판에 불을 붙인 후 10여초 지난 후 불을 끄려는 행위는 조그만 틈새에서 새어 나오는 물방울을 틀어막는 일처럼 간단한 문제가 아니다. 화염이 크지 않아 불을 붙이더라도 발로 밟아버리면 간단하게 끌 수 있다고 생각하겠지만 의도한 것처럼 쉽지 않다는 것을 실험을 통해 입증하였다. 겨우내 마른 건초(길이 2~5cm)에 불을 붙였을 때 화염은 크지 않았으나 꾸준히 주변으로 확산되는 형태를 보였다. 직선거리 1m 정도 연소되었을 때 불을 끄기 위해 성인 3명이 발로 불을 비볐으나 생각처럼 쉽게 꺼지지 않았다. 연소 반경은 점차 원형으로 확대되었고 10m 이상 확대되었을 때 발로 불을 끄는 소화행위는 역부족이어서 소화기를 이용하여 진화를 하였다. 실험결과 발화지점으로부터 직선거리 16m와 반경 9m가 연소할 때까지 소요된 시간은 불과 5분이 채 걸리지 않아 19초당 직선거리 1m씩 연소한 셈이었다. 만약 경사면에서 실험을 했다면 걷잡을 수 없는 결과를 낳았을 것이다. 이날 기상상황은 풍속 0.8~1m/sec로 바람도 거의 없는 편이었다. 실험을 통해 화염의 반경이 1m만 확대되어도 혼자서는 소화가 불가능하다는 결론을 얻었다.

들불화재로 반경이 1m 이상 확대되면 독자적인 소화활동은 불가능하게 된다.(김승룡, 최진만, 오제환. 2017)

논이나 밭에 불을 질렀을 때 행위자가 화염에 고립되어 사망할 수 있다는 사실도 실험을 통해 확인되었다. 바람이 없을 때 1미터 앞에 있는 사람을 불길이 덮치는데 2분 40초가 걸렸지만 2~3m/sec 속도의 바람을 주었을 때 불과 8초 만에 사람을 덮쳐 질식사할 수 있다는 결과가 나왔다. 실제로 지난 10년간 산불통계를 보면 사망자의 90%가 자신이 낸 산불로 인해 스스로 불길에 갇혀 질식사한 것으로 밝혀졌다.

봄철(낙엽습도 10%)과 여름철(낙엽습도 30%) 낙엽의 연소속도를 측정한 실험을 보면 습도가 낮은 봄철 낙엽이 2분 30초 만에 모두 연소한 반면 여름철 낙엽은 4분 50초가 걸려 봄철 낙엽이 약 2배 정도 빠르게 연소한 것으로 나타났다.

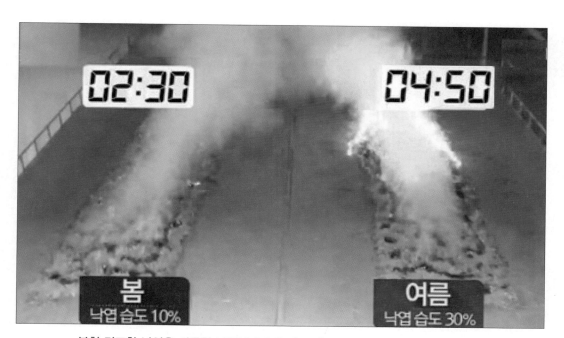

봄철 건조한 낙엽은 여름철 낙엽보다 2배 정도 빠르게 연소하는 것으로 밝혀졌다.

451

산불이나 들불화재는 3~4월에 집중돼 왔다. 비가 안 오고 건조한 기후가 누적된 탓이다. 사계절 중 겨울철에 화재가 집중될 것 같지만 실제로는 봄철 화재가 단연 으뜸을 차지하고 있다. 낙엽 등 건조한 가연물이 지천에 널려있고 겨우내 움츠렸던 사람들의 활동반경이 넓어지기 때문이다. 무속인들이 산에서 굿을 한 뒤 촛불을 켜 놓고 그대로 내려와 산불이 발생하는 경우도 있다. 우리나라 산불의 99%는 사람이 불러온 재앙이다[15].

---

[15] 최근 10년간 산불피해 원인을 조사한 결과를 보면 등산객이나 약초 캐는 사람 등 입산자 실화(38%), 논·밭두렁 소각(18%), 쓰레기 소각(13%), 담뱃불(6%), 성묘객(4%), 방화(2%), 어린이 불장난(1%) 등으로 나타났다. 자연적 요인에 의한 화재는 1%뿐 이었다. 미국·캐나다의 경우 자연적 요인에 의한 화재는 10% 정도를 차지하고 있다. (출처: 산림청)

CHAPTER 13

화재관련 판례

The technique for fire investigation identification

CHAPTER
13
화재관련 판례
The technique for fire investigation identification

화재분쟁

1 화재와 소송

   인터넷을 통한 법률정보가 넘쳐나고 있고 너나할 것 없이 전자소송 등으로 손쉽게 다툼을
진행할 수 있는 절차가 확산되는 등 법률서비스가 높아지자 소송으로 비화되는 사건도 증가를
하고 있다. 사법연감(2014년版)에 따르면 지난 2005년 한 해 369만739건을 차지했던 민사소
송이 2013년에는 463만2429건 건으로 8년 만에 무려 25.5%(94만1690건)증가한 것으로 밝혀
졌다. 소송이 증가하는 이유는 법적 분쟁에 대해 일반국민들이 쉽게 접근할 수 있도록 시스템
이 구축됐다는 점도 있지만 개인들이 사소한 감정싸움으로 끝날 일들을 굳이 법정으로 끌고 가
는 측면도 많기 때문이다. 국민들의 권리의식이 강해져서 예전 같으면 죄송하다거나 잘못했다
고 상대방에게 과실을 인정하고 정중하게 화해를 요청하면 덮고 넘어갈 일들도 소송으로 이어
지는 경우가 많다는 것이다. 소송으로 일을 해결하려는 것은 우리 사회의 갈등해결 기능이 약
화되거나 붕괴되고 있다는 사실과도 연관되어 있다. 생각해보면 공동체 문화가 붕괴되고 누구
나 인정하는 권위있는 사회적 존재가 사라지면서 개인들이 갈등을 빚을 때 이것을 중재할 시스
템 또한 무너지게 된 것이다. 과거에는 법이 아니더라도 동네 훈장이나 나이 많은 어른들이 마
을 송사(訟事)에 관여하여 해결해 주는 미풍양속도 있었지만 점차 어른들의 권위가 사라지면
서 위아래 따지지 않고 법정에서 냉정한 잣대를 들이대 가려보자는 현실을 맞고 말았다. 소송
이 남발되는 또 다른 이유로는 욱하면 물불 안 가리는 한국인 특유의 기질도 작용한다는 분석
이 있다. 단순히 기분이 나쁘거나 감정이 상했다는 이유로 소송을 내는 경우에는 이겨도 실익
(實益)이 없는 줄 뻔히 알면서도 상대방을 괴롭히기 위한 수단쯤으로 여긴다는 것이다. 그러다
보니 절차도 무시하는 막무가내식 소송도 늘고 있다. 소송요건을 갖추지 못해 각하판결을 받은

사건이 2002년 1,100건에서 2013년 2,907건으로 10년 사이 164%나 증가하였다. 인터넷에서 얻은 짤막한 지식을 가지고 일단 소장(訴狀)부터 내는 사람들이 많아지면 사법시스템 유지비용이 낭비되고 다른 사람의 재판받을 권리까지 침해할 수 있다는 것을 유념할 필요가 있다. 재판 결과에 승복하지 않는 문화도 소송을 증가시키는 요소로 작용을 한다. 1심 및 2심 판결에 불복해 대법원에 상고한 사건이 2004년 2만432건이었는데 2013년에는 3만6156건으로 10년이 채 안되어 1만 건 이상이 늘었다. 대법관 1인당 담당하는 사건 수도 늘어 2004년 1,702건이었는데 2014년에는 3,013건이 되었다. 외국의 통계를 보면 미국 연방대법원은 상고허가제를 운영하고 있어 전국적으로 접수된 1만여 건 중에서 90건 정도만 상고심으로 올라가 처리를 하며 영국도 연평균 65건 정도의 상고사건을 처리하고 있어 우리나라와 상당한 차이를 갖고 있다.

소송은 문제를 해결하기 위한 최적의 대안은 아니지만 보험사들이 꼼수로 이용하기도 한다는 점을 짚어본다. 화재를 당한 경우 대부분의 피해자들은 조속한 피해복구를 위해 보험금 수령을 서두르지만 보험사들은 지급해야 할 금액을 낮추기 위해 소송을 제기하고 이 과정에서 합의를 이끌어내기 위해 면담을 진행하는 경우도 있다. 보통 대기업이 운영하는 보험사에서 '소송을 하겠다.'고 으름장을 놓으면 개인은 위축될 수밖에 없으며 그로 인해 보험금을 받지 못한 채 소송에 대응하느라 또 다시 시간과 돈을 들여야 하는 악순환에 빠진다. 반대로 화재를 당한 피해자에게 브로커(broker)가 접근하여 소송을 부추기는 상황도 있다. 승소할 가능성이 낮음에도 불구하고 화재관련 전문 변호사임을 자처하면서 많은 금액을 받을 수 있도록 해 주겠다며 승소할 것을 장담하는데 '기획소송'이라는 이름으로 착수금과 변론비용 등을 챙기는 경우를 말한다. 소송을 경험한 사람들과 대화를 하다보면 대부분 승자도 패자도 없는 소모전이었다는 공통점을 발견하게 된다. 일단 소송으로 인해 짧게는 1년, 길게는 2년 이상 얽매이기 때문에 정상적인 생활을 유지하기 어렵고 이로 인해 가정생활은 불안정하고 감정은 피폐해지며 인간관계에 신뢰가 무너지는 등 금전으로 계산할 수 없는 손실이 너무나 크다는 것이다. 평생 동안 법원 문턱에 가지 않고 사는 것도 복 받은 일이다.

② 형사소송

형사소송(criminal procedure, 刑事訴訟)이란 검사가 범죄혐의가 있는 피고인에 대하여 법원에 공소를 제기하여 유·무죄를 가려 달라는 법률행위로서 유죄로 인정된 경우에 형벌을 과하는 재판을 말한다. 공소가 제기되면 피고인은 검사의 공격에 대하여 자기를 방어할 권리가 있는 당사자의 지위를 갖기 때문에 스스로 답변서, 정상관계진술서를 작성·제출하는 등의 방법으로 자신에게 유리한 사정을 재판장에게 주장하여야 할 뿐만 아니라 그 주장사실을 정당화할 수 있는 증거를 제출하여야만 비로소 그러한 주장이 재판에 반영될 수 있다. 피고인에게는 진술거부권이 있고 헌법(제12조 제2항) 규정에 따라 "모든 국민은 고문을 받지 아니하며, 형사상 자기에게 불리한 진술을 강요당하지 아니 한다" 고 하여 기본적 인권으로 보장을 하고 있다. 형사소송법(제244조의 3)에서도 피의자의 진술거부권에 대하여 구체적으로 규정하고 있는데 진술을 하지 않더라도 불이익을 받지 않는다는 것과 진술을 거부할 권리를 포기하고 진술을 했을 때에는 법정에서 유죄의 증거로 사용될 수 있다는 내용 등으로 범죄가 확정될 때까지는 무죄추정의 원칙의 의해 피의자의 권리를 보호하고 있다. 진술거부권을 인정해 주는 이유는 만약 피고인에게 진술할 의무가 있다고 가정할 때에는 검사에게 공격할 수 있는 무기를 제공하게 되어 무기평등의 원칙을 실현할 수 없기 때문이다. 국가형벌권을 구체적으로 실현하는 것이 목적인 형사소송은 무엇보다도 실체적 진실 발견을 추구하고 있다(실체적 진실주의 또는 실체적 진실발견주의). 방화죄를 범하였다고 하더라도 피고인에게 그대로 유죄판결을 내려 무기징역이나 실형 등을 처하는 것은 허용되지 않는다. 형사소송법에서 정하고 있는 공판을 개시하여 범죄 사안을 심리하고 실체적 진실을 발견하여 억울한 사람이 피해를 입지 않도록 공정한 재판을 내리는 것이 형사소송에서 최고의 원리로 채택되어 운영되고 있다. 형사소송은 실체적 진실발견, 적정절차의 원리, 신속한 재판의 실현에 그 목적이 있으며 피의자와 피고인 등 소송관계인에게 적정한 절차를 보장하면서도 사건의 진실을 정확하게 조사하여 해명한다는 것을 지도이념으로 삼고 있다.

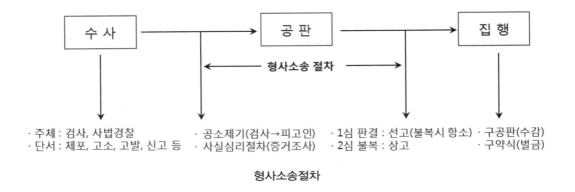

형사소송절차

③ 민사소송

민사소송(civil procedure, 民事訴訟)이란 개인 사이의 사사(私事)로운 권리관계나 다툼을 법률적 또는 강제적으로 해결·조정하기 위한 소송을 말한다. 당사자가 사적인 권리관계에 관해 자신의 주장과 증거를 통해 사실관계를 입증하면 법원이 중립적인 위치에서 그 주장을 제시된 증거와 법률에 의하여 판단한다. 따라서 민사재판의 당사자는 스스로 그 권리관계에 관한 사항을 설득력 있게 주장하여야 할 뿐만 아니라 그 주장사실을 뒷받침할 만한 증거를 충분히 제시해야만 한다. 자신이 아무리 정당하고 억울하다고 생각하더라도 주장을 설득력 있게 하지 못하거나 주장만 하고 이를 뒷받침할만한 증거를 충분히 제시하지 못하면 재판에서 질 수도 있다. 또한 형사책임과 민사책임은 각각 별개 사안임을 알아야 한다. 예를 들어 A가 방화를 한 행위가 형사소송에서 무죄일지라도 민사상 손해배상책임까지 벗어나는 것은 아닐 수 있다. 형사재판부가 A의 행위를 범행으로 보기 어렵거나 입증하기 곤란하여 구속 또는 벌금 등에 처하는 형사책임은 묻지 않았더라도 화재가 발생한 부분이 개인의 사유재산으로서 재산상 침해를 당한 제3자가 있다면 얼마든지 민사소송을 통해 손해배상책임을 물을 수 있기 때문이다. 비슷한 사안으로 형사책임은 없지만 민사책임을 따질 수 있는 것으로 간통제 폐지에 따른 책임을 생각해 볼 수 있다. 2015년 2월 26일 폐지된 간통죄[1]는 헌법재판소의 위헌결정에 따라 형사책임은 소멸되었지만 간통죄에 대한 위헌결정이 마치 불륜을 용인하거나 부부간의 정조의무를 지키지 않아도 된다는 것은 아니기 때문에 민사상 정신적 위자료 등 손해배상 청구와 상대방의 귀책사유를 이유로 얼마든지 이혼청구소송이 가능하다는 것이 법조계 안팎의 중론임을 눈여겨 볼 일이다.

　　민사소송의 핵심은 재판에 의해 권리관계의 확정을 도모하는 판결과 권리의 현실적 만족을 도모하는 강제집행절차가 대표적이다. 판결은 당사자(원고 ·피고) 사이의 분쟁을 해결하는 절차를 말한다. 소송은 당사자가 관할 지방법원에 소장을 제출함으로써 개시되며 법원은 당사자가 신청한 사항만 판결을 하고 소가 없는 사건이나 소의 범위를 벗어난 사항은 판결하지 않는다(민사소송법 203조, 처분권주의). 판결은 사건에 대한 국가기관(법원)의 법적 판단이기 때문에 법률을 적용할 사실관계를 명확히 해야 한다. 따라서 당사자 변론주의에 입각하여 판결의 기초가 될 사실은 당사자가 주장하고 다툼이 있는 사실에 관해서는 그 사실을 증명할 증거를 법원에 제출하는 것을 원칙으로 하고 있다. 그 사실의 주장 및 증거의 제출은 민사소송법의 규정에 따라서 구술로 하게 되며 그 절차를 변론이라고 한다(134~164조). 법원은 변론에서 당사자가 주장한 사실에 의해 판결하는데 당사자가 주장한 사실에 다툼이 있으면 당사자가 제출한 증거에 따라 그 진위를 판단한다. 그러나 당사자 사이에 다툼이 없는 사실은 직권으로 조사할 사항을 제외하고는 그대로 진실로 보고 판결의 기초로 삼고 있다(288조 참조). 다툼이 있는 사실은 증거에 따라 그 진위를 판단하여 진실로 인정되는 사실만을 판결의 기초로 한다. 이 경우 증거에 따른 사실의 인정은 자유심증주의에 따라 법관의 자유로운 판단에 맡겨진다(202조). 이와 같은 방법으로 사건의 사실관계가 명확해지면 법관은 그 인정한 사실에 대하여 법률을 적용하여 판결한다. 법률의 적용에는 어떤 법률을 적용해야 하는가의 결정과 그 법률의 해석을 필요로 한다. 이러한 결정은 법원의 책임이기에 당사자는 적용될 법률을 제시해야 할 책임이 없으며 법관 또한 당사자의 법률적 주장에 구속되지 않는다. 판결과정은 사실의 인정과 법률적용의 2단계로 나누어진다. 법률의 적용은 법원의 책임이지만 판결에 필요한 사실 및 증거를 제출할 책임은 당사자에게 있다(입증책임). 따라서 당사자가 자기에게 유리한 사실 및 증거를 제출하지 않는 경우에는 승소할 소송임에도 패소하는 경우가 있다. "권리 위에 잠자는 자는 보호하지 않는다."는 원칙은 민사소송에도 적용된다. 한편 강제집행절차는 판결이 한쪽 당사자에게 급여를 명한 경우 그 당사자가 자발적으로 급여를 하지 않았을 때에는 국가권력으로 그 급여를 강제하는 절차를 말한다. 따라서 강제집행은 판결내용을 실현하기 위한 2차적 권리보호의 소

---

1 형법 제241조는 "배우자가 있는 자가 간통한 때에는 2년 이하의 징역에 처한다."라고 규정하여 벌금형 없이 징역형만 처하는 무거운 양형을 내리고 있었다. 간통죄는 그동안 사회적으로 폐지논란도 많았는데 과거 헌법재판소는 1990년과 1993년, 2001년, 2008년 4차례에 걸쳐 합헌결정을 내린 바 있었다. 그러나 간통죄는 세계적으로 폐지되는 추세에 놓여 있고 간통죄로 배우자를 고소하여 처벌하려면 이혼으로 종결되기에 실질적으로 가정을 보호하는 장치로서 구실을 하지 못한다는 비판이 많았다. 또한 간통죄를 저질렀음에도 형법 규정과 달리 실제로 구금되어 실형을 사는 비율이 1% 정도에 불과했고 언제까지 국가가 부부간의 정조문제 등 개인의 사적영역에 간섭할 것인지 사회적 논란이 꾸준히 제기되어 왔다. 결국 간통죄는 "성(性)에 대한 국민의 법 감정이 변하고 처벌의 실효성도 의심되는 만큼 간통죄 자체가 위헌"이라는 헌법재판소 결정에 의해 1953년 형법에 명문화된 지 62년 만에 폐지되는 운명을 맞았다.

송절차이다. 강제집행을 담당하는 기관은 원칙적으로 판결기관 이외의 기관이다. 그러므로 민사소송법은 채무명의와 그 밖의 강제집행 요건을 정하고 그 요건을 구비한 집행신청이 있는 경우에 집행기관은 당연히 강제집행절차를 개시하게 하고 있다.

④ 심급제도

재판의 핵심은 사건의 본질을 정확하게 꿰뚫어 억울한 피해자가 발생하지 않도록 공정한 판결을 하는데 있다. 그러나 사람의 능력에는 한계가 있어 오판이 있을 수 있고 증거불충분으로 사실여부를 입증하는데 실패하여 엉뚱한 피해자가 나올 수도 있다. 심급제도는 이러한 오판이나 오류를 최대한 방지하여 억울한 피해자가 없도록 심판하는 절차를 말한다. 형사재판 및 민사재판 모두 지방법원 및 고등법원과 대법원으로 이어지는 3심제를 두고 있는데 제1심 재판의 종국판결에 대해 패소한 당사자는 항소할 수 있다. 항소가 제기되면 사건은 항소법원으로 옮겨지고 항소심리를 열어 사실심(事實審)과 법률심(法律審)에 관해 다시 판결한다. 그러나 항소심 판결도 불복한다면 상고를 할 수 있다. 상고심(대법원)은 법률심이기 때문에 원심판결이 법률에 위배되었는지 여부에 관해서만 심리를 할 뿐 사실문제는 심리하지 않는다. 방화죄 또는 실화죄를 심리하기 위한 제1심 재판은 일반적으로 지방법원 단독부(법관 1명)가 행하는데 여기에 불복하여 항소를 제기할 경우에는 당해 지방법원 합의부(법관 3명)에서 항소심리를 재개하는 것이 보통이다. 그러나 제1심 재판을 지방법원 합의부에서 실시했다면 항소심은 고등법원에서 행한다. 단독부와 합의부의 구분을 쉽게 설명하자면 비교적 가벼운 죄를 범한 자를 판결할 경우에는 단독부에 사건을 배당하며 살인이나 특수강도 등 강력사건은 집중심리를 신중하게 진행하기 위해 합의부에서 처리하는 것이 일반적인 절차이다.

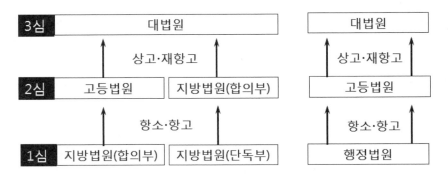

민사 · 형사사건 심급제도(좌) 및 행정사건 심급제도(우) 절차

일러두기

법원의 판결문은 생소한 단어가 많고 장황하게 구구절절이 기술되어 있어 법조계의 전문가가 아닌 이상 한 번만 읽고서 그 전체 의미를 이해하기란 쉽지 않은 측면이 많다. 여기에 수록한 판례들은 판결문의 의미를 훼손시키지 않고 화재조사관들이 최대한 이해하기 쉽도록 사건을 평서문 형태로 압축시켜 정리를 하였다. 판결문에 있는 전문 용어 중 의미상 중복되는 용어는 생략했으며 피고·원고와 같은 법률용어를 사용하지 않고 사건의 본말을 알리는데 중점을 두었다. 좀 더 자세한 내용은 해당 판결문을 찾아 볼 것을 권장한다.

Step 02 손해배상 관련 판례

손해배상(대법원 2015. 1. 22. 선고 2014다46211 판결)

【판시사항】
A건물에서 화재가 발생하여 옆에 있는 B건물로 연소확대된 사건에서 B건물은 자신이 가입한 보험회사로부터 받은 보험금이 전체 피해금액에 미치지 못한다면 A건물은 나머지 피해금액에 대해 자신의 책임범위 한도 내에서 손해를 배상할 책임이 있다고 판결한 사례(참조법령 : 상법 제682조, 실화책임에관한법률 제3조 제2항)

▼기초 사실

2008년 10월 경기도 ○○시 ○○구 ○○공단에 소재한 자동차부품 제조업체인 A사 창고에서 화재가 발생하여 인접해 있는 또 다른 제조업체인 B사로 연소확대되어 공장 건물과 집기류, 기계 등이 불에 타는 피해를 입었다. B사의 전체 피해액은 662,043,106원으로 책정되었고 보험사로부터 보험금 324,240,778원을 받았다. 그러나 B사는 이후 A사를 상대로 나머지 차액 피해액을 더 지급하라며 소송을 제기했다. 1심은 '화재 원인이 A사에 있는지 분명하지 않다'며 B사의 요구를 무시했지만 항소심(서울고법)은 A사의 책임을 인정하고 실화책임에관한법률 제3조 제2항에 따라 화재로 인한 A사의 손해배상책임을 60%로 경감하여 손해배상책임을 전체 손해액 662,043,106원의 60%로 판결했다. 이에 따라 A사가 책임져야 할 손해액은 397,225,863원이 됐다. 항소심 법원은 'A사는 B사에게 72,985,085원을 지급하라'고 판결했다. A사가 책임져야 할 397,225,863원에서 B사가 이미 받은 보험금 324,240,778원을 공제한 금액이 72,985,085원이기 때문이다. 그러나 B사는 보험회사로부터 지급받은 보험금은 사고 발생에 대비해 그때까지 보험사에 낸 보험료에 대한 대가에 불과한 것으로 A사의 손해배상책임과는 관계없이 지급된 것이라는 점을 강조하였다. 보험금은 A사의 손해배상책임액의 범위를 계산할 때 공제할만한 새로운 이익이 아니라고 주장하며 대법원에 소송(상고)을 제기했다.

▼ 판결 요지

손해보험의 보험사고에 관하여 동시에 불법행위나 채무불이행에 기한 손해배상책임을 지는 제3자(A사)가 있어 피보험자(B사)가 그를 상대로 손해배상청구를 하는 경우에, 피보험자가 손해보험계약에 따라 보험자(보험회사)로부터 수령한 보험금은 보험계약자가 스스로 보험사고의 발생에 대비하여 그 때까지 보험자에게 납입한 보험료의 대가적 성질을 지니는 것으로서 제3자의 손해배상책임과는 별개의 것이므로 이를 그의 손해배상책임액에서 공제할 것이 아니다. 따라서 위와 같이 피보험자는 보험자로부터 수령한 보험금으로 전보되지 않고 남은 손해에 관하여 제3자를 상대로 그의 배상책임(다만 과실상계 등에 의하여 제한된 범위 내의 책임)을 이행할 것을 청구할 수 있는데, ① 전체 손해액에서 보험금으로 전보되지 않고 남은 손해액이 제3자의 손해배상책임액보다 많을 경우에는 제3자에 대하여 그의 손해배상책임액 전부를 이행할 것을 청구할 수 있고 ② 위 남은 손해액이 제3자의 손해배상책임액보다 적을 경우에는 그 남은 손해액의 배상을 청구할 수 있다. 후자의 경우 보험자는 제3자에게 제3자의 손해배상책임액과 위 남은 손해액의 차액 상당액만을 청구할 수 있다(상법 제682조). 그렇다면 이와 달리 손해보험의 보험사고에 관하여 손해배상책임을 지는 제3자가 있어 그의 피보험자에 대한 손해배상액을 산정할 경우 과실상계에 의하여 제한된 그의 손해배상책임액에서 위 보험금을 공제하여야 한다는 취지로 판시한 대법원(2009. 4. 9. 선고 2008다27721) 판결 등은 이 판결의 견해에 배치되는 범위 내에서 변경하기로 한다.[2] 원심(서울고법)은 화재로 인한 B사의 전체 손해액을 662,043,106원으로 인정하고 실화책임에관한법률 제3조 제2항에 따라 화재로 인한 A사의 손해배상책임을 60%로 경감하여 그 손해배상책임액을 397,225,863원(=662,043,106원×60%, 원미만은 버림)으로 정한 후 B가 화재보험계약을 체결한 보험회사로부터 이 사건 화재로 인하여 수령한 손해보험금 324,240,778원을 공제한 잔액인 72,985,085원(=397,225,863원−324,240,778원)이 A가 B에게 최종적으로 지급하여야 할 손해배상액이라고 판단하여 B의 청구를 위 금액의 범위 내에서 인정하여 받아들였다. 그러나 원심판결에 의하면 실화책임에관한법률 제3조 제2항에 따라 경감된 A의 손해배상책임액은 397,225,863원이고 이 사건 화재로 인한 B의 전체 손해액 662,043,106원에서 B가 보험회사로부터 수령한 손해보험금 324,240,778원을 공제한 잔액은 337,802,328원(=662,043,106원−324,240,778원)이므로 앞에서 본 법리에 따르면 A는 B에게 손해배상으로 위 337,802,328원 전액을 지급할 의무가 있다고 할 것이다.[3] 원심이 A의 최종 손해배상액을 산정함에 있어 이와 달리 A의 손해배상책임액 397,225,863원에서 B가 수령한 손해보험금 324,240,778원을 공제한 것은 피보험자가 손해보험금을 지급받은 경우의 손해배상청구의 범위에 관한 법리를 오해하여 판단을 그르친 것이다. 따라서 원심판결 중 B가 패소한 부분을 파기하고 이 부분 사건을 다시 심리·판단하게 하기 위

---

[2] 이전까지는 피보험자가 손해보험사고로 인해 보험금을 지급받은 경우 ① 피보험자가 입은 전체 손해배상액을 산정한 후 ② 가해자인 제3자의 과실분에 따른 손해배상책임액에서 피보험자가 지급받은 보험금을 공제한 금액을 제3자가 피보험자에게 배상하여야 할 금액이라고 판단하였다. 따라서 화재로 인해 손해를 입은 피해자들 역시 전체 손해액에서 보험회사로부터 수령한 보험금을 공제한 금액을 청구금액으로 하여 제3자를 상대로 손해배상 청구소송을 제기하였고, 보험회사는 피보험자에게 지급한 보험금을 청구금액으로 하여 제3자를 상대로 구상금 청구소송을 제기해 왔다.

[3] 이 판결은 전체 손해액에서 보험금으로 전보되지 않고 남은 손해액이 제3자의 손해배상책임액보다 적은 경우이므로 그 남은 손해액의 배상을 인정한 판례이다. 이 경우 보험회사는 A에게 A의 손해배상책임액과 위 남은 손해액의 차액 상당액만을 구상할 수 있다.

하여 서울고등법원으로 환송⁴한다.

Chapter 01
Chapter 02
Chapter 03
Chapter 04
Chapter 05
Chapter 06
Chapter 07
Chapter 08
Chapter 09
Chapter 10
Chapter 11
Chapter 12
Chapter 13

손해배상(대법원 2008. 1. 18. 선고 2006다79377 판결)

【판시사항】

옥매트에서 발생한 화재로 잠을 자던 사람이 사망한 사건에서 제조사 측이 다른 원인으로 화재가 발생한 것이라고 입증하지 못하는 이상 손해배상을 하여야 한다고 판시한 사례

▼기초 사실

2004년 2월 4일 중풍환자인 A는 강원도 ○○시 자신의 집 침대 위에 옥매트를 깔고 잠을 자다가 화재가 발생하는 바람에 화상을 입고 숨졌다. A는 사망 당시 얼굴과 복부에 화상을 입고 코 안에 그을음이 가득 찬 상태였으며 화상 이외의 상처는 없었다. 옥매트는 3분의 2 정도가 불에 탔지만 방안에 있는 장롱 및 화장대 등은 불에 타지 않았다. 국립과학수사연구소는 조사결과 화재 당시 옥매트의 전원스위치는 불에 타버려 상태를 알 수 없었고 온도조절 장치는 9단에 설정되어 있었으며 열선에서 과열 등의 흔적이 식별되지 않아 정확한 화재원인을 판별할 수 없었다고 하였다. A의 딸은 옥매트 제조사를 상대로 장례비, 위자료 등 1억 8천여만 원을 지급하라는 손해배상청구소송을 제기했다.

▼판결 요지

제품을 정상적으로 사용하는 상태에서 화재가 발생한 경우 제품결함을 이유로 제조업자에게 손해배상책임을 지우기 위해서는 제조업자 측에서 그 화재가 제품결함이 아닌 다른 원인으로 인해 발생한 것이라고 입증하지 못하는 이상 손해를 배상할 책임이 있다. 소비자 측에서는 그 화재가 제조업자의 배타적 지배하에 있는 영역에서 발생했다는 점과 어떤 자의 과실 없이는 통상 발생하지 않는다는 사정을 증명하는 것으로 충분하다. 당시 화재가 옥매트에서 발생했다고 볼 수밖에 없고 A가 옥매트를 사용하면서 외력을 가하거나 내부구조에 변경을 가해 화재를 유발했다고 볼 증거가 없다. 따라서 A는 제조·유통과정의 결함으로 인해 사회통념상 제품에 요구되는 합리적인 안전성을 결여한 옥매트를 사용방법에 따라 정상적으로 사용하던 중 옥매트에서 발생한 화재로 인해 사망한 것이므로 옥매트의 제조사는 손해를 배상할 책임이 있다.⁵

---

⁴ 환송조치는 대법원이 지적한 법리에 맞도록 해당 하급심이 행한 원심을 파기하는 것으로 다시 판결할 것을 의미한다.
⁵ 1심(춘천지법)은 온도조절 장치가 9단에 있었던 점 등에 비춰 옥매트 제조사의 책임비율을 65%로 정해 1억2천여만 원 지급을 선고했고 2심(서울고법)은 옥매트 제조사의 책임비율을 70%로 높였으나 숨진 A가 반신마비로 노동능력이 떨어지는 점을 고려하여 손해액을 9천100여만 원으로 산정했다. 대법원은 2심의 판단내용을 정당한 것으로 확정했다.

손해배상(대법원 2004. 2. 27. 선고 2002다39456 판결)

【판시사항】

구조상 불가분의 일체를 이루고 있는 건물 중 일부 임차 부분에서 발생한 화재로 건물의 다른 부분도 소실된 경우, 그 부분도 손해배상을 해야 한다고 판시한 사례
(참조법령 : 민법 제390조, 제393조, 제618조)

▼기초 사실

복합건물 4층 건물 중 1층에서 화재가 발생하여 4층 전체가 피해를 입었다. 1층부터 4층은 각기 다른 임차인들이 빌려 쓰는 공간이었는데 1층에서 발생한 화재로 피해를 입은 2층 및 3층, 4층의 임차인들이 화재가 발생한 공간인 1층의 임차인을 상대로 손해배상을 요구하였다.

▼판결 요지

건물의 규모와 구조로 볼 때 그 건물 중 임차한 부분과 그 밖의 부분이 상호 유지·존립함에 있어서 구조상 불가분의 일체를 이루는 관계에 있고, 그 임차 부분에서 화재가 발생하여 건물의 방화 구조상 건물의 다른 부분에까지 연소되어 피해가 발생한 경우라면 임차인은 임차 부분에 한하지 않고 그 건물의 유지·존립과 불가분의 일체관계가 있는 다른 부분이 소실되어 임대인이 입게 된 손해도 배상할 의무가 있다고 할 것이다.(대법원 1997. 12. 23. 선고 97다41509 판결 참조). 이 사건 건물의 2, 3, 4층이 구조상 독립하여 있는 것이 아니라 한 건물 내부에서 기둥과 벽을 통하여 일체를 이루면서 한 층의 벽과 천장 및 그 위층의 바닥 등을 통하여 인접하여 있어서 그 존립과 유지에 불가분의 일체를 이루는 관계에 있다는 사실을 인정할 수 있다. 임차인은 임차목적물반환채무의 이행불능으로 인한 손해배상으로 자신이 임차한 부분뿐만 아니라 그 존립과 유지에 불가분의 일체의 관계에 있는 나머지 부분의 소실로 인해 발생한 손해도 배상할 의무가 있다.[6]

손해배상(서울고법 2015. 6. 11. 선고 2013나2023677 판결)

【판시사항】

냉장고의 결함으로 화재가 발생한 경우 제조회사는 손해의 70%를 배상해야 한다는 손해배상책임을 인정한 사례(참조법령 : 민법 제750조)

▼기초 사실

조형 미술가인 E는 경기도 ○○○시 부친 소유의 비닐하우스에 자신의 작품 140여 점을 보

---

[6] 이 사건은 1층 관계자가 대전고법에서 패소한 후 대법원에 상고하였으나 기각되었다.

Chapter 01
Chapter 02
Chapter 03
Chapter 04
Chapter 05
Chapter 06
Chapter 07
Chapter 08
Chapter 09
Chapter 10
Chapter 11
Chapter 12
Chapter 13

관하던 중 2009년 비닐하우스에 있는 냉장고에서 화재가 발생해 보관 중이던 작품이 모두 소실되었다. E는 제조사를 상대로 '냉장고 화재로 작품 140여점이 전소됐으니 2억 원을 지급하라'는 손해배상소송을 제기했다.

▼판결 요지

소비자가 냉장고를 정상적으로 사용했지만 냉장고의 부품상 결함과 전기 트래킹(전자제품에 묻어 있는 수분이 섞인 먼지 등에 전류가 흐르는 현상) 탓에 냉장고 안에서 화재가 발생한 것으로 보이기 때문에 제조사는 E가 입은 손해를 배상할 의무가 있다. 소비자들은 냉장고를 일상적으로 장기간에 걸쳐 사용하는 제품으로 인식하고 있고 전기 트래킹 등으로 화재가 발생한 사례도 널리 알려져 있다고 볼 자료도 없기 때문에 제조업자로부터 안전성에 대한 설명이 없는 한 주의를 기울이기 어렵고 사용설명서 등에도 그 위험성이 구체적으로 나타나 있지 않았다. 제조사 측은 화재가 발생한 냉장고는 1998년도에 생산된 제품으로서 내구연한인 7년을 넘긴 2009년 12월께까지 11년간 문제없이 사용됐고 내구연한이 지난 이후에 화재가 발생했다며 오히려 냉장고를 비닐하우스에서 사용하면서 사후 점검서비스(A/S)를 받지 않는 등 정상적으로 사용하지 않았다고 한다. 그러나 냉장고의 권장 사용 기간인 7년이 초과했더라도 사회통념상 소비자의 신체나 재산에 위해를 가할 수 있는 위험한 물건으로 여겨지지 않으므로 손해배상책임에 영향을 미치지 않는다고 할 것이다. 다만, E씨가 10년 넘도록 냉장고 안전 점검이나 사후 점검서비스를 받지 않았고, 하단 부분을 제대로 청소하지 않은 점 등을 고려해 제조사의 책임을 70%로 제한한다. 그렇다면 전체 미술품의 재산 가치는 5,000만 원 정도로 볼 수 있고 그 가운데 70%인 3,500만 원을 배상하는 것이 마땅하다.

채무불이행(서울고법 2014. 6. 12. 선고 2013나2015515 판결)

【판시사항】
1층에서 화재가 발생하여 인접 건물로 연소확대된 경우 임차인이 선량한 관리자로서 주의의무를 다하지 않아 채무불이행에 따른 손해배상책임을 인정한 사례

▼기초 사실

A는 경기도 ○○시에 있는 2층 건물의 소유자로 1층을 B와 C에게 각각 임대해 주고 있었다. B는 1층 주택의 임차인으로서 점유·사용하던 중 2011년 12월 2일 14:46경 자신의 주택에서 화재가 발생하여 전소되었고 같은 건물 1층에 맞닿아 있던 C가 임차하여 사용하는 사무실까지 일부가 소실되었다. 화재는 B가 사용하고 있는 주택 현관 입구에 김치냉장고 2대를 작동시키기 위해 설치한 4구형 멀티콘센트 부분에서 발화한 것으로 조사되었는데 손해배상과 관련하여 임대인과 임차인 간의 생각이 각각 달라 소송으로 확대되었다.

▼ 판결 요지

(1) 당사자들 주장

임대인 A의 주장을 보면 B는 1층 주택의 임차인으로 선량한 관리자로서 주의의무를 다하여 임차목적물을 보존하고 임대차 종료 시 임차목적물을 A에게 반환할 의무가 있음에도 불구하고 주의의무를 다하지 않았다. 김치냉장고를 설치·사용하면서 벽면에 너무 가까이 붙여 전선이 압착되게 하였고 이에 따라 합선에 의한 화재가 발생하여 주택이 전소되었으므로 임차목적물반환의무 이행불능에 따른 손해배상책임 또는 불법행위에 기한 손해배상책임이 있다고 주장을 한다. 반면 B는 김치냉장고와 벽 사이에 콘센트를 두고 사용한 것은 통상적인 사용방식에 불과하여 특별히 위험한 방식으로 사용한 것으로 보기 어렵다고 한다. 자신은 평소 정기적으로 전기안전검사를 받아 왔으며 검사결과 특별한 이상이 없었다면서 화재현장조사서에 "김치냉장고가 설치된 천장 상부로 인입되는 전기배선에서 단락흔이 식별됨"이라고 기재되어 있어 임대인의 관리영역에서 화재가 발생하였을 가능성을 배제할 수 없다고 하면서 임차인으로서 주의의무를 다하였다고 한다. 또한 C가 임차한 건물 1층 부분은 자신이 임차한 건물 부분과 불가분의 일체를 이루는 관계가 아니므로 자신의 주택에서 발생한 화재지만 C의 건물 부분이 연소되어 훼손됨에 따른 손해배상책임까지 부담하지 않는다고 하였다. 결국 임차인으로서의 책임이 아닌 불법행위에 기한 손해배상책임만이 문제되므로 A가 B의 과실을 입증하여야 할 것인데 A가 B의 과실을 입증하지 못하고 있어 손해배상책임이 인정되지 않는다고 하였다.

(2) 판단

A는 B에 대하여 채무불이행으로 인한 손해배상청구와 불법행위로 인한 손해배상청구를 선택적으로 구하고 있다. 이 사건은 임대차계약상의 임차 목적이 아닌 부분 C의 부분도 임차 부분과 구조상 불가분의 일체성이 인정되어 그 부분에 관한 손해배상도 임차목적물반환의무 이행불능에 따른 손해배상의 범위에 포함되고 건물 전체에 관한 손해가 임대차목적물 반환의무의 이행불능에 따른 손해배상청구에 모두 포섭될 수 있게 되므로, A의 선택적 청구 중 임대차계약상의 목적물 반환의무의 이행불능에 따른 손해배상청구에 관하여 판단하기로 한다. 임차인의 임차물 반환채무가 이행불능이 된 경우 임차인이 그 이행불능으로 인한 손해배상책임을 면하려면 그 이행불능이 임차인의 귀책사유로 말미암은 것이 아님을 입증할 책임이 있으며 임차건물이 화재로 소훼된 경우에 있어서 그 화재발생 원인이 불명인 때에도 임차인이 그 책임을 면하려면 그 임차건물의 보존에 관하여 선량한 관리자의 주의의무를 다하였음을 입증하여야 한다(대법원 2001. 1. 19. 선고 2000다57351 판결 참조). 살펴보건대 B가 화재로 인한 그 책임을 면하려면 주택의 보존에 선량한 관리자의 주의의무를 다하였음을 입증하여야 할 것이다. B는 주택 현관 입구에 김치냉장고 2대를 4구 멀티콘센트를 이용하여 사용하여 왔는데, 4구 멀티콘센트를 김치냉장고 뒤쪽 벽면 바닥에 설치한 것이 아니라 김치냉장고 상부 뚜껑 부분에 설치하여 4구 멀티콘센트가 김치냉장고와 벽면 사이에 끼여 있었던 것으로 보인다. 2개의 김치냉장고 전원코드 중 현관 쪽에 설치된 김치냉장고 전원코드 머리에 인접한 배선 중 한 선에서 단락흔이 식별되어 벽과 김치냉장고 사

이에서 콘센트에 압착·변형된 저항이 증가하여 발화된 것으로 추정된다. 한국전기공사의 사실조회 결과에 의하면 주택의 전기시설에 관하여 2010년 11월 19일 전기안전점검이 실시되었고 점검결과 '적합' 판정을 받은 사실이 인정되고 달리 임대인 A가 자신의 관리의무를 다하지 않았다는 사정이 보이지 않는 점 등에 비추어 보면, B가 주택의 보존에 관한 선량한 관리자의 주의의무를 다하였음에도 불구하고 화재가 발생하였다는 점을 인정할 증거가 없다. 따라서 B는 주택을 A에게 반환할 의무가 어렵게 되었으니 손해를 배상할 책임이 있다. 한편 임차목적물 반환채무의 이행불능을 이유로 한 손해배상의무를 살펴본다. C가 임차하여 사용하고 있던 공간은 B가 임차하고 있던 공간과 한 건물 내부에서 벽과 천장, 바닥 등을 통하여 인접하여 있었던 사실이 인정되고 있다. 그렇다면 임차인 B는 자신이 임차한 주택뿐만 아니라 주택의 존립과 유지에 불가분의 관계에 있는 C의 임차공간 및 건물 1층 부분이 소실되어 A가 입은 손해에 대해서도 배상할 책임이 있다.

손해배상(서울중앙지법 2012. 7. 13. 선고 2011나50218 판결)

【판시사항】
차량화재로 소유자가 피해를 입은 경우 차량제조사가 차량의 결함이 아닌 다른 원인으로 말미암아 화재가 발생했다는 것을 입증하지 않는 한 손해배상을 하여야 한다고 본 사례

▼기초 사실
A는 ○○차량(2006년식)의 소유자로서 2010년 11월 13일 05:40경 대리운전을 이용하여 서울 강남구 △△동에 있는 커피숍 부근에서부터 ○○동 사거리 방면으로 차량을 약 200m 정도 운행하던 중 차량의 뒷좌석 중앙 부분에서부터 원인을 알 수 없는 화재가 발생하여 차량 내부가 전소되는 손해를 당했다. 화재를 조사한 관할 소방서에서는 '차량 시동 시 순간 과전류가 흘러 전선피복의 열화현상으로 인해 절연이 파괴되면서 절연열화에 의한 단락으로 전선피복에 착화·발화된 화재로 추정된다.'는 결론을 내렸다. A는 자신에게 차량을 판매한 B제조회사에게 제조물책임법상의 제조물책임 또는 불법행위로 인한 손해배상책임 등을 들어 자신이 입은 자차부담금 30만 원, 대차료 140만 원 상당의 손해를 배상할 것과 위자료로 1,000만 원을 지급하여야 한다고 주장하였다.

▼판결 요지
화재가 차량운행 중 차량의 뒷좌석 중앙 부분에서부터 발화된 이상 제조업자인 B의 배타적 지배하에 있는 영역에서 발생하였다고 봄이 상당하다. B는 이 화재가 차량의 결함이 아닌 다른 원인 때문에 발생한 것이었다는 주장을 입증하지 못했는데 사정이 그렇다면 이 화재는 차량의 결함으로 인해 발생하였다고 추정할 수 있다. 나아가 B가 배상하여야 할 손해액의 범위에 관하여 본다. A가 이 화재로 인하여 자차부담금 30만 원을 지출한 사실이 인정되

며 화재가 차량이 운행되던 중 갑작스럽게 발생하여 자칫 인명사고의 위험이 있었던 점, 이 화재로 인해 차량 내부가 상당부분 소훼된 점, A가 화재발생 후 차량을 운행하지 못하게 되어 겪었을 불편함, 화재 후 B측의 대응 및 피해회복을 위한 노력의 정도 등의 제반 사정에 비추어 보면 B는 A에게 정신적 손해에 대한 위자료로 300만 원을 지급함이 상당하다. 한편 대차료 140만 원은 A가 실제로 이와 같은 비용을 지출하였다는 점을 인정할 만한 증거가 없으므로 이 부분 주장은 이유 없다. 따라서 B는 A에게 손해배상으로 330만 원(자차부담금 30만 원+위자료 300만 원)을 지급할 의무가 있다.[7]

> ## 손해배상(서울동부지법 2012. 12. 2. 선고 2011가단93 판결)
>
> ### 【판시사항】
> 발화원인이 밝혀지지 않았더라도 화재로 인해 임차인이 손해를 입었다면 건물주가 손해배상책임을 부담해야 한다고 판시한 사례(참조법령 : 민법 제758조 제1항)

▼기초 사실

2010년 11월 1일 22:02경 서울시 ○○구에 있는 복합건물(5층) 1층 주차장에서 원인을 알 수 없는 화재가 발생하였다. 발화지점 부근에는 A의 장모 K가 평소 공용부분인 주차장에 폐지나 재활용품 등을 수집하여 쌓아 놓았는데 불이 폐지 등에 옮겨 붙는 바람에 2층에 있는 PC방까지 불이 번져 천장 및 컴퓨터 등이 소손되었다. 복합건물은 A의 소유였으며 PC방은 B가 A로부터 임차하여 사용 중이었는데 B는 A를 상대로 재산적 피해 및 정신적 고통에 따른 위자료청구 손해배상소송을 제기하였다.

▼판결 요지

민법 제758조 제1항에서 말하는 공작물의 설치 또는 보존상의 하자라 함은 공작물이 그 용도에 따라 통상 갖추어야 할 안전성을 갖추지 못한 상태에 있음을 말하는 것이다. 안전성의 구비여부를 판단함에 있어서는 당해 공작물의 설치 또는 보존자가 그 공작물의 위험성에 비례하여 사회통념상 일반적으로 요구되는 정도의 방호조치 의무를 다하였는지를 기준으로 판단하여야 한다(대법원 2010. 2. 11. 선고 2008다61615 판결 참조). 또한 공작물의 설치 또는 보존상의 하자로 인한 사고라 함은 공작물의 설치 또는 보존상의 하자만이 손해발생의 원인이 되는 경우만 말하는 것이 아니며 다른 제3자의 행위 또는 피해자의 행위와 경합하여 손해가 발생하더라도 공작물의 설치 또는 보존상의 하자가 공동원인의 하나가 되는 이상 그 손해는 공작물의 설치 또는 보존상의 하자에 의해 발생한 것이라고 보아야 한다(대법원 2007. 6. 28. 선고 2007다10139 판결, 대법원 1999. 2. 23. 선고 97다12082 판결 등 참조). 공작물의 설치 또는 보존의 하자로 인하여 타인에게 손해를 가한 때에는 제1차적으

---

[7] 이 사건은 1심에서 A가 승소하였고, B가 불복하여 2심을 제기하였으나 기각되었다.

Step 02 | 손해배상 관련 판례

Chapter 01
Chapter 02
Chapter 03
Chapter 04
Chapter 05
Chapter 06
Chapter 07
Chapter 08
Chapter 09
Chapter 10
Chapter 11
Chapter 12
Chapter 13

로 공작물의 점유자가 손해를 배상할 책임이 있고 공작물의 소유자는 점유자가 손해의 방지에 필요한 주의를 게을리 하지 않은 때에는 비로소 2차적으로 손해를 배상할 책임이 있는 것이지만 공작물의 임차인인 직접점유자나 그와 같은 지위에 있는 것으로 볼 수 있는 사람이 공작물의 설치 또는 보존의 하자로 인하여 손해를 입은 경우에는 소유자가 그 손해를 배상할 책임이 있는 것이다. 이 경우 공작물의 보존에 관하여 피해자에게 과실이 있다고 하더라도 과실상계의 사유가 될 뿐이다(대법원 2008. 7. 24. 선고 2008다21082 판결 참조). 인정된 사실에 의하면 이 화재는 발화원인이 밝혀지지 않았지만 화재 당시 건물의 공용부분인 1층 주차장에 폐지 등이 방치되어 있어 사회통념상 통상 갖추어야 할 안전성을 갖추지 못한 상태에 있었다고 보아야 할 것이다. 이러한 보존상의 하자로 인하여 건물 2층으로 확대된 것이라 할 수 있어 건물의 소유자 A는 손해배상을 부담하여야 한다. 다만 B가 화재로 인하여 정신적 고통을 당했다는 이유로 위자료 500만 원을 요구하고 있으나 일반적으로 타인의 불법행위 등으로 재산권이 침해된 경우에는 그 재산적 손해의 배상에 의해 정신적 고통도 회복된다고 보아야 할 것으로 B가 재산적 손해배상에 의해 회복할 수 없는 정신적 손해가 발생했다는 특별한 사정이 있고 A가 그러한 사정을 알았거나 알 수 있었다고 인정할 아무런 증거가 없으므로 그 주장은 받아들이지 않는다. 그리고 화재의 원인이 밝혀지지 않은 점, 발화지점은 공용부분으로 건물의 소유자인 A뿐만 아니라 임차인인 B로서도 화재가 발생할 경우 연소 등으로 위험이 확대될 우려가 있는 폐지 등의 제거를 A 또는 K에게 촉구할 주의의무가 있다고 볼 수 있는 점 등 제반사정에 비춰볼 때 A의 책임을 60%로 제한함이 상당하다.

손해배상(울산지법 2013. 10. 17. 선고 2013가합412 판결)

【판시사항】

화재원인이 불명이라도 임차인이 건물의 점유자로써 사회통념상 요구되는 방호조치 의무를 다하지 못했다면 손해배상책임을 부담하여야 한다는 사례(참조법령 : 민법 제758조 제1항)

▼기초 사실

A는 울산시○○군 ○○읍 ○○리 ○○번지의 건물 소유자이고 B는 A의 건물 옆에 있는 건물의 소유자로 서로 이웃지간이다. B는 건물을 C에게 임대하였고 C는 임차한 건물에서 침구류 소매업을 영위하던 임차인이다. 2012년 12월 20일 03:46경 C가 사용하고 있던 점포에서 화재가 발생하여 점포가 전소하였고 A의 건물까지 불이 번져 건물 및 내부에 있던 A의 가재도구 등이 소훼되었다. 관할 경찰서에서는 C가 사용하고 있던 건물에서 발화된 것은 명확하지만 감식 및 감정(국립과학수사연구원) 결과 화재원인은 불명확하다는 결론을 내렸다. A는 피해자로서 화재가 발생한 건물의 소유자인 B와 점유자인 C를 상대로 손해배

상소송을 제기했다. C의 점포 안에는 가스난로를 사용하고 있었으며 화재가 발생하기 전 C는 지인들과 술을 마시고 가게 문을 닫은 것으로 밝혀졌다.

▼판결 요지

이 화재의 구체적인 원인은 명확하게 밝혀지지 않았으나 C의 점포 안에서 최초로 발생한 사실을 인정할 수 있고 화재가 촬영된 차량용 블랙박스 영상을 보면 화재가 발생할 무렵인 20여 분간 점포 주변에서 사람들의 모습이 보이지 않았던 사실을 알 수 있다. 점포 내부에는 판매용 이불과 샌드위치패널 등으로 인해 화재가 빠르게 주변 건물로 연소확대 되었고 C는 점포 안에서 가스난로를 사용하였으며 화재가 발생하기 전에 지인들과 술을 마셨던 점을 인정할 수 있다. 인정된 사실에 의하면 가연성 물질인 침구류를 판매하는 점포에 별도로 화재를 예방하거나 화재확산 방지를 위한 시설 등이 없었던 점 등을 종합하면 C는 화재가 발생할 경우 위험성에도 불구하고 사회통념상 일반적으로 요구되는 정도의 방화조치 의무를 다하지 않은 과실이 있고 이러한 관리소홀로 화재가 확산되어 A의 건물까지 연소된 사실을 인정할 수 있어 건물의 점유자인 C는 민법 제758조 제1항에 따라 A가 입은 손해를 배상할 책임이 있다. 다만 A가 화재로 인한 피해액이 1억 2천여 만 원이라고 주장하지만 울산 ○○소방서의 사실조회 회신에 의하면 A가 입은 손해는 4천여만 원인 사실을 인정할 수 있다. A는 예비적으로 건물의 소유자인 B에게도 손해배상을 청구하였는데 이에 대해 살펴본다. 공작물의 설치 · 보존상의 하자로 인해 손해를 입은 자는 1차적으로 공작물의 점유자를 상대로 손해배상을 구해야 하고 공작물의 점유자가 손해방지에 필요한 주의를 게을리 하지 않았음을 입증하여 면책되는 경우에 한하여 2차적으로 공작물의 소유자에게 손해배상을 구할 수 있다(민법 제758조 제1항 참조). 이 화재의 점유자인 C가 화재로 인한 손해방지에 필요한 주의를 다하였음을 주장하거나 입증하지 못해 C에게 손해배상책임을 부담하는 이상 B에 대한 청구는 이유 없다.

손해배상(울산지법 2013. 7. 31. 선고 2012가단37588 판결)

【판시사항】

아랫집에서 화재가 발생하여 위층으로 연소확대된 경우 화재원인이 불명일지라도 사회통념상 일반적으로 요구되는 정도의 방화조치 의무를 다하지 않았다면 손해배상을 하여야 한다는 사례(참조법령 : 민법 제758조 제1항)

▼기초 사실

A는 울산시 ○○군에 있는 ○○아파트의 901호 소유자이고 B는 바로 아랫집인 801호의 소유자이다. 그런데 2012년 5월 12일 03:31경 B의 집인 801호에서 화재가 발생하였고 그 불이 901호까지 옮겨 붙어 A의 집기비품 등 동산이 소실되었다. 화재원인 조사결과 ○○소방

서는 발화지점은 B의 집인 801호 거실에 설치된 몰딩 부분으로 이곳에 있던 전기 온열치료기의 멀티탭 중간 부위에서 단락흔이 발견된 것으로 볼 때 압착손상에 의한 단락에 의해 발화된 것을 배제할 수 없다고 하였다. 국립과학수사연구원은 멀티탭에 단락흔이 식별되어 발화 가능성은 있으나 전기 온열치료기의 과열 등에 의한 발화 가능성도 배제할 수 없어 구체적인 발화원을 논단하기 어렵다고 하였다. A는 B를 상대로 손해배상책임을 주장했고 B는 화재발생 원인에 대한 입증이 부족한 이상 손해배상책임이 없다고 맞섰다.

▼ 판결 요지

민법 제758조 제1항에서 말하는 공작물의 설치·보존상의 하자라 함은 공작물이 그 용도에 따라 통상 갖추어야 할 안전성을 갖추지 못한 상태에 있음을 말하는 것으로 이와 같은 안전성의 구비여부를 판단함에 있어서는 당해 공작물의 설치·보존자가 그 공작물의 위험성에 비례하여 사회통념상 일반적으로 요구되는 정도의 방화조치 의무를 다했는지 여부를 기준으로 판단하여야 한다(대법원 2000. 1. 14. 선고 99다39548 판결 참조). 조사결과를 종합해 보면 발화지점은 B의 주거지인 801호 거실이고 발생원인은 거실 안 멀티탭의 압착손상으로 인해 발생한 단락이나 전기 온열치료기의 과열 두 가지로 좁혀 볼 수 있다. 그 중 어느 경우라고 하더라도 B가 화재의 가능성이 있는 물건 등을 제대로 관리하지 않은 과실로 인해 발생했다고 볼 수 있으므로 B는 A가 입은 손해를 배상하여야 한다. 손해배상의 범위는 건물피해, 가재도구, 청소비, 임시 이사비, 숙박비 등을 인정할 수 있으나 대체 주거기간 동안의 식대는 화재와 상당 인과관계가 있는 손해로 보기 어려워 제외한다. 그렇다면 A가 받아야 할 손해배상액은 총 37,088,696원인데 A가 화재공제계약에 의해 새마을금고연합회로부터 지급받은 금액 18,210,318원을 공제하여야 하며 실화책임에관한법률에 의한 경감을 살펴본다. 실화가 중대한 과실로 인한 것이 아닌 한 그 화재로부터 연소한 부분에 대한 손해의 배상의무자는 실화책임에관한법률 제3조에 의해 손해배상액의 경감을 받을 수 있다(대법원 2013. 3. 28. 선고 2010다71318 판결 참조). 인정된 사실에 의하면 B의 중대한 과실로 인한 것이라고 보기 어려워 화재의 원인과 규모, 피해의 대상과 정도, 당사자들의 경제상태 등 제반 사정을 감안하여 손해배상액 중 1/3을 경감하기로 한다. 따라서 B는 A에게 12,585,585원(37,088,696원－18,210,318×2/3)을 지급할 의무가 있다.

손해배상(대구지법 2013. 6. 28. 선고 2012가합2891 판결)

【판시사항】

건물 에어컨 실외기에서 화재가 발생하여 인접 건물로 연소확대되었다면 사회통념상 일반적으로 요구되는 방호조치 의무를 다하지 않은 이상 손해를 배상하여야 할 책임이 있다고 본 사례(참조법령 : 민법 제750조, 제758조 제1항)

▼기초 사실

2011년 4월 10일 07:41경 대구시 ○○구에 있는 A편의점 내부 창고에서 화재가 발생하여 주변 B건물 및 B건물의 일부를 임차하여 사용하고 있던 C의 주택과 가재도구 등이 불에 타는 피해가 발생하였다. B건물의 소유자 및 B건물의 일부를 임차하여 사용하고 있던 C는 A편의점을 대상으로 손해배상소송을 제기했다. 한편 A편의점은 화재보험에 가입되어 있었다.

▼판결 요지

(1) 화재발생원인 조사결과

국립과학수사연구원이 2011년 5월 9일 작성한 감정서에는 편의점 창고 내부 에어컨 실외기가 놓여 있던 부분을 발화부로 볼 수 있다고 했다. 실외기 릴레이 주변 및 송풍모터와 연결된 전선 등에서 단락흔이 발견되는 점으로 보아 실외기 이외에 다른 발화요인이 없다면 실외기 내부 전선에서 전기합선이나 누전 등으로 발화되었을 개연성을 배제할 수 없다고 기재하였다. ② 대구시 ☆☆소방서의 화재현장 조사서에 의하면 편의점 창고에서 발화하여 B건물 등으로 연소된 것으로 추정하였으며 실외기 컨트롤박스 인입전선, 컴프레서 연결 전선, 모터 연결 전선 등 3곳에서 단락흔이 발견되어 이로 인한 발화 개연성을 배제할 수 없으나 화재원인은 미상으로 되어 있다. ③ 대구시 △△경찰서 경찰관은 실외기 주변에서 최초 발화된 것으로 판단되지만 실외기 내부 전선의 일부 단락흔만으로는 직접적인 발화원인으로 단정할 수 없어 원인은 불명확하고 방화 및 실화의 혐의점은 발견하지 못했다고 한다.

(2) 피해자와 보험회사의 주장

먼저 B건물의 소유자 및 B건물의 일부를 임차하여 사용하고 있던 C의 주장을 본다. 화재는 편의점 창고 내부에 있던 실외기에서 최초 발화된 것으로 A편의점이 화재발생 방지를 위한 방호조치 의무를 게을리 한 관리상 과실 또는 실외기의 설치·보존상의 하자로 인해 발생하였으므로 민법 제750조 또는 민법 제758조 제1항에 의해 손해배상책임을 지고 해당 보험회사는 보험계약에 따라 손해배상금을 지급할 의무가 있다고 한다. 반면 보험회사는 구체적인 발화원인을 단정할 수 없는 원인미상 화재로서 A편의점 창고 내부에 있던 실외기에 대한 설치·관리상의 하자로 인해 발생한 것으로 단정하기 어렵다고 주장하였다.

(3) 판단

민법 제758조 제1항에서 말하는 공작물의 설치·보존상의 하자라 함은 공작물이 그 용도에 따라 통상 갖추어야 할 안전성을 갖추지 못한 상태에 있음을 말하는 것으로 안전성의 구비 여부 판단은 당해 공작물의 설치·보존자가 그 공작물의 위험성에 비례하여 사회통념상 일반적으로 요구되는 정도의 방호조치를 다했는지를 기준으로 판단해야 한다(대법원 2000. 1. 14. 선고 99다39548 판결 참조). 각 기초 사실 및 변론 전체의 취지를 종합해 보면 ① 발화원인은 밝혀지지 않았지만 목격자 진술이나 소방서, 수사기관의 감정서 등을 종합해 볼 때 A편의점 창고에서 발화가 시작된 것은 명확해 보이는 점 ② 국립과학수사연구원의 '실외기 근방에서 다른 발화요인이 발견되지 않는다면 실외기 내부 전선에서 전기합선이나 누전 등에 의해 발화할 수 있는 가능성을 배제할 수 없다'는 의견과 편의점 창고 내부에서 형광등 안정기, 전원스위치에서는 단락흔이 발견되지 않는 반면에 실외기 컨트롤박스 인입전선, 컴프레서 연결 전선, 모터 연결 전선 등 3곳에서 단락흔이 발견되는 점 ③ 편의점 창고 옥외 출입문은 셔터가 잠겨 있었고 편의점 내부에는 항상 직원이 근무하고 있어서 외부인의 방화 가능성이 극히 낮은 점 ④ 창고 내부에는 이전에 사용하던 물품 및 폐지 등으로 악취가 나는 등 관리가 전혀 이루어지지 않고 있었던 점 등으로 볼 때 실외기 소유자 겸 점유자인 A편의점은 사회통념상 일반적으로 요구되는 방호조치 의무를 다하지 않은 과실이 있다. 이러한 관리소홀로 인해 실외기 내부 전선에서 누전이나 합선으로 인한 화재가 발생했다고 봄이 타당하다. 따라서 A편의점은 민법 제758조 제1항에 따라 손해를 배상할 책임이 있고 보험회사는 A편의점의 보험자로서 상법 제724조 제2항에 따라 직접 청구권이 인정되는 B건물의 소유자 및 B건물의 일부를 임차하여 사용하고 있던 C에게 손해배상금 상당의 보험금을 지급할 의무가 있다. 보험회사는 원인불명의 화재가 발생한 경우 공작물의 점유자는 책임을 지지 않는다는 주장에 대하여 본다. 공작물의 설치 또는 보존상의 하자로 인한 사고라 함은 공작물의 설치 또는 보존상의 하자만이 손해발생의 원인이 되는 경우만을 말하는 것이 아니며 다른 제3자의 행위 또는 피해자의 행위와 경합하여 손해가 발생하더라도 공작물의 설치 또는 보존상의 하자가 공동원인의 하자가 되는 이상 그 손해는 공작물의 설치 또는 보존상의 하자에 의하여 발생한 것이라고 보아야 한다(대법원 2010. 4. 29. 선고 2009다101343 판결 참조). 비록 화재발생 원인이 밝혀지지 않았더라도 공작물의 설치 또는 보존상의 하자에 의해 연소가 일어난 것이라면 공작물의 점유자는 연소로 인한 손해를 배상할 책임이 있다.

손해배상(대구지법 2013. 1. 18. 선고 2011가합2108 판결)

【판시사항】

화재로 인해 이웃 건물로 화재가 확대되었다면 공작물의 설치 · 보존상 하자로 인한 손해배상책임을 인정한 사례(참조법령 : 민법 제758조 제1항, 제750조)

▼기초 사실

A는 1991년 8월 12일 자신의 땅에 가설건축물 형태의 계사(닭장) 6동을 신축한 후 임대해 왔는데 2009년 2월경 당시 임차인 홍○○의 요청에 의해 계약전력을 5kW에서 10kW로 높여주는 전기시설 공사를 해 주었다. 계사에는 전등 약 30개, 환풍구와 환풍기가 각 8개가 설치되어 있었고 각 동에는 등유 열풍기(전기모터로 등유 순환)가 1~2개씩 총 7대를 설치하였다. 강○○은 2009년 10월경 계사를 임차하면서 전임차인 홍○○으로부터 열풍기를 매수하였다. 한편 A소유의 계사 옆에는 B소유의 경량철골 구조 우사(외양간) 3동이 있었는데 2010년 12월 26일 계사에서 화재가 발생하여 우사로 불길이 번져 B소유의 우사, 한우, 차량 등이 소훼되었다. 화재발생 당시 계사의 임차인 강○○은 강추위로 인해 환풍기를 작

동하지 않았고 환풍구도 모두 닫아 두었으며 전등을 켠 채 열풍기를 계속 가동하면서 닭(병아리) 약 44,000마리를 키우고 있었다. B는 A를 상대로 손해배상청구소송을 제기했다.

▼ 판결 요지

(1) 화재원인 조사결과

국립과학수사연구원(중부분원)은 계사를 중심으로 우사 등으로 연소확대된 것으로 판단했으며 계사 출입문 주변 분전반과 벽면 배선 및 열풍기 인근의 소락된 배선에서 단락이 수 개소 식별되어 이곳을 중심으로 발화된 것으로 판단하였다. 관할 소방서 화재현장조사서는 계사 내부 전등배선은 특이점이 없으며 열풍기 코드나 내부 배선 등 전기 시설물은 열 변형되어 구분이 어렵고 바닥에 소락된 전선과 벽면 배선에서는 단락이 식별되지만 발화원인을 단정하기 어렵다고 적시하였다. 관할 경찰서 또한 시설물이 소훼, 유실되어 발화원으로 작용할만한 특이점은 없으나 인적 요인이 개입된 화재가 아닌 것으로 범죄 혐의점은 없다고 수사결과보고서에 기재하였다.

(2) 피해자 주장 및 당사자의 항변

피해자 B는 A가 계사 및 그 전기 시설물의 소유자 또는 점유자로서 노후한 계사를 강○○에게 임대할 때 전기 시설물을 점검하여 임차인이 상시 안전하게 사용하도록 관리해야 하는데 이를 게을리 하여 화재가 발생하였으므로 민법 제758조 제1항 또는 제750조에서 정한 불법행위로 손해배상을 하여야 할 책임이 있다고 주장하였다. 한편 계사의 임대인 A는 민법 제758조에 의한 책임은 공작물의 설치 · 보존상의 하자에 의해 직접 화재로 인한 손해배상책임에 관하여 적용될 뿐이고 그 화재로부터 연소한 부분에 대한 손해는 적용될 수 없다고 하였다. 설사 민법 제758조가 적용되더라도 직접 점유자인 강○○가 손해방지에 필요한 주의를 게을리 하였으므로 직접 점유자가 아닌 소유자에 불과한 A는 면책되어 책임이 없다고 주장을 하였다. 또한 A는 화재와 관련하여 아무런 과실이 없으므로 민법 제750조에 의한 불법행위책임을 부담할 수 없으며 설사 A에게 일부 과실이 있더라도 민법 제750조의 불법행위책임 규정은 그 적용이 배제되어야 한다고 주장하였다.

(3) 판단

민법 제758조 제1항이 적용되는지 여부를 먼저 판단한다. 2009. 5. 8. 법률 제9648호로 전부 개정된 실화책임에관한법률(이하 실화책임법이라 한다)은 구 실화책임에관한법률(2009. 5. 8. 법률 제9648호로 개정되기 전의 것)과 달리 손해배상액의 경감에 관한 특례 규정만 두었을 뿐이지 손해배상의무의 성립을 제한하는 규정을 두지 않고 있다. 공작물의 점유자 또는 소유자가 공작물의 설치 · 보존상의 하자로 인해 발생한 화재에 대해 손해배상책임을 지는지는 다른 법률에 달리 정함이 없는 한 일반 민법 규정에 따라 판단하여야 한다. 따라서 공작물의 설치 · 보존상 하자로 인해 직접 발생한 화재로 인한 손해배상책임뿐만 아니라 그 화재로부터 연소한 부분에 대한 손해배상책임도 공작물의 설치 · 보존상 하자와 손해 사이에 상당 인과관계가 있으면 민법 제758조 제1항이 적용되고 실화가 중대한 과실로 인한 것이 아닌 한 화재로부터 연소한 부분에 대한 손해의 배상의무자는 실화책임법

Chapter
01
Chapter
02
Chapter
03
Chapter
04
Chapter
05
Chapter
06
Chapter
07
Chapter
08
Chapter
09
Chapter
10
Chapter
11
Chapter
12
Chapter
13

제3조에 의해 손해배상액을 경감 받을 수 있다(대법원 2012. 6. 28. 선고 2010다58056 판결 참조). 살피건대 이러한 인정된 사실에 의하면 계사에서 발생한 화재가 우사로 옮겨 붙어 B에게 발생한 손해는 화재로부터 연소한 부분에 대한 것이기는 하지만 계사의 설치 · 보존상의 하자와 손해 사이에 상당 인과관계가 있는 경우에는 민법 제758조 제1항이 적용된다고 할 것이다. 따라서 화재로부터 연소한 부분에 대한 손해는 상당 인과관계의 유무에 관계없이 민법 제758조 제1항이 적용될 수 없다는 A의 주장은 이유 없다.

화재의 발화원인 및 공작물의 설치 · 보존상의 하자에 관하여 판단한다. 계사는 1991년경 신축되어 약 20년이 지난 노후된 가설건축물로서 ① 약 30개의 전등 외에도 7대의 열풍기를 설치하여 가동해 왔던 점 ② 현장 합동감식 결과 계사 출입문 주변의 분전반과 벽면 배선 및 열풍기 인근의 소락된 배선에서 단락이 수 개소 발견된 점 ③ 누전차단기가 정상적으로 작동할 경우 누전화재는 예방할 수 있지만 합선 또는 전선 단락에 의한 화재는 여전히 발생할 수 있는 점 ④ 단락흔은 합선 등으로 인해 통상적인 경우보다 전기가 강하게 흘러서 발생한다는 점 ⑤ 계사 출입문 근처 분전반과 벽면 배선에서 단락흔이 식별되는 외에 달리 발화와 관련지을만한 전기적인 특이점이 없고 계사 주변에 다른 화기취급 시설도 없는 점 등을 보면 화재는 계사 내의 분전반 등에서 단락으로 인한 발열 등 전기적인 문제로 발생한 것으로 추정된다. 따라서 계사 내 전기 시설물은 통상 갖추어야 할 안전성을 갖추지 못한 상태에 있었고 전기 시설물의 설치 · 보존상의 하자로 인해 발생한 것이다.

전기시설 등의 점유 · 관리자에 대하여 판단한다. 민법 제758조 제1항에서 말하는 공작물의 점유자라 함은 공작물을 사실상 지배하면서 그 설치 또는 보존상의 하자로 인해 발생할 수 있는 각종 사고를 방지하기 위하여 공작물을 보수 · 관리할 권한과 책임이 있는 자를 말한다(대법원 2000. 4. 21. 선고 2000다386 판결 참조). 살피건대 계사의 분전반 등 전기시설은 A가 계사를 지을 때 설치한 것으로 건물구조의 일부를 이루고 있고 강○○에게 계사를 임대하면서 전기 시설물에 대해서는 언급한 내용이 없으며 강○○는 전기 시설물에 대해 알지도 못하고 전기 시설물을 수리하거나 임의로 분전반을 조작한 점도 없는 것으로 볼 때 A가 임대인으로서 건물구조의 일부를 이루고 있는 전기 시설물을 지배 · 관리해 왔다고 봄이 상당하므로 전기 시설물을 지배 · 관리해 온 점유자는 임차인 강○○가 아니라 A라고 할 것이다. 결국 A는 공작물인 계사의 전기 시설물의 소유자이자 점유자로서 민법 제758조 제1항에 따라 전기 시설물의 설치 · 보존상의 하자로 인해 B가 입은 손해를 배상하여야 하며 전기 시설물의 관리를 소홀히 한 과실로 인해 화재가 발생하였으므로 민법 제750조에 따른 불법행위로 인한 손해배상책임도 부담하여야 한다.

손해배상(대구지법 2013. 1. 15. 선고 2011가합2375 판결)

【판시사항】

선풍기에서 발생한 화재로 인해 제조회사에 민법상 불법행위책임을 인정한 사례(참조 법령 : 제조물책임법, 민법 제750조, 제766조 제2항)

▼ 기초 사실

2010년 8월 9일 13:38경 경북 ○○군에 소재한 ☆☆펜션에서 고등학생 5명이 숙박을 하며 식당에서 라면을 끓여 먹던 중 객실에서 '펑'하는 소리와 함께 화재가 발생하여 건물이 모두 전소되는 사고가 발생하였다. 화재조사 결과 고등학생 김○○는 자신들의 객실에 설치된 선풍기가 화재 전날에는 잘 작동하였지만 화재 당일 아침 08:00경에 모터에서 '윙'하는 소리는 들렸으나 날개는 회전하지 않았는데 그것이 좀 이상한 점이라고 생각된다."라고 진술을 하였다. 국립과학수사연구원은 선풍기에서 전기적으로 발화될 경우 나타날 수 있는 연소 흔적이 식별되었고 수사상 인위적 착화 또는 담배꽁초 등에 의한 실화의 개연성을 배제할 수 있다면 선풍기에서 전기합선 등에 의한 발화로 보는 것이 타당할 것이라는 의견을 제시하였다. ☆☆펜션 임차인이었던 고등학생 5명은 선풍기 제조사를 상대로 이 화재의 발화원은 선풍기이고 선풍기는 2002년 8월경 공급된 것이므로 제조물책임법이 적용되며 선풍기의 결함으로 말미암아 화재가 발생한 것으로 추정된다고 항변했다. 이에 따라 선풍기 제조사는 제조물책임법에 의하여 그 손해를 배상할 의무가 있고 설령 제조물책임법이 적용되지 않더라도 제조사는 선풍기의 결함으로 인한 민법상 불법행위책임을 부담하므로 손해를 배상할 의무가 있다고 주장했다.

▼ 판결 요지

(1) 화재의 발화원이 선풍기인지 여부

살펴보건대, 인정할 수 있는 사정들을 종합해 보면 ① ☆☆펜션의 객실 내부의 연소현상이 선풍기가 있던 출입문 쪽에서 좌우측 벽면을 따라 화장실 쪽 등으로 화염이 이동하는 형태인 점 ② 선풍기에서 전기적으로 발화될 경우 나타날 수 있는 연소 흔적이 발견된 점 ③ 객실 내부의 다른 전자제품인 TV, 전등 등에서는 발화와 연관지을만한 전기 스파크 등의 용단 특이점이 발견되지 않는 점 ④ 선풍기 주변의 콘센트와 주변 전선 일체에서는 전기적인 파괴와 관련된 증상이 식별되거나 관찰되지 않는 점 ⑤ 한국전기안전공사가 화재발생 약 4개월 전에 실시한 건물 전기설비의 절연저항, 인입구배선, 옥내배선, 누전차단기 개폐기, 접지저항에 대한 정기점검 결과 적합 판정을 한 점 ⑥ 달리 이 화재가 인위적 착화 또는 담배꽁초 등에 의한 실화일 가능성을 인정할 만한 자료가 없는 점 ⑦ 전문심리위원은 '이 화재의 발화원은 선풍기로서 그 기기의 내부회로상 어딘가에 발화 부위(회로 또는 부품)가 있었던 것 외에는 발화원으로 긍정할만한 것이 없다고 보는 것이 타당하다'라는 의견을 제시한 점 등을 종합하면 화재의 발화원은 선풍기라고 봄이 상당하다.

(2) 제조물책임법의 적용 여부

제조물책임법은 2000년 1월 12일 제정되어 2002년 7월 1일부터 시행되고 있는데, 그 부칙 제2항은 "이 법은 이 법 시행 후 제조업자가 최초로 공급한 제조물부터 적용한다."라고 규정하고 있다. 여기서 부칙상의 '공급'이란 제조업자가 자신의 의사에 의거하여 최초로 자기의 지배하에 있지 않은 자에게 당해 제조물을 인도하거나 이용에 제공하는 것을 의미하므로, 선풍기 제조업자가 공급한 날이라고 함은 이 화재를 일으킨 선풍기를 도소매업자에게 인도한 날을 의미한다고 봄이 상당하다. 그런데 인정할 수 있는 사정들을 종합하면 ① 선풍기는 제조업자가 1991년 3월경부터 1999년 3월경까지 제작한 제품으로 보이는 점 ② 제조업자는 대규모로 가전제품 등을 생산하는 입장으로서 생산된 가전제품 등의 대부분을 직접 소비자에게 판매하지 않고 대신 도소매업체에게 판매하고 있으므로, 제조업자는 선풍기를 제작한 무렵에 이를 도소매업체에게 인도하였다고 봄이 경험칙상 타당한 점 ③ ☆☆펜션 건물의 전 소유자 이ㅇㅇ는 선풍기를 2002년 8월 중순경 구매하였다는 확인서를 제출한 점 등을 종합하면, 선풍기 제조업자는 선풍기를 1999년 3월경 이전에 제작하여 이를 그 무렵 도소매업체에게 인도함으로써 공급하였다고 봄이 상당하다. 그렇다면 선풍기가 2002년 7월 1일 이전에 공급된 것으로 보는 이상, 이 사건에서는 제조물책임법이 적용될 수 없다.

(3) 민법상 불법행위로 인한 손해배상책임의 발생

물품을 제조·판매하는 제조업자는 그 제품의 구조·품질·성능 등에 있어서 그 유통 당시의 기술수준과 경제성에 비추어 기대 가능한 범위 내의 안전성과 내구성을 갖춘 제품을 제조·판매하여야 할 책임이 있다. 이러한 안전성과 내구성을 갖추지 못한 결함으로 인하여 소비자에게 손해가 발생한 경우에는 불법행위로 인한 손해배상의무를 부담하여야 한다(대법원 1992. 11. 24. 선고 92다18139 판결 등 참조). 한편 고도의 기술이 집약되어 대량으로 생산되는 제품의 결함을 이유로 그 제조업자에게 손해배상책임을 지우는 경우 그 제품의 생산과정은 전문가인 제조업자만이 알 수 있고, 그 수리 또한 제조업자나 그의 위임을 받은 수리업자에게 맡겨져 있기 때문에 그 제품에 어떠한 결함이 존재하였는지, 그 결함으로 인하여 손해가 발생한 것인지 여부는 일반인으로서는 밝힐 수 없는 특수성이 있어서 소비자 측이 제품의 결함 및 그 결함과 손해의 발생과의 사이의 인과관계를 과학적·기술적으로 입증한다는 것은 지극히 어렵다. 그 제품이 정상적으로 사용되는 상태에서 사고가 발생한 경우 소비자 측에서 그 사고가 제조업자의 배타적 지배하에 있는 영역에서 발생하였다는 점과 어떤 자의 과실 없이는 통상 발생하지 않는다고 하는 사정을 증명하면, 제조업자 측에서 그 사고가 제품의 결함이 아닌 다른 원인으로 말미암아 발생한 것임을 입증하지 못하는 이상, 그 제품은 이를 유통에 둔 단계에서 이미 그 이용 시에 제품의 성상이 사회통념상 당연히 구비하리라고 기대되는 합리적 안전성을 갖추지 못한 결함이 있었고, 이러한 결함으로 말미암아 사고가 발생하였다고 추정하여 손해배상책임을 지울 수 있도록 입증책임을 완화하는 것이 손해의 공평·타당한 부담을 그 지도 원리로 하는 손해배상제도의 이상에 맞는다(대법원 2000. 2. 25. 선고 98다15934 판결 등 참조). 이와 같은 법리를 토대로 인정할 수 있는 사정들을 본다. ① 선풍기의 모터권선(코일)과 연결되는 것으로 추정되는 내부배선과 외부 전원코드로 추정되는 부분 모두에서 전기스파크 용단의 특이점이 식별되는데, 외부 전원코드가 먼저 선간합선에 의해 끊어지면 내부배선에는 전기가 공급되지 않기 때문에 내부배선에서는 선간합선이 발생할 수 없는 사정을 고려하면, 선풍기의 내부배선에서 먼저 선간합선이 발생한 것으로 보이는 점 ② 선풍기의 내부배선은 선풍기의 내부에 있으므로 평소 소비자들이 관리하거나 관측할 수 있는 부위가 아니고, 소비자들이 선풍기의 내부가 노후되어 그 내부배선에서 선간합선이 발생될 가능성이 있는지 여부를 파악할 수 있는 방법이 없는 것으로 보이는 사정을 고려하여 볼 때, 선간합선이 발생한 것으로 보이는 선풍기의 내부배선은 선풍기 제조업자의 배타적 지배하에 있는 영역이라고 볼 수 있는 점 ③ 전문심리위원 역시 '선풍기 제조업자 측의 배타적 지배권에서 발생한 것으로 봄이 타당하다'라는 의견을 제시하고 있는 점 ④ ☆☆펜션 임차인이 사회통념상 합리적인 사용기간을 경과하여 선풍기를 사용하였다고 인정할 자료가 없는 점 ⑤ 선풍기 제조업자가 사전에 선풍기의 사회통념상 합리적인 사용기간을 고지하고 그 사용기간을 경과할 경우 선풍기의 사용을 중지하고 반드시 이를 폐기 또는 교체하도록 지시하거나 발화의 위험성에 관하여 경고하는 등 소비자가 제품을 안전하고 적절하게 사용할 수 있도록 적절한 조치를 취했다고 볼 자료가 없는 점 ⑥ 선풍기가 사고 전날까지는 정상작동된 사정을 고려할 때 ☆☆펜션의 임차인이 선풍기를 정상적으로 사용·관리하는 상태에서 화재가 발생한 것으로 보이고 달리 ☆☆펜션 임차인이 그 용법에 맞지 않게 선풍기를 사용·관리하여 왔다고 볼 자료가 없는 점 등을 종합하면, 선풍기는 그 이용 시 제품의 성상이 사회통념상 제품에 요구되는 합리적 안전성을 결여하여 '부당하게 위험한 것'으로서 그 제품에 결함이 있다고 볼 수밖에 없다. 이와 같은 결함은 선풍기 제조업자가 선풍기를 제조하여 유통에 둔 단계에서 이미 존재하고 있었다고 추정된다. 따라 선풍기 제조업자는 ☆☆펜션 임차인에게 선풍기의 결함으로 발생한 화재에 대하여 손해를 배상할 의무가 있다.

(4) 제조업자의 소멸시효 항변에 대한 판단

제조업자는 민법 제766조 제2항의 '불법행위를 한 날'이란 제품을 제조한 날 또는 공급한 날을 의미한다며 선풍기는 1999년 3월 이전에 제조·판매되어 그로부터 10년이 경과되었으므로 ☆☆펜션 임차인의 손해배상채권은 모두 소멸시효가 완성되었다고 항변한다. 살피건대 가해행위와 그로 인한 현실적인 손해의 발생 사이에 시간적 간격이 있는 불법행위에 기한 손해배상채권의 경우 소멸시효의 기산점이 되는 '불법행위를 한 날'의 의미는 단지 관념적이고 부동적인 상태에서 잠재적으로만 존재하고 있는 손해가 그 후 현실화되었다고 볼 수 있는 때, 다시 말하자면 손해의 결과발생이 현실적인 것으로 되었다고 할 수 있는 때로 보아야 한다(대법원 2012. 8. 30. 선고 2010다54566 판결 참조). 이와 같은 법리를 토대로 보면 선풍기를 제조·공급한 시점이 아니라 ☆☆펜션 임차인에게 그 손해가 현실화된 시점인 이 화재가 발생한 날이라고 봄이 상당하다. 따라서 선풍기 제조업자의 소멸시효 항변은 이유 없다.

손해배상(수원지법 2010. 10. 29. 선고 2010나10808 판결)

【판시사항】

화재발생 후 화재보험이 적용되지 않는 창고보관 사용료 및 상품의 재고와 손해수량을 파악하기 위한 조사비용, 변호사의 승소사례금 등 주위적·예비적 위자료는 인정할 수 없다고 본 사례

▼기초 사실

S는 경기도 ○○시에 있는 상가 지하 1층에서 ○○슈퍼를 운영하던 중 2007년 7월 A화재보험회사와 보험가입 금액 2억 원에 상당하는 보험계약을 체결하였고 2007년 11월 B보험회사와 1억 6천만 원에 상당하는 보험계약을 체결하였다. 그러다가 2007년 12월 18일 02:12경 점포 내부에서 원인을 알 수 없는 화재가 발생하여 보험목적물인 시설과 동산, 건물 등이 소훼되었다. 그러자 A보험회사는 손해사정인에게 조사를 의뢰했는데 손해사정인은 화재원인은 신원미상인 자가 현금을 절취한 후 행한 방화로 추정된다며 A보험회사에 현장조사보고서를 제출하였다. 또한 손해사정인은 화재 당시 점포의 후문 시건 여부, 점포의 급격한 매출감소 상태에서 화재가 발생한 점, 화재발생 후 S가 고의로 화재현장에 늦게 나타난 점, 발화장소 등에서 S가 사용하는 담배꽁초가 발견된 점, 추가 보험가입 사실을 숨긴 점, S가 보유자산에 대해 허위진술을 한 점 등을 근거로 S의 방화 가능성을 의심하는 한편 제3자의 방화 가능성도 배제할 수 없다는 중간보고서를 제출하였다. 이에 따라 A보험회사는 S를 상대로 보험금 지급의무가 없다는 채무부존재확인소송(서울중앙지법 2008가합41418)을 제기하자 S는 보험금지급을 구하는 청구소송(서울중앙지법 2008가합100607)으로 맞대응하였다. 이 소송은 S가 승소하였는데 이에 불복한 A보험회사가 항소(서울고법 2009가31712)까지 하였으나 역시 패소하고 말았다. S는 소송에서 승소하였음에도 불구하고 A보험회사가 허위사실로 자신이 방화한 것으로 의심된다며 보험금지급을 거부하는 채무부존재확인소송을 제기하였는데 이로 인해 소손된 상품의 창고보관 사용료 및 상품의 재고와 손해수량을 파악하기 위한 조사비용, 소송 변호사의 승소사례금 등 주위적(먼저 판결을 구하는 청구원인)으로 재산상 손해와 위자료 합계 1,900만 원 상당을, 예비적(주위적 청구가 기각될 경우를 대비하여 예비적으로 청구하는 것)으로 위자료 1,800만 원 상당을 배상할 책임이 있다고 주장하였다.

▼판결 요지

증거에 따른 변론 전체를 종합하면 화재가 발생한 점포의 출입구는 정문과 후문 두 곳 뿐이고 지하이기 때문에 창문을 통해 슈퍼 내부로 들어올 수 없는 구조인 사실, 화재 당시 정문 셔터가 내려진 상태였으며 후문 출입구는 파손되지 않은 채 개방되어 있었던 사실, 점포의 정문 열쇠는 S와 S의 동생이 갖고 있었고 후문 열쇠는 S만이 소지하고 있었던 사실, S가 점포를 개업한 직후인 2007년 7월 매출액은 6천9백만 원 상당이었지만 화재사고 직전인 2007년 12월 매출액은 2천2백만 원 상당에 불과했던 사실, S가 이미 A보험회사와 보험계약을 체결한 상태에서 이를 A보험회사와 B보험회사에 고지하지 않은 채 동일한 목적물에 대하여 B보험회사와 추가로 화재보험을 체결한 사실, 화재사고는 그로부터 한 달도 채 지나지 않은 시점에서 발생한 사실을 인정할 수 있어 화재가 내부자의 방화로 발생했다고 의심할 정황도 다수 존재하고 있다. A보험회사로부터 조사를 의뢰받은 손해사정인도 이러한 사유 때문에 S의 방화 가능성을 의심할 근거로 삼았으나 손해사정인이 고의로 진실을 숨기거나 거짓으로 손해사정을 하는 등 근거 없이 S의 고의적 방화 가능성을 의심하는 부실한 손해사정을 하였다고 보기 어렵고 달리 이를 인정할 증거가 없다. S의 주장에 따르더라도 화재보험금에 포함되지 않는다는 창고사용 보관료, 조사비용, 변호사비용 등은 A보험회사의 행위와 인과관계가 있는 손해라고 보기 어렵다. 따라서 S가 손해사정행위 등으로 인하여 재산상 배상을 받은 것만으로 위자(위로하고 도와 줌)될 수 없는 정신적 고통을 받았다고 인정할 만한 특별한 사정이 있었다고 볼 증거가 없다. 그렇다면 S의 주위적, 예비적 청구를 기각하고 소송 총비용은 S가 부담한다.

손해배상책임(청주지법 2012. 9. 18. 선고 2012나1031 판결)

【판시사항】
주유소에서 연료통에 석유를 넣어달라고 주문을 했는데 주유소 종업원이 석유 대신 휘발유를 주입해 주었고 이에 따른 연료를 오용하여 화재가 발생한 경우 주유소 관계자 등에게 손해배상책임을 인정한 사례(참조법령 : 민법 제396조, 제756조, 제763조)

▼ 기초 사실
2010년 12월 10일 11:35경 충북 ○○군에 소재한 ☆☆조합이 운영하는 주유소에서 A가 석유를 구입하기 위해 종업원에게 반투명 플라스틱 연료통에 석유를 넣어달라고 주문을 했는데 주유소 종업원인 B가 모르고 휘발유를 넣어 주었고 이를 제대로 확인하지 않은 채 A는 석유를 넣어준 것으로 알고 집으로 가져갔다. 그로부터 이틀 후 A의 아들 C가 휘발유가 들어있는 연료통을 석유로 오인하여 석유용 난로에 주입을 한 다음 점화를 시켰는데 얼마 후 '펑' 하는 소리와 함께 불길이 솟아올라 번지는 바람에 화재가 발생하여 A의 주택이 전소되고 말았다. A는 주유소 종업원이 석유가 아닌 휘발유를 넣어주는 바람에 화재가 발생한 것이므로 종업원 및 사용자인 ☆☆조합을 상대로 손해배상청구소송을 제기했다.

▼ 판결 요지
손해배상을 구한 사안에서 B는 주유소에 근무하는 종업원으로서 손님이 주문한 유류가 어떤 종류인지 구체적으로 확인을 하고 다른 유류와 잘 구분하여 주의하여야 할 의무가 있음에도 이를 게을리한 채 연료통에 A가 주문한 석유가 아닌 휘발유를 주입한 과실이 있다. 휘발유는 등유보다 인화점이 훨씬 낮아 등유를 사용하는 기구에 휘발유를 잘못 사용하게 되면 발화 또는 폭발 등의 사고가 발생할 가능성이 크다는 점은 일반적으로 예견이 가능하므로 B의 과실로 인해 발생한 화재라고 봄이 타당하므로 ☆☆조합은 B의 사용자로서 A 등이 화재로 입은 손해를 배상할 책임이 있다. 다만 A도 석유를 구입할 때 석유는 색깔이 무색인 반면 휘발유는 노란색으로 식별이 가능함에도 연료통에 주유된 유류가 석유인지 여부도 제대로 확인하지 않은 잘못이 있어 이 사건 발생의 한 원인이 되었으므로 각각의 책임을 50%로 제한한다.

손해배상(청주지법 2010. 7. 9. 선고 2009가단13569 판결)

【판시사항】

초등학교 6학년의 과실로 인해 화재가 발생한 경우 손해배상책임을 과실비율에 따라 판시한 사례(참조법령 : 민법 제755조)

▼기초 사실

2009년 3월 14일 18:00경 충북 ○○시에 소재한 향수가게에서 A의 아들인 B(초등학교 1학년)와 C(초등학교 6학년)가 현관 비밀번호를 누르고 함께 들어가 컴퓨터게임을 하였다. 그러다가 C가 귀가하기 위해 컴퓨터와 가게 안의 전등을 끈 뒤 가게 중앙에 있는 석유난로 조작부 패널에 '16'이라는 숫자가 보여 난로가 켜져 있는 것으로 착각을 하고 난로를 끄기 위해 '운전/정지' 버튼을 누르고 바로 가게를 나왔다. 그러나 사실은 난로는 이미 꺼져 있던 상태였으며 C가 전원 버튼을 누름으로서 난로가 켜졌고 장시간 가동으로 난로 상판이 가열되어 그 위에 놓여 있던 향수박스에 불이 붙으면서 화재가 발생하였다. 결국 가게는 전소되었고 이웃 가게로까지 불이 번져 이웃 가게 또한 전소되었다. A는 다행히 어머니와 아들 C를 피보험자로 하는 일상생활에 기인한 우연한 사고에 의해 타인의 재물에 손해를 입힘으로서 피보험자 또는 민법 제755조에서 규정하는 피보험자의 법정감독의무자가 배상책임을 부담함으로서 입은 손해를 보상해 주는 일상생활배상책임보험에 가입되어 있었다. 그러나 보험회사는 과실에 의한 화재가 아니라며 소송을 제기했다.

▼판결 요지

보험회사의 주장을 보면 석유난로의 작동원리에 비추어 초등학교 6학년인 C가 착오로 난로를 잘못 켰다고 할 수 없고 난로 위에 인화성 물질이 있었다는 주장도 믿을 수 없다고 한다. 설령 C가 난로를 잘못 켰고 그 위에 향수박스가 있었다고 하더라도 국립과학수사연구소의 감정결과에 의하면 난로 상판에 차폐판이 있어 열이 차단되므로 화재가 발생할 수 없어 C의 과실로 발생한 것이 아니라고 주장한다. 그러나 증거로 인정되는 사정을 고려하면 C가 석유난로를 켜고 가게를 나간 과실로 화재가 발생했다고 봄이 상당하다. ① C는 가게 안에서 컴퓨터게임을 하다가 어머니의 전화를 받고 귀가하기 위해 차례로 컴퓨터와 전등을 껐는데 난로 조작부에 '16'이라는 숫자가 켜져 있어 난로를 끄기 위해 '운전/정지' 버튼을 눌렀는데 숫자가 깜빡거릴 뿐 아무 소리도 나지 않아서 그냥 가게를 나왔다는 것으로 가게를 가게 된 경위와 난로의 '운전/정지' 버튼을 누르게 된 이유, 버튼을 누른 후 경과에 대하여 내용이 일관된다. ② 국과수 감정결과에 의하면 석유난로가 위치한 진열장 부분이 집중적으로 연소된 상태이고 난로 외에 발화와 관련지을만한 전기기구가 없다. 또한 석유난로 철판에 일부 종이류 잔해가 부착되어 있어 복사열 혹은 가연물과 직접 접촉에 의해 발화 가능성이 있고 전원코드, 내부배선, 기판 등에서는 발화와 관계된 전기적 특이점이 식별되지 않는다. 그리고 가게에 다른 사람이 침입한 흔적이 없는 점을 감안하면 석유난로 외에 달리 화재원인이 될 만한 것이 없다. ③ A와 C는 당시 난로 위에 향수박스가 놓여 있었다고 진술하고 있고 화재는 3월 14일 발생하여 상시 난로를 작동할 계절이 아닌 점, 철판에 일부 종이류의 연소 잔해가 부착되어 있었다는 국과수 감정결과를 종합하면 당시 A가 난로 위에 향수박스를 놓아두었던 사실을 인정할 수 있다. ④ 가게에 있던 난로는 △△주식회사가 제조한 ○○-9000T 모델로서 상부로 열이 전달되고 상판온도는 난로를 켠 후 1시간 후 포화상태에 이르며 온도는 135℃에 이른다. 향수의 주성분인 에탄올은 인화점이 13도인 인화성 액체로 난로 위에 향수가 든 종이박스가 놓여있었다면 종이박스에 불이 붙거나 향수병이 가열로 인해 폭발하여 불이 붙을 가능성이 충분하다. ⑤ 석유난로는 전원코드를 켠 상태에서 푸른색으로 온도가 표시되고 예열되지 않은 상태에서 '운전/정지' 버튼을 누르면 버튼만 깜박거릴 뿐 1분 30초 동안 아무런 소리가 나지 않고 점화도 되지 않아 평소 난로를 사용하지 않는 사람은 난로를 켠 상태인지 끈 상태인지 알기 어렵다. 그렇다면 평소 난로를 직접 작동시켜 본 적이 없고 초등학교 6학년이던 C로서는 현재 온도가 표시된 것을 전원이 켜져 있는 것으로 오인할 가능성이 있고 전원버튼을 누른 후에도 '운전/정지' 버튼만 깜박거릴 뿐 아무런 소리가 나지 않고 불꽃도 점화되지 않자 난로를 끈 것으로 생각하고 난로가 작동되기 전에 나갔을 가능성이 있다. 당시 가게 실내온도가 16℃였던 점에 비추어 보면 당시 난로는 작동되지 않고 있었고 C가 전원 버튼을 누름으로서 작동된 것으로 충분히 볼 수 있다. 다만 아버지 A가 나이가 어린 아들 C에게 가게에 쉽게 출입할 수 있도록 비밀번호를 알려주고 출입을 통제하지 않았으며 난로의 전원코드를 뽑지 않은 채 그 위에 인화성 물질인 향수박스를 올려둔 잘못이 있어 A도 화재발생에 일부 기여하였으므로 A의 과실 비율을 30%로 하며 보험회사의 책임을 70%로 제한한다.

Step 03 구상금 관련 판례

구상금(서울중앙지법 2015. 2. 3. 자 2013가단269381 결정)

【판시사항】
화재진압 활동을 하다가 주변에 주차되어 있던 차량 안으로 소화수가 유입되어 수손피해가 발생한 사건에서 화해권고결정을 내린 사례

▼기초 사실
2013년 6월 6일 18:30경 경기도 ○○시에 소재한 공업용 부속 판매상점에서 화재가 발생하여 인근 상점 등 4개동이 연소되었고 1억 7천여만 원 상당의 재산피해가 발생하였다. 그런데 당시 상점 주변에 주차된 차량(수입차)의 창문이 일부 열려있는 바람에 소화수 일부가

차량 안으로 유입되었다. 차량 소유자 A는 화재보험회사를 상대로 차량피해에 대한 보험금 지급을 청구했고 보험회사는 A에게 차량교환에 해당하는 금액인 4천여만 원을 지급한 후 관할 소방서를 상대로 구상금청구소송을 제기했다.

▼ 화해결정 요지

❶ 관할 소방서 주장 : 소방에서는 화재진압 작전에 입각하여 정당하게 소화활동을 행한 것이며 차량 안으로 소화수가 들어간 것은 차량을 대상으로 직접적인 주수활동으로 유입된 것이 아니라 건물에 주수하는 과정에서 비산된 물 입자가 들어간 것으로 불가피하게 화재진압 활동에서 비롯된 간접피해의 결과임을 주장하며 화재발생 당시 현장상황 등이 담겨있는 사진 등 입증자료를 제시하였다.

❷ 보험회사 주장 : 관할 소방서에서는 무리한 화재진압으로 인해 건물에 인접해 주차되어 있던 차량 안으로 물이 들어간 것이므로 보험회사가 차량운전자 A에게 지급한 4천여 만 원 상당의 금액을 지급할 책임이 있다고 주장하였다.

❸ 법원의 결정[8] : 당사자의 이익 등 공평한 해결을 위하여 보험회사는 소를 취하하고 관할 소방서의 소송수행자는 이에 동의한다는 의미의 화해결정을 내렸다.

구상금(대구지법 2014. 6. 12. 선고 2012가단51667 판결)

【판시사항】

공작물의 설치 또는 보존의 하자로 인한 손해에 대해 1차적인 책임은 공작물의 점유자에게 있으므로 화재가 발생한 장소의 임차인에게 손해배상책임을 인정한 사례(참조법령 : 민법 제758조 제1항)

▼ 기초 사실

A는 경북 ○○시에 있는 5층 건물의 소유자이고 B는 3층을 임차하여 사무실로 사용하는 임차인이며 C는 4층을 임차하여 골프연습장으로 사용하고 있는 임차인이었다. 2012년 2월 13일 08:55경 3층 사무실의 내부 후문과 근접한 장소의 천장부분에서 누전, 합선 등에 기인한 것으로 추정되는 화재가 발생하여 C가 관리하는 4층 골프연습장까지 피해가 확대되어 집기 및 시설이 파손되는 등 4천 9백여만 원 상당의 손해를 입었다. 다행히 C는 화재보험에 가입되어 있어 4천 9백여만 원 상당의 보상금을 보험회사로부터 지급받았고 보험회사는 A와 B를 상대로 구상금청구소송을 제기하였다.

---

[8] 이 사건은 소송을 제기한 보험회사에서 증빙자료를 구체적으로 제시하지 못한 상황에서 화해결정이 진행되었으며 보험회사는 화해결정서 정본을 송달받은 날부터 2주일 이내에 이의를 신청하지 않음으로써 재판상 화해와 같은 효력이 성립하였다. 재판상 화해는 확정판결과 동일한 효력이 있다.

▼ **판결 요지**

건물 3층의 임차인 B는 건물의 점유자로서 민법 제758조 제1항 전문에 따라 손해를 배상할 책임이 있다. 관할 소방서장이 작성한 화재증명원을 보면 전기적 요인, 과부하, 과전류를 화재의 원인으로 들고 있는데 B가 건물 3층 점포를 임차하여 본격적으로 영업을 시작하기 이전인 2011년 10월과 2011년 11월의 전력사용량은 각각 21kW, 25kW인 반면에 B가 3층 점포에서 본격적으로 영업을 시작한 2011년 12월과 2012년 1월, 2012년 2월의 전력 사용량은 각각 39kW, 37kW, 35kW에 이른 것을 알 수 있다. 또한 건물 소유자 A와 3층 임차인 B 사이에 작성된 이 건물 3층에 관한 임대차계약서에는 다음과 같은 내용의 조항들이 있는 것을 알 수 있다. 「갑(임대인 A)은 을(임차인 B)에게 건물의 하자 등에 관하여 충분히 주지하였고, 을은 건물의 하자에 대한 안전조치를 취한 후 사용하는데 동의하였으므로, 임차기간 중 화재, 가스 누출사고, 누전 등의 전기사고 등 각종 사고에 대한 책임과 건물의 하자 등이 있을 경우 수리비 등은 전부 을이 책임을 져 수리하고 그 비용 등도 일체 갑에게 청구할 수 없으며, 건물의 하자로 인한 사고 시 이에 따른 민·형사상 일체의 책임은 을이 진다」. 한편 보험회사가 이 화재로 인해 4층 임차인 C에게 4천 9백여만 원 상당의 보험금을 지급한 사실은 앞서 본 바와 같으므로, 3층 임차인 B는 특별한 사정이 없는 한 보험회사에게 구상금 및 지연손해금을 지급할 의무가 있다. B는 화재가 건물 3층의 전기배선의 하자로 인한 것이고 전기시설의 안전관리 주체는 자신이 아니라 임대인 A라고 주장하고 있는데 이에 대해 살펴본다. 민법 758조에 의하면 공작물의 설치 또는 보존의 하자로 인한 손해에 관한 1차적인 책임은 공작물의 점유자에게 있고, 점유자가 손해의 방지에 필요한 주의를 해태하지 아니한 경우 비로소 공작물의 소유자가 2차적으로 책임을 지도록 되어 있는데, B가 이 건물 3층의 점유자로서 필요한 주의를 해태하지 않았다고 인정할 증거가 없다. 뿐만 아니라 앞서 본 바와 같이 B는 A로부터 건물 3층을 임차하면서 ① B가 이 건물의 하자 등에 관하여 안전조치를 취한 후 사용하기로 하였고, ② 임대차기간 중 화재, 가스 누출사고, 누전 등의 전기사고 등 각종 사고에 대한 책임과 건물의 하자 등이 있을 경우 수리비 등은 전부 B가 책임지기로 하였으며, ③ 건물의 하자로 인한 사고 시 이에 따른 민·형사상 일체의 책임은 B가 지기로 하였으므로, 이 건물 3층의 임대차기간 동안 전기시설 등의 안전관리책임은 B에게 있다고 봄이 상당하다. 따라서 이와 다른 B의 주장은 이유 없다. 보험회사는 임대인 A에게도 이 사건 건물 3층의 소유자이므로, 민법 제758조 제1항 후문에 의해 공작물의 소유자로서 배상책임이 있다고 주장하고 있다. 살피건대, 앞서 본 바와 같이 민법 제758조에 의하면 공작물의 설치 또는 보존의 하자로 인한 손해에 관한 1차적인 책임은 공작물의 점유자에게 있고, 점유자가 손해의 방지에 필요한 주의를 해태하지 아니한 경우 비로소 공작물의 소유자가 2차적으로 책임을 지도록 되어 있는데, 이 건물 3층의 점유자인 B가 공작물의 점유자로서 책임을 지는 이상, 이 건물 임대인 A는 민법 제758조 제1항 후문에 따른 책임을 질 여지가 없다.

Chapter
01

Chapter
02

Chapter
03

Chapter
04

Chapter
05

Chapter
06

Chapter
07

Chapter
08

Chapter
09

Chapter
10

Chapter
11

Chapter
12

Chapter
13

구상금(대구지법 2007. 1. 18. 선고 2005가단119183 판결)

【판시사항】

임차건물에서 원인 불명의 화재가 발생한 사건에서 임차인이 임차건물의 보존에 관한 선량한 관리자의 주의의무를 다하였음을 입증하지 못해 손해배상책임을 인정한 사례 (참조법령 : 민법 제750조)

▼ 기초 사실

A는 대구시 ㅇ구에 있는 건물 1층을 임대인 B와 계약을 체결하고 가구판매점을 운영했는데 2005년 3월 27일 22:00경 가구판매점의 출입문을 잠그고 주전원 차단기를 내려놓은 다음 퇴근을 하였으나 20여 분이 지난 22:23경 가구판매점에서 연기가 발생한 것을 목격한 이웃 주민에 의해 소방서로 화재신고가 되었다. 이날 화재로 가구 및 집기는 물론 1층 전체가 연소되는 등 약 1억 원에 이르는 피해가 발생하였다. 건물은 잔존가치가 없는 것으로 조사되었고 소방관계자에 의하면 가구판매점 내부 바닥 5군데에서 인위적인 발화가 있었던 것으로 추정되었지만 발화원인은 알 수 없었다고 했다. 화재 후 임대인 B는 화재발생 전 화재보험에 가입된 상태로 손해사정인으로부터 약 6천 5백만 원 정도를 받을 수 있다는 이야기를 듣고 자신이 임차인 A에게 일체의 손해배상청구권을 포기한다는 것을 전제로 화재로 인한 청소비 5백만 원만 요구하여 A는 B에게 5백만 원을 주었고 합의가 성립되었다. 그러나 보험회사는 B에게 보험금을 지급한 후 A에게 손해배상금을 청구하였다. A는 B가 일체의 손해배상청구권을 포기한다고 하여 500만 원을 주었으니 책임이 없다며 펄쩍 뛰었고 이에 보험회사는 소송을 제기했다.

▼ 판결 요지

임차인이 임차물반환채무가 이행불능이 된 경우에 임차인이 손해배상책임을 면하려면 그 이행불능이 임차인의 귀책사유로 인한 것이 아님을 입증할 책임이 있다. 임차건물이 화재로 소훼된 경우 화재원인이 불명인 때에도 임차인이 그 책임을 면하려면 임차건물의 선량한 관리자로서 주의의무를 다하였음을 입증하여야 한다(대법원 1999. 9. 21. 선고 99다36273 판결 등 참조). A가 당일 22:00경 출입문을 잠그고 주전원 차단기를 내려놓은 다음 퇴근을 하였고 이후 22:23경 이웃 주민이 가구판매점에서 연기가 발생하는 것을 보고 소방서에 신고한 사실과 화재조사 결과 가구판매점 내부 바닥 5군데에서 인위적인 발화가 있었던 것으로 추정될 뿐 정확한 발화원인은 알 수 없는 사실이 인정되지만 이 사실만 가지고 A가 화재가 발생하지 않도록 임차인으로서 임차건물 보존에 대한 주의의무를 다했다고 인정하기 부족하고 달리 이를 인정할 증거가 없다. 한편 A는 임대인 B에게 500만 원을 주었으므로 손해배상에 대한 합의가 이루어졌다고 주장하고 있으나 B와 한 합의는 장차 보험회사가 구상권 청구를 할 것이라는 것까지 면제해 주려는 취지가 아니라 보험회사로부터 지급받은 공제금 범위 내에서 손해배상금의 일부를 B가 받은 것으로 봄이 상당하다. 따라서 A는 B의 대위권을 행사한 보험회사에 손해배상을 하여야 한다.

구상금(청주지법 2014. 5. 16. 선고 2012나5897 판결)

【판시사항】
쇼핑몰 기계식 주차장에 주차한 차량 엔진룸에서 화재가 발생하여 주변에 있던 차량이 소손되었다면 보험회사가 자차보험금을 지급하고 화재원인 차량의 소유자 및 쇼핑몰에 대한 손해배상을 구한 사건에서 쇼핑몰의 배상책임을 부정하고 화재원인이 된 차량의 소유자에 대하여 배상책임을 인정한 사례(참조법령 : 민법 제758조)

▼기초 사실

A의 아내인 B는 2010년 8월 24일 17:44경 남편 소유의 차량을 운전하여 ♡♡쇼핑 주차타워 앞에 도착하여 주차관리원에게 차량을 인계하였고 주차관리원은 차량을 리프트 위에 세운 다음 시동을 끄고 열쇠를 그대로 꽂아둔 채 리프트를 들어 올려 7층에 주차를 하였다. 그러다가 같은 날 18:50경 B가 맡긴 차량(이하 '사고차량'이라 한다) 전면의 엔진룸 부분에서 화재가 발생했는데 주차타워에 설치된 스프링클러가 작동하여 엔진룸 부분만 소훼된 채 진화되었으나 그 과정에서 주변에 주차되어 있던 C와 D 소유의 차량들까지 연기와 소화물질 등에 의해 표면 손상을 받아 변색이 일어나는 피해가 발생하였다. 다행히 C와 D는 자차보험에 가입된 상태로 자신들의 보험회사로부터 상당 금액의 자차보험금을 받았고 그 보험회사는 A와 A의 차량이 가입되어 있는 E보험회사, ♡♡쇼핑 등을 상대로 소송을 제기했다.

▼판결 요지

(1) 민법 제758조에 의한 불법행위책임에 관한 판단
인정된 사실들을 종합하면 사고차량의 점유자 또는 소유자는 자동차와 관련하여 사회통념상 일반적으로 요구되는 안전성을 구비하기 위하여 내부결함 여부를 수시로 점검하여 운행하는 등의 방호조치 의무를 다하지 않아 사고차량 내부배선의 절연피복이 손상되어 이로 인해 화재가 발생했음을 추인할 수 있으므로 사고 당시 설치·보존상의 하자가 있었고 이러한 하자로 화재가 발생하였다고 판단된다. 사고차량은 8년 이상 운행하였고 B는 사고 직후 수사기관에서 그 무렵에는 점검 등을 받은 바가 없다고 하였다. 사고차량에 대한 국과수의 감정결과에 따르면 엔진룸 라디에이터 중앙 부근 상부에 있는 차량 배선의 절연피복에 손상이 있었고 이로 인해 단락 시 발생한 전기적 발열 및 불꽃에 의해 최초 발화가 일어난 것으로 추정하고 있다. 차량 배선의 절연피복 손상원인은 차체와의 접촉, 주행 중 진동, 엔진룸 내부의 열, 과전류 및 이들의 복합작용 등을 들었는데 사고차량의 연소현상으로 볼 때 가장 유력한 원인을 사고차량의 운행과정에서 발생한 절연피복 손상으로 판단하였다. 민

법 제758조는 점유자는 점유 권원(權原)의 종류나 유무를 묻지 않고 공작물을 사실상 지배하는 자를 말한다. 그렇다면 ♡♡쇼핑은 화재 당시 사고차량을 사실상 점유하는 직접점유자의 지위에 있다고 볼 것이다. 그렇다면 ♡♡쇼핑이 사고차량의 내부적 하자와 관련된 위험을 일반적으로 예견하고 할 수 있었고 회피할 수 있었는지 본다. ① ♡♡쇼핑은 A의 아내인 B와 주차장 이용계약을 체결하고 사고차량을 점유하기는 했으나 사고차량의 사용이익을 향유하는 것이 아니라 잠시 동안 보관하는 지위에 불과하였고 B는 언제든지 반환받을 수 있는 지위에 있었다. ② 사고차량의 화재원인은 차량 내부배선의 절연피복 손상에 의한 전기적 발열 및 불꽃에 의한 것으로 추인되는데 배선의 절연피복 손상은 제작상의 결함이 아니라면 주로 지속적인 운행에 의해 발생하는 것으로 단순히 사고차량을 잠시 보관하는 지위에 있는 ♡♡쇼핑으로서는 이러한 외부에 나타나지 않는 사고차량의 내부적 결함을 알지도 못했고 알 수도 없었을 것으로 보인다. ③ ♡♡쇼핑은 사고차량의 보관자로서 도난이나 다른 외부적 침해 등의 위험을 예견하고 회피하는 것을 넘어서 사고차량과 관련된 숨어있는 하자와 같은 모든 내부적·물리적 위험을 미리 예견하여 관리하거나 회피하는 것은 객관적으로 가능하지 않았을 것으로 보인다. 따라서 ♡♡쇼핑은 점유자로서 사고차량의 하자로 인한 손해방지에 필요한 주의를 해태하였다고 볼 수 없으므로 민법 제758조 제1항 후단에 따라 그 하자로 인한 손해배상의무가 없다.

(2) A와 E보험회사의 책임 여부

A의 아내인 B가 사고차량을 운행하면서 사실상 점유하였다고 볼 여지도 있으나 B가 A와 생활을 같이 하는 부부인 점을 감안하면 A가 자신의 명의로 사고차량을 등록하고 보험 또한 자신의 명의로 가입하는 등 사고차량에 대한 관리 및 지배권을 향유하고 있다고 보이므로 A는 사고차량의 공동 점유자로 볼 수 있다(대법원 1973. 9. 25. 선고 73다565 판결 참조). 따라서 A는 사고차량의 점유자 겸 소유자로서 민법 제758조에 따라 C와 D에게 발생한 손해를 배상할 책임이 있고 E보험회사는 A와 책임보험계약을 체결한 보험자로서 손해배상금을 지급할 의무가 있으므로 A와 E보험회사는 각자 자차보험금을 지급한 한도 안에서 C와 D의 권리를 취득한 보험회사에게 손해를 배상할 책임이 있다.

구상금(창원지법 2013. 3. 27. 선고 2012가단17564 판결)

【판시사항】

임차인이 임대차목적물 반환의무가 이행불능이 된 경우 임차인이 그 이행불능으로 인한 손해배상책임을 면하려면 그 이행불능이 임차인의 귀책사유로 인한 것이 아님을 입증할 책임이 있다고 본 사례(참조법령 : 민법 제750조)

▼**기초 사실**

A는 경남 ○○시에 있는 ○○주택의 소유자로써 2001년 5월 26일부터 2031년 5월 26일까

지 화재보험계약을 체결하였다. B는 2011년 4월 7일 이 주택의 전 소유자인 C로부터 주택 2층 안채를 임차하여 사용해 오다가 2011년 7월 25일 15:55경 가스레인지 후드부분에서 화재가 발생하여 2층 안채 내부가 소훼되고 외부가 그을리는 피해를 당했다. 국과수는 2층 안채 거실에 설치되어 있던 가스레인지 후드를 수거한 지점을 발화지점으로 결정했고 그 부분에서 인적 요인이나 다른 시설물 상에서 발화할 수 있는 경우를 배제할 수 있다면 후드 모터 내부의 코일 층간단락에 의한 전기화재로 볼 수 있다는 감정서를 제출하였다. 화재가 발생하였으므로 보험회사는 보험가입자 A에게 2천만 원 상당의 보험금을 지급하였고 상법 제682조에 따라 구상권을 취득하여 B를 상대로 구상금청구소송을 제기했다.

▼판결 요지

임차건물이 화재로 소훼된 경우 화재발생 원인이 불명인 때에도 임차인이 그 책임을 면하려면 임차건물의 보존에 관해 선량한 관리자의 주의의무를 다하였음을 입증해야 한다. 이러한 법리는 임대차 계약의 종료 당시 빌려 쓰고 있던 건물을 다시 주인에게 돌려주는 것으로 이행하기 어려운 일은 아니지만 돌려주어야 할 건물이 화재로 인하여 훼손되었을 때 손해배상을 구하는 경우에도 동일하게 적용된다(대법원 2010. 4. 29. 선고 2009다96984 판결 참조). 이와 같은 법리에서 살펴보면 B는 2층 안채를 임차하여 화재발생 당시까지 점유하여 왔으며 보험회사가 건물주인 A에게 2천만 원 상당의 보험금을 지급한 사실이 있다. 화재원인과 관련하여 모터 내부의 코일 층간단락이 화재원인으로 보이지만 코일 층간단락의 발생 원인이 정확히 확인되지 않아 원인불명 화재로 봄이 상당하다. B의 주장을 보면 가스레인지 후드는 주택의 전 소유자인 C가 설치한 것으로 임대차계약의 목적물에 포함된 것이므로 A는 민법 제623조에 따라 후드의 사용, 수익에 필요한 상태를 유지할 의무를 부담하고 이를 수선할 의무가 있다고 볼 수 있어 A가 이와 같은 의무를 게을리 하여 화재가 발생한 것이므로 보험회사의 청구에 응할 수 없다고 주장한다. 살피건대 C가 후드를 설치한 상태로 2층 안채를 B에게 임대한 사실은 맞지만 ① 후드는 B가 점유·사용하고 있던 2층 안채의 거실에 설치되어 있었던 점 ② B가 수년 이상 후드를 배타적으로 사용해 온 점 ③ 따라서 B가 후드의 이상 여부나 수선의 필요성 등을 더 잘 알 수 있었던 점 ④ 후드의 청소 및 관리상태 등이 후드의 작동과 고장 여부에 영향을 미칠 수 있는 점 등을 보면 후드는 B의 지배관리 영역 내에 있었던 것으로 봄이 상당하여 B의 주장은 이유 없다. 또한 B는 2층 안채를 임차한 이래 후드에 물리력을 가한 사실도 없이 정상적으로 사용해 왔고 후드에 전기적인 문제가 발생하는 등의 이상 징후는 전혀 없었으므로 선량한 관리자로써 주의의무를 다했다고 주장한다. 살피건대 화재발생 당시 후드는 작동되지 않고 있었고 당시 과도한 전력 사용 등 전기적인 이상을 예상 또는 추정할만한 상황도 없었으며 후드를 설치된 이래 작동에는 아무런 문제가 발견되지 않은 사실 등이 인정되지만 이와 같은 사실만으로 B가 임차목적물의 보존에 관한 선량한 관리자로써 주의의무를 다했다고 인정하기에는 부족하다. 따라서 B는 보험회사에 2천만 원 상당의 구상금을 지급하여야 한다.

Step 04 방화 관련 판례

> **문화재보호법위반**(대법원 2008. 10. 9. 선고 2008도7510 판결)
>
> **【판시사항】**
> 창경궁에 방화를 저지른 죄로 집행유예 기간에 있던 중 숭례문에 또 다시 방화를 저지르는 등 재범의 위험성이 우려되어 실형을 선고한 사례

▼기초 사실

C는 경기도 ○○시에 있는 자신의 주택 대지 일부가 아파트를 출입하는 도시계획도로로 수용되자 그 보상금이 적다는 이유로 수용을 거부하고 법원에 토지수용재결처분취소소송을 제기하였으나 패소하였다. 그 후 C는 청와대 비서실, ○○시청, 정당, 언론사, 국민고충처리위원회 등에 여러 차례 진정과 이의를 제기하였으나 자신의 뜻대로 해결되지 않자 불만을 품게 되었고 숭례문에 불을 질러 사회 이목을 집중시켜 자신의 주장을 관철시키고자 하였다. 2008년 2월 10일 20:48경 숭례문에 이르러 접이식 사다리를 이용하여 담장을 넘어 2층 누각으로 올라간 다음 미리 준비해 간 시너가 담겨 있는 음료수병 2통(1.5리터)을 바닥에 세워두고 1통은 나무로 된 마룻바닥에 뿌린 다음 라이터로 불을 붙여 그 불길이 바닥과 나무기둥을 거쳐 1층과 2층 전체를 소훼시켰다.

▼판결 요지

이 화재는 국민들이 상상할 수 없는 사건으로 충격과 수치심으로 인해 고통을 감내하기 어려운 큰 정신적 피해을 입었다. C의 범행이 계획적이고 과거 한차례 문화재 방화 전력이 있는 등 재범의 위험성이 높아 엄벌을 내리지 않을 수 없다. 다만 화재방지 설비가 갖춰졌다면 전소까지 되지는 않았을 것으로 보여 C에게만 책임을 물을 수 없다는 점을 참작하여 징역 10년에 처한다.[9]

---

[9] 1심(서울중앙지법)은 공소사실을 모두 유죄로 인정하여 징역 10년을 선고하였다. C는 형이 과중하다며 항소했으나 2심(서울고법)도 선처가 어렵다며 1심을 유지하여 기각되었고 대법원에 상고까지 했으나 원심의 선고형량이 적절하다고 판단하여 역시 기각되었다. 한편 C는 2006년 4월 26일 17:00경 창경궁 문정전에 불을 질렀다가 징역 1년 6월, 집행유예 2년을 선고받은 상태에서 집행유예 기간 중에 또 다시 숭례문에 불을 지르는 범행을 저질렀다.

일반건조물방화 등(대구고법 2009. 8. 27. 선고 2009노132 판결)

【판시사항】

자신이 운영하던 마트에 방화를 한 후 보험사고를 가장하여 7억여 원을 편취하려 하였다가 미수에 그친 범죄사실로 제1심 및 항소심에서 모두 무죄판결을 선고받았고 검사가 상고를 제기하지 않아 무죄판결이 확정된 사례(참조법령 : 형사소송법 제364조 제4항)

▼ 기초 요지

공소사실을 보면 A는 경북 ○○시에서 ♡♡마트를 개업해 오다가 인근에 다른 마트에 고객들을 빼앗기고 영업이 부진하여 경영난에 시달리게 되자 화재보험가입금액이 20억 원인 일반화재보험에 가입되어 있음을 기회로 2007년 10월 30일 23:00경 마트 냉동창고와 인접해 있는 마트 내부의 냉장고 바로 뒤쪽 하단부 또는 냉동창고 측면 패널에 불상의 방법으로 불을 놓아 천장, 냉동창고 등에 불이 옮겨 붙어 5억 원 상당을 태워 소훼하고 방화사실을 숨긴 채 보험금 약 7억여 원을 보험회사에 청구하였으나 화재원인에 대해 의문을 제기하며 보험회사가 보험금 지급을 거절하는 바람에 미수에 그쳤다고 한다. 이 화재사건은 1심(대구지법 경주지원)에서 A에게 무죄를 선고했으나 검사는 즉시 항소했다. 검사의 항소 요지를 보면 화재는 누군가 인위적인 착화에 의해 발생했을 가능성이 있으며 A가 경제적으로 어려운 처지에 있었고 A가 화재를 일으켰다고 볼만한 충분한 간접사실이 있는데도 화재가 인위적인 착화에 의한 것인지 여부에 대해 명시적 판단도 하지 않고 간접증거 전체가 갖는 종합적 증명력을 부인한 채 제반 간접증거에 대한 개별적인 의문점만으로 무죄를 선고한 원심은 사실을 오인하거나 법리를 오해한 위법이 있다고 주장을 하였다. 항소심(대구고법) 판결은 재판부가 직권으로 화재감정 분야의 외부전문가를 전문심리위원으로 위촉하여 공판절차에 참여하게 하여 실체적 진실을 밝히려고 하였다.

▼ 판결 요지

(1) 원심(대구지법 경주지원)의 판단

원심은 국과수의 감정결과 발화지점은 마트 내부 냉장고 바로 뒤쪽 하단부 또는 냉동창고의 측면 패널일 수 있으며 이곳에는 발화원으로 작용할만한 시설물이 없어 방화여부에 대한 조사가 필요하다는 의견을 제출하였다. A는 화재 당일 처남 이○○와 함께 마트에 설치한 보안장치를 작동시킨 후 퇴근을 했으며 그 직후인 23:03경 마트 내부에 설치된 열감지센서가 작동한 사실이 인정되지만 마트 직원인 김○○는 화재 당일 22:50경 천막창고 내에 의자에 앉아 있는 A를 목격했는데 A가 앉아있던 장소와 발화추정지점과는 상당한 거리가 있었고 발화추정지점에는 화장지, 식용유 등 불에 타기 쉬운 물건들이 쌓여 있어서 A가 방화추정지점에 불씨를 남겨 일정시간이 지난 후에 불이 크게 번지게 하는 방법으로 방화를 하였다고 보기 어렵다. 나아가 A가 처남 이○○와 함께 퇴근한 사실을 보면 A가 혼자서 퇴근을 하면서 마트에 불을 놓았다고 보기도 어렵고 A가 당시 경제적 어려움을 겪고 있었다고 단정하기도 어렵다. 또한 과다하게 보험금을 청구했다는 사정만으로 A가 방화를 저질렀다고 인정하기 어려운 점 등에 비추어 보면 검사가 제출한 모든 증거를 종합적으로 고찰하여도 A가 마트에 방화를 했다거나 방화를 보험사고로 가장하여 보험금을 편취하려 했다는 공소사실이 진실한 것이라는 확신을 가질 정도로 심증을 형성하기에 부족하다는 이유로 무죄를 선고하였다.

(2) 당심(대구고법)의 판단

원심을 보면 적법하게 채택하여 조사한 증거들과 대조하여 면밀히 살펴보면 정당한 것으로 수긍이 간다. 거기에 사실을 오인하거나 법리를 오해함으로써 판결에 영향을 미친 위법이 있었다고 할 수 없다. 더구나 화재조사 전문심리위원 김ㅇㅇ는 화재원인에 대하여 국과수의 감정결과와 달리 누군가 인위적 착화에 의해 발생하였을 가능성이 현저히 낮고 전기계통으로 판단하였을 뿐만 아니라 발화지점도 냉동창고의 상부인 '천장 측'으로 짐작하는 등 이 화재는 화재원인과 발생지점도 명확하지 않으므로 검사의 주장은 받아들이지 않는다. 그렇다면 형사소송법 제364조 제4항에 의해 검사의 항소를 기각한다.

현주건조물방화(서울중앙지법 2013. 10. 16. 선고 2013고합529 판결)

【판시사항】

화재보험금을 받을 목적으로 자신이 거주하는 다가구주택에 불을 지르고 강도를 당한 것처럼 가장해 보험금을 청구한 자에게 실형을 선고한 사례(참조법령 : 형법 제164조 제1항, 제352조)

▼기초 사실

M은 화재보험 등 7개 보험에 가입한 상태에서 자신이 구입한 오피스텔 중도금 및 이자지급 문제로 경제적 어려움에 처하자 보험금을 받아 해결하기 위하여 자신의 집에 불을 지르기로 마음을 먹고 2011년 11월 19일 03:00경 다가구주택 1층 자신의 집 안방에서 장롱에 있던 의류에 불을 붙이고 이어서 주방 바닥에 의류를 놓고 불을 붙여 자신의 집과 다가구주택 다른 부분까지 소훼시켰다. M은 화재 후 범행사실을 숨기기 위해 성명불상의 강도가 침입하여 현금 600만 원을 빼앗고 방화를 한 것이라고 주장을 하였다.

▼판결 요지

형사재판에 있어서 유죄의 인정은 법관으로 하여금 합리적인 의심을 할 여지가 없을 정도로 공소사실이 진실한 것이라는 확신을 가지게 할 수 있는 증명력을 가진 증거에 의하여야 한다. 이러한 정도의 심증을 형성하는 증거가 없다면 설령 유죄의 의심이 간다 하더라도 M의 이익으로 판단할 수밖에 없으나 그와 같은 심증이 반드시 직접증거에 의하여 형성되어야만 하는 것은 아니고 경험칙과 논리법칙에 위반되지 않는 한 간접증거에 의해 형성되어도 되는 것이다. 간접증거가 개별적으로는 범죄사실에 대한 완전한 증명력을 가지지 못하더라도 전체 증거를 상호관련하여 종합적으로 고찰할 경우 그 단독으로는 가지지 못하는 종합적 증명력이 있는 것으로 판단되면 그에 의해서도 범죄사실을 인정할 수 있는 것이다 (대법원 1993. 3. 23. 선고 92도3327 판결 참조). 인정된 증거들을 종합해 보면 발화지점은 안방 좌측에 있는 4개의 장롱 중 두 번째 장롱이 있던 지점과 주방 바닥에 의류가 쌓여서 연소된 흔적이 있어 독립적으로 2개소에서 각각 발화된 것으로 인정된다. M은 화재발생 당일에 집에서 잠을 자다가 깨어 보니 성명불상의 남자인 강도가 금품을 요구하여 당시 현금 600만 원이 들어 있는 경대 서랍을 가리켰고 강도는 이 서랍을 빼내어 던졌고 이후 불을 질렀으며 그 과정에서 M의 입을 수건으로 막고 손과 발을 묶었으며 머리에 옷을 뒤집어 씌웠다고 한다. M은 그 상태에서 굴러서 또는 옆으로 기어서 현관문 밖으로 나왔고 그 후 소방관 또는 경찰이 M의 입에서 수건을 빼주고 손과 발을 풀어 주었다고 진술한다. 그러나 현장감식 결과 현관문 잠금장치가 파손되지 않았고 강도가 침입한 흔적을 찾을 수가 없다. M이 현관문 밖에서 소방관에게 발견되었을 당시 M의 손목은 허리 뒤쪽에서 여성용 허리띠로 두 세 번 감겨서 허리띠의 고정용 고리가 구멍에 끼워져 있는 형태로 묶여 있었고 발목은 스카프로 매듭이 지어져 묶여 있었는데 매듭의 위치가 양 발목 안쪽의 가운데인 사실을 인정하면 이는 강도가 M의 뒤쪽에서 손목과 발목을 결박했다는 M의 진술과 부합하지 않는다. 오히려 M이 스스로 발목을 스카프로 묶고 허리띠를 고정용 고리를 이용해 결박된 모양을 만든 다음 양 손목을 끼워 넣었을 가능성을 보여준다. 또한 강도가 M의 손과 발을 묶고 불을 질렀다면 M으로서는 이를 풀고 밖으로 나가기 위해 손목에 힘을 주는 등 몸부림을 쳤을 것으로 보는 것이 자연스럽고 그 과정에서 M의 손목에 붉은 자국이나 상처가 생겼을 가능성이 큼에도 불구하고 손목에 붉은 자국이나 어떠한 상처도 보이지 않는다. 강도가 입을 수건으로 막았다는 주장도 화재발생 후 작성된 여러 수사보고서와 화재발생종합보고서를 보면 M의 입이 수건으로 막혀 있었다는 기재가 전혀 없어 인정하기 어렵다. M이 방에서 현관 밖으로 나가려면 집 구조상 주방을 지나치게 되어 있는데 주방은 독립적인 발화지점으로 화재가 이미 상당히 진행되었다고 볼 때 손과 발이 묶인 상태에서 굴러서 또는 옆으로 기어서 이동했다면 당연히 M의 신체나 옷에 그을음 등이 묻어 있어야 함에도 그을음이나 재가 묻어 있지 않았고 불이 난 집에서 탈출한 사람치고는 M의 얼굴이 너무나 깨끗했다는 주변인들의 진술조서 등을 종합하면 실제로 방에서 집 밖으로 굴러서 또는 옆으로 기어서 나왔다고 보기도 어렵다. 경찰과 검찰에서 진술서 및 피의자신문조서를 작성한 내용을 보면 M은 자신과 강도가 행한 행동순서에 대해 계속 바뀌는 진술을 하고 있어 이 내용 또한 납득하기 매우 어렵다. 수사보고서 및 M의 통화내역 등에 의하면 화재발생 전 자신이 보험금을 탈 수 있는지 수차례 걸쳐 보험에 관해 적극적인 관심을 가지고 보험회사에 문의한 사실이 있음에도 M은 일관되게 화재보험에 대해 알지 못한다고 주장한 사실을 인정할 수 있다. M은 2011년 7월 오피스텔 2채를 분양받는 계약을 체결하였는데 화재가 발생한 무렵 자신이 소유한 재산을 모두 합하더라도 채무 금액에 미치지 못하자 중도금 대출이자 부담 및 잔

Chapter 01
Chapter 02
Chapter 03
Chapter 04
Chapter 05
Chapter 06
Chapter 07
Chapter 08
Chapter 09
Chapter 10
Chapter 11
Chapter 12
Chapter 13

금을 해결하기 위해 보험금을 받을 수 있으리라 여기고 화재를 저지른 것으로 봄이 상당하다. 이러한 범죄는 사람의 생명·신체·재산 등에 심각한 피해를 야기할 위험성이 매우 크고 보험금을 목적으로 범죄를 저질렀다는 점에서 엄벌에 처함이 마땅하므로 징역 2년에 처한다.[10]

현존건조물방화 등(서울중앙지법 2013. 7. 17. 선고 2013고합289 판결)

【판시사항】

일정한 주거 없이 노숙생활을 하다가 현존건조물방화죄, 일반건조물방화죄, 현존건조물방화 및 문화재보호법 위반죄 등의 범죄사실이 인정되어 실형이 선고된 사례(참조법령 : 형법 제164조 제1항, 제166조, 문화재보호법 제97조 제1항)

▼기초 사실

N은 일정한 직업이 없는 자로 ① 2013년 2월 17일 20:20경 서울시 ○○구에 있는 △△식당에서 술을 먹다가 음식점의 수족관 위생상태가 불량하다고 생각하여 2층 직원 탈의실로 올라가 폐지와 종업원들의 유니폼을 모아 놓고 라이터로 불을 붙여 인근점포 11개동 24개 점포가 연소되었고 20억 원 상당의 재산피해가 발생하였다(현존건조물방화). ② 2013년 3월 1일 23:29경 서울시 ○구에 있는 □□철거민 대책위원회 농성용 간이천막에 들어가 그곳에 있던 전단지와 현수막 등을 모아 놓고 불을 질러 천막 5m² 연소 및 10만 원 상당의 피해가 발생하였다(일반건조물방화). ③ 2013년 3월 1일 23:53경 서울시 ○구 '□□킹' 3층 직원 탈의실에서 종업원들의 유니폼과 쓰레기가 널려 있는 것에 불만을 품고 유니폼과 쓰레기를 모아 불을 질러 사물함 등 27만 원 상당의 재산피해가 발생하였다(현존건조물방화). ④ 2013년 3월 2일 00:20경 서울시 ○구 ⊗⊗식당에 침입하여 폐지 등을 모아 놓고 불을 질러 1,800만 원 상당의 재산피해가 발생하였다(일반건조물방화). ⑤ 2013년 3월 3일 05:29경 덕수궁 대한문 앞에 설치된 '□□자동차 해고자' 농성용 간이천막과 덕수궁 담장 사이에 있는 전단과 현수막 등을 모아 놓고 1회용 라이터로 불을 붙여 연면적 54m² 천막 2동과 사적 124호로 지정된 덕수궁의 담장 17m 구간의 목재 및 기와 등이 소훼되었다(현존건조물방화 및 문화재보호법 위반).

▼판결 요지

(1) 2013년 2월 17일자 방화 부분

N은 화재현장인 △△식당에 있었던 것은 사실이지만 불을 놓은 적은 없다고 주장한다. 그러나 증거들에 의해 인정된 사실을 보면 N은 2013년 2월 17일 19:20경 △△식당에서 술과 안주를 주문하여 먹었고 1층 화장실 및 식당 안쪽에 위치한 홀까지 들여다보는 등 화재가

---

10 이 사건은 국민참여재판으로 진행되어 배심원(9명) 전원이 M의 유죄를 평결하였다.

발생할 당시에 △△식당을 돌아다녔다. 같은 날 20:25경 화재신고를 받은 소방차가 도착했을 때 N은 소방관을 도와 꼬인 소방호스를 풀기도 하였고 화재현장 주변에서 불타고 있는 △△식당과 그 일대를 자신의 휴대폰으로 촬영을 하였으며 ○○타워에 있는 화재경보기를 누르기도 하였다. N은 경찰조사에서 △△식당에 간 사실을 부인하다가 ○○타워에서 화재현장을 촬영한 사실이 확인되자 경찰 4회 조사 때부터 범행사실을 시인하였다. N이 검찰조사에서 행한 진술을 보면 조사자가 묻지도 않은 사실에 대해 스스로 진술하고 특히 범행정황이나 경위를 매우 구체적이고 소상하게 진술하고 있어 허위로 꾸며낸 진술이라고 보기 어려워 보인다. 2013년 2월 17일은 일요일이어서 2층과 3층은 영업을 하지 않았고 △△식당도 1층만 영업을 하고 있어 건물의 2층과 3층에서 전기설비 등에 의한 누전이나 합선이 발생할 가능성은 거의 없어 보인다.

(2) 2013년 3월 3일자 문화재보호법 위반 부분

N은 덕수궁 대한문 앞에 설치된 '□□자동차 해고자' 농성용 간이천막과 덕수궁 담장 사이에서 전단지와 현수막 등을 모아 불을 붙일 당시 덕수궁 자체에 불을 붙이려는 고의가 없었다고 주장한다. 인정된 기록에 의하면 ① N은 '□□자동차 해고자' 농성용 간이천막 바로 옆에 쓰레기를 모아 놓고 불을 붙였는데 농성 천막과 덕수궁 담장 사이의 거리는 약 2m에 불과하여 일순간에 불이 덕수궁 담장으로 번질 가능성이 있었던 점 ② 농성 천막은 사면이 모두 비닐 재질로서 불에 잘 타는 구조물이고 농성 천막의 급격한 연소로 인하여 덕수궁 담장으로 연소확대될 가능성을 충분히 예상할 수 있었던 점 ③ N 자신도 "담벼락이 불에 그을릴 수는 있다고 생각했습니다. 그렇지만 제가 바람의 방향을 바꿀 수 있는 능력이 있어서 바람이 덕수궁 쪽으로 불지 않도록 하고 불을 냈습니다. 어느 정도 피해가 클 수 있다고는 생각했지만 소방관이 와서 빨리 진화를 하면 피해가 별로 크지 않을 것으로 생각했습니다."라고 진술하는 등 N은 당시 농성 천막 바로 옆에 쓰레기를 모아 두고 불을 붙일 경우 바람에 의하거나 연소확대로 덕수궁 담장에까지 불이 붙을 수 있다는 점을 인식하고 있었던 점 ④ N의 방화행위로 '□□자동차 해고자' 농성용 간이천막 4개 중 3개동이 전소되고 덕수궁 담장 17m 구간 목재 및 기와가 소훼된 점 등을 종합하면 적어도 미필적으로나마 지정문화재인 덕수궁 담장에 대한 고의가 있었다고 봄이 상당하다.

(3) □□철거민 대책위원회 농성용 간이천막과 덕수궁 대한문 앞에 설치된 '□□자동차 해고자' 농성용 간이천막이 건조물에 해당하는지 여부

N은 불을 놓은 □□철거민 농성 천막이나 '□□자동차 해고자' 농성용 간이천막은 건조물에 해당하지 않는다고 주장한다. 판단하건대 건조물이란 토지에 정착하고 벽 · 기둥으로 지탱되어 사람이 내부에 기거 · 출입할 수 있는 구조를 가진 가옥이나 기타 이와 유사한 공작물을 말한다. 반드시 사람의 주거용이어야 하는 것은 아니고 사람이 사실상 기거 · 취침에 사용할 수 있으면 족하지만 어느 정도 지속성을 가지고 토지에 정착한 것이어야 한다. 기록에 의하면 □□철거민 농성 천막이나 '□□자동차 해고자' 농성용 간이천막은 기본 철골구조를 세운 다음 천막으로 사면을 둘러씌워 세운 구조물로서 실제 농성 참가자들이 기거 · 취침하면서 사무실이나 분향소, 창고 등의 용도로 사용하였고 천막들이 설치된 이후 '□□자

동차 해고자' 농성용 간이천막의 경우 약 280일, □□철거민 농성 천막의 경우 약 130일 동안 계속적으로 사용된 사실이 인정되어 구조물의 형상이나 지속성, 사용용도, 목적 등에 비추어 건조물에 해당한다고 봄이 상당하다.[11]

일반물건방화(서울중앙지법 2012. 10. 19. 선고 2012고합1012 판결)

【판시사항】

경찰에게 검문을 받아 화가 난다는 이유로 새벽에 대상을 불문하고 5회에 걸쳐 방화를 자행한 범행에 대해 실형을 선고한 사례(참조법령 : 형법 제167조 제1항, 35조, 제37조 전단, 제38조 제1항 제2호, 제50조)

▼기초 사실

A는 강제 추행죄 등으로 징역 6월을 복역한 후 일정한 주거 없이 노숙생활을 하다가 2012년 7월 16일 서울시 ○○구 일대 주택가를 지나가다가 동네 주민들이 자신을 수상한 사람이라고 신고하는 바람에 경찰에게 검문을 받게 되자 이에 화가 나서 동네를 돌아다니며 불을 지르기로 마음을 먹었다. 이후 같은 날 03:30경 □□건물 지하주차장에 있는 빨래 건조대에 널어놓은 의류에 불을 붙여 30만 원 상당의 의류를 소훼시켰고 계속하여 05:14경 공사현장에서 건축자재에 불을 붙여 인근에 있던 건축자재 더미로까지 불이 옮겨 붙어 1백여만 원의 재산피해를 발생시켰다. A는 계속하여 05:25경 또 다른 공사현장에서 단열재 등에 불을 붙여 소훼시키는 등 총 5회에 걸쳐 불을 질러 공공의 위험을 발생케 하였다.

▼판결 요지

A는 경찰의 검문을 받아 화가 난다는 이유로 새벽 시간대에 주택가 등을 돌아다니면서 건물 지하 주차장, 공사현장, 건물 입구 등 5군데에 연쇄적으로 불을 질러 자칫 큰 화재가 발생하여 주민들의 생명·신체·재산에 피해를 줄 위험이 매우 높았을 뿐만 아니라 A는 이전에도 일반건조물방화미수죄 및 일반자동차방화미수죄로 각각 징역 1년과 징역 6월을 선고받아 복역하는 등 각종 범죄로 수회 처벌을 받아 반사회성이 현저하다(A는 절도죄 및 폭력행위 등 처벌에 관한 법률위반죄 등으로 징역형 5회, 집행유예 1회, 벌금형 9회 등의 처벌을 받은 전력이 있었다). 또한 누범기간 중에 범행을 또 다시 저지른 점과 범행동기에 별달리 참작할만한 사정이 없는 점 등을 고려하면 실형의 선고를 통한 엄중한 대처가 필요하다고 봄이 상당하여 A를 징역 1년 6월에 처한다.

---

[11] N이 행한 범행은 '서울로 가라'는 하나님의 계시를 받았다며 주거지인 경기도 □□군에서 상경하여 서울시 ○○동 주변에서 노숙생활을 하던 중 사람들이 버리는 쓰레기로 거리가 지저분하고 음식점 등의 위생상태가 불량하며 시위대의 농성 천막도 지저분하다는 생각을 하면서 이러한 것들은 모두 불태워 없애야 한다는 과대망상증적인 동기에서 시작되었다. 이 사건은 국민참여재판(배심원, 9명)으로 진행된 결과 문화재보호법위반죄의 고의성이 배심원 만장일치로 인정되었고 □□철거민 농성 천막과 'ㅁㅁ자동차 해고자' 농성 천막이 모두 배심원 만장일치로 건조물로 인정되어 징역 8년이 선고되었다.

문화재보호법위반(서울중앙지법 2012. 9. 28. 선고 2012고합883 판결)

【판시사항】

현주건조물방화죄 등으로 복역 후 출소 20여 일 만에 동대문 경계담장 내부 화단에 불을 붙인 신문지 뭉치를 던져 방화를 시도한 행위에 대해 실형을 선고한 사례(참조법령 : 문화재보호법 제97조 제1항, 제92조 제1항)

▼ 기초 사실

Y는 2012년 6월 29일 08:20경 국가지정문화재인 흥인지문(보물 제1호)의 담장 때문에 일반인의 출입이 제한되는 것에 불만을 품고 담장과 흥인지문이 화재로 손상될 수 있음을 예견하고도 소지하고 있던 1회용 라이터를 이용하여 주변에 있는 신문지 뭉치에 불을 붙인 후 흥인지문 주위에 설치된 화단 안으로 던졌으나 그곳 관리원에게 발각되는 바람에 뜻을 이루지 못하고 미수에 그쳤다.

▼ 판결 요지

문화재보호법위반죄에 있어서 국가지정문화재를 손상시킬 범의(犯意)는 반드시 손상의 목적이나 계획적인 손상의 의도가 있어야 인정되는 것은 아니고 일반 형사범과 같이 자기의 행위로 인하여 국가지정문화재의 손상의 결과를 발생시킬만한 가능성이나 위험성이 있음을 인식하거나 예견하면 족한 것이다. 그 인식이나 예견은 확정적인 것은 물론 불확정적인 것이라도 이른바 미필적 고의로 인정되는 것이므로 Y에게 범행 당시 손상의 범의가 있었는지 여부는 Y가 범행에 이르게 된 경위, 범행 동기, 손상의 결과발생 가능성 정도 등 범행 전후의 객관적인 사정을 종합하여 판단할 수밖에 없다(대법원 2002. 2. 8. 선고 2001도6425 판결 참조). 증거에 의해 인정된 사정을 종합하면 Y는 자신의 방화행위로 인해 담장과 흥인지문에 대한 손상의 결과를 발생시킬만한 가능성 또는 위험을 인식하거나 예견하면서도 신문지에 불을 붙여 화단에 던진 사실을 인정할 수 있다. Y가 불을 붙이는 모습이 촬영된 CCTV 영상 및 성곽주변 화단이 불에 탄 모습을 촬영한 사진, 흥인지문 관리원이 "불이 났다고 해서 동료와 함께 뛰어가 보니 신문지가 뭉쳐진 상태로 불이 붙어 있었고 나무에도 불이 붙은 상태였다."는 증언 등 Y가 흥인지문(성곽포함)을 둘러싼 경계담장 내부의 화단에 불을 붙인 신문지 뭉치를 던져 넣은 후 불이 어떻게 번져나가는지 확인하지도 않은 채 즉시 그 자리를 떠났고 화단의 잔디는 물론 나무에도 불이 옮겨 붙어 관리원이 이를 진화하였으며 소방관까지 출동을 하였다. 화재의 가변성 내지 불가예측성을 감안하면 흥인지문 성곽을 둘러싸고 있는 화단에 Y가 붙인 불이 커졌다면 성곽과 흥인지문으로 번질 수도 있는 상황으로 보이고 기존에 현주건조물방화죄 등으로 징역형을 선고받은 Y의 전력에 비추어 범행 당시 자신의 방화로 인한 화재의 특성을 충분히 인식하였다고 보인다.[12]

[12] Y는 현주건조물방화죄 등으로 징역형을 선고받아 복역한 후 출소한 지 20여일 만에 흥인지문에 방화를 한 사실을 비롯하여 이 기간에 저지른 절도행각까지 발각되어 징역 2년 6월의 병합판결을 받았다.

Step 04 | 방화 관련 판례

Chapter 01
Chapter 02
Chapter 03
Chapter 04
Chapter 05
Chapter 06
Chapter 07
Chapter 08
Chapter 09
Chapter 10
Chapter 11
Chapter 12
Chapter 13

자기소유건조물방화(서울동부지법 2011. 9. 8. 선고 2011고단537 판결)

【판시사항】

자기소유 사무실에 방화를 한 후 보험을 지급받으려다가 미수에 그친 사건에 대하여 실형을 선고한 사례(참조법령 : 형법 제166조 제2항, 제1항, 제352조, 제347조 제1항, 제37조 전단, 제38조 제1항 제2호, 제50조)

▼기초 사실

A는 2008년 1월 7일경부터 2009년 9월 24일까지 골프의류를 제조·판매하는 업체인 주식회사 ○○골프의 대표이사로서 ○○골프를 운영하였다. A는 2008년 10월 16일 서울시 ○○구에 있는 건물 2층 사무실에 보관된 자신 소유의 골프의류 등을 화재에 대비하여 B화재보험(4억 원)에 가입하였고 같은 달 22일 자신을 피보험자로 하는 보험금 1억 8,000만 원 한도의 C보험에 또 다시 가입을 하였다. A는 사무실에 보관된 자기 소유의 골프의류 등에 대해 화재보험에 가입한 것을 기화로 사무실에 중고의류를 입고시켜 놓고 고의로 불을 질러 소훼한 후 마치 실화로 인해 막대한 피해가 발생한 것처럼 조작하는 방법으로 보험금을 지급받기로 마음을 먹었다. 이에 따라 A는 2009년 9월 12일 05:00경 사무실에 중고의류 2,288장('이원에스엠'을 제조·수입원으로 하고 주식회사 GK코리아를 판매원으로 하는 중국산 '오마샤리프' 브랜드 등의 제품)을 쌓아 놓고 신문지 뭉치와 종이 박스, 비닐봉지 등에 불상의 점화도구로 불을 붙여 의류더미에 불이 옮겨 붙게 하여 사무실 내의 물건 전부와 벽과 천장 등 내부 전체로 번지게 함으로써 중고의류 2,288장 및 A소유의 건조물인 사무실 내부 전체를 소훼하였다. 한편 A는 화재발생 전인 9월 초순경 방화를 마치 실화인 것처럼 꾸며 거액의 보험금을 지급받기 위해 다량의 고가 골프의류를 구입하여 사무실에 보관하고 있던 것처럼 서류를 조작하기로 마음먹었다. 이에 따라 A는 ○○골프와 △△실업으로부터 골프의류를 구입한 사실이 전혀 없음에도 불구하고 ○○골프 직원인 김○○을 통해 마치 ○○골프로부터 합계 4억 7,500만 원 상당의 여성용 점퍼 2,500장을 구입한 것처럼 허위 작성된 거래명세표 1장과 합계 2억 3,800만 원 상당의 티셔츠 1,600장, 남성용 바지 600장을 구입한 것처럼 허위 작성된 거래명세표 1장을 제공받았고 △△실업 운영자인 이◇◇의 남편 정○○를 통해 마치 △△실업으로부터 합계 8,850만 원 상당의 기모바지 1,500장을 구입한 것처럼 허위로 작성된 거래명세표 1장을 제공받았다. 그 후 A는 화재발생 11일 후인 2009년 9월 23일 B보험회사 및 C보험회사를 각각 방문하여 화재로 인한 보험대상 골프의류 6,195장이 소훼되는 피해를 입었으므로 그 구입금액 475,011,250원 상당을 보험금으로 지급해 달라고 허위로 작성한 보험금 청구서 및 거래명세표 3장을 첨부하여 제출하였다. 그러나 B보험회사 및 C보험회사 담당 직원들로부터 거래명세표 3장의 구입대금 합계금액이 475,011,250원이 아닌 8억 150만 원인 점, 실제 소훼되어 피해를 입은 의류의 품목 및 규모가 허위 거래명세표 내용과 상이한 점 등을 지적받자 허위 거래명세표 3장을 이용하

여 보험금을 지급받기 어렵다고 판단하고 이를 단념함으로써 그 뜻을 이루지 못하였다. 그러자 A는 보험회사로부터 보험금을 받지 못한 원인이 거래명세표상의 구입대금이 과다하게 책정된 것에 있다고 판단하고 구입대금을 감액한 허위의 거래명세표 4장을 첨부하여 다시 보험금 청구하였으나 보험회사들은 화재가 A의 방화로 보이는 점과 실제 소훼되어 피해를 입은 의류품목과 규모가 허위 거래명세표 내용과 상이한 점 등을 이유로 보험금 지급을 거절함으로써 그 뜻을 이루지 못하였다.

▼ 판결 요지

채택된 각 증거에 의하여 인정되는 사정들을 본다. ① A의 사무실에서 발생한 화재의 원인은 독립적인 발화점이 2군데 이상이었고 이 발화지점 부근에는 화재가 발생할 수 있는 전기적 요인이나 기타 요인이 없었다는 점 등에 비추어 방화라고 보이는 점 ② A의 사무실로 출입할 수 있는 곳은 정문과 후문 양쪽이 있는데 화재가 발생하기 전날 사무실에 출입한 박△△은 정문을 통해 사무실에서 나온 다음 열쇠로 시정하고 그 열쇠를 사무실이 있는 건물 1층 매장 점원인 박○○에게 주었으며 박○○는 열쇠를 매장 카운터에 보관한 다음 1층 매장 출입문을 시정하고 퇴근을 하였다. 화재 당시 정문을 통하여 사무실에 출입할 수 있는 사람은 별도의 열쇠를 가지고 있던 A 또는 A의 처 강○○ 뿐이었다. 한편 박△△는 화재가 발생하기 전 열려 있었다고 한 후문 또한 A가 거주하고 있는 주택 마당과 연결되어 있어 후문을 통하여 용이하게 사무실에 출입할 수 있는 사람은 A의 부부라고 보이는 점 ③ 한편 A는 사무실을 2009년 9월 17일까지 타인에게 인도하기로 되어 있었는데 사무실에 갑자기 행거 등을 설치하고, 의류 박스 등을 대량으로 반입한 점 ④ A가 사무실에 반입한 의류 중 상당수는 GK코리아에서 가져온 것으로 보이는데 GK코리아는 2007년 11월 20일경 부도가 발생하여 화재 당시까지도 회생절차가 진행 중이었고 또한 A가 2008년 1월 7일경 설립한 ○○골프의 운영자금을 마련하기 위하여 2009년 4~5월경 신용보증기금을 통하여 운영자금 대출을 받으려고 하였으나 A의 사무실이 1억 원으로 된 가압류 등기로 인하여 무산된 상황이어서 화재 당시 A의 부부가 경제적으로 압박을 받고 있었던 것으로 보이는 점 ⑤ 화재 발생 이후 실셈 조사 등을 거쳐 확정된 의류의 수량이 최대 2,288장에 불과함에도, A는 화재 당시 총 6,000~7,000장에 달하는 의류가 사무실에 있었다고 주장하면서 ○○골프와 정○○로부터 허위의 거래명세표를 제공받아 이를 근거로 보험금을 청구하였다. 또한 보험금 청구 당시 총 6,000~7,000장에 달하는 의류를 모두 매입하였다고 주장하다가 그 근거를 제시하지 못하게 되자 ○○골프로부터 담보 명목으로 가져왔다는 취지로 그 주장을 번복하는 등 사무실에 있었던 의류의 수량과 그 반입 경위 등에 관하여 허위로 진술한 점 등을 종합하여 볼 때, A는 보험금을 청구할 목적으로 사무실에 방화를 하고 이후 허위 거래명세표 등을 근거로 보험금을 지급받으려고 하다가 미수에 그쳤다고 봄이 상당하다. A는 보험금을 노리고 자기 소유의 사무실에 방화를 하고 그에 따른 거액의 보험금을 편취하려다가 미수에 그친 범행을 저질렀다. 비록 사기의 범행 자체가 미수에 그쳤다고는 하나 그 죄질이 가볍지 않고 또한 재판의 진행 도중 A의 친동생인 이○○는 자신이 방화범이라고 허위로 자수함으로써 이 법원의 실체적 진실 발견을 방해하는 등 A의 정당한 방어권 행사의 범위를 넘어서는 행태를 보였으므로, 그에 상응하는 엄중한 형사책임을 묻는 것이 마땅하여 A를 징역 2년에 처한다.

현주건조물방화(서울남부지법 2012. 11. 9. 선고 2012고합196 판결)

【판시사항】
자신의 집에 불을 질러 소훼시켰으나 우발적으로 범행을 저질렀고 인명피해가 발생하지 않은 점 등을 고려하여 집행유예를 선고한 사례(참조법령 : 형법 제164조 제1항, 제53조, 제55조 제1항 3호, 제62조 제1항)

▼기초 사실

K는 2012년 어머니가 임차한 서울시 ○○구에 있는 다세대주택에서 함께 살고 있었다. 그러다가 3월 9일 14:30경 놀러가기 위해 어머니에게 용돈을 달라고 하였으나 어머니가 3만 원만 주고 나가 버린 후 자신의 전화를 받지 않자 화가 나서 1회용 라이터로 신문지에 불을 붙인 후 이를 침대 밑으로 집어넣는 바람에 침대 매트리스에 착화되어 안방 벽과 바닥을 소훼시켰다.

▼판결 요지

K의 범행은 공공의 안전과 평온을 해하는 범죄로 다른 무고한 사람의 생명과 재산을 침해할 수 있어 위험성이 큰 점, 범행을 저지른 건조물은 다수의 세대가 거주하고 있는 건물로서 화재가 조기에 진화되지 않았다면 상당한 인명과 재산피해를 초래할 위험이 있었던 점 등을 종합하면 엄벌에 처함이 마땅하다. 다만 ① K가 자신의 잘못을 깊이 뉘우치고 반성하고 있는 점 ② 우발적으로 범행을 저지른 것으로 보이는 점 ③ 인명피해가 발생하지 않은 점 ④ 집행유예 이상의 전과가 없는 점 ⑤ 그밖에 K의 연령(36세), 성행(性行, 성품과 행실) 및 환경, 범행 후의 정황 등 여러 사정 등을 참작하여 징역 2년에 처한다. 다만 이 판결확정일로부터 3년간 형의 집행을 유예하고 보호관찰을 받을 것을 명한다.

현존건조물방화치사 등(서울남부지법 2012. 6. 20. 선고 2011고합533 판결)

【판시사항】
다수의 사람이 머무르는 여관에 두 차례나 불을 질러 사상자가 발생한 범죄에 대하여 실형을 선고한 사례(참조법령 : 형법 제164조 제1항, 제2항, 제10조 제1항, 제2항, 제55조 제1항 3호)

▼ 기초 사실

A는 교통사고 후유증으로 정신지체가 있고 심신장애로 인해 사물을 변별한 능력이나 의사가 미약한 상태에서 방화를 하였다. 2011년 11월 28일 04:40경 서울시 ○○구에 있는 △△여관 ○○호 객실에서 화장지에 담배로 불을 붙인 후 침대 위에 올려놓아 화재가 발생하여 객실 전체 및 3층 복도로 번지게 하였다. 이 화재로 ○○호실에서 잠을 자고 있던 B가 질식에 의한 뇌손상 등으로 사망을 하였고 ○○호실에서 잠을 자던 C는 유리창을 깨고 객실을 빠져나오다가 유리창에 오른손 엄지 및 새끼손가락의 신경, 동맥 등이 끊어지는 상해를 입었다. 또한 A는 같은 날 04:50경 서울시 ○○구 ☆☆여관에 관리가 소홀한 틈을 타 몰래 들어간 후 ○○호 객실에서 화장지를 침대 이불 위에 올려놓고 담뱃불을 이용하여 화장지에 불을 붙여 침대와 방바닥에 불이 번지게 하였고 또 다른 객실로 들어가 방바닥에 깔린 이불 위에 화장지를 올려놓고 담뱃불을 화장지에 놓아 불길이 이불, 전기담요 등을 소훼하였다.

▼ 판결 요지

A는 범행 당시 정신지체로 인해 사물을 변별하거나 의사를 결정할 능력이 없는 심신상실 상태였다고 주장한다. 살피건대 형법 제10조에 규정된 심신장애의 유무 및 정도의 판단은 법률적 판단으로서 반드시 전문 감정인의 의견에 기속되는 것이 아니며 정신질환의 종류와 정도, 범행 동기와 경위, 범행 전후의 행동, 범행 및 그 전후 상황에 관한 기억의 유무 및 정도, 반성의 유무, 수사 및 공판정에서 방어 및 하소연의 방법과 태도, 정신병 발병 전의 성격 등 여러 사정을 종합하여 법원이 독자적으로 판단할 수 있다(대법원 2007. 11. 29. 선고 2007도883, 2007도22 판결, 대법원 1994. 5. 13. 선고 94도581 판결 등 참조). A가 교통사고 후유증으로 정신지체를 갖고 있는 사실은 인정되지만 정신감정서에 의하면 정신증적 지각장애나 사고장애가 두드러진다는 것이 없고 단지 가벼운 정신지체로 범행 당시 심신미약 상태에 있었던 것으로 추정된다고 평가된 점, 법정에서 A의 태도, 진술내용, 연령, 성행, 성장과정, 생활환경, 범행 전후의 정황 등을 종합하면 A는 정신지체로 인하여 사물을 변별하거나 의사를 결정할 능력이 미약한 상태에 있었다고 인정될 뿐 사물을 변별할 능력이나 의사를 결정할 능력을 상실한 정도에 있었다고 보이지 않으므로 이유 없다. A는 두 차례에 걸쳐 다수의 사람이 머무르는 여관에 불을 질러 여관 건물을 소훼하고 타인의 생명에 대한 위험을 발생시킨 것으로 범행방법의 특성 상 다수의 피해자가 발생할 수 있다는 점에서 죄질

이 매우 좋지 않다. 실제로 여관에 투숙하고 있던 1명이 사망을 하고 1명이 상해를 입는 중대한 결과가 발생한 점, 그럼에도 불구하고 유족들에 대하여 전혀 보상이 이루어지지 않았고 유족들이 처벌을 원하고 있는 점, A는 동종 범죄인 현주건조물방화미수죄로 실형을 선고받은 것을 포함하여 수차례 처벌받은 전력이 있음에도 불구하고 다시 이 사건 동종의 범죄를 저지른 점 등에 비추어 재범의 위험성이 높다고 할 수 있어 장기간 사회에서 격리시키는 것이 불가피한 점 등을 종합해 볼 때 엄히 처벌하는 것이 마땅하여 징역 7년에 처한다.

현존건조물방화미수(인천지법 2008. 8. 12. 선고 2008고합267 판결)

【판시사항】
범죄의 증명이 합리적인 의심을 할 여지가 없을 정도로 증명이 충분히 이루어지지 않아 무죄를 선고한 사례(참조법령 : 형사소송법 제325조)

▼ 기초 사실
A는 2008년 4월 18일 22:16경 인천시 ○○구에 있는 ○○노래방에서 애인 B가 자신을 험담한 사람을 알려주지 않는다는 이유로 화가 나서 불을 지르기로 마음을 먹고 노래방 뒤편에 있던 페인트 통을 가지고 와서 노래방 카운터 위에 올려놓고 그 안에 화장지를 뜯어 넣은 후 가지고 있던 1회용 라이터를 이용하여 불을 붙여 노래방 건물을 소훼하려 하였으나 치솟는 불길에 놀라 스스로 소화하는 바람에 그 뜻을 이루지 못하고 미수에 그쳤다. A와 B는 2년 전부터 결혼을 약속한 관계였다.

▼ 판결 요지
기초 사실과 같이 A의 행위가 인정되지만 다음과 같은 사정들을 살펴본다. ① A는 B가 자신을 험담한 사람을 알려주지 않자 노래방 뒤편에 있던 방화도료가 담긴 통을 바닥이 넓고 손잡이가 있는 프라이팬 위에 올려놓고 프라이팬 채로 들고 노래방 카운터로 가지고 온 점 ② A가 프라이팬을 카운터 위에 올려놓고 불을 붙였으나 예상 외로 연기가 많이 나자 프라이팬 채로 들고 나가 불을 소화한 점 ③ 방화도료가 담긴 통 주위에는 별다른 인화성 물질이 없었고 불이 다른 물건이나 건물 자체로 옮겨 붙지 않은 점 ④ 방화도료가 담긴 통은 A가 노래방 내부 방염처리를 하면서 사용하고 남은 도료가 들어 있었는데 이 도료는 △△페인트사의 '뉴 방화락카'라는 제품으로 화재가 발생했을 때 2분 이내에 방화도료를 바른 목재에 불꽃이 점화되지 않도록 목재 면에 화재발생을 지연시키는 역할을 하여 소방시설설치유지 및 안전관리에 관한 법률에 의해 방화성능이 인정된 것인 점 ⑤ 방화도료의 주성분은 크실렌과 톨루엔의 혼합용제인 유기용제와 고형분으로 방화도료를 목재에 바르면 유기용제는 대부분 휘발되고 고형분만 남게 되어 방화효과가 나타나는 점 ⑥ 화재 당시 통에 남아 있던 방화도료 및 A가 뜯어 넣은 화장지의 양이 많지 않았고 화장지에 붙은 불이 다른 물건 등으로 옮겨 붙지 않았는데도 연기가 많이 발생한 것은 방화도료의 보관기간이 1년이 넘으면서 유기용제 성분 대부분이 증발되고 주로 고형분만 남아있기 때문으로 보이는 점 ⑦ 불이 프라이팬을 받친 통 안에서 점화되었고 주변에 별다른 인화성 물질이나 매개체가 없었으며 남아있는 유기용제의 양이 소량으로 보이는 것을 감안할 때 통 안의 화장지와 통 표면의 종이 라벨 정도만 태우고 그대로 소화되었을 것으로 보이는 점 ⑧ 노래방 옆에서 단란주점을 하는 김○○는 노래방에서 연기가 나는 것을 보고 소방서에 신고하였으나 그 후에 밖으로 대피하는 등의 조치를 취하지 않고 주점에 그대로 머무른 것으로 보아 발생한 연기 또한 그리 심하지 않은 것으로 보이는 점 ⑨ A와 B는 2년 전부터 교제하면서 결혼을 약속한 사이로 단지 B가 A를 험담한 사람을 알려주지 않는다는 이유만으로 A 자신은 물론 B의 위험을 감수하면서까지 노래방에 불을 지를 것을 의욕하거나 용인한다는 것은 일반 경험칙에 비추어 쉽게 납득하기 어렵다. 결국 인정된 사실만으로는 A가 사람이 현존하는 노래방 건물에 방화의 고의가 있었다고 단정하기 어렵고 적법하게 채택되어 조사된 증거들을 종합하여 보더라도 합리적인 의심을 할 여지가 없을 정도로 공소사실에 대한 증명이 충분히 이루어졌다고 보기 어렵다. 그렇다면 공소사실은 범죄의 증명이 없는 경우에 해당하므로 형사소송법 제325조 후단에 의하여 무죄를 선고한다.

현존건조물방화(대전지법 2012. 5. 4. 선고 2012고합23 판결)

【판시사항】
PC방 종업원들과 다툰 후 화가 난다는 이유로 PC방에 불을 지르려다 종업원들의 제지로 미수에 그쳤음에도 다시 PC방에 침입하여 불을 지른 범행에 대해 실형을 선고한 사례(참조법령 : 형법 제257조 제1항, 제174조, 제164조 제1항, 제25조 제2항, 제55조 제1항 제3호, 제37조 전단, 제50조)

▼ **기초 사실**
A는 2012년 1월 8일 20:00경 대전시 ○○구 건물 1층에 소재한 ☆☆PC방에 찾아가 종업원들에게 "내가 평소 술을 마시고 행패를 부린다고 하면서 근처 PC방에 내 사진을 보낸 사실이 있느냐."라고 따지다가 화가 나 주먹으로 PC방 종업원의 얼굴을 수회 때리고 난로 위에 있던 냄비를 피해자를 향해 집어던졌고 다시 바닥에 떨어져 있는 냄비를 주워 피해자의 머리를 1회 내리치는 등 피해자에게 약 21일간의 치료를 요하는 경추부염좌 및 좌측관절 염좌 등의 상해를 가했다. A는 이후 ☆☆PC방 측에서 자신을 PC방에 와서 행패를 부리는 사람이라고 하면서 대전시 ○○구 일대에 있는 PC방에 자신의 사진을 유포하였다고 생각하고 이에 화가 나서 ☆☆PC방 건물에 불을 지르기로 마음을 먹었다. A는 2012년 1월 9일 02:15경 휴대용 부탄가스 2개를 소지하고 ☆☆PC방에 찾아가 종업원 정○○에게 "다 폭파시켜 버린다."라고 소리를 치고 부탄가스 1개를 바닥에 대고 눌러 가스를 분출시키면서 1회용 라

이터로 가스에 불을 붙여 건물을 소훼하려고 하였으나 A가 들고 있던 부탄가스를 정○○가 발로 걷어차는 바람에 그 뜻을 이루지 못하고 미수에 그쳤다. 그러나 A는 같은 날 03:00경 ☆☆PC방 건물에 불을 지르기 위해 다시 찾아가 벽돌을 던져 PC방의 유리창을 깨뜨린 후 그 안으로 들어가 그곳 소파에 잠시 앉아 있다가 1회용 라이터로 소파 위에 놓여 있는 이불에 불을 붙여 그 불길이 ☆☆PC방 건물을 태워 소훼시켰다.

▼판결 요지

이 사건 범행은 A가 PC방 종업원들과 다툰 후 화가 난다는 이유로 PC방에 불을 지르려다 종업원들의 제지로 미수에 그쳤음에도 다시 PC방에 침입하여 불을 지른 것으로 ① 그 죄질이 좋지 않은 점 ② 현존건조물방화 행위는 공공의 안전과 평온을 해치는 중대한 범죄로서 위험성이 매우 크고 특히 이 사건과 같이 PC방 위층에 주거용 원룸이 밀집한 곳에서의 방화행위는 화재가 조기에 진화되지 않을 경우 커다란 인명피해 및 재산적 손해로 이어질 수 있는 점 ③ A가 이 범행으로 인한 피해 변제를 하지 않은 점 ④ 피해자가 A의 처벌을 원하고 있는 점 등을 고려하면 A를 엄히 처벌할 필요가 있다. 다만 A가 자신의 잘못을 깊이 반성하고 있고 A가 방화 직후 경찰에 신고하여 화재가 조기에 진화될 수 있도록 함으로써 인명피해가 발생하지 않았으며 A가 현장에 출동한 경찰관에게 자수를 하였고 A에게 벌금형 이외에 다른 전과가 없는 점 등과 A의 나이, 성행, 가족관계, 범행 후의 정황 등 이 사건 변론에 나타난 모든 양형조건을 참작하여 징역 1년 6월에 처한다.

현주건조물방화(대구지법 2013. 10. 8. 선고 2013고합349 판결)

【판시사항】

자신의 아내가 불륜을 저질러 이혼을 하였으나 가정파탄에 이르게 된 불륜남의 행위에 앙심을 품고 현주건조물에 방화를 한 행위에 대해 집행유예를 선고한 사례(참조법령 : 형법 제164조 제1항, 제52조 제1항, 제55조 제1항 제3호, 제53조, 제62조 제1항)

▼기초 사실

A는 자신의 아내 B가 외박과 가출을 일삼아 불륜을 의심하던 중 아내 B가 불륜남 C와 서로 휴대폰 통화와 문자를 주고받은 사실을 알고 2013년 5월 23일 이혼하였으나 가정파탄의 주원인이 C로 인해 생긴 일이라고 생각하여 앙심을 품고 2013년 6월 10일 11:30경 경북 ○○군에 있는 C의 집을 찾아가 그가 출근하는 모습을 본 후 그의 집에 불을 질러야겠다고 마음을 먹었다. A는 자신의 차량 안에 있던 휴대용 티슈를 주머니에 넣고 C의 뒷마당으로 들어가 1층 거실 창문 방충망을 열고 티슈에 라이터로 불을 붙여 열린 창문을 통해 거실 안쪽으로 던져 그 불길이 양쪽 벽면에 놓여 있던 소파에 옮겨 붙어 목조건물 2층 전체로 번지게 하여 시가 6억 원 상당의 가옥 1동을 소훼하였다.

▼판결 요지

A는 공무원 신분으로 범행을 저질렀고 이로 인해 피해액이 매우 큰 점으로 보면 죄질이 결코 가볍지 않지만 초범인 점과 범행 동기에 참작할 만한 사유가 있는 점, A가 스스로 수사기관에 자수한 점, 피해자도 A의 처벌을 원하지 않고 있는 점, A가 자신의 잘못을 뉘우치며 반성하고 있는 점 등을 유리한 정상으로 참작하고 그 밖에 변론에 나타난 양형 조건 및 모든 사정들과 배심원들의 양형 조건을 종합적으로 고려하여 징역 1년에 처한다. 다만 이 판결 확정일로부터 2년간 형의 집행을 유예한다.[13]

현주건조물방화(대구지법 2013. 9. 13. 선고 2013고합241 판결)

【판시사항】

술을 마신 후 사물을 변별하거나 의사를 결정할 능력이 미약한 상태에서 방화를 저지른 사건에서 실형을 내린 사례(참조법령 : 형법 제164조 제1항, 제10조 제2항, 제55조 제1항 3호, 제53조)

▼기초 사실

B는 2013년 4월 3일 경북 ○○시에 있는 △△원룸 204호에서 함께 살고 있던 남편 A가 헤어지자고 하여 서로 싸움을 한 후 밤에 남편이 대리운전을 하러 나가자 다음날 4월 4일 03:00경 혼자 소주 3병을 마신 후 사물을 변별하거나 의사를 결정할 능력이 미약한 상태에서 라이터로 침대에 있는 이불에 불을 붙여 204호를 모두 태우고 수리비 2천여만 원 상당의 재산피해를 발생시켰다.

▼판결 요지

방화죄는 공공의 안전과 평온에 대한 위험성이 크고 무고한 사람들의 생명과 신체·재산 등에 심각한 피해를 일으킬 위험성이 매우 큰 범죄로 피해규모가 작지 않음에도 피해회복이 전혀 이루어지지 않았을 뿐 아니라 피해자로부터 용서받지도 못한 점 등을 고려하면 실형에 의한 엄중한 처벌이 불가피하다. 다만 B가 특별한 전과가 없고 심신미약 상태에서 범행을 하였고 인명피해까지는 발생하지 않은 점과 B가 범행을 시인하며 반성하고 있는 점 등을 유리한 정상으로 참작하여 징역 9월에 처한다.

---

13 배심원(7명)은 모두 유죄로 평결하였다. 양형에 관한 의견도 징역 1년, 집행유예 2년에 처하는 것이 합당하다는 다수 배심원(5명)의 의견에 따라 판결하였다.

일반물건방화(대구지법 2013. 6. 28. 선고 2012고합1473 판결)

【판시사항】

일반물건에 불을 질렀더라도 불특정 다수인의 생명·신체 또는 재산을 침해할 구체적인 위험이 없었다며 무죄를 선고한 사례(참조법령 : 형법 제167조 제1항, 형사소송법 제325조)

▼기초 사실

A는 2012년 11월 29일 05:10경 대구시 ㅇ구에서 동거녀 B와 함께 운영하고 있는 식당에서 말다툼을 하다가 화가 나 카운터 위에 있던 컴퓨터 본체와 모니터를 식당 바닥에 집어 던지고 컴퓨터 본체 위에 휴지를 쌓은 후 담배꽁초를 얹어 불을 놓아 컴퓨터 본체 및 모니터를 소훼시켜 공공 위험을 발생케 하여 기소되었다. 그러나 A는 변호인을 통해 자신의 행위가 공공의 위험을 발생케 했다고 볼 수 없고 공공의 위험에 대한 인식도 없었다고 주장을 하였다.

▼판결 요지

형법 제167조 제1항의 일반물건방화죄는 일반물건을 소훼하여 '공공의 위험'을 발생하게 한 자를 처벌하는 규정이다. 여기서 '공공의 위험'이라 함은 불특정 또는 다수인의 생명·신체 또는 재산을 침해할 구체적인 위험을 말한다(대법원 2010. 1. 14. 선고 2009도12947 판결 참조). 살피건대 A가 불을 놓을 당시 식당 내부에는 A 혼자만 있었으며 경찰관 및 소방관이 도착하기 전에 이미 A가 스스로 불을 모두 꺼 컴퓨터 본체와 모니터를 제외하고는 다른 물건에 불이 옮겨 붙은 것으로는 보이지 않는 점 등에 비추어 보면 검사가 제출한 증거들만으로는 A의 행위로 인해 불특정 또는 다수인의 생명·신체 또는 재산을 침해할 구체적인 위험이 발생했다고 인정하기에 부족하다. 그렇다면 공소사실은 범죄의 증명이 없는 경우에 해당하므로 형사소송법 제325조 후단에 의해 무죄를 선고한다.

Chapter 01
Chapter 02
Chapter 03
Chapter 04
Chapter 05
Chapter 06
Chapter 07
Chapter 08
Chapter 09
Chapter 10
Chapter 11
Chapter 12
Chapter 13

현존건조물방화(대구지법 2010. 8. 18. 선고 2010고합313 판결)

【판시사항】

내연관계에 있는 남성이 헤어질 것을 요구한데 앙심을 품고 방화를 하였으나 피해가 경미하고 인명피해가 발생하지 않았으며 초범인 점 등을 감안하여 집행유예를 선고한 사례(참조법령 : 형법 제164조 제1항, 제53조, 제55조 제1항 제3호, 제57조, 제62조 제1항)

▼ 기초 사실

H(여성)는 2007년경부터 내연관계를 맺고 사귀어 오던 A(남성)가 헤어질 것을 요구하자 그의 집으로 찾아가 수차례 만나줄 것을 요구하였으나 거절당하자 화가 나서 A가 살고 있는 집에 불을 지르기로 마음먹었다. H는 2010년 6월 18일 09:33경 대구시 ○구 ○○아파트 ○○○호 앞 복도에서 집안에 A의 딸이 있는 것을 알면서도 소지하고 있던 식칼로 아파트 복도와 접해 있는 방 창문의 방충망을 찢고 입고 있던 티셔츠를 벗어 미리 준비한 1회용 라이터로 티셔츠에 불을 붙여 방안으로 집어 던져 A와 가족 등 4명이 주거로 사용하고 있는 아파트 방 벽면 및 천장 등 약 300여만 원 상당을 태워 소훼시켰다.

▼ 판결 요지

현주건조물에 대한 방화범행은 불특정 다수인에 대한 생명 · 신체 · 재산에 심각한 손해를 발생시킬 위험이 매우 커서 죄질이 무거운데 H는 가족 4명이 주거로 사용하고 있는 아파트에 방화를 하여 그 일부를 소훼한 것으로 만일 화재가 조기에 진압되지 않았다면 다른 세대에 불이 옮겨 붙어 중대한 피해가 발생했을 가능성이 있던 점 등 그 범행 대상이나 수법에 비추어 볼 때 죄질이 좋지 않다. 다만 A가 헤어질 것을 요구하면서 만나주지 않자 화가 나서 범행을 하였고 화재가 조기에 진압되어 피해가 크지 않아 인명피해가 발생하지 않은 점과 H가 범행을 시인하고 자신의 잘못을 깊이 반성하며 형사처벌을 받은 전력이 없는 초범인 점 등을 감안하여 징역 2년에 처한다. 다만 이 판결 확정일로부터 3년간 형의 집행을 유예한다.

현주건조물방화미수(부산지법 2014. 8. 29. 선고 2014고합355 판결)

【판시사항】

소음문제로 나쁜 감정을 가지고 있던 김에 피해자의 집을 찾아가 방화를 하고 살해하려다 현주건조물방화미수에 그쳐 실형을 선고한 사례(참조법령 : 형법 제164조 제1항, 제174조, 제250조 제1항, 제254조)

Step 04 | 방화 관련 판례

Chapter
01
Chapter
02
Chapter
03
Chapter
04
Chapter
05
Chapter
06
Chapter
07
Chapter
08
Chapter
09
Chapter
10
Chapter
11
Chapter
12
Chapter
13

▼기초 사실

A는 2014년 2월부터 3월 초순경까지 부산시 ○구에 있는 다세대주택 1호에 거주하면서 살고 있었다. 그런데 이 주택의 3호에 거주하고 있는 B와 소음문제로 여러 차례 다투게 되었고 그로 인해 더 이상 거주하기 힘들다고 생각하여 다른 곳으로 이사를 하게 되었으나 B에 대한 나쁜 감정을 갖게 되었다. A는 부산시 ☆구 ○○동으로 이사한 후 2014년 5월 28일 23:45경 술을 마신 상태에서 B 때문에 과거의 거주지보다 열악한 곳으로 이사를 오게 되었고 B에게 모욕적인 말을 들은 기억이 나자 격분하여 B를 불에 태워 죽이기로 마음을 먹고 500㎖ 페트병에 든 시너와 일회용 라이터를 준비하여 B의 집으로 찾아갔다. A는 B의 집에 도착하여 현관문을 발로 차고 그 소리를 듣고 사람이 현관문 쪽으로 나오는 것을 확인한 후 현관문에 시너를 뿌렸다. 현관문 밖으로 나온 사람은 B의 동생 C였는데 A는 C가 현관문을 열자 일회용 라이터로 현관문에 불을 붙이고 계속하여 C가 현관문을 열고 밖으로 나가려고 하자 다시 시너를 C의 얼굴에 뿌리면서 C의 얼굴과 팔, 어깨 등에 불을 붙였다. 그후 A는 C의 얼굴 등에서 불길이 치솟는 것을 보고 그대로 도망을 갔고 마침 밖으로 나온 B는 동생 C의 몸에 붙은 불을 손과 팔로 두드려 끈 후 병원으로 이송을 하였다. 현관문에 붙은 불은 벽면과 천장으로 치솟았으나 다행히 불길은 더 이상 번지지 않았다. B의 동생 C는 약 6주 이상 치료를 요하는 신체표면 11% 화상(머리 및 목, 몸통, 어깨 팔의 십재성 2도 화상)을 입었다.

▼판결 요지

(1) 살인의 고의 여부

A는 B에게 나쁜 감정을 가지고 있던 차에 술을 마신 상태에서 감정이 격해져 B가 거주하는 다세대주택 방에 불을 지르기로 마음을 먹고 자신의 집에 있던 시너와 라이터를 준비하여 B의 방으로 간 사실이 있고 A는 B의 방안에 누군가 있는 것을 확인하고 1차로 그 방의 현관문에 미리 준비한 시너를 뿌리고 라이터로 불을 붙였으며 B의 동생 C가 현관문을 열자 C를 B로 생각하고서 2차로 C를 향해 시너를 뿌린 사실이 있다. 그 후 A는 C의 몸에 불이 붙은 것을 알고도 아무런 조치를 취하지 않은 채 자신의 집으로 도주를 했으며 경찰관에게 체포되어 지구대로 연행되었을 때 B를 보고 '어! 저 새끼 맞다. 개새끼 죽여버릴라 했는데'라고 말한 사실이 인정된다. 이에 따르면 A에게 살인의 고의가 있었다고 판단된다.

(2) 심신미약 여부

범행의 동기와 경위, 범행준비 상황, 범행의 수단, 범행 후 도주 정황, 범행 전후 상황에 대한 A의 기억 정도 등에 비추어 볼 때, 범행 당시 A가 술에 취하거나 정신질환으로 인하여 사물을 변별할 능력이나 의사를 결정할 능력이 없었다거나 미약한 상태에 이르렀다고 보이지 않는다.

(3) 양형 이유

A가 살인미수 범행에 대하여는 살인의 고의를 부인하면서 자신의 잘못을 제대로 반성하지 않고 있는 점, 현주건조물방화미수 범행은 일반적으로 사람들이 집에서 쉬고 있을 시간인 23:45경 여러 사람이 함께 거주하는 다세대주택에 불을 지르려고 한 것으로 자칫 다수의

피해자를 발생시키거나 큰 규모의 피해를 야기할 위험성이 있고 피해자 C가 얼굴, 목, 몸통, 왼팔, 오른쪽 손가락 등 신체표면의 약 11% 부분에 2도 화상이라는 중상을 입고 가피절제술 및 자가피부이식술을 시행 받았으나 향후 화상 부위에 비후성 반흔, 색소 침착, 구축 등의 화상 후유증이 발생할 가능성이 있는 점, 피해자들이 이 사건 이후 상당한 정신적 고통을 겪고 있는 점, A가 이 사건 범행으로 인한 피해를 회복하기 위하여 노력을 기울인 것으로 보이지 않는 점 등을 참작하여 A를 징역 10년에 처한다.

일반건조물방화(부산지법 2011. 6. 7. 선고 2011고합53 판결)

【판시사항】

오래된 전통사찰에 불을 붙여 복구비용 10억 원 상당이 들도록 소훼한 자에 대하여 실형을 선고한 사례

▼ 기초 사실

K는 1994년경 부산시 ○○구에 있는 △△암에서 출가하여 여러 절을 떠돌며 지내다가 2009년 1월경 환속하고 2010년 3월경부터 다시 △△암에서 생활하여 왔다. K는 절에서 자신을 강제로 노역시킨 사실이 없는데도 스님들과 대중들의 음모에 의해 자신이 강제로 노역을 당해 왔고 절에서 자신을 억지로 공부시킨 사실이 없는데도 싫은 공부를 하도록 강요당했다는 남다른 피해의식이 있었다. 또한 자신의 건강이 좋지 않은 것도 외부에 있는 물건 탓으로 돌리면서 이에 대한 불만을 해소하기 위해 대상을 물색하다가 2010년 12월 15일 21:52경부터 21:57경 사이에 부산시 ○○구에 있는 목조기와건축물에 시너(4리터) 2통을 뿌려 건물 1채를 전소시켜 복구비용 등 10억 원 상당이 소요되도록 소훼시켰다. K는 이밖에도 ○○산에 불을 질렀고 재물손괴 등 혐의가 인정되어 기소되었다.

▼ 판결 요지

법원의 촉탁의사가 작성한 정신감정서에 의하면 K는 자존감이 낮고 우울증이 엿보이는 적응장애 환자로서 충동조절이 어렵고 자제력이 약하며 일시적으로 공격적 성향을 보이는 등 적응상의 문제로 의사결정 능력이 다소 저하된 상태였음을 인정한다. 그러나 K의 질환은 정신병 문제가 아니라 신경증적 상태로 평소 사물을 변별하거나 의사를 결정할 능력은 정상적이었던 점과 범행의 경위, 범행의 수단과 방법, 범행 전후의 행동, 수사과정 및 공판과정에서의 언행 등을 종합하면 K가 범행 당시 적응장애로 인해 사물을 변별하거나 의사를 결정할 능력이 미약한 상태에 있었다고 보이지 않는다. K가 불을 질러 산림과 사찰의 오래된 목조건축물을 소훼한 것은 범행 자체가 매우 위험할 뿐만 아니라 피해액도 매우 큰 점에 비추어 보면 엄중한 처벌이 불가피하므로 징역 5년에 처한다.

Chapter 01
Chapter 02
Chapter 03
Chapter 04
Chapter 05
Chapter 06
Chapter 07
Chapter 08
Chapter 09
Chapter 10
Chapter 11
Chapter 12
Chapter 13

현존건조물방화미수(울산지법 2014. 5. 30. 선고 2014고합64 판결)

【판시사항】

밀린 월급을 받지 못한데 앙심을 품고 자신이 일했던 곳에 불을 지르려 한 혐의(현존건조물방화미수)로 기소된 20대 주부에게 집행유예를 선고한 사례(참조법령 : 형법 제174조, 제164조 제1항, 제25조 제2항, 제55조 제1항 제3호, 제53조, 제62조 제1항)

▼ 기초 사실

주부 A는 2012년 10월경부터 11월경까지 대구시 ○구에서 B가 운영하는 주점에서 종업원으로 근무했는데 주점을 그만둔 뒤 월급을 받지 못하게 되자 이에 앙심을 품고 주점에 불을 지르기로 마음을 먹었다. A는 주점 근처 주유소에서 미리 경유를 구입한 뒤 2013년 4월 3일 14:23경 주점으로 들어가 미리 준비한 경유를 주점 바닥 및 소파에 뿌리고 그곳에 있던 라이터로 휴지에 불을 붙여 주점을 소훼하려고 하였으나 불꽃이 일어나는 것을 보고 스스로 놀라서 불을 끄는 바람에 불길이 주점 전체에 옮겨 붙지 않고 소파 일부가 그을린 채 미수에 그쳤다.

▼ 판결 요지

이 사건 범행은 다수의 사람이 현존하는 건조물을 소훼하려다 미수에 그친 것으로서 그로 인해 야기될 수 있는 인명손상의 위험성에 비추어 보면 사안이 매우 중하지만 A가 자신의 잘못을 반성하고 있으며 범행이 다행히 미수에 그침으로써 화재로 인한 인명피해가 없고 재산적 피해 또한 경미하며 A가 현재 임신 중인 점, 그밖에 A의 연령, 성행, 환경, 범행의 동기, 수단 및 결과, 범행 후의 정황 등 이 사건 변론에 나타난 제반 양형요소들을 종합하여 A를 징역 1년에 처한다. 다만, 이 판결 확정일부터 2년간 형의 집행을 유예한다.

현주건조물방화(울산지법 2014. 4. 1. 선고 2013고합167 판결)

【판시사항】

헤어질 것을 요구하는 여자 친구 집 출입문에 있는 인터폰에 불을 지른 혐의로 기소되었으나 국민참여재판을 통해 무죄를 선고한 사례(참조법령 : 형사소송법 제325조)

▼ 공소 사실

A는 B와 수개월 전부터 연인관계로 부산시 ○○구에 있는 건물 301호에서 함께 생활해 왔다. 그러다가 B가 2013년 2월 22일 A에게 "헤어지자. 출입문 비밀번호를 바꿨으니까 집에 들어오지 마라"는 내용을 통보하였고 3일 후인 2월 25일 10:02경 A는 현관문 비밀번호가

바뀌어 301호에 들어갈 수 없게 되자 B에게 연락하여 비밀번호를 알려달라고 연락하였으나 연락이 되지 않자 화가 나서 소지하고 있던 1회용 라이터로 출입문 옆에 설치된 인터폰에 불을 붙여 그 불길이 인터폰 및 벽면에 번지게 하였다. A는 변호인과 함께 방화를 한 사실이 없다고 주장하였다. 설령 A가 방화를 했다고 하더라도 인터폰만 소훼되었을 뿐 집 벽면에 불이 붙어 독립연소가 가능한 상태에 있었다고 할 수 없으므로 현주건조물방화죄는 기수에 이르렀다고 할 수 없다고 주장을 하였다.

▼ 판결 요지

인정된 사실을 보면 ① 2013년 2월 25일 10:14경 201호에 살고 있던 윤○○는 인터폰이 불타고 있는 것을 발견하고 불을 끈 후 화재신고를 하였는데 A는 화재발생 당일 09:58:21경 건물 안으로 들어갔다가 10:02:39경 건물 밖으로 나왔다. ② 박○○, 손○○는 A가 건물 밖으로 나온 뒤로부터 5분 정도 지난 후인 10:07:45경 건물 안으로 들어갔다가 10:08:46경 건물 밖으로 나왔다. 또한 201호에 살고 있던 윤○○는 A가 건물 밖으로 나온 뒤로부터 7분 정도 지난 뒤인 10:09:59경 건물 밖으로 나왔는데 그때까지만 해도 건물 3층에서 타는 냄새를 맡지 못했다. 윤○○는 10:14:37경 다시 건물 안으로 들어갔는데 이때 3층에서 타는 냄새가 나서 3층으로 올라가 보니 복도에 연기가 가득 차고 인터폰에 불이 붙은 채 바닥에 떨어져 있는 것을 목격하였다. 이후 윤○○는 10:15:32경 건물 밖으로 나와 박○○, 손○○에게 불이 났다고 얘기하여 박○○, 손○○와 함께 건물 301호로 가서 컵에 물을 담아와서 불을 껐다. ③ 국과수는 소훼된 인터폰 잔해를 조사한 결과 기판 소자나 회로 및 배선 잔해에서 발화와 관련지을만한 전기적 특이점이 없고 유실된 부분에서 전기적 특이점이나 발화원 작용 여부는 논단이 불가하다는 결론을 내렸다. ④ 부산○○경찰서는 화재 후 소훼된 인터폰과 색상만 다를 뿐 동일한 인터폰을 벽에 부착한 다음 라이터로 불을 붙여 연소실험을 행한 결과에 의하면 라이터로 인터폰 하단에 불을 붙인지 약 30초 후에 인터폰에 불이 붙었고 약 1분 정도가 지나자 인터폰이 불에 타면서 검은 연기가 다량 배출되기 시작하였으며 약 1분 30여 초가 지난 시점에서는 인터폰이 용융되어 아래로 떨어지기 시작하여 불을 붙인지 약 4분이 지난 시점에서는 인터폰 전체가 불에 탄 채로 아래로 떨어지고 바닥에 떨어진 인터폰은 연소가 계속되는 상황이었다. 그러나 이 화재는 다른 원인에 의해 발생하였을 가능성도 있으며 설령 방화에 의해 발생했다고 하더라도 A 이외의 자의 소행일 가능성도 배제할 수 없다. 따라서 공소사실에 기재된 범행을 저질렀다고 인정하기에 부족하고 달리 이를 인정할 증거가 없다. ○○경찰서가 행한 실험에 의하면 4분 정도가 지나면 인터폰이 벽면에서 떨어질 정도로 연소가 진행되었는데 A가 건물 밖으로 나온 뒤 5분 정도가 지난 후에 건물에 들어갔다가 그로부터 1분 정도 지나서 건물 밖으로 나온 박○○, 손○○는 냄새를 맡거나 연기를 목격하지 못한 것으로 보이는 점, 윤○○도 A가 건물 밖으로 나온 뒤로부터 7분 정도 지난 시점에서 201호에서 나올 때 냄새를 맡거나 연기를 목격하지 못했고 A가 건물 밖으로 나온 뒤로부터 12분 정도가 지난 시점에서 다시 건물로 들어 갈 때에 비로소 타는 냄새와 연기를 목격하였고 목격 당시에도 인터폰이 계속 타고 있던 점 등을 미루어

보면 A가 건물에 들어갔다가 나온 사이에 인터폰에 불이 붙었다고 단정하기 어렵다. 또한 A가 라이터를 휴대하고 있었다는 사실을 인정할 증거가 없고 사건 현장에서 수거한 담배꽁초에서 검출된 DNA는 A의 DNA와 일치하지 않았다. 따라서 이 화재의 공소사실은 범죄의 증명이 없는 경우에 해당하므로 형사소송법 제325조 후단에 따라 무죄를 선고한다.[14]

Chapter 01
Chapter 02
Chapter 03
Chapter 04
Chapter 05
Chapter 06
Chapter 07
Chapter 08
Chapter 09
Chapter 10
Chapter 11
Chapter 12
Chapter 13

현주건조물방화치사(울산지법 2013. 12. 27. 선고 2013고합157 판결)

【판시사항】

술에 취해 사물을 변별하거나 의사를 결정할 능력이 없는 상태에서 저지른 화재로 사망자가 발생하였으나 형의 집행을 유예한 사례(참조법령 : 형법 제164조 제1항, 제2항 후문, 제164조 제2항 전문, 제40조, 제50조, 제10조 제2항, 제55조 제1항 제3호, 제53조, 제62조 제1항, 제62조의 2)

▼기초 사실

L은 알코올의존증후군을 앓고 있는 여성으로 2013년 5월 2일 07:00경에 술에 취해 사물을 변별하거나 의사를 결정할 능력이 없는 상태에서 울산시 ○○구에 있는 자신의 집에서 남편인 B와 말다툼을 벌이다가 남편이 "너는 얼굴도 못생긴 게 이런 행동을 하냐."는 말을 듣고 화가 나서 남편인 B와 딸 C에게 "혼자 있고 싶다. 다 나가 있어"라고 고함을 치는 등 소란을 피워 B와 C가 밖으로 나간 사이 집에 불을 내고 자살할 것을 마음먹고 안방에서 라이터로 화장지에 불을 붙여 이불 속에 넣어 1층 가옥 전체를 소훼시켰다. 화재 당시 큰 방에서 잠을 자고 있던 L의 시어머니는 이 화재 영향으로 급성 호흡부전으로 사망을 하였으며 남편인 B도 손가락에 화상을 입었다.

▼판결 요지

L은 심신미약상태에서 화재를 저질러 건물 일부가 소훼되어 재산상 손해가 발생하였고 남편인 B가 화상을 당했을 뿐 아니라 L의 시어머니까지 사망에 이르게 되는 중대한 범죄가 발생한 점 등 불리한 사정이 있는 반면에 L이 알코올의존증후군을 앓다가 술에 취해 심신미약 상태에서 우발적으로 범행을 저지른 점과 유족들이 L의 처벌을 원하지 않고 탄원하고 있으며 L이 자격정지 이상의 처벌전력 및 동종 범행으로 인한 처벌전력이 없는 점 등을 종합하여 징역 3년에 처한다. 다만 이 판결 확정일로부터 5년간 형의 집행을 유예하며 2년간 보호관찰을 받을 것을 명한다.

---

[14] 이 사건은 국민참여재판으로 진행되었고 배심원 7명 전원이 만장일치 무죄로 판단하였다.

현주건조물방화(울산지법 2013. 11. 15. 선고 2013고합236 판결)

【판시사항】

자신이 근무하던 식당에서 해고를 당한 것에 앙심을 품고 방화를 저지른 사건에서 실형을 선고한 사례(참조법령 : 형법 제164조 제1항, 53조, 제55조 제1항 제3호)

▼ 기초 사실

Q는 2013년 6월 초순경부터 울산시 ○○구에 있는 B가 운영하는 식당에서 종업원으로 근무하면서 그곳 내부 방에서 기거를 하였다. 식당 건물은 전체 4층으로, 1층은 B가 식당 겸 직원 숙소로 사용하였고 2층 내지 4층은 13명이 주거로 사용하는 곳이었다. Q는 2013년 6월 9일경 자신의 근무태도에 대해 B와 말다툼을 한 뒤 해고를 당했고 이에 앙심을 품고 있었다. Q는 2013년 6월 11일 02:40경 식당에 두고 온 짐을 가져가기 위하여 식당 부근으로 간 후 B가 식당에서 나갈 때까지 밖에서 기다리다가 B가 나가는 것을 확인하고 열린 창문을 통해 식당으로 들어가 자신의 짐을 찾으려다가 이를 찾지 못하자 해고된 것에 대한 불만과 짐을 찾지 못한 것에 화가 나 소지하고 있던 1회용 라이터로 식당 테이블 위에 있던 신문지를 말아 불을 붙여 자신이 주거로 사용하던 방안에 있는 침대에 던져 침대를 태우는 등 숙소로 사용하고 있는 방 전부와 주방 및 홀의 일부를 소훼하였다.

▼ 판결 요지

이 사건 범행은 사람이 거주하는 건물에 불을 놓아 소훼하려 한 것으로 사람의 생명·신체·재산에 중대한 위험을 초래할 수 있어 죄질이 좋지 않은 점, 범행으로 인한 피해액이 2천여만 원에 이르는 점 등 불리한 사정이 있으나 Q가 피해자와 합의한 점, Q에게 동종범행으로 인한 처벌전력이 없는 점, Q가 자신의 잘못을 반성하는 점 등 유리한 사정을 모두 고려하고 그 밖에 피고인의 연령, 성행, 환경, 범행 후의 정황 등 제반 양형조건을 종합적으로 참작하여 징역 1년 6월에 처한다.

자기소유자동차방화(울산지법 2013. 11. 14. 선고 2013고단3077 판결)

【판시사항】

자신의 자동차에 방화를 한 후 거짓으로 보험금을 타냈고 폭력행위등처벌에 관한법률위반죄 및 업무방해 혐의로 병합 기소된 사안에서 실형을 선고한 사례(참조법령 : 형법 제166조 제2항)

▼기초 사실

P는 자신의 자동차에 원인불명의 화재가 난 것처럼 거짓으로 신고하고 보험회사로부터 보험금을 타기 위해 불을 지르기로 마음을 먹고 2013년 8월 9일 02:54경 울산시 ○○군 공터에서 자신의 승용차 트렁크에 휘발유를 뿌리고 라이터로 종이에 불을 붙인 후 트렁크 안에 던져 넣는 방법으로 범행을 하여 차량을 소훼하였다(자기소유자동차방화). P는 같은 날 04:30경 보험회사로 전화를 걸어 고의로 자신의 차량에 불을 지른 것을 숨기고 "삐 소리가 나서 가보니 내 차가 불에 타고 있었다."는 취지로 거짓말을 하여 보험금 명목으로 50여만 원을 받아 편취하였다(사기). P는 자기소유자동차방화죄 외에도 폭력행위등처벌에 관한 법률위반(집단ㆍ흉기 등 폭행)과 업무방해 혐의로 병합기소되었다.

▼판결 요지

범죄사실 중 양형기준이 설정된 범죄는 폭력행위등처벌에 관한 법률위반죄와 사기죄이며 자기소유자동차방화죄(형법 제166조 제2항)는 아직 양형기준이 설정되어 있지 않아 이 중 기본범죄인 폭력행위등처벌에관한 법률위반죄는 가중요소나 감경요소가 보이지 않으므로 기본영역을 선택하되 그 형량 범위에 자기소유자동차방화죄 및 업무방해죄의 처벌을 반영하여 징역 1년에 처한다.

일반건조물방화(울산지법 2013. 9. 6. 선고 2013고합45 판결)

【판시사항】

상습적으로 절도를 저질렀으며 범행을 은폐하기 위하여 방화까지 행한 사건에서 실형을 선고한 사례(참조법령 : 형법 제166조 제1항)

▼기초 사실

A는 2012년 8월 24일 00:10경 경남 ○○시에 있는 B주식회사의 출하동 건물 안으로 들어가 절단기와 배척(굵고 큰 못을 뽑을 때 사용하는 연장. 일명 빠루라고 한다.) 등 범행도구를 찾은 다음 종이에 불을 붙여 출하동 건물 전체로 번지게 하였고 20여 분 뒤인 00:30경 B주식회사의 사무동으로 가서 출입문을 부수고 침입하여 금고를 절단기와 배척으로 수회 내리쳐 부순 후 현금 등 550만 원 상당의 금품을 훔쳤다. 이후 02:00경 사무동 건물 2층에서 1회용 라이터를 이용하여 그 곳에 있던 옷과 서류에 불을 붙여 사무동 건물 전체로 번지게 하여 결국 B주식회사의 출하동 건물과 사무동 건물을 소훼하였다. A는 특정범죄가중처벌등에 관한 법률위반(절도)죄 등으로 7회 처벌을 받은 전력이 있고 최종 형의 집행을 종료한 후 누범기간인 약 6개월 상당기간 동안 68회에 걸쳐 범행을 반복한 혐의 등이 병합되어 기소되었다.

Chapter 01
Chapter 02
Chapter 03
Chapter 04
Chapter 05
Chapter 06
Chapter 07
Chapter 08
Chapter 09
Chapter 10
Chapter 11
Chapter 12
Chapter 13

▼ 판결 요지

A는 특정범죄가중처벌등에관한법률위반(절도)죄 등으로 수차례에 걸쳐 처벌받은 전력이 있음에도 누범기간 중 약 6개월 동안 68회에 걸쳐 반복적으로 절도범행을 저질렀으며 피해자들과 합의가 되지 않고 아무런 피해회복이 이루어지지 않은 점, 자신의 절도범행을 은폐하기 위하여 방화까지 행한 사실 등이 인정된다. 그러나 A가 범행 사실을 모두 인정하며 진심으로 반성하고 있고 출소 후 1년 6개월 정도 지나서 범행을 시작했는데 A의 변명대로 직장에 취직하여 생계를 유지하려 하였으나 임금체불, 사회적 냉대 등으로 어려움을 겪게 되어 다시 범행을 저질렀다는 것으로 보이는 등 제반 사정을 두루 고려하여 징역 5년에 처한다.

현존건조물방화 등(울산지법 2013. 5. 13. 선고 2013고합44 판결)

【판시사항】

술에 취한 상태로 연쇄방화를 한 범행에 대해 국민참여재판을 통해 현존건조물방화죄 등으로 실형을 선고한 사례(참조법령 : 형법 제166조 제1항, 제164조 제1항, 제167조 제1항)

▼ 기초 사실

K는 일용직 노동자로 일하면서 받은 스트레스를 풀기 위해 술에 취한 상태로 연쇄방화를 하였다. 2013년 2월 21일 04:20경 울산시 ○구에 있는 주택가에서 차량 문이 잠겨있지 않은 승용차 뒷좌석 시트에 1회용 라이터로 불을 지른 다음 10분 정도 경과한 04:30경 울산시 ○구에 있는 분식점 출입문에 있는 천막에 불을 질렀고 1분 뒤인 04:31경 주택가에 주차된 125cc 오토바이에 불을 질렀으며 4분 뒤인 04:35경 주택가 이면도로에 있는 차량에 다가가 시정되지 않은 차량 문을 연 다음 조수석 시트에 1회용 라이터로 불을 지르는 등 같은 날 5회에 이르는 방화를 한 사실이 있었다. K는 이전에도 사기죄 및 절도죄 등으로 복역한 사실이 있었는데 연쇄방화를 비롯하여 절도, 도로교통법위반(무면허운전) 혐의 등으로 기소되었다.

▼ 판결 요지

K가 저지른 방화범행은 생명과 신체에 심각한 피해를 야기할 수 있는 사회적 위험성이 큰 범죄로 죄질이 좋지 않고 특정범죄가중처벌등에관한 법률위반(절도)죄 등으로 20여 회 처벌받은 전력이 있으며 2012년 8월 9일 절도죄 등으로 징역 6월 및 벌금 30만 원을 선고받아 누범기간 중에 다시 방화범행을 저질렀고 각 범행으로 인해 피해자들의 피해가 회복된 바가 전혀 없다. 피해자들이 K에 대한 처벌을 원하고 있으나 우발적으로 술에 취해 범행을 저지른 점과 K가 자신의 잘못을 뉘우치고 있는 점 그 밖에 범행 후의 정황 등 제반 양형조건을 종합적으로 고려하여 징역 2년 6월에 처한다.

산림보호법위반(울산지법 2011. 8. 26. 선고 2011고합73 판결)

【판시사항】

약 6년 동안 모두 37회에 걸쳐 타인 소유의 산림에 방화를 한 사건에서 충동조절장애(병적 방화)로 인한 심신미약 상태에서 범행을 저지른 점을 인정하면서도 징역 10년을 선고한 사례(참조법령 : 구 산림법(2005. 8. 4. 법률 제7678호로 개정되기 전의 것) 제119조 제1항, 형법 제10조 제2항, 제55조 제1항 제3호)

▼기초 사실

J는 동생의 신 내림, 어머니의 무리한 경제적 요구, 아내의 무분별한 빚보증으로 부부싸움을 하는 등 극심한 스트레스에 시달리다가 이를 해소하기 위해 1994년 12월경부터 2000년 2월경까지 울산에 있는 임야에 지속적으로 불을 질렀다. 특히 2005년 12월 13일 18:10경에는 화장지, 1회용 라이터, 성냥개비 등 방화도구를 미리 준비하여 ○○에 있는 임야로 간 다음 화장지로 새끼를 꼬아 그 한쪽 끝에 성냥개비 여러 개를 꽂고 다른 한쪽 끝에 1회용 라이터로 불을 붙인 후 화장지를 흔들어 불씨만 남겼다. 그 후 불씨만 남은 화장지를 바닥에 내려놓고 주변에 있는 낙엽을 주워 성냥개비가 꽂힌 바로 위에서 손으로 비벼서 그 조각들이 성냥개비를 덮게한 후 자리를 피하여 화장지를 따라 타 들어간 불씨에 성냥개비들이 발화하여 불이 주변 임야로 번져 나무 등 1,400본을 소훼하였다. J는 이를 비롯하여 2005년 12월경부터 2011년 3월경까지 모두 37회에 걸쳐 타인 소유의 산림에 방화를 하였다. J는 충돌조절장애(병적 방화)로 사물을 변별하거나 의사를 결정할 능력이 미약한 상태에서 범행을 저질러 온 것으로 조사가 되었다.

▼판결 요지

J는 일명 '○○산 불 다람쥐'로 불리며 2005년 12월경부터 2011년 3월경까지 총 37회에 걸쳐 울산시 ○○산 일대에 불을 질러 48,456헥타르에 이르는 산림을 소훼하였다. 화장지로 새끼를 꼬아 그 한쪽 끝에 성냥개비를 꽂고 다른 한쪽 끝에 불을 붙인 다음 그 위에 낙엽을 올려놓는 방법으로 범행을 저지르는 등 범행수법이 매우 교활하고 지능적인 점, 수년간 감시망을 피해 다니면서 방화를 일삼아 왔을 뿐만 아니라 그때마다 수백 명의 인원과 막대한 공적자금이 투입되는 등 이로 인한 지역 사회의 사회적 · 경제적 손실도 적지 않은 점, 더욱이 공소시효가 도과되어 공소가 제기되지 않은 수십 회에 이르는 동종 범행이 있고 아직까지 피해회복이 제대로 이루어지지 않고 있는 점 등을 고려할 때 J에 대한 엄중한 처벌이 불가피하여 J를 징역 10년에 처한다.

일반자동차방화(수원지법 2014. 4. 10. 선고 2014고합102 판결)

【판시사항】

자동차학원에서 대형면허 시험에 응시했으나 불합격한 것에 불만을 갖고 자동차학원에 있는 연습용 차량 2대에 불을 질러 소훼시킨 사건에서 집행유예 및 보호관찰을 선고한 사례(참조법령 : 형법 제166조 제1항, 제53조, 제55조 제1항 제3호, 제62조 제1항, 제62조의 2)

▼ 기초 사실

K는 경기도 ○○시에 소재한 ○○자동차학원에서 1종 대형면허 시험에 응시했으나 불합격했는데 2014년 1월 5일 자신의 집에서 술을 마시던 중 자동차학원에 수강료가 많이 들어갔음에도 불구하고 시험에 불합격한 사실에 화가 나서 학원 차량에 불을 지르기로 마음을 먹었다. K는 자신의 오토바이에서 휘발유를 빼내 생수병(1리터)에 2/3가량 담은 후 오토바이의 번호판을 떼어내 추적하기 어렵게 한 다음 자동차학원에 도착하여 연습용 승용차 사이 땅바닥에 신문지를 대여섯 장 깔고 그 위에 휘발유를 부은 다음 라이터를 꺼내 휘발유에 불을 붙여 2대의 차량을 전소케 하였다.

▼ 판결 요지

K는 범행 당시 우울증, 음주 등으로 심신미약 상태에 있었다는 주장을 한다. 살피건대 유죄의 증거로 나타난 증거들에 의하여 인정되는 이 사건 범행의 경위나 수법과 내용, 범행 전후 나타난 K의 행동과 태도 등에 비추어 보면 우울증, 음주 등으로 인해 사물을 변별하거나 의사를 결정할 능력이 미약한 상태에 있었다고 보이지 않아 이 주장은 받아들이지 않는다. 이 사건 범행은 자동차 운전학원에서 응시한 면허시험에 불합격했다는 이유로 자동차에 불을 질러 소훼한 것으로 그 죄질이 가볍지 않은 점, 자칫 커다란 인적·물적 피해를 발생시킬 위험이 있었던 점 등을 고려하면 엄히 처벌할 필요가 있다. 다만 집행유예 이상의 전과가 없고 범행을 자백하면서 깊이 반성하고 있는 점, 피해자와 원만히 합의하여 피해자가 처벌을 원하지 않고 있는 점 등을 K에게 유리한 사정으로 참작하고 K의 연령·성행·가족관계·생활환경 등 여러 사정을 종합하여 징역 1년에 처한다. 다만 이 판결 확정일로부터 2년간 형의 집행을 유예하고 2년간 보호관찰을 받을 것과 80시간의 사회봉사를 명한다.

현주건조물방화, 일반자동차방화(수원지법 2013. 9. 24. 선고 2013고합357 판결)

【판시사항】

특수절도죄 등으로 집행유예 기간 중 방화를 저질러 차량 3대 및 현주건조물이 소훼된 사건에서 실형을 선고한 사례(참조법령 : 형법 제164조 제1항, 제166조 제1항, 제40조, 제50조)

Chapter 01
Chapter 02
Chapter 03
Chapter 04
Chapter 05
Chapter 06
Chapter 07
Chapter 08
Chapter 09
Chapter 10
Chapter 11
Chapter 12
Chapter 13

▼기초 사실

P는 특수절도죄 등으로 징역 8월에 집행유예 2년을 선고(2011. 11. 4.) 받은 자로 평소 술을 마시면 승합차량에 불을 지르고 싶은 욕구를 가지고 있던 중 2013년 4월 3일 01:07경 경기도 ○○시에 있는 △△빌라 1층 주차장에 술에 취해서 찾아갔다. 같은 날 01:08경 내지 01:16경 사이에 주차되어 있던 A소유의 승합차량의 문이 잠겨있지 않음을 알고 문을 열고 들어가 터보 가스라이터를 이용하여 운전석 아랫부분에 불을 붙여 전소시킴과 동시에 우측 후방에 있던 B소유의 승용차량 후미등 및 뒷 범퍼 부분을 소훼하였으며 그 불이 C소유의 승용차량에까지 번져 전소되었고 주차장, 천장까지 불이 옮겨 붙어 △△빌라 201호 벽면 등이 소훼되었다.

▼판결 요지

P는 방화를 한 사실이 없고 검찰에서의 자백은 경찰에서 수사관의 강압에 의해 자백한 후 강압에 의한 불안한 심리상태가 계속되어 허위로 자백한 것이라고 주장한다. 살피건대 검찰에서 P의 자백이 법정진술과 다르다는 이유만으로 그 자백의 신빙성이 의심스럽다고 할 수는 없다. 자백의 신빙성 유무를 판단함에 있어 자백의 진술내용 자체가 객관적으로 합리성을 띠고 있는지, 자백의 동기나 이유가 무엇이며, 자백에 이르게 된 경위는 어떠한지 그리고 자백 이외의 정황증거 중 자백과 저촉되거나 모순되는 것이 없는지 등을 고려하여 P의 자백에 형사소송법 제309조에 정한 사유 또는 자백의 동기나 과정에 합리적인 의심을 갖게 할 상황이 있었는지를 판단하여야 한다(대법원 2001. 9. 28. 선고2001도4091 판결 참조). 이와 같은 법리에 비추어 적법하게 인정된 사실을 종합하면 검사가 작성한 P의 피의자 신문조서 중 범죄사실에 부합하는 진술기재는 범행당시 P의 행적과 부합하는 등의 사정에 비추어 그 신빙성을 인정할 수 있다. ① P는 사건발생 6일 후 경찰에서 참고인 조사를 받을 때 화재가 발생한 빌라에 간적이 없다고 진술을 하였고 경찰에서 피의자신문 시에도 빌라에 간 적이 없다고 진술하였다. 그러나 경찰관이 당시 피해차량의 내부에 설치되어 있던 후방 블랙박스 영상을 보여주면서 사건 당일 01:08경 담배꽁초를 들고 돌아다니는 사람이 P가 아니냐고 추궁하자 블랙박스 영상 속의 인물이 자신은 맞지만 방화는 하지 않았다고 주장을 하였다. 그런데 P는 공소제기 이후 범행을 부인하면서 제출한 탄원서 등을 통해 화재발생 전에 이 빌라에 간 적이 결코 없으며 CCTV에 촬영된 사람은 자신이 아니라는 취지로 주장하였다. 그러나 공판기

일에서 CCTV 동영상 CD에 대한 증거조사를 마친 후에는 CCTV 영상에 등장하는 사람은 자신이 맞고 빌라에 간 적이 있다고 진술을 다시 번복하였다. ② P는 피해차량 후방 블랙박스에 자신의 모습이 촬영된 시각(사건 당일 01:08경) 이전까지의 행동과 빌라를 나간 시각(같은 날 01:16경) 이후부터의 행동에 대한 기억은 있으나 위 시각 사이의 약 8분간의 기억만 없다는 취지로 진술하면서 8분간 어디서 무엇을 하였는지 명확하게 진술을 하지 못하고 있다. ③ 특히 CCTV의 영상에 의하면 ㉠ P는 사건당일 01:07경 빌라 1층 주차장으로 들어갔고 빌라 내부로 들어가는 출입구를 지나쳐 01:08경 담배꽁초를 들고 피해차량 후방을 지나쳤다가 이번에는 손전등을 들고 다시 피해차량 후방을 지나친 사실 ㉡ 그로부터 약 4분 후 빌라 201호에 거주하는 관계자가 01:12경 귀가하는 중 A소유의 승합차량 내부에 누군가가 승차해 있는 것을 목격한 사실 ㉢ 이후 P가 01:16경 빌라를 나온 사실 ㉣ 그로부터 약 3분이 지난 01:19경 A소유의 차량 내부 앞좌석 부분에서 화염이 관찰된 사실이 인정된다. 이와 같이 사건 당일 P의 행적에 비추어 보면 01:08경부터 01:16경 사이에 A소유의 승합차량의 문을 열고 들어가 방화한 것으로 인정되고 이는 검찰에서 진술한 자백과 부합한다. 따라서 P가 사건 당일 01:16경 빌라를 나온 이후에 방화한 것을 전제로 발화 시점부터 2분 30초 만에 화염이 솟구치기 어렵다는 취지의 변호인 주장은 받아들일 수 없다. ⑤ 피해차량의 블랙박스와 각 CCTV 영상에 의하면 P가 빌라 주차장에 들어간 당일 01시 07분경부터 차량 내부에서 화염이 목격된 같은 날 01시 19분경 사이에 P와 201호 관계자를 제외한 다른 사람이 빌라주차장으로 들어가는 모습은 관찰되지 않았다. 이 사건은 다수의 사람이 현존하는 빌라건물 1층 주차장에 있는 차량에 불을 질러 3대의 차량 및 주거 일부가 소훼된 것으로 인명손상의 위험성에 비추어 보면 사안이 매우 중한 점, P는 동종 범죄로 2회 처벌받은 전력이 있음에도 또 다시 범행을 저지른 점, 특수절도죄로 집행유예기간 중 범행을 저지른 점, 피해회복이 전혀 이루어지지 않은 점, 범행을 극구 부인하면서 반성을 하지 않는 점 등 불리한 사정과 P가 술을 마시고 충동적으로 범행을 저지른 것으로 보이는 점, 재산피해가 비교적 경미한 점 등 제반 양형을 종합하여 징역 3년 6월에 처한다.

현주건조물방화치상 등(수원지법 2013. 5. 23. 선고 2013고합86 판결)

【판시사항】

아파트 지하주차장에서 불을 질러 차량 54대 등 총 24억 원 상당의 피해가 발생하여 현주건조물방화미수 및 현주건조물방화치상죄를 적용하여 실형을 선고한 사례(참조법령 : 형법 제174조, 제164조 제1항, 제164조 제2항, 제40조, 제50조)

▼기초 사실

A는 공익근무요원으로 여자친구를 사귀던 중 부모님의 반대에 부딪쳐 헤어지게 되었는데 그 동안 여자친구와의 관계에 대해 적어 놓은 종이를 부모님이 보지 못하도록 아파트 지하

1층 주차장 한편에 있는 쓰레기통에 넣고 태우기로 마음을 먹었다. 아파트 지하주차장은 1동(80세대), 2동(72세대), 3동(76세대)이 계단과 엘리베이터로 각각 연결되어 228세대가 공동으로 사용하는 구조로 되어 있었다. 그곳에는 수십 대의 차량이 주차되어 있었고 지하 1층 주차장 한편에는 24개의 쓰레기통이 보관되어 있었으며 그로부터 약 40cm 떨어진 곳에 승용차가 주차되어 있기 때문에 A가 쓰레기통에 불을 붙일 경우 그 옆에 주차되어 있는 승용차 및 그 주변에 설치된 구조물로 불이 번지게 되어 지하 주차장이 소훼됨은 물론 그 불길이 계단 및 엘리베이터를 타고 올라가 아파트 전체로 불이 번질 수 있다는 것을 충분히 예상할 수 있었다. 그럼에도 불구하고 A는 2013년 1월 9일 23:05경에서 23:15경 사이에 아파트 2동과 연결된 출입구를 통해 지하 1층 주차장으로 내려와 쓰레기통에 소지하고 있던 종이를 넣고 불상의 방법으로 불을 붙여 쓰레기통에 불이 번지게 하였으나 그곳을 지나가던 주민에 의해 발견되어 경비원 등이 소화기로 진화하여 미수에 그쳤다(현주건조물방화미수). 그러나 A는 경비원 등에 의해 미수에 그치자 화가 나서 2013년 1월 10일 00:15경에서 00:18경 사이에 지하 1층 주차장에 있는 쓰레기통으로 다가가서 불상의 물체에 불상의 방법으로 불을 붙여 쓰레기통 및 그 위에 있는 종이박스에 불이 붙게 하였고 쓰레기통으로부터 약 130cm 위에 있는 전선 케이블에 불이 옮겨 붙어 그 주변에 있는 B소유의 승용차 등 54대의 승용차들과 주차장에 차례로 불이 번지게 하였다. 이날 화재로 지하 주차장 내부 단열재 등 시설물 대부분을 태워 수리비 약 20억 6,200만 원 상당이 소훼되었고 54대의 승용차 시가 3억 9,052만 원 상당의 피해 등 총 24억 5,252만 원 상당의 피해가 발생하였다. 또한 화재로 발생한 유독가스로 인해 12명의 피해자가 기관염 및 폐렴 등의 상해를 입었다(현주건조물방화치상).

▼ 판결 요지

이 사건은 A가 야간에 228세대가 함께 사용하는 고층아파트 지하주차장에 불을 지른 것으로 그 범행수법이 극히 불량하다. 그로 인해 지하주차장 시설 및 차량 54대가 소훼되어 24억 5,252만 원 가량의 재산상 손해가 발생하였고 상해를 입은 피해자도 12명에 이르는 등 심각한 재산상·인명상 피해가 야기되었음에도 불구하고 A와 그의 가족들은 피해자들의 회복을 위한 어떤 노력도 기울이지 않았다. 특히 상해를 입은 피해자들에게는 화재보험도 적용되지 않아 피해자들이 자비로 치료비를 부담하고 있으며 피해자 12명을 포함한 약 130여 명의 주민이 병원치료를 받은 것으로 확인되어 이러한 모든 사정을 종합하면 A를 엄히 처벌함이 마땅하다. 다만 A의 형량을 정함에 있어 A가 자신의 잘못을 뉘우치며 반성하고 있는 점, A가 2012년 10월 13일부터 범행 당시까지 신경정신과에서 상세불명의 불안장애, 상세불명의 기분(정동)[15] 장애로 약물치료를 받아왔으며 범행 전날인 2013년 1월 9일경 자낙스 정, 졸피드 정 등의 신경안정제를 처방받아 이를 복용하고 있었다고 하니 범행 당시 심신장애로 인하여 심신미약상태에 있었던 것은 아니지만 위와 같은 심리상태 및 약물복용이 범행에 영향을 미친 것으로 보이는 점 등 그밖의 사정을 종합하여 징역 5년에 처한다.

---

15 정동(情動)이란 희로애락과 같이 일시적으로 급격히 일어나는 감정을 말한다. 진행 중인 사고 과정이 멎게 되거나 신체 변화가 뒤따르는 강렬한 감정상태이다.

일반건조물방화(청주지법 2012. 3. 22. 선고 2011고합330 판결)

【판시사항】
자신이 근무하던 회사에 건의사항이 묵살되자 이에 불만을 갖고 회사 창고에 불을 지른 사건에서 범행 동기를 참작하여 집행유예를 선고한 사례(참조법령 : 형법 제166조 제1항, 제53조, 제55조 제1항 제3호, 제62조 제1항)

▼ 기초 사실
P는 보안업체 직원으로 충북 □□군에 있는 ☆☆주식회사에서 보안요원으로 근무하던 중 개선도장실 건물 주변에 있는 고압선 피복이 벗겨진 채 외부로 노출되어 있는 것을 발견하고 회사 측에 안전조치를 취해줄 것을 건의하였으나 시정되지 않자 이 건물에 불을 지르기로 마음을 먹었다. 그리하여 2011년 10월 03일 21:40경 P는 ☆☆주식회사의 외벽 담을 넘어 회사 부지로 들어간 후 개선도장실 건물 뒤쪽 출입문을 열고 건물 안으로 들어가 미리 구입하여 소지하고 있던 시너를 건물 바닥에 뿌린 후 바닥에 떨어져 있던 면장갑을 집어 들고 라이터로 불을 붙인 다음 이를 건물 바닥에 던져 불길이 건물 전체로 번지게 하였다.

▼ 판결 요지
이 사건 범행은 P가 범행을 미리 계획하고 시너를 준비하여 건물에 불을 붙여 소훼한 것으로 방화는 다수의 인명과 재산에 중대한 피해를 야기할 수 있는 위험한 범죄이고 피해 액수도 상당히 크며 이 사건 범행에 대하여 피해회복도 이루어지지 않은 점 등을 고려하면 P에 대한 엄중한 처벌이 필요하다. 그러나 ① P가 교통사고처리특례법위반으로 벌금형을 받은 것 외에는 별다른 범죄전력이 없는 점 ② P가 자신의 범행을 자백하면서 반성하고 있는 점 ③ 피해자 회사의 경비로 근무하던 P가 건물에 감전 위험이 있어 이에 대한 조치를 요구하였으나 회사의 조치가 없어 그에 대한 불만으로 범행을 저지른 것으로 그 동기에 참작할 사유가 있는 점 ④ 피해자가 P에 대하여 처벌을 원하지 않는 점 ⑤ 이 사건 건물은 창고로 쓰이던 건물이었는데 회사에서는 향후 이를 철거하려고 하였던 점과 그 밖에 이 사건 범행 후의 정황, 피고인의 연령·성행·가정환경 등 기록과 변론에 나타난 모든 양형조건들을 종합하여 P를 징역 1년에 처한다. 다만 이 판결 확정일로 부터 2년간 형의 집행을 유예한다.

Step 05 채무부존재 관련 판례

Chapter
01
Chapter
02
Chapter
03
Chapter
04
Chapter
05
Chapter
06
Chapter
07
Chapter
08
Chapter
09
Chapter
10
Chapter
11
Chapter
12
Chapter
13

채무부존재확인(서울동부지법 2012. 4. 20. 선고 2011가합20629 판결)

【판시사항】
주방에 있는 김치냉장고 주변에서 화재가 발생하여 김치냉장고 제조업자의 제조물책임이 문제된 사건에서 제조물책임을 부정한 사례

▼기초 사실

2011년 4월 8일 14:30경 서울시 ○○구에 소재한 ○○아파트 104동 1001호 주방에 있는 김치냉장고 주변에서 화재가 발생하여 관계자가 화상을 입고 내부 집기류와 마감재 등이 소훼되었다. ○○아파트는 건물 및 가재도구 일체를 목적물로 하는 주택화재공제보험에 가입되어 있어 1001호 관계자는 A보험사를 상대로 보험금을 청구하여 지급받았다. A보험사는 김치냉장고 제조사인 B사를 대상으로 1001호 관계자의 아무런 과실 없이 정상적으로 김치냉장고를 사용하다가 화재가 발생한 것이므로 제조물책임법에 의해 손해를 배상할 의무가 있다고 주장을 하며 소송을 제기했다.

▼판결 요지

물품을 제조·판매하는 제조업자는 그 제품의 구조·품질·성능 등에 있어서 그 유통 당시의 기술수준과 경제성에 비추어 기대 가능한 범위 내의 안전성과 내구성을 갖춘 제품을 제조·판매하여야 할 책임이 있고 이러한 안전성과 내구성을 갖추지 못한 결함으로 인해 소비자에게 손해가 발생한 경우에는 불법행위로 인한 손해배상책임을 진다(대법원 1992. 11. 24. 선고 92다18139 판결 참조). 고도의 기술이 집약되어 대량으로 생산되는 제품의 결함을 이유로 그 제조업자에게 손해배상책임을 지우는 경우 그 제품의 생산과정은 전문가인 제조업자만이 알 수 있어서 그 제품에 어떤 결함이 존재하는지, 그 결함으로 인해 손해가 발생할 것인지 여부는 일반인으로서는 밝힐 수 없는 특수성이 있어 소비자 측이 제품의 결함 및 손해발생과의 인과관계를 과학적·기술적으로 입증한다는 것은 지극히 어려우므로 그 제품을 정상적으로 사용하는 상태에서 사고가 발생한 경우 소비자 측은 그 사고가 제조업자의 배타적 지배에 있는 영역에서 발생했다는 점과 그 사고가 어떤 자의 과실 없이는 통상 발생하지 않는다고 증명하면 된다. 제조업자 측은 그 사고가 제품결함이 아닌 다른 원인으로 발생한 것임을 입증하지 못하면 그 제품에 결함이 존재하며 그 결함으로 사고가 발생했다고 추정하여 손해배상책임을 질 수 있도록 입증책임을 완화하는 것이 손해의 공평·타당한 부담을 그 지도 원리로 하는 손해배상제도의 이상에 부합한다(대법원 2000. 2. 25. 선고 98다15934 판결 참조). 살피건대 우선 화재가 냉장고로부터 발생한 사실이 입증되어야 한다. 기록에 의하면 국과수는 화재원인에 대해 "냉장고 후면 하단의 컴프레서 부분은 좌측

기판 부분이 상대적으로 심하게 연소되었고 퓨즈는 용단된 형상이나 검사가 가능한 부분을 보면 발화원인으로 작용 가능한 전기적인 특이점이 식별되지 않는다. 냉장고 전원코드에는 단락흔이 식별되지만 외부화염에 의한 절연피복 소실이나 꺾임 및 눌림 등 외부요인에 의해 절연피복이 손상되면서 발생할 수 있고 용도 미상의 배선(길이 약 26cm)은 단락에 의해 용단되어 출처를 판단할 만한 절연피복이나 특이한 잔해가 남아있지 않아 사용용도 및 기기, 발화원인으로 직접 작용하였는지 여부는 논단이 불가하다. 따라서 냉장고 전원코드와 용도미상의 배선에서 식별되는 단락흔을 각각 발화와 관련지을만한 전기적인 특이점으로 볼 수 있다. 용도 미상의 배선이 냉장고 내부배선일 경우 냉장고 내부에서 발화된 것으로 추정할 수 있지만 용도 미상의 배선이 냉장고의 내부배선이 아닐 경우 발화원인으로 직접 작용한 부분에 대한 한정은 불가능한 상태이다"라고 감정한 사실이 인정된다. 그렇다면 용도 미상의 배선이 냉장고 내부배선이라는 점을 인정할 증거가 없는 이상 화재가 냉장고에서 발화되었다거나 냉장고 배선결함으로 인해 발생했다고 단언하기 어렵고 그 외 달리 이를 인정할만한 증거가 없다. 따라서 제조사 B는 A보험사에 대해 일체의 채무는 존재하지 않음을 확인한다.

채무부존재확인(대구지법 2012. 5. 18. 선고 2010가합693 판결)

【판시사항】

화재피해로 재고자산을 과다하게 부풀려 청구를 한 경우 허위로 청구한 부분에 대해 보험금지급의무를 부정한 사례(참조법령 : 상법 제659조)

▼기초 사실

A는 2008년 3월 24일 경북 ○○군에 플라스틱 폐기물을 가공하는 '화학회사'라는 상호로 사업장을 개설하고 공장장 이○○에게 실질적으로 공장운영을 맡겼다. 그러다가 약 5개월 후인 2008년 8월경 같은 지역 ○○군 ○○면 △△리에 창고로 쓰기 위해 지상건물을 매수하였다. 과거 A는 경북 ☆☆군에서 재생수지업사업을 하던 중 2차례나 화재를 당한 경험이 있어 창고로 쓰기 위해 매수한 건물을 보험목적물로 하여 2008년 9월 30일에 화재보험을 체결하였다(창고동 6억 5천만 원, 사무동 2억 5천만 원, 창고 안의 재고자산 등 동산일체 10억 원). 그러나 그로부터 약 7개월 후인 2009년 4월 20일 07:35경 창고 앞마당에서 화재가 발생하여 보험목적물인 창고동 건물 일체가 전소되었고 사무동은 그을음에 의해 건물 구조부 및 기초 등을 제외하고는 심각하게 소실되었으며 재고자산도 모두 소실되었다. 화재발생 후 1개월이 조금 지난 시점인 2009년 6월 3일에 A는 보험회사를 상대로 건물 9억 원(창고동 및 사무동 보험금액), 동산 10억 원 등 총 19억 원을 지급해 달라고 청구하였다.

▼ 판결 요지

(1) 당사자들 주장

먼저 보험회사의 주장을 본다. ① 발화지점은 화재가 발생할 자연적 발화원이 전혀 없었고 연소확대 속도가 지나치게 빠른 것에 비추어 볼 때 A측 내부자에 의한 인위적인 화재로 추정되는 점 ② 국과수는 자연발화원이 없어 수사가 필요하다는 입장이고 관할 경찰서에서도 같은 이유로 방화혐의를 수사했던 점 ③ A는 과거에도 화재로 인한 보험금을 2회나 수령한 적이 있는 점 ④ A는 화재발생 이전에 유가변동 등으로 많은 손실을 보고 있던 점 ⑤ 현장 주변이 철망 담장 및 출입문, CCTV 등에 의해 차단되어 외부인의 접근이 어려운 상황이었던 점 등을 이유로 화재는 보험계약자인 A가 내부 직원과 공모하여 고의적으로 방화한 것으로 볼 수 있으므로 상법 제659조 제1항 및 보험약관 제7조 제1항에 따라 보험금지급의무가 없다고 주장한다. 또한 A가 화재로 전소된 재고자산이 세무서에 신고한 내역을 보면 약 2억 3천만 원에 불과한데 14억 원 상당의 재고자산을 창고에 보관 중이었다고 허위자료를 제출한 점과 창고를 개설한 시점인 2008년 9월부터 재고현황 파일을 모두 수정한 것으로 조사된 점 등을 보면 창고 내의 재고자산에 대해 사실과 다른 자료를 작성했거나 증거서류를 조작하여 과다하게 보험금을 청구한 것으로 보험약관 제21조 제1호에 따라 A는 보험금청구권을 상실했다고 주장한다. 반면 A는 ① 화재 당시 현장에는 중국인 근로자 1명을 제외한 다른 직원들은 없었고 직원들이 출근하기 전인 월요일에 발생한 점 ② 창고 앞마당에 있던 팔레트는 용융점이 플라스틱 가운데서도 가장 낮아 고의적인 방화라고 단정할 수 없는 점 ③ A는 2008년 9월경 미국의 경제상황 악화로 기업경영에 어려움을 겪기는 했으나 다른 기업보다 경영상태가 양호했던 점 ④ A가 종전에 화재로 2회 보험금을 수령한 사실은 이번 화재원인과 아무런 인과관계가 없는 점 등을 이유로 고의적인 방화에 의해 발생했다고 추단할 수 없다고 주장한다. 또한 보험회사가 주장한 재고자산에 대해 A는 부가가치세의 환급문제와 관련하여 편의상 재고자산을 축소하여 신고한 것일 뿐이며 플라스틱 폐기물 등 경제적 가치가 없는 물품을 손해액에 포함하지 않은 것이고 장기재고 완제품 등 5억 원 가량의 재고물품이 있었던 것으로 보험관련 서류를 사실과 달리 작성하거나 위조 또는 변조하였다고 볼 수 없으며 보험회사에 청구한 금액이 실제 손해와 다소 차이가 있다는 사정만으로 보험금청구권을 상실했다고 볼 수 없다고 주장한다.

(2) 고의적 방화로 인한 면책 주장에 대한 판단

보험계약의 약관에서 '보험계약자나 피보험자의 고의 또는 중대한 과실로 발생한 손해에 대해서는 보상하지 아니한다.'고 규정한 경우에 보험자(보험회사)가 보험금 지급책임을 면하기 위해서는 면책사유에 해당하는 사실을 입증할 책임이 있다고 할 것이다. 여기서 입증은 법관의 심증이 확신의 정도에 이르는 것을 가리키고 그 확신이란 자연과학이나 수학의 증명과 같이 반대의 가능성이 없는 절대적 정확성을 말하는 것은 아니지만 통상인의 일상생활에 있어 진실하다고 믿고 의심치 않는 정도의 고도의 개연성을 말하는 것으로 막연한 의심이나 추측을 하는 정도에 이르는 것만 가지고는 부족하다 할 것이다(대법원 2003. 5. 27. 선고 20034570 판결 참조). 살피건대 발화지점에 자연적 발화원이 없었으며 연소확대가 빨랐던 사실, A가 이전에도 화재로 인해 보험금을 2회나 수령한 적이 있는 사실, 손해사정인의 2차 중간보고서, 화재현장조사서(관할 소방서), 감정서(국과수) 등에는 인적 요인에 의한 화재로 의심된다는 내용들이 있지만 앞서 살펴 본 법리에 비추어 보면 이러한 사정만으로 화재가 A의 고의로 인해 발생했다고 단정하기 어렵고 이를 인정할만한 증거가 없으므로 보험회사의 주장은 이유 없다.

(3) 허위 청구로 인한 보험청구권상실에 대한 판단

보험약관 제21조 제1호를 둔 취지는 보험자가 보험계약상의 책임 유무의 판정, 보상액의 확정 등을 위하여 보험사고의 원인, 상황, 손해의 정도 등을 알 필요가 있으나 이에 관한 자료들은 계약자 또는 피보험자의 지배 · 관리영역 안에 있는 것이 대부분이므로 피보험자로 하여금 이에 대한 정확한 정보를 제공하도록 할 필요성이 크고 이와 같은 요청에 따라 피보험자가 이에 반하여 서류를 위조하거나 증거를 조작하는 등의 신의성실 원칙에 반하는 사기적인 방법으로 과다한 보험금을 청구하는 경우에는 그에 대한 제재로서 보험금청구권을 상실하도록 하려는 데 있다(대법원 2006. 11. 23. 선고 2004다20227, 20234 판결 참조). 다만 화재보험약관 조항을 문자 그대로 엄격하게 해석하여 조금이라도 위배되기만 하면 보험자가 면책되는 것으로 보는 것은 피해자 다중을 보호하고자 하는 보험의 사회적 효용과 경제적 기능에 배치될 뿐만 아니라 고객에 대해 부당하게 불리한 조항이 된다는 점에서 이를 합리적으로 제한하여 해석할 필요가 있다. 따라서 이 화재의 화재보험약관 조항에 의한 보험금청구권상실 여부는 보험금청구권자의 청구와 관련한 부당행위의 정도 등과 보험의 사회적 효용 내지 경제적 기능을 종합적으로 비교하여 결정하여야 한다. 피보험자가 보험금을 청구하면서 실손해액에 관한 증빙서류 구비의 어려움 때문에 구체적인 내용이 일부 사실과 다른 서류를 제출하거나 보험목적물의 가치에 대한 견해 차이 등으로 보험목적물의 가치를 다소 높게 신고한 경우 등까지 화재보험약관 조항에 의해 전체의 보험금청구권이 상실되는 것은 아니라고 해석하여야 한다(대법원 2007. 6. 14. 선고 2007다10290 판결 참조). 살피건대 ① A는 화학회사의 사업개시일인 2008년 3월 24일부터 2008년 12월 31일까지 재고자산액을 2억 3천여만 원 이라고 종합소득세를 신고하였으나 실제 재고관리 장부에는 15억여 원으로 기재되어 있어 무려 6.5배의 차이가 나고 있는데 이는 세무신고 시 축소신고를 했다는 A의 사정을 감안하더라도 지나치게 차이가 나는 점 ② 화재발생 시 경황이 없었을 것임에도 당일 재고현황이 기재된 파일을 수정한 것은 경험칙상 납득하기 어렵고 오히려 보험금 청구의 근거자료를 조작하였음을 의심케 한 점 ③ A가 제출한 재고현황 자료들은 수정된 재고현황 파일 등에 기초하여 A가 일방적으로 작성 · 편집한 것에 불과한 점 등 모든 증거 및 인정된 사실에 비추어 볼 때 A가 재고자산에 관해 과다한 수량의 보험금 청구를 한 것이 단지 실제 손해액에 관한 증빙서류를 갖추기 어렵기 때문에 일부 사실과 다른 서류를 제출하거나 보험목적물의 가치에 대한 견해 차이 때문에 다소 높게 신고한 것이라고 볼 수 없다. 오히려 적극적으로 재고수량에 대한 허위의 손해내역을 창출함으로서 사기적인 방법으로 과다한 보험금을 청구한 것으로 봄이 상당하다. 다만 독립한 여러 물건을

Chapter 01
Chapter 02
Chapter 03
Chapter 04
Chapter 05
Chapter 06
Chapter 07
Chapter 08
Chapter 09
Chapter 10
Chapter 11
Chapter 12
Chapter 13

보험목적물로 하여 체결된 화재보험에서 피보험자가 그 중 일부의 보험목적물에 관해 실제 손해보다 과다하게 허위의 청구를 한 경우에 허위의 청구를 한 당해 보험목적물에 관해 보험약관 조항에 따라 보험청구권을 상실하게 된다고 할 것이므로(대법원 2007. 2. 22. 선고 2006다72093 판결 참조) A는 보험약관 제21조 제1호에 따라 허위청구를 한 재고자산의 손해에 대한 보험금청구권을 상실했다고 할 것이다. 따라서 보험회사는 A에게 보험계약에 따라 창고동 및 사무동의 손해에 관한 보험금 지급의무가 있으나 허위 청구한 재고자산 손해에 대한 보험금을 지급할 의무는 없다.

채무부존재확인(광주지법 2007. 6. 8. 선고 2005가합3917 판결)

【판시사항】

6개의 화재보험에 가입한 상태로 방화를 하였으나 형사재판을 통해 대법원에서 무죄 확정판결을 받은 후 보험회사를 상대로 보험금지급 요청을 하자 민사재판에서 보험금 지급을 거절한 사례(참조법령 : 상법 제658조 제3호, 659조 제1항)

▼기초 사실

Y는 광주시 ○구에 소재한 지하 1층, 지상 4층 건물 중 지하 1층 및 지상 1층과 2층에서 '◇◇모자'라는 상호로 모자 도소매업을 운영하던 중 2003년 6월 1일 10:00경(소방서 접보시간 10:09경) 가게 안에서 화재가 발생하였다. Y는 화재발생 당시 6개의 화재보험에 가입되어 있었고 화재 후 보험회사에 보험금을 청구하였다. 그러나 보험회사들은 ◇◇모자의 동산의 보험가액은 2천 3백여만 원에 불과한데 보험금이 보험가액의 21배나 초과하는 5억여 원에 달하는 보험에 가입한 것은 사기에 의해 초과중복보험에 가입한 것으로 무효라고 주장하였다. 또한 화재는 Y의 방화에 의해 발생하였으므로 상법 제659조 제1항과 보험약관의 면책규정에 따라 보험금지급의무가 없다며 민사소송을 제기했다.

▼판결 요지

(1) 사기에 의해 체결된 초과중복보험이므로 무효라는 주장에 대해

살피건대 상법 제658조 제3호에는 화재보험에 있어서 보험자와 보험계약자 사이에 보험가액을 정할 때에는 그 가액을 화재보험증권에 기재하도록 규정되어 있다. 화재가 발생한 건물 내 모자와 동산은 수량이나 가격이 수시로 변동되는데 보험계약을 체결할 때 보험회사 직원들이 건물을 직접 방문하여 보험목적물을 확인했고 보험계약 체결 당시 보험회사와 Y는 보험가액에 대해 합의한 점이 없는 사실 등 인정된 사실을 종합해 보면 각 보험계약은 보험금만 정하고 보험가액은 정하지 않은 미평가보험으로 상법 제671조에 따라 화재발생 시 보험목적물의 가액을 보험가액으로 보아야 할 것이다. 설사 화재발생 후에 손해사정 조사에서 밝혀진 보험가액이 보험금액에 상당히 미달한다고 하더라도 각 보험계약이 사기에

의해 체결된 초과중복보험이라고 단정하기 어렵고 달리 이를 인정할 증거가 없으므로 보험회사들의 주장은 이유 없다.

(2) 보험계약자의 고의에 의한 화재발생과 보험자(보험회사)의 면책주장에 대하여

상법 제659조 제1항에는 보험사고가 보험계약자 또는 피보험자나 보험수익자의 고의 또는 중대한 과실로 인해 생긴 때에는 보험자는 보험금을 지급할 책임이 없다고 규정하고 있다. 그렇다면 화재가 Y의 고의 등에 의해 발생한 것으로 볼 수 있는지 살펴보기로 한다. ① 화재는 지하 1층 진열대 부분과 지상 1층 카운터 부분에서 각각 독립적인 화원에 의해 발화되었고 전기시설 및 내부 자체 설비 등에는 발열흔적 등 특이점이 없으며 건물 1층 바닥에 있던 3개의 환기구는 모두 두꺼운 합판 또는 철판으로 막혀 있어 지하 1층에서 발생한 화염이 1층으로 확대되는 것을 막은 사실 ② 건물 1층 셔터문과 후문은 화재 당시 잠겨 있었고 종업원들에게는 열쇠를 지급하지 않은 사실과 건물 열쇠를 가지고 있던 사람은 극히 한정되었으며 외부인의 침입 흔적이 전혀 없었던 사실 ③ Y는 친구인 김○○가 화재 당일 09:50경 건물을 나갈 때 화재 징후를 전혀 발견할 수 없었는데 김○○가 나간 직후에 Y가 화재를 발견하였다고 진술한 사실 ④ 3층 세입자인 김○○는 09:40~50경 무엇인가 타는 냄새를 맡았다고 진술하였고 Y의 딸인 Y○○는 아버지가 다급한 목소리로 깨워서 잠에서 깨어났는데 정확히 무슨 일이 일어났는지 알 수 없어 방안에서 약 10여 분 이상 머무르다가 3층 사람들이 옥상으로 올라가는 소리를 듣고 시계를 보니 10:10경이었다고 진술하였으며(딸의 진술에 비추어 Y가 딸에게 화재발생 사실을 알렸는지 또한 그 시간 간격에 비추어 화재발생을 목격하고도 즉시 알렸는지도 불투명하다.) 목격자 김○○는 건물을 지나가다가 연기가 나는 것을 보고 불구경을 하다가 자신의 어머니에게 전화를 한 시간이 10:05경이었다고 진술한 사실 ⑤ Y는 건물 지하에서 화재가 발생한 것을 목격하고 곧바로 1층으로 올라가 자신의 휴대폰으로 119에 화재발생 신고를 하려고 시도했으나 통화상태가 좋지 않아 통화를 하지 못하고 건물 3층과 4층으로 올라가서 세입자인 김○○ 가족과 자신의 딸에게 화재발생 사실을 알린 다음 다시 1층으로 내려와서 2차로 119에 전화를 걸어 화재발생 신고를 했다고 한다. 그러나 119로 첫 번째로 전화통화 종료시간과 두 번째 전화통화 시작시간은 불과 16초 차이에 불과하며(따라서 16초 사이에 1층에서 3, 4층에 각각 화재발생 사실을 알리고 다시 1층으로 내려온다는 것이 물리적으로 가능하다고 보이지 않는다.) Y는 당시 119에 다급하거나 숨찬 목소리가 아닌 비교적 차분한 목소리로 신고한 사실 ⑥ Y는 건물 매장 앞문에 설치된 철재 셔터를 올리려고 했으나 전기가 차단되면서 다시 내려갔다고 주장하고 있으나 화재 이후 실험한 자료에 의하면 이 셔터는 정전이 되면 그 자리에서 멈추는 것이지 다시 내려오지 않는다는 사실 ⑦ 화재가 발생한 6월 1일은 일요일이고 주변 상가들이 대부분 영업을 하지 않아 사람들의 왕래가 거의 없었고 ◇◇모자 직원들도 출근하지 않은 사실 ⑧ Y는 건물을 매수하면서 약 3억 2천여만 원의 채무가 있어 매월 이자비용만 180만 원 정도 부담하고 있었고 거래처에서 외상으로 매입한 채무도 상당 정도 있었다. 또한 매장의 손익분기점이 월 3,500만 원 상당이라고 진술하지만 2002년도 월평균 매출액은 1,750만 원, 2003년도에는 1,155만 원에 불과하고 신용카드 매출액도 2002년도에 비해 2003년도에는 절반 정도에 그쳐 화재 당시 심각한 영업부진으로 자금압박을 받은 것으로 보이는 사실 ⑨ 보험가입도 영업사정이 점점 악화되던 2002년 이후에 집중되었고 2개의 보험은 보험기간이 만료되는 시점인 화재 당시에 근접해 있었던 사실 등을 인정할 수 있다. 이와 같이 인정된 사실들에 의하면 화재는 당일 09:50경 이미 발생했다고 할 것인데 Y가 119에 최초 신고한 시간이 10:08경이고 화재를 발견하고 스스로 소화하려고 노력한 흔적이 전혀 없으므로 Y가 불을 놓아 어느 정도 연소되기를 기다렸다가 화재신고를 한 것이라는 강한 의심이 든다. 건물에 외부인의 출입이 극히 어려웠고 화재 당시 발화현장과 가장 근접해 있던 사람은 Y뿐이며 매출감소 및 거래처에 다액의 외상채무가 있었고 건물을 매입하면서 발생한 채무 등 경제적으로 어려운 형편에 있었음을 알 수 있다. 화재 당시 무려 6건의 화재보험에 가입하여 최대 7억 5천만 원의 보험금을 받을 수 있었고 Y의 진술에 일관성이 결여되어 있어 이 화재는 Y가 화재보험금을 지급받기 위해 고의로 발생시킨 것으로 추인할 수 있다. Y가 이 화재와 관련하여 현주건조물방화죄로 기소되었으나 대법원에서 무죄 확정판결을 받은 사실과 서울○○대학교 도시방재연구소가 화재현장을 조사하여 화재는 지하 1층 1곳에서 발화하여 1층으로 확대되었고 반드시 방화에 의한 것으로 볼 수 없으며 실화의 가능성도 배제할 수 없다는 의견을 도출한 사실을 보험회사들과 Y 모두 인정하고 있다. 한편 관계된 형사사건의 판결에서 인정된 사실은 특별한 사정이 없는 한 민사재판에서도 유력한 증거가 되지만 민사재판에서 제출된 다른 증거 내용에 비추어 형사판결의 사실판단을 그대로 채용하기 어렵다고 인정될 경우에는 이를 배척할 수 있다. 더욱이 형사재판에서 유죄판결은 공소사실에 대하여 증거능력이 있는 엄격한 증거에 의하여 법관으로 하여금 합리적인 의심을 배척할 정도의 확신을 가지게 하는 입증이 있다는 의미인데 무죄판결은 그러한 입증이 없다는 의미일 뿐이지 공소사실의 부존재가 증명되었다는 의미가 아니다(대법원 1998. 9. 8. 선고98다25368 판결). Y가 형사재판에서 무죄판결을 받았다는 사정만으로 고의로 방화를 하였다는 점을 인정 못할 바가 아니다. 서울○○대학교 도시방재연구소가 화재조사를 한 시기는 2003년 9월경부터 11월경으로 그 무렵에는 이미 화재현장이 훼손된 상태였기 때문에 연소경로를 정확하게 파악하기 어려웠다고 보인다. 컴퓨터 시뮬레이션 결과는 데이터를 어떻게 입력하느냐에 따라 결과가 달라지는데 서울○○대학교 도시방재연구소는 화재 다음날 현장을 조사한 손해사정인의 조사 및 화재발생 나흘 후 현장을 조사한 국과수(서부분소)의 조사와 달리 건물 1층 바닥의 환기구가 모두 개방된 것을 전제로 실험을 진행하였으므로 서울○○대학교 도시방재연구소의 소견서만으로 Y가 고의로 방화를 했다는 사실을 뒤집기에는 부족하다 할 것이다. 그렇다면 보험회사들은 Y에게 지급해야 할 보험금지급채무는 존재하지 않음을 확인한다.

Chapter 01
Chapter 02
Chapter 03
Chapter 04
Chapter 05
Chapter 06
Chapter 07
Chapter 08
Chapter 09
Chapter 10
Chapter 11
Chapter 12
Chapter 13

그밖에 소방 관련 판례

실화책임에관한법률 헌법불합치(헌법재판소 2007. 8. 30. 자 2004헌가25 결정)

【판시사항】
행위에 대한 과실책임주의의 예외로서 경과실로 인한 실화의 경우 실화피해자의 손해
배상청구권을 전면 부정하고 있는 실화책임에관한법률은 헌법에 합치되지 않으므로 법
원, 기타 국가기관과 지방자치단체는 입법자가 법률을 개정할 때까지 그 적용을 중지해
야 한다고 결정한 사례(참조법령 : 민법 제750조)

▼ 기초 사실

2003년 6월 15일 03:00경 부산시 부산진구 가야동 ㅁㅁ화학공장에서 전기합선으로 화재가
발생하여 곧바로 인근 공장으로 화재가 확대되었고 공장건물 및 시설, 사무집기류, 자재 등
이 소실되는 큰 피해를 낳았다. 억울하게 피해를 당한 이웃 공장주 9명은 ㅁㅁ화학공장을
상대로 손해배상청구소송을 제기했으나 실화책임에관한법률에 따라 ㅁㅁ화학공장의 중과
실이 아니라는 이유로 패소했다. 2004년 2월 9명의 공장주들은 실화책임법이 자신들의 재
산권을 침해한다며 위헌법률제정신청을 부산지법에 신청하였고 부산지법(민사7부)은 위헌
제청 결정을 내렸다.

▼ 판결 요지

화재가 발생한 경우에 불이 난 곳의 물건을 태울 뿐만 아니라 부근의 건물 기타 물건도 연소
(延燒)함으로써 그 피해가 예상 외로 확대되는 경우가 많고 화재피해의 확대 여부와 규모는
실화자가 통제하기 어려운 대기의 습도와 바람의 세기 등의 여건에 따라 달라질 수 있으므
로 입법자는 경과실로 인한 실화자를 지나치게 가혹한 손해배상책임으로부터 구제하기 위
하여 실화책임에관한법률(이하 '실화책임법'이라 한다)을 제정한 것이다. 오늘날에도 이러한
실화책임법의 필요성은 여전히 존속하고 있다고 할 수 있다. 그런데 실화책임법은 경과실로
인한 화재의 경우에 실화자의 손해배상책임을 감면하여 조절하는 방법을 택하지 않고 실화
자의 배상책임을 전부 부정하며 실화피해자의 손해배상청구권도 부정하는 방법을 채택하였
다. 과실 정도가 가벼운 실화자를 가혹한 배상책임으로부터 구제할 필요가 있다고 하더라도
지나치게 실화자의 보호에만 치중하고 실화피해자의 보호를 외면한 것이어서 합리적이라고
보기 어렵고 실화피해자의 손해배상청구권을 입법목적상 필요한 최소한도를 벗어나 과도하
게 많이 제한하는 것이다. 또한 화재피해자에 대한 보호수단이 전혀 마련되어 있지 않은 상
태에서, 화재가 경과실로 발생한 경우에 연소의 규모와 원인 등 손해의 공평한 분담에 관한
여러 가지 사항을 전혀 고려하지 않은 채 일률적으로 실화자의 손해배상책임과 피해자의 손
해배상청구권을 부정한 것은 일방적으로 실화자만 보호하고 실화피해자의 보호를 외면한

것으로서 실화자 보호의 필요성과 실화피해자 보호의 필요성을 균형있게 조화시킨 것이라고 보기 어렵다. 실화책임법이 위헌이라고 하더라도 화재와 연소(延燒)의 특성상 실화자의 책임을 제한할 필요성이 있고 그러한 입법목적을 달성하기 위한 수단으로는 구체적인 사정을 고려하여 실화자의 책임한도를 경감하거나 면제할 수 있도록 하는 방안, 경과실 실화자의 책임을 감면하는 한편 그 피해자를 공적인 보험제도에 의하여 구제하는 방안 등을 생각할 수 있을 것이다. 그런데 그 방안의 선택은 입법기관의 임무에 속하는 것이다. 따라서 실화책임법에 대하여 단순위헌을 선언하기보다는 헌법불합치를 선고하여 개선입법을 촉구하되, 실화책임법을 계속 적용할 경우에는 경과실로 인한 실화피해자로서는 아무런 보상을 받지 못하게 되는 위헌적인 상태가 계속되므로, 입법자가 실화책임법의 위헌성을 제거하는 개선 입법을 하기 전에도 실화책임법의 적용을 중지시킴이 상당하다.[16]

일반건조물의 성립 여부(대법원 2013. 12. 12. 선고 2013도3950 판결)

【판시사항】
폐가옥이 사실상 기거 · 취침에 사용할 수 없는 상태였다면 건조물에 해당하지 않고 물건에 해당한다고 판시한 사례(참조법령 : 형법 제167조)

▼ 기초 사실
A는 2012년 5월 25일 06:00경 인천시 ○○구에 소재한 공원조성 부지에 있는 폐가옥이 자연경관을 망가뜨린다는 이유로 주변에 있는 쓰레기들을 모아 미리 소지하고 있던 1회용 라이터를 사용하여 쓰레기 속에 있던 비닐봉투와 종이에 불을 놓아 주변 수목 4~5그루를 태우고 폐가 외벽을 소훼하여 공공의 위험을 발생하게 하였다.

▼ 판결 요지
(1) 폐가옥이 건조물인지 여부

건조물이라 함은 토지에 정착하고 벽 · 기둥으로 지탱되어 있어 사람이 내부에 기거 · 출입할 수 있는 구조를 가진 가옥, 기타 이와 유사한 공작물을 말하고 반드시 사람의 주거용이어야 하는 것은 아니라도 사람이 사실상 기거 · 취침에 사용할 수 있는 정도이어야 할 것이다. 폐가옥이 지붕과 문짝, 창문이 없고 담장과 일부 벽체가 붕괴된 철거대상 사실이 인정되어 사실상 기거 · 취침에 사용할 수 없는 상태로 보이므로, 이 사건의 폐가옥은 건조물에

---

[16] 1961년 4월 28일 제정된 실화책임에관한법률의 핵심내용은 화재사고의 경우 실화자 자신도 화재피해를 당한 당사자로써 자신의 재산피해 복구에도 벅차기 때문에 가혹한 배상책임의 부담으로부터 구제하려는 의도에서 비롯되었다. 이 법이 시행될 당시에는 화재로 인해 피해를 당한 제3자가 보상을 받으려면 화재를 발생시킨 자의 중과실을 피해자가 직접 입증해야 하는 어려움이 있었다. 그러나 화재피해자가 이러한 중과실을 입증해 낸다는 것은 사실상 불가능한데 중과실의 판단은 구체적인 사실관계의 확인에서부터 손해배상 청구에 이르기까지 복잡한 절차로 인해 피해보상은 현실적으로 이루어지지 않은 부분이 많았다. 다행히 불을 낸 실화자의 책임을 전부 부정하고 실화피해자의 보호를 외면한 이 법은 더 이상 존치하여야 할 명분을 잃어 46년 만인 2007년 8월 30일 헌법재판소 전원재판부에 의해 위헌판결이 내려졌다.

해당하지 않고 형법 제167조에 규정한 '물건'에 해당한다.

(2) A의 행위가 범행의 기수에 이르렀는지 여부

A가 폐가옥의 내부와 외부에 쓰레기를 모아놓고 태워 그 불길이 폐가옥 주변 수목 4~5그루를 태우고 폐가 외벽을 일부 그을리게 한 사실이 인정되지만 이러한 사실만으로는 A가 놓은 불길이 매개물인 쓰레기를 떠나 폐가옥으로 옮겨가 폐가옥 스스로 연소할 수 있는 상태에 이르렀다고 보기는 어렵고 달리 이를 인정할 만한 증거가 없으므로 A의 폐가옥에의 방화는 미수에 그쳤다고 할 것이다. 폐가옥은 건조물이 아닌 물건에 해당하는 바, 일반물건 방화죄에 관하여는 미수범의 처벌규정이 없다는 이유로 제1심의 유죄판결을 파기하고 A에게 무죄를 선고하였다. 위 법리에 비추어 기록을 살펴보면, 서울고법의 위와 같은 사실인정과 판단은 정당하다. 거기에다가 방화죄에 있어 건조물에 관한 개념을 오해하거나 논리와 경험의 법칙에 반하여 자유심증주의의 한계를 벗어난 잘못이 없다. 그러므로 관여한 대법관의 일치된 의견으로 상고를 기각한다.[17]

주택화재보험약관의 효력(금융감독원 2013. 2. 26. 조정번호 제2013-5호)

【결정사항】

태풍으로 유리창이 깨진 것도 주택화재보험약관에서 보상하는 '파열손해'에 해당하므로 보험금을 지급하여야 한다는 사례

▼기초 사실

2012년 8월 28일 태풍(볼라벤)의 영향으로 아파트 17층에 살고 있는 Y의 베란다 유리창 2장이 파손되었다. Y는 보험회사에 보험금 지급을 요청하였으나 보험약관은 "폭발 또는 파열"로 인한 손해에 해당하지 않는다며 보험회사는 보험금지급을 거절하였다. Y는 금융감독원에 분쟁조정을 신청하였다.

▼조정 결정

약관 해석은 신의성실의 원칙에 따라 당해 약관의 목적과 취지를 고려하여 공정하고 합리적으로 해석하여야 하며 평균적 고객의 이해가능성을 기준으로 객관적·획일적으로 해석하여야 한다. 이와 같은 해석을 거친 후에도 약관 조항이 객관적으로 다의적으로 해석되는 등 당해 약관의 뜻이 명백하지 않은 경우에는 고객에게 유리하게 해석해야 한다(대법원 2010. 12. 9. 선고 2009다 60803 판결). 이 사고는 약관상 보상해야 하는 손해에 해당한다

---

[17] 이 사건은 1심(인천지법)에서 A에게 징역 6월에 집행유예 2년을 선고했는데 A의 변호인은 방화에 고의가 없었고 나아가 공소사실에 기재된 폐가옥은 건조물에 해당하지도 않는다고 사실오인을 지적하며 항소(서울고법)하여 승소(무죄)하였으나 검사의 상고로 대법원까지 간 사건으로 결국 대법원에서 A의 무죄는 확정되었다. 참고적으로 기수란 범죄의 구성요건이 완전히 성립되어 실현되는 것으로 범죄의 실행에 착수하여 그 행위를 종료함으로써 일정한 결과를 발생시켜 범죄를 완성하는 것을 말한다. 기수시기(consummated time)란 범죄의 구성요건이 완전히 실현되는 때를 말하는 시간적 개념이다.

고 판단된다. 유리가 깨진 경우는 통상 "파손"이라고 말하기는 하지만 "파열"의 사전적 의미는 "깨어지거나 갈라져 터지는"것을 말하는 것이므로 유리창이 깨진 상태를 "유리 파열"이라고 하더라도 이를 잘못된 표현이라고 단정하기 어렵고 당해 약관에서도 "파열"의 의미를 달리 정의하고 있지는 않는다. 또한 보험 상품이 화재, 폭발 또는 파열, 폭동, 파업, 시위, 노동쟁의 등의 다양한 형태의 위험뿐만 아니라 벼락과 같은 자연재해도 담보하고 있어 태풍에 의한 위험을 보상범위에서 제외하고 있다고 볼만한 자료를 찾아볼 수 없다. 보험회사는 파열의 의미와 관련하여 당해 약관 제3조(보상하지 아니하는 손해)에서 "화재로 인하지 아니한 수도관, 수관 또는 수압기 등의 파열로 생긴 손해"는 보상하지 아니한다고 규정하고 있고 형법 제172조 등에서도 파열을 폭발성 물건에 한정하여 적용하고 있는 사실 등에 비추어 파열은 "터지거나 분출되는 형태의 사고"로 해석하는 것이 타당하다고 주장하고 있으나 당해 약관 제3조는 다양한 형태의 파열사고 중 손해발생의 빈도 등을 고려하여 특정 위험을 담보범위에서 제외하기 위한 것이다. 위 형법조항은 위험성의 정도 등을 고려하여 사회 안전망 확보차원에서 특정한 범죄행위에 대한 가중처벌을 위해 마련된 것이므로 보험회사가 주장하는 바와 같이 위 조항들을 근거로 하여 파열의 의미를 화재나 폭발물 등에 의해 터지거나 분출되는 형태의 사고로만 제한하여 해석하기는 어렵다 할 것이다.

중과실치사, 중실화(서울중앙지법 2014. 9. 12. 선고 2014노1860 판결)

【판시사항】

고시원 화재로 사람이 사망한 사건에서 화재발생 후 손해의 확대를 가져 온 행위를 고려하여 중대한 과실을 인정한 사례(참조법령 : 형법 제171조, 제17조 제1항, 제164조 제1항, 제268조)

▼ 기초 사실

A는 2013년 10월 18일 00:00경 서울시 ○○구에 있는 ☆☆고시원 307호 자신의 방에서 사기그릇 위에 모기향을 올려놓고 피웠다. 모기향은 침대 매트리스와 약 30cm 간격이 있는 침대 아래 밀어 넣었는데 같은 날 04:16경 모기향 불씨가 휴지 등에 옮겨 붙었고 그 불이 침대매트리스에 착화되었다. A는 불을 발견하고 끄려고 하다가 오히려 불이 침대 매트리스 전체로 번지며 연기가 발생하자 밖으로 나왔다. 당시 불길과 연기는 307호 밖으로 나오지 않은 상태로 출입문(방화문)만 제대로 닫았더라도 불길과 연기는 확산되지 않을 수 있었는데 방문이 제대로 닫히지 않는 바람에 불과 유독성 가스가 3층 복도 전체로 번졌다. 이 화재로 304호에서 미처 대피하지 못한 K가 연기를 흡입하여 치료 중 뇌손상으로 인한 뇌사, 패혈증으로 사망을 하였다.

▼판결 요지

A가 침대 아래에 모기가 많은 이유 등으로 평소 그곳에서 모기향을 피워왔고 화재 당일에도 마찬가지로 침대 아래에 모기향을 피워 둔 점, 침대 플라스틱 매트 받침은 바닥에서 약 23cm 정도 떨어져 있고 모기향을 사기그릇 위에 놓아둔 점, 모기향을 피울 경우 주변에 인화성·가연성 물건이 없고 모기향이 잘 보이는 곳에 두어 안전하게 관리하여야 함에도 A는 이를 게을리하여 불이 붙은 모기향을 휴지 등이 쌓여 있는 침대 아래쪽으로 밀어 넣은 잘못을 하여 화재가 발생한 것으로 인정된다. 향불은 극히 이연성인 가연물을 제외하고는 가연물(화장지, 비닐 등)에 접촉될 경우 발열량이 적어 자체 소화되고 침대 밑에 모기향 불을 둔 상태에서 모기향의 열에 의해 침대 매트리스에 착화되어 불이 나는 것은 불가능한 점 등의 사정이 인정되지만 이러한 사정만으로는 부족하다 할 것이다. A가 모기향을 놓은 사기그릇 바로 옆에 휴지 등이 없었다고 할지라도 좁은 방안에서 창문을 열거나 이불을 펴는 등의 행위를 하여 침대 밑에 있던 먼지가 묻은 휴지나 비닐, 톱밥 등이 바람에 날려 모기향 주변으로 옮겨질 경우 가연물 입자가 작고 공기 유동이 좋은 물질일수록 훈소반응이 잘 되어 불꽃화재로 발전할 수 있고(예 : 미세한 톱밥), 모기향의 연소 지속시간은 모기향을 받침대에 세웠을 경우 무풍 시 7시간 30분 전후이고 풍속 0.8~0.9m/s에서는 4시간 30분 전후이다. 이 사건 화재는 모기향을 둔 침대 밑에서 시작되었다. 화재현장조사 결과 침대 바닥에서 톱밥이 담긴 비닐봉지, 깨진 사기그릇 잔해가 식별되었고 침대 매트리스를 지탱하는 플라스틱 받침대는 휴지와 비닐봉지 등이 녹아서 용착되어 있었으며 톱밥과 사기그릇 용기가 식별되는 부위에서 주변으로 연소가 진행된 형상이 관찰되었고 침대 밑에는 모기향 외에 다른 발화원이 없었다. 다음은 불길과 연기가 307호 밖으로 나오지 않은 상태에서 A가 소화기를 사용하거나 307호 방문을 닫아 불길과 연기가 확산되지 않게 할 주의의무를 위반하여 3층 전체로 불과 연기가 확산되었는지 살펴본다. 306호 거주자 B는 "1년 이상 고시원에 살았으나 소화기가 어디에 있는지 생각나지 않는다."는 취지의 진술을 볼 때 A도 마찬가지로 소화기가 어디에 있는지 인식하지 못한 상태에서 생활하였을 가능성이 크다. 다만 A가 자신의 잘못으로 불이 나 방 밖으로 대피하는 상황에서 자신이 거주하는 307호 방문(A가 고시원 측으로부터 사전에 방문이 방화문이라는 것을 들은 적이 없다고 하더라도 방문이 철문이었으므로 이를 닫으면 불길과 유독성 연기가 방 바깥으로 확산되는 것을 막는데 도움이 될 것이라는 것은 쉽게 예견할 수 있었다고 보인다.)을 제대로 닫아 놓을 주의의무가 있음에도 불구하고 주의의무를 위반하여 3층 복도 전체로 빠르게 번지게 되었다. 인정된 사실 등을 볼 때 A가 모기향을 피우면서 주변에 인화성·가연성 물건이 없고 모기향 불이 잘 보이는 곳에 두어 안전하게 관리하여야 했으며 불길과 연기를 피해 대피하는 긴박한 상황이더라도 조금만 주의를 기울여 자신의 방문이 제대로 닫혔는지 확인했다면(위와 같이 확인하는데 시간과 노력이 많이 필요하거나 위험이 따르는 것도 아니었다.) K가 사망하는 결과를 회피할 수 있었는데 극히 작은 주의를 하지 않아 예견하지 못했다고 할 것이다. 이러한 주의의무 위반을 종합하면 A에게 중실화죄 내지 중과실치사죄의 죄책을 물을 수 있는 중대한 과실이 있다고 인정된다. 따라서 A를 금고 1년 4월에 처한다.

업무상과실치사상(부산지법 2010. 5. 7. 선고 2010고단154 판결)

【판시사항】

여인숙에서 화재가 발생하여 투숙객들이 사망한 경우 관계인의 주의의무 소홀을 들어 업무상과실치사상죄 등을 인정한 사례(참조법령 : 형법 제268조)

▼ 기초 사실

Y는 부산시 ○구에 있는 3층 목조건물에서 여인숙을 운영하는 주인이다. 3층 목조건물은 2층에 객실 7개 및 3층에 객실 9개 등 16개의 객실에 세면장은 2개, 화장실은 1개만 있는 낡은 건물로 1954년 12월 19일 신축된 후 1968년 4월경부터 여인숙으로 영업을 해 왔는데 Y는 2006년 12월 26일부터 여인숙을 운영하게 되었다. 그러다가 2009년 6월 26일 07:50경 2층 1호실에서 담뱃불로 추정되는 화재가 발생하여 4명이 사망을 하고 1명이 부상당하는 사고가 발생하였다.

▼ 판결 요지

화재가 발생한 목조건물은 오래된 건물로서 구조 및 재질 상 화재발생 위험이 높을 뿐 아니라 투숙객들이 대부분 일용직 노동자로서 비좁은 객실 안에서 의류 및 이불 등을 방치한 상태로 가스버너를 이용하여 취사행위를 하거나 담배를 피우므로 투숙객들로 인해 화재가 발생할 위험이 높았으며 화재가 발생한 경우 건물 외부로 연결된 비상구가 없는 반면 2층 복도에는 냉장고 등이 비치되어 있어 투숙객들이 용이하게 대피하기 어려워 대형 인명피해가 예상되는 곳이었다. Y로서는 화재를 예방하고 화재 확산을 방지하며 투숙객들의 안전한 대피를 위해 소화기 등을 연 1회 이상 정기점검을 실시했어야 했는데 여인숙 영업을 개시한 후 소화기의 정상 작동여부를 한 번도 점검하지 않았고 투숙객들이 담배꽁초를 방치하거나 가스버너를 사용하여 취사를 함에도 이를 제지하거나 주의를 환기시키지 않았으며 2층 복도에 있는 냉장고 등을 방치함으로서 투숙객들이 용이하게 대피하지 못하게 한 책임이 있다. 또한 화재가 발생한 후 소화기를 사용하여 불을 끄려고 노력하거나 투숙객들을 대피시키기 위한 필요한 조치를 취하지 않는 등 주의의무를 소홀히 한 업무상 과실이 인정된다. 따라서 Y를 징역 1년에 처한다. 다만 이 판결 확정일로부터 2년간 형의 집행을 유예하며 200시간의 사회봉사를 명한다.

공무상요양불승인처분취소(서울행정법원 2014. 9. 18. 선고 2013구단21512 판결)

【판시사항】

소방관이 화재진압 후 동료들과 회식을 하고 퇴근을 하다가 부상을 당한 경우 공무상 부상으로 본다고 판결한 사례(참조법령 : 공무원연금법 제35조 제1항)

▼ 기초 사실

A는 서울시 ○○소방서 제3현장지휘대 안전담당 소방관으로 근무하던 중 2012년 12월 17일 14:17경부터 16:50경까지 화재현장에서 화재진압 활동을 한 후 직원들과 함께 사무실로 귀소하여 18:00경 근무교대를 마치고 사무실 인근 식당에서 18:40경부터 저녁식사를 하였다. 그 후 19:40경부터 자리를 옮겨 호프광장에서 술을 마시면서 직원들과 회합을 한 다음 21:39경 전철을 타고 귀가하려고 역사 1번 출구 계단을 내려가다가 미끄러지면서 바닥으로 추락하여 경추압박, 안면, 두개골 골절 및 출혈과 관계된 상병을 진단받았다. A는 공무원연금공단을 상대로 공무상 부상을 주장하며 공무상 요양승인 신청을 했으나 공무원연금공단은 A가 참석한 소그룹미팅은 사회 통념상 소속기관장의 지배·관리 하에 이루어진 회합으로 보기 어려워 공무와 인과관계가 없다고 불승인처분을 하였다. A는 행정소송을 제기했다.

▼ 판결 요지

인정된 사실을 보면 A가 근무하는 소방서는 3개 소대로 나뉘어 3주마다 주간·야간·비번 순서로 근무를 하고 있고 A는 화재발생 시 화재진압과 현장지휘를 하여야 하는 부담에 노출되어 있으며 그 외에도 훈련참가, 화재진압보고서 작성 등 업무로 월 평균 44시간 정도의 초과근무를 하여 육체적, 정신적인 스트레스를 받은 것으로 보인다. A는 2012년 12월 17일 14:17경부터 16:50경까지 서울시 ○○구에 있는 신발가게에 화재가 발생하여 대원들과 함께 화재진압을 마치고 소방서로 돌아온 후 18:40경부터 식당에서 1차로 식사를 하고 19:40경부터 호프광장에서 맥주를 마시며 화재현장에서 대원들의 역할분담과 구조활동의 적절성 등에 대한 이야기를 나눈 사실이 있다. 이 모임에 소요된 경비는 대원들이 각출을 하였고 제3현장지휘대장 오○○는 2012년 12월 29일 이 모임을 외상 후 스트레스 및 자살방지 간담회로 보고하였다. 한편 ○○소방서장은 이 모임은 화재진압 후에 현장지휘대장의 지시 아래 직원 전원이 참석하여 소방서 인근의 음식점에서 소그룹미팅을 실시한 점으로 보아 업무의 연장으로 보는 것이 당연하다는 취지의 회신을 하였다. 살피건대 공무원연금법 제35조 제1항에 의한 공무상요양비는 공무원이 공무상 질병 또는 부상으로 인하여 요양이 필요한 때에 지급되는 것이고 공무원연금법 시행규칙 제14조에 의하면 공무원이 통상적인 경로와 방법에 의해 퇴근 중 발생한 교통사고로 인하여 부상한 경우에는 이를 공무상 부상으로 본다. 한편 공무원이 통상 종사할 의무가 있는 업무로 규정되어 있지 않은 행사나 모임에 참가하던 중 재해를 당했더라도 그 행사나 모임의 주최자, 목적, 내용, 참가인원과 강제성 여부, 운영방법, 비용부담 등의 사정에 비추어 사회통념상 행사나 모임의 전반적인 과정이 소속 기관의 지배나 관리를 받는 상태에 있었던 때에는 이를 공무원연금법 제35조 제1항이 정하는 공무상 질병 또는 부상으로 보아야 한다(대법원 2008. 11. 27. 선고 2008두13231 판결, 대법원 1997. 8. 29. 선고 97누7271 판결 등 참조). 인정된 사실에 변론 전체의 취지를 보면 모임은 화재진압 후 현장지휘대장의 지시에 의해 이루어졌으며 ㅇㅇ소방서는 화재진압 후에 화재현장에 대한 간담회를 실시해 오고 있었는데 이 모임은 화재진압 후 팀별 회식과 간담회의 성격을 가지고 있었다고 보인다. 제3현장지휘대장인 오ㅇㅇ는 이 모임을 외상 후 스트레스 및 자살방지 간담회로 보고를 하였고 ㅇㅇ소방서장도 업무의 연장이라고 회신한 점과 A가 통상적인 경로와 방법으로 퇴근과정에서 사고가 발생한 점 등을 고려하면 이 모임은 소속 기관의 지배나 관리를 받는 상태에 있었던 공적인 행사로 봄이 타당하고 A가 통상적인 경로와 방법으로 퇴근을 하다가 사고를 당했으므로 공무상 부상에 해당한다고 볼 것이다. 따라서 공무원연금공단의 공무상요양 불승인처분을 취소한다.[18]

공무집행방해(울산지법 2012. 6. 15. 선고 2012고단1185 판결)

【판시사항】
화재현장에서 화재조사를 하던 소방관 및 경찰관의 사진기를 빼앗고 폭력을 행사하도록 지시한 사안에서 실형을 선고한 사례(참조법령 : 형법 제136조 제1항, 제30조, 제37조 전단, 제38조 제1항 제2호, 제50조, 제62조 제1항)

▼기초 사실
A는 울산시 ㅇ구에 위치한 ☆☆주식회사의 업무를 총괄하는 본부장이고 B는 이 회사의 홍보 등을 담당하는 업무지원팀장이다. 2012년 4월 6일 12:53경 이 공장에서 화재가 발생하여 10여 명이 상해를 당했는데 당시 회사밖에 나와 있던 A와 B는 현장으로 급히 가게 되었다. A는 화재현장으로 가는 동안에 B에게 보안문제를 이유로 사진촬영을 하지 못하도록 지시를 내렸다. 한편 신고를 받고 현장에 출동한 ㅇㅇ소방서 의무소방원이 화재조사를 위해 사진촬영을 하는데 A와 B는 사진촬영을 못하게 하기 위해 의무소방원의 팔을 잡은 채 "카메라를 빼앗으라."고 지시하여 그곳에 있던 ☆☆주식회사 직원들이 의무소방원의 팔을 붙잡고 움직이지 못하게 하고 카메라를 빼앗아 SD메모리카드를 꺼내 사진촬영을 못하게 하였다. 또한 ㅇㅇ경찰서 소속 경찰관이 화재감식을 위한 채증업무를 위해 화재가 발생한 오브기 부분을 촬영하려고 하자 손으로 카메라 앞을 가로 막는 등 사진을 찍지 못하도록 하였

---

[18] '회식도 업무의 연장'이라는 직장인들의 표현은 법원 판결에서도 어느 정도 인정을 받고 있지만 회식 성격에 따라 결론은 달라질 수 있다. 단순히 직원 몇몇이 모인 술자리는 회식으로 보지 않는다. 법원 판결은 ① 의무적으로 참석해야 하는 회식 ② 법인카드 등 회사가 비용을 부담한 회식 ③ 사업주(혹은 상사)가 음주를 권유한 회식 등은 '업무의 연장'으로 보는 경우가 많다. 다만 회사가 주관한 회식이라도 상사가 술을 권하지 않았는데 혼자 술에 만취하여 사고가 났다면 업무상 재해로 인정받지 못할 확률이 높다. 법원은 자발적 만취상태의 사고에 대해서는 엄격하게 판단하지만 '갑을관계(고용인과 피고용인)'에서 어쩔 수 없이 참여한 회식 후 사고에 대해서는 폭넓게 업무상 재해를 인정하는 추세이다.(양은경 조선일보 법조전문기자 · 변호사)

Chapter 01
Chapter 02
Chapter 03
Chapter 04
Chapter 05
Chapter 06
Chapter 07
Chapter 08
Chapter 09
Chapter 10
Chapter 11
Chapter 12
Chapter 13

다. B는 경찰관에게 "당신네들 뭐야, 남의 집에 와서 사진을 왜 찍어."라고 하면서 멱살을 잡아끌었다.

▼ 판결 요지

A의 범행은 인명피해가 발생한 화재현장에서 화재원인 등을 조사하는 소방관의 현장조사를 방해하고 경찰관을 따라다니며 현장조사를 막다가 공무집행방해에 해당한다는 경찰관의 고지에도 아랑곳하지 않고 회사 직원들을 시켜서 정당한 공무집행을 방해한 것으로 범행의 반복성·계속성에 비추어 죄질이 대단히 중하다고 할 것이다. 또한 범행 이후에 회사 직원들에게 범행경위 등에 대해 허위 진술을 지시하는 등 죄가 가볍지 않지만 A가 초범이고 잘못을 반성하고 있으며 생활환경, 범행경위 및 범행방법 등 정황을 고려하여 징역 6월에 처한다. B의 범행은 인명피해가 발생한 화재현장에서 화재원인 등을 조사하기 위한 경찰관의 사진촬영 등 정당한 공무집행을 방해한 것으로 죄질이 대단히 무겁지만 B가 초범이고 잘못을 반성하고 있으며 생활환경, 범행경위 및 범행방법 등 정황을 고려하여 징역 6월에 처한다. 다만 이 판결 확정일로부터 1년간 형의 집행을 유예한다.

참고문헌

강대영 외. (2012). 법의학. 정문각.

강태연 외. (2013). 1회용 부탄가스 캔 폭발방지장치 안전성 평가보고서. 가스안전학회.

경기도소방학교. (2016). 소방전술Ⅰ, Ⅱ, Ⅲ. ㈜경기첨단인쇄디자인센터.

기초전력연구원. (2009). 낙뢰피해기준 정립 및 경감대책 구축방안. 소방방재청 R&D 기반구축사업 연구기획사업 보고서.

국정감사 정책자료집. (2010). 화재조사제도의 개선방안 연구.

김동욱 외. (2011). 모의 화재실험에 의한 구리 용융흔 특성 분석. 한국화재소방학회 학술대회 논문집.

김동현. (2009). 경사에 따른 화염각 변화와 지표 화염 확산에 관한 연구. 한국방재학회 논문집 제9권 5호.

김병호. (2013). 유리공학. 정문각.

김시국, 지승욱, 이춘하. (2010). 플러그 반단선에 의한 화재위험성에 관한 연구. 한국화재소방학회.

김수영 외. (2012). 미소화원의 화재위험성 및 감식기법 개발에 관한 연구Ⅰ. 중앙소방학교.

──────. (2012) 화재원인 및 현상규명에 관한 화재 재현실험에 관한 연구Ⅰ. 중앙소방학교.

김영대. 정용준 역. (1985). 가스폭발예방기술. 도서출판 세화.

김용혁. 손진근 공역. (2013). 조명공학. 성안당.

김윤회 외. (1993). 조직검사를 통한 동선의 용융원인 감정에 관한 연구. 국립과학수사연구소 연보 제25권.

김정근, 박해웅. (2003). 금속재료의 균열과 파괴. 도서출판 골드.

김주석. (2012). 화학화재 감식·감정기법 연구. 중앙소방학교.

김창섭. (2014). 위험물 각론 3.0. 토파민.

김홍식. (2012). SEM을 활용한 전선도체 단락흔 화재원인 감정 연구. 중앙소방학교.

──────. (2014). SEM/EDS를 활용한 전선도체 단락흔 원인 감정 연구. 한국화재소방학회 논문집.

광주소방학교. (2008). 방화화재 조사기법. 도서출판 에벤에셀.

권영진 외. (2007). 건축과 화재. 도서출판 동화기술.

대전소방본부. (2016). 화재조사 연구 논문집.

박중길. (2007). 낙뢰에 의한 송전선로 순간전압 강하감소 방안. Journal of the Electric World/ Monthly Magazine.

손해보험협회. (2002). 화재조사 실무가이드. 보험범죄방지센터.

오규형. 편저. (2004). 화재공학원론. 동화기술.

────── 외. (2007). 연소학. 동화기술.

이덕출, 정재희 공역. (1996). 정전기 재해와 장해방지. 성안당.

이수경. (2009). 가스폭발방지공학. 도서출판 아진.

──────. (2015). 가스안전공학. 동화기술.

이승평. (1998). 금속재료. 도서출판 청호.

이주석 외. (1999). 비파괴검사공학. 일진사.

이창욱. (2010). 방화공학. 의제.

이춘하 외 3인. (2003). 소방학 개론. 신광문화사.

이현경 역. (2012). 화재조사를 위한 목격자 진술의 체계적 분석. 소방기술정보 제35호

유창범. (2015). 색다른 소방기술사. 성안당.

윤용균 외. (2015) 화재공학개론. 도서출판 화수목.

윤재건. (2004). 폭발현상과 재해의 유형. 대한기계학회 저널.

지식경제부 기술표준원. (2010). 지상변압기의 화재·폭발에 대한 안전성능향상 요소 기술개발에
        관한 보고서.

장석화 편저. (2004). 소방·방재용어대사전. 도서출판 한진.

전국응급구조학과 교수협의회. (2011). 전문외상처치학. 도서출판 한미의학.

정기성, 천창섭, 김창섭. (2011). 소방학 개론. 토파민.

중앙소방학교. (2009). 화재감식학. 남창당인쇄사.

———. (2009). 폭발론.

———. (2016). 인화성 액체가 포함된 화재 증거물 감정을 위한 연구 I.

최진만. (2010). 신 화재조사총론. 성안당.

최진종. (2006). 소방학개론. 형설출판사.

최충석 외. (2004). 외부화염에 의해 소손된 비닐 코드의 단락 특성에 관한 연구. 한국화재소방학회.

한국소방기술사. (2015). 방화공학실무핸드북. 예문사.

한국화재보험협회. (2008). SFPE 방화공학 핸드북 I.

한동훈. (2012). 가연물에 따른 유류화재 증거물 방해물질 연구. 중앙소방학교

한민구 외. (1999). 비파괴검사법. 형설출판사.

함창훈. (2014). 실증실험을 통한 부탄가스 캔의 리스크 분석. 한국교통대학교 석사학위논문.

현성호 외. (2001). 위험물 화학. 동화기술

화학교재연구회. (2015). 기본 일반화학. 사이플러스

Daniel A. Crow et al. (2004). 화학공정안전. 동화기술.

David J. Icove. Ph. D. et al. (2006). hourglass burn patterns: a scientific explanation for
        their formation. ISFI(International Symposium on Fire Investigation).

Department of Mechanical Engineering Queen's University Kingston. Ontario CANADA.
        (2006). Recent Fire Testing and BLEVE Research at Queen's University.

Dougal Drysdale. (2011). Fire Dynamics. third edition. john wiley & sons inc

D.J. Icove and J.D. DeHaan. (2004). Forensic Fire Scene Reconstruction. Prentice Hall.
        Upper Saddle River. NJ.

Edward ricciuti. (2010). 과학수사 법의학. 이지사이언스.

F W Mowrer. (2001). Calcination of Gypsum Wallboard in Fire. NFPA World Fire Safety

Congress. Anaheim. California. May 14 2001.

Goodson Carl. (2008). Essentials of Fire Fighting. Prentice Hall.

Gregory E Gorbett. et al. (2015). Use of damage in fire investigation: a review of fire patterns analysis, research and future direction. Fire Science Reviews springer open journal.

Heskestad, G.H. (2002). Fire Plumes, Flame Height, and Air Entrainment. in The SFPE Handbook of Fire Protection Engineering, 3rd ed.,Section 2, Chapter 1, pp. 2-6.

Hoikwan Lee et al. (2008). Glass Thickness&Fragmentation Behaviour in Stressed Glasses.

Jason J. et al. (2004). The trench effect and eruptive wildfires: lessons from the King's Cross Underground disaster.

John D. DeHaan. David J. Lcove. (2011). Kirk's fire investigation. Seventh Edition. Pearson Education Inc.

John J. Lentini. (2006). Scientific Protocols for fire investigation. Taylor & Francis Group, LLC.

Patrick M Kennedy, Kathryn C Kennedy, Ronald L Hopkins. (2003). Depth of Calcination Measurement in Fire Origin Analysis. Conference Papers, Fire and Materials 2003 (London, UK).

K. Ravi-Chandar. (2004). Dynamic Fracture. Department of Aerospace Engineering and Engineering Mechanics. The University of Texas Austin, USA

NFPA 555. (2013). Guide on Methods for Evaluating Potential for Room Flashover.

NFPA 1033. (2014). Standard for Professional Qualifications for Fire Investigator.

NFPA 1143. (2014). Standard for Wildland Fire Management.

NFPA 921. (2014). Guide for fire & explosion investigations.

Niamh Nic Daeid. (2004). Fire investigation. CRC Press LLC.

seamus bradley. (2003). fire storm. fire australia journal. pp4~5.

Shan Raffel et al. (2005). 3D Fire Fighting. Fire Protection Publications Oklahoma State University.

William Hicks et al. (2006). advanced fire pattern research project: single fuel package fire pattern study. ISFI(International Symposium on Fire Investigation).

INDEX

화재조사감식기술

[저자 소개]

• 최진만(경기도 소방학교)
• 최돈묵(가천대학교, 설비 · 소방공학과 교수)
• 이창우(숭실사이버대학교, 소방방재학과 교수)

화재조사 감식기술

2017. 8.   1. 초 판 1쇄 인쇄
2017. 8. 14. 초 판 1쇄 발행

지은이 | 최진만, 최돈묵, 이창우
펴낸이 | 이종춘
펴낸곳 | **BM** 주식회사 성안당
주소 | 04032 서울시 마포구 양화로 127 첨단빌딩 5층(출판기획 R&D 센터)
　　　 10881 경기도 파주시 문발로 112 출판문화정보산업단지(제작 및 물류)
전화 | 02) 3142-0036
　　　 031) 950-6300
팩스 | 031) 955-0510
등록 | 1973. 2. 1. 제406-2005-000046호
출판사 홈페이지 | www.cyber.co.kr
ISBN | 978-89-315-8143-0 (93500)
정가 | 45,000원

이 책을 만든 사람들
진행 | 김영길
전산편집 | 정희선
표지 디자인 | 박원석
홍보 | 박연주
국제부 | 이선민, 조혜란, 김해영, 고운채, 김필호
마케팅 | 구본철, 차정욱, 나진호, 이동후, 강호묵
제작 | 김유석